普通高等教育“十四五”规划教材

固体废物处理与利用

李彦明　罗文海　常瑞雪　主编

李国学　李　季　主审

中国农业大学出版社

·北京·

内容简介

随着地球上人口的持续增加，资源对人类社会可持续发展的约束愈发严峻，固体废物引起的环境问题日益受到重视。本书主要介绍固体废物的管理、鉴别、收集与运输、预处理、稳定化与固化、焚烧、热解、热干化、堆肥化、厌氧消化、乙醇发酵、饲料化、材料化、最终处置以及生态循环农业等内容。本书基于固体废物分类治理、全过程管理和源头资源化减量等理念，全面贯彻绿色低碳循环的可持续发展战略。

本书可作为高等学校环境工程、环境科学、资源循环科学与工程等专业的本科生教材，也可作为环境科学与工程、资源与环境专业研究生和工程技术人员的参考书，还可供从事固体废物处理与利用的管理人员阅读使用。

图书在版编目(CIP)数据

固体废物处理与利用 / 李彦明，罗文海，常瑞雪主编. --北京：中国农业大学出版社，2024.5

ISBN 978-7-5655-3191-0

Ⅰ.①固… Ⅱ.①李… ②罗… ③常… Ⅲ.①固体废物处理②固体废物利用 Ⅳ.①X705

中国国家版本馆 CIP 数据核字(2024)第 055016 号

书　　名 固体废物处理与利用
Guti Feiwu Chuli yu Liyong
作　　者 李彦明　罗文海　常瑞雪　主编

策划编辑 刘　聪　杜　琴　　**责任编辑** 杜　琴　刘学楚
封面设计 麦莫瑞文化
出版发行 中国农业大学出版社
社　　址 北京市海淀区圆明园西路 2 号　　**邮政编码** 100193
电　　话 发行部 010-62733489，1190　　读者服务部 010-62732336
编辑部 010-62732617，2618　　出　版　部 010-62733440
网　　址 http://www.caupress.cn　　**E-mail** cbsszs@cau.edu.cn
经　　销 新华书店
印　　刷 北京溢漾印刷有限公司
版　　次 2024 年 12 月第 1 版　　2024 年 12 月第 1 次印刷
规　　格 185 mm×260 mm　　16 开本　　25.25 印张　　627 千字
定　　价 68.00 元

编 委 会

前言

Preface

人类作为现阶段地球这个蓝色星球上的“主宰”，人口数量持续增长引发的资源短缺日益突出，同时人类经济社会活动当中时刻都在制造固体废物，解决由固体废物造成的污染问题已成为当下世界各国环境管理的重要任务。自然界本来是不存在废物的，我国春秋时期的老子在《道德经》中已提出“常善救物，故无弃物”；按现代循环经济的观点，固体废物属于“放错位置的资源”，因此，对固体废物的处理处置要实现减量化、无害化、资源化。我国在固体废物的管理、处理处置和资源化利用等方面起步较晚，发展水平与世界发达国家相比尚有一定的差距，但国家越来越重视固体废物的管理和利用。党的二十大报告明确指出，要加快发展方式绿色转型。实施全面节约战略，推进各类资源节约集约利用，加快构建废弃物循环利用体系。开发利用固体废物，需要一定的方法、技术、设备、工程设施等，才能使之实现资源化和循环利用。因此，环境工程、环境科学及相关专业的学生须系统地学习有关固体废物管理、处理处置及综合利用等方面的知识，以期利用这些知识为环境保护事业做贡献。

固体废物管理属于多学科交叉领域，涉及各个产业行业门类以及各种各样的社会场景。进入 21 世纪以来，我国城镇化的快速发展带动了固体废物处理与资源化综合利用领域的技术进步和发展，尤其是 2017 年《生活垃圾分类制度实施方案》(国办发〔2017〕26 号)和《国务院办公厅关于加快推进畜禽养殖废弃物资源化利用的通知》(国办发〔2017〕48 号)等政策的出台和全面实施，加快了城乡各类固体废物管理由末端污染治理转向全过程管理和分类资源化利用。编者总结多年的教学、科研和实践经验，在原有教材内容基础上进行大量的完善和更新，并借助网络信息平台查阅国内外相关资料，结合新时代对高等教育立德树人的新要求，编写了本书，以期为促进我国绿色发展固体废物的管理、处理处置和资源化综合利用尽微薄之力。

本书共 15 章。第 1 章为绪论，介绍固体废物管理的内容及技术体系；第 2 章介绍固体废物的特性与鉴别方法；第 3 章至第 5 章分别介绍固体废物的收集与运输、压实、破碎、分选、脱水、稳定化和固化等预处理技术；第 6 章至第 13 章分别介绍固体废物的焚烧、热解、热干化、堆肥化、厌氧消化、乙醇发酵、饲料化、材料化等资源化综合利用技术；第 14 章介绍固体废物的最终处置技术；第 15 章介绍农业固体废物的循环利用。

本书由中国农业大学李彦明统稿、整理，并对部分章节进行修改、增补或调整。本书章节的编写工作如下:第1章由中国农业大学袁京编写,第2章由河北建筑工程学院龚建英编写,第3章由中国农业大学常瑞雪编写,第4章由中国科学院遗传与发育生物学研究所王选和哈尔滨师范大学苑亚茹编写,第5章由西北农林科技大学殷宪强编写,第6章由清华大学王珏和张衍国编写,第7章由华中农业大学谭中欣编写,第8章由中国农业大学魏雨泉编写,第9章由中国农业大学李彦明编写,第10章由中国农业大学罗文海编写,第11章由青岛农业大学李赟编写,第12章由山东农业大学李恕艳编写,第13章由北京市工业技师学院薛晶晶编写,第14章和第15章由中国农业大学袁京编写。在本书的编写过程中,中国农业大学王安琪参与教材的审核、校对等大量工作,王凌霄、许钊、仰颉、李明章、刘佳琪、周陈俊男、孙玉鑫等为教材相关章节提供或收集部分技术资料。全书由中国农业大学李国学和李季主审。书中引用国内外出版的书籍、期刊、标准和规范,以及最新的科技成果、博硕士论文与专利技术,在此一并对其作者致谢。

限于编者水平,书中难免存在不足和疏漏之处,敬请广大读者不吝指正,请将您的意见和建议发送至 liym@cau. edu. cn,我们将不断完善。

编　者

2023年2月于北京

目录

Contents

第1章 绪 论

1.1 固体废物的概念

固体废物(简称废物,也称废弃物)是指在生产、生活和其他活动中产生的丧失原有利用价值或者虽未丧失利用价值但被抛弃或者放弃的固态、半固态和置于容器中的气态的物品、物质以及法律、行政法规规定纳入固体废物管理的物品、物质。经无害化加工处理,并且符合强制性国家产品质量标准,不会危害公众健康和生态安全,或者根据固体废物鉴别标准和鉴别程序认定为不属于固体废物的除外。

废物在自然生态系统中是不存在的,因为其中的物质是循环的(图1-1)。绿色植物从土壤或环境中吸收水分和矿物质,通过光合作用,将太阳能转化为生物有机物质贮存的化学能或生物能。消费者和分解者在继续利用生物质维持自身生命活动的同时,又向土壤环境提供植物可利用的养分,为土壤提供可供其形成肥力的基本物质——腐殖质,从而使土壤库容逐渐增大。此物质和能量循环往复使土壤生态系统得到良性循环保障。而在工业生产的社会经济系统中,人为有目的的调节作用,尤其是工业的发展和人口的爆炸式膨胀,引起天然矿藏资源的加速开采、森林资源的过度砍伐、草原的过度放牧、人工合成化合物的种类和数量的加速发展,导致人地系统从未有过的高度集约化生产,进而引起更大的掠夺式利用。而在这一生产过程中,大量气态、液态和固态废物产生出来,来不及处理就被排放到环境中,给自然环境中的土壤和农作物带来直接的和间接的损害。

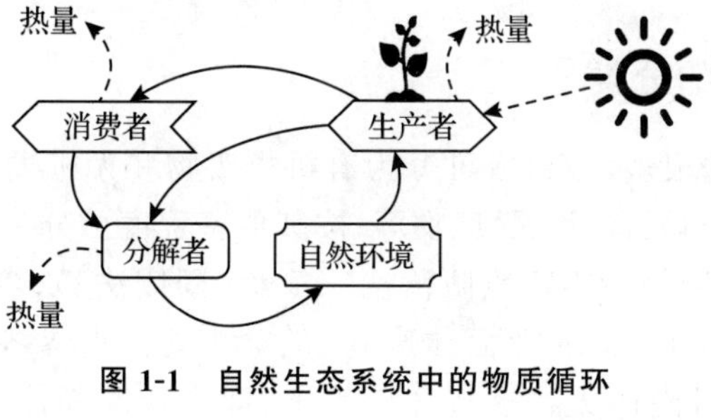

图1-1 自然生态系统中的物质循环

1.2　固体废物的来源和分类

1.2.1　固体废物的来源

固体废物来自人类生产和生活过程中的许多环节。表1-1列出从各类发生源产生的主要固体废物。

表1-1　从各类发生源产生的主要固体废物

发生源	产生的主要固体废物
矿业	废石、尾矿、金属、废木、砖瓦和水泥、砂石等
冶金、金属结构、交通、机械等工业	金属、渣、砂石、模型、芯、陶瓷、涂料、管道、绝热和绝缘材料、黏结剂、污垢、废木、塑料、橡胶、纸、各种建筑材料、烟尘等
建筑材料工业	金属、水泥、黏土、陶瓷、石膏、石棉、砂石、纸、纤维等
食品加工业	肉、谷物、蔬菜、硬壳果、水果、烟草等
橡胶、皮革、塑料等工业	橡胶、塑料、皮革、布、线、纤维、染料、金属等
石油化工工业	化学药剂、金属、塑料、橡胶、陶瓷、沥青、污泥油毡、石棉、涂料等
电器、仪器仪表等工业	金属、玻璃、木、橡胶、塑料、化学药剂、研磨料、陶瓷、绝缘材料等
纺织服装工业	布头、纤维、金属、橡胶、塑料等
造纸、木材、印刷等工业	刨花、锯末、碎木、化学药剂、金属填料、塑料等
城镇居民生活	食物、垃圾、纸、木、布、庭院植物修剪物、金属、玻璃、塑料、陶瓷、燃料灰渣、脏土、碎砖瓦、废器具、粪便、杂品等
商业、机关	同上，另有管道、碎砌体、沥青、其他建筑材料，含有易爆、易燃、腐蚀性、放射性废物以及废汽车、废电器、废器具等
市政维护、管理部门	脏土、碎砖瓦、树叶、死禽畜、金属、锅炉灰渣、污泥等
农业生产和农村生活	秸秆、蔬菜、水果、果树枝条、糠秕、人和禽畜粪便、农药等
核工业和放射性医疗单位	金属、含放射性废渣、粉尘、污泥、器具和建筑材料等

1.2.2　固体废物的分类

固体废物的分类方法很多，按组成可分为有机类废物和无机类废物；按形态可分为固体（块状、粒状和粉状）废物和泥状（污泥）废物等；按其危害程度可分为一般废物和危险废物；依据《中华人民共和国固体废物污染环境防治法》（简称《固废法》），按照产生源可划分为工业固体废物、生活垃圾、建筑垃圾、农业固体废物、危险废物。世界各国通常采用来源和危险程度相结合的分类方式对固体废物进行环境管理，即产业源固体废物、生活源固体废物和危险废物。

1.2.2.1　产业源固体废物

产业源固体废物通常是指在工农业生产过程中产生的未被利用的副产物，分为以下几类：

1. 工业固体废物

工业固体废物是指工业生产加工及环保设施运行过程产生的废渣、粉尘、碎屑、污泥等。比如,矿业开采过程产生的废弃矿渣、矿粉、煤矸石等;冶金工业产生的高炉渣、钢渣、铜渣、锌渣、镍渣、铬渣、镉渣、汞渣、赤泥等;燃料燃烧过程产生的炉渣、飞灰以及除尘过程产生的粉煤灰、烟道灰等;化学工业产生的硫铁矿烧渣、煤造气炉渣、磷泥、磷石膏、纯碱盐泥、烧碱盐泥、化学矿山尾矿渣、蒸馏釜残渣、废催化剂等;石油工业炼油和油品精炼过程中排出的浮渣、含油污泥等;粮食及食品加工过程产生的谷屑、下角料、味精渣、酒糟、醋糟、渣滓等。

2. 农业固体废物

农业固体废物是指在农业生产活动中产生的固体废物。比如种植过程产生的秸秆、藤蔓、谷壳、废弃农产品,以及地膜、棚膜、肥料袋、农药包装物等;食用菌栽培过程中产生的菌渣、菇包、废弃食用菌等;畜禽水产的养殖及屠宰加工过程中产生的畜禽粪便、甲壳、动物尸骸、毛发、骨头等;此外,还有林果种植、采伐及加工产生的锯末、树皮、木屑、枝丫和树叶等。

3. 建筑固体废物

建筑固体废物是指建设施工过程中产生的垃圾,也称建筑垃圾。按照来源分类,建筑垃圾可分为土地开挖垃圾、道路开挖垃圾、旧建筑物拆除垃圾、建筑工地垃圾和建材生产垃圾5类,主要由渣土、砂石块、砂浆、砖瓦碎块、混凝土块、沥青块、废塑料、废金属料、废竹木等组成。

1.2.2.2 生活源固体废物

生活源固体废物是指居民生活、商业活动、市政建设与维护、机关办公等过程产生的固体废物。生活垃圾随着城市建设和发展以及人们生活水平的提高而发生组成和性质的变化。

其中生活垃圾的种类繁多,各国的分类方法也不尽相同。

1. 根据生活垃圾性质分类

根据生活垃圾的性质,如可燃性能、发热量、化学成分及可堆肥性等指标来进行分类。按可燃性能分为可燃性垃圾与不可燃性垃圾;按发热量分为高热值垃圾与低热值垃圾;按化学成分分为有机垃圾与无机垃圾;按可堆肥性分为可堆肥垃圾与不可堆肥垃圾。上述前两项性质可作为焚烧处理垃圾质量的参考,后两项则可作为选择处理方式,特别是选择堆肥化及其他生物处理方法时的主要参考依据。

2. 根据生活垃圾组成成分分类

较多的是结合生活垃圾末端处置方式或资源回收利用可能性做简易分类,也称为大类粗分或者“四分法”,粗分为3～4类。参照《生活垃圾分类标志》(GB/T 19095—2019),我国将生活垃圾分为可回收物、厨余垃圾、其他垃圾和有害垃圾(图1-2)。

3. 根据生活垃圾产生源分类

(1)厨房垃圾(也称湿垃圾)　是居民住户排出垃圾的主要成分。

(2)园林绿化垃圾　包括园林植物(如树木、灌木、草坪等)在定期修剪过程中产生的枝条、树叶、残花、败果等。

(3)清扫垃圾　指在城市道路、桥梁、广场、公园及其他露天公共场所由环卫系统清扫收集的垃圾。

(4)商业垃圾　指城市商业、各类商业性服务网点或专业性营业场所(如菜市场、饮食店等)产生的垃圾。

(5)建筑垃圾　指对城市建筑物、构筑物进行维修或兴建的施工现场产生的垃圾。

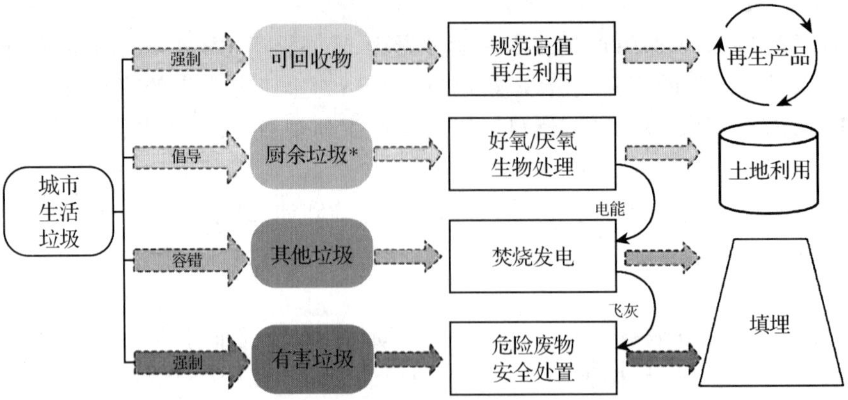

图 1-2　基于处理处置技术的生活垃圾"四分法"分类

(6)其他垃圾　是除以上各类产生源以外场所排放的垃圾的统称。

1.2.2.3　危险废物

危险废物是指列入国家危险废物名录或者根据国家规定的危险废物鉴别标准和鉴别方法认定的具有危险特性的废物。危险废物,也称有毒有害废物,主要来源于工业、农业、商业、医疗卫生各部门乃至人类的日常生活,主要包括医疗垃圾、树脂、药渣、含重金属污泥、酸和碱废物、放射性固体废弃物等。这类废物具有急性毒性、易燃性、反应性、腐蚀性、浸出毒性、疾病传染性等特点,因而可能对人类的生活环境产生严重危害。

我国目前将固体废物分为四大类:生活垃圾、一般工业固体废物、有害固体废物和其他废物。其中,放射性固体废物和有害固体废物不属于一般工业固体废物,属于专门管理类型。

1.3　固体废物的污染与控制

1.3.1　固体废物的污染危害

随着我国城市不断扩大,城乡经济的不断发展和人民生活水平的提高,各种固体废物的排放量也日益增多。固体废物的污染危害是多方面的,对环境和人体的危害表现在以下方面:

1.3.1.1　固体废物对自然环境的影响

1. 侵占土地

固体废物产生以后,需要占用土地进行堆放,伴随着生产的发展和消费的增长,固废堆积量越大,占地便会越多,固体废弃物与土地的矛盾日益尖锐。据科学估算,每堆积 1×10^4 t 废渣约需占地 1 亩。近年来,由于垃圾产生量增长幅度较大以及缺乏有效的管理与处置措施,我国许多城市利用市郊堆存垃圾,侵占农田的现象屡见不鲜,导致相当多的地区陷入垃圾包围之中。此外,固体废物的堆存也严重破坏了地貌、植被和自然景观。以北京市为例,2000 年生活垃圾总排放量达 527 万 t,而 2021 年,全市生活垃圾清运量高达 784 万 t,日均 2.15 万 t。超量的生活垃圾产生排放,加速了生活垃圾对城市周边土地的侵占。

2. 污染土壤

固体废物露天堆存,长期受风吹、日晒、雨淋,其中的有害成分不断渗出,进入地下并向周围扩散，污染土壤（污染面积常达占地面积的2～3倍），并对土壤中微生物的活动产生影响，进一步影响土壤中微生物参与自然循环的作用，这将导致受污染土壤草木不生。对环境的污染与危害主要表现以下几方面：一是对土壤理化性状将产生不良影响。如20世纪80年代，原中国农业科学院土壤肥料研究所的调研试验表明：10～20年亩（1亩≈666.7 m^2）施10 t未经处理的垃圾，在0～20 cm的土层中，土壤渣砾（＞2 mm）的组分上升，而土壤黏粒（＜0.005 mm）和粉砂粒（0.01～0.005 mm）的组分大幅度下降，从而使土壤保水能力下降，土壤阳离子交换量减少13％，氮素和钾素流失严重（表1-2）。二是固体废物对土壤成分的影响，导致重金属、抗生素以及微塑料等风险污染物的积累，从而进一步影响作物的生长发育，伴随着食物链的传递扩大风险。例如，近年来，随着农业生产过程塑料制品，包括塑料薄膜、塑料包装物等长期大量使用，塑料回收率较低，土壤残留和污染传递，造成微塑料等新污染物在有机肥中大量积累（表1-3），商品有机肥中微塑料颗粒达到2 000～7 000个/kg。同步监测设施耕地土壤中年增加微塑料颗粒丰度达到300～500个/kg，年增加25％以上。三是未经任何无害化处理的固体废物将会携带大量的细菌类病原菌、病毒和寄生虫卵，如果进入土壤，将会成为各种疾病的传播源。

表1-2 垃圾对土壤物理性状的影响（施入10～20年垃圾）

指标	对照		施10 t垃圾堆肥/亩	
	土层0～20 cm	土层20～40 cm	土层0～20 cm	土层20～40 cm
渣砾/％	15.5	16.8	37.5	31.8
黏粒/％	11.8	15.8	7.8	12.2
粉砂粒/％	71.9	67.6	53.8	56.2
失水率/％	16.9	13.6	13.1	16.4
折每亩失水/kg	—	—	339	8.9
阳离子代换量/(me/100 g)	17.4	21.7	15.1	16.8
保氮率下降/％	—	—	13.1	22.2

表1-3 部分有机肥中风险污染物含量 mg/L

样品来源	有机肥	pH	Cd	As	Pb	Cr	Hg	Cu	Zn	微塑料/(个/kg)
大兴区某设施园	样品1	8.7	ND	ND	16.5	46.1	ND	31.2	803	2 100
	样品2	7.8	ND	2.5	23.2	58.4	1.2	36.6	919	6 400
延庆区某设施园	样品	7.8	ND	10.4	10.6	49.6	0.2	19.2	759	3 000
有机肥限量标准		5.5～8.5	3	15	50	150	2	—	—	—

注：ND表示没有检测到。

3. 污染水体

固体废物随降水和地表径流进入江河湖海，或随风飘落水中，使地表水受到污染；废物中的有害成分随渗滤液进入土壤污染地下水；将废物直接排入水体，不仅造成水体污染，还会淤塞河道，减少湖泊面积，使水体黑臭；海洋正面临着固体废物的威胁，海洋垃圾不仅造成视觉污染，还会污染水体，危害水生生物和人体健康。例如，未经处理的粪便，一经排入河道，地表水中的生化需氧量(BOD)、COD、悬浮物含量(SS)急剧上升，粪尿中还含有大量病原微生物，如大肠杆菌、链球菌等细菌和病毒。

4. 污染大气

固体废物在运输、贮存、处理、利用和处置过程中，会产生有害气体、恶臭和颗粒污染物，例如，有机固体废物，在适宜的温度和湿度下被微生物分解，释放出恶臭(硫化氢、氨等)；露天堆放的固体废物，受风吹日晒，逐步风化，其中的粉末会随风飘散，形成扬尘；煤矸石含硫量达1.5%会自燃，释放二氧化硫；采用焚烧法处理固体废物所产生的烟气，须处理达标后排放；露天焚烧垃圾及秸秆造成的大气污染屡见不鲜；生活垃圾填埋场逸出的甲烷和二氧化碳等，是温室气体的来源之一。据统计，在2020年，广西秸秆燃烧共排放 CO_2 9.48×10^6 t、CO 2.42×10^5 t、PM2.5 6.40×10^4 t、VOCs(挥发性有机物)5.44×10^4 t、CH_4 2.32×10^4 t、NO_x 1.89×10^4 t、有机碳(OC)1.85×10^4 t、NH_3 4.95×10^3 t、黑炭(BC)4.30×10^3 t、SO_2 4.18×10^3 t。

1.3.1.2 固体废物污染对人体健康的影响

固体废物污染对人体健康构成严重威胁，包括直接接触导致的皮肤腐蚀与急性中毒，及通过大气、水体、土壤等环境介质引发的呼吸疾病、水源污染、农作物受损等间接影响。长期暴露可致慢性中毒、免疫系统受损及遗传毒性风险增加。例如固体废物携带的霉菌、细菌、病毒等病原体，会破坏人体的免疫系统，造成严重的疾病。

1.3.2 固体废物的污染途径

固体废物中含有各种各样的有害成分，主要包括有害化学类(如重金属中的铅、镉、汞、铬以及有机污染物等)和生物类污染物(如细菌、病毒、寄生虫卵等)。这些有害固体废物如果处理不当，就会通过不同途径危害人体健康，污染生态环境。由于固体废物来源途径不同，所含的有毒有害成分以及病原微生物类型不同，其污染途径也是不同的，主要分为以下2类：

(1)化学物质型污染　露天存放或置于处置场的固体废物，其中的化学有害成分可通过环境介质——大气、土壤、地表或地下水体等直接或间接传至人体，造成健康威胁。其中有些是直接进入环境的，如通过蒸发进入大气，而更多的则是通过非直接途径如接触、浸入、食用或咽入受沾染的饮用水或食物等进入人类体内的(图1-3)。各种途径的重要程度，不仅取决于不同固体废物本身的物理、化学和生物特性，而且与固体废物所在场地的地质水文条件有关。

(2)病原体型污染　是一个复杂的过程，涉及多个环节和媒介。该过程始于生活废物中的病原体，这些病原体通过多种途径进入并污染环境(图1-4)。首先，人畜排泄物成为病原体传播的重要渠道，它们携带的病原体能够直接污染土壤、农作物和肥料。随后，这些被污染的物质又进一步将病原体传递给饲料、动物和植物食品，形成了一条从源头到终端的污染链。

1.3.3 固体废物的污染控制

固体废物对环境的污染不同于废水、废气和噪声。而固体废物往往是许多污染成分的终极状态。如对有害气体或飘尘进行治理，最终富集成为废渣；一些废水中的悬浮物和有机物质，通过污水处理最终分离出来成为污泥。而这些终极状态的"终态"物质如果处理不当，在长期的自然因素作用下，又会转入大气、水体或土壤，就有可能重新成为农业生产环境和人类生存环境的污染"源头"。因此，在对固体废物进行处置的过程中应进行污染控制，以便减少固体

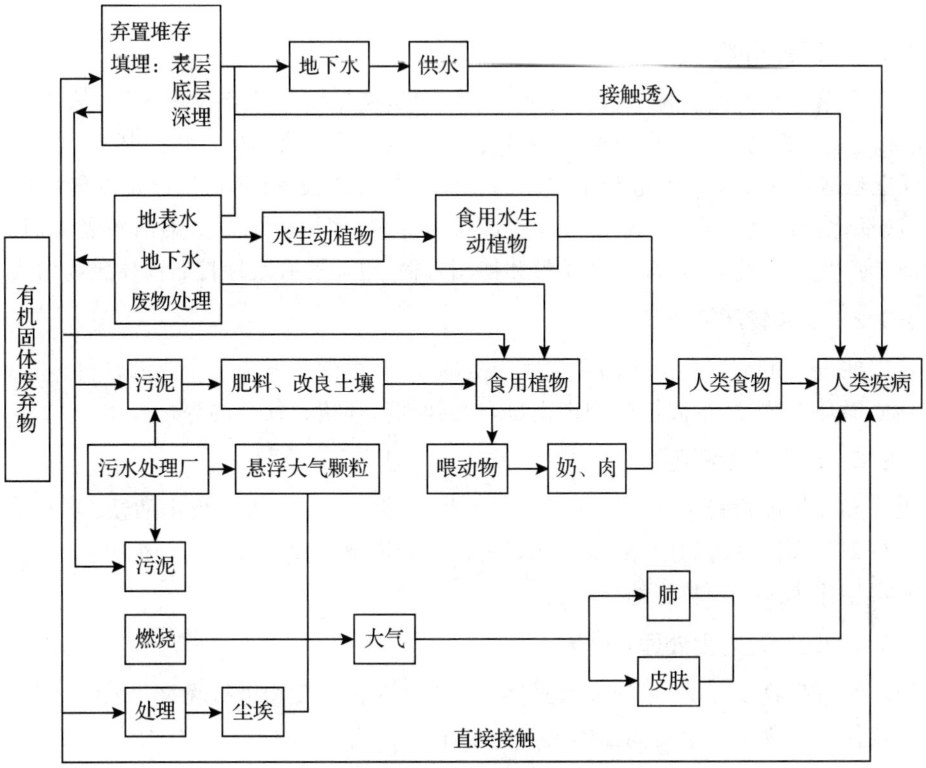

图 1-3　化学物质型固体废物致病的途径

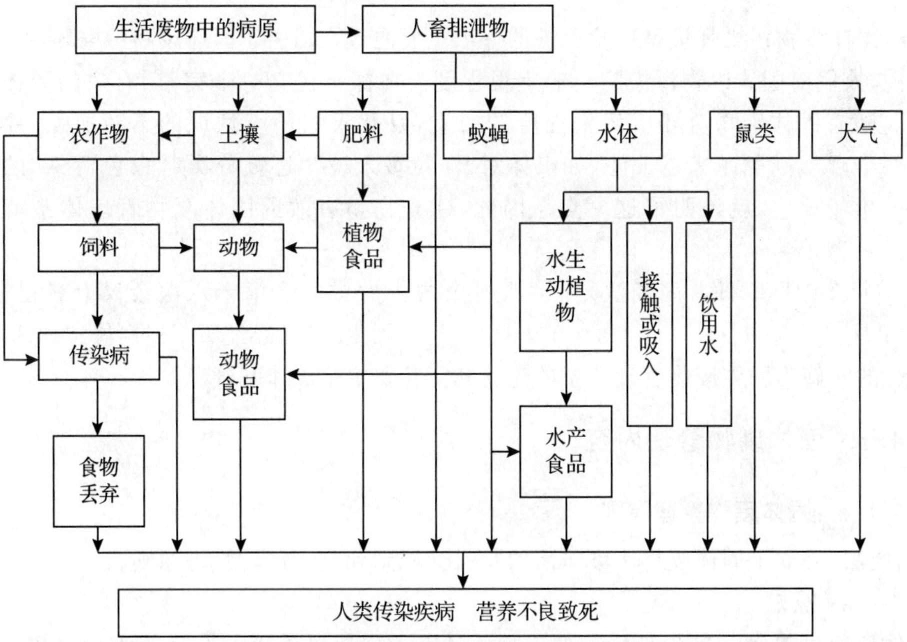

图 1-4　病原体型固体废物致病的途径

废物产生量。

1.3.3.1 完善和改造生产工艺

生产工艺落后是产生固体废物的主要原因,因而首先应当结合技术改造,从改革工艺着手,采用无废或少废的清洁生产技术,从发生源消除或减少污染物的产生。其次,原料品位低、质量差,也是造成固体废物大量产生的原因。如一些选矿技术落后、缺乏烧结能力的中小型炼铁厂,渣铁比相当高。如果在选矿过程提高矿石品位,便可少加造渣熔剂和焦炭,并大大降低高炉渣的产生量。此外,提高产品质量和使用寿命,也能够有效地控制固体废物污染。

1.3.3.2 发展物质循环工艺

往往那些进行单个产品生产的企业所产生的废物,可能是下一个企业的原料。因此,应发展多级物质循环工艺,减少固体废物产生量,达到经济、环境和社会的综合效益。

1.3.3.3 进行综合利用

积极开展固体废物资源化利用途径和技术的研究。如将城市垃圾中的铁、玻璃和塑料分离出来并分别加以回收再利用,而剩余部分经过高温堆肥处理后转化为有机肥料。又如,将粉煤灰开发利用作为复混颗粒肥的原料。

1.3.3.4 进行无害化处理与处置

利用堆肥等生物学方法、热处理和固化处理方法对固体废物进行无害化最终处置,将有害物质去除或使有害物质含量达到固体废物排放标准。

1.4 固体废物管理

防治固体废物污染环境是环境保护的一项重要内容。但由于固体废物污染环境的滞后性与复杂性,人们对固体废物污染防治的重视程度尚在探索建立一个完整、有效的固体废物管理体系。随着固体废物对环境污染程度的加重,以及人们环境意识的不断加强,社会对固体废物污染环境问题越来越关注,如媒体对“洋垃圾入境”“垃圾分类”“白色污染”的讨论以及相应的市场反应,就说明了这一点。因此,建立完整有效的固体废物管理体系就显得日益迫切。

1995 年 10 月 30 日,《固废法》在第八届全国人大常委会第十六次会议上获得通过,于 1996 年 4 月 1 日起施行。直至 2020 年 4 月 29 日,《固废法》已经经历了三次修正和两次修订。《固废法》的实施为固体废物管理体系的建立和完善奠定了法律基础。

1.4.1 固体废物管理内容

1.4.1.1 固体废物管理原则

《固废法》确立了固体废物污染防治的“三化”原则和“全过程”管理原则。

1. “三化”原则

固体废物的管理与其他环境问题一样,经历了从简单处理到全面管理的发展过程,初期,世界各国都把注意力放在末端治理上,提出来“三化”原则,即减量化、资源化和无害化。

固体废物“减量化”是指通过适当的技术，一方面减少固体废物的排出量。另一方面减少固体废物容量。固体废物“无害化”是指通过采用适当的技术对废物进行处理，使其对环境不产生污染，不致对人体健康产生影响。固体废物“资源化”是指从固体废物中回收有用的物质和能源，加快物质循环，创造经济价值的广泛的技术和方法。此外，固体废物“资源化”应遵循的原则是：技术上可行，经济效益好，就地利用产品，不产生二次污染，符合国家相应产品的质量标准。

2. “全过程”管理原则

固体废物本身往往是污染的“源头”，故需要对其产生、收集、贮存、运输、综合利用、处理处置实行全过程管理，在每一环节都将其作为污染源进行严格的控制。因此，解决固体废物污染控制问题的基本对策是避免产生(clean)、综合利用(cycle)、妥善处置(control)的所谓“3C原则”。另外随着循环经济、生态工业园及清洁生产理论和实践的发展，有人提出了“3R”原则，即通过对固体废物实施减少产生(reduce)、再利用(reuse)、循环(recycle)策略实现节约资源、降低环境污染及资源永续利用的目的。根据以上原则，可以将固体废物从产生到处置的全过程分为五个连续或不连续的环节进行控制。其中，各种产业活动中的清洁生产是第一阶段，在这一阶段，通过科学改进生产工艺来减少固体废物的产生。同时，对生产过程中产生的固体废物，尽量进行系统内的回收利用，这是管理体系的第二阶段。对于已产生的固体废物，则进行第三阶段(系统外的回收利用)、第四阶段(无害化、稳定化)以及第五阶段(固体废物的最终处置)。

1.4.1.2 固体废物管理内容

1. 产生者

对于固体废物产生者，要求其按照有关标准，将所产生的废物分类，并用符合法定标准的容器包装，做好标记、登记记录，建立废物(主要是有害废物)清单，待收集运输者运出。

2. 贮存

贮存管理是指对固体废物进行收集运输前的贮存过程实行严格控制。贮存往往需要一定的容器，如一次性或周转性容器等。为了防止暂存过程中产生污染，容器的质量、材质、形态应能满足所装废物的标准要求。

3. 收集运输

收集管理是指对各厂家的收集实行管理，运输管理是指对收集过程中的运输和收集后运送到中间贮存处或处理处置厂(场)的过程实行的污染控制。

4. 综合利用

综合利用管理是指用于农业、建材、回收资源和能源过程中，对于污染的控制。

5. 处理处置

处理处置管理包括有控堆放、卫生填埋、安全填埋、深层处置、深海投弃、焚烧、生化解毒和物化解毒等。

6. 危险废物管理

危险废物的特性通常包括急性毒性、易燃性、反应性、腐蚀性、浸出毒性和疾病传染性。根据这些性质，各国均制定了自己的鉴别标准和危险废物名录。联合国环境规划署《控制危险废物越境转移及其处置巴塞尔公约》列出了“应加控制的废物类别”共45类，“须加特别考虑的废物类别”共2类，同时列出了危险废物“危险特性的清单”共14种特性。

我国危险废物与非危险废物的划分通常采用 2 种方法。

(1)名录法　是根据经验与实验,将有害废物的品名列成一览表,将非有害废物列成排除表,用以表明某种废物属于有害废物或非有害废物,再由国家管理部门以立法形式予以公布。此法使人一目了然,方便使用。1998 年 1 月 4 日,由国家环境保护局、国家经济贸易委员会、对外贸易经济合作部和公安部联合颁布,1998 年 7 月 1 日实施的《国家危险废物名录》(简称《名录》),将危险废物共分为 47 类。2021 年版将危险废物扩充至 50 类。

(2)鉴别法　是在专门的立法中对有害废物的特性及其鉴别分析方法以"标准"的形式予以规定,依据鉴别分析方法,测定废物的特性,如易燃性、腐蚀性、反应性、放射性、浸出毒性以及其他毒性等,进而判定其属于有害废物或非有害废物。

危险废物的鉴别、分类分为 2 个步骤:第一步,将《名录》中所列废物纳入危险废物管理体系;第二步,通过《危险废物鉴别标准》将危险性低于一定程度的废物排除危险废物之外,即加以豁免。我国实施的《危险废物鉴别标准》中包括腐蚀性、急性毒性、浸出毒性、易燃性、反应性和毒性物质含量等 6 类鉴定和初筛标准。

1.4.2　固体废物管理体系

我国固体废物管理体系是以环境保护主管部门为主,结合有关的工业主管部门以及城市建设主管部门,共同对固体废物实行全过程管理。为实现固体废物的"三化",各主管部门在所辖的职权范围内,建立相应的管理体系和管理制度。《固废法》对各个主管部门的分工有着明确的规定。

1. 各级环境保护主管部门

各级环境保护主管部门对固体废物污染环境的防治工作实施统一监督管理。其主要工作包括:

①制定有关固体废物管理的规定、规则和标准;

②建立固体废物污染环境的监测制度;

③审批产生固体废物的项目以及建设贮存、处置固体废物的项目的环境影响评价;

④验收、监督和审批固体废物污染环境防治设施的"三同时"及其关闭、拆除;

⑤对与固体废物污染环境防治有关的单位进行现场检查;

⑥对固体废物的转移、处置进行审批、监督;

⑦进行进口可用作原料的废物的审批;

⑧制定防治工业固体废物污染环境的技术政策,组织推广先进的防治工业固体废物污染环境的生产工艺和设备;

⑨制定工业固体废物污染环境防治工作规划;

⑩组织工业固体废物和危险废物的申报登记;

⑪对所产生的危险废物不处置或处置不符合国家有关规定的单位实行行政代执行审批,颁发危险废物经营许可证;

⑫对固体废物污染事故进行监督、调查和处理。

2. 国务院有关部门、地方人民政府有关部门

国务院有关部门、地方人民政府有关部门在各自的职务范围内负责固体废物污染环境防治的监督管理工作。其主要工作包括:

①对所管辖范围内的有关单位的固体废物污染环境防治工作进行监督管理；

②对造成固体废物严重污染环境的企事业单位进行限期治理；

③制定防治工业固体废物污染环境的技术政策，组织推广先进的防治工业固体废物污染环境的生产工艺和设备；

④组织、研究、开发和推广减少工业固体废物产生量的生产工艺和设备，限期淘汰产生严重污染环境的工业固体废物的落后生产工艺、落后设备；

⑤制定工业固体废物污染环境防治工作规划；

⑥组织建设工业固体废物和危险废物贮存、处置设施。

3. 各级人民政府环境卫生行政主管部门

各级人民政府环境卫生行政主管部门负责城市生活垃圾的清扫、贮存、运输和处置的监督管理工作。其主要工作包括：

①组织制定有关城市生活垃圾管理的规定和环境卫生标准；

②组织建设城市生活垃圾的清扫、贮存、运输和处置设施，并对其运转进行监督管理；

③对城市生活垃圾的清扫、贮存、运输和处置经营单位进行统一管理。

1.4.3 固体废物管理制度

根据我国国情并借鉴国外的经验，《固废法》制定了一些行之有效的管理制度。

1. 分类管理制度

对生活垃圾、工业固体废物和危险废物分别管理；设立生活垃圾分类制度，垃圾分类投放、分类收集、分类运输和分类处理；收集和贮存危险废物必须按照危险废物特性分类进行；禁止混合收集、贮存、运输和处置性质不相容的未经安全性处理的危险废物，当化学性质不相容的废物相混时，可能发生不良反应，包括热反应（燃烧或爆炸）、产生有毒有害气体（砷化氢、氰化氢和氯气等）及可燃性气体（氢气和乙炔等）；禁止将危险废物混入非危险废物中贮存。根据危险废物的危害性和数量评估其环境风险，制定分级管理要求。

2. 工业固体废物申报登记制度

为了使环境保护主管部门掌握工业固体废物和危险废物的种类、产生量、流向以及对环境的影响等情况，进而有效地防治工业固体废物和危险废物对环境的污染，《固废法》规定："产生工业固体废物的单位应当向所在地生态环境主管部门提供工业固体废物的种类、数量、流向、贮存、利用、处置等有关资料。"

3. 固体废物污染环境影响评价制度及其防治设施的"三同时"制度

环境影响评价和"三同时"制度是我国环境保护的基本制度，《固废法》进一步重申了这一制度，建设项目的环境影响评价文件确定需要配套建设的固体废物污染环境防治设施，应当与主体工程同时设计、同时施工、同时投入使用。

4. 排污收费制度

排污收费制度也是我国环境保护的基本制度。任何单位都被禁止向环境排放固体废物。而固体废物排污费的交纳，则是对那些在按照规定和环境保护标准建成工业固体废物贮存或者处置的设施、场所，或者经改造这些设施、场所达到环境保护标准之前产生的工业固体废物而言的。

5. 限期治理制度

为了解决重点污染环境问题，对没有建设工业固体废物贮存或处理处置设施、场所或已建设施、场所但不符合规定的企业和责任者，实施限期治理、限期建成或改造。期限内仍不达标的，可采取经济手段甚至停产的手段进行处罚。

6. 进口废物审批制度

《固废法》明确规定："禁止中华人民共和国境外的固体废物进境倾倒、堆放、处置"；"禁止经中华人民共和国过境转移危险废物"；"国家逐步实现固体废物零进口，由国务院生态环境主管部门会同国务院商务、发展改革、海关等主管部门组织实施"。通过这些制度的实施，有效地遏制了曾受到国内外瞩目的"洋垃圾入境"的势头，维护了国家尊严和国家主权，防止了境外固体废物对我国的污染。

7. 危险废物行政代执行制度

《固废法》规定："产生危险废物的单位，必须按照国家有关规定处置；不处置的，由所在地县以上地方人民政府环境保护行政主管部门责令限期改正；逾期不处置或者处置不符合国家有关规定的，由所在地县以上地方人民政府环境保护行政主管部门指定单位按照国家有关规定代为处置，处置费由产生危险废物的单位承担。"该制度是一种行政强制执行措施，而处置费用由危险废物产生者承担，也符合我国"谁污染谁治理"的原则。

8. 危险废物经营单位许可证制度

危险废物的危险特性决定了并非任何单位和个人都可以从事危险废物的收集、贮存、处理处置等经营活动。必须由具备一定设施、设备、人才和专业技术能力并通过资质审查获得经营许可证的单位进行危险废物的收集、贮存、处理处置等经营活动。

9. 危险废物转移报告单制度

危险废物转移报告单制度的建立，是为了保证危险废物的运输安全，以及防止危险废物的非法转移和非法处置，保证危险废物的安全监控，防止危险废物污染事故的发生。

1.5 固体废物相关标准

我国有关固体废物的标准主要分为固体废物分类标准、固体废物监测标准、固体废物污染控制标准和固体废物综合利用标准 4 类。

1.5.1 固体废物分类标准

固体废物分类标准主要包括《一般固体废物分类与代码》(GB/T 39198—2020)、《国家危险废物名录》(2021 年)和《危险废物鉴别标准　通则》(GB 5085.7—2019)等。由国家市场监督管理总局、国家标准化管理委员会发布的《一般固体废物分类与代码》(GB/T 39198—2020)规定了一般固体废物的分类、分类代码编制规则、分类代码示例。

1.5.2 固体废物监测标准

固体废物监测标准包括已经制定颁布的《固体废物浸出毒性浸出方法　水平振荡法》(HJ 557—2010)、《工业固体废物采样制样技术规范》(HJ/T 20—1998)，以及《大件垃圾收集和利用技术要求》(GB/T 25175—2010)、《危险废物鉴别标准　急性毒性初筛》(GB 5085.2—

2007)。另外住房和城乡建设部制定颁布的《生活垃圾采样和分析方法》(CJ/T 313—2009)、《生活垃圾卫生填埋场环境监测技术要求》(GB/T 18772—2017)也属于这类标准。这类标准主要包括固体废物的样品采制、处理以及分析方法的标准,目前还未制定有关固体废物成分分析方法的标准。

固体废物对环境的污染主要是通过渗滤液和散发气体等释放物进行的,因此对这些释放物的监测仍然应该遵照废水、废气的监测方法进行。浸出毒性的测定目前没有绑定标准测定方法的项目(如有机汞),暂时参照水质测定的国家标准。

1.5.3 固体废物污染控制标准

固体废物污染控制标准是固体废物管理标准中最重要的标准,是环境影响评价、"三同时"、限期治理、排污收费等一系列管理制度的基础。若没有标准,所有这些制度都将成为空文。

固体废物管理与废水、废气的最大区别在于固体废物没有与其形态相同的受纳体,其对环境的污染主要是通过其释放物(渗滤液、产生气体等)对水体和大气的污染,即使是对土壤的污染也是通过渗滤液进行的,而这一过程时间长,过程复杂,一旦形成污染将很难予以消除。从这个角度上讲,固体废物的环境保护控制标准与废水、废气的标准是截然不同的,无法采用末端浓度控制的方法。我国固体废物控制标准采用处置控制的原则,在现有成熟处置技术的基础上,制定废物处置的最低技术要求,再辅以释放物控制,以达到固体废物污染环境防治的目的。

固体废物污染控制标准分为两大类。一类是废物处置控制标准,即对某种特定废物的处置标准、要求。目前,这类标准有《含多氯联苯废物污染控制标准》(GB 13015—2017)。这一标准规定了不同水平的含多氯联苯废物允许采用的处置方法。另外《城市园林废弃物资源回收和深加工技术要求》(GB/T 40199—2021)中有关城市垃圾排放的内容应属于这一类。这一标准中规定了对城市垃圾收集、运输和处置过程的管理要求。另一类则是设施控制标准,目前已经颁布或正在制定的标准大多属这类,如《生活垃圾填埋场污染控制标准》(GB 16889—2008)、《生活垃圾焚烧污染控制标准》(GB 18485—2014)、《一般工业固体废物贮存和填埋污染控制标准》(GB 18599—2020)、《危险废物填埋污染控制标准》(GB 18598—2019)、《危险废物焚烧污染控制标准》(GB 18484—2020)、《危险废物贮存污染控制标准》(GB 18597—2023)、《畜禽粪便贮存设施设计要求》(GB/T 27622—2011)、《畜禽养殖污水贮存设施设计要求》(GB/T 26624—2011)、《畜禽粪污处理场建设标准》(NY/T 3023—2016)。这些标准中规定了各种处置设施的选址、设计与施工、入场、运行、封场的技术要求和释放物的排放标准以及监测要求等。其中一些标准在制定完成并颁布后成为固体废物管理的最基本的强制性标准。在这之后建成的处置设施如果达不到这些强制标准的要求将不能运行,或被视为非法排放;在这之前建成的处置设施如果达不到这些强制标准的要求将被要求限期整改,并收取排污费。除此之外,工业和信息化部、建设部制定并颁布了一些设备、设施的行业性技术标准,如《小型焚烧炉 技术条件》(JB/T 10192—2012)、《垃圾滚筒筛》(CJ/T 460—2014)等。

1.5.4 固体废物综合利用标准

根据《固废法》的"三化"原则,固体废物的资源化将是非常重要的。为大力推行固体废物的综合利用技术,并避免在综合利用过程中产生二次污染,国家相关主管部门制定了一系列有关固体废物综合利用的规范、标准。制定的综合利用标准包括电镀污泥、含铬废渣、磷石膏等废物综合利用的规范和技术规定，如《畜禽粪便还田技术规范》(GB/T 25246—2010)、《沼肥施用技术规范》(NY/T 2065—2011)。以后，还将根据技术的成熟程度陆续制定有关各种废物综合利用的标准。

1.6 固体废物组成与资源化利用

不同固体废物存在组成和性质差异，其资源化利用的途径也存在差异。如城市生活垃圾中除含有塑料、橡胶、木块和金属等外，还含有瓜、果、壳、菜和其他一些可生物降解转化的生物质类成分；农作物秸秆和畜禽粪便中除含有病原微生物如大肠杆菌和粪大肠杆菌外，还含有大量的营养物质，经适当处理或转化制成饲料。污泥中虽然含有重金属等污染物，但其中丰富的有机质和氮、磷、钾及微量元素等却是土壤改良的重要物质。因此，判断固体废物能否资源化首先应了解其化学组成，尤其是营养组成，从而为进一步确定其利用潜力提供信息。目前，固体废物常见的资源化利用途径以饲料化、材料化、燃料化和肥料化为主，具体技术包括：预处理技术、稳定化与固化技术、焚烧技术、热解技术、热干化技术、堆肥化技术、厌氧消化技术、乙醇发酵技术、饲料化技术、材料化技术等。

1.6.1 有机固体废物

1. 农业固体废物

据《第二次全国污染源普查公报》调查显示，我国畜禽粪便年产生量约 38 亿 t(湿基，折干约 10 亿 t)，畜禽养殖业化学需氧量、总氮、总磷的排放量分别为 1 000.53 万 t、59.63 万 t、11.97 万 t，分别占农业源排放总量的 93.8%、42.1%和 56.5%，已成为农业面源污染的重要来源。畜禽粪便中含有丰富的有机质和氮、磷、钾及微量元素等营养物质(表 1-4)，是生产有机肥料的重要原料，但也残存有大量的病菌、虫卵等有害物质，因此，必须进行无害化处理后才能进行资源化利用。在肥料化利用中应考虑不同畜种的特性，如禽粪和羊粪较“热”，不经无害化处理施用后易烧苗；而牛粪相对较“冷”，同时其中还可能混有大量的杂草种子，若不经无害化处理，直接利用会造成农田尤其水田生长杂草，如稗草。畜禽粪便还可经蚯蚓、黑水虻或微生物转化为动物饲料，也可用于生物质燃气的生产。需要指出的是，部分畜禽粪便中抗生素、铜、锌等元素含量偏高，在资源化利用之前，应综合评估其生态、生物和环境安全性，避免造成不必要的损失。

表 1-4 不同畜禽粪便的特性 %

项目	干物质				新鲜物质
	有机质	全氮(N)	全磷(P_2O_5)	全钾(K_2O)	水分
鸡粪	30.1	2.34	0.929	1.606	52
猪粪	41.4	2.09	0.896	1.12	68.7
羊粪	33.6	2.01	0.496	1.321	50.7
牛粪	36.8	1.67	0.429	0.948	75.04
鸭粪	26.2	1.66	0.885	1.373	51
鹅粪	30.7	1.645	0.672	1.742	61.7

我国是农业大国，农作物种植面积大，每年会产生大量的作物秸秆，其中蕴含大量的有机质、氮、磷、钾和微量元素，是重要的生物质和养分资源(表 1-5)。2020 年，我国粮食作物总播种面积 11 676.8 万 hm^2，粮食总产量 66 949.2 万 t，据估算，我国每年产生的各类秸秆总量约 8 亿 t(干基)，其中蕴含的氮磷钾资源相当于 500 多万 t 尿素、900 多万 t 过磷酸钙和 900 多万 t 硫酸钾，这相当于我国每年化肥养分施用量的 1/4。植物秸秆资源虽然数量较大，但因这些物料多存在于从事农业活动的农户手中，大面积收购比较困难；同时季节性较强，需要单独的场地进行存贮，且在存贮过程中要注意避免火灾发生。

表 1-5　主要农作物秸秆营养成分

秸秆类型	DM/%	CE/(MJ/kg)	CP/%	EE/%	NDF/%	ADF/%	Ash/%	Ca/%	TP/%
玉米秸	92.34	17.02	6.79	1.45	66.69	38.05	10.83	0.62	0.14
小麦秸	93.71	17.22	3.94	0.94	78.90	48.44	8.93	0.34	0.07
稻草秸	92.47	16.02	4.69	1.62	66.78	39.96	13.02	0.47	0.14
大豆秸	91.77	18.18	7.17	1.10	64.90	45.74	6.06	1.00	0.16
绿豆秸	94.27	17.39	6.80	1.54	66.25	49.77	17.05	1.36	0.14
花豆秸	92.53	18.11	8.38	0.52	71.46	54.60	5.89	0.92	0.11
地瓜秧	90.52	16.45	12.89	2.47	53.36	39.07	14.37	1.55	0.29
花生秧	91.17	16.99	7.92	1.18	65.11	48.31	11.09	1.31	0.16
花生壳	93.95	18.15	5.08	0.90	50.69	34.70	4.22	0.80	0.05

注：DM 为干物质，GE 为总能，CP 为粗蛋白质，EE 为粗脂肪，NDF 为中性洗涤纤维，ADF 为酸性洗涤纤维，Ash 为粗灰分，Ca 为钙，TP 为总磷。

2. 市政污泥

市政污泥主要来自城市的生活污水处理厂，一般需经过脱水、稳定化(生物稳定法、化学稳定法)和无害化处理，以达到消除臭味和杀死虫卵、病菌的目的。为减少污泥的水分以减少其体积，需采取压缩脱水工艺。污泥中重金属含量较高，尤其是排水系统在接纳不加控制的工业污水时，问题更为严重。要防止这种危害，一方面应注意限制重金属工业废水的排放；另一方面应根据重金属的种类及其含量，从配方添加剂、农艺措施等方面采取相应对策。

脱水污泥的颗粒很细，富含有机质，含水量为 80%左右，有明显的弹性，其黏结性很好。在干燥过程中，污泥变硬，至含 5%左右水分时，污泥颗粒极硬，很难粉碎。干燥过程由软至极硬的这个阶段的含水量变化很窄，这给利用污泥原料制肥带来了困难。一般采用掺入其他原料的方法解决。污泥原料制成的肥料，作林地用肥或花卉用肥是安全的，经过严格检测控制，也可以作食用作物用肥。

污泥的养分及重金属含量因地因时而异。表 1-6 为污泥的化学成分。

表 1-6　污泥的化学成分

指标	有机质/%	全氮/%	全钾(K_2O)/%	有效磷(P_2O_5)/%	Cu/(mg/kg)	Zn/(mg/kg)	Ni/(mg/kg)	Pb/(mg/kg)
数值	53.09	2.4～5.0	0.5～0.7	0.5～0.7	499	2 089	167	112

3. 生活垃圾

生活垃圾也含有较多的重金属和虫卵、病菌，需要经过无害化处理。与污泥不同的是，垃圾成分复杂，粗细不等，需经过分拣后方可使用(表1-7)。垃圾的处置一直是困扰城市建设的问题，原有的填埋场多已填满或即将填满，不得不向更远的郊县寻地填埋，垃圾收运的费用进一步增加。垃圾作为一种资源的优越性也会进一步受到重视。经分拣、发酵处理的垃圾，制成有机复肥或改土剂施用，肥效和经济效益均优于直接施用。

表1-7 国内外垃圾成分比较 %

地区	有机类					无机类				
	动植物厨房垃圾	纸张	塑料橡胶	破布	合计	煤渣土砂等	玻璃陶瓷	金属	其他	合计
美国	15.80	28.00	14.90	8.50	67.20	4.20	6.30	7.40	—	17.90
英国	28.00	19.00	7.00	2.00	56.00	13.00	4.00	8.00	—	25.00
日本	18.60	46.00	18.30	—	82.90	6.10	—	—	10.70	16.80
联邦德国	16.00	31.00	4.00	2.00	53.00	22.00	13.00	5.20	7.00	47.20
法国	15.00	34.00	4.00	3.00	56.00	22.00	9.00	4.00	9.00	44.00
荷兰	50.00	22.00	6.20	2.20	80.00	4.30	11.90	3.20	—	19.40
比利时	40.00	30.00	5.00	2.00	77.00	5.00	8.00	5.30	—	22.90
深圳	46.26	16.84	23.99	6.54	93.63	—	—	—	—	4.37
荆门	48.20	2.95	3.48	0.82	55.45	33.65	2.71	0.44	—	36.77
福州	21.80	0.53	0.48	—	22.80	62.22	1.10	0.50	3.40	67.23
上海	60.33	7.12	9.97	2.21	79.63	1.56	2.97	0.67	—	5.20
北京	56.84	18.33	18.77	1.00	97.94	1.67	1.72	0.56	—	3.95
武汉	26.53	2.36	0.31	0.74	20.94	68.00	0.85	0.17	1.04	70.06
广州	38.00	—	—	—	40.00	55.00	—	—	5.00	60.00
哈尔滨	16.62	3.60	1.46	0.50	22.18	74.71	2.22	0.88	—	77.81
南宁	14.57	1.83	0.56	0.60	17.56	81.50	0.64	0.47	—	82.44
乌鲁木齐	14.56	21.55	21.34	8.37	65.82	11.42	2.18	0.71	—	14.31
乐山	16.45	1.04	0.23	0.54	18.26	80.27	0.36	0.53	0.58	81.74
重庆	72.67	9.34	9.86	3.16	95.03	1.48	2.38	0.36	—	4.22

4. 食品加工废弃物

100 t蔗可产糖12 t、蔗渣23 t(含水50%)和干滤泥0.7 t。蔗渣纤维可以造纸及制纤维板。抽取纤维后剩下的蔗髓利用价值不高，即使燃烧，共热值也很低，有的糖厂用于制糠醛，但相当一部分蔗髓无出路。蔗髓也可以作为制肥的有机原料，若经过堆放发酵效果更好，或加入促进其熟化的添加剂,可以 24 h 内快速熟化,无须发酵。蔗渣、蔗髓无机养含量很低,主要用作补充有机质。

依制糖工艺不同,滤泥分为 2 种:一种是双碳酸法(碳法)滤泥,另一种为亚硫酸法(亚法)滤泥。前者黄白色、含 Ca 量高,有机质和糖分较少;后者灰褐色,有机质和残糖量相对较高,而含 Ca 量则相对较低。亚法滤泥养分含量较高,直接施用也有较好肥效;碳法滤泥直接施用效果较差。不同制糖工艺的滤泥成分如表 1-8 所示。滤泥的养分含量依土壤、品种、工艺等条件不同而有很大变化。但是,若作为有机复肥原料,2 种滤泥都有很好的效果。滤泥发酵后易发臭,故需及时干燥,干燥后也便于运输及存放。

表 1-8 不同制糖工艺的滤泥成分

工艺方法	pH	有机质/%	N/%	P_2O_5/%	K_2O/%	CaO/%	MgO/%	水分/%
双碳酸法	8.7	24	0.6	0.4	0.1	25.8	0.49	55.91
亚硫酸法	6.0	52	1.3	1.7	0.1	5.0	1.07	69.55

例如,广东省糖业酒精废液可达 150 万 t/d,是一种重要的污染源,尤其对河流的污染更为严重。由于其浓度高,采用氧化塘办法处理运行费用高,厂家难以承受。近年来,广东省有关科研单位研究出一种废液浓缩技术,使之成为可供制造有机复合肥的原料,以此配制成的颗粒肥及改土剂,肥效很好。还可将酒精废液制成具有各种生理调节功能的液肥,将其浓缩液制成粉剂作饲料也是可行的。

酒精废液作为一种肥料资源,酒精、味精废液除含有氮、磷、钾、微量元素等养分外,还含有丰富的氨基酸、激素类、糖分、维生素等物质及其他生理活性物质,具有较高的生物活性,因此,可以开发出具有生理调节功能的新产品。上述特性与这类废液的微生物发酵过程有关,也与浓缩处理的技术(生物处理、酸法处理)有关。应用这类浓缩原料配制肥料,应该注意其有机碳的生物活性高的特性,肥料的适量碳氮比,应该略低于一般有机复合肥的碳氮比。酒精废液的主要成分如表 1-9 所示。

表 1-9 酒精废液的主要成分

指标	pH	固形物/%	糖分/%	灰分/%	有机物/%	N/%	P_2O_5/%	K_2O/%
数值	4～5	10～13	1.8～4.0	2～4	6～9	0.2～0.5	0.02～0.06	0.5～2.5

1.6.2 无机固体废物

粉煤灰是燃煤电厂或工厂燃煤动力车间排放的废物,是一种松散的固体集合物,含有 Al、Si、Fe、Ca、S 等微量元素(表 1-10)。大多数为极细的海绵状和空心玻璃球体,还有一些结晶物质和未燃碳。粉煤灰的理化性质取决于煤的品种、产地、煤粉的细度、燃烧方式和灰渣的收集(水冲洗沉淀或干排)。粉煤灰一般为微碱性,pH 为 8～9,作为肥料资源,粉煤灰可提供 Si、Ca 及一些微量元素,通常把它作为一种硅钙肥应用。有机复肥配方中加入一定量的粉煤灰,还可以提高压粒机的造粒速度,并改善粒状肥料的某些性能。利用粉煤灰和一些有机废物及添加剂相配合,还可以制成改土剂、人造营养土等系列产品。

表 1-10　粉煤灰的化学成分　%

省份	烧失量	SiO_2	Al_2O_3	Fe_2O_3	TiO_2	CaO	MgO	K_2O	Na_2O	SO_3
浙江	0.84	50.42	25.58	7.95	1.36	7.35	1.17			
贵州	6.58	45.42	25.64	13.60		2.99	0.79	1.00		0.73
重庆	4.01	48.27	21.59	14.09	1.78	5.72	1.21	1.21	0.77	0.73
内蒙古	3.61	45.43	43.86	3.82		1.87	1.21			
深圳	7.93	26.61	5.09	3.91	0.90	20.92	4.22	3.70	4.76	10.06

习题

1. 简述固体废物的定义。
2. 简述固体废物对自然环境的危害。
3. 简述固体废物的二重性。
4. 简述固体废物的性质。
5. 简述危险废物的定义与性质。
6. 我国有哪些管理制度与固体废物的管理有关？有哪些固体废物管理标准？
7. 固体废物管理的目标及污染控制对策是什么？在固体废物治理方面，我们还应该做出哪些努力？
8. 如何实现秸秆的综合利用，实现经济有效利用？
9. 如何减少城市污水处理厂产生的污泥？其资源化利用的途径有哪些？
10. 粉煤灰的主要用途有哪些？

第 2 章　固体废物的特性与鉴别方法

固体废物一般具有以下特征：

（1）无主性　固体废物被丢弃后，不再属于谁，尤其找不到具体负责者，特别是城市生活垃圾。

（2）空间性　某种固体废物仅仅在某一过程或某一方面没有使用价值，并非在所有过程和一切方面都没有使用价值，某一过程产生的废物往往会是另外过程的原料。空间错位必然导致固体废物大量产生和资源化利用难题，所以说“固体废物是放错位置的资源”。

（3）时间性　严格意义上讲，“资源”和“废物”是相对的。在一定的时限内，如果某个生产、加工过程产生的副产物超过资源化能力就会被大量丢弃；而几乎任何产品或商品经过长期使用后都将变成废物。因此，固体废物处理处置和资源化利用工程将是以后面对的问题和任务。

（4）分散性　人类的生产生活活动遍布全球，被丢弃后的固体废物分散在各处，而且形态与存在形式多样，需要进行收集，资源化利用前需进行分门别类。

（5）持久危害性　由于固体废物成分的多样性和复杂性，如有机物和无机物、金属和非金属、有毒物和无毒物、有味物和无味物、单一物和聚合物等，固体废物的环境自然净化过程是长期、复杂和难以控制的，它比废水和废气对人们生活环境的危害更深远、更持久。

（6）再生低成本性　一般来说，利用固体废物再生的过程要比利用自然资源生产产品的过程更节能、省工、省事、省费用。

2.1　固体废物的特性

2.1.1　物理性质

物理性质包括物理组成、颜色、气味、温度、含水率、空隙率、渗透性、粒度、容重、磁性、电性、光电性、摩擦性、弹性等。固体废物的压实、破碎、分选等处理方法主要与其物理性质有关，其中颜色、气味、新鲜或者腐败的程度等感官特性可以直接通过视觉或嗅觉加以判断。下面主要介绍物理组成、含水率和容重 3 个物理性质。

2.1.1.1　物理组成

固体废物的物理性质与其组成密切相关，组成不同，物理性质也不同。物理组成以各成分质量占新鲜垃圾的质量百分数表示，包括湿基率和干基率。当垃圾的含水量已知时，可用下式进行换算：

$$G=\frac{a(1-W)}{100} \tag{2-1}$$

式中：G 为新鲜湿垃圾中某成分质量分数，%；a 为烘干垃圾中同类组分的质量分数，%；W 为垃圾的含水率，%。

固体废物物理组成受多种因素影响，以城市生活垃圾为例，自然环境、气候条件、城市规模、能源结构、居民生活习惯以及经济发展水平等都会产生不同程度的影响。因此，各国、各地区产生的生活垃圾组成有所不同。表 2-1 列出我国部分城市生活垃圾的物理组成。

表 2-1　我国部分城市生活垃圾的物理组成（杨娜等，2018）　　%

城市	厨余	纸类	竹木	织物	塑料	渣石	玻璃	金属
乌鲁木齐	76.0	2.4	2.5	4.2	5.4	6.4	2.4	0.8
拉萨	57.0	6.0	14.0	7.0	12.0	3.0	0	1.0
兰州	36.4	9.7	1.4	2.1	11.3	37.8	0.93	0.2
西安	38.6	9.3	7.4	1.4	10.1	23.3	6.5	3.4
哈尔滨	44.8	13.4	0	4.7	3.3	24.5	6.6	2.7
沈阳	60.4	7.9	2.5	3.6	12.9	5.3	5.4	2.1
大连	63.7	8.8	0	2.0	18.6	1.2	5.0	0.8
北京	66.2	10.9	3.3	1.2	13.1	3.9	1.0	0.4
天津	56.9	15.3	1.6	3.9	16.9	2.9	1.6	0.7
济南	58.7	11.2	1.0	3.0	9.9	14.6	1.3	0.3
合肥	61.5	1.9	0.9	2.1	11.4	21.7	0.6	0
武汉	55.3	1.5	8.3	0	4.5	27.3	2.0	1.1
苏州	62.6	10.9	0.9	4.2	18.6	0.7	2.0	0.2
上海	65.2	10.68	2.7	2.0	16.0	0.7	2.3	0.5
杭州	64.5	6.7	0.1	1.2	10.1	15.1	2.0	0.3
重庆	59.2	10.1	4.2	6.1	16.0	0	3.4	1.1
贵阳	41.5	13.1	2.4	4.4	15.0	21.1	1.9	0.7
成都	65.7	13.0	0.9	2.5	12.0	2.1	0.8	2.9
广州	53.4	8.3	1.7	10.0	18.6	6.2	1.4	0.4
深圳	51.1	17.2	3.9	2.7	21.8	0.8	2.1	0.4

2.1.1.2　含水率

含水率为单位质量固体废物的含水量，用质量百分数表示。其计算式为

$$W=\frac{M_1-M_2}{M_1}\times 100\% \tag{2-2}$$

式中：W 为试样含水率，%；M_1 为试样原始质量，g 或 kg；M_2 为试样烘干后质量，g 或 kg。

固体废物含水率的测定一般采用烘干法，即将待测样品置于 105 ℃±5 ℃条件下烘至两次称量之差小于样品质量的 1%即可。生活垃圾的含水率测定应在测定物理组成后 24 h

内完成。

固体废物的含水率随成分、季节、气候等条件而变化，如城市生活垃圾的含水率与食品垃圾的含量有关。表 2-2 所示为未压实的城市生活垃圾各组分含水率。垃圾含水率主要与其中动植物含量和无机物含量有关，动植物含量高、无机物含量低时，含水率就高，反之则低，具体如表 2-3 所示。

表 2-2 未压实的城市生活垃圾各组分含水率(张小平，2017)

来源	成分	含水率/%	
		范围	典型值
居民居住区	铝质罐、金属罐、易拉罐	2～4	3
	纸板	4～8	5
	厨余垃圾	50～80	70
	玻璃	1～4	2
	草	40～80	60
	皮革	8～12	10
	树叶	20～40	30
	纸	4～10	6
	塑料、橡胶	1～4	2
	纺织品、织物	6～15	10
	木制品	15～40	20
	庭院垃圾	30～80	60
商业区	餐厨垃圾	50～80	70
	木板和木屑	10～30	20
	混合商业废物	10～25	15
建筑垃圾	建筑垃圾(混合)	2～15	8

表 2-3 垃圾中动植物含量与含水率的关系 %

动植物含量	含水率	动植物含量	含水率
0	12.380	55	49.490
5	15.726	60	52.537
10	19.073	65	55.883
15	20.479	70	59.230
20	25.766	75	62.576
25	29.112	80	65.922
30	32.458	85	69.269
35	35.805	90	72.615
40	39.151	95	75.962
45	42.498	100	79.308
50	45.844	—	—

含水率的大小对固体废物处理处置和利用均有影响。堆肥处理中，含水率过高，空隙度降低，易产生厌氧，导致恶臭；含水率过低，微生物不能正常生长，腐熟困难。焚烧处理中，若含水率过高，垃圾不能自行燃烧，须添加燃料来增加热值或沥出水分后再处理。填埋过程中，含水率过高，会导致渗滤液增加，还会影响填埋操作。

2.1.1.3 容重

容重也称为容积密度，是指单位体积固体废物的质量，以 kg/L、kg/m^3 或 t/m^3 为单位。固体废物的容重随成分和压实程度而有所不同。容重是固体废物的重要特性之一，它是选择和设计贮存容器、收运机具大小及计算处理利用构筑物和填埋处置场规模等必不可少的参数。表 2-4 为典型固体废物的容重。

表 2-4 典型固体废物的容重(蒋建国等，2022) kg/m^3

成分	容重		成分	容重	
	范围	典型值		范围	典型值
餐厨垃圾	130～480	300	金属、罐头	50～160	90
纸张	30～130	80	非铁金属	60～240	160
纸板	30～80	50	铁金属	130～1 120	320
塑料	30～130	60	泥土、灰烬、石砖	320～1 000	480
纺织品	30～100	60	城市生活垃圾		
橡皮	100～200	120	未压缩	90～180	130
皮鞋	100～260	160	已压缩	180～450	300
庭园修剪物	60～220	100	污泥	1 000～2 000	1 050
竹木	130～320	240	废酸碱液	1 000	1 000
玻璃	160～480	200			

容重通过称量固定体积容器内固体废物的质量来测定，分为容器法和集装箱法。按下式计算确定容重：

$$D=\frac{W_2-W_1}{V} \tag{2-3}$$

式中：D 为容重，kg/L 或 kg/m^3；W_1 为容器质量，kg；W_2 为装有试样的容器总质量，kg；V 为容器体积，L 或 m^3。

通常需测定 3 个以上试样，用平均值求得固体废物的容重。

2.1.2 化学性质

化学特性包括元素组成、总金属含量、pH、植物营养元素含量、挥发分、灰分、灰分熔点、固定碳及热值等。化学性质对选择加工处理和回收利用工艺十分重要，固体废物的堆肥、发酵、焚烧、热解、浮选等处理方法主要与其化学性质有关。

2.1.2.1 挥发分

挥发分又称挥发性固体含量，是反映固体废物中有机物含量近似值的指标参数，它以固体

废物在 600 ℃温度下的灼烧减量作为指标。计算式为

$$V_s=\frac{W_3-W_4}{W_3-W_1}\times 100\% \tag{2-4}$$

式中：V_s 为挥发性固体含量，%；W_1 为坩埚质量；W_3 为烘干固体废物质量（W_2）＋坩埚质量（W_1）；W_4 为灼烧残留量（$W_{残}$）＋坩埚质量（W_1）。即

$$V_s=\frac{W_2-W_{残}}{W_2}\times 100\% \tag{2-5}$$

测定方法：

①准确称取一定量烘干固体废物试样 W_2，装入坩埚内；

②将坩埚置于马弗炉内，在 600 ℃温度下，灼烧 2 h；

③取出后置于干燥器中冷却到室温再称量。

注意：有的方法规定灼烧温度为 700 ℃。灼烧减量包括有机质和结合水，垃圾经 700 ℃高温灼烧后，其有机质和结合水能完全消失。

2.1.2.2　灰分

灰分是指固体废物中不能燃烧也不挥发的物质，是反映无机物含量的参数，常用符号 A 表示。其测定方法：将干燥后的固体废物放入高温炉内灰化，以 815 ℃±10 ℃灼烧到质量恒定，其残留物质量所占试样原质量的百分数即灰分。计算式为

$$A=\frac{P_1}{P_0}\times 100\% \tag{2-6}$$

式中：A 为灰分，%；P_1 为残留物质量，g 或 kg；P_0 为烘干样品质量，g 或 kg。

2.1.2.3　固定碳

固定碳是除去水分、挥发分及灰分后的可燃烧物。其计算采用差值法，计算式为

$$固定碳(\%)=100\%-(含水率+灰分+挥发分) \tag{2-7}$$

式(2-7)计算的依据为同一基准条件下计算的含水率、灰分及挥发分，即以废物的最初状态作为分母进行计算，与前述挥发分与灰分表示有所不同。

通常将水分、可燃分（固定碳＋挥发分）与灰分合称三成分，而将水分、挥发分、固定碳与灰分合称四成分。

例 2-1

某废物经标准采样混配后，置于烘炉内量得有关的质量（不包含坩埚）如下：原始样品质量 25.00 g；加热至 105 ℃后质量为 23.78 g；以上样品加热至 600 ℃后质量为 15.34 g；继续加热至 815 ℃后质量为 4.38 g。试计算此废物的水分、灰分、挥发分与固定碳各为多少。

解：$$水分=\frac{初重-加热(105\ ℃)后重}{初重}=\frac{25.00-23.78}{25.00}\times 100\%=4.88\%$$

$$挥发分=\frac{烘干后重-加热(600\ ℃)后重}{初重}=\frac{23.78-15.34}{25.00}\times 100\%=33.76\%$$

$$灰分=\frac{加热(815\ ℃)后残余质量}{初重}=\frac{4.38}{25.00}\times 100\%=17.52\%$$

$$固定碳=100\%-(4.88\%+17.52\%+33.76\%)=43.84\%$$

2.1.2.4 元素组成

元素组成主要指C、H、O、N、S及灰分的百分含量。固体废物中化学元素组成是很重要的特性参数。测知废物化学元素组成可估算废物的热值，以确定焚烧方法的适用性，也可用于堆肥等好氧处理方法中生化需氧量的估计，同时可预测废物焚烧后的二次污染物等。表2-5为不同来源的典型废物元素组成。

表2-5 不同来源的典型废物元素组成(湿基)(蒋建国等，2022)

项目	城市生活垃圾		医院垃圾		工业区废物		
	A组	B组	A组	B组	A组	B组	C组
C/%	14.9	12.3	20.9	23.9	26.6	26.9	13.9
H/%	2	2	2.77	4.45	5.67	4.8	2.3
O/%	11.5	14.7	13.1	23.2	15.5	23.1	11.4
N/%	0.4	0.4	0.36	0.66	0.34	0.78	0.5
S/%	0.2	0.2	0.04	0.37	0.06	0.52	0.1

2.1.2.5 热值

热值也称发热量，是指单位质量固体废物完全燃烧所释放出来的热量，单位为kJ/kg或kcal/kg。热值可分为高位热值和低位热值2种，二者均指化合物在一定温度下反应达到最终产物的焓变量，其区别在于，燃烧产物中的水以水蒸气形式存在时的热值为低位热值，以液态水存在时为高位热值。

热值反映了固体废物的可燃性和能量回收潜力，对分析燃烧性能、判断能否选用焚烧处理工艺提供重要依据。根据经验，当固体废物的低位热值大于3 350 kJ/kg(800 kcal/kg)时，燃烧过程无须加助燃剂，易于实现自燃烧。

因此，废物热值与工业生产中煤和石油的热值一样重要。废物热值可直接测定(测量法)，也可根据元素组成计算(经验公式计算)。

1. 测量法

氧弹量热仪直接测定的热值可近似作为样品干基高位热值，并按式(2-8)、式(2-9)、式(2-10)换算成湿基高位热值和湿基低位热值。

$$Q_H=\frac{1}{m}\sum_{j=1}^{m}Q'_{jh}\times\frac{100-C_W}{100} \tag{2-8}$$

$$H'=\sum_{i=1}^{n}\left[H'_i\times\frac{C'_i}{100}\right] \tag{2-9}$$

$$Q_l=Q_H-24.4\times\left[C_W+9H'\times\frac{100-C_W}{100}\right] \tag{2-10}$$

式中：Q'_{jH}为高位热值(以干基计)，kJ/kg；Q_H为高位热值(以湿基计)，kJ/kg；Q_L为低位热值(以湿基计)，kJ/kg；H'为氢元素含量(以干基计)，%；H'_i为某成分氢元素含量(以干基计)，%；C_W为样品含水率，%；C'_i为某成分干基百分含量，%；j为重复测定序数；m为重复测定次数；i为各成分序数；24.4为水的凝缩热常数，kJ/kg。

2. 经验公式计算

当废物元素组成或物理组成已知时，可用经验公式估算废物的热值。

(1)门捷列夫燃烧公式

$$Q_H = 4.187[81C + 300H - 26(O - S)] \tag{2-11}$$

$$Q_L = 4.187[81C + 300H - 26(O - S) - 6(W + 9H)] \tag{2-12}$$

式中：C、H、O、S分别为废物元素组成中碳、氢、氧、硫的质量分数，%；W为废物含水率，%。

(2)Q_H与Q_L间的换算

$$Q_L = Q_H - 25.12(9H + W) \tag{2-13}$$

$$Q_L = Q_H - 2\ 420\left[H_2O + 9\left(H - \frac{Cl}{35.5} - \frac{F}{19}\right)\right] \tag{2-14}$$

式中：H_2O为焚烧产物中水的质量分数，%；H、Cl、F分别为废物中氢、氯、氟的质量百分数，%。

(3)已知塑料含量

$$Q_L = [4\ 400(1 - \alpha) + 8\ 500\alpha]R - 600W \tag{2-15}$$

式中：R为废物中可燃成分的质量分数，%；α为可燃成分中塑料的百分含量，%；W为垃圾含水率，%。

城市垃圾的热值及元素分析典型值见表2-6，可以根据表中各组分热值数据和城市垃圾的组成，确定出混合垃圾的总热值。

表2-6 城市垃圾的热值及元素分析典型值(李国学，2005)

成分	惰性残余物(燃烧后)		热值/(kJ/kg)	质量分数/%				
	范围/%	典型值/%		碳	氢	氧	氮	硫
食品垃圾	2～8	5	4 650	48.0	6.4	37.6	2.6	0.4
废纸	4～8	6	16 750	43.5	6.0	44.0	0.3	0.2
废纸板	3～6	5	16 300	44.0	5.9	44.6	0.3	0.2
废塑料	6～20	10	32 570	60.0	7.2	22.8	—	—
破布	2～4	25	17 450	55.0	6.6	31.2	4.6	0.15
废橡胶	8～20	10	3 260	78.0	10.0	—	2.0	—
破皮革	8～20	10	7 450	60.0	8.0	11.6	10.0	0.4
园林废物	2～6	4.5	6 510	47.8	6.0	38.0	3.4	0.3
废木料	0.6～2	1.5	18 610	49.5	6.0	42.7	0.2	0.1
碎玻璃	6～99	98	140					
罐头盒	90～99	98	700					
非铁金属	90～99	96	—					

续表 2-6

成分	惰性残余物(燃烧后)		热值/(kJ/kg)	质量分数/%				
	范围/%	典型值/%		碳	氢	氧	氮	硫
铁金属	94～99	98	700					
土、灰、砖	60～80	70	6 980					
城市垃圾			10 470	26.3	3.0	2.0	0.5	0.3

例 2-2

有 100 kg 混合垃圾，其物理组成是食品垃圾 25 kg、废纸 40 kg、废塑料 13 kg、破布 5 kg、废木料 2 kg，其余为土、灰、砖等。请利用表 2-6 数据求混合垃圾热值。

解：先求土、灰、砖等质量，为

$$100-25-40-13-5-2=15(\text{kg})$$

采用加权公式可求出

$$Q=(25\times 4\ 650+40\times 16\ 750+13\times 32\ 570+5\times 17\ 450+2\times 18\ 610+15\times 6\ 980)/100$$
$$=14\ 388.3(\text{kJ/kg})$$

2.1.3 生物化学性质

固体废物的生物化学性质可从两方面分析：其一是固体废物本身所有的生物性质及对环境的影响，包括病毒、细菌、原生及后生动物、寄生虫卵等生物性污染物质；其二是固体废物不同组成进行生物处理的性能，即所谓可生化性。固体废物的堆肥、发酵、填埋等生化处理方法主要与其生物化学性质有关。

2.1.3.1 生物可降解性

固体废物的生物可降解性是选择生物处理技术的关键，其影响因素包括生物源物质的比例、生物质成分和碳氮比。

1. 生物源物质的比例

固体废物中的生物源物质主要有：厨余垃圾、纸类、竹木（庭院垃圾、木材类）和部分织物（合成纤维织物一般不具有生物质特征）等。各组分所占比例可见表 2-1。

2. 生物质成分

固体废物中生物质的有机成分可分为：①水溶性组分，如糖、淀粉、氨基酸和各种有机酸等；②半纤维素，指含 5～6 个碳的糖类聚合物；③纤维素，指 6 个碳的葡萄糖类聚合物；④脂肪类，油和蜡以及长链脂肪酸等；⑤木质素，通常存在于一些纸产品中；⑥木质纤维素，指木质素和纤维素的结合物；⑦蛋白质，由氨基酸链组成。

水溶性组分可被微生物直接利用，是最易生物降解的物质；蛋白质、脂肪类、半纤维素类和纤维素类物质，首先被水解酶分解为水溶性物质，然后才能被微生物利用；木质素类物质难以被大多数微生物所利用。

3. 碳氮比

微生物处理废物过程中，废物中的有机碳为其提供能量，少量用于合成细胞质，氮则主要用于合成细胞质，因此，固体废物的碳氮比只有保持在一定范围内，才能满足生物处理过程的需要。典型生物源废物的碳氮比见表2-7。

表2-7 典型生物源废物的碳氮比

组分	粪便	尿	屠宰废物	嫩草	厨余垃圾	农村庭院垃圾
碳氮比	6～10	0.8	2	12	25	14

2.1.3.2 致病微生物

生活垃圾、人畜粪便、生活污水污泥等，本身含有的有机生物体很复杂，其中有不少生物性污染物。城市垃圾中腐化的有机物也含有各种有害的病原微生物，还含有植物害虫次生产物、草籽、昆虫和昆虫卵，造成生物污染。在生活污水污泥与粪便污泥中会发现更多病原细菌、病毒、原生动物及后生动物，尤其是肠道病原生物体。典型的寄生物如阿米巴溶组织、各种线虫(蛔虫、钓虫、血吸虫等)，尤其是蛔虫卵，在污水和污泥中广泛存在。

致病微生物含量用于判断垃圾进入环境后可能造成的环境卫生危害程度，一般采用测试指示生物数量的方法定义。例如，粪大肠菌值采用多管发酵法测定，蛔虫卵死亡率采用漂浮法测定。

2.1.3.3 生物毒性

固体废物表现出生物毒性的依据是固体废物含有的能使生物产生中毒性反应的物质，这样的物质分为2类：一是一些无机元素及其化合物，主要是重金属；二是毒害性有机物，包括多环化合物和卤代有机物等。其生物毒害性多表现为致癌性、致畸性和致突变性。

2.2 固体废物的鉴别

2.2.1 一般固体废物的鉴别

固体废物鉴别是指判断物质是否属于固体废物的活动。固体废物种类繁多、性质复杂，主要依据《固体废物鉴别标准　通则》(GB 34330—2017)对固体废物进行判定。

2.2.1.1 依据产生来源的固体废物鉴别

下列物质属于固体废物：

(1)丧失原有使用价值的物质　如不合格品、残次品、废品；因超过质量保证期不能按原用途使用的物质等。

(2)生产过程中产生的副产物　如产品加工和制造过程中产生的下脚料、边角料、残余物质；农业生产过程中产生的作物秸秆、植物枝叶等农业废物；畜禽和水产养殖过程中产生的畜禽粪便、病害动物尸体等。

(3)环境治理和污染控制过程中产生的物质　如烟气和废气净化、除尘处理过程中收集的烟尘、粉尘；水净化和废水处理产生的污泥及其他废弃物质；堆肥生产过程中产生的残余物质等。

(4)其他　包括法律禁止使用的物质和国务院环境保护行政主管部门认定为固体废物的物质。

2.2.1.2　在利用和处置过程中的固体废物鉴别

(1)在任何条件下,固体废物按照以下任何一种方式利用或处置时,仍然作为固体废物管理:

①以土壤改良、地块改造、地块修复和其他土地利用方式直接施用于土地或生产施用于土地的物质(包括堆肥),以及生产筑路材料;

②焚烧处置(包括获取热能的焚烧和垃圾衍生燃料的焚烧),或用于生产燃料,或包含于燃料中;

③填埋处置;

④倾倒、堆置;

⑤国务院环境保护行政主管部门认定的其他处置方式。

(2)利用固体废物生产的产物同时满足下述条件的,不作为固体废物管理,按照相应的产品管理:

①符合国家、地方制定或行业通行的被替代原料生产的产品质量标准;

②符合相关国家污染物排放(控制)标准或技术规范要求,包括该产物生产过程中排放到环境中的有害物质限值和该产物中有害物质的含量限值;

③有稳定、合理的市场需求。

2.2.1.3　不作为固体废物管理的物质

(1)以下物质不作为固体废物管理:

①任何不需要修复和加工即可用于其原始用途的物质,或者在产生点经过修复和加工后满足国家、地方制定或行业通行的产品质量标准并且用于其原始用途的物质;

②不经过贮存或堆积过程,而在现场直接返回到原生产过程或返回其产生过程的物质;

③修复后作为土壤用途使用的污染土壤;

④供实验室化验分析用或科学研究用固体废物样品。

(2)按照以下方式进行处置后的物质,不作为固体废物管理:

①金属矿、非金属矿和煤炭采选过程中直接留在或返回到采空区的符合《一般工业固体废物贮存和填埋污染控制标准》(GB 18599—2020)中第Ⅰ类一般工业固体废物要求的采矿废石、尾矿和煤矸石,但是带入除采矿废石、尾矿和煤矸石以外的其他污染物质的除外;

②工程施工中产生的按照法规要求或国家标准要求就地处置的物质。

2.2.1.4　不作为液态废物管理的物质

下列物质不作为液态废物管理:

①满足相关法规和排放标准要求可排入环境水体或者市政污水管网和处理设施的废水、污水;

②经过物理处理、化学处理、物理化学处理和生物处理等废水处理工艺处理后,可以满足向环境水体或市政污水管网和处理设施排放的相关法规和排放标准要求的废水、污水;

③废酸、废碱中和处理后产生的满足上述任意一条要求的废水。

2.2.2　危险废物的鉴别

危险废物的危险特性是指危险废物对生态环境和人体健康具有有害影响的毒性、腐蚀性、易燃性、反应性或者感染性。对其进行鉴别和分类，有利于固体废物的管理和处理处置方案的确定，对于保证处理处置设施的安全、降低处置费用、防止环境污染有着重要的意义。

2.2.2.1　鉴别程序

危险废物的鉴别应按照以下程序进行(图 2-1)：

(1)依据法律规定和《固体废物鉴别标准　通则》(GB 34330—2017)，判断待鉴别的物品、物质是否属于固体废物，不属于固体废物的，则不属于危险废物。

(2)经判断属于固体废物的，则首先依据《国家危险废物名录》鉴别。凡列入《国家危险废物名录》的固体废物，属于危险废物，不需要进行危险特性鉴别。

(3)未列入《国家危险废物名录》，但不排除具有腐蚀性、毒性、易燃性、反应性的固体废物，依据相应危险废物鉴别标准，以及《危险废物鉴别技术规范》(HJ 298—2019)进行鉴别。凡具有腐蚀性、毒性、易燃性、反应性中的一种或一种以上危险特性的固体废物，属于危险废物。

(4)对未列入《国家危险废物名录》且根据危险废物鉴别标准无法鉴别，但可能对人体健康或生态环境造成有害影响的固体废物，由国务院生态环境主管部门组织专家认定。

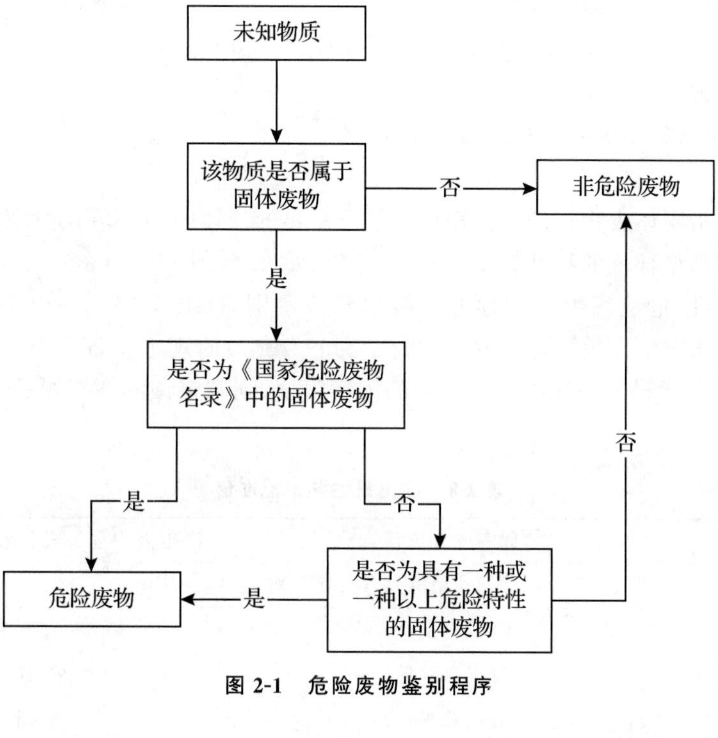

图 2-1　危险废物鉴别程序

2.2.2.2　鉴别方法

1. 腐蚀性

腐蚀性是指对接触部位作用时，使细胞组织、皮肤有可见性破坏或不可治愈的变化，使接触物质发生质变，使容器泄漏等。

根据我国标准《危险废物鉴别标准　腐蚀性鉴别》(GB 5085.1—2007)的规定，符合下列条件之一的固体废物鉴别其具有腐蚀性，属于危险废物。

(1) 按照《固体废物　腐蚀性测定　玻璃电极法》(GB/T 15555.12—1995)的规定制备的

浸出液，pH≥12.5 或者 pH≤2.0。

(2)在 55 ℃条件下，对《优质碳素结构钢》(GB/T 699—2015)中规定的 20 号钢材的腐蚀速率≥6.35 mm/年。

2. 急性毒性

急性毒性一般是指一次性投给试验动物的毒性物质，其半致死剂量小于规定值的毒性。

根据我国标准《危险废物鉴别标准　急性毒性初筛》(GB 5085.2—2007)，按照《化学品测试导则》(HJ/T 153—2004)中制定的急性经口毒性试验、急性经皮毒性试验、急性吸入毒性试验，测定经口 LD_{50}、经皮 LD_{50} 和吸入 LC_{50}，据其取值进行鉴定。其中，口服毒性半数致死量即经口 LD_{50}，是指经过统计学方法得出的一种物质的单一计量，可使青年白鼠口服后，在 14 d 内死亡一半的物质剂量；皮肤接触毒性半数致死量即经皮 LD_{50}，是使白兔的裸露皮肤持续接触 24 h，最可能引起这些试验动物在 14 d 内死亡一半的物质剂量；吸入毒性半数致死浓度即吸入 LC_{50}，是使雌雄青年白鼠连续吸入 1 h，最可能引起这些试验动物在 14 d 内死亡一半的蒸气、烟雾或粉尘的浓度。

符合下列条件之一的固体废物，鉴别其具有急性毒性，属于危险废物。

①经口摄取：固体 LD_{50}≤200 mg/kg，液体 LD_{50}≤500 mg/kg；

②经皮肤接触：LD_{50}≤1 000 mg/kg；

③蒸气、烟雾或粉尘吸入：LC_{50}≤100 mg/L。

3. 浸出毒性

浸出毒性是指固体废物在固定的浸出方法下浸出的液体中，有害物质的浓度超过规定值，从而可能会造成污染环境的特性。

根据我国标准《危险废物鉴别标准　浸出毒性鉴别》(GB 5085.3—2007)，按照《固体废物　浸出毒性浸出方法　硫酸硝酸法》(HJ/T 299—2007)的规定制备的固体废物浸出液中，任何一种危害成分含量超过表 2-8 中所列的浓度限值，则判定该固体废物是具有浸出毒性特征的危险废物。

表 2-8　浸出毒性鉴别标准值

序号	危害成分项目	浸出液中危害成分浓度限值/(mg/L)
	无机元素及化合物	
1	铜(以总铜计)	100
2	锌(以总锌计)	100
3	镉(以总镉计)	1
4	铅(以总铅计)	5
5	总铬	15
6	铬(六价)	5
7	烷基汞	不得检出 1
8	汞(以总汞计)	0.1
9	铍(以总铍计)	0.02
10	钡(以总钡计)	100

续表 2-8

序号	危害成分项目	浸出液中危害成分浓度限值/(mg/L)
11	镍(以总镍计)	5
12	总银	5
13	砷(以总砷计)	5
14	硒(以总硒计)	1
15	无机氟化物(不包括氟化钙)	100
16	氰化物(以 CN 计)	5
	有机农药类	
17	滴滴涕	0.1
18	六六六	0.5
19	乐果	8
20	对硫磷	0.3
21	甲基对硫磷	0.2
22	马拉硫磷	5
23	氯丹	2
24	六氯苯	5
25	毒杀芬	3
26	灭蚁灵	0.05
	非挥发性有机化合物	
27	硝基苯	20
28	二硝基苯	20
29	对硝基氯苯	5
30	2.4-二硝基氯苯	5
31	五氯酚及五氯酚钠(以五氯酚计)	50
32	苯酚	3
33	2,4-二氯苯酚	6
34	2,4,6-三氯苯酚	6
35	苯并[a]芘	0.000 3
36	邻苯二甲酸二丁酯	2
37	邻苯二甲酸二辛酯	3
38	多氯联苯	0.002
	挥发性有机化合物	
39	苯	1
40	甲苯	1
41	乙苯	4

续表 2-8

序号	危害成分项目	浸出液中危害成分浓度限值/(mg/L)
42	二甲苯	4
43	氯苯	2
44	1,2-二氯苯	4
45	1,4-二氯苯	4
46	丙烯腈	20
47	三氯甲烷	3
48	四氯化碳	0.3
49	三氯乙烯	3
50	四氯乙烯	1

4. 易燃性

闪点低于定值的固体废物由于摩擦、吸湿、点燃或由于自发的化学变化会产生发热或着火,或点燃后的燃烧会持续进行,这种性质称为易燃性。

根据我国标准《危险废物鉴别标准　易燃性鉴别》(GB 5085.4—2007)的规定,符合下列任何条件之一的固体废物,属于易燃性危险废物。

(1)液态易燃性危险废物　闪点温度低于 60 ℃(闭杯试验)的液体、液体混合物或含有固体物质的液体。

(2)固态易燃性危险废物　在标准温度和压力(25 ℃,101.3 kPa)下因摩擦或自发性燃烧而起火,经点燃后能剧烈而持续地燃烧并产生危害的固态废物。

(3)气态易燃性危险废物　在 20 ℃,101.3 kPa 状态下,当其在与空气的混合物中所占的体积含量≤13%时可点燃的气体;或者在该状态下,不论易燃下限如何,与空气混合,易燃范围的易燃上限与易燃下限之差大于或等于 12 个百分点的气体。

5. 反应性

反应性是指在常温常压下不稳定,极易发生剧烈的化学反应,与水反应猛烈,在受到摩擦、撞击或加热后可能发生爆炸,或产生有毒气体的性质。这类危险废物具有化学不稳定性,或极端反应性,能与空气或水或其他化学剂(如酸、碱)起强烈的反应;含有氰化物或硫化物,可产生有毒气体、蒸气或烟雾;在一定条件下可发生爆炸。

根据《危险废物鉴别标准　反应性鉴别》(GB 5085.5—2007)的规定,符合下列任何条件之一的固体废物,属于反应性危险废物。

(1)具有爆炸性质

①常温常压下不稳定,在无引爆条件下,易发生剧烈变化。

②标准温度和压力下(25 ℃,101.3 kPa),易发生爆轰或爆炸性分解反应。

③受强起爆剂作用或在封闭条件下加热,能发生爆轰或爆炸反应。

(2)与水或酸接触产生易燃气体或有毒气体

①与水混合发生剧烈化学反应,并放出大量易燃气体和热量。

②与水混合能产生足以危害人体健康或环境的有毒气体、蒸气或烟雾。

③在酸性条件下,每千克含氰化物废物分解产生≥250 mg 氰化氢气体,或者每千克含硫

化物废物分解产生≥500 mg 硫化氢气体。

(3)废弃氧化剂或有机过氧化物

①极易引起燃烧或爆炸的废弃氧化剂。

②对热、震动或摩擦极为敏感的含过氧基的废弃有机过氧化物。

6. 毒性物质

根据《危险废物鉴别标准　毒性物质含量鉴别》(GB 5085.6—2007)的规定，符合下列任何条件之一的固体废物，属于危险废物。包括剧毒物质、有毒物质、致癌性物质、致突变性物质、生殖毒性物质及混合物。

①含有 2 种及以上不同毒性物质，如果符合式(2-16)，按照危险废物管理。

$$\sum\left[\left(\frac{p_{T^+}}{L_{T^+}}+\frac{p_T}{L_T}+\frac{p_{Care}}{L_{Care}}+\frac{p_{Muta}}{L_{Muta}}+\frac{p_{Tera}}{L_{Tera}}\right)\right]\geq 1 \tag{2-16}$$

式中：p_{T^+} 为固体废物中剧毒物质的含量；p_T 为固体废物中有毒物质的含量；p_{Care} 为固体废物中致癌性物质的含量；p_{Muta} 为固体废物中致突变性物质的含量；p_{Tera} 为固体废物中生殖毒性物质的含量；L_{T^+}、L_T、L_{Care}、L_{Muta}、L_{Tera} 分别为各类毒性物质对应的标准值。

②含有持久性有机污染物名录中的任何一种持久性有机污染物(除多氯二苯并对二噁英、多氯二苯并呋喃外)的含量≥50 mg/kg。

③含有多氯二苯并对二噁英和多氯二苯并呋喃的含量≥15 μg TEQ/kg。TEQ 为毒性当量(toxic equivalant quantity)的缩写。

2.2.2.3　危险废物混合和利用处置后的判定规则

《危险废物鉴别标准　通则》(GB 5085.7—2019)中规定了危险废物混合和利用处置后的判定规则。

1. 危险废物混合后的判定规则

①具有毒性、感染性中 1 种或 2 种危险特性的危险废物与其他物质混合，导致危险特性扩散到其他物质中，混合后的固体废物属于危险废物。

②仅具有腐蚀性、易燃性、反应性中 1 种或 1 种以上危险特性的危险废物与其他物质混合，混合后的固体废物经鉴别不再具有危险特性的，不属于危险废物。

③危险废物与放射性废物混合，混合后的废物应按照放射性废物管理。

2. 危险废物利用处置后的判定规则

①仅具有腐蚀性、易燃性、反应性中 1 种或 1 种以上危险特性的危险废物利用过程和处置后产生的固体废物，经鉴别不再具有危险特性的，不属于危险废物。

②具有毒性危险特性的危险废物利用过程产生的固体废物，经鉴别不再具有危险特性的，不属于危险废物。除国家有关法规、标准另有规定的外，具有毒性危险特性的危险废物处置后产生的固体废物，仍属于危险废物。

③除国家有关法规、标准另有规定的外，具有感染性危险特性的危险废物利用处置后，仍属于危险废物。

2.3　固体废物样品的采集

固体废物采样分析是从大量废物中取出少量代表性样品，通过这些少量样品分析所得的数据，推测出整体废物的性质。大多数废物都呈不均匀状态，比较准确的方法是收集并分析一个以上的样品，多个样品产生的代表性数据才可以说明该废物的平均性质与组成。

2.3.1 工业固体废物样品采集

样品采集要确保采集的样品具有充分的代表性，对于工业固体废物样品的采集，可参照《工业固体废物采样制样技术规范》(HJ/T 20—1998)，具体内容如下：

2.3.1.1 采样方案设计

方案内容应包括采样目的和要求、背景调查和现场踏勘、采样程序、安全措施、质量控制、采样记录和报告等。为了使采集的样品有代表性，在采集前要调查研究生产工艺过程、废物类型、排放数量、废物堆积历史、危害程度和综合利用情况。

2.3.1.2 份样数和份样量

1. 份样数

物料越不均匀，份样数应越多；采样准确度要求越高，份样数应越多。

(1)公式法　当已知份样间的标准偏差和允许误差时，可按式(2-17)计算份样数：

$$n \geqslant \left(\frac{t \cdot s}{\Delta}\right)^2 \tag{2-17}$$

式中：n 为必要份样数；s 为份样间的标准偏差；Δ 为采样允许误差；t 为选定置信水平下的概率度。

取 $n \to \infty$ 时的 t 值作为最初 t 值，以此算出 n 的初值。用对应于 n 初值的 t 值代入，不断迭代，直至算得的 n 值不变，此 n 值即必要份样数。

(2)查表法　当份样间的标准偏差和允许误差未知时，可查表 2-9 确定份样数。

表 2-9　批量大小与最小份样数　　t(固体)或 m^3(液体)

批量大小	最小份样数	批量大小	最小份样数
<1	5	≥100	30
≥1	10	≥500	40
≥5	15	≥1 000	50
≥30	20	≥5 000	60
≥50	25	≥10 000	80

2. 份样量

一般来说，样品数量多一些，才有代表性。因此，份样量不能少于某一限度；但份样量达到一定限度之后，再增加质量也不能显著提高采样的准确度。份样量取决于废物的粒度上限，废物的粒度越大，均匀性越差，份样量就应越多，它大致与废物的最大粒度直径某次方成正比，与废物不均匀性程度成正比。份样量可按式(2-18)计算：

$$Q \geqslant K \cdot d^a \tag{2-18}$$

式中：Q 为份样量应采的最低质量，kg；d 为废物中最大粒度的直径，mm；K 为缩份系数，代表废物的不均匀程度，废物越不均匀，K 值越大，可用统计误差法由实验测定，有时也可由主管部门根据经验指定；a 为经验常数，随废物的均匀程度和易破碎程度而定。对于一般情况，推荐 $K=0.06$，$a=1$。

液态废物的份样量以不小于 100 mL 的采样瓶（或采样器）所盛量为准。

2.3.1.3 采样方法

1. 简单随机采样法

适用对象：堆存、运输中的固态废物；大池（坑、塘）中的液体固体废物。

适用情况：一批废物，当对其了解很少，且采取的份样比较分散也不影响分析结果时。

(1)抽签法 先对所有采份样的部位进行编号，同时把号码写在纸片上（纸片上号码代表采份样的部位），掺和均匀后，从中随机抽取份样数的纸片，抽中号码的部位，就是采份样的部位。此法只宜在采份样的点不多时使用。

(2)随机数字表法 先对所有采份样的部位进行编号，有多少部位就编多少号，最大编号是几位数，就使用随机数字表的几栏（或几行），并把几栏（或几行）合在一起使用，从随机数字表的任意一栏、任意一行数字开始数，碰到小于或等于最大编号的数码就记下来（碰上已抽过的数就不要它），直到抽够份数为止。抽到的号码，就是采份样的部位。

2. 系统采样法

一批按一定顺序排列的废物，按照规定的采样间隔，每隔一个间隔采取一个份样，组成小样或大样。

适用对象：按一定顺序排列和以运送带、管道等形式连续排出的废物。按一定的质量或时间间隔采份样，如图 2-2 所示。

份样间的间隔可根据表 2-9 规定的份样数和实际批量按式(2-19)计算：

$$T\leqslant\frac{Q}{n}\quad 或 \quad T'=\frac{60Q}{Gn} \tag{2-19}$$

式中：T 为采样质量间隔，t；Q 为批量，t；n 为按公式(2-17)计算出的份样数或表 2-9 中规定的份样数；G 为每小时排出量，t/h；T' 为采样时间间隔，min。

注意：采第一个份样，不可在第一间隔的起点开始；在运送带上或落口处采样，须截取废物流的全截面（图 2-2）；所采份样的粒度比例应该符合采样间隔或部位的粒度比例。

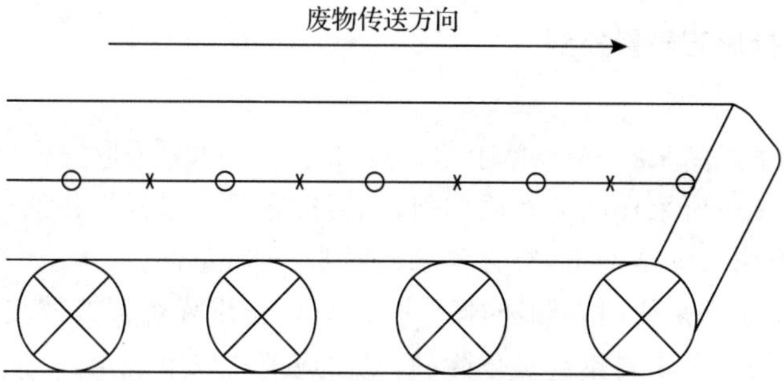

图 2-2 传送带传送废物的现场采样示意图

3. 分层采样法

根据对一批废物已有的认识，将其按照有关标志分若干层，然后在每层中随机采取份样。一批废物分次排出或某生产工艺过程的废物间歇排出过程中，可分 n 层采样，根据每层的质量，按比例采取份样。同时，必须注意粒度比例，使每层所采份样的粒度比例与该层废物粒度分布大致相符。

第 i 层采样份数 n_i 按式(2-20)计算：

$$n_i = \frac{nQ_L}{Q} \tag{2-20}$$

式中：n_i 为第 i 层应采份样数；n 为按公式(2-17)计算出的份样数或表 2-9 中规定的份样数；Q_L 为第 i 层废物质量，t；Q 为批质量，t。

4. 两段采样法

简单随机采样、系统采样、分层采样都是一次就直接从批废物中采取份样，称为单阶段采样。当一批废物由许多车、桶、袋等容器盛装时，各容器间比较分散，所以要分阶段采样。首先从批废物总容器件数 N_0 中随机抽取 n_1 件容器，然后再从 n_1 件的每一件容器中采 n_2 个份样。

当 $N_0 \leqslant 6$ 时，取 $n_1 = N_0$；当 $N_0 > 6$ 时，n_1 按式(2-21)计算：

$$n_1 \geqslant 3 \cdot \sqrt[3]{N_0}\text{（小数进整数）} \tag{2-21}$$

推荐第二阶段的采样数 $n_2 \geqslant 3$，即 n_1 件的每一容器均随机采上、中、下最少 3 个份样。

5. 权威采样法

由对被采批工业固体废物非常熟悉的个人来采取样品而置随机性于不顾。这种采样法，其有效性完全取决于采样者的知识。尽管权威采样有时也能获得有效的数据，但对大多数采样情况，不建议采用这种采样方法。

2.3.1.4 采样工具

1. 固态废物的采样工具

尖头钢锹、钢锤、采样探子、采样钻、气动和真空探针、取样铲、带盖采样桶或内衬塑料的采样袋等。

2. 液态废物的采样工具

采样勺、采样管、采样瓶罐、搅拌器。

2.3.1.5 安全措施和质量控制

1. 安全措施

可按《工业用化学产品采样安全通则》(GB/T 3723—1999)采取安全措施。

(1)普通样品　无论所采样品的性质如何，都要遵守以下采样操作的规定：

①采样地点要有出入安全通道，符合要求的照明、通风条件。

②在储罐或槽车顶部采样时要预防掉下去，还要防止堆垛容器或散装货物的倒塌。

(2)危险品　如果所采物料本身是危险品，同时应遵守以下规定：

①通过阀门取流体样品时要避免阀门开位卡住时可能导致流体的大量流出；为了预防溢出，准备排溢槽收集溢出物，最好带防护板；在任何时候都应能用阀门来切断采样点与物料的联系，可以安全地控制流体。

②当需要用有危险的待采物料去清洗样品容器时，应准备适当的设施以处理那些清洗用过的物料。气体应排放到远离采样者和其他工作人员的地方。

③若对毒物进行采样，采样者一旦感到不适，应立即停止并向主管人报告。

④装有样品的容器，应使用适当的运载工具来运输，便于操作并尽量减少样品容器的破损以及由此引起的危险性。

⑤采样者应有第二人陪伴，此人的任务是确保采样者的安全。

⑥采样者要知道报警系统和灭火设备的位置，了解样品的危险性和预防措施，受过使用安全设施的训练。

⑦禁止吸烟，禁止使用无防护的灯及可能发生火花的设备。

⑧无论在何处接触化学品时，都要坚持使用保护眼睛的设施。

⑨配备和穿戴适当的防护用品，包括面罩、手套、防护眼镜和防护服、靴子、鞋套等。

2. 质量控制

为保证在允许误差范围内获得工业固体废物的具有代表性的样品，应在采样的全过程进行质量控制。

①在工业固体废物采样前，应设计详细的采样方案(采样计划)；在采样过程中，应认真按采样方案进行操作。

②对采样人员应进行培训。工业固体废物采样是一项技术性很强的工作，应由受过专门培训、有经验的人员承担。采样人员应熟悉工业固体废物的性状、掌握采样技术、懂得安全操作的有关知识和处理方法。采样时，应由 2 人以上在场进行操作。

③采样工具、设备所用材质不能和待采工业固体废物有任何反应，不能使待采工业固体废物污染、分层和损失。采样工具应干燥、清洁，便于使用、清洗、保养、检查和维修。任何采样装置(特别是自动采样器)在正式使用前均应做可行性试验。

④采样过程中要防止待采工业固体废物受到污染和发生变质。与水、酸、碱有反应的工业固体废物，应在隔绝水、酸、碱的条件下采样(如反应十分缓慢，在采样精确度允许条件下，可以通过快速采样消除这一影响)；组成随温度变化的工业固体废物，应在其正常组成所要求的温度下采样。

⑤盛样容器应满足以下要求：盛样容器材质与样品物质不起作用，没有渗透性；具有符合要求的盖、塞或阀门，使用前应洗净、干燥；对光敏性工业固体废物样品，盛样容器应是不透光的(使用深色材质容器或容器外罩深色外套)。

⑥样品盛入容器后，在容器壁上应随即贴上标签。标签内容包括：样品名称及编号、工业固体废物批及批量、产生单位、采样部位、采样日期、采样人等。

2.3.2 生活垃圾样品采集

2.3.2.1 采样点

1. 采样点选择原则

采样点的生活垃圾应具有代表性和稳定性。

2. 采样点背景资料

生活垃圾采样点的背景资料包括区域类型、服务范围、产生量、处理量、收运处理方式等，且应建档并及时更新。

3. 采样点选择

生活垃圾采样点应按垃圾流节点进行选择，生活垃圾流节点及分类见表 2-10。

表 2-10　生活垃圾流节点及分类

序号	生活垃圾流节点	类别
1	产生源	居住区、事业区、商业区、清扫区等
2	收集站	地面收集站、垃圾桶收集站、垃圾房收集站、分类垃圾收集站等
3	收运车	车厢可卸式、压缩式、分类垃圾收集车、餐厨垃圾收集车等
4	转运站	压缩式、筛分、分选等
5	处理场(厂)	填埋场、堆肥厂、焚烧厂、餐厨垃圾处理厂等

注 1. 产生源节点是按生产生活垃圾的功能区特性进行分类的，其他节点是按设施的用途进行分类的。
2. 在产生源功能区采样，适用于原始生活垃圾成分和理化特性分析。
3. 在其他生活垃圾流节点采样，适用于生活垃圾动态过程中成分和理化特性分析。

4. 采样点数的确定

(1)垃圾产生源　在生活垃圾产生源设置采样点，应根据所调查区域的人口数量确定最少采样点数(表 2-11)，并根据该区域内功能区(表 2-12)的分布、生活垃圾特性等因素确定采样点分布。

表 2-11　人口数量与最少采样点数

人口数量/万人	<50	50～100	100～200	≥200
最少采样点数/个	8	16	20	30

(2)垃圾流节点　在生活垃圾产生源以外的垃圾流节点设置采样点，应由该类节点(设施或容器)的数量确定最少采样点数，见表 2-13。

表 2-12　功能区种类

居民区			事业区		商业区					清扫区	
燃煤	半燃煤	无燃煤	机关团体	教育科研	商场超市	餐饮	文体设施	集贸市场	交通场(站)	道路广场	园林

表 2-13　生活垃圾流节点数与最少采样点数　　个

生活垃圾流节点(设施或容器)的数量	最少采样点数
1～3	所有
4～64	4～5
65～125	5～6
125～343	6～7
≥344	每增加 300 个容器或设施，增加 1 个采样点

(3)采样点数　在调查周期内，地理位置发生变化的采样点数不宜大于总数的 30%。

2.3.2.2　采样频率和间隔时间

产生源生活垃圾采样与分析以年为周期，采样频率宜每月 1 次，同一采样点的采样间隔时间宜大于 10 d。因环境引起生活垃圾变化时，可调整部分月份的采样频率。调查周期小于 1 年时，可增加采样频率，同一采样点的采样间隔时间不宜小于 7 d。

垃圾流节点生活垃圾采样与分析，应根据该类节点特性、设施的工艺要求、测定项目的类别确定采样周期和频率。

2.3.2.3　最小采样量

根据生活垃圾最大粒径及分类情况，选取的最小采样量应符合表 2-14 的规定。

表 2-14　生活垃圾最小采样量

生活垃圾最大颗粒直径[a]/mm	最小采样量/kg		主要适用范围
	分类生活垃圾	混合生活垃圾	
120	50	200	产生源生活垃圾、生活垃圾筛上物
30	10	30	生活垃圾筛下物、餐厨垃圾等
10	1	1.5	堆肥产品、焚烧残渣等
3	0.15	0.15	

注：[a] 最大粒径指筛余量为 10%时的筛孔尺寸。

2.3.2.4　采样的基本要求

①应结合现场环境条件选择不同的采样方法；

②采样应避免在大风、雨、雪等异常天气条件下进行；

③在同一区域有多个采样点时，宜尽可能同时进行；

④采样的全过程应详细记录；

⑤采样应注意现场安全。

2.3.2.5　设备和工具

主要采样设备和工具见表 2-15。

表 2-15　主要采样设备和工具

设备和工具	说明
采样车	人与生活垃圾样品隔离
机械搅拌及取样工具	推土机、挖掘机、抓斗及其他能够搅拌生活垃圾的设备
人工搅拌及取样工具	尖头铁锹、耙子、长柄推把等工具
密闭容器	带盖采样桶或内衬塑料的采样袋
其他工具	锯、锤子、剪刀、夹子等
辅助设备	照明设备、供电设备，标杆、警戒绳、胶带、计算器、皮尺等

2.3.2.6　采样方法

对呈堆体状态的生活垃圾，应根据其体积选择下述方法采样。对非堆体状态的生活垃圾

(桶、箱或车内生活垃圾),应先将生活垃圾转化成堆体后再选择下述方法采样。对坑(槽)内生活垃圾(焚烧厂贮料坑和堆肥厂发酵槽等),可参照网格法采样。

1. 四分法

将生活垃圾堆搅拌均匀后堆成圆形或方形,如图 2-3 所示,将其十字四等分,然后,随机舍弃其中对角的两份,余下部分重复进行前述铺平并分为四等分,舍弃一半,直至达到表 2-14 所规定的采样量。

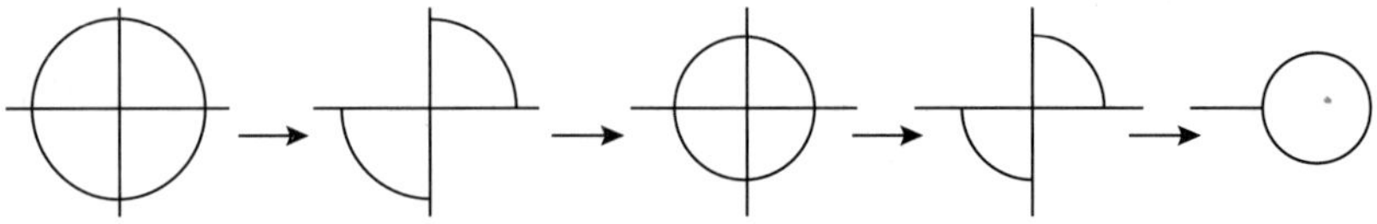

图 2-3　四分法采样示意图

2. 剖面法

沿生活垃圾堆对角线做一采样立剖面,按图 2-4 所示确定点位,水平点距不大于 2 m,垂直点距不大于 1 m。各点位等量采样,直至达到表 2-14 所规定的采样量。

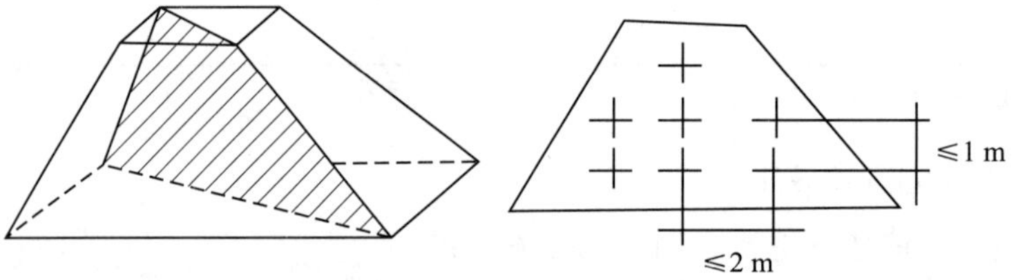

图 2-4　剖面法采样位置示意图

3. 周边法

在生活垃圾堆四周各边的上、中、下 3 个位置采集样品,按图 2-5 所示方式确定点位(总点位数不少于 12 个),各点位等量采样,直至达到表 2-14 所规定的采样量。

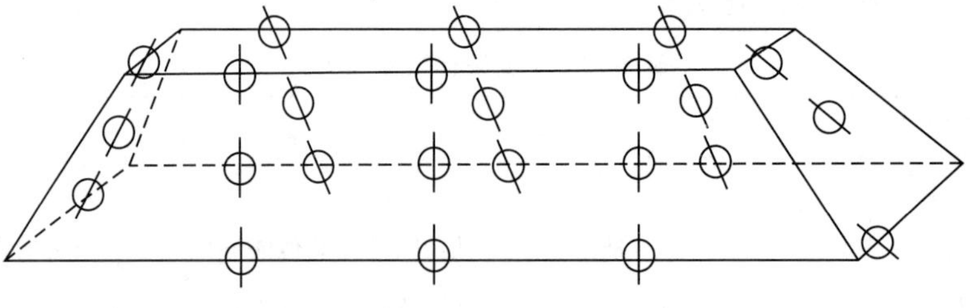

图 2-5　周边法采样位置示意图

4. 网格法

将生活垃圾堆成一厚度为 40～60 cm 的正方形,把每边三等分,将生活垃圾平均分成 9 个子区域,将每个子区域中心点前后左右周边 50 cm 内以及从表面算起垂直向下 40～60 cm 深度的所有生活垃圾取出,把从 9 个子区域内取得的生活垃圾倒在一清洁的地面上,混拌均匀后,采用四分法缩分至表 2-14 所规定的采样量。

2.3.3　用于鉴别危险废物特性的样品采集

2.3.3.1　采样对象的确定

(1)分类采样　应根据固体废物的产生源进行分类采样,禁止将不同产生源的固体废物混合。

(2)可代表采样的条件　生产原辅料、工艺路线、产品均相同的 2 个或 2 个以上生产线,可以采集单条生产线产生的固体废物代表该类固体废物。

(3)丧失原有使用价值的物质采样　每类物质作为一类固体废物,分别采样鉴别。采样应满足以下要求:

①如危险特性全部来源于该物质本身,且在使用过程中危险特性不变或降低,应采集该物质未使用前的样品。

②如危险特性全部或部分来源于使用过程,应在该物质不能继续按照原有设计用途使用时采样。

(4)生产过程中产生的副产物采样　应根据产生工艺节点确定固体废物类别,每类固体废物分别采样鉴别。采样应满足以下要求:

①应在该固体废物从正常生产工艺或利用工艺中分离出来的工艺环节采样。

②应在生产设施、设备、原辅材料和生产负荷稳定的生产期采样。

(5)环境治理和污染控制过程中产生的物质采样　应在污染控制设施污染物来源、设施运行负荷和效果稳定的生产期采样;应根据环境治理和污染控制工艺流程,对不同工艺环节产生的固体废物分别进行采样。

(6)堆存状态的固体废物采样　应满足以下要求:

①如其产生过程尚未终止,应按(2)—(5)采集原产生工艺样品。

②如其产生过程已经终止,则采集堆存的固体废物。

③环境事件涉及的固体废物,按本标准中“环境事件涉及的固体废物的危险特性鉴别技术要求”的相关要求采样。

(7)生产和服务设施更换或拆除时固体废物采样　固体废物为生产和服务设施更换或拆除的固定式容器、反应容器和管道,粉状、半固态、液体产品使用后产生的包装物或容器,以及产品维修或产品类废物拆解过程产生的粉状、半固态、液体物料的盛装容器,采样对象应为容器中的内容物,每类内容物作为一类固体废物,分别采样。

(8)水体环境、污染地块治理与修复过程产生的固体废物采样　需要按固体废物进行处理处置的水体沉积物及污染土壤等环境介质,应尽可能在未发生二次扰动的情况下,根据水体、污染地块污染物的扩散特征和环境调查结果,对不同污染程度的环境介质进行分类采样。

(9)建筑废物采样　需要开展危险废物鉴别的建筑废物,应尽可能在拆除、清理之前或过程中,根据建筑物的组成和污染特性进行分类,分别采样。

2.3.3.2　份样数的确定

(1)危险废物　其鉴别需根据待鉴别固体废物的质量确定采样份样数,表 2-16 为危险废物鉴别所需固体废物采集的最小份样数。

(2)堆存状态的固体废物　应以堆存的固体废物总量为依据,按照表 2-16 确定需要采集的最小份样数。

表 2-16 危险废物鉴别所需固体废物采集的最小份样数

固体废物质量(以 q 表示)/t	最小份样数/个
$q \leqslant 5$	5
$5 < q \leqslant 25$	8
$25 < q \leqslant 50$	13
$50 < q \leqslant 90$	20
$90 < q \leqslant 150$	32
$150 < q \leqslant 500$	50
$500 < q \leqslant 1\ 000$	80
$q > 1\ 000$	100

(3)生产工艺过程中产生的固体废物　以生产设施自试生产以来的实际最大生产负荷时的固体废物产生量为依据，按照表 2-16 确定需要采集的最小份样数。满足 2.3.3.1 中(2)规定的固体废物，以固体废物产生量最大的单条生产线最大产生量为依据，按照表 2-16 确定需要采集的最小份样数。固体废物产生量根据以下方法确定：

①连续产生固体废物时，以确定的工艺环节一个月内的固体废物产生量为依据，按照表 2-16 确定需要采集的最小份样数。如果连续产生时段小于一个月，则以一个产生时段内的固体废物产生量为依据。

②间歇产生固体废物时，如固体废物产生的时间间隔小于或等于一个月，应以确定的工艺环节一个月内的固体废物最大产生量为依据，按照表 2-16 确定需要采集的最小份样数。如固体废物产生的时间间隔大于一个月，以每次产生的固体废物总量为依据，按照表 2-16 确定需要采集的最小份样数。

2.3.3.3 份样量的确定

固体废物样品采集的份样量应同时满足下列要求：

①满足分析操作的需要；

②依据固体废物的原始颗粒最大粒径，不小于表 2-17 中规定的质量。

表 2-17 不同颗粒直径的固体废物的一个份样所需采集的最小份样量

原始颗粒最大粒径(以 d 表示)/cm	最小份样量/g
$d \leqslant 0.50$	500
$0.50 < d \leqslant 1.0$	1 000
$d > 1.0$	2 000

半固体和液体废物样品采集的份样量应满足分析操作的需要。

2.3.3.4 采样的时间和频次

(1)连续产生　样品应分次在一个月(或一个产生时段)内等时间间隔采集；每次采样在设备稳定运行的 8 h(或一个生产班次)内完成。每采集一次，作为 1 个份样。

(2)间歇产生　根据确定的工艺环节一个月内的固体废物的产生次数进行采样：如固体废物产生的时间间隔大于一个月，仅需要选择一个产生时段采集所需的份样数；如一个月内固体废物的产生次数大于或者等于所需的份样数，遵循等时间间隔原则在固体废物产生时段采样，每次采集 1 个份样；如一个月内固体废物的产生次数小于所需的份样数，将所需的份样数均匀分配到各产生时段采样。

2.3.3.5　采样方法

固体废物采样工具、采样程序、采样记录和盛样容器参照《工业固体废物采样制样技术规范》(HJ/T 20—1998)，固体废物采样安全措施参照《工业用化学产品采样安全通则》(GB/T 3723—1999)。在采样过程中应采取措施防止危害成分的损失、交叉污染和二次污染。

(1)生产工艺过程产生的固体废物　应在固体废物排(卸)料口按照下列方法采集：

①由卸料口排出的固体废物。采样过程应预先清洁卸料口，并适当排出固体废物后再采集样品。采样时，采用合适的容器接住卸料口，根据需要采集的总份样数或该次需要采集的份样数，等时间间隔接取所需份样量的固体废物。每接取一次固体废物，作为 1 个份样。

②板框压滤机。将压滤机各板框按顺序编号，使用随机数表法抽取与该次需要采集的份样数相同数目的板框，作为采样单元采取样品。采样时，在压滤脱水后取下板框，刮下固体废物。每个板框内采取的固体废物，作为 1 个份样。

(2)堆存状态固体废物采样　应遵循如下原则：

①散状堆积固态、半固态废物。对于堆积高度小于或者等于 0.5 m 的散状堆积固态、半固态废物，将固体废物堆平铺为厚度 10～15 cm 的矩形，划分为 5*N* 个(*N* 为根据 2.3.3.2 确定的所需采样的总份样数，下同)面积相等的网格，顺序编号；使用随机数表法抽取 *N* 个网格作为采样单元，在网格中心位置处用采样铲或锹垂直采取全层厚度的固体废物。每个网格采取的固体废物，作为 1 个份样。

对于堆积高度大于 0.5 m 的散状堆积固态、半固态废物，应分层采取样品；采样层数应不小于 2 层，按照固态、半固态废物堆积高度等间隔布置；每层采取的份样数应相等。分层采样可以用采样钻或者机械钻探的方式进行。

②敞口贮存池或不可移动大型容器中的固体废物。将容器(包括建筑于地上、地下、半地下的)划分为 5*N* 个面积相等的网格，顺序编号。

液态废物，使用随机数表法抽取 *N* 个网格作为采样单元采取样品。对于无明显分层的液态废物，采用玻璃采样管或者重瓶采样器进行采样。将玻璃采样管或者重瓶采样器从网格的中心位置处垂直缓慢插入液面至容器底；待采样管/采样器内装满液态废物后，缓缓提出，将样品注入采样容器。对于有明显分层的液态废物，采用玻璃采样管或者重瓶采样器进行分层采样。每采取一次，作为 1 个份样。

固态、半固态废物，厚度小于 2 m 时，使用随机数表法抽取 *N* 个网格作为采样单元采取样品。采样时，在网格的中心位置处用土壤采样器或长铲式采样器垂直插入固体废物底部，旋转 90°后抽出。每采取一次固体废物，作为 1 个份样。固体废物厚度大于或等于 2 m 时，使用随机数表法抽取 $(N+1)/3$(四舍五入取整数)个网格作为采样单元采取样品。采样时应分为上部(深度为 0.3 m 处)、中部(1/2 深度处)、下部(5/6 深度处)3 层分别采取样品。每采取一次，作为 1 个份样。

③小型可移动袋、桶或其他容器中的固体废物。将各容器按顺序编号，使用随机数表法抽取 *N* 个容器作为采样单元采取样品。根据固体废物性状，分别使用长铲式采样器、套筒式采样器或者探针进行采样。每个采样单元采取 1 个份样。当容器最大边长或高度大于 0.5 m

时，应分层采取样品，采样层数应不小于 2 层，各层样品混合作为 1 个份样。

如样品为液态废物，将容器内液态废物混匀（含易挥发组分的液态废物除外）后打开容器，将玻璃采样管或者重瓶采样器从容器口中心位置处垂直缓缓插入液面至容器底；待采样管/采样器内装满液体后，缓缓提出，将样品注入采样容器。

④封闭式贮存池、不可移动大型容器或槽罐车中的固体废物。贮存于封闭式贮存池、不可移动大型容器或槽罐车中的固体废物，应尽可能在卸除固体废物过程中按第(1)中①的方法采取样品。如不能在卸除固体废物过程中采样，按(2)中②的方法从贮存池、容器上部开口采集样品。如存在卸料口，则同时在卸料口按第(1)种情况下①的方法采集不少于 1 个份样。

习题

1. 请分别说明固体废物的水分、挥发分、固定碳和灰分的含义及相互间的关系。

2. 试分析固体废物元素组成如何影响其热值。

3. 某城市生活垃圾的化学组成为 $C_{60}H_{25.4}O_{37.5}N_{7.8}S_{5.6}Cl$，其水分含量为 45.6%，灰分含量为 14.3%，请估算该废物的高位热值和低位热值。

4. 试分析固体废物的物理组成如何影响其生物可降解性。

5. 危险废物的危险特性包括哪些？

6. 简述危险废物的鉴别程序和鉴别方法。

7. 危险废物经处理后的残渣还是危险废物吗？为什么？请举例说明。

8. 以下废物是否为危险废物？为什么？被三氯乙烷污染的土壤；表面附上氢氧化钠的干滤饼；水溶液含 20% 甲醇，它的闪点低于 60 ℃；浓硫酸。

9. 工业固体废物和生活垃圾的采样方法分别有哪些？各适用于何种情况？

10. 请你根据所在学校生活垃圾产生的特点，制定一个采样方案。

11. 某废物采样工作经评估后拟采用“系统采样法”采样，样品编号按月份排序，每季度采样一次，第一次取样编号为 2，则第 3 次取样样品的编号应为多少？

第3章　固体废物的贮存与清运

固体废物来源复杂、种类繁多，且形状、大小、结构及性质千变万化。引导固体废物产生者进行正确投放，同时做好其贮存、收集、运输等环节的管理工作，是保证固体废物实现无害化、减量化、资源化的关键。固体废物的贮存和清运是一项复杂的系统工程，其中城市生活垃圾尤为复杂。生活习惯、民俗文化、经济水平等会影响生活垃圾产生者的投放行为，产生固体废物的地点分散于城乡各个社区、街道、商业区等，且生活垃圾的产生不仅有固定源，也有移动源，在固体废物贮存和清运过程中存在诸多不确定性。

3.1　固体废物的贮存

3.1.1　贮存方式与要求

3.1.1.1　贮存方式

1. 工业源固体废物

(1)件装容器贮存　以这种方式贮存的废物，一般是产生量不大的粉末状、泥状或液态废物，如废活性炭、工业粉尘、废油和废溶剂等，贮存容器有桶、罐、箱、槽、编织袋等多种形式。件装容器贮存的废物，因产生的时间和批次不同，各容器间废物中污染物含量存在差异。另外，容器在搬运过程中因震动、颠簸作用，会使所盛装废物发生物理分层现象(液态废物长期静置也会出现物理分层现象)，从而造成污染物含量在容器内部呈现梯次变化。

(2)散状堆积贮存　以这种方式贮存的废物，大多是产生量较大或一次性产生的固态不规则块、粒状废物，如尾矿、锅炉渣、冶炼渣、煤矸石等。有时可见到多批产生的废物堆倒在一起，形成一个散状堆积废物场。

(3)池(坑、塘)贮存　以这种方式贮存的废物大多是浆状废物和废水处理污泥，尾矿、贮灰、乙炔生产厂产生的电石渣、产生量较大的废酸碱等也多用此类贮存方式。以这种方式贮存的废物一般存放时间较长，水分通过蒸发和下渗使废物得以干燥。在贮存过程中，因沉降作用，贮池中的废物颗粒的纵向分布呈下粗上细；而当贮池内多次排入废物时，废物颗粒的纵向分布则表现出多个层次。当废物的排入口在池的一端时，废物颗粒的水平分布为由粗到细的梯次变化。因此，池(坑、塘)贮存的废物中污染物含量一般表现出规律性变化。

2. 生活源固体废物

生活源固体废物通常称作生活垃圾，由于城市生活垃圾产生量的不均性及随意性，以及对环卫部门收集清除的适应性，需要配备生活垃圾贮存容器。垃圾产生者或收集者应根据垃圾的数量、特性及环卫主管部门要求，确定贮存方式，选择合适的垃圾贮存容器，规划容器的放置地点和足够的数目。贮存方式大致分为家庭贮存、公共贮存、单位贮存和街道贮存。

3. 农村固体废物

农村固体废物主要表现为量较少，密度低，高度分散，交通不便利，农村居民环保意识弱，集中收运难。在对农村固体废物进行贮存时，应首先对其进行分类收集，充分利用农村的田间地头进行就地处理和资源化利用。

3.1.1.2 贮存要求

1. 工业源固体废物

(1)危险废物的贮存要求　①“四防”。防风、防雨、防晒及防渗漏。防风必须有实体墙；防雨、防晒必须有屋顶且具备一定的隔热避光能力；防渗漏，一般需要地面刷环氧地坪及设置围堰、地沟，量少的情况下也可以将托盘放置在危险废物下方。②“三分”。不同类的危险废物须分区贮存；危险废物必须和生活垃圾分开贮存；危险废物必须和一般固体废物分开贮存。

(2)一般废物的贮存要求　不得露天堆放。对暂时不利用或者不能利用的，应当按照国家与地方主管部门的规定建设贮存设施、场所，安全分类存放，或者采取无害化处置措施。贮存工业固体废物应当采取符合国家环境保护标准的防护措施，张贴一般固体废物贮存场所标牌。产生工业固体废物的单位终止的，应当在终止前对工业固体废物贮存、处置的设施、场所采取污染防治措施，并对未处置的工业固体废物做出妥善处置，防止污染环境。

2. 城市生活垃圾

分类贮存是指根据对城市生活垃圾回收利用或处理工艺的要求，由垃圾产生者自行将垃圾分为不同种类进行贮存，即就地分类贮存。由于它从垃圾的发生源上入手，提高了垃圾的资源利用价值和减少了垃圾的处理工作量，可以认为这种发展具有划时代的意义。而由此种方法所带来的收集成本增加问题，可以通过资源利用产品的出售来解决。

城市生活垃圾的分类贮存与收集是复杂的工作，国内外有不同的分类方式：

①分 2 类贮存。按可燃垃圾(主要是纸类)和不可燃垃圾分开贮存。其中塑料通常作为不可燃垃圾，有时也作为可燃垃圾贮存。②分 3 类贮存。按塑料除外的可燃物，塑料，玻璃、陶瓷、金属等不燃物 3 类分开贮存。③分 4 类贮存。按塑料除外的可燃物，金属类，玻璃类，塑料、陶瓷及其他不燃物 4 类分开贮存。金属类和玻璃类作为有用物质分别加以回收利用。④分 5 类贮存。除上述 4 类外，再挑出含重金属的干电池、日光灯管、水银温度计等危险废物作为第五类单独贮存收集。

开展城市废物的就地分类，是减少投资、提高回收物料纯度的好方法。适用于分类贮存收集的城市垃圾成分主要是纸、玻璃、铁、有色金属、塑料、纤维材料等。对于特种垃圾，应根据有关要求处理。

我国自 1999 年开始实施按可回收、不可回收分 2 类贮存的管理制度。2017 年调整为按厨余类、可回收类、有害类和其他类的分类方式，除上海按湿类、干类、可回收类和其他类进行分类管理外，其他城市都按此分类方式进行管理。

要做到就地分类贮存，需设置不同容器以便存放不同废物。在美国，大多数城市已规定住户必须放置2个垃圾容器，一个贮存厨房垃圾，另一个贮存其他废物。相应的垃圾收集车也有二分类车或三分类车。传统的城市垃圾分类主要在处理厂或中转站进行，家庭分类存放需增加容器数量、收集工人数及车辆，另外收集不及时，厨房垃圾易腐败发臭带来诸多不利，并且分类存放效果不好，分类效率只有70%～80%，因此垃圾处理厂仍然需设置破碎和分选工序。权衡得失，垃圾分类贮存利大于弊，应逐步加以推广。但就地分类贮存的推广工作是长期和艰巨的系统工程，需要统一思想，大力开展宣传，提高全民意识；更需环卫主管部门先行制定规章及其他社会性强制手段，并有相应的切实可行的技术措施，这项工程才能得到顺利发展。

3.1.2　贮存容器的设置

1. 工业固体废物贮存

采用库房、包装工具（罐、桶、包装袋等）贮存一般工业固体废物的，贮存过程应满足上述贮存要求；危险废物和生活垃圾不得进入一般工业固体废物贮存场及填埋场；不相容的一般工业固体废物应设置不同区域进行贮存和填埋；焚烧产生的炉渣与飞灰应分开收集、贮存和运输；贮存场、填埋场应设置清晰、完整的一般工业固体废物标志牌等。

2. 城市垃圾贮存

城市垃圾贮存容器类型繁多，可按使用和操作方式、容量大小、容器形状及材质不同进行设置。

国外许多城市都制定了当地贮存容器类型的标准化和使用要求。用于各家各户生活垃圾的贮存容器多为塑料和钢制垃圾桶、塑料袋和纸袋。垃圾桶应该用耐腐的和不易燃材料制造，钢制的重而价昂；塑料轻而经济，但不耐热，使用寿命短。为了减少垃圾桶脏污和清洗工作，已广泛提倡使用塑料袋和纸袋。对于使用者来说，一次性使用的垃圾袋比较理想，卫生清洁，搬运轻便。纸袋可用从垃圾中回收的废纸来制造，装满垃圾后用夹子封口连袋送去处理，其缺点是比较易燃，且输送、处理成本较高。

目前国内各城市使用的贮存容器规格尚不统一。对于家庭贮存，除少数城市（如北京、深圳、珠海等）规定使用一次性塑料袋外，通常由家庭自备旧桶、箩筐、簸箕等随意性容器；对于公共贮存，根据习惯叫法，常见的有固定式砖砌垃圾箱、活动式带车轮的垃圾桶、铁制活底卫生箱、车箱式集装箱等；对于街道贮存，除使用公共贮存容器外，还配置大量供行人丢弃废纸、果壳、烟蒂等物的各种类型的废物箱；对于单位贮存，则由产生者根据垃圾量及收集者的要求选择容器类型。

贮存容器除大小适当外，必须满足环境卫生要求，并要求使用操作方便，美观耐用，造价适宜，便于机械化装车。住宅区贮存家庭垃圾的垃圾箱或大型容器应设置在固定位置，该处应既要靠近住宅，方便居民，又要靠近马路，便于分类收集和机械化装车。同时要注意设置隐蔽，不妨碍交通路线和影响市容观瞻。容器设置数量因服务范围内居民人数、垃圾人均产量、垃圾容重、容器大小和收集次数等而定，应事先进行规划和估算。

3.2　固体废物的收集与清运

3.2.1　收集

城市垃圾包括生活垃圾、商业垃圾、建筑垃圾以及粪便等。从我国情况看，它们的收集工作是分开进行的，具体做法如下。商业垃圾及建筑垃圾原则上由单位自行清除。粪便的收集按其住宅有无卫生设备分成2种情况：有卫生设施的住宅，居民粪便的小部分进入污水厂做净化处理，大部分直接进入化粪池；没有卫生设施的，使用公厕或倒粪站进行收集，并由环卫专业队伍用真空吸粪车清除运输。真空吸粪车的载重量为1 t、2 t、4 t，对特别狭窄的里弄，用0.5 t的小型三轮机动车收集运输。一般每天收集一次，当天运出市区。

城市垃圾收运是城市垃圾处理系统中的第一环节，其耗资最大，操作过程亦最复杂。据统计，垃圾收运费要占整个处理系统费用的60%～80%。城市垃圾收运的原则是满足环境卫生要求和费用最低，因此，必须科学地制定合理的收运计划和提高收运效率。

生活垃圾收集可按收集内容分为2种方式：混合收集和分类收集。目前分类收集还不普遍，而混合收集是传统的收集方式，下面介绍几种不同的混合收集方式：

(1)定点收集方式　指的是收集容器放置于固定的地点，一天中的全部或大部分时间为居民服务。采用这种收集方式要求占用一定的空间设立收集点，收集点要求便于车辆经过，以便收集到的垃圾被及时清运。另外，从收集的卫生要求来看，收集容器应有较好的密封隔离效果，以避免收集过程中产生公共卫生问题。此外，采用该收集方法既要找到合适的收集点位置，又要求具有一定的居住密度，否则会造成收集容器的容积效率得不到充分利用。由于城市的居住区基本上都可以达到这些要求，该收集方式是最普遍的垃圾收集方式。

(2)定时收集方式　不设置固定的垃圾收集点，直接用垃圾清运车收集居民区垃圾。具体做法是收运车以固定的时间与路线行驶于居民区中，并收集路旁的居民垃圾。收运车一般为小型的垃圾收集车(1 t以下的汽车或人力拖车)，每天定时定线路巡回于收集路线上(一般一天1～2次)，居民将垃圾定时定点倒入车内，完成收运过程。由于车容量小，一般都配有小型的转运站，集中到一定数量时再进一步运输。

(3)特殊收集方式　世界上的各个城市本底条件各异，居民区垃圾收集方式除上述2种外，也还有一些为特殊区域服务的收集方式。如垃圾管道收集系统，首先由瑞典在20世纪70年代建成，以后相继在德国、俄罗斯、日本、法国、芬兰建成，并投入使用。垃圾管道真空收集系统优点：管道封闭性好，对环境无污染，方便用户，改善用户的生活环境，系统自动化程度高，减轻工人劳动强度和减少人员数量。与其他垃圾收集方式相比，该方式投资大，运行费用相对较高。

值得强调的是，垃圾分类收集是垃圾收集的必然发展方向。我国在20世纪90年代提出了垃圾分类收运和处理的对策，在《城市生活垃圾管理办法》和《固废法》等法规中都明确了垃圾分类的要求。对分类垃圾的废品类进行回收，是垃圾减量化的重要途径。

3.2.2　清运

生活垃圾的清运方法有2种：一种是拖曳容器系统；另一种是固定容器系统。

拖曳容器系统是从收集点将装满垃圾的容器(垃圾桶)用运输车拖曳到处置场(或转运站加工场)倒空后送回原收集点，车子再开到第二个垃圾桶放置点，如此重复直至一天工作日结束。拖曳容器系统的简便模式如图3-1(a)所示，也可用交换模式[图3-1(b)]来完成上述工作。即当开车去第一个垃圾桶放置点时，同时带去一只空垃圾桶，以替换装满垃圾的垃圾桶，待拖到处置场倒空后，再将此空垃圾桶送到第二个垃圾桶放置点，重复至收集路线的最后一个垃圾桶被拖到处置场倒空为止，运输车带着这只空桶回调度站。

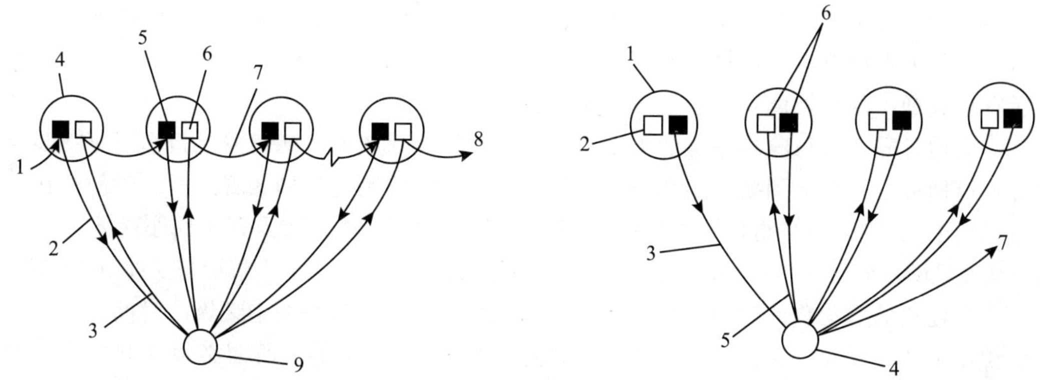

(a)简便模式

1. 运输车从调度站出发到此收集线路，一天的工作开始；2. 拖拽装满垃圾的垃圾桶；3. 空垃圾桶返回原放置点；4. 垃圾桶放置点；5. 提起装了垃圾的垃圾桶；6. 放回空垃圾桶；7. 开车至下一个垃圾桶放置点；8. 牵引车回调度站；9. 垃圾处置场或转运站加工场

(b)交换模式

1. 垃圾桶放置点；2. 从调度站带来的空垃圾桶，一天收集工作的开始；3. 从第一个垃圾桶放置点拖到处置场；4. 处置场；5. 空垃圾桶送到第二个垃圾桶放置点；6. 放下空垃圾桶，再提起装了垃圾的垃圾桶；7. 运输车带空垃圾桶回调度站

图 3-1　拖曳容器系统

固定容器系统是垃圾桶放在固定的收集点，垃圾车从调度站出来将垃圾桶中的垃圾倒空，将垃圾桶放回原处，车子开到第二个收集点重复操作，直至垃圾车装满或工作日结束，将车子开到处置场倒空垃圾车，垃圾车开回调度站。图 3-2 是固定容器系统示意图。

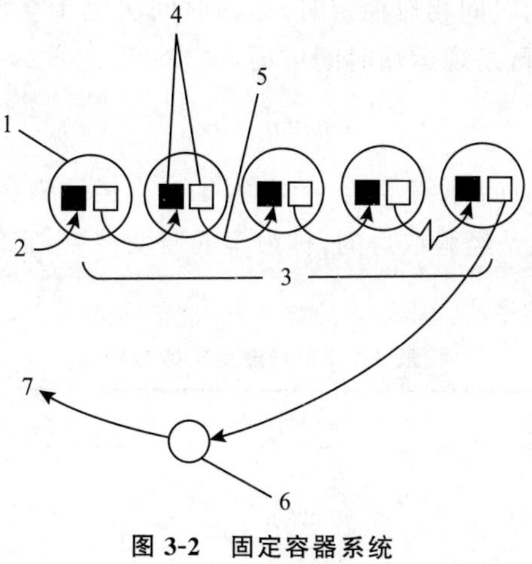

图 3-2　固定容器系统

1. 垃圾桶放置点；2. 运输车辆从调度站来，开始收集垃圾；3. 收集线路；4. 放置点中垃圾桶出空到垃圾车上；5. 垃圾车驶往下一个收集点；6. 处置场或中继站、加工场；7. 垃圾车回调度站

收集时间是决定收集成本的关键因素之一，因此，有必要通过建立设计数据和关系式，求出某区域垃圾收集耗费的人力和物力，从而计算收集成本以及与收集活动有关的变量。

拖曳容器系统与固定容器系统又可分别分成 4 个单元过程来计算所耗费的时间。

①装载时间。与收集类型有关。在拖曳容器系统的简便模式中，所需装载时间包括三部分：运输车从放置点开到下一个放置点所需的时间、提起装满垃圾的垃圾桶的时间和放下空垃

圾桶的时间。在拖曳容器系统的交换模式中,装载时间包括提起装满垃圾的垃圾桶的时间和在另一个放置点放下空垃圾桶的时间。在固定容器系统中,装载花费的时间是从收集线路上将所有垃圾桶中的垃圾倒空到垃圾车上所花费的时间。

②运输时间。也与收集系统的类型有关。拖曳容器系统的运输时间是指牵引车将装满垃圾的垃圾桶从放置点拖到处置场和将空垃圾桶从处置场拖到垃圾桶放置点所需时间。在固定容器系统中,运输时间是指垃圾车装满后从收集线路的最后一个放置点开车到处置场,倒空垃圾后再从处置场开车到下一个收集路线的第一个放置点所需的时间,它们不包括在处置场的时间。

③在处置场所花费的时间。包括在处置场等待卸车的时间和倒空垃圾的时间。

④非生产性时间。包括两方面的活动,即必须的和非必须的。所谓必须的非生产性时间是指每天报到、登记、分配工作等花费的时间和每天结束的检查工作等所用时间;每天从调度站开车到第一个垃圾放置点和每天结束从处置场到调度站所需时间;由于交通拥挤不可避免的时间损失;在设备维护与修理上花费的时间。非必须的活动时间包括午餐与未经许可的工间休息等。在实际工作中两方面的活动时间一般一起考虑,以整个收集过程所花时间的百分数表示。

1. 拖曳容器系统

在拖曳系统中,每收集一桶垃圾所需时间用式(3-1)表示:

$$T_{hcs}=\frac{P_{hcs}+S+h}{1-W} \tag{3-1}$$

式中:T_{hcs} 为拖曳垃圾桶每个双程所需时间,h;P_{hcs} 为每个双程拾取花费的时间,h;h 为每个双程运输花费的时间,h;S 为在处置场花费的时间,h;W 为非生产性时间因子,%。

当拾取时间与处置场的时间相对稳定时,运输时间决定于车辆速度和运输距离。从大量不同收集车的运输数据分析,发现运输时间可用式(3-2)近似表示:

$$h=a+bx \tag{3-2}$$

式中:h 为每个双程运输的时间,h;a 为经验常数,h;b 为经验常数,h/km;x 为每个双程的运输距离,km。a、b 两个数值是经验取得的,称为车辆速度常数,它们的数值与车辆速度极限有关,它们的关系见表 3-1 所示。

表 3-1　车辆速度常数数值

速度极限/(km/h)	a/h	b/(h/km)
88	0.016	0.011 2
72	0.022	0.014
56	0.034	0.018
40	0.050	0.025
24	0.060	0.042

将式(3-2)代入式(3-1),得到每个双程的时间:

$$T_{hcs}=\frac{P_{hcs}+S+a+bx}{1-W} \tag{3-3}$$

拖曳容器系统每个双程的拾取时间按定义为:

$$P_{hcs}=t_{pc}+t_{uc}+t_{dbc} \tag{3-4}$$

式中：t_{pc} 为提起装满垃圾的垃圾桶所需要的时间，h；t_{uc} 为放下空垃圾桶所需要的时间，h；t_{dbc} 为牵引车驶于垃圾桶放置点之间需要的时间，h。

在计算每个双程拾取时间时，如果牵引车驶于垃圾桶放置点之间所需要的平均时间不知道，可用式(3-2)估算，式中垃圾桶间距代替双程旅程的运输距离。

拖曳容器系统每日每辆车的双程旅程次数可由式(3-5)求得：

$$N_d=\frac{(1-W)H}{P_{hcs}+S+a+bx} \tag{3-5}$$

式中：N_d 为每日每辆车的双程旅程次数；H 为一个工作日的时间，h/d。其他符号与前边相同。W 数值在0.1～0.25之间变化，一般操作取0.15，在某些情况下，特别是长距离，如从调度站出发及回调度站花费时间较长，应从工作日的时间中扣除，但需调整 W 值。

若已知每周需要出空的垃圾桶的数目，用式(3-4)可以求出每辆车每周工作日：

$$D_w=\frac{t_w(P_{hcs}+S+a+bx)}{(1-W)H} \tag{3-6}$$

式中：D_w 为每周需要工作日，d；t_w 为每周双程旅程次数。其他符号同前。

如果不知一周的旅程次数，可根据收集范围的垃圾产量和容器容积求得，公式如下：

$$N_w=\frac{V_w}{cf} \tag{3-7}$$

式中：N_w 为一周的旅程次数；V_w 为一周垃圾的产生量，m^3；c 为垃圾桶的平均大小，m^3；f 为垃圾桶的平均填充系数。

式(3-7)求得的 N_w 不一定是整数，在实际工作中，若是小数，取大于该小数的最小整数为旅程次数。

2. 固定容器系统

固定容器收集法的一次行程中，装车时间是关键因素。装车有机械操作和人工操作之分，故计算方法略有不同。

(1)机械装卸垃圾的垃圾车　一般用压缩机进行自动装卸垃圾，每个双程旅程所需的时间为

$$T_{scs}=\frac{P_{scs}+S+a+bx}{1-W} \tag{3-8}$$

式中：T_{scs} 为每个双程旅程需要的时间，h；P_{scs} 为每个双程旅程拾取所需时间，h；S 为在处置场的时间，h；a、b 为经验常数；x 为每个双程旅程运输距离，km；W 为非生产性时间因子，%。

式(3-8)与式(3-3)不同的是拾取所需的时间。对于固定容器系统，拾取时间由式(3-9)得到：

$$P_{scs}=C_t\cdot t_{uc}+(N_p-1)\cdot t_{dbc} \tag{3-9}$$

式中：P_{scs} 为每个双程旅程拾取时间，h；C_t 为每个双程旅程倒空垃圾桶的数目；t_{uc} 为每个垃圾桶倒空垃圾所需时间，h；N_p 为每个双程旅程垃圾桶放置点的数目；t_{dbc} 为车辆行驶于垃圾桶

放置点之间所花费的平均时间，h。

每个双程旅程倒空垃圾桶的数目与车辆的容积和能达到的压缩比有关，可利用式(3-10)来求得：

$$C_t = V \cdot \frac{\gamma}{cf} \tag{3-10}$$

式中：C_t 为每个双程旅程倒空垃圾桶的数目；V 为垃圾车容积，m^3；γ 为压缩比；c 为垃圾桶的体积，m^3；f 为垃圾桶的平均填充系数。

每周的双程旅程次数可由式(3-11)求得：

$$N_w = \frac{V_w}{V\gamma} \tag{3-11}$$

式中：N_w 为每周双程旅程次数；V_w 为每周垃圾产生量，m^3；V 为垃圾车容积，m^3；γ 为压缩比。

每周工作时间可用下式求得：

$$D_w = \frac{N_w P_{scs} + t_w(S + a + bx)}{(1 - W)H} \tag{3-12}$$

式中：D_w 为每周工作的天数，d；N_w 为每周双程旅程次数；t_w 为 N_w 值进到大整数；H 为工作日时间，h/d。其余符号同前。

(2)人工装卸垃圾的垃圾车　一般用于住宅区的服务。其分析原理同前，仅计算式有所不同。

如每日工作 H 个小时，每日完成的旅程次数已知，可利用 $N_d = \frac{(1 - W)H}{P_{scs} + S + a + bx}$ 求得拾取所需时间(P_{scs})为

$$P_{scs} = (1 - W)\frac{H}{N_d} - (S + a + bx) \tag{3-13}$$

式中符号同前。

每个双程旅程垃圾桶放置点的数目可由式(3-14)估算：

$$N_p = 60 P_{scs} \cdot \frac{n}{t_p} \tag{3-14}$$

式中：N_p 为每个双程旅程垃圾桶放置点的数目；60 为小时转化为分钟系数；n 为收集工人数，人；t_p 为拾取时间，min。

t_p 可由下式求得：

$$t_p = 0.72 + 0.18C_n + 0.014P_{rh} \tag{3-15}$$

式中：C_n 为每个垃圾桶放置点上平均垃圾桶数；P_{rh} 为服务到居民家中收集点占全部放置垃圾桶的放置点的百分数，%。

垃圾车辆的大小可由下式计算：

$$V = V_p \cdot \frac{N_p}{\gamma} \tag{3-16}$$

式中：V 为垃圾车体积，m^3；V_p 为每个放置点上可收集到的垃圾体积，m^3；N_p 为每个双程旅程垃圾桶放置点的数目；γ 为压缩比。

每周的旅程数，即收集次数为

$$N_w = T_p \cdot \frac{F}{N_p} \tag{3-17}$$

式中：N_w 为每周双程旅程次数；T_p 为垃圾桶放置点的总数；F 为每周收集频率，次/周；N_p 为每个双程旅程垃圾桶放置点的数目。

3.2.2.1 收集车

(1)收集车的类型　不同地域各城市可根据当地的经济、交通、垃圾组成特点、垃圾收运系统的构成等实际情况，开发使用与其相适应的各种类型的收集车。许多国家与地区都有自己的收集车分类方法和型号。我国目前尚未形成收集车的分类体系，也未颁布有关收集车的术语、型号和基本参数等方面的标准。我国使用的收集车种类主要有：①简易自卸收集车，适用于固定容器系统；②活斗垃圾收集车，适用于拖曳容器系统；③桶式倒装密封收集车，适用于固定容器系统；④后装式压缩收集车，适用于分类收集方法。

(2)收集车数量配备　其是否得当，关系到费用及收集效率。其数量大小可参照下列公式计算：

简易自卸车数＝该车收集的垃圾日平均产生量/(车额定吨位×日单班收集次数定额×完好率)

式中：日单班收集次数定额按各省、自治区环卫定额计算；完好率按85%计。

多功能车数＝该车收集的垃圾日平均产生量/(车厢额定容量×箱容积利用率×日单班收集次数定额×完好率)

式中：箱容积利用率按50%～70%计；完好率按80%计；其余同上。

桶式侧装密封车数＝该车收集的垃圾日产生量/(桶额定容量×桶容积利用率×日单班装桶数定额×日单班收集次数定额×完好率)

式中：日单班装桶数定额按各省、自治区环卫定额计算；桶容积利用率按50%～70%计；完好率按80%计；其余同前。

(3)收集车劳动力配备　每辆收集车配备收集工人人数按车辆型号大小、机械化作业程度、垃圾容器放置点与容器类型等情形而确定，最终须得从工作经验中逐渐改善而确定劳力。一般情况下，除司机外，人力装车的3 t简易自卸车配2人；人力装车的5 t简易自卸车配3～4人；多功能车配1人；侧装密封车配2人。

3.2.2.2 收集次数与作业时间

在我国各城市住宅区、商业区基本上要求垃圾要及时收集，即日产日清。每周几次可根据当地的实际情况等而定。垃圾收集时间，大致可分昼间、晚间及黎明3种。住宅区最好在昼间收集，晚间可能打扰住户；商业区则宜在晚间收集，此时车辆和行人稀少，可加快收集速度。

总之，收集次数与作业时间应视当地实际情况，如气候、垃圾产生量、性质、收集方法、道路交通、居民生活习俗等而确定，不能一成不变。其原则是在卫生、迅速、低价的情形下达到垃圾收集的目的。

3.2.3 清运路线设计与规划

在垃圾收集操作方法、收集车类型、收集劳力及收集次数和时间等确定以后，就应着手设计收集路线，以便有效使用车辆和劳力。收集清运工作安排的科学性、经济性，关键在于合理的收运线路，各国都对此十分重视。为了提高垃圾收运水平，不少国家都制定了垃圾车收运线路图。一般来说，收集线路的设计需要进行反复试算，没有能应用于所有情况的固定规则。

路线设计的主要问题是收集车如何通过一系列的单行线或双行线街道行驶，以使整个行驶距离最短，或者说空载行程最短。一条完整的收集清运路线大致由“实际路线”和“区域路线”组成。前者指垃圾收集车在指定的街区内所遵循的实际收集路线，后者指装满垃圾后，收集车为运往转运站(或处理处置场)需走过的地区或街区。

在研究探索较合理的实际路线时，需考虑以下几点：①每个作业日每条路线限制在一个地区，尽可能紧凑，没有断续或重复的线路；②平衡工作量，使每个作业、每条路线的收集和运输时间都合理地大致相等；③收集路线的出发点从车库开始，要考虑交通繁忙和单行街道的因素；④在交通拥挤时间，避免在繁忙的街道上收集垃圾。

设计收集路线的一般步骤包括：①准备适当比例的地域地形图，图上标明垃圾清运区域边界、道口、车库和通往各个垃圾集装点的位置、容器数、收集次数等，如果使用固定容器收集法，应标注各集装点垃圾量；②资料分析，将资料数据概要列为表格；③初步收集路线设计；④对初步收集路线进行比较，通过反复试算进一步均衡收集路线，使每周各个工作日收集的垃圾量、行驶路程、收集时间等大致相等，最后将确定的收集路线画在收集区域图上。

下面通过实例介绍上述计算方法。

例 3-1

图 3-3 所示为某收集服务区域平面图(步骤 1 已在图上完成)。试设计拖曳容器系统与固定容器系统的收集线路。若 2 种收集操作方法在每日 8 h 中必须完成收集任务，试确定处置场距 B 点最远距离可以是多少？

已知有关数据和要求如下：

①收集次数为每周 2 次的集装点，收集时间要求在星期二、星期五；

②收集次数为每周 3 次的集装点，收集时间要求在星期一、星期三、星期五；

③各集装点容器可以位于十字路口任何一侧集装；

④收集车车库在 A 点，从 A 点早出晚归；

⑤拖曳系统按交换模式；

⑥拖曳系统操作从星期一至星期五每天进行收集；

⑦拖曳系统操作数据：容器集装与放回时间均为 0.033 h/次；卸车时间为 0.053 h/次；

⑧固定容器收集系统每周只安排星期一、星期二、星期三和星期五，每天行程一次；

⑨固定容器收集系统的收集车为 35 m^3 的后装式压缩车，压缩比为 2；

⑩固定容器系统操作数据：容器卸空时间为 0.050 h/个；卸车时间为 0.10 h/次；容器估

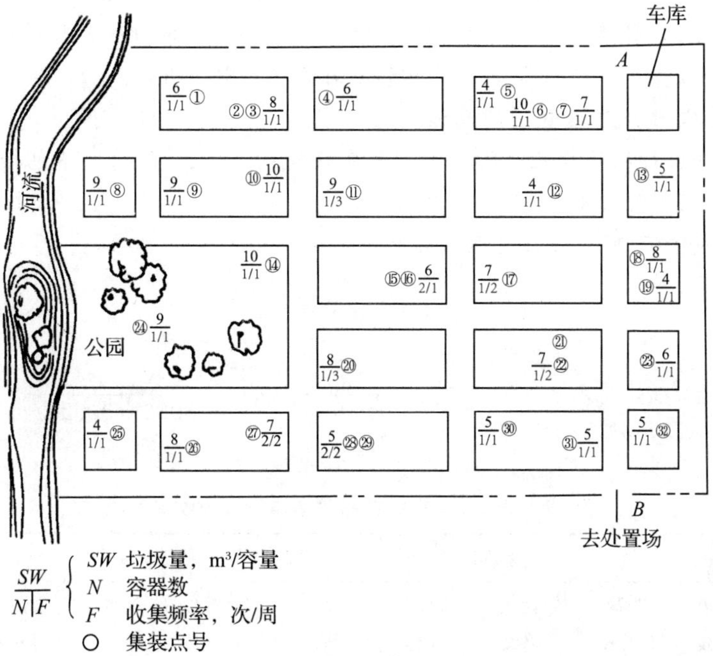

图 3-3 某收集服务区域平面图

算行驶时间常数 $a=0.060$ h/次，$b=0.067$ h/km；

⑪确定2种收集操作的运输时间，运输时间常数为 $a=0.080$ h/次，$b=0.025$ h/km；

⑫非收集时间系数均为0.15。

解：1. 拖曳容器系统的路线设计

(1)根据图3-3提供的资料进行分析(步骤2) 收集区域共有集装点32个：其中收集次数每周3次的有⑪和⑳2个点，每周共收集6次行程，时间要求在星期一、星期三、星期五；收集次数2次的有⑰、㉗、㉘、㉙4个点，每周共收集8次行程，时间要求在星期二、星期五；其余26个点，每周收集1次，共收集26次行程，时间要求在星期一至星期五。合理的安排是使每周各个工作日集装的容器数大致相等以及每天的行驶距离相当。如果某日集装点增多或行驶距离较远，则该日的收集将花较多时间并且将限制确定处置场的最远距离。3种收集次数的集装点，每周共需行程40次，因此平均安排每天收集8次，分配办法列成表3-2。

表 3-2 容器收集安排

收集次数/周	集装点数	行程数/周	每日倒空的容器数				
			星期一	星期二	星期三	星期四	星期五
1	26	26	6	4	6	8	2
2	4	8	—	4	—	—	4
3	2	6	2	—	2	—	2
共计	32	40	8	8	8	8	8

(2)通过反复试算,设计均衡的收集路线(步骤3、步骤4) 在满足表3-2规定的次数要求的条件下,找到一种收集路线方案,使每天的行程大致相等,即 A 点到 B 点间行驶距离约为86 km。每周收集路线设计与距离计算结果在表3-3中列出。

(3)确定从 B 点到处置场的最远距离

①求出每次行程的集装时间。由于是交换模式,每次行程时间不包括容器间行驶时间,即 $t_{pc}+t_{uc}=0.033+0.033=0.066$(h/次)

②利用式(3-5)可求得往返运输距离:

$$N_d=(1-W)\frac{H}{P_{hcs}+S+a+bx}$$

$$8=(1-0.15)\times\frac{8}{0.066+0.053+0.080+0.025x}$$

$$x=26(\text{km/次})$$

表3-3 拖曳容器收集操作法的收集路线

收集顺序	星期一		星期二		星期三		星期四		星期五	
	收集路线	距离/km	收集路线	距离/km	收集路线	距离/km	收集路线	距离/km	收集路线	距离/km
	$A\to1$	6	$A\to7$	1	$A\to3$	2	$A\to2$	4	$A\to13$	2
1	$1\to B$	11	$7\to B$	4	$3\to B$	7	$2\to B$	9	$13\to B$	5
2	$B\to9\to B$	18	$B\to10\to B$	16	$B\to8\to B$	20	$B\to6\to B$	12	$B\to5\to B$	16
3	$B\to11\to B$	14	$B\to14\to B$	14	$B\to4\to B$	16	$B\to18\to B$	6	$B\to11\to B$	14
4	$B\to20\to B$	10	$B\to17\to B$	8	$B\to11\to B$	14	$B\to15\to B$	8	$B\to17\to B$	8
5	$B\to22\to B$	4	$B\to26\to B$	12	$B\to12\to B$	8	$B\to16\to B$	8	$B\to20\to B$	10
6	$B\to30\to B$	6	$B\to27\to B$	10	$B\to20\to B$	10	$B\to24\to B$	16	$B\to27\to B$	10
7	$B\to19\to B$	6	$B\to28\to B$	8	$B\to21\to B$	4	$B\to25\to B$	16	$B\to28\to B$	8
8	$B\to23\to B$	4	$B\to29\to B$	8	$B\to31\to B$	0	$B\to32\to B$	2	$B\to29\to B$	8
	$B\to A$	5	$B\to A$	5	$B\to A$	5	$B\to A$	5	$B\to A$	5
共计		84		86		86		86		86

③确定从 B 点到处置场的距离。因为运输距离 x 包括收集路线距离在内,将其扣除后除以往返双程,便可得从B点到处置场最远单程距离:

$$\frac{1}{2}\left(26-\frac{86}{8}\right)=7.63(\text{km})$$

2. 固定容器系统的路线设计

(1)求得每天需收集的垃圾量 用相同的方法求得每天需收集的垃圾量,制成表3-4。

(2)制定均衡的收集路线 根据所收集的垃圾量,经反复试算制定均衡的收集路线,每日收集路线列于表3-5,A 点和 B 点间每日的行驶距离列于表3-6。

表 3-4　每日垃圾收集量安排

收集次数/周	总垃圾量/m^3	每日收集的垃圾量/m^3				
		星期一	星期二	星期三	星期四	星期五
1	1×178	53	45	52	0	28
2	2×24	—	24	—	0	24
3	3×17=51	17	—	17	0	17
共计	277	70	69	69	0	69

表 3-5　固定容器收集操作法收集路线的集装次序

星期一		星期二		星期三		星期五	
集装次序	垃圾量/m^3	集装次序	垃圾量/m^3	集装次序	垃圾量/m^3	集装次序	垃圾量/m^3
13	5	2	6	18	8	3	4
7	7	1	8	12	4	10	10
6	10	8	9	11	9	11	9
4	8	9	9	20	8	14	10
5	8	15	6	24	9	17	7
11	9	16	6	25	4	20	8
20	8	17	7	26	8	27	7
19	4	27	7	30	5	28	5
23	6	28	5	21	7	29	5
32	5	29	5	22	7	31	5
总计	70	总计	68	总计	69	总计	70

表 3-6　*A* 点和 *B* 点间每日的行驶距离

星期	行驶距离/km
一	26
二	28
三	26
五	22

(3)计算平均行驶距离　从表 3-5 中可以看出，每天行程收集的容器数为 10 个，故容器间的平均行驶距离为

$$\frac{26+28+26+22}{4\times10}=2.55(\text{km})$$

利用式(3-9)可以求出每次行程的集装时间：

$$\begin{aligned}P_{scs}&=C_t(uc+dbc)\\&=10(0.05+0.06+0.067\times2.55)\\&=2.81(\text{h/次})\end{aligned}$$

(4)求得 B 点到处置场的距离　利用式(3-13)可求得 B 点到处置场的往返运距：

$$P_{scs}=(1-W)\frac{H}{N_d}-(S+a+bx)$$

$$2.81=(1-0.15)\times\frac{8}{1}-(0.10+0.08+0.025\times x)$$

$$x=152.4(\text{km})$$

(5)确定从 B 点至处置场的最远距离　按以下公式计算：

$$\frac{152.4}{2}=76.2(\text{km})$$

3.2.4 运输

在城市生活垃圾收集运输前，产生者必须将各自所产生的垃圾进行短距离搬运和暂时贮存，这是整个垃圾收运管理系统的第一步。

3.2.4.1 搬运操作

(1)低层居民住宅区垃圾搬运　有 2 种搬运方式：

①由居民自行负责将产生的垃圾通过自备容器搬运至公共贮存容器、垃圾集装点或垃圾收集车内。搬运至公共贮存容器对居民较为方便，可随时进行，但若管理不善或收集不及时，会影响公共卫生。而搬运至有利于环境卫生与市容管理，但常有时间限制，有时于居民不便。

②由收集工人负责从家门口或后院搬运垃圾至集装点或收集车。此种方式显然于居民极为方便，但需支付一定的费用，且环卫部门要消耗大量的劳动力和作业时间，有些单户住宅区已经使用。一些老式中层公寓或无垃圾通道的公寓的垃圾搬运方式类似于低层住宅区。

(2)中高层公寓垃圾搬运　多数中高层公寓都设有垃圾通道，住户只需将垃圾搬运至通道投入口内，垃圾靠重力落入通道底层的垃圾间。粗大垃圾需由居民自行送入底层垃圾间或附近的垃圾集装点。这种方式需要注意避免垃圾通道内发生起拱、堵塞现象。

国外主要推广使用小型家用垃圾磨碎机，国内城市居民已开始自发应用，专门适合处理厨房食品垃圾，主要是脆而易裂解的物品，可将其卫生而迅速地磨碎后随水流排入下水道系统，以减少家庭垃圾的搬运量。

3.2.4.2 运输管理

不同类别的固体废物，其运输管理要求也不同。从事城市生活垃圾经营性清扫、收集、运输的企业，应当取得城市生活垃圾经营性清扫、收集、运输服务许可证。垃圾运输单位应具有合法的道路运输经营许可证、车辆行驶证，应当采用全密闭自动卸载车辆或船只，具有防臭味扩散、防遗撒、防渗沥液滴漏功能，安装行驶及装卸记录仪。

运输危险废物，必须采取防止污染环境的措施，并遵守国家有关危险货物运输管理的规定，即必须具备危险货物运输资质。危险废物的运输还应遵守《危险废物收集、贮存、运输技术规范》(HJ 2025—2012)。运输单位承运危险废物时，应按照规定在危险废物包装和运输车辆上设置标识。

3.2.4.3　运输方式

固体废物经鉴别分类和收集包装后，需要从不同的产生地运送到中转站、处置场或综合利用设施处。这就需要选择合适的装载方式和适宜的运输工具。

固体废物的运输方式主要有车辆运输、船舶运输、管道运输等。车辆运输是历史最长、应用最广泛的运输方式，而管道运输是近几年来发展起来的运输方式，在一些应用场景已部分实现实用化。

固体废物的运输可根据产生地、中转站距处置场地距离、要采取的处置方法、固体废物的特性和数量来选择适宜的运输方式，可以进行公路、铁路、水路或航空运输。对于各类危险固体废物，最好的方法是使用专用公路槽车或铁路槽车。槽车内应设有各种防腐衬里，以防运输过程中的腐蚀泄漏。

3.3　固体废物转运与中转站设置

在城市垃圾收运系统中，第三阶段操作过程称为转运，它是指利用中转站将从各分散收集点较小的收集车清运的垃圾，转装到大型运输工具上，并将其远距离运输至垃圾处理利用设施或处置场的过程。转运站(即中转站)就是指进行上述转运过程的建筑设施与设备。

3.3.1　转运的必要性

只要城市垃圾收集的地点距处理地点不远，用垃圾收集车直接运送垃圾是最常用而较经济的方法。但随着城市的发展，已越来越难在市区垃圾收集点附近找到合适的地方来设立垃圾处理工厂或垃圾处置场。而且从环境保护与环境卫生角度看，垃圾处理点不宜离居民区太近，土壤条件也不允许垃圾管理站离市区太近。因此，城市垃圾要远运是必然的趋势。垃圾要远运，最好先集中。垃圾收集车公认是专用的车辆，先进而成本高，常需 2～3 人操纵，不是为进行长途运输而设计的，用于长途运输费用会变得很昂贵，还会造成几名工人无事干的“空载”行程，应限制使用。因此，设立中转站进行垃圾的转运就显得必要，其突出的优点是可以更有效地利用人力和物力，使垃圾收集车更好地发挥其效益，也使大载重量运输工具能经济而有效地进行长距离运输。然而，当处置场远离收集路线时，究竟是否设置中转站，主要视经济性而定。

3.3.2　中转站的类型与设置要求

3.3.2.1　中转站类型

中转站使用广泛、类型多样，可按不同方式进行分类。

(1)按转运能力分类　可分为：①小型中转站，日转运量 150 t 以下；②中型中转站，日转运量 150～450 t；③大型中转站，日转运量 450 t 以上。

(2)按装载方式及有无压实分类　可分为：①直接倾斜装车(大型)，大容量直接装车型中转站，垃圾收集车直接将垃圾倒进带拖挂的大型运输车或集装箱内(不带压实装置)；②直接倾斜装车(中小型)，中小型中转站内设有一台固定式压实机和敞口料箱，经压实后直接推入大型运输工具上；③贮存待装，运到贮存待装型中转站的垃圾，先将垃圾卸到贮存槽内或平台上，再用辅助工具装到运输工具上，这种方法对城市垃圾转运量的变化特别是高峰期适应性好，即操作弹性好，但需建设大的平台贮存垃圾，投资费用较高，且易受装载机械设备事故影响；④既可直接装车，又可贮存待装式中转站，这样多用途的中转站比单一用途的更便于垃圾转运。

（3）按装卸料方法分类　可分为：①高低货位方式，利用地形高度差来装卸料的，也可用专门的液压台将卸料台升高或大型运输工具下降；②平面传送方式，利用传送带、抓斗天车等辅助工具进行收集车的卸料和大型运输工具的装料，收集车和大型运输工具停在一个平面上。

（4）按大型运输工具不同分类　可分为：①公路运输，公路转运车辆是最主要的运输工具。集装箱密封好，不散发臭气与流溢污水，故用集装箱收集和转运垃圾是较理想的方法；②铁路运输，对于需要远距离输送大量的城市垃圾来说，铁路运输是有效的解决方法。特别是在比较偏远地区，公路运输困难，但只要有铁路线，且铁路附近有可供处理处置的场地时，铁路运输方式就比较实用；③水路转运，通过水路可廉价运输大量垃圾，故也受到人们的重视。水路垃圾中转站需要设在河流或者运河边，垃圾收集车可将垃圾直接卸入停靠在码头的驳船里。需要设计良好的装载和卸船的专用码头（卸船费用昂贵，常常是限制因素）。

3.3.2.2　中转站设置要求

在大、中城市通常设置多个垃圾中转站。每个中转站必须根据需要配置必要的机械设备和辅助设备，如铲车及布料用胶轮拖拉机、卸料装置、挤压设备和称量用地磅等。

我国对垃圾中转站设置要求是依据《城市环境卫生设施规划标准》（GB/T 50337—2018），概要如下：

（1）公路中转站一般要求　公路中转站的设置数量和规模取决于收集车的类型、收集范围和垃圾转运量，一般每 10～15 km^2 设置一座中转站，一般在居住区或城市的工业、市政用地中设置，其用地面积根据日转运量确定。

（2）铁路中转站一般要求　当垃圾处理场距离市区路程大于 50 km 时，可设置铁路运输中转站。中转站必须设有装卸垃圾的专用站台以及与铁路系统衔接的调度、通信等系统。如果在专用装卸站台两侧均设一条铁道，那么站台的长度会减少一半，并可设置轻型机帮助进行列车调度作业。

（3）水路运输中转站一般要求　水路中转站设置要有供卸料、停泊、调档等作用的岸线。岸线长度应根据装卸量、装卸生产率、船只吨位、河道允许船只停泊档数确定。水路中转站还应有陆上空地作为作业区。陆上还应有安排车道、大型装卸机械、仓贮、管理等项目的用地。所需陆上用地面积按岸线规定长度配置，一般规定每米岸线配备面积不少于 40 m^2 的陆上用地。

（4）环境保护与卫生要求　城市垃圾中转站操作管理不善，会给周边环境带来不利影响，引起附近居民的不满。故大多数现代化大型垃圾中转站都采用封闭形式进行作业，并采取一系列的环保措施。

3.3.3　中转站的选址与工艺设计

3.3.3.1　中转站的选址

中转站选址要注意：①尽可能位于垃圾收集中心或垃圾产量多的地方；②靠近公路干线及交通方便的地方；③对居民和环境危害最少的地方；④进行建设和作业最经济的地方。此外，中转站选址应考虑便于废物回收利用及能源生产的可能性。

3.3.3.2 中转站的工艺设计

竖直压缩式垃圾中转站的主要工艺流程分为称重、进料、压缩和转运四部分，简化工艺流程图如图 3-4 所示。

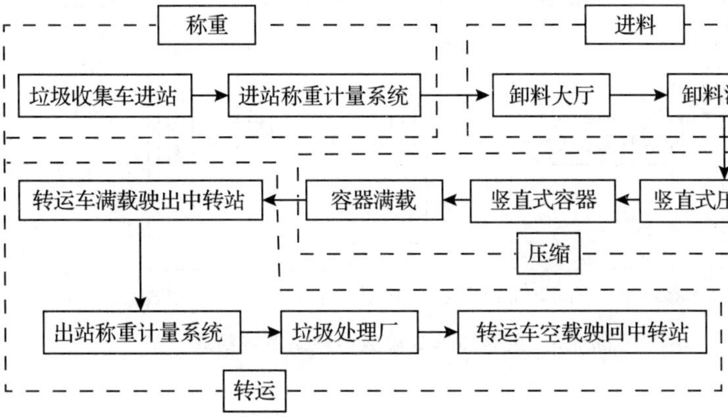

图 3-4 竖直压缩式垃圾中转站简化工艺流程图

①小型垃圾收集车将从小区垃圾收集点收集来的垃圾运入中转站，在中转站入口经称重计量后驶入卸料大厅。

②卸料大厅内有若干垃圾容器泊位，泊位容器上方设有卸料溜槽。在收集车卸料前，放下卸料溜槽，与容器盖门共同形成一个漏斗状的卸料空间。垃圾卸入容器内以后，在自身重力作用下自动实现初始压缩。

③经过多次卸料以后，松散垃圾占满整个容器体积，位于容器上方的压实器开始移动到需要压缩的容器泊位上进行竖直压缩。收集车继续将垃圾卸入容器中，经压实器再次压缩，直到容器中的垃圾重量指标达到设计要求，最终停止卸料压缩，关上容器门，完成整个压缩过程。

④满载容器将由转运车上安装的专用转运设备取下，并运往垃圾终端处理场所。在垃圾处理厂，转运车上的专用设备可以自动完成垃圾卸料过程，然后垃圾转运车将空载容器运回中转站内，并将容器竖直放置在相应容器泊位上，等待下一次卸料压缩，如此反复。

在中转站内要实现对垃圾从开始称重到最终完成压缩转运工艺过程，并且实现自动化和智能管理，必须要具备实现相应工艺能力的工作系统，保证准确、安全、高效地完成规定工艺过程。各系统之间能够实现串联或并联关系，以便实现协同工作，更重要的是尽量减少人工操作，最大限度地提高自动化管理。

3.3.3.3 竖直压缩式垃圾中转站系统组成

竖直压缩式垃圾中转站系统组成如图 3-5 所示。

(1)称重计量系统　由计算机实现自动化管理。收集车进站之前，将其车号、车型输入管理系统，显示器上即显示出该车检测时间、车号、车型、总质量、垃圾质量及日累计值。称重计量系统能够将记录数据统计、汇总和查询后进行分析比较，通过中央控制管理系统，根据站内容器的装载量信息对收集车进行指挥调度，将收集车引向指定泊位进行卸料，保证较高的工作效率。称重计量系统还可以根据实际需要，将每辆收集车的运载吨位按每天、每月和每年的结果进行汇总打印。

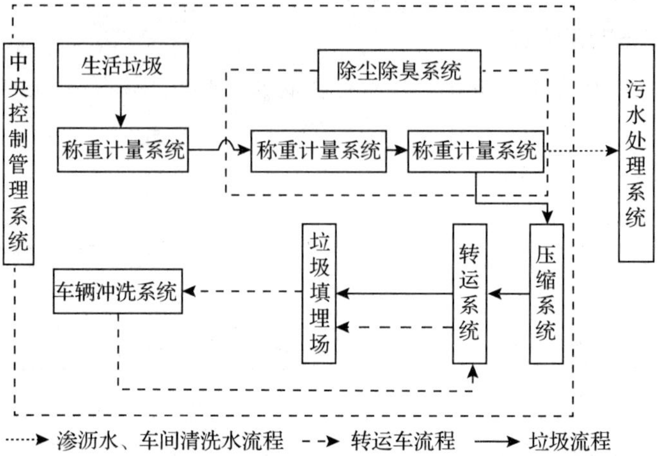

图 3-5　竖直压缩式垃圾中转站系统组成

(2)进料系统　其主要功能是采用自动或半自动形式辅助容器顺利完成垃圾卸料。进料系统包括提升机构、卸料溜槽和容器门上盖。提升机构用于打开容器上盖门,与卸料溜槽配合形成相对独立的卸料空间,保证垃圾收集车顺利卸料,防止垃圾散落,有效防止灰尘、臭气的外溢。

(3)压缩系统　由压实器、行走小车和动力平台三部分组成,行走小车下面装有压实器,上部是动力和控制平台。通过动力平台上的液压控制系统,压实器能够自动移位到需要的压实泊位上方,并实现垂直压缩过程。压实指令发出后,可以视具体要求指定,压实的力度可以调节。一个压实器可对应多个容器泊位,压实器运动控制包括水平移动控制和竖直压缩控制。

(4)转运系统　包括转运车、车载容器和专用转运设备。车载容器须准确竖直停放在相应的泊位上等待受料和压缩处理。为有效提高转运效率,中转站内的专用转运设备需要具备将容器竖直放置、背起竖直放置的容器、将容器水平放置和垃圾自卸功能。

(5)中央控制管理系统　由控制系统、监控系统和管理软件组成,主要实现垃圾收集车进站指挥管理、转运车作业管理、站内除尘除臭控制。通过计算机系统对车辆信息、垃圾收集信息进行采集、存储、统计及打印,并根据要求输出设备控制信号,进行垃圾转运控制和其他设备控制,从而达到系统的智能化管理。中央控制管理系统在控制方面主要实现以下功能作用:收集车卸料过程控制;容器上盖门开闭控制;压实器压缩过程控制;容器装车过程控制;容器复位过程控制。

(6)除尘除臭系统　包括前端除尘除臭系统和末端除尘除臭系统两部分。前端除尘除臭系统通过配套设备,可将除臭剂雾化后均匀分散在空气中,有效吸附空气中的异味分子,并使之降解,生成对人体无害无味的产物,使之失去臭味而且无二次污染,同时起到降尘的作用。末端除尘除臭系统根据恶臭气的来源、特点及处理场地等情况,选用除臭效果好、二次污染低的重力降尘结合喷淋洗涤塔。该工艺的特点在于设备结构简单,易于操作,除臭效果好,能耗低,维修率低等,且能灵活地仅通过变换洗涤吸收剂、填料等来治理复杂的混合臭气,省时省力效果明显。

(7)污水处理系统　垃圾在压缩过程中,从容器中压滤出大量废水,通过箱体外的软管导流装置直接进入垃圾中转站污水预处理系统。

(8)车辆冲洗系统　垃圾车冲洗系统用于对车辆出场前进行清洗,保证不会将垃圾碎片、垃圾压滤残液等带到附近道路。冲洗系统用水采用市政污水厂中的水。对冲洗系统产生的废水统一集中处理。

3.4　危险废物的收集与运输

3.4.1　危险废物的分类收集

危险废物产生单位进行的危险废物收集包括两方面:一是在危险废物产生节点,将危险废物集中到适当的包装容器中或运输车辆上的活动;二是将已包装或装到运输车辆上的危险废物,集中到危险废物产生单位内部临时贮存设施的内部转运。

3.4.1.1　危险废物的收集要求

危险废物的收集应根据危险废物产生的工艺特征、排放周期、危险废物特性、废物管理计划等因素制订收集计划。收集计划应包括收集任务概述、收集目标及原则、危险废物特性评估、危险废物收集量估算、收集作业范围和方法、收集设备与包装容器、安全生产与个人防护、工程防护与事故应急、进度安排与组织管理等。危险废物的收集应制定详细的操作规程,内容至少应包括适用范围、操作程序和方法、专用设备和工具、转移和交接、安全保障和应急防护等。危险废物收集和转运作业人员应根据工作需要配备必要的个人防护装备,如手套、防护镜、防护服、防毒面具或口罩等。在危险废物的收集和转运过程中,应采取相应的安全防护和污染防治措施,包括防爆、防火、防中毒、防感染、防泄露、防飞扬、防雨或其他防止污染环境的措施。

危险废物的收集作业应满足如下要求:

①应根据收集设备、转运车辆以及现场人员等实际情况确定相应作业区域,同时要设置作业界限标志和警示牌。

②作业区域内应设置危险废物收集专用通道和人员避险通道。

③收集时应配备必要的收集工具和包装物,以及必要的应急监测设备及应急装备。

④危险废物收集应填写记录表,并将记录表作为危险废物管理的重要档案妥善保存。

⑤收集结束后应清理和恢复收集作业区域,确保作业区域环境整洁安全。

⑥收集过危险废物的容器、设备、设施、场所及其他物品转作它用时,应消除污染,确保其使用安全。

收集不具备运输包装条件的危险废物,且危险特性不会对环境和操作人员造成重大危害时,可在临时包装后进行暂时贮存,但正式运输前应按标准要求进行包装。

3.4.1.2　危险废物的收集容器

危险废物收集时应根据危险废物的种类、数量、危险特性、物理形态、运输要求等因素确定包装形式,具体包装应符合如下要求:①包装材质要与危险废物相容,可根据废物特性选择钢、铝、塑料等材质。②性质类似的废物可收集到同一容器中,性质不相容的危险废物不应混合包装。③危险废物包装应能有效隔断危险废物迁移扩散途径,并达到防渗、防漏要求。④包装好的危险废物应设置相应的标签，标签信息应填写完整翔实。⑤盛装过危险废物的包装袋或包装容器破损后，应按危险废物进行管理和处置。⑥危险废物还应根据《危险货物运输包装通用技术条件》(GB 12463—2009)的有关要求进行运输包装。

危险废物的收集容器往往与运输容器合用，主要是为了避免在收集和运输过程中造成不必要的污染扩散。容器材质要充分考虑与废物的相容性和足够的机械强度。例如塑料容器不应用于贮存废油和废溶剂；对于反应性固体废物，如含氰化物的固体废物，必须装在防湿防潮的密闭容器中，否则一旦遇水或酸，就会产生氰化氢剧毒气体；对于腐蚀性固体废物，为防止容器泄漏，必须装在衬胶、衬玻璃或衬塑料的容器中，甚至用不锈钢容器；对于放射性固体废物，必须选择有安全防护屏蔽的包装容器。

根据危险废物的性质和形态，可采用不同大小和不同材质的容器。以下是可供选用的容器装置和适用于盛装的废物种类：①带盖钢圆桶或钢圆罐，可供盛装废油和废溶剂；②带卡箍盖钢圆桶，可供盛装固态或半固态有机物；③塑料桶或聚乙烯罐，可供盛装无机盐液；④带卡箍盖钢圆桶或塑料桶，可供散装的固态或半固态危险废物贮罐，其外形与大小尺寸可根据需要设计加工，要求坚固结实，便于检查，避免渗漏或溢出等事故发生，适用于贮存通过管线、皮带等输送方式送进或输出的散装液态危险废物。

3.4.2 危险废物的贮存

危险废物贮存可分为产生单位内部贮存、中转贮存及集中性贮存。所对应的贮存设施分别为产生危险废物的单位用于暂时贮存的设施，拥有危险废物收集经营许可证的单位用于临时贮存废矿物油、废镍镉电池的设施，以及危险废物经营单位所配置的贮存设施。放置在场内的桶装或袋装危险废物可由产生者直接运往场外的收集中心或回收站，也可以通过地方主管部门配备的运输车辆按规定路线运往指定的地点贮存或做进一步处理。

典型的收集站由砌筑的防火墙及铺设有混凝土地面的若干库房式构筑物所组成，贮存废物的库房室内保证空气流通，以防具有毒性和爆炸性的气体积聚产生危险。贮存的废物应被翔实准确地登记其类型和数量，并应按不同性质分别妥善存放。

危险废物转运站的位置宜选择在交通网路便利的地方，由设有隔离带或埋于地下的液态危险废物贮罐、油分离系统及盛装有废物的桶或罐的库房群所组成。站内工作人员应负责办理废物的交接手续，按时将所收存的危险废物如数装进运往处理场的运输车内，并责成运输者负责途中安全。

3.4.3 危险固体废物的运输

对于危险固体废物的运输，最好使用专用公路槽车或铁路槽车，槽车应设有各种防腐衬里，以防运输过程中的腐蚀泄漏。对于要进行远洋焚烧处置的危险废物，应选择专用的焚烧船运输。此外，负责运输的司机担负着不可推卸的重大责任。对公路运输危险废物系统的控制要求如下：

①危险废物的运输车辆须经过主管单位检查，并持有有关单位签发的许可证，负责运输的司机应通过培训，持有证明文件。②承载危险废物的车辆须有明显的标志或适当的危险符号，以引起注意。③载有危险废物的车辆在公路上行驶时，需持有通行证，其上应注明废物来源、性质和运往地点。此外，在必要时须有单位人员负责押运工作。④组织危险废物的运输单位，

在事先需做出周密的运输计划和行驶路线，其中包括有效的废物泄漏应急措施。⑤为了保证危险废物运输的安全无误，可采用一种文件跟踪系统，并应形成制度。在运输开始即由废物生产者填写一份记录废物产地、类型、数量等情况的运货清单，并经主管部门批准；然后交由废物运输承担者负责清点，并填写装货日期、签名且随身携带；再按运货清单要求分送有关处所；最后将剩余存根交由原主管检查，并存档保管。

3.5　工业固体废物的收集与运输

工业固体废物处理的原则是"谁污染，谁治理"。一般来说，产生废物较多的工厂在厂内外都建有自己的堆场，收集、运输工作由工厂负责。零星、分散的固体废物(工业下脚废料及居民废弃的日常生活用品)则由商业部门所属废旧物资系统负责收集。此外，有关部门还组织城市居民、农村小卖部或商店、收购站代收废旧物资。对大型工厂，回收公司到厂内回收，对中型工厂，则定人定期回收，对小型工厂，划片包干巡回回收，并配备管理人员，设置废料仓库，建立各类废物"积攒"资料卡，开展经常性的收集和分类存放活动。可收集的品种有黑色金属、有色金属、橡胶、塑料、纸张、破布、麻、棉、化纤下脚、牲骨、人发、玻璃、塑料瓶、机电五金、化工下脚、废油脂等16大类1 000多个品种。

(1)工业固体废物种类　主要包括以下4种：

①冶金废渣：指在各种金属冶炼过程中或冶炼后排出的所有残渣，如高炉矿渣、钢渣、各种有色金属渣、铁合金渣、化铁炉渣以及各种粉尘、污泥等。②采矿废渣：在各种矿石、煤的开采过程中，产生的矿渣数量极其庞大，包括的范围很广，有矿山的剥离废石、掘进废石、煤矸石、选矿废石、选洗废渣、各种尾矿等。③燃料废渣：燃料燃烧后所产生的废物，主要有炉渣、烟道灰、煤粉渣、页岩灰等。④化工废渣：化学工业生产中排出的工业废渣，主要包括硫酸矿烧渣、电石渣、碱渣、煤气炉渣、磷渣、汞渣、铬渣、盐泥、污泥、硼渣、废塑料以及橡胶碎屑等。在工业固体废物中，还包括玻璃废渣、陶瓷废渣、造纸废渣和建筑废材等。

(2)工业固体废物包装容器选择原则　容器及包装材料应与所盛固体废物相容，要有足够的强度，贮存及装卸运输过程中不易破裂，固体废物不扬散、不流失、不渗漏、不释放出有害气体与臭味。常用容器有汽油桶、纸板桶、金属桶。焚烧的有机废物(滤饼、泥渣)使用纤维板桶或纸板桶。危险固体废物的包装容器应根据其特性选择，尤其要注意其相容性。

(3)工业固体废物运输方式　主要包括以下4种方式：

①可直接外运，也可经过收集站或转运站运走，可根据产生地、中转站距处置场地距离、要采取的处置方法、固体废物的特性和数量来选择适宜的运输方式，可以进行公路、铁路、水路或航空运输；②对于各类危险固体废物，最好的方法是使用专用公路槽车或铁路槽车，槽车应设有各种防腐衬里，以防运输过程中的腐蚀泄漏；③对于非危险性固体废物，可用各种容器盛装，用卡车或铁路货车运输；④对于要进行远洋焚烧处置的固体废物，选择专用的焚烧船运输。

根据《固废法》规定，环境保护行政主管部门必须对从事固体废物收集、运输、处理和处置的单位或个人实行许可证制度，禁止无经营许可证或者不按照经营许可证规定从事危险固体废物收集、贮存、处置的经营活动。

3.6 农业固体废物的收集与运输

农业固体废物具有复杂性、污染性、季节性和多样性等特点，是农业面源污染的重要来源，威胁农业生态环境安全和农产品质量安全。农业固体废物主要集中于农田、畜禽养殖场及居民生产生活区，其场所分散且分布较广，残留物多与土地混集，集中收集运输成本较大，因此必须根据其性质、危害程度及处理利用方法选用不同的收集和运输方式。

分类收集是农业固体废物资源化利用的最有效方式。对农业固体废物进行分类收集具有可回收大量废材料、减少废物产生量、降低废物运输量和处置费用、简化废物处置过程等优点，有利于农业固体废物的资源化和减量化。例如，对分类收集的有机废物进行堆肥处理，不仅可简化堆肥处理的分选过程，降低堆肥处理费用，还可提高堆肥质量。

分类收集是一个相当复杂、艰苦的工作，需要大量人力、物力，同时也受到多方面因素影响。畜禽粪便、秸秆等农业固体废物由于产量大且比较集中，往往采用就地处置方式或短距离运输到处置点，其收集和运输较为简单；而农业固体废物中的农村生活垃圾由于来源广，分散性大，收集和运输较为烦琐，可以从农户开始，按照有机垃圾、有毒有害垃圾、可回收垃圾和不可回收垃圾的分类原则，根据实际情况进行收集和运输。

3.6.1 收集时间

可依当地交通量、道路状况、政策及居民作息时间来考虑什么时段收集垃圾。一般可按下列时段进行收集。

①日间收集：9:00—15:00，垃圾可在 8:00 以后到收集前依规定放至收集区。②清晨收集：6:00—12:00 以前完成作业。由于垃圾需在晚间放置收集区，收集站呈散乱状态。③夜间收集：0:00 开始，至 6:00 结束工作，适用于城乡餐饮业较多的繁华地区。因夜间交通量少，收集效率高，但在作业上存在安全性及噪声等问题。④晚间收集：18:00 开始至 24:00 结束工作，可配合城乡居民晚餐后将一日垃圾清理，并利于执行垃圾不落地政策。

3.6.2 收集方式

(1)上门收集　指由专门人员定点上门收集居民生活垃圾，然后送往附近的垃圾站，再转运到垃圾中转站或垃圾处理场的一种收集方式。这种方式采取直接上门服务的形式，不需设置垃圾收集点，这样既可避免因设置垃圾收集点而污染环境，又减少了建设垃圾收集点的投资，且方便居民和住户，使垃圾收运管理一步到位并易于管理。

(2)定点收集　在居民住宅区、街道等地带，按一定比例和要求设置垃圾收集设施，由居民和住户定时投放生活垃圾到收集设施中，然后由垃圾运输车定时送往附近的垃圾中转站或直接送到垃圾处理场。

习题

1. 某住宅区生活垃圾量约 350 m^3/周，拟用一垃圾车负责清运工作，实行改良操作法的拖曳容器系统清运，该垃圾车车库位于住宅区内。已知该车每次集装容积为 8 m^3，容器利用系数为0.7，垃圾车采用8 h工作制。试求为清运该住宅区垃圾，该垃圾车每周需工作多少小时？每日最多能清运多少次？经调查已知：平均运输时间为0.52 h/次，容器装车时间为0.033 h/次；容器放回原处时间0.033 h/次，卸车时间0.012 h/次，非生产时间占全部工时的25%。

2. 某地拟建一高级住宅区，该区有1 000套别墅。假设每天往处置场运送垃圾2趟，试选择垃圾车并计算每周需要的工作时间。其中：垃圾产生量为0.025 m^3/(户·d)；每个收集点设置垃圾箱2个；收集频率为1次/周；垃圾车压缩系数为2.5；每天工作时间8 h；每个收集点装载时间为1.43 min；每车配备工人2名；住宅区距垃圾处置场距离为18 km；速度常数a和b分别为0.08 h和0.015 6 h/km；处置场停留时间$s=0.083$ h；非工作因子为0.15；t_1和t_2分别为0.3 h和0.4 h。

3. 在一个商业区计划建一废物收集站。当废物收集站与商业区的距离不同时，试比较拖曳容器系统和固定容器系统的费用。

假设每一系统只使用一名工人，行驶时间t_1和t_2包括在非工作因子中。废物量为229 m^3/周，容器大小为6.1 m^3，容器容积利用系数为0.67，速度常数a为0.022 h，b为0.013 75 h/km；废物收集点之间的平均距离为0.16 km，2种系统在收集点之间的速度常数a_0为0.06 h，b_0为0.042 h/km，非工作因子为0.15。拖曳容器系统：容器装载时间为0.33 h，容器卸载时间为0.033 h，处置场停留时间为0.053 h，该系统间接费用为400元/周，运行费用为15元/h；固定容器系统：废物收集车容积为23 m^3，废物收集车压缩系数为2，废物容器卸载时间为0.05 h，处置场停留时间为0.10 h，该系统间接费用为750元/周，运行费用为20元/h。

第4章　固体废物的预处理技术

固体废物类型繁多且组成复杂，其形状、大小、结构，特别是性质均有很大的差别。因此，为满足后续处理、利用或最终处置的工艺要求，提高固体废物的综合利用水平，须在被处理或再生利用前对其进行预处理。预处理的目的是方便固体废物的无害化、减量化和资源化。固体废物的预处理技术主要有压实、破碎、分选和脱水等。

4.1　固体废物的压实

4.1.1　概念与目的

压实亦称压缩，即通过外力加压于松散的固体废物，以缩小其体积，使其变得密实的操作。

固体废物通过压实处理，一方面可增大容重和减少固体废物体积，便于卸装和运输，确保运输安全与卫生，降低运输成本；另一方面可制取高密度惰性块料，便于贮存、填埋或作建筑材料。

固体废物中适于压实处理的主要是压缩性能大而复原性小的物质，如金属加工业排出的金属细丝、金属碎片，冰箱和洗衣机，以及纸箱、纸袋、纸纤维等。对于一些足以使压实设备损坏的废物，如大块木材、金属、玻璃以及塑料等，则不宜进行压实处理；某些可能引起操作问题的废物，如焦油、污泥等，也不宜采用压实处理。

4.1.2　原理

大多数固体废物是由不同颗粒与颗粒间的孔隙组成的集合体。自然堆放的固体废物，其表观体积是固体废物颗粒有效体积与孔隙占有的体积之和：

$$V_m = V_s + V_v \tag{4-1}$$

式中：V_m 为固体废物的表观体积；V_s 为固体颗粒体积（包括水分）；V_v 为孔隙体积。

当对固体废物实施压实操作时，随压力的增大，孔隙体积减小，表观体积也随之减小，而容重增大。

固体废物压实的实质，可看作消耗一定的能量，提高废物容重的过程。当固体废物受到外界压力时，各颗粒间相互挤压，变形或破碎，从而达到重新组合的效果。

4.1.3　压实器

压实器分为固定式压实器和移动式压实器2类。固定式压实器一般设在工厂内部、废物转运站、高层住宅垃圾滑道的底部等场所。移动式压实器一般安装在收集垃圾车上，接受废物后进行压实，随后送往处置场地。这两类压实器工作原理大体相同，主要由容器单元和压实单元两部分组成。容器单元负责接受废物原料；压实单元具有液压或气压操作的压头，利用高压使废物致密化。

4.1.3.1　固定式压实器

1. 水平式压实器

图 4-1 为水平式压实器示意图。该装置具有一个可沿水平方向移动的压头，压头先把废物送入供料漏斗，然后在手动或光电装置控制下把废物压进一个钢制容器内。该容器一般是正方形或长方形的，其一端的下半部分有一孔，此孔允许压头在压实循环中在容器内滑动。当容器装满时，压实器的压头完全缩回，用防水帆布把容器盖好，然后吊装在重型卡车上以待运走，再把另一个空容器连接在压实器上，进行下次压实操作。

2. 三向垂直式压实器

图 4-2 是适合于压实松散金属废物的三向垂直式压实器示意图。该装置具有三个互相垂直的压头，金属等废物被置于容器单元内，而后依次启动 1、2、3 三个压头，逐渐使固体废物的空间体积缩小，容积密度增大，最终将固体废物压实为一密实的块体。压实后的尺寸一般在 200～1 000 mm。

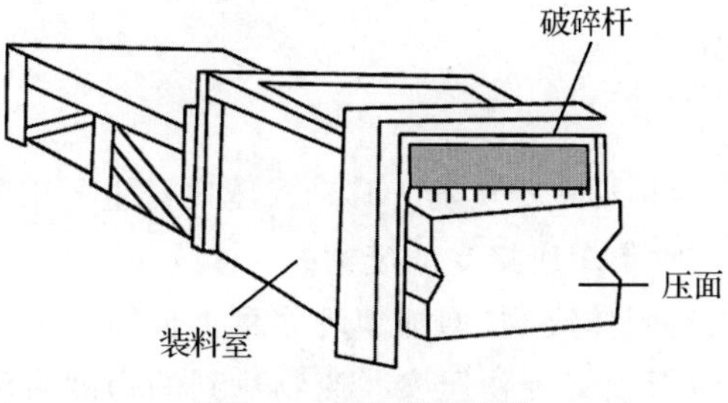

图 4-1　水平式压实器

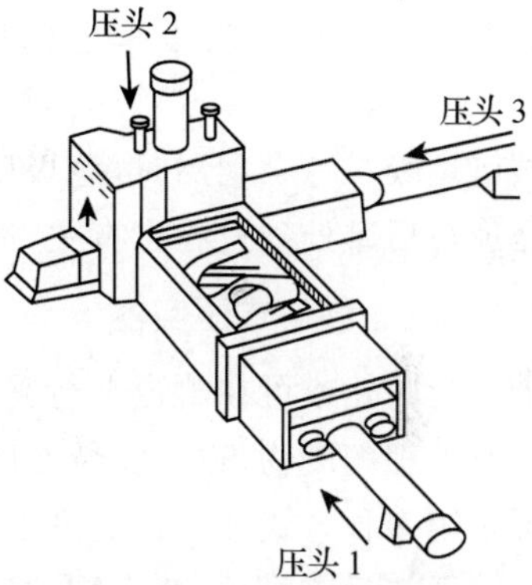

图 4-2　三向垂直式压实器

3. 回转式压实器

图 4-3 为回转式压实器示意图。废物装入容器单元以后，先按水平压头 1 的方向压缩，然后按箭头所指的运动方向驱动旋动式压头 2，使废物致密化，最后按水平压头 3 的运动方向将废物压至一定尺寸排出。这种压实器适于压实体积小、自重较轻的固体废物。

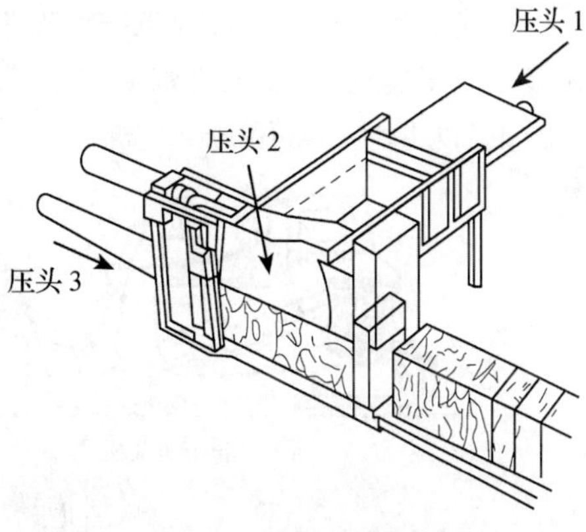

图 4-3　回转式压实器

4. 城市垃圾压实器

(1)高层住宅垃圾滑道下的压实器　图 4-4 是这种压实器工作的示意图。其中图 4-4(a)为压缩循环开始，从滑道中落下的垃圾进入料斗。图 4-4

(b)为压缩臂全部缩回处于起始状态,压缩室内充入垃圾。当压缩臂全部伸展,垃圾被压入容器中,如图 4-4(c)垃圾不断充入最后在容器中压实。可以将压实的垃圾装入袋内运走。

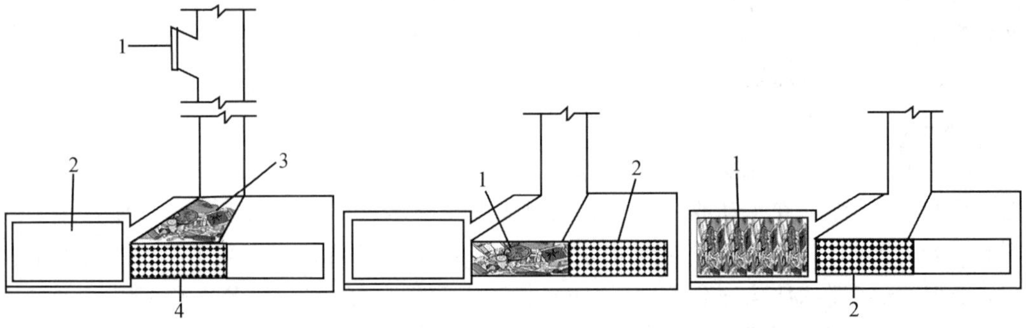

(a) 1. 垃圾投入口; 2. 容器; 3. 垃圾; 4. 压缩臂

(b) 1. 垃圾; 2. 压缩臂全部缩回

(c) 1. 已压实的垃圾; 2. 压缩臂

图 4-4　高层住宅垃圾滑道下的压实器

(2)城市垃圾压实器　其与金属类废物压实器构造相似,常用的有前面提到的三向垂直式压实器和水平式压实器。在使用时,为了防止垃圾中有机物腐败,要求在压实器的四周涂覆沥青。其他装在垃圾收集车上的压实器、废纸包装机、塑料热压机等结构基本相似,原理相同。

城市垃圾在综合利用时,垃圾压实后产生水分,在风选分离纸时是不利的,因此,是否选用压实处理与后继处理过程也有关,应当综合考虑。

4.1.3.2　移动式压实器

带有行驶轮或可在轨道上行驶的压实器称为移动式压实器。移动式压实器主要用于填埋场压实所填埋的废物,也可安装在收集车上压实收集车所接受的废物。

可采用多种方式和各种类型的压实机具压实固体废物,增加填埋容量。最简单的办法是将废物铺平整后,就以装载废物的运输车辆来回行驶将废物压实。废物达到的密度由废物性质、运输车辆来回次数、车辆型号和载重量而决定,平均可达到 500～600 kg/m^3。如果用压实机具压实填埋废物,可提高 10%～30%。

移动式压实器按压实过程工作原理不同,可分为碾(滚)压、夯实、振动 3 种,相应的压实器分为碾(滚)压实机、夯实压实机、振动压实机三大类,固体废物压实处理主要采用碾(滚)压方式。图 4-5 为填埋场常用的压实机。

(a) 高履带压实机　　(b) 钢轮压实机

图 4-5　填埋场常用的压实机

4.2　固体废物的破碎处理

4.2.1　基础理论

4.2.1.1　原理和目的

通过人力或机械等外力的作用，破坏物体内部的凝聚力和分子间的作用力而使物体破裂变碎的操作过程统称破碎。破碎是固体废物处理技术中最常用的预处理工艺。

固体废物破碎的目的如下：

①使固体废物的容积减小，便于运输和贮存。

②为固体废物的分选提供所要求的入选粒度，以便有效地回收固体废物中的有用成分。

③使固体废物的比表面积增加，提高焚烧、热分解、熔融等作业的稳定性和热效率。

④为固体废物的下一步加工做准备。例如，煤矸石的制砖、制水泥等，都要求把煤矸石破碎到一定粒度以下，以便进一步加工制备。

⑤用破碎后的生活垃圾进行填埋处置时，压实密度高而均匀，可以加快复土还原。

⑥防止粗大、锋利的固体废物损坏分选、焚烧和热解等设备。

总而言之，固体废物的破碎就是把固体废物转变成适合于进一步加工，或能经济地再处理处置的形状和大小。

4.2.1.2　破碎方法、破碎比和破碎流程

1. *破碎方法*

根据固体废物破碎所用的外力，即消耗能量的形式可分为机械能破碎和非机械能破碎 2 种方法。机械能破碎是利用破碎工具（如破碎机的齿板、锤子等）对固体废物施力而将其破碎，如冲击破碎、挤压破碎、剪切破碎等（图 4-6）。非机械能破碎是利用电能、热能等对固体废物进行破碎的新方法，如低温破碎、热力破碎、减压破碎及超声波破碎等。

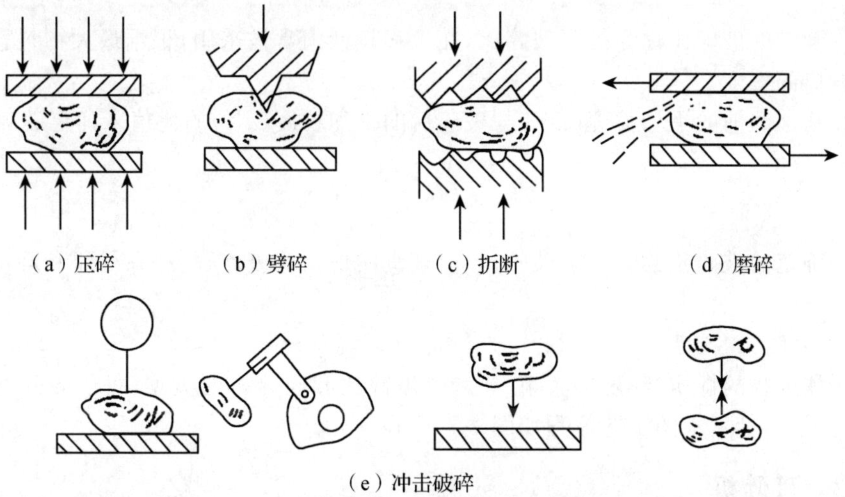

（a）压碎　（b）劈碎　（c）折断　（d）磨碎

（e）冲击破碎

图 4-6　机械能破碎方法

目前广泛采用的破碎方法有冲击破碎、剪切破碎、挤压破碎、摩擦破碎等，此外还有专用的低温破碎、湿式破碎。

(1)冲击破碎　有重力冲击和动冲击2种形式。重力冲击是使废物落到一个硬的表面上，就像瓶子落到混凝土上使它破碎一样。动冲击是使废物碰到一个比它硬的快速旋转的表面时而产生冲击作用。在动冲击过程中，废物是无支承的，冲击力使破碎的颗粒向各个方向加速，如锤式破碎机利用的就是动冲击的原理。

(2)剪切破碎　是指在剪切作用下使废物破碎，剪切作用包括劈开、撕破和折断等。

(3)挤压破碎　是指废物在两个相对运动的硬面之间的挤压作用下破碎。

(4)摩擦破碎　是指废物在两个相对运动的硬面摩擦作用下破碎。如碾磨机借助旋转磨轮沿环形底盘运动来连续摩擦、压碎和磨削废物。

(5)低温破碎　是指利用塑料、橡胶类废物在低温下脆化的特性进行破碎。

(6)湿式破碎　是指利用湿法使纸类、纤维类废物调制成浆状，然后加以利用的一种方法。

固体废物的机械强度特别是废物的硬度，直接影响到破碎方法的选择。对于脆硬性的废物，宜采用劈开、冲击、挤压破碎；对于柔韧性废物，宜利用其低温变脆的性能而有效地破碎，或是采用剪切、冲击破碎和磨碎；而当废物体积较大不能直接将其送入破碎机时，需先行将其切割到可以装入进料口的尺寸，再送入破碎机内；对于含有大量废纸的城市垃圾，近年来有些国家已采用半湿式和湿式破碎。

一般破碎机都是由2种或2种以上的破碎方法联合作用对固体废物进行破碎的。例如，锤式破碎机既有冲击破碎，又有挤压破碎、摩擦破碎。

2. 破碎比

在破碎过程中，原废物粒度与破碎产物粒度的比值称为破碎比。破碎比表示废物粒度在破碎过程中减小的程度。破碎机的能量消耗和处理能力都与破碎比有关。破碎比的计算方法有以下2种。

①用废物破碎前的最大粒度(D_{max})与破碎后的最大粒度(d_{max})的比值来确定破碎比(i)：

$$i=\frac{D_{max}}{d_{max}} \tag{4-2}$$

用该法确定的破碎比称为极限破碎比，在工程设计中常被采用，根据最大物料直径来选择破碎机给料口的宽度。

②用废物破碎前的平均粒度(D_{cp})与破碎后的平均粒度(d_{cp})的比值来确定破碎比(i)：

$$i=\frac{D_{cp}}{d_{cp}} \tag{4-3}$$

用该法确定的破碎比称为真实破碎比，能较真实地反映破碎程度，在科研和理论研究中常被采用。

3. 破碎流程

根据固体废物的性质、粒度的大小、要求的破碎比和破碎机的类型，每段破碎流程可以有不同的组合方式，其基本的工艺流程如图4-7所示。

4.2.2　破碎机

处理固体废物的破碎机主要有颚式破碎机、冲击式破碎机、辊式破碎机和剪切式破碎机、

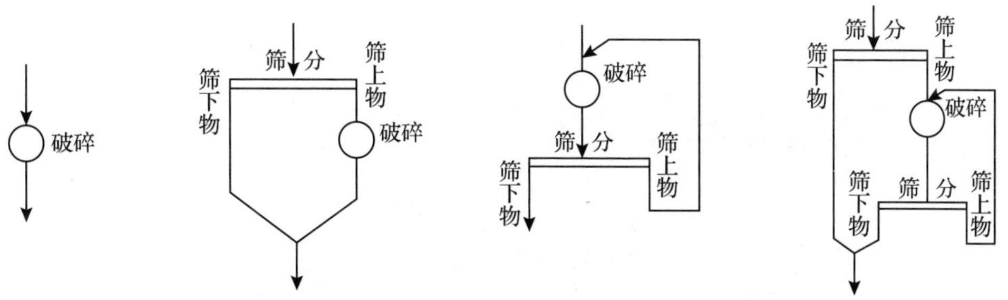

（a）单纯破碎工艺　（b）带预先筛分破碎工艺　（c）带检查筛分破碎工艺　（d）带预先筛分和检查筛分破碎工艺

图 4-7　破碎的基本工艺流程

球磨机等，下面分别进行介绍。

4.2.2.1　颚式破碎机

颚式破碎机出现于 1858 年。它虽然是一种古老的破碎设备，但是由于具有构造简单、工作可靠、制造容易、维修方便等优点，至今仍在广泛应用。颚式破碎机通常都是按照可动颚板（动颚）的运动特性来进行分类的，工业中应用最广的主要有以下 2 种类型：动颚做简单摆动的双肘板机构（所谓简摆式）的颚式破碎机[图 4-8(a)]和动颚做复杂摆动的单肘板机构（所谓复摆式）的颚式破碎机[图 4-8(b)]。近年来，液压技术在破碎设备上得到应用，出现了液压颚式破碎机[图 4-8(c)]。

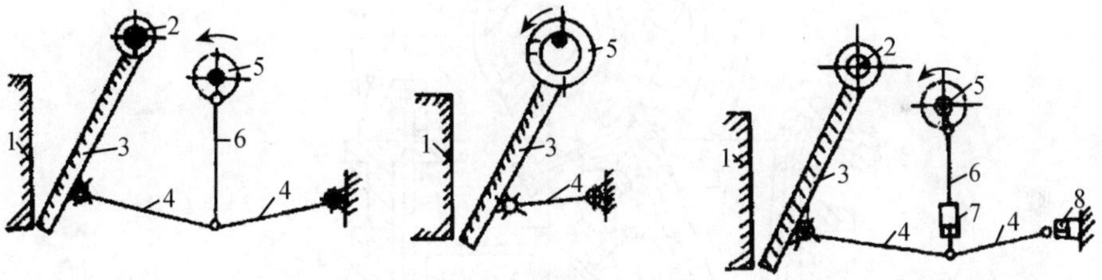

（a）简单摆动颚式破碎机　（b）复杂摆动颚式破碎机　（c）液压颚式破碎机

图 4-8　颚式破碎机的主要类型

1. 固定颚板；2. 动颚悬挂轴；3. 可动颚板；4. 前(后)推力板；5. 偏心轴；6. 连杆；7. 连杆液压油缸；8. 调整液压油缸

1. 简单摆动颚式破碎机

图 4-9 为 2 100 mm×1 500 mm 简单摆动颚式破碎机的构造图。它主要由机架、工作机构、传动机构、保险装置等部分组成。皮带轮带动偏心轴旋转时，偏心顶点牵动连杆上下运动，也就牵动前后推力板做舒张及收缩运动，从而使动颚时而靠近固定颚，时而又离开固定颚。动颚靠近固定颚时就对破碎腔内的物料进行压碎、劈碎及折断。破碎后的物料在动颚后退时靠自重从破碎腔内落下。

2. 复杂摆动颚式破碎机

图 4-10 为复杂摆动颚式破碎机的构造图。从构造上看，复杂摆动颚式破碎机与简单摆动颚式破碎机的区别是少了一根动颚悬挂的心轴，动颚与连杆合为一个部件，没有垂直连杆，肘板也只有一块。可见，复杂摆动颚式破碎机构造简单，但动颚的运动却较简单摆动颚式破碎机

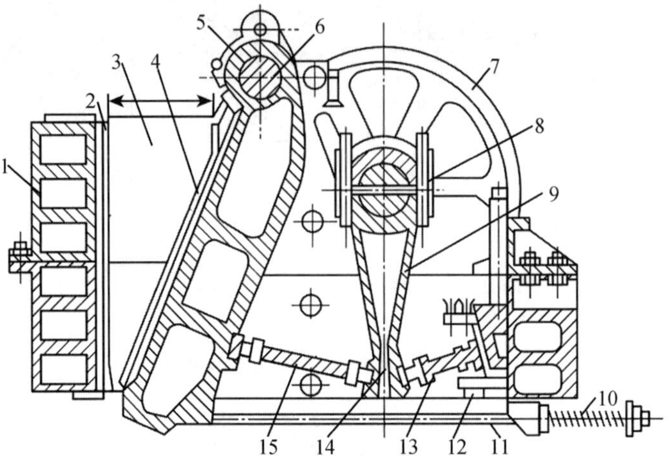

图 4-9　简单摆动颚式破碎机

1. 机架；2. 破碎齿板；3. 侧面衬板；4. 破碎齿板；5. 可动颚板；6. 心轴；7. 飞轮；8. 偏心轴；9. 连杆；10. 弹簧；11. 拉杆；12. 楔块；13. 后推力板；14. 肘板支座；15. 前推力板

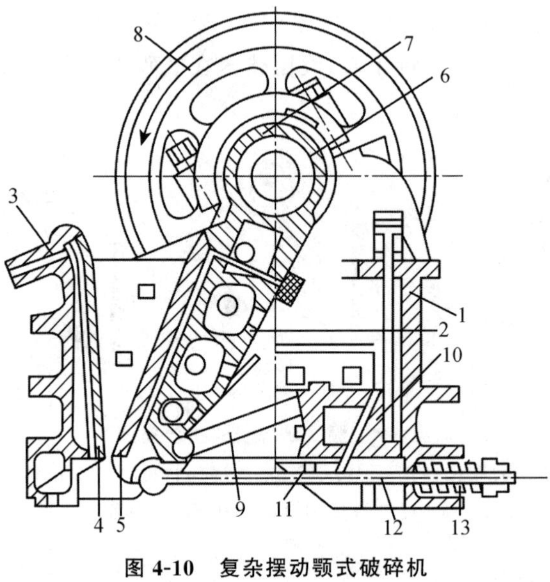

图 4-10　复杂摆动颚式破碎机

1. 机架；2. 可动颚板；3. 固定颚板；4、5. 破碎齿板；6. 偏心传动轴；7. 轴孔；8. 飞轮；9. 肘板；10. 调节楔；11. 楔块；12. 水平拉杆；13. 弹簧

复杂，动颚在水平方向有摆动，同时在垂直方向也运动，是一种复杂运动，故称复杂摆动颚式破碎机。

复杂摆动颚式破碎机的优点是破碎产品较细，破碎比大（复摆式一般可达 4～8，简摆式只能达 3～6）。规格相同时，复摆式比简摆式破碎能力高 20％～30％。

4.2.2.2　冲击式破碎机

冲击式破碎机大多是旋转式，都是利用冲击作用进行破碎的。工作原理：进入破碎机空间的物料块，被绕中心轴高速旋转的转子猛烈冲撞后，受到第一次破碎；然后物料从转子获得能量高速飞向坚硬的机壁，受到第二次破碎；在冲击过程中弹回的物料再次被转子击碎，难以破碎的物料，被转子和固定板挟持而剪断，破碎产品由下部排出。

属于冲击式破碎机的有锤式破碎机和反击式破碎机。

1. 锤式破碎机

锤式破碎机是最普通的一种工业破碎设备。锤式破碎机按转子数目可分为 2 类：一类为单转子锤式破碎机，只有 1 个转子；另一类为双转子锤式破碎机，有 2 个做相对回转的转子。单转子锤式破碎机根据转子的旋转方向，又分为可逆式和不可逆式 2 种(图 4-11)。目前普遍采用可逆单转子锤式破碎机。

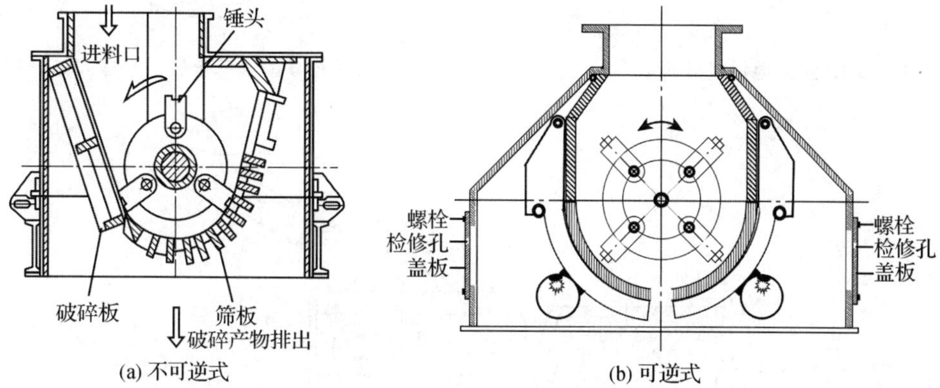

图 4-11　单转子锤式破碎机类型

锤式破碎机按破碎轴安装方式分为卧轴锤式破碎机和立轴锤式破碎机 2 类。卧轴锤式破碎机中，转子由两端的轴承支持，原料借助重力或用输送机送入。转子下方装有箅条筛，箅条缝隙的大小决定破碎后的颗粒的大小。有些锤式破碎机是对称的，转子的旋转方向可以改变，以变换锤头的磨损面，减少对锤头的检修。立轴锤式破碎机有一立轴，物料靠重力进入破碎腔的侧面。这种破碎机，通常在破碎腔的上部间隙较大，越往下间隙逐渐减小。因此当物料通过破碎机时，就逐渐被破碎，破碎后的颗粒尺寸取决于下部锤头与机壳的间隙。

目前专用于破碎固体废物的锤式破碎机有以下几种类型：

(1)BJD 型普通锤式破碎机　图 4-12 为 BJD 型普通锤式破碎机的构造图。该机主要用于破碎废旧家具、厨房用具、床垫、电视机、冰箱、洗衣机等大型废物，可以破碎到 50 mm 左右，不能破碎的废物从旁路排出。

(2)BJD 型破碎金属切屑锤式破碎机　图 4-13 是 BJD 型破碎金属切屑锤式破碎机的构造图。经该机破碎后，金属切屑的松散体积减小至 1/8～1/3，便于运输至冶炼厂冶炼。锤子呈钩形，对金属切屑施加剪切、拉撕等作用而破碎。

(3)Hammer Mills 型锤式破碎机　其构造如图 4-14 所示。机体由压缩机和锤碎机两部分组成。大型固体废物先经压缩机压缩，再给入锤碎机破碎。转子由大、小 2 种锤子组成。大锤子磨损后可转用小锤子破碎，锤子铰接悬挂在绕中心旋转的转子上做高速旋转，转子半周下方装有筛板，筛板两端装有固定反击板，起二次破碎和剪切作用。该机主要用于破碎废汽车等粗大固体废物。

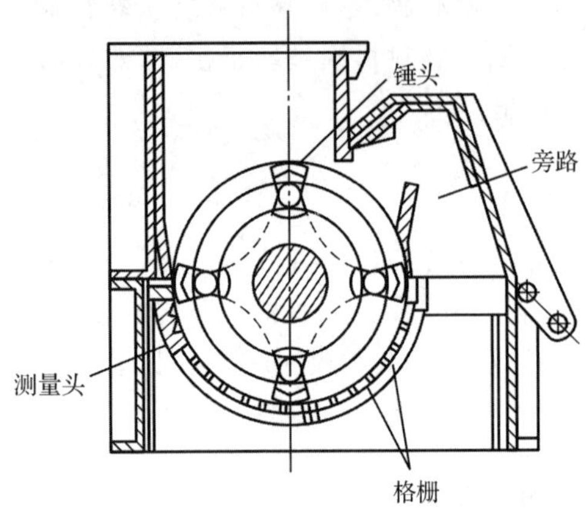

图 4-12　BJD 型普通锤式破碎机

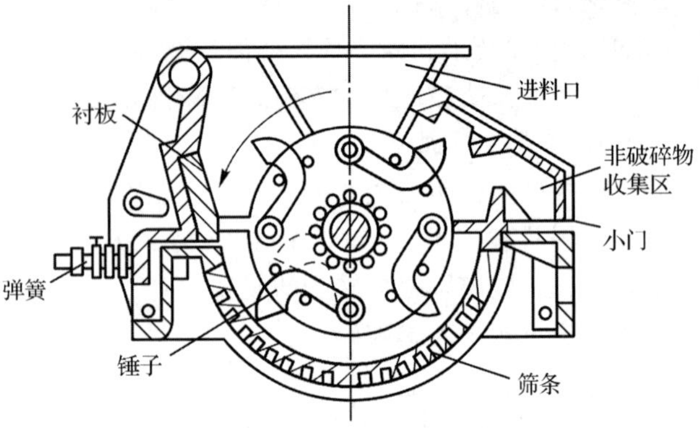

图 4-13　BJD 型破碎金属切屑锤式破碎机

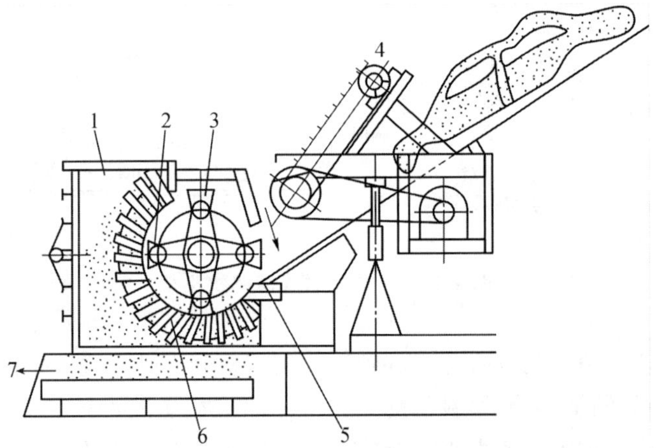

图 4-14　Hammer Mills 型锤式破碎机

1. 切碎机本体；2. 锤头(小)；3. 锤头(大)；4. 压缩给料机；5. 切断垫圈；6. 栅条；7. 输送器

(4)Novorotor 型双转子锤式破碎机　这种破碎机(图 4-15)具有 2 个旋转方向的转子，转子下方均装研磨板。物料自右方给料口送入机内，经右方转子破碎后排至左方破碎腔，经左方研磨板运动 3/4 圆周后借风力排至上部旋转式风力分级机，分级后的细粒产品自上方排出机外，粗粒产品返回破碎机再度破碎。该机破碎比可达 30。

2. 反击式破碎机

反击式破碎机是一种新型高效破碎设备，具有破碎比大、适应性广(可破碎中硬、软、脆、韧性、纤维性物料)、构造简单、外形尺寸小、安全方便、易于维护等许多优点，在我国水泥、火电、玻璃、化工、建材、冶金等工业部门广泛应用。

图 4-16 为 Hazemag 型反击式破碎机的构造图。该机装有 2 块反击板，形成 2 个破碎腔。转子上安装有 2 个坚硬的板锤。机体内表面装有特殊钢制衬板，用以保护机体不受损坏。固体废物从上部给入，在冲击和剪切作用下破碎。该机主要用来破碎家具、器具、电视机、草垫等大型固体废物，处理能力为 50～60 m^3/h，碎块为 30 cm；也可用来破碎瓶类、罐头等不燃废物，处理能力为 15～90 m^3/h。

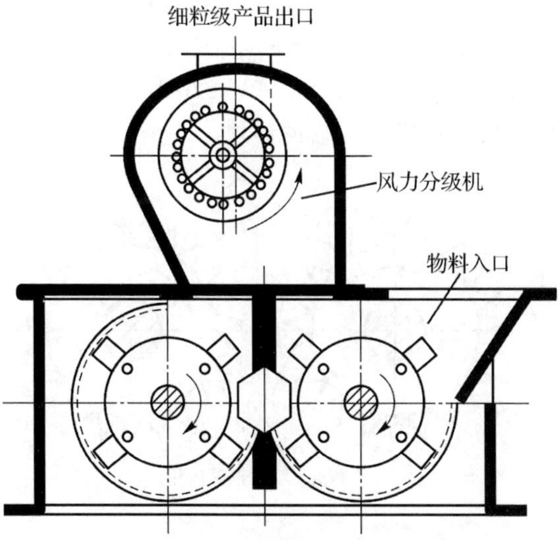

图 4-15　Novorotor 型双转子锤式破碎机

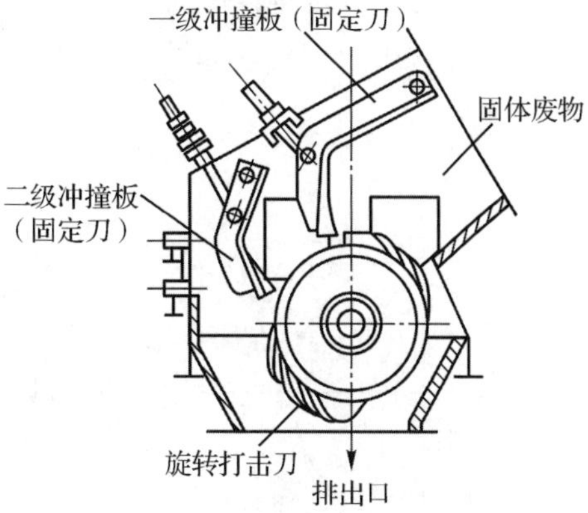

图 4-16　Hazemag 型反击式破碎机

4.2.2.3　辊式破碎机

辊式破碎机具有结构简单、紧凑、轻便、工作可靠、价格低廉等优点，广泛用于处理脆性物料和含泥黏性物料，作为中、细碎之用。如图 4-17 所示，该机工作过程如下：旋转的工作转辊借助摩擦力将给到它上面的物料块拉入破碎腔内，使之受到挤压和磨剥作用（有时还兼有劈碎和剪切作用）而破碎，最后由转辊带出破碎腔成为破碎产品排出。

辊式破碎机按辊子表面构造分为光滑辊面和非光滑辊面（齿辊或沟槽辊）两大类。前者处理硬性物料；后者处理脆性物料。齿辊破碎机按齿辊数目可分为单齿辊破碎机和双齿辊破碎机。

1. 双齿辊破碎机

双齿辊破碎机由 2 个相对转动的齿辊组成[图 4-18(a)]，固体废物由上方给入 2 个齿轮中间，当 2 个齿轮同步相对转动时，辊面上的齿牙将物料咬住并加以劈碎，破碎后产品随齿辊转动从下部排出。破碎产品粒度由 2 个齿轮之间的间隙决定。

2. 单齿辊破碎机

单齿辊破碎机由一个旋转的齿辊和一个固定的弧形破碎板组成[图 4-18(b)]。破碎板与齿辊之间形成上宽下窄的破碎腔。固体废物由上方给入破碎腔，大块物料在破碎腔上部被长齿劈碎，随后继续落在破碎腔下部进一步被齿辊轧碎，合格破碎产品从下部缝隙排出。

4.2.2.4　剪切式破碎机

剪切破碎是靠固定刀和可动刀之间的啮合作用剪切废物，将固体废料剪切成段或块。可动刀又可分为往复刀和旋转刀。

1. 往复剪切破碎机

图 4-19 为往复剪切破碎机构造示意图。该破碎机由两边装刀的横杆组成耙状可动刀架，其上装有往复刀具 12 片，横杆 6 根，装有固定横杆 7 根，固定刀具 12 片。往复刀和固定刀交替平行布置。当处于打开状态时，从侧面看，往复刀和固定腔呈 V 字形，固体废物从上面投

入，通过液压装置（油泵）缓缓将活动刀推向固定刀，废物受到挤压，并依靠往复刀和固定刀的啮合将废物剪切。往复刀和固定刀之间宽度为 30 cm，剪切尺寸为 30 cm。刀具由特殊钢制成，磨损后可以更换，液压油泵最高压力为 13 MPa/cm^2；电机功率为 374 W，220 V，处理量为 80～150 m^3/h，可将厚度为 200 mm 以下的普通型钢板剪切成 30 cm 的碎块。

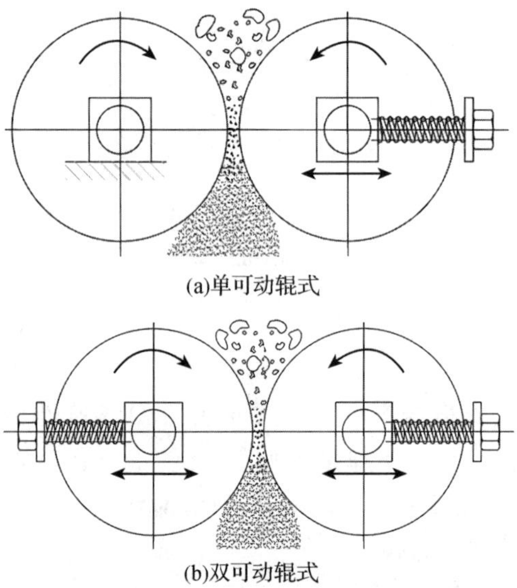

(a)单可动辊式

(b)双可动辊式

图 4-17　辊式破碎机示意图

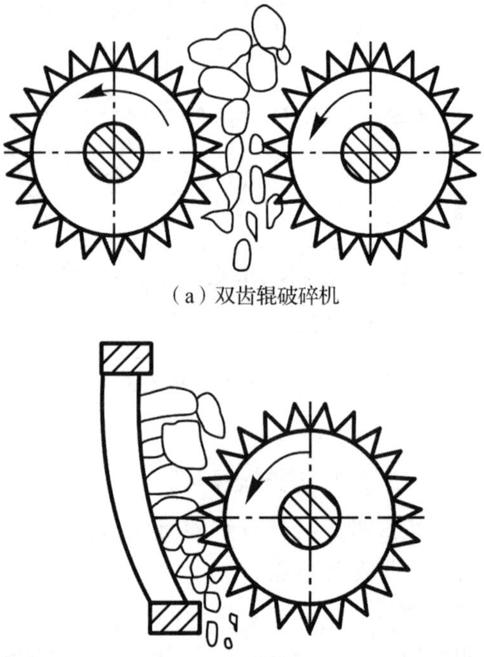

（a）双齿辊破碎机

（b）单齿辊破碎机

图 4-18　齿辊破碎机工作原理

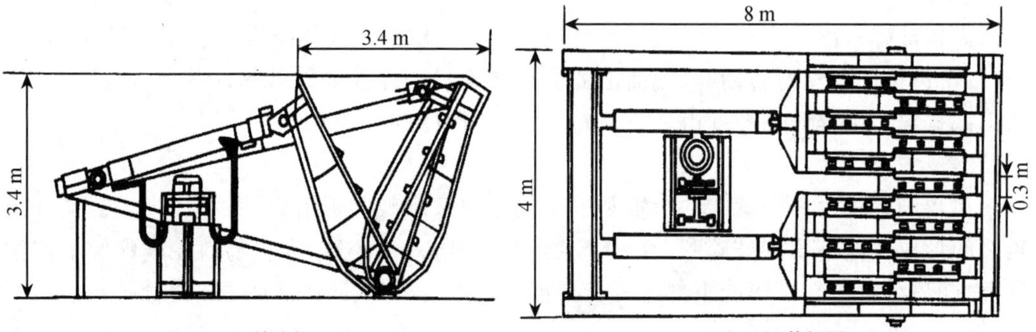

(a) 平视图

(b) 俯视图

图 4-19　往复剪切破碎机构造示意图

2. 旋转剪切破碎机

旋转剪切破碎机如图 4-20 所示，该机装有 1～2 个固定刀和 3～5 个旋转刀，固体废物投入后，在固定刀和高速旋转的旋转刀夹持下而被剪切破碎。

4.2.2.5　球磨机

图 4-21 是球磨机结构和工作原理示意图。球磨机主要由筒体、端盖、轴承和大齿轮等部件组成。

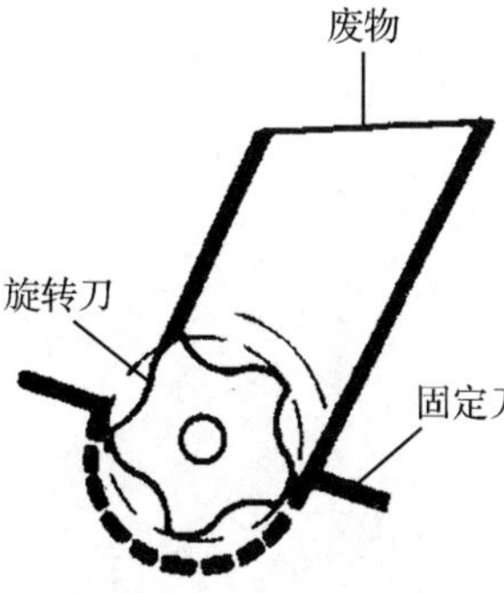

图 4-20　旋转剪切破碎机

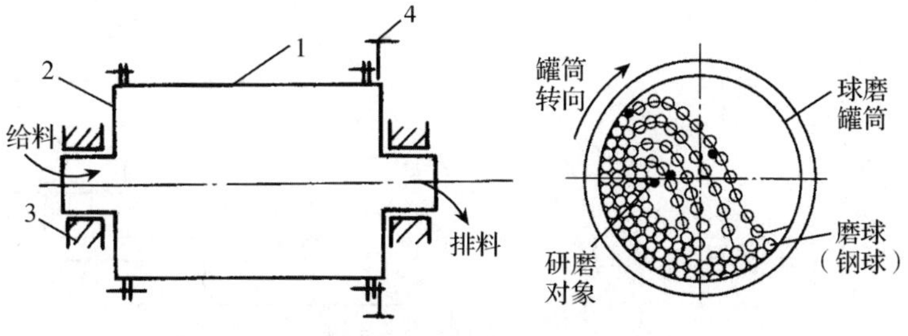

图 4-21　球磨机结构和工作原理示意图

1. 筒体；2. 端盖；3. 轴承；4. 大齿轮

圆柱形筒体内装有直径为 25～150 mm 的钢球。筒体两端的中空轴颈有 2 个作用：一是起轴颈的支承作用，使球磨机全部重量经中空轴颈传给轴承和机座；二是起给料和排料的漏斗作用，电动机通过联轴器和小齿轮带动大齿轮和筒体缓缓转动。当筒体转动时，在摩擦力、离心力和衬板共同作用下，钢球和物料被衬板提升，当提升到一定高度后，在钢球和物料本身重力作用下，产生自由降落和抛落，从而对筒体内底脚区的物料产生冲击和研磨作用，使物料粉碎。物料达到磨碎细度要求后，由风机抽出。

磨碎在固体废物处理与利用中占有重要地位。例如，用煤矸石生产水泥、砖瓦、矸石棉、化肥和提取化工原料等，用钢渣生产水泥、砖瓦、化肥、溶剂以及对垃圾堆肥深加工等过程都离不开球磨机对固体废物的粉碎。

4.2.3　特殊破碎设备

对于一些常温下难以破碎的固体废物，如废轮胎、含纸垃圾等，常采用特殊设备和方法即低温破碎和湿式破碎进行破碎。

4.2.3.1　低温破碎

1. 低温破碎原理和流程

对于常温下难以破碎的固体废物如汽车轮胎、包覆电线等，可利用其低温变脆的性能进行破碎，即利用不同物质脆化温度的差异进行选择性破碎的低温破碎技术。该技术是以液氮作为制冷剂，其优点是制冷温度低，无毒、无爆炸危险。但制取成本高，这也是低温破碎能否实施的关键。

低温破碎的工艺流程如图 4-22 所示。将固体废物如钢丝胶管、塑料或橡胶包覆电线电缆、废家用电器等复合制品，先投入预冷装置，再进入浸没冷却装置，这样橡胶、塑料等易冷脆物质迅速脆化，之后送入高速冲击破碎机破碎，使易脆物质脱落粉碎，破碎产物再进入各种分选设备进行分选。据日本试验测定，与常温破碎相比，低温破碎所需动力消耗可减至 25%以下，噪声降低 4 dB，振动减轻 20%～25%。

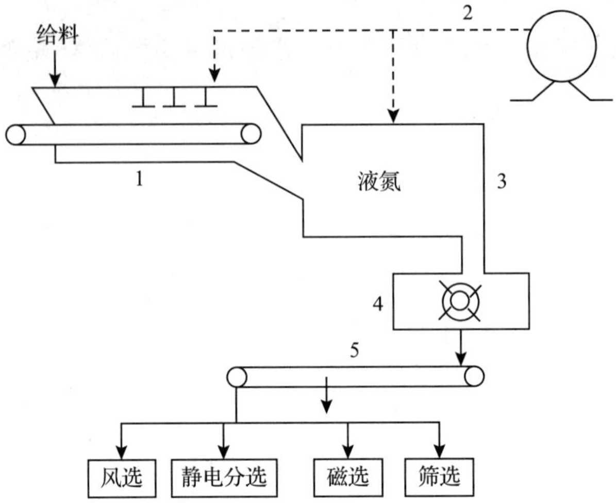

图 4-22　低温破碎的工艺流程

1. 预冷装置；2. 液氮贮槽；3. 浸没冷却装置；4. 高速冲击破碎机；5. 皮带运输机

2. 低温破碎的应用

(1)塑料低温破碎　有关塑料低温破碎的研究成果可归纳如下：①各种塑料的脆化点：PVC(聚氯乙烯)为−5～20 ℃，PE(聚乙烯)为−95～135 ℃，PP(聚丙烯)为 0～20 ℃；②冷冻装置：冷冻槽绝热壁厚 300 mm，从槽顶喷入液氮，将塑料放在槽内运输皮带上向前移动 4 m，4 min 后温度降至−75 ℃，62 min 后温度降至−167 ℃，温度分布大体上均匀；③采用仅具有拉伸、弯曲、压缩等简单力的破碎机时，低温破碎所需动力比常温大，用冲击破碎机时，则低温破碎动力比常温要小得多；④膜状塑料难以低温破碎。

(2)从有色金属混合物等废物中回收铜、铝及锌的低温破碎　美国矿山局利用低温破碎技术，从废轮胎、有色金属混合物等固体废物中回收铜、铝和锌。研究结果表明，对 25～75 mm 大小的混合金属采用液氮冷冻后冲击破碎(−72 ℃，1 min)，25 mm 以下产物中可回收 2.8％的铜、100％的锌(不含铝)，25 mm 以上产物中可回收 97.2％的铜、100％的铝(不含锌)。这说明此法能进行选择性破碎分离。

(3)废轮胎的低温破碎　如图 4-23 所示，由皮带运输机 1 送来的废轮胎 T 采用压孔机 2 压孔后，经喷洒式冷却装置 3 预冷，再送入浸没冷却装置 4 冷却。通过冲击破碎机 5 破碎，分离成“轮胎和内嵌线”与“撑轮圈”两部分，“撑轮圈”送至磁选机 6 分选，“轮胎和内嵌线”送至锤式破碎机 7 进行二次破碎，再进入粒度分选机 8 分选成各种不同粒度的产品，最后送入再生利用工序。

4.2.3.2　湿式破碎

1. 湿式破碎的原理和设备

湿式破碎是利用特制的破碎机将投入机内的含纸垃圾和大量水流一起剧烈搅拌和破碎成为浆液的过程。图 4-24 为湿式破碎机。使用传送带将垃圾送入湿式破碎机，破碎机于圆形槽底上安装多孔筛，筛上设有 6 个刀片的旋转破碎辊，使投入的垃圾和水一起激烈回旋，废纸则破碎成浆状，通过筛孔落入筛下由底部排出，再经固液分离器把其中的残渣分出，纸浆送到纤

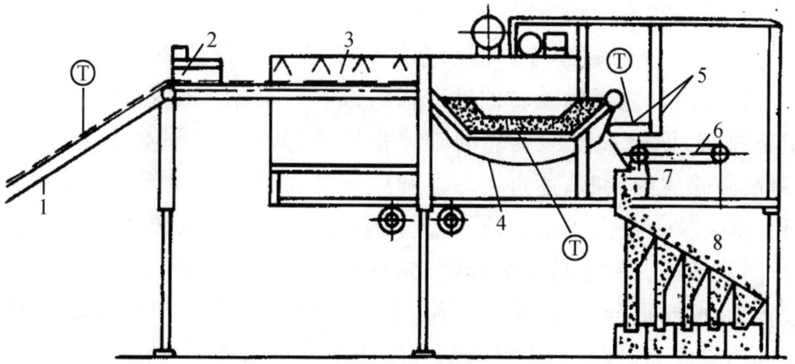

图 4-23　废轮胎的低温破碎装置

1. 传送带；2. 压孔机；3. 冷却装置；4. 浸没冷却装置；5. 冲击破碎机；
6. 磁选机；7. 锤式破碎机；8. 粒度分选机

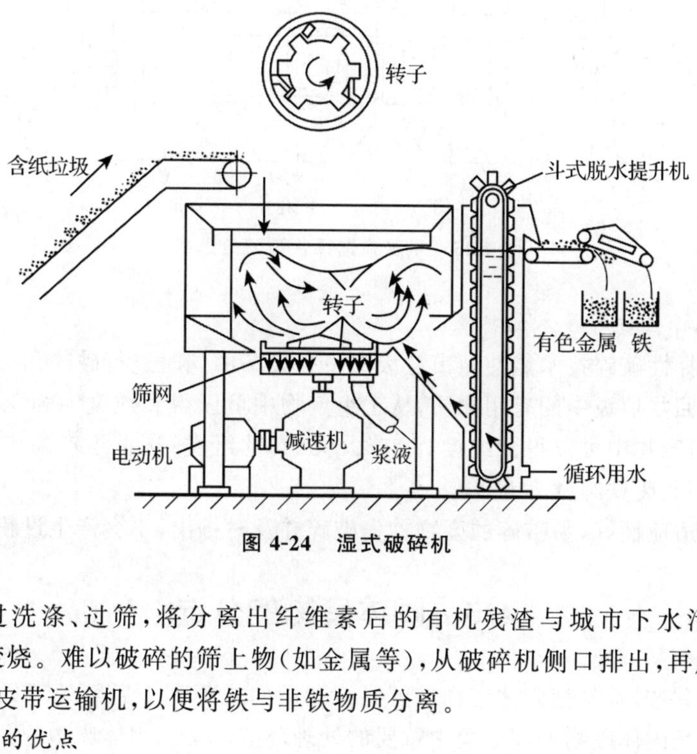

图 4-24　湿式破碎机

维回收工段，经过洗涤、过筛，将分离出纤维素后的有机残渣与城市下水污泥混合脱水至50%，然后送去焚烧。难以破碎的筛上物（如金属等），从破碎机侧口排出，再用斗式提升机送至装有磁选器的皮带运输机，以便将铁与非铁物质分离。

2. 湿式破碎的优点

湿式破碎把垃圾变成泥浆状，物料均匀，呈流态化操作，具有以下优点：①使含纸垃圾变成均质浆状物，可按流体法处理；②不会滋生蚊蝇和恶臭，卫生条件好；③不会产生噪声、发热和爆炸的危险性；④脱水有机残渣，无论质量、粒度大小、水分等变化都小；⑤在化学物质、纸和纸浆、矿物等处理中均可使用，可以回收垃圾中的纸纤维、玻璃、铁和有色金属，剩余泥土等可作堆肥。

4.2.3.3　半湿式选择性破碎分选

1. 半湿式选择性破碎分选原理和设备

这是一种破碎和分选同时进行的分选技术。它利用各种不同物质在一定均匀湿度下，因其强度、脆性（耐冲击性、耐压缩性、耐剪切力）不同而破碎成不同粒度的碎块，然后通过不同的筛孔加以分离回收来分选不同物质。

图 4-25 是半湿式选择性破碎分选机示意图。半湿式选择性破碎分选机由两段不同筛孔的外旋转圆筒筛和筛内与之反向旋转的破碎板组成。垃圾给入圆筒筛首端，并沿筛壁上升而后在重力作用下抛落，同时被反向旋转的破碎板撞击，从而垃圾中脆性物质如玻璃、陶器、瓦片、厨房垃圾等被破碎成细片状，通过第一段筛壁筛孔排出，进一步经分选机将厨房垃圾与玻片等物质分开。剩余垃圾进入第二段筒筛，此段喷射水分，中等粒度的纸类变成浆状从第二段筛孔排出，从而回收纸浆。粒度最大的纤维类、竹木类、橡胶、皮革、金属等物质从终端排出，再进入比重分选装置，按比重分为金属类，纤维、竹木、橡胶、皮革类和塑料膜三大类。这些类别的物质还可以进一步分选，例如利用磁选从金属类中分选出铁等。

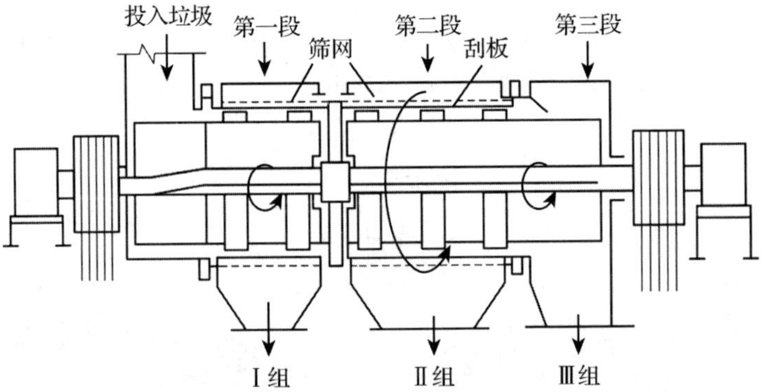

图 4-25　半湿式选择性破碎分选机

2. 半湿式选择性破碎技术的特点

①半湿式选择性破碎技术能使城市垃圾在一台设备中同时进行破碎和分选作业。

②可有效地回收垃圾中的有用物质，从Ⅰ组产物中可以得到纯度为 80% 的堆肥原料——厨余垃圾；从Ⅱ组产物中可以得到纯度为 85%～95% 的纸类；从Ⅲ组产物中可以得到纯度为 95% 的塑料类，回收废铁纯度为 98%。

③对进料的适应性好，易破碎的废物首先破碎并及时排出，不会产生过粉碎现象。

4.3　固体废物的分选

固体废物的分选，就是把固体废物中可回收利用的或不利于后续处理处置工艺要求的物料分离出来。这是固体废物处理工程中重要的处理环节之一。固体废物的分选技术方法可分为人工分选和机械分选。机械分选依据物料的物理性质和化学性质（这些性质包括物质的粒度、密度、重力、磁性、电性、光电性、摩擦性、弹性和表面湿润性等）的不同有不同的分选方法，包括筛分、重力分选、磁力分选、电力分选、浮选、光电分选、涡电流分选、摩擦与弹跳分选等。

4.3.1　筛分

4.3.1.1　筛分原理

筛分是利用筛子将物料中小于筛孔的细粒物料透过筛孔，而大于筛孔的粗粒物料留在筛面上，完成粗、细料分离的过程。该分离过程可看作由物料分层和细粒透过筛孔 2 个阶段组成。物料分层是完成分离的条件，细粒透过筛孔是分离的目的。

为了使粗细物料透过筛面而分离，必须使物料和筛面之间具有适当的相对运动，使筛面上的物料层处于松散状态，即按颗粒大小分层，形成粗粒位于上层、细粒处于下层规则排列，细粒到达筛面并透过筛孔。同时，物料和筛面的相对运动还可使堵在筛孔上的颗粒脱离筛孔，以利于细粒透过筛孔。细粒透筛时，尽管粒度都小于筛孔，但它们透筛的难易程度却不同。粒度小于筛孔尺寸 3/4 的颗粒，很容易通过粗粒形成的间隙到达筛面而透筛，称为“易筛粒”；粒度大于筛孔尺寸 3/4 的颗粒，很难通过粗粒形成的间隙，而且粒度越接近筛孔尺寸就越难透筛，这种颗粒称为“难筛粒”。

4.3.1.2　筛分分类

根据筛分在工艺过程中应完成的任务，筛分作业可分为 6 类。

(1)独立筛分　其目的在于获得符合用户要求的最终产品。

(2)准备筛分　其目的在于为下一步作业做准备。

(3)预先筛分　在破碎之前进行的筛分，目的在于预先筛分出合格或无须破碎的产品，提高破碎作业的效率，防止过多破碎并节省能源。

(4)检查筛分　对破碎的产品进行筛分，又称为控制筛分。

(5)选择筛分　利用物料中的有用成分在各粒级中的分布，或者性质上的显著差异，来进行筛分作业。

(6)脱水筛分　脱出物料中的水分，该法常用于废物脱水或脱泥。

4.3.1.3　筛分效率

从理论上讲，固体废物中凡是粒度小于筛孔尺寸的细粒都应该透过筛孔成为筛下产品，而大于筛孔尺寸的粗粒应全部留在筛上排出成为筛上产品。但是，实际上由于筛分过程较复杂，影响筛分质量的因素也多种多样，总会有一些小于筛孔的细粒留在筛上随粗粒一起排出成为筛上产品，筛上产品中未透过筛孔的细粒越多，说明筛分效果越差。为了评定筛分设备的分离效率，引入筛分效率这一指标。筛分效率是指筛分时实际得到的筛下物与入筛废物中所含粒度小于筛孔尺寸的细粒物料的质量比，用百分数表示，即

$$E=\frac{Q_1}{Q\cdot\alpha/100}\times 100\%=\frac{Q_1}{Q\cdot\alpha}\times 10^4\% \tag{4-4}$$

式中：E 为筛分效率，%；Q 为入筛固体废物量；Q_1 为筛下产品量；α 为入筛固体废物中小于筛孔的细粒含量，%。

但是在实际筛分过程中要测定 Q 和 Q_1 是比较困难的，因此必须换成便于应用的计算式。如图 4-26 所示，假定筛下产品中没有大于筛孔尺寸的粗粒，可以列出以下 2 个方程式：

(1)入筛固体废物量(Q)等于筛上物的量(Q_2)和筛下物的量(Q_1)之和，即

$$Q=Q_1+Q_2 \tag{4-5}$$

(2)固体废物中小于筛孔尺寸的细粒重量等于筛下产品与筛上产品中所含的小于筛孔尺寸的细粒重量之和，即

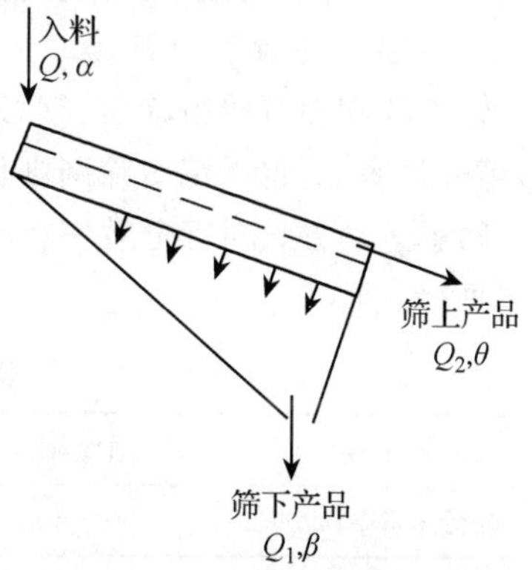

图 4-26　筛分效率的测定

$$Q\alpha=Q_1+Q_2\theta \tag{4-6}$$

式中：θ 为筛上产品中所含的小于筛孔尺寸的细粒质量比，%。

将式(4-5)代入式(4-6)中，得

$$Q_1=\frac{(\alpha-\theta)Q}{1-\theta} \tag{4-7}$$

将 Q_1 值代入式(4-4)中，得

$$E=\frac{\alpha-\theta}{\alpha(1-\theta)\times 100\%} \tag{4-8}$$

必须指出，筛分效率的计算公式[式(4-8)]是在筛下产品 100%都是小于筛孔尺寸($\beta=100\%$)的前提下推导出来的。实际生产中由于筛网磨损而常有部分大于筛孔尺寸的颗粒进入筛下产品中。如果考虑到这种情况，式(4-6)的筛下产品项不是 $100\%Q_1$，而是 $Q_1\beta$，按此推导出另一种筛分效率计算公式，即

$$E=\frac{\beta(\alpha-\theta)}{\alpha(\beta-\theta)\times 100\%} \tag{4-9}$$

当筛网磨损严重时，采用式(4-9)计算筛分效率。

4.3.1.4 影响筛分效率的因素

1. 入筛物料性质的影响

入筛物料颗粒尺寸分布对筛分效率影响较大，物料中“易筛粒”含量越多，筛分效率越高；相反，物料中“难筛粒”越多，筛分效率则越低。物料的含水率和含泥量对筛分效率也有一定的影响。物料外表水分会使细粒结团或附着在粗粒上而不易透筛。当筛孔较大、物料含水率较高时，反而能提高颗粒活动性，此时水分能促进细粒透筛，但此时已属于湿式筛分法，即湿式筛分法的效率较高。水分影响还与含泥量有关，当物料中含泥量高时，稍有水分也能引起细粒结团。

另外，入筛物料颗粒形状对筛分效率也有一定的影响。一般，球形、立方形、多边形颗粒筛分效率较高；而颗粒呈扁平状或长方块，用方形或圆形筛孔的筛子筛分，其筛分效率较低。线状物料如废电线、管状物质等，必须以一端朝下的“穿针引线”方式缓慢透筛，而且物料越长，透筛越难。在圆盘筛中，这种线状物的筛分效率会高些。而平面状的物料如塑料膜、纸、纸板类等，会大片地覆在筛面上，形成“盲区”而堵塞大片的筛分面积。

2. 筛分设备性能的影响

常见的筛面有棒条筛面、钢板冲孔筛面及钢丝编织筛网 3 种。其中，棒条筛面有效面积小，筛分效率低，钢丝编织筛网则相反，钢板冲孔筛面介于两者之间。

筛子运动方式对筛分效率影响较大，同一种物料采用不同类型的筛子进行筛分时，其筛分效率见表 4-1。

表 4-1 不同类型筛子的筛分效率

筛子类型	固定筛	转筒筛	摇动筛	振动筛
筛分效率/%	50～60	60	70～80	90 以上

即使是同一类型的筛子，如振动筛，其筛分效率也受运动强度的影响而有差别。如果筛子

运动强度不足时，筛面上物料不易松散和分层，细粒不透筛，筛分效率就低；但运动强度过大又使物料很快通过筛面溢出，筛分效率也不高。

筛面宽度主要影响筛子的处理能力，其长度影响筛分效率。负荷相等时，过窄的筛面使物料层增厚而不利于细粒接近筛面，过宽的筛面则又使物料筛分时间太短，一般宽长比为 1 ∶ (2.5～3)。

筛面倾角是为了便于筛上产品的排出，倾角过小起不到此作用；倾角过大物料排出速度过快，筛分时间短，筛分效率就低。一般筛面倾角以 15°～25°较适宜。

3. 筛分操作条件的影响

在筛分操作中应注意连续均匀给料，使物料沿整个筛面宽度铺成薄层，既充分利用筛面又便于细粒透筛，可以提高筛子的处理能力和处理效率。及时清理和维修筛面也是保证筛分效率的重要条件。

4.3.1.5　筛分设备类型及应用

在固体废物处理中，最常用的筛分设备有以下几种类型：

1. 固定筛

筛面由许多平行排列的筛条组成，可以水平安装或倾斜安装。由于构造简单、不耗用动力、设备费用低和维修方便，固定筛在固体废物处理中被广泛应用。

格筛一般安装在粗碎机之前，以保证入料块度适宜。

棒条筛主要用于粗碎和中碎之前，安装倾角应大于废物对筛面的摩擦角，一般为 30°～35°，以保证废物沿筛面下滑。棒条筛孔尺寸为要求筛下粒度的 1.1～1.2 倍，一般筛孔尺寸不小于 50 mm。筛条宽度应大于固体废物中最大宽度的 2.5 倍。该筛适用于筛分粒度大于 50 mm 的粗粒废物。

2. 转筒筛

转筒筛也叫滚筒筛。这是一种特制的筛，筛面为带孔的圆柱形筒体或截头圆锥形筒体，在传动装置带动下，筛筒绕轴缓缓旋转。为使废物在筒内沿轴线方向前进，筛筒的轴线应倾斜 3°～5°安装，截头圆锥形筛筒本身已有坡度，其轴线可水平安装。固体废物由筛筒一端给入，被旋转的筒体带起，当达到一定高度后因重力作用自行落下，如此不断地做起落运动，使小于筛孔尺寸的细粒透筛，而筛上产品则逐渐移到筛的另一端排出。图 4-27 是转筒筛的示意图。

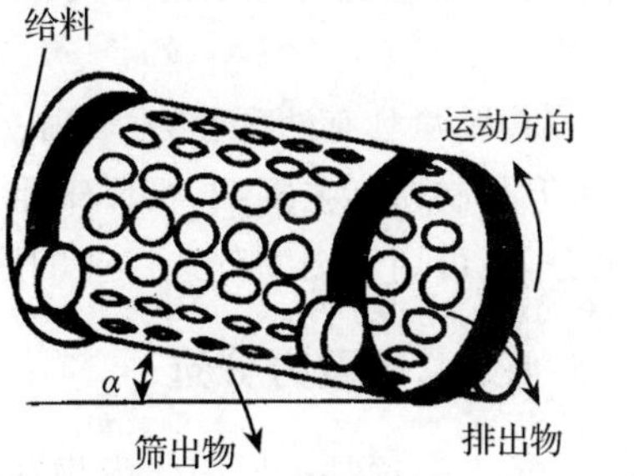

图 4-27　转筒筛

3. 惯性振动筛

惯性振动筛是利用不平衡物体的旋转所产生的离心惯性力，使筛箱产生振动的一种筛子，其构造及工作原理见图 4-28。

当电动机带动皮带轮做高速旋转时，配重轮上的重块即产生离心惯性力，其水平分力使弹簧做横向变形，由于弹簧横向刚度大，水平分力被横向刚度所吸收。而垂直分力则垂直于筛面，通过筛箱作用于弹簧，强迫弹簧做拉伸及压缩的强迫运动。因此，筛箱的运动轨迹为椭圆或近似于圆。该种筛子的激振力是离心惯性力，故称为惯性振动筛。

惯性振动筛适用于细粒废物(0.10～0.15 mm)的筛分，也可用于潮湿及黏性废物的筛分。

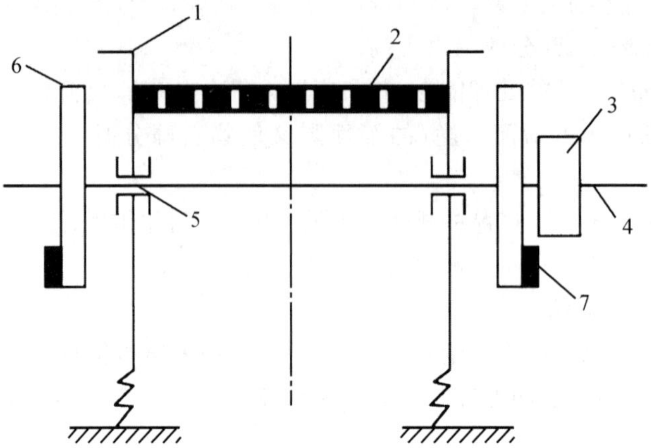

图 4-28 惯性振动筛工作原理示意图

4. 共振筛

共振筛是利用连杆装有弹簧的曲柄连杆机构驱动，使筛子在共振态下进行筛分。其原理如图 4-29 所示。筛箱、弹簧及下机体组成一个弹性系统，该弹性系统固有的自振频率与传动装置的强迫振动频率接近或相同时，使筛子在共振状态下筛分，故该筛称为共振筛。

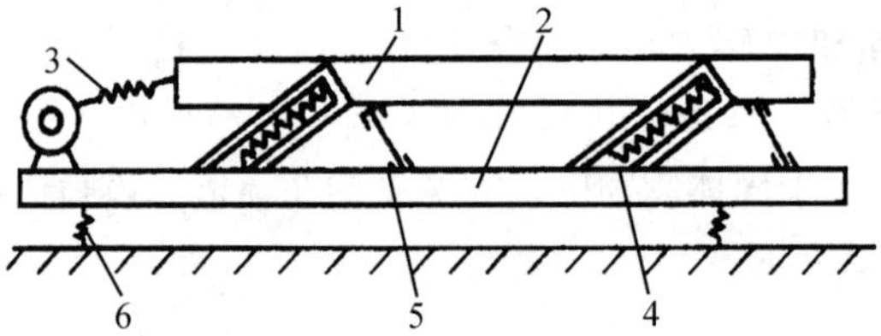

图 4-29 共振筛的原理示意图

1. 上筛箱；2. 下机体；3. 传动装置；4. 共振弹簧；5. 板簧；6. 支承弹簧

共振筛的工作过程是筛箱的动能和弹簧的位能相互转化的过程。所以，在每次振动中，只需要补充为克服阻尼的能量，就能维持筛子的连续振动。这种筛子虽大，但功率消耗却很小。

共振筛具有处理能力大、筛分效率高、耗电少以及结构紧凑等优点，是一种应用广泛的筛子，但其制造工艺复杂，机体笨重、橡胶弹簧易老化。共振筛的应用很广，适用于废物中细粒的筛分，还可用于废物分选作业的脱水、脱重介质和脱泥筛分等。

4.3.2 重力分选

重力分选是根据固体废物在介质中的比重差或密度差进行分选的一种方法。它利用不同物质颗粒间的密度差异，在运动介质中受到重力、介质动力和机械力的作用，使颗粒群产生松散分层和迁移分离，从而得到不同密度产品。重力分选是在活动的或流动的介质中按颗粒的相对密度或粒度进行颗粒混合物的分选过程。

重力分选的介质有空气、水、重液（密度比水大的液体）、重悬浮液等。

影响重力分选的主要因素有物料颗粒的尺寸、颗粒与介质的密度差以及介质的黏度。不同密度矿物分选的难易度可大致地按其等降比(e)判断。

$$e=\frac{\rho_2-\rho}{\rho_1-\rho} \tag{4-10}$$

式中：ρ_1 为轻矿物的密度，kg/m^3；ρ_2 为重矿物的密度，kg/m^3；ρ 为分选介质的密度，kg/m^3。

①$e\geqslant5$，属极易重力分选的物料，除极细(5～10 μm)细泥外，各粒度的物料都可用重力分选法选别；

②$2.5\leqslant e<5$，属易选物料，按目前重力分选技术水平，有效选别粒度下限(采用一定的方法能够回收的固体废物的最小粒度)有可能达到 19 μm，但 19～37 μm 的选别效率也较低；

③$1.75\leqslant e<2.5$，属较易选物料，目前有效选别粒度下限可达 37 μm 左右，但 37～74 μm 的选别效率也较低；

④$1.5\leqslant e<1.75$，属较难选物料，重力分选的有效选别粒度下限一般为 0.5 mm 左右；

⑤$1.25\leqslant e<1.5$，属难选物料，重力分选法只能处理不小于数毫米的粗粒物料，分离效率一般不高；

⑥$e<1.25$，属极难选的物料，不宜采用重力分选。

按介质不同，固体废物的重选可分为重介质分选、跳汰分选、风力分选和摇床分选等。各种重力分选过程具有的共同工艺条件：固体废物中颗粒间必须存在密度的差异；分选过程都是在运动介质中进行的；在重力、介质动力和机械力的综合作用下，使颗粒群松散并按密度分层；分好层的物料在运动介质流的推动下互相迁移，彼此分离，并获得不同密度的最终产品。

4.3.2.1　重介质分选

1. 基本原理

通常将密度大于水的介质称为重介质。在重介质中，使固体废物中的颗粒群按密度分开的方法称为重介质分选。为使分选过程有效地进行，需选择重介质密度(ρ_C)介于固体废物中轻物料密度(ρ_L)和重物料密度(ρ_W)之间，即

$$\rho_L<\rho_C<\rho_W$$

凡是颗粒密度大于重介质密度的重物料都下沉，集中于分选设备的底部成为重产物，颗粒密度小于重介质密度的轻物料都上浮，集中于分选设备的上部成为轻产物，它们分别排出，从而达到分选的目的。在重介质分选过程中，重介质的性质是影响分选效果的重要因素。

2. 对重介质性能的要求

重介质是由高密度的固体微粒和水构成的固液两相分散体系，它是密度高于水的非均匀介质。高密度固体微粒起着加大介质密度的作用，故称为加重质。最常用的加重质有硅铁、磁铁矿等。

(1)硅铁　作为重介质分选的硅铁含硅量为 13%～18%，其密度为 6.8 g/cm^3 的重介质，可配制成密度为 3.2～3.5 g/cm^3 的重介质。硅铁具有耐氧化、硬度大、带强磁化性等特点，使用后经筛分和磁选可以回收再生。电炉刚玉废料也属于含硅铁的加重质。

(2)磁铁矿　纯磁铁矿密度为 5.0 g/cm^3，用含铁 60%以上的铁精矿粉可配得重介质的密度达 2.5 g/cm^3。磁铁矿在水中不易氧化，可用弱磁选法回收再生利用。

选择的加重质应具有足够高的密度，且在使用过程中不易泥化和氧化，来源丰富，价廉易得，便于制备与再生。一般要求加重质的粒度小于200目的占60%～90%，能够均匀分散于水中，容积浓度一般为10%～15%。重介质应具有密度高、黏度低、化学稳定性好（不与处理的废物发生化学反应）、无毒、无腐蚀性、易回收再生等特性。

3. 重介质分选设备

目前常用的是鼓形重介质分选机，其构造和原理示意图如图4-30所示。该设备外形是一圆筒转鼓，由4个辊轮支撑，通过圆筒腰间的大齿轮由传动装置带动旋转（转速2 r/min）。在圆筒的内壁沿纵向设有扬板，用以提升重产物到溜槽内。圆筒水平安装，固体废物和重介质一起由圆筒一端进入，在向另一端流动过程中，密度大于重介质的颗粒沉于槽底，由扬板提升落入溜槽内，被排出槽外，成为重产品；密度小于重介质的颗粒随重介质流入圆筒溢流口排出，成为轻产品。

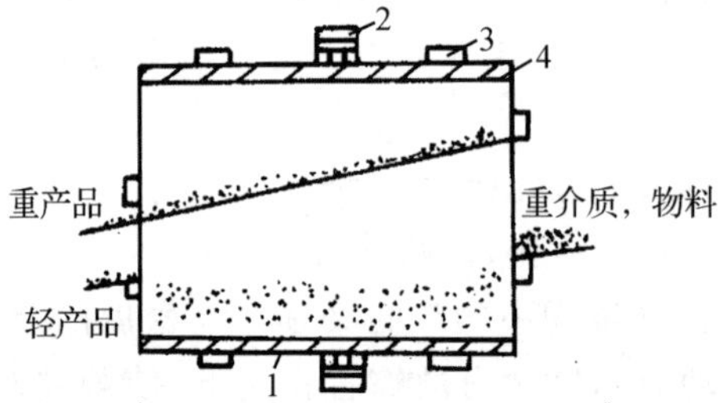

图4-30　鼓形重介质分选机构造和原理示意图

1. 圆筒形转鼓；2. 大齿轮；3. 辊轮；4. 扬板；5. 溜槽

鼓形重介质分选机适用于分离粒度较粗（40～60 mm）的固体废物，具有结构简单紧凑、便于操作，分选机内密度分布均匀和动力消耗低等优点。缺点是轻重产品量调节不方便。

4. 重介质分选工艺流程

重介质分选工艺流程一般包括重介质制备、分选、介质回收与再生等环节，如图4-31所示。

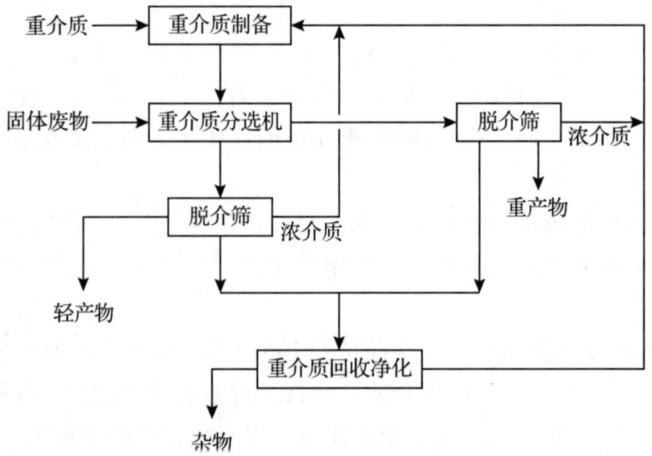

图4-31　重介质分选工艺流程

4.3.2.2　跳汰分选

1. 基本原理

跳汰分选是在垂直变速介质流中按密度分选固体废物的一种方法。它使磨细的混合废物中的不同密度的粒子群，在垂直脉动运动介质中按密度分层，小密度颗粒群位于上层，大密度颗粒群(重质组分)位于下层，从而实现物料分离。在生产过程中，原料不断地送进跳汰装置，轻重物质不断分离并被淘汰掉，这样可形成连续不断的跳汰过程。跳汰介质可以是水或空气。目前用于固体废物分选的介质一般都是水。

图 4-32 为跳汰机分选示意图，它被隔板分为二室，右为活塞室，左为跳汰室。活塞室中的活塞由偏心轮带动做"往复运动"，使筛网附近的水产生上下交变水流。在运动过程中，当活塞向下时，跳汰室内的物料受上升水流由下而上升，在介质中呈松散的悬浮状态；随着上升水流的逐渐减弱，粗重颗粒就开始下沉，而轻质颗粒可能继续上升，此时物料达到最大松散状态，形成颗粒按密度分层的良好条件。当上升水流停止并开始下降时，固体颗粒按密度和粒度的不同做沉降运动，物料逐渐转为紧密状态。下降水流结束后，一次跳汰完成(图 4-33)。每次跳汰颗粒都受到一定的分选作用，达到一定程度的分层。经过多次反复后，分层就趋于完全，上层为小密度颗粒，下层为大密度颗粒。

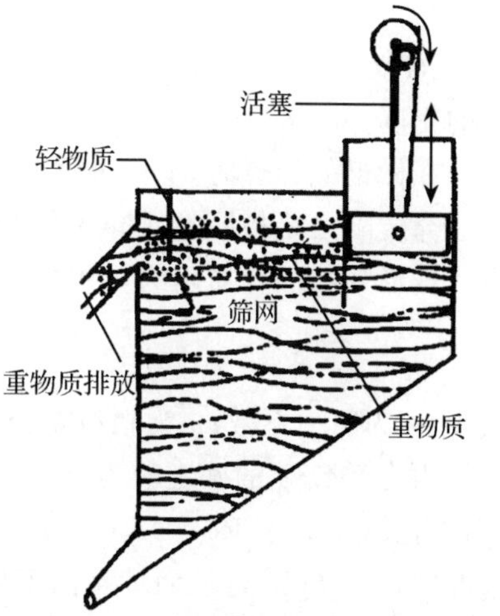

图 4-32　跳汰机分选示意图

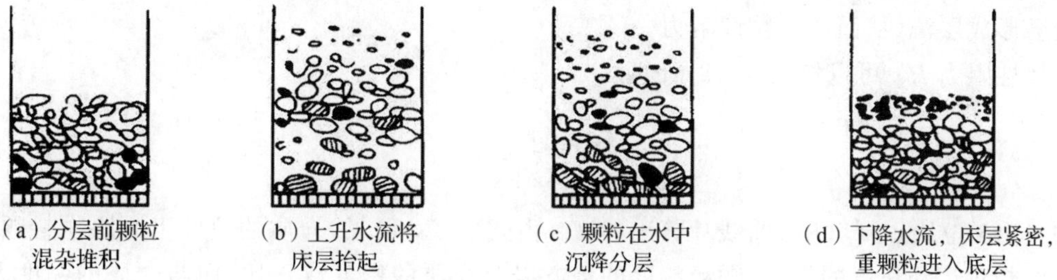

图 4-33　颗粒在跳汰时的分层过程

2. 跳汰分选设备

按推动水流运动方式，跳汰机分为隔膜跳汰机和无活塞跳汰机 2 种。隔膜跳汰机是利用偏心连杆机构带动橡胶隔膜做往复运动，借以推动水流在跳汰室内做脉冲运动；无活塞跳汰机采用压缩空气推动水流。

4.3.2.3　风力分选

风力分选简称风选，又称气流分选，是以空气为分选介质，将轻物料从较重物料中分离出来的一种方法。风选实质上包含两个分离过程：分离出具有低密度、空气阻力大的轻质部分(提取物)和具有高密度、空气阻力小的重质部分(排出物)；进一步将轻颗粒从气流中分离出来。后一分离步骤常由旋流器完成，与除尘原理相似。

空气与水相比，其密度和黏度都较小，并具有可压缩性。当压力为 1 MPa 及温度为 20 ℃时，空气密度为 0.001 18 g/cm³，黏度为 0.000 018 Pa·s。因为在风选过程中应用的风压不超过 1 MPa，所以实际上可以忽略空气的压缩性，而将其视为具有液体性质的介质。

1. 风力分选原理

固体颗粒在静止介质中的沉降速度主要取决于自身所受的重力和介质的阻力，重力是指颗粒在介质中的重量，其值可用式(4-11)表示：

$$G=mg=V(\delta-\rho)g=\frac{\pi d^3}{6}(\delta-\rho)g \tag{4-11}$$

式中：G 为渣粒重力，10^{-5} N；V 为渣粒的体积，cm³，$V=\pi d^3/6$；δ 为渣粒的密度，g/cm³；ρ 为介质的密度，g/cm³。

在做近似计算时，d 代表固体颗粒的粒度。

介质阻力是指颗粒对介质做相对运动时，作用于颗粒上，并与颗粒相对运动方向相反的力。球形颗粒的介质阻力可用式(4-12)表示：

$$R=\phi d^2 v^2 \rho \tag{4-12}$$

式中：ϕ 为阻力系数；v 为颗粒在介质中的运动速度。

阻力系数 ϕ 的确定较为复杂，因为影响 ϕ 的因素很多，特别是与表征介质流动状态的雷诺数有关(雷诺数 $\mathrm{Re}=dv\cdot\rho/\mu$，是无因次量)。但是可以从有关资料上查找到 ϕ 与 Re 的关系曲线，$\phi=f(\mathrm{Re})$，从而计算出不同粒度的颗粒在介质中受到的介质阻力。通常认为，介质作用在颗粒上的介质阻力可以分为 2 类：惯性阻力 R_N 和黏性阻力 R_s。当物料颗粒以较大或者以较快速度运动时，介质会形成紊流，产生惯性阻力；而物料颗粒较小或者以较慢速度运动时，介质会形成层流，从而产生黏性阻力。

惯性阻力 R_N 可以按式(4-13)计算：

$$R_N=\frac{\pi}{16}d^2 v^2 \rho \tag{4-13}$$

式中：$\pi/16$ 为从 $\phi=f(Re)$ 曲线计算出的 ϕ。由式(4-13)可见，介质的惯性阻力跟物料颗粒与介质的相对运动速度的平方、颗粒粒度的平方以及介质的密度成正比，而与介质的黏度无关。上式即所谓牛顿阻力公式。

黏性阻力可按式(4-14)计算：

$$R_s=3\pi d v \rho \mu \tag{4-14}$$

式中：R_s 为介质的黏性阻力，μ 为介质黏度。此式亦称为斯托克斯公式。它说明介质的黏性阻力与粒度、相对速度和介质黏度成正比，而与介质密度无关。

另外，颗粒在介质中沉降时所受介质阻力还与颗粒朝向地面的形状有关。为此，在阻力公式中引入形状系数 x 来体现颗粒形状对阻力的影响。形状系数可按式(4-15)求出：

$$x=v_{0粒}/v_{0球} \tag{4-15}$$

式中：$v_{0粒}$ 为颗粒在介质中自由沉降的末速度，$v_{0球}$ 为与颗粒同体积、同密度的球体在介质中自由沉降的末速度。不同形状颗粒的形状系数 x 可按下列数据取值：球形 $x=1.0$，多角形的

$x=0.67\sim0.83$，长方形的 $x=0.58\sim0.72$，偏平形的 $x=0.48\sim0.59$。

在前述 2 种阻力公式中引入形状系数，则得式(4-16)和式(4-17)：

牛顿阻力公式 $$R_N=\frac{\pi}{16}d^2\left(\frac{v}{x}\right)^2\rho \tag{4-16}$$

斯托克斯阻力公式 $$R_s=3\pi d\left(\frac{v}{x}\right)^2\mu \tag{4-17}$$

由此可见，不同密度、粒度和形状的颗粒在介质中运动时，所受阻力的大小是不相同的，因此，不同颗粒在介质中自由下落的速度也是不同的。这就是重力分选所依据的理论基础。为了判定不同颗粒在介质中沉降速度的差异，需计算出不同的颗粒在各种介质中沉降的末速度。

当颗粒在静止介质中自由沉降时，开始时速度为零，这时介质对颗粒的阻力也为零，然后颗粒在重力作用下做加速度沉降。随着颗粒沉降速度的增加，介质作用于颗粒的阻力也会不断增加。最后，当介质阻力增加到和颗粒的重力相等时，沉降的加速度就将减少到零，此时颗粒就会以等速沉降，这个速度就称为沉降末速度。

粒子的沉降末速度出现在重力和介质阻力的平衡状态，即 $G=R$，故可求得静止介质中，2 种颗粒的沉降末速度 v_0。若粒度较大，则根据牛顿阻力公式：

$$\frac{\pi d^3}{6}(\delta-\rho)g=\frac{\pi}{16}d^2\left(\frac{v_0}{x}\right)^2\rho \tag{4-18}$$

得

$$v_0=51.1x\cdot\sqrt{d(\delta-\rho x)/\rho} \tag{4-19}$$

若颗粒粒度小，沉降速度慢，则由斯托克斯阻力公式：

$$\frac{\pi d^3}{6}(\delta-\rho)g=3\pi d\left(\frac{v_0}{x}\right)^2\cdot\mu \tag{4-20}$$

得

$$v_0=54.5d^2\cdot(\delta-\rho)x/\mu \tag{4-21}$$

由以上两式可见，同一种介质中颗粒的粒度及密度越大，沉降末速度就越大。如果粒度相同，则密度大的、形状系数大的沉降速度就大，反之则小；对于粒度小的、沉降速度慢的颗粒 v_0，还随介质黏度的不同而变化。由上两式计算的 v_0 为静止介质中颗粒的沉降末速度，但在实际的重力分选过程中，介质是运动的，且颗粒在沉降时还会受到周围颗粒或器壁的干涉，故其沉降末速度通常都小于 v_0。

利用垂直气流和水平气流分离物料时，空气流理论工作速度的计算公式为

$$v_w^s\geqslant(1.2-1.5)v_0,\ v_w^t\geqslant v_0\ \frac{l}{h} \tag{4-22}$$

式中：v_w^s 为水平工作气流速度；v_w^t 为垂直工作气流速度；l 为颗粒在水平气流中的位移[约等于 $20L_r$(L_r 为颗粒的最大直线长)]；h 为分选工作区域高度(即颗粒在水平气流中沉降的高度)。

根据有关资料介绍，苏联在已设计的立式和卧式风力分离器的中试实验装置中，按以上两

式的计算结果为：立式装置中的工作气流速度 $v_w^t = 5.0$ m/s；卧式装置中的工作气流速度$v_w^t =$ 2.5 m/s。

2. 风选设备及应用

风力分选装置在国内外的垃圾处理系统已得到广泛应用，各种风力分选机都有相当可观的数量，但它们的工作原理都是相同的。按工作气流的主流向可将它们分为水平、垂直和倾斜3种类型，其中尤以垂直气流分选机的应用最为广泛。

（1）水平气流风选机（卧式风力分选机） 此种装置的基本结构和工作原理如图4-34所示。该机从侧面送风，固体废物经破碎机破碎和滚筒筛筛分使其粒度均匀后，定量给入机内，当废物在机内下落时，被鼓风机鼓入的水平气流吹散，固体废物中各种组分沿着不同运动轨迹分别落入重质组分、中重组分和轻质组分收集槽中。水平气流风选机推荐的最佳风速为20 m/s。水平气流风选机构造简单、维修方便，但分选精度不高，一般很少单独使用，常与破碎、筛分、立式风力分选机组成联合分选工艺。当分选城市垃圾时，水平气流速度设为5 m/s，回收的轻质组分中废纸约占90%；重质组分中黑色金属占100%；中重组分主要是木块、硬塑料等。

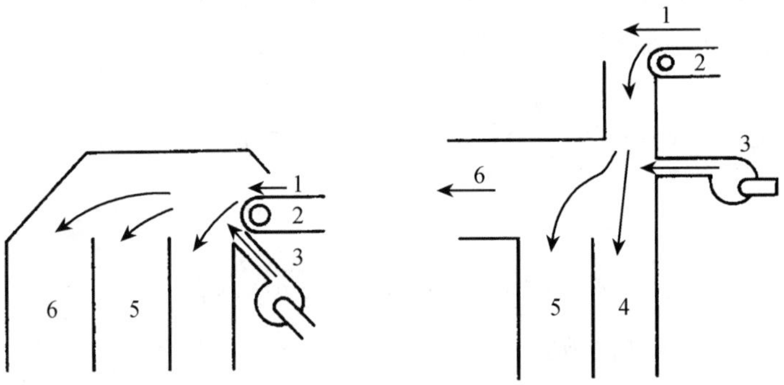

图4-34 水平气流风选机基本结构和工作原理

1. 给料；2. 给料机；3. 空气；4. 重颗粒；5. 中等颗粒；6. 轻颗粒

图4-35为此种风选机中较成功的分离系统，此系统获得了美国专利。该分离器设有破碎机构，其破碎转子将固体废物破碎打散。破碎后的垃圾落入气流工作室内。水平气流使金属等重物料和较轻的物料分别落入相应的收集槽。废纸、织物、塑料薄膜及细灰粒等轻物料被气流带入管中。整个系统结构紧凑，操作简单，且操作全过程处于负压密闭状态，分选效率高且

图4-35 水平气流风选机分离系统（美国专利）

环境友好。

(2)垂直气流风选机(立式风力分选机)　垂直气流风选机的基本结构和工作原理如图 4-36 所示。根据风机与旋流器安装的位置不同,该风选机可有 3 种不同的结构形式,但其工作原理大同小异:经破碎后的城市生活垃圾从中部给入风力分选机,物料在上升气流作用下,垃圾中各组分按密度进行分离,重质组分从底部排出,轻质组分从顶部排出,经旋流器进行气固分离。立式风力分选机分选精度较高。

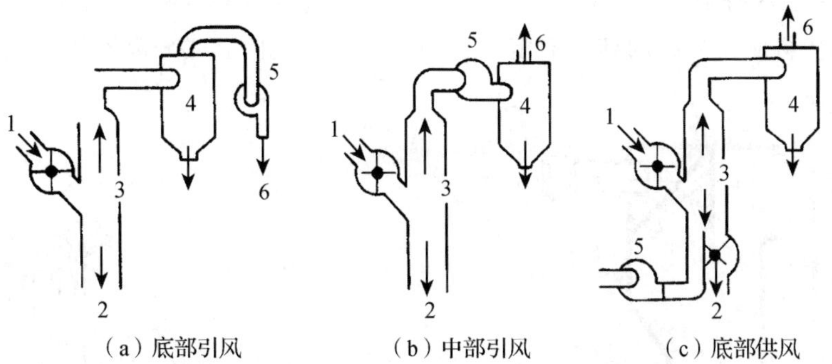

图 4-36　垂直气流风选机的基本结构和工作原理

1. 给料;2. 排出物;3. 提取物;4. 旋流器;5. 风机;6. 空气

图 4-37 所示为立式曲折风选机结构的 2 种形式,它们的主要区别就在于垂直风道一为锯齿形,一为直筒形(也可以是由下至上渐缩形的)。

图 4-38 是图 4-37(b)所示锯齿形风道垂直气流分离装置的一个实例。进入装置的物料是粒度为 100 mm 的生活垃圾。该装置的立式分离竖井 4 为矩形截面,上下端敞开,做进排风口。在分离竖井 4 的一侧为轻质组分收集室 9,收集室 9 的下端被挡板 13 密封,上端装有风机 12,分离器中的气流由竖井 4 下端流入,从上端 5 经收集室 9 和格栅 8,最后经风机 12 而流出。原料约在立柱高度的一半处,由旋转式送料器 3 沿斜槽 2 投入垂直上升气流中。为了阻滞上升气流和投入的物料,保证空气和物料相对井壁的循环和形成涡流,分离井内装有与柱壁成 45°的若干反射板 1。被气流带起的物料离开上端口 5 时,又与上壁 6 和装在收集室 9 内的反

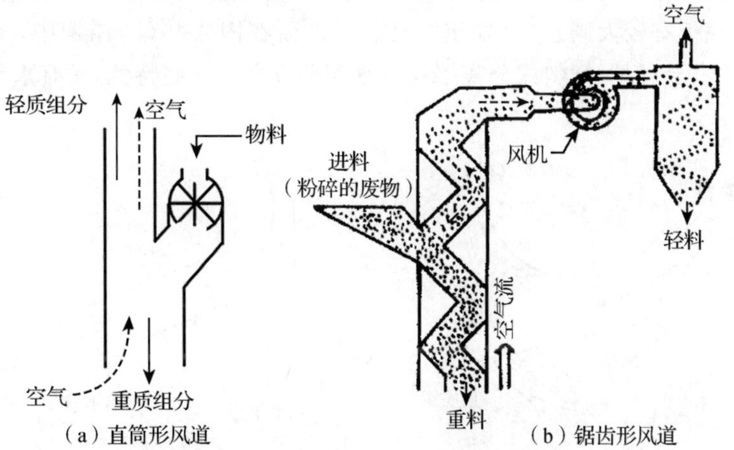

图 4-37　立式曲折风选机结构的 2 种形式

射板 7 相遇而改变方向。同时，由于气流由狭窄的分离井进入大空间的收集室 9 的过程中流速减慢，轻质组分落入料斗 10 并经闸板 11 卸出。废空气则经格栅 8 而流到风机。

图 4-37(a)的一个应用实例如图 4-39 所示。这是一种立式多段垃圾风力分选装置。垃圾投入料斗 2 后，再由带叶片 4 的输送机 3 投入垂直分离室 5。由风机 1 产生的气流将轻质物料升起，并进入渐缩通道 6。垃圾从窄颈部 8 进入第一分离柱 7，利用风机 13 由下面生成的上升气流进行轻质物料的第一次分离。在分离柱 7 中轻质组分再被托起，经窄颈部 9 进入第二分离柱 10，进行第二次分离。重质组分则经栅格 12、11 落到集料斗中，由输送机输出。分离柱的数量可根据物料所需分离的纯度而定。这种分离器和其他立式分离器相比，不仅效率高，而且操作更为简便。

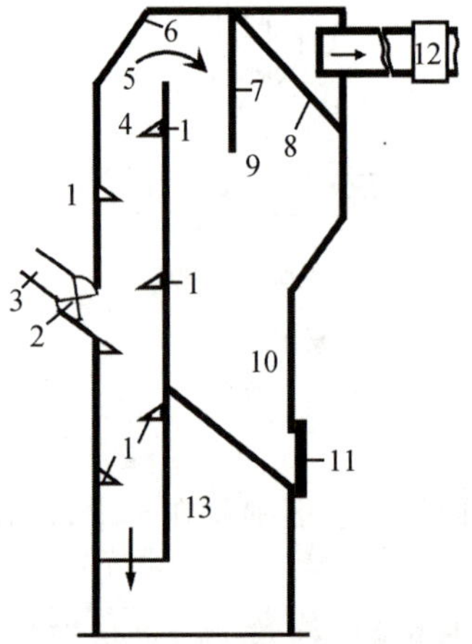

图 4-38　锯齿形风道

1,7. 反射板；2. 斜槽；3. 旋转式送料器；4. 竖井；5. 上端口；6. 上壁；8. 格栅；9. 收集室；10. 料斗；11. 闸板；12. 风机；13. 挡板

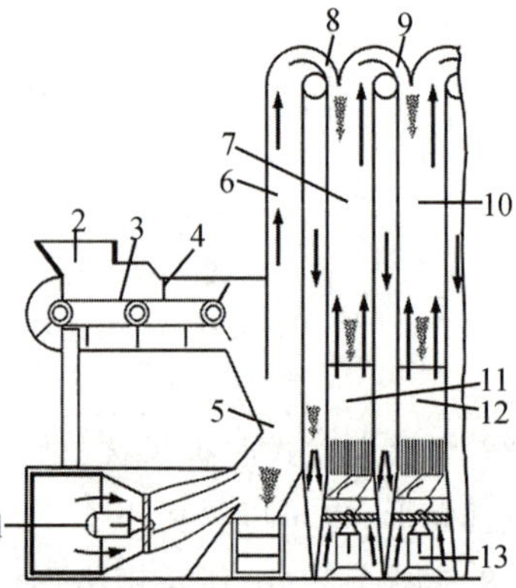

图 4-39　直筒形风道

1. 风机；2. 料斗；3. 输送机；4. 叶片；5. 垂直分离室；6. 渐缩通道；7. 第一分离柱；8,9. 窄颈部；10. 第二分离柱；11,12. 栅格；13. 风机

(3)倾斜式分离器　图 4-40 为此种分离器的 2 种典型结构的示意图。2 种装置的工作室都是倾斜的，为使工作室内的物料保持松散状，并使其中的重质组分较易排出，在图 4-40(a)结构中，工作室的底板有较大倾角，且处于振动状态。而在图 4-40(b)结构中，工作室为一种倾斜的滚筒结构。由上可见，倾斜式分离器既有垂直分离器的一些特色，又有水平分离器的某些特点。

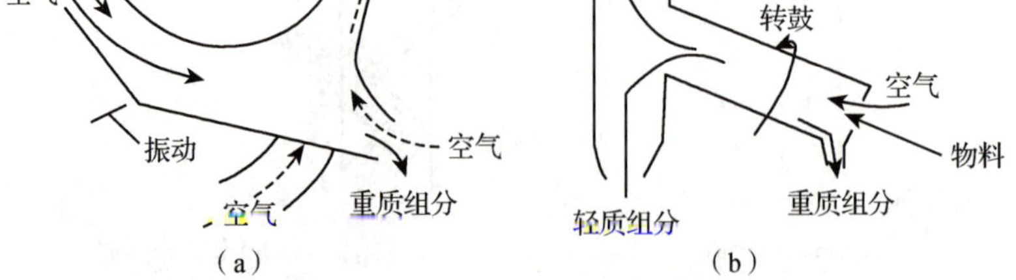

图 4-40　倾斜式分离器的 2 种典型结构

图 4-41 所示为一种倾斜气体分离器的实例。该种风力分选装置用于分离破碎的粒度为 50 mm 以下的垃圾。原料沿导管 1、2、3、4 落入工作室 5，工作室的底板 6 向分离柱 7 倾斜 5°～10°，主风机 12 和辅风机 11 产生的气流使垃圾在工作室内抛散开。风机 9 的功用在调节分离器内的气流速度，使一部分物料返回工作室进行再次分选。轻质组分被气流由室 8 带入旋风分离器，而重质组分则落到输送机 10 上，再排出后做进一步处理。

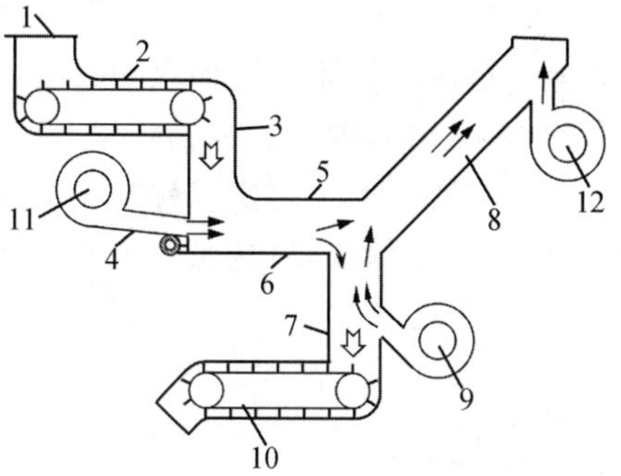

图 4-41　倾斜气体分离器

1,2,3,4. 导管；5,8. 工作室；6. 底板；7. 分离柱；9. 风机；10. 输送机；11. 辅风机；12. 主风机

4.3.2.4　摇床分选

摇床分选是在一个倾斜的床面上，借助床面的往复不对称运动和薄层斜面水流的综合作用，使细粒固体废物按密度差异在床面上呈扇形分布而进行分选的一种方法。摇床分选是细粒固体物料分选应用最为广泛的方法之一，在固体废物处理中，目前主要用于从含硫铁矿较多的煤矸石中回收硫铁矿，是一种分选精度很高的单元操作。在摇床分选设备中最常用的是平面摇床。

平面摇床主要由床面、床头和传动机构组成，如图 4-42 所示。摇床床面近似呈梯形，横向有 1.5°～5.0°的倾斜。在倾斜床面的上方设置有给水槽和给料槽。床面上铺有耐磨层（如橡胶等）。沿纵向布置有床条，床条高度从传动端向对侧逐渐降低，并沿一条斜线逐渐趋于零。整个床面由机架支撑。床面横向坡度借机架上的调坡装置调节。床面由传动装置带动进行往复不对称运动。

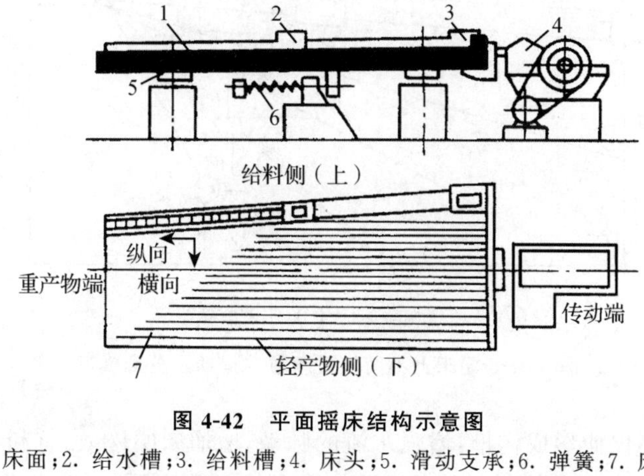

图 4-42　平面摇床结构示意图

1. 床面；2. 给水槽；3. 给料槽；4. 床头；5. 滑动支承；6. 弹簧；7. 床条

摇床分选过程是由给水槽给入冲洗水，布满横向倾斜的床面，并形成均匀的斜面薄层水流。当固体废物进入往复运动的床面时，颗粒群在重力、水流冲力、床层摇动产生的惯性力以及摩擦力等综合作用下，按密度差异产生松散分层。不同密度(或粒度)的颗粒以不同速度沿床面纵向和横向运动，因此，它们的合速度偏离摇动方向的角度也不同，致使不同密度颗粒在床面上呈扇形分布，从而达到分选的目的(图 4-43)。

在摇床分选过程中，物料的松散分层及在床面上的分带，直接受床面的纵向摇动及横向水流冲洗作用支配。床面摇动及横向水流流经床条所形成的涡流，造成水流的脉动，使物料松散并按沉降速度分层。由于床面的摇动，细而重的颗粒钻过颗粒的间隙，沉于最底层，这种作用称为析离。析离分层是摇床分选的重要特点。它使颗粒按密度分层更趋完善。分层的结果是粗而轻的颗粒在最上层，其次是细而轻的颗粒，再次是粗而重的颗粒，最底层是细而重的颗粒(图 4-44)。

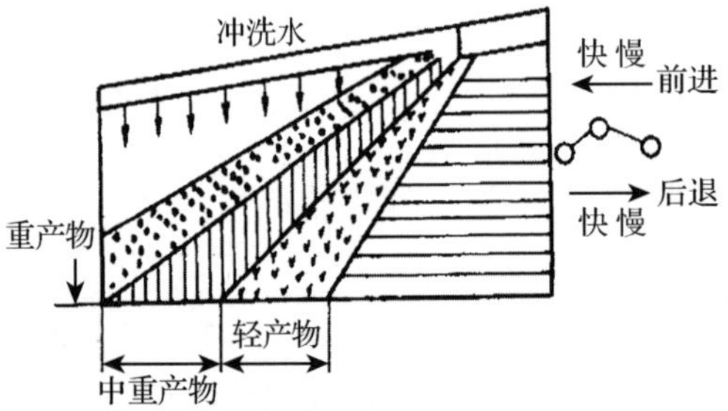

图 4-43　摇床上颗粒分带情况示意图

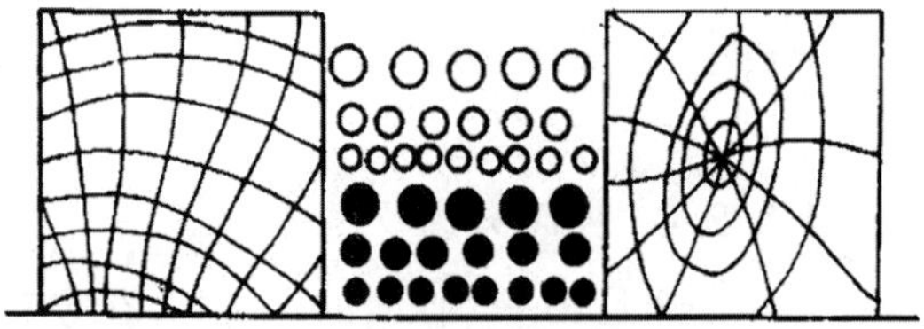

图 4-44　摇床上析离分层结果示意图

床面上扇形分带是不同性质颗粒横向运动和纵向运动综合的结果，大密度颗粒具有较大的纵向移动速度和较小的横向移动速度，其合速度方向偏离摇动方向的倾角小，趋向于重产物端；小密度颗粒具有较大的横向移动速度和较小的纵向移动速度，其合速度方向偏离摇动方向的倾角大，趋向于轻产物端。大密度粗粒和小密度细粒则介于上述两者之间。不同性质颗粒在床面上的运动及分离情况如图 4-45 所示。

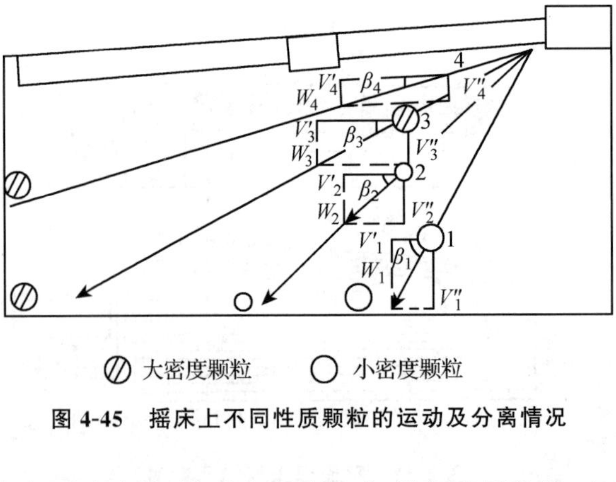

图 4-45　摇床上不同性质颗粒的运动及分离情况

床面上的床条不仅能形成沟槽，增强水流的脉动，增加床层松散，有利于颗粒分层和析离，而且所引起的涡流能清洗出混杂在大密度颗粒层内的小密度颗粒，改善分选效果。床条高度由传动端向重产物端逐渐降低，使分好层的颗粒依次受到冲洗。处于上层的是粗而轻的颗粒，重颗粒则沿沟槽被继续向重产物端迁移。这些特性对摇床分选起很大作用。

综上所述，摇床分选具有以下特点：①床面的强烈摇动使松散分层和迁移分离得到加强，分选过程中析离分层占主导，使其按密度分层更加完善；②摇床分选是斜面薄层水流分选的一种，因此，等降颗粒可因移动速度的不同而实现按密度分选；③不同性质颗粒的分离，不单纯取决于纵向和横向的移动速度，而主要取决于它们的合速度偏离摇动方向的角度。

4.3.3　磁力分选

磁力分选有 2 种类型：一种是传统的磁选，它主要应用于供料中磁性杂质的提纯、净化以及磁性物料的精选；另一种是磁流体分选，可应用于城市垃圾焚烧厂焚烧炉渣以及堆肥厂产品中铝、铜、铁、锌等金属的分选与回收。

4.3.3.1　磁选

1. *磁选原理*

磁选是利用固体废物中各种物质的磁性差异在不均匀磁场中进行分选的一种处理方法。固体废物按其磁性大小可分为强磁性、弱磁性、非磁性等不同组分。磁选过程（图 4-46）是将固体废物输入磁选机，其中的磁性颗粒在不均匀磁场作用下被磁化，受到磁场作用。除此之外，所有穿过分选装置的颗粒，都受到诸如重力、流动阻力、摩擦力、静电力和惯性力等机械力的作用。若磁性颗粒受力满足 $f_{磁} > \Sigma f_{机}$（其中 $f_{磁}$ 为作用于磁性颗粒的吸引力，$\Sigma f_{机}$ 为与磁性吸引力方向相反的各机械力的合力），则该磁性颗粒就会沿磁场强度增加的方向移动，直至被吸附在滚筒或带式收集器上，而后随着传输带运动而被排出。非磁性颗粒所受到的机械力占优势。对于粗粒，重力、摩擦力起主要作用，而对于细粒，静电引力和流体阻力则较明显，在这些作用下，它们仍会留在废物中而被排出。因此，磁选是基于固体废物各组分的磁性差异，作用于各种颗粒上的磁力和机械力的合力不同，使它们的运动轨迹也不同，从而实现分选作业。

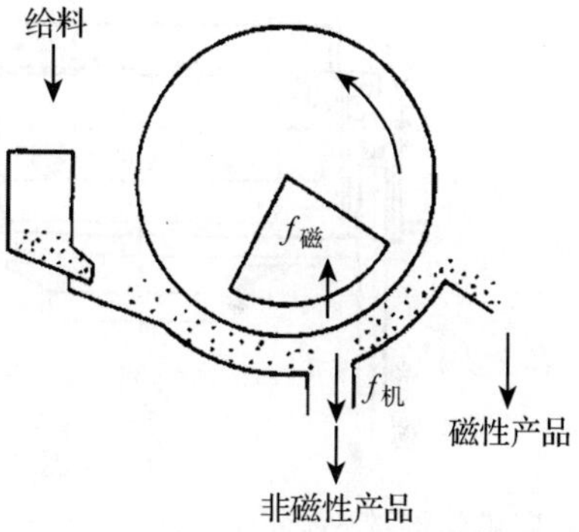

图 4-46　颗粒在磁选机中分离示意图

2. *磁选设备*

磁选机中使用的磁铁有 2 类：①电磁，用通电方式磁化或极化铁磁材料；②永磁，利用永磁材料形成磁区。其中，永磁较为常用。回收应用中的磁铁的布置多种多样，最常见的几种设备介绍如下。

（1）磁力滚筒　又称磁滑轮，有永磁和电磁 2 种。应用较多的是永磁滚筒（图 4-47）。这种设备的主要组成部分是一个回转的多极磁系和套在磁系外面的用不锈钢或铜、铝等非导磁材料制的圆筒。磁系与圆筒固定在同一个轴上，安装在皮带运输机头部（代替传动滚筒）。

将固体废物均匀地置于皮带运输机上，当废物经过磁力滚筒时，非磁性或磁性很弱的物质在离心力和重力作用下脱离皮带面；而磁性较强的物质受磁力作用被吸在皮带上，并由皮带带到磁力滚筒的下部，当皮带离开磁力滚筒伸直时，由于磁场强度减弱而落入磁性物质收集槽中。

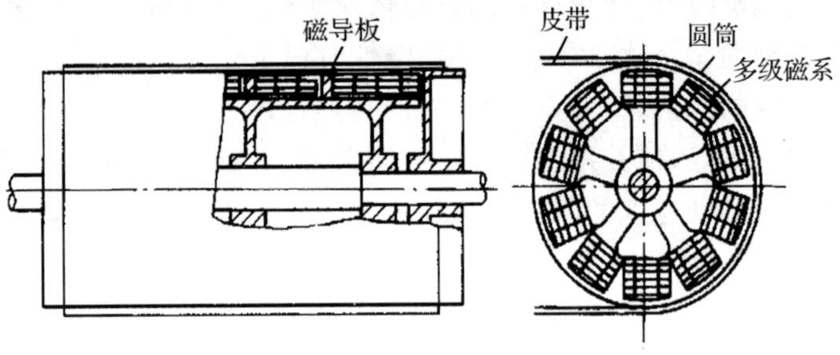

图 4-47　CT 型永磁磁力滚筒

这种设备主要用于工业固体废物或城市垃圾在进入破碎设备或焚烧炉前，除去废物中的铁器，防止损坏破碎设备或焚烧炉。

(2)CTN 型永磁圆筒式磁选机　其构造型式为逆流型(图 4-48)。它的给料方向和圆筒旋转方向或磁性物质的移动方向相反。物料液由给料箱直接进入圆筒的磁系下方，非磁性物质由磁系左边下方底板上的排料口排出，磁性物质随圆筒逆着给料方向移到磁性物质排料端，排入磁性物质收集槽中。

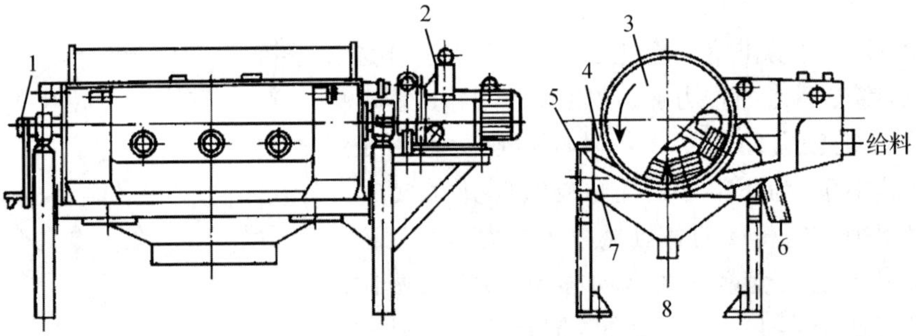

图 4-48　CTN 型永磁圆筒式磁选机

1. 磁偏角调整部分；2. 传动部分；3. 圆筒；4. 槽体；5. 机架；6. 磁性物质；7. 溢流堰；8. 非磁性物质

这种设备适用于粒度≤6 mm 的强磁性颗粒的回收，从钢铁冶炼排出的含铁尘泥和氧化铁皮中回收铁，以及回收重介质分选产品中的加重质。

(3)悬吊磁铁器　主要用来去除城市垃圾中的铁器，保护破碎设备及其他设备免受损坏。悬吊磁铁器有一般式除铁器和带式除铁器 2 种(图 4-49)。当铁物数量少时采用一般式，当铁物数量多时采用带式。一般式除铁器是通过切断电磁铁的电流排除铁物，而带式除铁器则是通过胶带装置排除铁物。

选择磁选装置时应考虑的因素：①供料传输带和产品传输带的位置关系；②供料传输带的宽度、尺寸以及能否在整个传输带的宽度上有足够的磁场强度而有效地进行磁选；③与磁性材料混杂在一起的非磁性材料的数量与形状；④操作要求如电耗、空间要求、结构支撑要求、磁场强度、设备维护等。

4.3.3.2　磁流体分选

1. 磁流体分选概述

所谓磁流体，是指某种能够在磁场或磁场和电场联合作用下磁化，呈现似加重现象，对颗

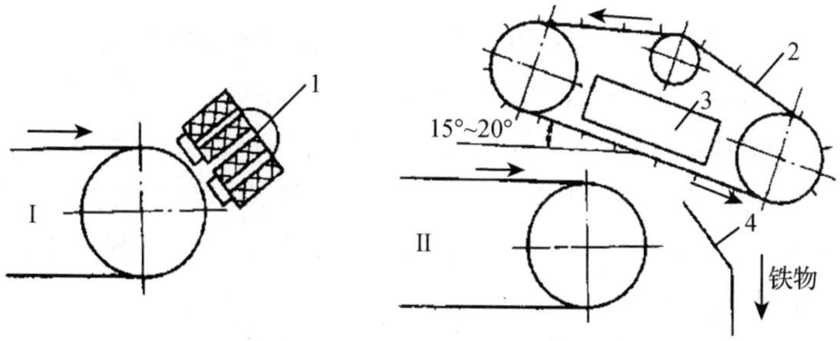

（a）一般式除铁器　　（b）带式除铁器

图 4-49　除铁器

1. 电磁铁；2. 胶带装置；3. 吸铁箱；4. 接铁箱

粒产生磁浮力作用的稳定分散液。通常使用的磁流体有强电解质溶液、顺磁性溶液和铁磁性胶体悬浮液。

磁流体分选是利用磁流体作为分选介质，在磁场或磁场和电场的联合作用下产生"加重"作用，按固体废物各组分的磁性和密度的差异或磁性、导电性和密度的差异，使不同组分分离。当固体废物中各组分间的磁性差异小而密度或导电性差异较大时，采用磁流体可以有效地进行分离。

磁流体分选根据分离原理与介质的不同，可分为磁流体动力分选和磁流体静力分选 2 种。

2. *磁流体动力分选*(MHDS)

磁流体动力分选是在磁场(包括均匀磁场或非均匀磁场)与电场的联合作用下，以强电解质溶液为分选介质，按固体废物中各组分间密度、比磁化率和电导率的差异使不同组分分离。

磁流体动力分选的应用历史较长，技术也较成熟，其优点是分选介质为导电的电解质溶液，来源广、价格便宜，黏度较低，分选设备简单，处理能力较大，处理粒度为 0.5～6.0 mm 的固体废物时，可达 50 t/d，最大可达 100～600 t/d。缺点是分离精度较低。

3. *磁流体静力分选*(MHSS)

磁流体静力分选是在非均匀磁场中，以顺磁性液体和铁磁性胶体悬浮液为分选介质，按固体废物中各组分间密度和比磁化率的差异进行分离。由于不加电场，不存在电场和磁场联合作用产生的特性涡流，称为静力分选。其优点是介质黏度较小，分离精度较高。缺点是分选设备较复杂，介质价格较高，回收困难，处理能力较弱。

通常，要求分离精度高时，采用静力分选；固体废物中各组分间电导率差异大时，采用动力分选。

磁流体分选是一种重力分选和磁力分选联合作用的分选过程。各种物质在似加重介质中按密度差异分离，这与重力分选相似；在磁场中按各种物质间磁性(或电性)差异分离，与磁选相似。磁流体分选法不仅可以将磁性和非磁性物质分离，而且也可以将非磁性物质之间按密度差异分离。因此，该法将在固体废物处理与利用中占有特殊的地位。它不仅可以分离各种工业固体废物，而且还可以从城市垃圾中回收铝、铜、锌、铅等金属。

4. *分选介质*

理想的分选介质应具有磁化率高、密度大、黏度低、稳定性好、无毒、无刺激味、无色透明、价廉易得等特殊条件。

(1)顺磁性盐溶液　包括30余种，Mn、Fe、Ni、Co盐的水溶液均可作为分选介质。常用的有 $MnCl_2 \cdot 4H_2O$、$MnBr_2$、$MnSO_4$、$Mn(NO_3)_2$、$FeCl_2$、$FeSO_4$、$Fe(NO_3)_2 \cdot 2H_2O$、$NiCl_2$、$NiBr_2$、$NiSO_4$、$CoCl_2$、$CoBr_2$ 和 $CoSO_4$ 等。这些溶液的体积磁化率为 $8\times10^{-8}\sim8\times10^{-7}$，真密度为1 400～1 600 kg/m^3，且黏度低、无毒。$MnCl_2$ 和 $Mn(NO_3)_2$ 溶液基本具有上述分选介质所要求的特性条件，是较理想的分选介质。$FeSO_4$、$MnSO_4$ 和 $CoSO_4$ 水溶液价格便宜，适合分离固体废物(轻产物密度＜3 000 kg/m^3)。

(2)铁磁性胶粒悬浮液　一般采用超细粒磁铁矿胶粒作分散质，用油酸、煤油等非极性液体介质，并添加表面活性剂为分散剂调制成铁磁性胶粒悬浮液。一般每升该悬浮液中含 $10^7\sim10^{18}$ 个磁铁矿粒子。其真密度为1 050～2 000 kg/m^3，在外磁场及电场作用下，可使介质加重到20 000 kg/m^3。这种磁流体介质黏度高，稳定性差，介质回收再生困难。

5. *磁流体分选设备及应用*

图4-50为J. Shimoiizaka分选槽的构造及工作原理示意图。该磁流体分选槽的分离区呈倒梯形，上宽130 mm，下宽50 mm，高150 mm，纵向深150 mm，采用永磁磁系。分离密度较高的物料时，磁系用镍钴合金磁铁。每个磁体大小为40 mm×123 mm×136 mm，两个磁体相对排列，夹角为30°。分离密度较低的物料时，磁系用磁铁矿胶粉，图4-50中阴影部分相当于磁体的空气隙，物料在这个区域中被分离。这种分选槽使用的分选介质是油基或水基磁流体。它可用于汽车废金属碎块的回收、低温破碎物料的分离和从垃圾中回收金属碎块等。

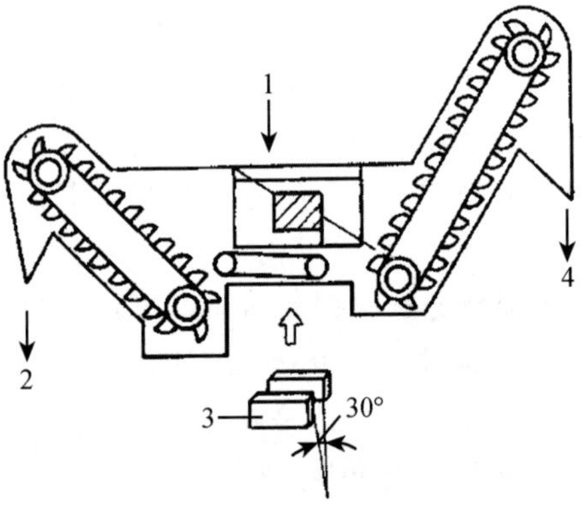

图4-50　J. Shimoiizaka分选槽的构造及工作原理

1. 给料；2. 沉下物；3. 磁铁；4. 浮生物

4.3.4　电力分选

电力分选简称电选，是利用固体废物中各种组分在高压电场中电性差异而实现分选的一种方法。

4.3.4.1　电选的基本原理

电选分离过程是在电选设备中进行的。固体废物颗粒在电晕-静电复合电场电选设备中的分离过程如图4-51所示。废物由给料斗均匀地给到辊筒上，随着辊筒的旋转进入电晕电场区。电场区空间带有电荷，导体和非导体颗粒都获得负电荷，导体颗粒一面荷电，一面又把电荷传给辊筒(接地电极)，其放电速度快，因此，当废物颗粒随辊筒旋转离开电晕电场区而进入静电场区时，导体颗粒的剩余电荷少，而非导体颗粒则放电较慢，致使剩余电荷多。导体颗粒进入静电场后不再继续获得负电荷，但仍继续放电，直至放完全部负电荷，并从辊筒上得到正

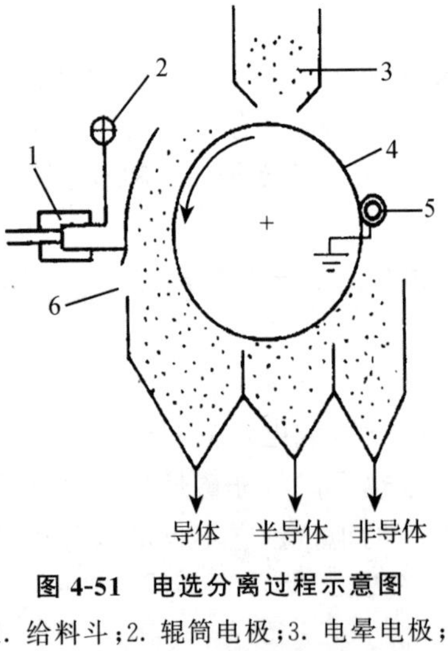

图4-51　电选分离过程示意图

1. 给料斗；2. 辊筒电极；3. 电晕电极；4. 偏向电极；5. 高压绝缘子；6. 毛刷

电荷而被辊筒排斥，在电力、离心力和重力分力的综合作用下，其运动轨迹偏离辊筒，而在辊筒前方落下。非导体颗粒由于有较多的剩余负电荷，将与辊筒相吸，被吸附在辊筒下，带到辊筒后方，被毛刷强制刷下。半导体颗粒的运动轨迹则介于导体与非导体颗粒之间，成为半导体产品落下，从而完成电选分离过程。

4.3.4.2　电选设备及应用

1. 静电分选技术及应用

这是一种利用各种物质的导电率、热电效应及带电作用的差异而进行物料分选的方法，可用于各种塑料、橡胶和纤维纸、合成皮革、胶卷、玻璃与金属的分离。图 4-52 为分离玻璃和铝粒的静电鼓式分选机示意图，此装置是美国的一种专利设备，分选颗粒的粒度为 20 mm 以下。

设备的工作过程为：含铝和废玻璃的物料从料斗通过振动给料器送到以 10 r/min 速度旋转的接地滚筒表面。电极与滚筒水平轴线成锐角安装。电极形成的是集中的狭弧状强烈放电和高压静电场，电极电压达 20～30 kV。混合颗粒一旦进入高电场区，即受静电放电作用。导电弱的玻璃颗粒附在滚筒表面，并在玻璃集料斗区内离开滚筒；而导电强的铝(或是其他金属)颗粒则对接地滚筒放电，落入相应的集料斗内。利用这种装置可清除玻璃中所含金属杂质的 70%。

2. YD-4 型高压电选机及其应用

YD-4 型高压电选机的构造如图 4-53 所示。该机特点是具有较宽的电晕场区、特殊的下料装置和防积灰漏电措施。整机密封性能好，采用双筒并列式，结构合理、紧凑，处理能力大，效率高，可作为粉煤灰专用设备。

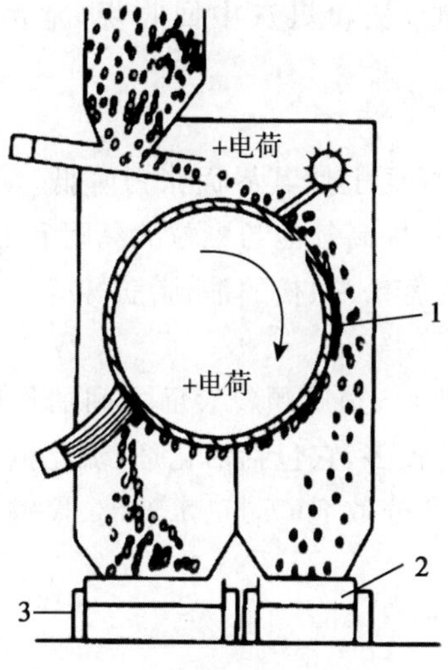

图 4-52　静电鼓式分选机示意图

1. 转鼓；2. 导体产品受槽；
3. 非导体产品受槽

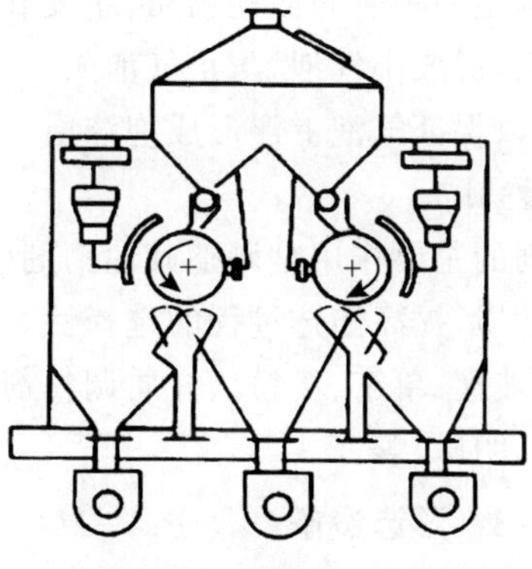

图 4-53　YD-4 型高压电选机的构造

该机的工作原理是将粉煤灰均匀给到旋转接地辊筒上，带入电晕电场后，炭粒由于导电性良好，很快失去电荷，进入静电场后从辊筒电极获得相同符号的电荷而被排斥，在离心力、重力及静电斥力综合作用下落入集炭槽成为精煤。而灰粒由于导电性较差，能保持电荷，与带电荷相反的辊筒相吸，并牢固地吸附在辊筒上，最后被毛刷强制刷入集灰槽，从而实现炭灰分离。粉煤灰经二级电选分离而成为脱炭灰，其含炭率小于8%，可作建材原料。精煤含炭率大于50%，可作为型煤原料。

4.3.5 浮选

4.3.5.1 浮选原理

浮选是在固体废物与水调制的料浆中加入浮选药剂，并通入空气形成无数细小气泡，使欲选物质颗粒黏附在气泡上，随气泡上浮于料浆表面成为泡沫层，然后刮出回收；不浮的颗粒仍留在料浆内，通过适当处理后废弃。固体废物浮选主要是利用欲选物质对气泡黏附的选择性。其中有些物质表面的疏水性较强，容易黏附在气泡上，而另一些物质表面亲水，不易黏附在气泡上。物质表面的亲水、疏水性能，可以通过浮选药剂的作用而加强。因此，在浮选工艺中正确选择、使用浮选药剂是调整物质可浮性的主要外因条件。

4.3.5.2 浮选药剂

根据在浮选过程中的作用不同，药剂可分为捕收剂、起泡剂和调整剂三大类。

1. 捕收剂

捕收剂能够选择性地吸附在欲选的物质颗粒表面上，使其疏水性增强，提高可浮性，并牢固地黏附在气泡上而上浮。

常用的捕收剂有异极性捕收剂和非极性油类捕收剂2类。典型的异极性捕收剂有黄药、油酸等。从煤矸石中回收黄铁矿时，常用黄药作捕收剂。非极性油类捕收剂的主要成分是脂肪烷烃（C_nH_{2n+2}）和环烷烃（C_nH_{2n}），最常用的是煤油，从粉煤灰中回收炭，常用煤油作捕收剂。

2. 起泡剂

起泡剂是一种表面活性物质，主要作用是在水-气界面上使其界面张力降低，促使空气在料浆中弥散，形成小气泡，防止气泡兼并，增大分选界面，提高气泡与颗粒的黏附和上浮过程中的稳定性，以保证气泡上浮形成泡沫层。常用的起泡剂有松油、松醇油、脂肪醇等。

3. 调整剂

调整剂的主要作用是调整其他药剂（主要是捕收剂）与物质颗粒表面之间的作用，还可调整料浆的性质，提高浮选过程的选择性。调整剂的种类较多，它包括活化剂（硫化钠、硫酸铜）、抑制剂（水玻璃、单宁、淀粉）、介质调整剂（酸类、碱类）和分散剂（苏打、水玻璃、聚磷酸盐）与混凝剂（石灰、明矾）等。

4.3.5.3 浮选设备

浮选设备类型很多，我国使用最多的是机械搅拌式浮选机，其构造见图4-54。大型浮选机每两个槽为一组，第一个槽为吸入槽，第二个槽为直流槽。小型浮选机多以4～6个槽为一组，每排可以配置2～20个槽，每组有一个中间室和料浆面调节装置。

浮选工作时，料浆由进浆管进入，给到盖板与叶轮中心处，由于叶轮的高速旋转，在盖板与叶轮中心处造成一定的负压，空气由进气管和套管吸入，与料浆混合后一起被叶轮甩出。在强力的搅拌下，气流被分割成无数微细气泡。欲选物质颗粒与气泡碰撞黏附在气泡上而浮升至料浆表面形成泡沫层，经刮泡机刮出成为泡沫产品，再经消泡脱水后即可回收。

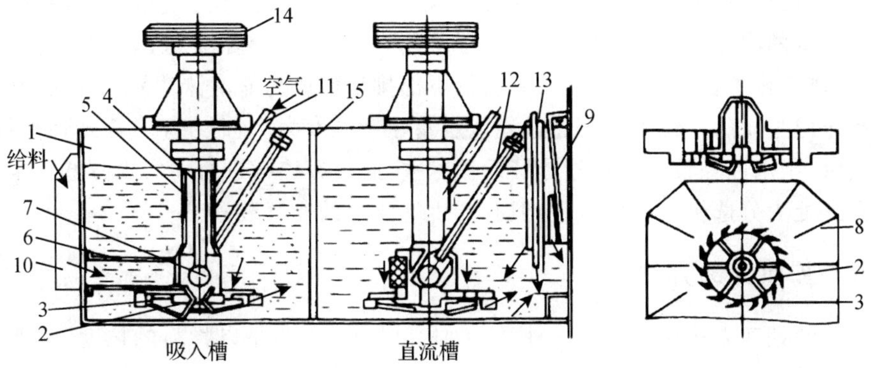

(a) 平视图　　　　(b) 俯视图

图 4-54　机械搅拌式浮选机

1. 槽子；2. 叶轮；3. 盖板；4. 轴；5. 套管；6. 进浆管；7. 循环孔；8. 稳流板；9. 闸门；10. 受浆箱；11. 进气管；12. 调节循环量的闸门；13. 闸门；14. 皮带轮；15. 槽间隔板

4.3.5.4　浮选工艺过程

1. 浮选前料浆的调制

浮选前料浆的调制主要是废物的破碎、磨碎等，目的是得到粒度适宜、基本上单体解离的颗粒，进入浮选的料浆浓度必须适合浮选工艺的要求。

2. 加药调整

添加药剂的种类和数量应根据欲选物质颗粒的性质通过试验确定。

3. 充气浮选

将调制好的料浆引入浮选机内，由于浮选机的充气搅拌作用，形成大量的弥散气泡，提供颗粒与气泡碰撞接触机会，可浮性好的颗粒附于气泡上而上浮形成泡沫层，经刮出收集、过滤脱水即为浮选产品；不能黏附在气泡的颗粒仍留在料浆内，经适当处理后废弃或做他用。

浮选法大多是将有用物质浮入泡沫产品，而无用或回收经济价值不大的物质仍留在料浆内，这种浮选法称为正浮选。但也有浮选法将无用物质浮入泡沫产物中，将有用物质留在料浆内，这种浮选法称为反浮选。

如果固体废物中含有 2 种或 2 种以上的有用物质，其浮选方法有以下 2 种：

(1)优先浮选　将固体废物中的有用物质依次一种一种地选出，成为单一物质产品；

(2)混合浮选　将固体废物中的有用物质共同选出为混合物，然后再把混合物中的有用物质一种一种地分离。

4.3.5.5　浮选的应用

浮选是固体废物资源化的一种重要技术，我国已应用浮选从粉煤灰中回收炭，从煤矸石中回收硫铁矿，从焚烧炉灰渣中回收金属等。

浮选法的主要缺点是有些工业固体废物浮选前需要破碎到一定的细度；浮选时要消耗一定数量的浮选药剂且易造成环境污染；另外还需要一些辅助工序如浓缩、过滤、脱水、干燥等。因此，在生产实践中究竟采用哪一种分选，应根据固体废物的性质，经技术经济综合比较后确定。在泡沫浮选的基础上，苏联于 20 世纪 60 年代末研究成功了一种泡沫分选的浮选技术，第一台泡沫分选机分别在美、英、德、法、日等国家取得了专利。泡沫分选过程为：将调制好的固体悬液加到发育的泡沫层上，疏水性物质粒子吸附在气泡上，富集于泡沫层中，刮出而成泡沫产品；亲水性物质粒子在重力作用下从分选机下部排出而成为非泡沫产品。因而，本法实质上就是一种泡沫层过滤法。粒子能否通过泡沫层不在于粒度大小，而在于其浮选性能：疏水性颗粒被泡沫截留，亲水性颗粒则穿过泡沫层而被除去，此过程连续进行而实现分选。本技术与泡沫分选不同之处为分选机无搅拌装置，但有产生泡沫层的充气装置。

4.3.6 其他分选方法

固体废物的处理方法现已有许多种类，大体上来说，主要是以物料的粒度、密度等物理性质差别为基础进行分选的，而利用物料的电性、磁性、光学等性质差别分选的方法是一些辅助的方法。下面将介绍一些具有“辅助性质”的分选方法。

4.3.6.1 光电分选

1. 光电分选及其工作过程

光电分选系统及其工作过程包括以下三部分：

(1)给料系统　固体废物入选前，需要预先进行筛分分级(即窄分级)，使之成为窄粒级物料，并清除废物中的粉尘，以保证信号清晰，提高分离精度。分选时，使预处理后的物料颗粒排队呈单行，逐一通过光检区受检，以保证分离效果。

(2)光检系统　光检系统包括光源、透镜、光敏元件及电子系统等。这是光电分选机的心脏，因此，要求光检系统工作准确可靠，工作中要维护保养好，经常清洗，减少粉尘污染。

(3)分离系统　固体废物通过光检系统后，检测所得光电信号经过电子电路放大，与规定值进行比较处理，然后驱动执行机构，一般为高频气阀(频率为 300 Hz)，将其中一种物质从物料流中吹动使其偏离出来，从而使物料中不同物质得以分离。

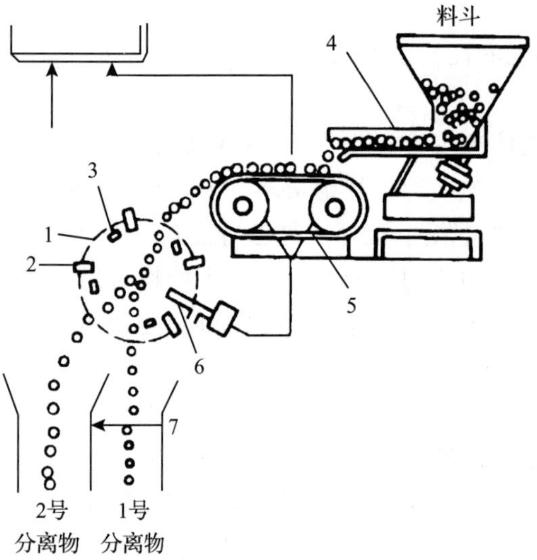

图 4-55　光电分选过程示意图

1. 光验箱；2. 光电池；3. 标准色级；4. 振动溜板；5. 有高速沟的进料皮带；6. 压缩空气喷管；7. 分离板

2. 光电分选机及应用

图 4-55 是光电分选过程示意图。固体废物经预先窄分级后进入料斗，由振动溜板均匀地逐个落入高速沟槽进料皮带上，在皮带上拉开一定距离并排队前进，从皮带首端抛入光检箱受检。当颗粒通过光检测区时，受光源照射，背景板显示颗粒的颜色或色调，当欲选颗粒的颜色与背景颜色不同时，反射光经光电倍增管转换为电信号(此信号随反射光的强度变化)，电子电路分析该信号后，产生控制信号驱动高频气阀，喷射出压缩空气，将电子电路分析出的异色颗粒(即欲选颗粒)吹离原来下落轨道，加以收集。而颜色符合要求的颗粒仍按原来的轨道自由下落加以收集，从而实现分离。光电分选可用于从城市垃圾

中回收橡胶、塑料、金属等物质。这是一种利用物质表面光反射特性的不同而分离物料的方法。这种方法现已用于按颜色分选玻璃的工艺中。

4.3.6.2　涡电流分选

这是一种在固废中回收有色金属的有效方法，具有广阔的应用前景。当含有非磁导体金属（如铅、铜、锌等物质）的垃圾流以一定的速度通过一个交变磁场时，这些非磁导体金属中会产生感应涡流。垃圾流与磁场有一个相对运动的速度，从而对产生涡流的金属片块有一个推力。利用此原理可使一些有色金属从混合垃圾流中分离出来。作用于金属上的推力取决于金属片块的尺寸、形状和不规整的程度。分离推力的方向与磁场方向及垃圾流的方向均呈 90°。图 4-56 为按此原理设计的涡流分离器。图中 1 为感应器，在此感应器中由三相交流电在其绕组中产生一交变的直线移动的磁场，此磁场的方向与输送机皮带 3 的运动方向相垂直。当皮带 3 上的物料从感应器 1 下通过时，物料中的有色金属将产生涡电流，从而产生向带侧运动的排斥力。此分离装置由上下两个直线感应器组成，能保证产生足够大的电磁力将物料中的有色金属推入带侧的集料斗 2 中。当然，此种分选过程带速不宜过高。

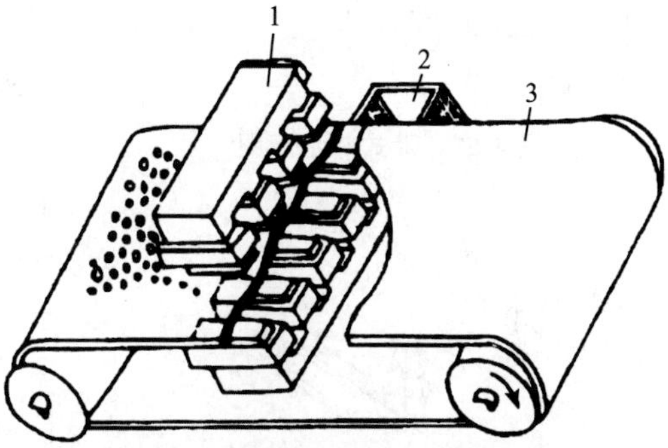

图 4-56　涡流分离器工作原理图

1. 感应器；2. 集料斗；3. 皮带

另外，也有利用旋转变化磁场与有色金属的相互作用原理而设计的涡电流分离器。各种类型的涡电流分离器都具有操作简便、耗电量低的特点，在生产中取得了良好的分选效果。

4.3.6.3　摩擦与弹跳分选

1. 基本理论

摩擦与弹跳分选是根据固体废物中各组分摩擦系数和碰撞系数的差异，在斜面上运动或与斜面碰撞弹跳时产生不同的运动速度和弹跳轨迹而实现彼此分离的一种处理方法。

固体废物从斜面顶端给入，并沿着斜面向下运动时，其运动方式随颗粒的形状或密度不同而不同，其中纤维状废物或片状废物几乎全靠滑动，球形颗粒废物有滑动、滚动和弹跳 3 种运动。

单颗粒单体（不受干扰）在斜面上向下运动时，纤维状或片状体的滑动加速度较小，运动速度较小，所以它脱离斜面抛出的初速度较小；而球形颗粒是滑动、滚动和弹跳相结合的运动，其加速度较大，运动速度较快，因此脱离斜面抛出的初速度较大。

当废物离开斜面抛出时，受空气阻力的影响，抛射轨迹并不严格沿着抛物线前进。其中，纤维状废物由于形状特殊，受空气阻力影响较大，在空气中减速很快，抛射轨迹不对称（抛射开始接近抛物线，其后接近垂直落下），抛射不远；球形颗粒废物受空气阻力影响较小，在空气中运动减速较慢，抛射轨迹对称，抛射较远。因此，在固体废物中，纤维状废物与球形颗粒废物、片状废物与球形颗粒废物，因形状不同，在斜面上运动或弹跳时，产生不同的运动速度和运动轨迹，实现彼此分离。

城市垃圾自一定高度给到斜面上时，废纤维、有机垃圾和灰土等近似塑性碰撞，不产生弹跳，而砖瓦、铁块、碎玻璃、废橡胶等则属弹性碰撞，产生弹跳，跳离碰撞点较远，两者运动轨迹不同，因而得以分离。

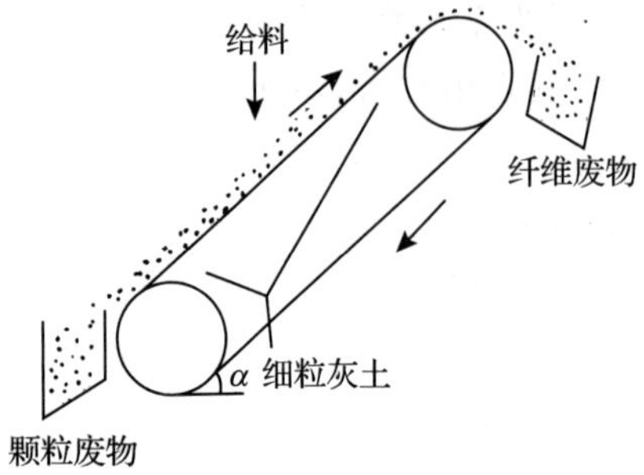

图 4-57　带式筛示意图

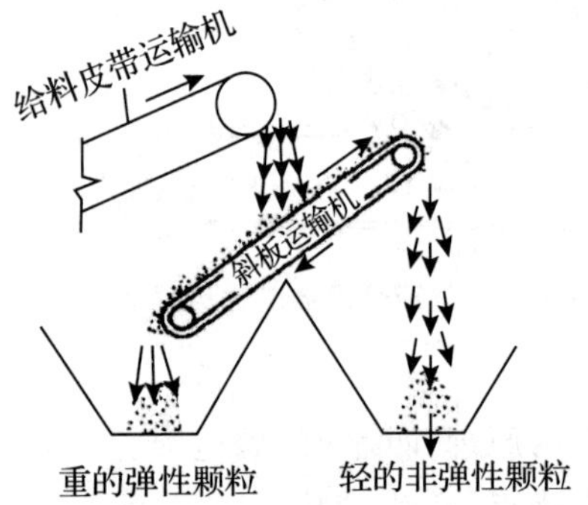

图 4-58　斜板运输分选机

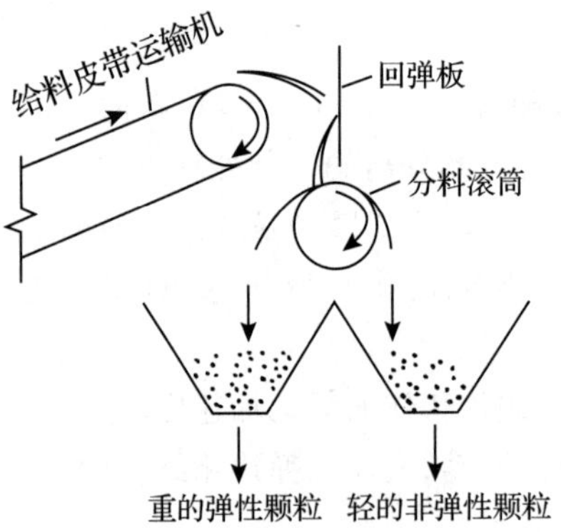

图 4-59　反弹滚筒分选机

2. 摩擦与弹跳分选设备

(1)带式筛　带式筛是一种倾斜安装带有振打装置的运输带，如图 4-57 所示。其带面由筛网或刻沟的胶带制成。带面安装倾角(α)大于颗粒废物的摩擦角，小于纤维废物摩擦角。

废物从带面的下半部由上方给入。由于带面的振动，颗粒废物在带面上做弹性碰撞，向带的下部弹跳，又由于带面的倾角大于颗粒废物的摩擦角，颗粒废物还有下滑的运动，最后从带的下端排出。纤维废物与带面属塑性碰撞，不产生弹跳，并且带面的倾角小于纤维废物摩擦角，所以纤维废物不沿带面下滑，而随带面一起向上运动，从带的上端排出。在向上运动过程中，带面的振动使一些细粒灰土透过筛孔从筛下排出，从而使颗粒废物与纤维废物分离。

(2)斜板运输分选机　图 4-58 是斜板运输分选机的工作原理示意图。城市垃圾由给料皮带运输机从斜板运输分选机的下半部由上方给入，其中砖瓦、铁块、玻璃等与斜板板面产生弹性碰撞，向板面下部弹跳，从斜板分选机下端排入重的弹性产物收集仓，而纤维织物、木屑等与斜板板面为塑性碰撞，不产生弹跳，因而随斜板运输板向上运动，从斜板上端排入轻的非弹性产物收集仓，实现分离。

(3)反弹滚筒分选机　该分选系统由抛物皮带运输机、回弹板、分料滚筒和产品收集仓组成，如图 4-59 所示。其工作过程是将城市垃圾由倾斜抛物皮带运输机抛出，与回弹板碰撞，其中砖瓦、铁块、玻璃等与回弹板、分料滚筒产生弹性碰撞，被抛入重的弹性产物收集仓，而纤维废物、木屑等与回弹板为塑性碰撞，不产生弹跳，被分料滚筒抛入轻的非弹性产物收集仓，从而实现分离。

4.3.7　分选回收工艺系统

4.3.7.1　分选回收工艺系统确定的程序

分选回收工艺系统是指根据固体废物的性质和要求，将 2 种或 2 种以上的分选方法组合成一个有机的分选过程。确定分选回收工艺系统的过程为：①弄清固体废物的组成和性质；

②根据废物性质和要达到的处理要求，确定需要采用的分选方法；③将分选方法进行恰当组合，形成合适的分选回收工艺系统。

4.3.7.2 分选回收工艺系统

在设计分选回收工艺系统时应有系统的整体观念，从技术、经济和资源利用角度通盘考虑，对固体废物进行全面的综合处理。

综合处理是指将各中小企业产生的各种废物集中到一个地点，根据废物的特征，把各种废物处理过程结合成一个系统，以便把各过程得到的物质和能量进行合理的集中利用。综合处理可对废物进行有效的处理，减少最终废物排放量，减轻对地区的污染，防止二次公害的分散化，同时还能做到总处理费用低，资源利用效率高。

在设计废物分选回收工艺系统时应注意：深入调查了解工厂排放污染物的种类和数量及各污染物的允许排放标准，根据排放标准进行废物处理效益分析，选择最适宜的方案，做到能源消耗较少、设备投资较小，又能取得较大的环境效益；重金属离子经过长时间扩散仍会造成一定危害，其含量都在 10^{-6}（质量分数），必须对其排放浓度严加控制；固体废物中的物质应进行回收，在技术、投资、市场、成本等方面综合考虑废弃物资源化问题；处理废物设备投资费用只能进行估算，一般按实际处理费用乘以系数 1.6 来推算，总费用往往随处理能力增大而减小。

适宜分别处理的情况：含有有害重金属的少量废物和不含重金属的大量废物，或者少量的高水平放射性（简称高放）废物和大量的低水平放射性（简称低放）废物不宜相混，应按有害或有放射性废物进行深度处理；过热易软化的废物和不易软化的废物不宜相混；热熔性塑料和非热熔性塑料不宜相混；当废物中固体物质很多，在进行混合处理时，在短时间内难以混匀，影响处理效果，负荷波动很大，故不宜相混。

适宜采用混合综合处理的情况：往含水率高而不能自燃的废物里混入高热值废物，可使整个混合物作为可自燃物，便于焚烧处理。有的废物焚烧时会产生氨类碱性气体，有的废物焚烧时会产生氯化氢、二氧化硫之类的酸性废气，如把这两类废物混合后进行焚烧处理就十分合理。

综合处理回收工艺系统（图 4-60）包括固体废物的收集运输、破碎、分选等预处理技术，焚烧、热解和微生物分解等转化技术和“三废”处理等后处理技术。

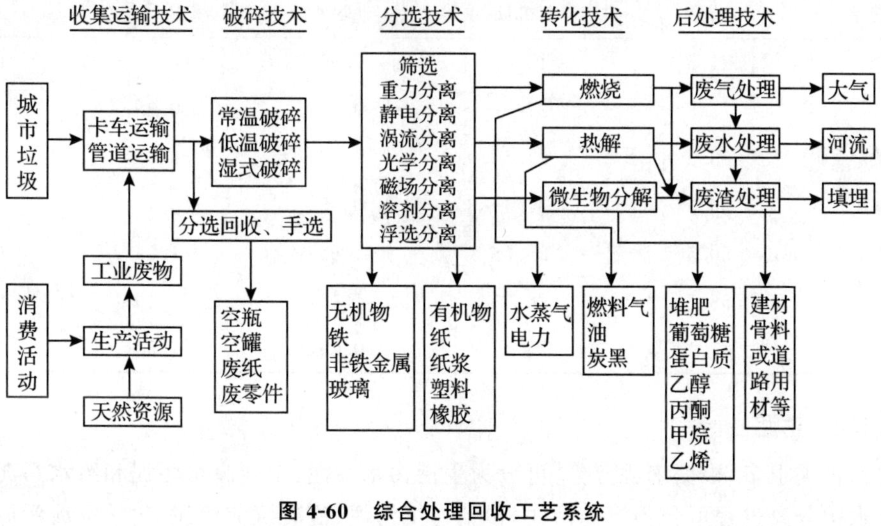

图 4-60 综合处理回收工艺系统

①预处理技术。在预处理过程中，废物的性质不发生改变，主要利用物理处理的方法，对废物中的有用组分进行分离提取回收。

②转化技术。是把预处理回收后的残余废物用化学或生物学方法处理，使废物的物理性质发生改变而加以回收利用。这一过程显然比预处理过程复杂，成本也较高。焚烧和热解以回收能源为目的，焚烧主要回收水蒸气、热水或电力等不能贮存或随即使用型的能源，而热解主要回收燃料气、油、微粒状燃料等可贮存或迁移型的能源。微生物分解主要使废物原料化、产品化而再生利用。

③后处理技术。包括废气处理、废水处理、废渣处理。处理过程和转化过程中产生的废渣可用于制备建筑材料、道路材料或进行填埋等处置。

固体废物处理系统由若干过程所组成，每个过程有每个过程的作用。综合处理固体废物时，务必从整体出发，选择合适的处理技术及处理过程。

4.4 固体废物的脱水

固体废物的脱水常用于高湿废物（如畜禽粪便、污泥和厨余垃圾等）的处理。各种高湿废物，都需要先进脱水减容处理，以便于包装、运输与资源化利用。固体废物常用的脱水方法有浓缩脱水和机械过滤脱水 2 种。经过脱水，可缩小固体废物的体积，为固体废物的资源化利用创造条件。

4.4.1 高湿物料种类

4.4.1.1 畜禽粪便

各种新鲜畜禽粪便的化学成分包括水分、粗蛋白、粗脂肪、粗纤维和无氮浸出物 5 种。其中最主要成分为水分，其次为有机质和各种养分物质。依据肥料养分分析，表 4-2 为各种新鲜畜禽粪便中各组分的平均含量。

表 4-2 各种新鲜畜禽粪便中各组分的平均含量 %

畜禽粪便	水分	有机质	N	P_2O_5	K_2O
猪粪	81.5	15.0	0.60	0.40	0.44
马粪	75.8	21.0	0.58	0.30	0.24
牛粪	83.3	14.5	0.32	0.25	0.16
羊粪	65.5	31.4	0.65	0.47	0.23
鸡粪	50.5	25.5	1.63	1.54	0.85
鸭粪	56.5	26.2	1.10	1.40	0.62
鹅粪	77.1	23.4	0.55	1.50	0.95

4.4.1.2 污泥

污泥的种类很多，根据来源分类，可分为生活污水污泥、工业废水污泥和给水污泥 3 类；根据污泥从水中分离过程可分为沉淀污泥（包括初沉污泥、混凝沉淀污泥、化学沉淀污泥等）及生物污泥（包括腐殖污泥、剩余活性污泥）；根据污泥的成分和性质可分为有机污泥和无机污泥，亲水性污泥和疏水性污泥；根据污泥在不同的处理阶段可分为生污泥、浓缩污泥、消化污泥（熟污泥、脱水污泥、干化污泥、干燥污泥及污泥焚烧灰等）。

4.4.1.3　其他

厨余垃圾以及果渣、豆渣等食品加工废弃物也均为含水率较高的固体废物。其中厨余垃圾的含水率可达75%～80%，然而不同地区、不同分类方式对其含水率的影响较大。

4.4.2　固体废物中水的存在形式及水分计算方法

4.4.2.1　高湿物料中水的存在形式

1. 间隙水

间隙水占高湿物料中水分的绝大部分，约为水分总量的70%。间隙水主要被物料颗粒包围着，作用力弱，因此较易分离。这部分水是高湿废物浓缩的主要对象。当间隙水很多时，只需要在调节池或浓缩池中停留几个小时，就可利用重力作用使间隙水分离出来。

2. 毛细结合水

毛细结合水约占高湿物料水分总量的20%。在高湿固体废物颗粒周围的水会发生毛细作用，主要形成以下2种结合水：在固体颗粒的接触面上由于毛细压力的作用而形成的楔形毛细结合水；充满固体本身裂隙中的裂隙毛细结合水。毛细结合水受到液体凝聚力和液固表面附着力的作用，分离需要有较高的能量和机械作用，常用离心机或高压压滤机来去除这部分水。

3. 表面吸附水

污泥常处于胶体状态，颗粒很小，比表面积大，由于表面张力作用吸附水分较多。表面吸附水较难去除，特别是细小颗粒或生物处理后的污泥，其表面活性及剩余力场强，黏附力更大，普通的浓缩或脱水方法难以去除。常用混凝方法：加入电解质混凝剂，以达到混结作用而易于使污泥固体与水分离。

4. 内部结合水

高湿废物中一部分水被包围在微生物的细胞膜中形成内部结合水。内部结合水与固体结合得很紧，要去除必须先破坏微生物的细胞膜，因此机械脱水的方法很难将其去除，一般采用生物法（好氧堆肥、厌氧消化等）使细胞生化分解，或采用其他方法破坏细胞膜，使内部结合水成为外部水从而将其去除。表面吸附水和内部结合水约占高湿物料水分总量的10%。

4.4.2.2　高湿物料中水分的计算方法

高湿物料中水分的含量与高湿物料总质量之比称为物料含水率（%），相应地，固体物质在高湿物料中的质量比例称为固体含量（%）。高湿物料的含水率一般都很大，相对密度接近1，主要取决于高湿物料中固体的种类及其颗粒大小。通常，固体颗粒越细小，其所含有机物越多，高湿物料的含水率越高。

高湿物料的含水率或固体含量与高湿物料体积密切相关，其计算方法如下：

高湿物料含水率为

$$P_w = [W/(W+S)] \times 100\% \tag{4-23}$$

固体含量为

$$P_s=[S/(W+S)]\times100\%=100\%-P_w \tag{4-24}$$

两式中：P_w 为高湿物料含水率(质量分数)，%；P_s 为固体含量(质量分数)，%；W 为高湿物料中水分质量，g；S 为高湿物料中总固体质量，g。

由式(4-24)可得

$$W=S(100\%-P_s)/P_s \tag{4-25}$$

高湿物料水的体积(cm^3)为

$$V_w=W/\rho_w \tag{4-26}$$

固体的体积(cm^3)为

$$V_s=S/\rho_s \tag{4-27}$$

两式中：ρ_w 为高湿物料中水容重，g/m^3；ρ_s 为高湿物料总固体容重，g/m^3。

高湿物料总体积(cm^3)为

$$\begin{aligned}V=V_w+V_s=W/\rho_w+V_s/\rho_s&=S[(100-\rho_s)/\rho_s\rho_w+1/\rho_s]\\&=S(100/\rho_s\rho_w-1/\rho_w+1/\rho_s)\end{aligned} \tag{4-28}$$

总固体容重由有机物(用挥发性灼烧减量测定表示)容重和无机物(用灼烧残渣测定表示)容重决定。有机物容重和无机物容重常定为 1.0 g/m^3 和 2.5 g/m^3，只要知道总固体中两者的比例，就可计算出总固体容重。

例 4-1

生污泥中有机物为 65%，无机物为 35%。消化污泥中有机物为 55%，无机物为 45%，则可算得：

生污泥的容重为

$$\rho_s=[(1.0\times65+2.5\times35)/100]g/cm^3=1.5\ g/cm^3 \tag{4-29}$$

消化污泥的容重为

$$\rho_w=[(1.0\times55+2.5\times45)/100]g/cm^3=1.7\ g/cm^3 \tag{4-30}$$

取 $\rho_w=1.0\ g/cm^3$，则相应的生污泥体积(cm^3)为

$$V=S(100/\rho_s-1+1/1.5)=S(100/\rho_s-0.33) \tag{4-31}$$

消化污泥体积(cm^3)为

$$V=S(100/\rho_s-1+1/1.7)=S(100/\rho_s-0.41) \tag{4-32}$$

由于污泥中 S 很小，工程上可简化计算，得出下列关系式：

$$V=S/\rho_s\times100=[5/(100-\rho_w)]\times100 \tag{4-33}$$

所以污泥在经过消化或脱水处理的前后，其体积、固体含量及含水率之间可按式(4-34)简易换算：

$$V'=S/\rho_s \times 100=V(100-S')/(100-W') \tag{4-34}$$

式中：V 表示处理前污泥总体积（cm^3）；V'、S'、W' 分别表示处理后污泥总体积（cm^3）、固体含量（%）及含水率（%）。

例 4-2

污泥含水率从 95%降至 90%时，求污泥体积的改变。

解：

$V'=V(100-S')/(100-W')=V(100-95)/(100-90)=1/2V$

可见污泥体积减小一半。

由上例可见，污泥含水率稍有降低，其总体积就会显著减少。所以降低污泥含水率具有十分重要的意义。对整个污泥处理系统，包括污泥流动性能、污泥泵的能力、脱水方法的选用、污泥干化场大小、设备运行费用等均有重要影响。

图 4-61 能反映污泥体积、污泥流动性能与污泥含水率的关系，也能大致明确污泥处理方法与脱水效率范围等综合关系。分析说明如下：1 m^3 含水率 95%的污泥，随着含水率（%）的降低，其体积迅速减小。如含水率降到 85%，其体积只有原来的 1/3（约 333 L）；降到 65%，其体积只有原来的 1/7（约 143 L）；进一步降低到 20%，则体积只剩下 1/16（约 62.5 L）。污泥的含水率与处理工艺、污泥状态及流动性能密切相关。通常浓缩可将污泥含水率降到 85%（含水状态），此时仍可用泵输送；当含水率在 70%～75%时，污泥呈柔软状态，不易流动；一般脱

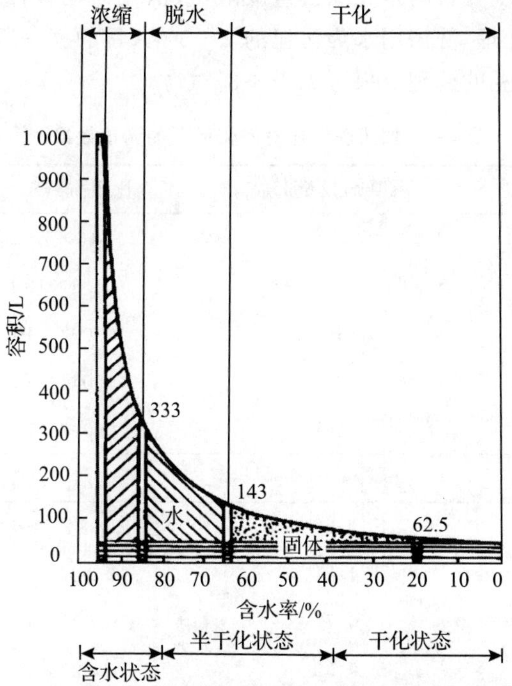

图 4-61　1 m^3 含水率 95%的污泥的体积、污泥状态流动性能与污泥含水率的关系

水只可将污泥含水率降到60%～65%，此时，污泥几乎成固体；当含水率低到35%～40%时，污泥呈聚散状态（以上是半干化状态）；当含水率进一步低到10%～15%时，污泥则呈粉末状。含有大量水分的污泥，通过沉淀、压滤或其他方法降到某一限度的过程，称为浓缩。如果去除水分达到能用手一捏就紧的程度，则称为脱水。最后需进行干化、热处理或焚烧，以便进一步去除水分，满足不同的需求。

4.4.3 高湿物料调理

高湿物料调理是为了提高高湿物料浓缩脱水效率的一种预处理，是为了经济地进行后续处理而有计划地改善高湿物料性质的措施。有机污泥（包括初沉污泥、腐殖污泥、活性污泥及消化污泥）均是以有机物微粒为主体的悬浊液，颗粒大小不均且很细小，具有胶体特性。由于和水有很大的亲和力，可压缩性大，过滤比阻抗值也大，有机污泥过滤脱水性能较差。其中，活性污泥由各类粒径胶体颗粒组成，过滤比阻抗值高，脱水更为困难。

经验表明，进行机械脱水的高湿物料，其比阻抗值在$(0.1 \sim 0.4) \times 10^9\ S^2/g$之间较为经济，但各种高湿物料的比阻抗值均大于此值。因此，为了提高高湿物料的过滤、脱水性能，进行调理是必要的。

4.4.3.1 高湿物料的洗涤

污泥的洗涤适用于消化污泥的预处理，目的在于节省加药（混凝剂）用量，降低机械脱水的运行费用。生污泥厌氧消化的甲烷发酵期，挥发性固体含量降低，但污泥液相中的重碳酸盐碱度的浓度可增加到 2 000～3 000 mg/L，碱度增加 60 倍以上。一般 1 份重碳酸盐碱度（以$CaCO_3$计）要消耗 1.16 份$FeCl_3$或 1.14 份$Al_2(SO_4)_3$，因此液相组分的混凝剂消耗量也相应增加几十倍。污泥洗涤的主要目的是先除去重碳酸盐，消化污泥直接投加混凝剂是很不经济的，需要进行污泥的洗涤处理，洗涤用水为污泥的 2～5 倍，目的就是降低碱度，节省混凝剂用量。加药洗涤法对消化污泥的调理效果可见表 4-3。

表 4-3 加药洗涤法对消化污泥的调理效果

调理方法	混凝剂投量/%	比阻抗/(S^2/g)	调理后 pH
加入混凝剂 $FeCl_3$	—	16×10^9	8.3
	4.4	1.6×10^9	7.5
	13.4	0.092×10^9	6.4
	22.3	0.047×10^9	4.2
	31.1	0.097×10^9	2.5
洗涤	—	1.1×10^9	7.4
洗涤后加 $FeCl_3$	1.66	0.14×10^9	6.7
	4.21	0.027×10^9	5.8
	6.77	0.026×10^9	5.2
	9.30	0.027×10^9	4.2
	13.5	0.035×10^9	2.5

续表 4-3

调理方法	混凝剂投量/%	比阻抗/(S^2/g)	调理后 pH
洗涤后加聚合氯化铝	0.22	1.0×10^9	7.4
	0.86	0.12×10^9	7.3
	1.32	0.068×10^9	6.8
	2.20	0.021×10^9	6.7
	5.36	0.028×10^9	6.4
	8.60	0.044×10^9	5.8

对于消化污泥来说，仅用加药调理法（用 $FeCl_3$）的效果差，需要混凝剂量也大。洗涤法的效果较好，洗涤后加药调理效果最好，达到同样的比阻抗值，可节省大量的混凝剂。如以使比阻抗值降低到 0.1×10^9 S^2/g 为例，加药调理法，需投加 $FeCl_3$ 约 14%，而洗涤后，只需加 $FeCl_3$ 约 3%，或加聚合氯化铝约 0.8%。一般情况下，经洗涤以后，混凝剂的消耗量可节约 50%～80%。

洗涤水可用二次沉淀池出水或河水，污泥洗涤过程包括用洗涤水稀释污泥、搅拌、沉淀分离、撇除上清液。洗涤工艺可分为单级洗涤、两级或多级串联洗涤及逆流洗涤等多种形式。其中，两级串联及逆流洗涤效果最好。另外，洗涤水会将污泥中的氮素带走，降低污泥的肥效。所以，当污泥用作土壤改良剂或肥料时，不一定采用洗涤工艺。对于浓缩生污泥来说，洗涤的效果较差，这时可采取直接加药的方式进行调理。

4.4.3.2　加药调理

加药调理就是在污泥中加入助凝剂、混凝剂等化学药剂，促使污泥颗粒絮凝，改善其脱水性能。絮凝剂在污水或污泥中的机理极其复杂，目前被研究最多的是物理和化学变化过程，其主要的作用机理如下。

1. 电中和作用

污水中大部分的有机污染颗粒（包括金属离子等颗粒）带有正电荷或者负电荷，同种电荷之间存在相互排斥作用，导致污染颗粒之间很难凝聚形成絮体进行泥水分离。在加入相反电荷的絮凝剂时，静电作用可以使污染颗粒之间的排斥力减小，趋近于零，胶体之间容易发生聚集，从而发生沉降或上浮。

2. 吸附架桥作用

高分子聚合物具有很长的链状结构，当长链结构的分子链上吸附了大量的胶粒或颗粒后，便会形成又粗又沉的絮体，在重力作用下而沉降，由于聚合物的性质，通常聚合物的分子量越高，吸附架桥作用越强。聚丙烯酰胺（PAM）的分子量一般在 150 万～2 000 万，因而具有较长的分子链，具有很好的吸附架桥作用，可以吸附污水中的悬浮物。

3. 网捕卷扫作用

网捕卷扫的作用主要出现在含油废水处理过程中，絮凝剂在使用中形成了较小的初始絮体，通过外力搅拌在水中翻滚运动，这一过程中出现了卷扫、网捕水中较大的污水胶粒或颗粒悬浮物，从而逐渐形成更大的絮体，在重力作用或浮力作用下发生沉降或上浮，使得污水中的污染物和水体快速分离。

4. 疏水缔合作用

絮凝剂的分子链中含有一定数量的疏水基团，在一定条件（如静电的作用）下，分子链之间发生疏水缔合作用。聚合物的分子链由二维平面结构变为三维立体网状结构，从而提高了聚合物链条的吸附架桥能力，也提高了聚合物同污水或污泥中有机物或悬浮物的相互作用，达到减小絮体亲水性、提高絮凝剂絮凝性能的目的。

污泥中固体粒子是水合物，细小而带负电，污泥形成一种稳定的胶体悬浮液，使污泥中固体和水的分离（即浓缩和脱水）都比较困难。为解决这个问题，需要破坏污泥胶体的稳定性，可以进行加药处理。其目的是减小粒子和水分子的亲和力，使粒子凝聚力增加而粗大化。各类混凝剂产生的离子常带正电荷，与污泥颗粒上负电荷互相吸引并中和，使电荷减少，从而降低斥力，并在范德华力的作用下克服静电斥力而凝聚。同时，加入混凝剂后，污泥中离子浓度增加，通过正负电荷的静电引力，使离子迅速靠近，破坏压缩双电层厚度，也促使颗粒凝聚长大，而改善其沉降脱水性能。通常，所用混凝剂的离子价越高，即所带的电荷越多，对中和胶体电荷量及压缩双电层厚度也越有利。所以铝盐、铁盐及 PAM 等高聚合度混凝剂的混凝效果是比较好的。此外，通常同时使用石灰，以调整到适当的 pH 范围。石灰一般不单独作为混凝剂，投加石灰主要起助凝作用，补给 OH^-，以中和铁盐所造成的酸性，改良滤饼从过滤介质上剥离的性能。

高分子混凝剂中和污泥胶体颗粒的电荷及压缩双电层这两个作用，与无机电解质混凝剂相同。高分子混凝剂的混凝特点在于：它们的长分子（长约 0.1 m），可构成污泥颗粒之间的“架桥”作用，并且能形成网状结构，起到网罗作用，促进凝聚过程，故能提高脱水性能。特别是变性后的高分子聚合电解质，架桥作用更强，通常混凝效果可提高 6～10 倍。此外，高分子混凝剂能迅速吸附污泥颗粒，絮体比无机混凝剂更牢固，结合力更大。

4.4.3.3 热处理

将污泥加热，可使部分有机物分解及亲水性有机胶体物质水解，同时，污泥中细胞被分解破坏，细胞膜中水游离出来，故可提高污泥的浓缩性能与脱水性能。这一过程称为污泥的热处理，也叫蒸煮处理。热处理对于脱水性能差的活性污泥特别有效。这是由于活性污泥的泥团内含有内部水，即使添加药剂脱水，这些水分也难以分离，而通过加热处理，可使细胞分解、蛋白质原生质被释放，同时，蛋白质和胶质细胞膜被破坏，形成由可溶性蛋白酶（缩多氨酸）、氨氮、挥发酸及碳水化合物组成的褐色液体，留下矿物质和细胞膜碎片，故提高了污泥的沉降性能和脱水性能。热处理法可分为高温加压处理法与低温加压处理法 2 种。

1. 高温加压处理法

高温加压处理法是把污泥加温到 170～200 ℃，压力为 10～15 MPa，反应时间 1～2 h。热处理后的污泥，经浓缩即可使含水率降低到 80%～87%，比阻抗值降低到 $1.0\times10^9\ S^2/g$。再经机械脱水，泥饼含水率可降低到 30%～45%。热处理工艺有多种型式，主要差别在于对污泥加热方式不同。对污泥加热方式主要分为 3 种：①水蒸气直接吹入反应管内加热污泥的方法，污泥混合良好，受热均匀；②除反应管外，增设加热器间接加热污泥的方式，污泥在热交换器中与处理后污泥换热后，在加热器内被高温水或热风间接加热到所需要的温度，为了避免污泥堵塞热交换器，事前必须过筛及破碎；③以水为热载体的间接加热方式，这种方式比其他 2 种热效率高。第三种方式下的污泥热处理系统如图 4-62 所示。

2. 低温加压处理法

当温度在 175 ℃以上时，加热设备容易产生结垢现象，降低传热效率。同时，高温高压处理后的分离液中，溶解性物质比原污泥高约 2 倍，分离液需进行处理。所以，可以考虑采用低

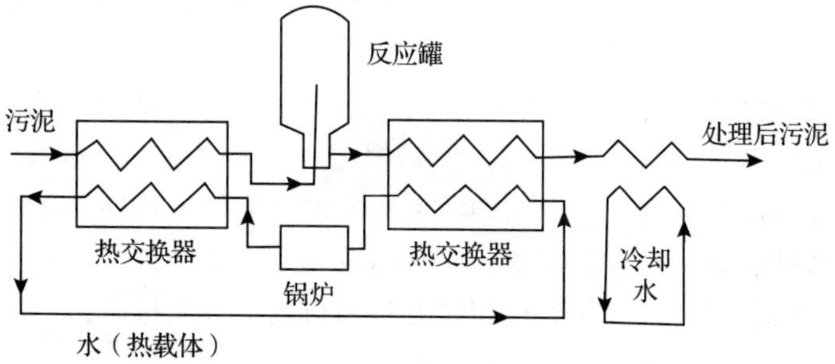

图 4-62　以水为热载体的污泥热处理系统

温加压处理法。该法处理温度较低(在 150 ℃以下)，有机物的水解受到控制，与高温加压法比较，分离液的生化需氧量(BOD_5)浓度低 40%～50%，锅炉容量可减少 30%～40%，臭气也比较少。上清分离液送返废水的生物处理系统。由反应器底部吹入的空气从反应器顶部抽出后，送入燃烧式脱臭器脱臭。

4.4.3.4　冷冻熔融处理

冷冻熔融法使污泥冷冻到－20 ℃后再熔融，因为温度变幅大，胶体脱稳凝聚且细胞膜破裂，细胞内部水分得到游离，从而提高了污泥的沉淀性能和脱水性。近年来，冷冻熔融法已被广泛使用，但用于给水污泥处理系统较多。冷冻前，污泥颗粒的结构分散、细小；冷冻熔融以后，颗粒变大，没有毛细状态。冷冻处理后，污泥的沉降速度显著提高。经冷冻熔融后，无论污泥的浓度高低，几乎都在 10 min 内，沉降速度即达到 500 mm/min 以上。此速度是冷冻前的 2～6 倍。冷冻处理对提高污泥过滤产率的影响甚至更大。自来水厂污泥的过滤产率一般为 5～10 kg/(m^2·h)。若投加混凝剂做化学预处理时，过滤产率约可提高数倍。而经冷冻熔融预处理，过滤产率可以提高到 200 kg/(m^2·h)以上，最高甚至可达 2 000 kg/(m^2·h)以上。污泥冷冻熔融后，再经真空过滤脱水，可得含水率为 50%～70%的泥饼。而用加药调理、真空过滤脱水，泥饼含水率为 70%～85%。因为冷冻处理后不必加混凝剂，所以泥饼量不会增加。为了有效且经济地进行污泥干燥、焚烧及进一步处置，必须充分地脱水和减量化，将污泥当作固态物质来处理，所以在整个污泥处理系统中，过滤、脱水是最重要的减量化手段，也是不可缺少的预处理工序。污泥脱水包括自然干化与机械脱水，其本质上都属于过滤脱水范畴，基本理论相同。

4.4.4　浓缩脱水

4.4.4.1　重力浓缩法

高湿物料浓缩脱水的对象主要是间隙水。浓缩是减少高湿物料体积最经济有效的方法，其中，利用自然的重力作用分离污泥中水分的重力浓缩法是使用最广泛和最简便的浓缩方法。重力浓缩法可分为间歇式和连续式 2 种，主要用于污泥和畜禽粪便的脱水。

(1)间歇式重力浓缩池　是间歇进泥，在投入污泥前必须先排除浓缩池已澄清的上清液，腾出池容，故在浓缩池不同高度上应设多个上清液排出管。间歇式操作管理较麻烦，且单位处理量污泥所需池体积较连续式大。

(2)连续式重力浓缩池　其结构类似于辐射式沉淀池，一般都是直径 5～20 m 的圆形或矩形钢筋混凝土构筑物，可分为有刮泥机与污泥搅动装置、不带刮泥机以及多层浓缩池（带刮泥机）3 种。

连续式重力浓缩池的代表池型如图 4-63 所示。该池是底面倾斜度很小的圆锥形沉淀池（水深约 3 m），池底坡度一般为 1/100～1/12，污泥在水下的自然坡度角为 1/20。进泥口设在池中心，池周围有溢流堰。自进泥口进入的污泥向池的四周缓慢流动过程中，固体粒子得到沉降分离，分离液则越过溢流堰流入溢流槽。被浓缩沉降到池底的污泥，经过安装在中心旋转轴上的刮泥机很缓慢地旋转刮动，从排泥口用螺旋运输机或泥浆泵排出。

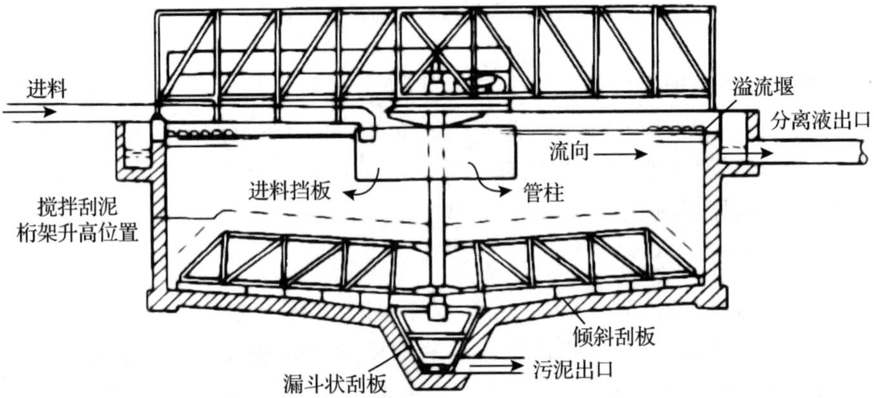

图 4-63　连续式重力浓缩池的代表池型

为了提高浓缩效果和缩短浓缩时间，可在刮泥机上安装搅拌杆，刮泥机与搅拌杆的旋转速度应很慢，不至使污泥受到搅动，其旋转速度一般为 2～20 cm/s。搅拌作用可使浓缩时间缩短 4～5 h。有一种带刮泥机及搅拌栅的连续式重力浓缩池如图 4-64 所示。重力浓缩法操作简便，维修管理及动力费用低；但占地面积较大是其主要缺点。

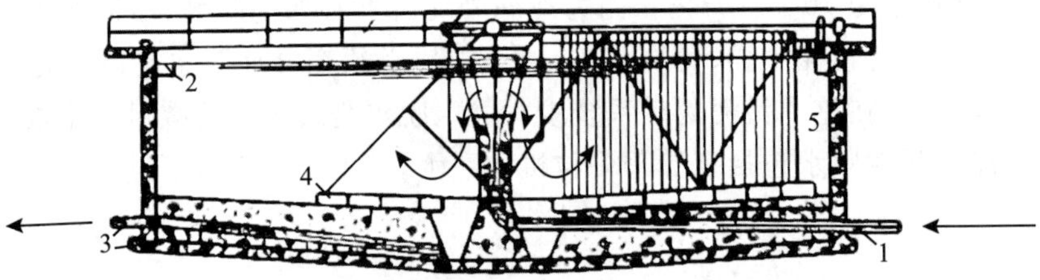

图 4-64　带刮泥机及搅拌栅的连续式重力浓缩池

1. 中心进泥管；2. 上清液溢流堰；3. 排泥管；4. 刮泥机；5. 搅动栅

4.4.4.2　气浮浓缩法

气浮浓缩与重力浓缩相反，是使微小空气泡吸附在悬浊污泥粒子上，以降低粒子的密度，使其随小气泡一同上浮而与水分离的方法。气浮浓缩法适用于粒子易于上浮的疏水性污泥，或悬浊液很难沉降且易于凝聚的场合。

气浮到水表面的污泥用刮泥机刮除。澄清水从池底部排出。一部分水加压回流，混入压缩空气，通过溶气罐，供给所需要的微气泡。气浮浓缩的典型工艺流程如图 4-65 所示。

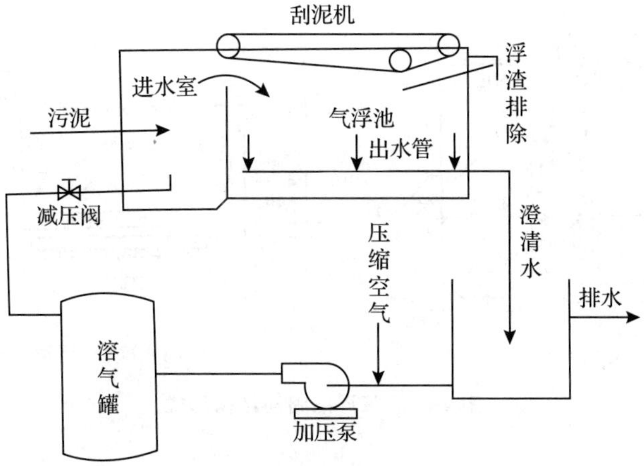

图 4-65　气浮浓缩的典型工艺流程

1. 气浮浓缩原理

在一定的温度下，空气在液体中的溶解度与空气受到的压力成正比，即服从亨利定律。当压力恢复到常压后，所溶空气即变成微细气泡从液体中释放出来。大量微细气泡附着在污泥颗粒的周围，可使颗粒密度减小而被强制上浮，达到浓缩的目的。

气浮的关键在于产生微气泡，并使其稳定地附着于污泥颗粒上面产生上浮作用。气浮按产生微气泡方式的不同，可分为电解气浮、散气气浮和溶气气浮 3 种。污泥浓缩气浮主要采用的是溶气气浮法，又可分为加压气浮及真空气浮，目前对前者的研究与应用较多。

按气浮原理，气浮适宜的对象是疏水性污泥，但气浮对象如果是絮凝体，由于在絮凝的过程中，捕获了上升中的气泡以及絮凝体对气泡的吸附作用，絮凝体的密度减小而达到气浮的目的。所以活性污泥虽属亲水性物质，但由于它是絮凝体，相对密度为 1.002～1.008，比表面积大，很适合气浮。此外，好氧消化污泥、接触稳定污泥、不经初次沉淀的延时曝气污泥和一些工业的废油脂及废油也适于气浮浓缩。初次沉淀污泥、腐殖污泥与厌气消化污泥等，密度较大，沉降性能较好，因此重力浓缩比气浮浓缩更为经济。

2. 气浮浓缩池结构形式

气浮浓缩池有圆形与矩形 2 类(图 4-66)。圆形气浮浓缩池的刮浮泥板、刮沉泥板都安装在中心旋转轴上一起旋转。矩形气浮浓缩池的刮浮泥板与刮沉泥板由电机及链带联动刮泥。

3. 气浮浓缩法的优缺点

(1)优点　与重力浓缩法相比，气浮浓缩法具有以下优点：浓缩度高(污泥中固体物含量可浓缩至 5%～9%或更高)；固体物质回收率高达 99%以上；浓缩速度快，停留时间短(一般处理时间为重力浓缩所需时间的 1/3 左右)，因此设备简单紧凑，占地面积较小；对于污泥负荷变化和四季气候改变均能稳定运行，即操作弹性大。

(2)缺点　基建费用和操作费用较高，管理较复杂，如气浮浓缩的操作运行费用较重力浓缩高 2～3 倍。

4.4.4.3　离心浓缩法

离心浓缩法的原理是利用污泥中的固体、液体的密度及惯性差，在离心力场所受到的离心力的不同而被分离。离心力远远大于重力，因此离心浓缩法占地面积小，造价低，但运行费用

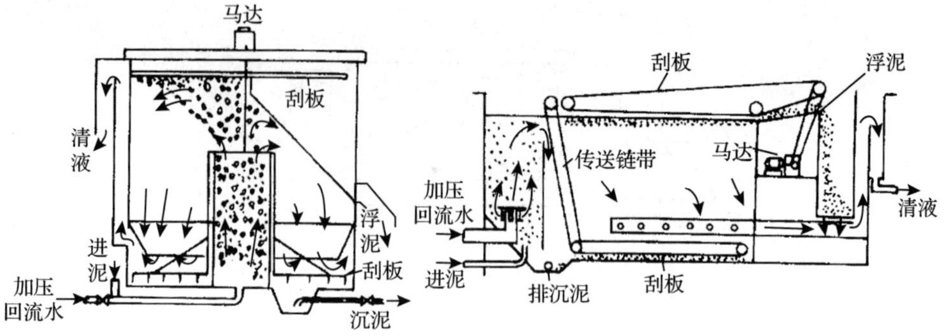

(a) 圆形气浮浓缩池　　(b) 矩形气浮浓缩池

图 4-66　气浮浓缩池结构形式

与机械维修费用较高，故较少用于污泥的浓缩。特别是对于可用不加药剂的气浮法或重力沉降法就能有效浓缩的污泥，从经济观点出发，更不宜使用离心机。用于离心浓缩的离心机有卧式转盘式离心机、筐式离心机(三足式离心机)、转鼓离心机等多种形式。离心筛网浓缩也是一种利用离心力的浓缩方式。

4.4.5　机械脱水

4.4.5.1　真空过滤脱水

目前普遍使用的真空过滤脱水设备是转鼓式真空过滤机(图 4-67)。该机由空心转筒、分配头、污泥贮槽、真空系统和压缩空气系统组成。在空心转筒的表面覆盖有过滤介质(滤布)，

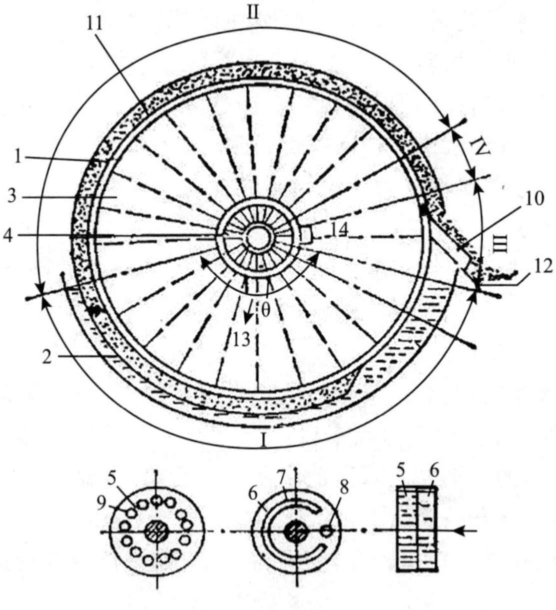

图 4-67　转鼓式真空过滤机

Ⅰ. 滤饼形成区；Ⅱ. 吸干区；Ⅲ. 反吹区；Ⅳ. 休止区；1. 空心转筒；2. 污泥槽；3. 扇形格；4. 分配头；5. 转动部件；6. 固定部件；7. 与真空泵相通的缝；8. 与空压机相通的孔；9. 与各扇形格相通的孔；10. 刮刀；11. 滤饼；12. 皮带输送器；13. 真空管路；14. 压缩空气管路

并浸在污泥贮槽内，浸没深度一般为转筒直径的1/3。转筒用径向隔板分隔成许多扇形间格，每格有单独的连通管与分配头相接。分配头由两片紧靠在一起的转动部件和固定部件组成。固定部件有缝与真空管路相通，孔与压缩空气管路相通。转动部件有一系列小孔，每孔通过连通管与各扇形间格相连。转筒旋转时，由于真空作用，将污泥吸附在过滤介质上，液体通过过滤介质沿真空管路流到气水分离罐。吸附在转筒上的滤饼转出污泥槽的污泥面后，如果扇形间格的连通管在固定部件的缝范围内，则处于真空区Ⅰ（滤饼形成区），真空区Ⅱ（吸干区或称干化区）继续吸干水分。当管孔与固定部件的孔相通，便进入反吹区Ⅲ，与压缩空气管路相通，滤饼被反吹松动，并被刮刀剥落。剥落的滤饼用皮带输送器送走。可见，转筒每旋转一周，依次经过滤饼形成区Ⅰ、吸干区Ⅱ、反吹区Ⅲ及休止区Ⅳ（主要起正压与负压转换时的缓冲作用）。转鼓式真空过滤机的工艺流程如图4-68所示。

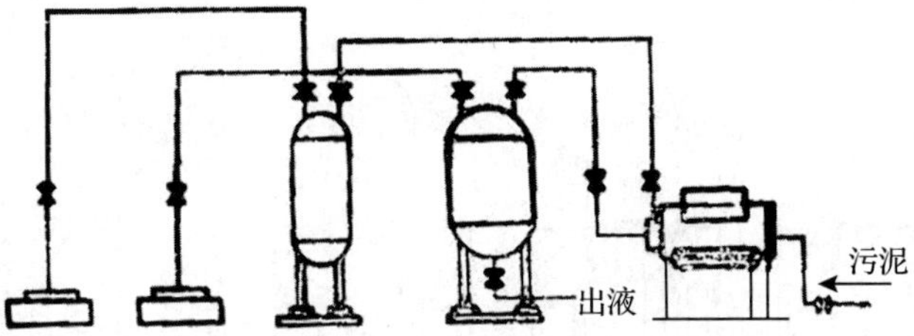

图4-68　转鼓式真空过滤机的工艺流程

1. 真空过滤机；2. 气水分离桶；3. 空气平衡桶；4. 真空泵；5. 鼓风机

转鼓式真空过滤机的主要缺点是过滤介质紧包在转鼓上，清洗再生不充分，容易堵塞，影响过滤效率。为此，可用链带式转鼓真空过滤机，用辊轴把过滤介质转出，既便于卸料，又易于介质的清洗再生，如图4-69所示。过滤介质转出后，用2～3道喷射水冲洗装置，使介质充分清洗再生。这样，过滤机对黏度大的污泥脱水更加有效。

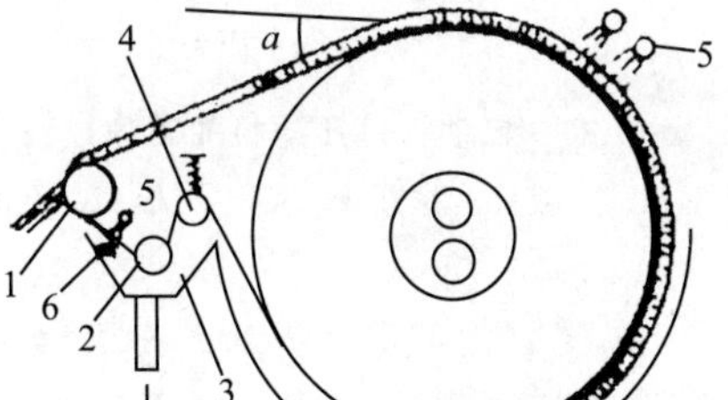

图4-69　链带式转鼓真空过滤机

1. 卸料辊；2. 洗涤辊轮；3. 洗涤槽；4. 进口辊轮；5. 冲洗水；6. 三角打布器

4.4.5.2　压滤脱水

常用的压滤脱水设备主要有自动板框压滤机和厢式全自动压滤机2种。

1. 自动板框压滤机

自动板框压滤机一般由主梁、滤布、固定压板、滤板、滤框、活动压板、压紧机构、洗刷槽等组成。两根主梁把固定压板与压紧机构连在一起构成机架。在固定压板和活动压板之间依次交替排列着滤板和滤框。全机共用一条涤纶621环形滤布绕夹在板与框之间。压紧机构驱使活动板带动滤板和滤框在主梁上行走,用以压紧和拉开板框。在滤板和滤框四周均有耳孔,板框压紧后形成暗通道,分别为进泥口、高压水进口、滤液出口以及压干、正吹、反吹和压缩空气通道。滤布在驱动装置下行走,通过洗刷槽进行清洗,使滤布得以再生。

自动板框压滤机的工作过程如图4-70所示。滤布夹在滤框和滤板之间,绕行在上滚筒和下滚筒上。滤框内腔隔板分成两室,滤框外面套一橡胶膜,滤框上方有进料口。滤板两侧镶装多孔网板,用以排泄滤液和支承压干滤饼。压滤机工作时,先启动压紧机构,压紧板框[图4-70(a)],污泥通过进料口均匀进入滤框两侧,形成两块滤饼[图4-70(b)]。然后用(5～6)×9.8 kPa压力的压缩空气通过滤框内腔,吹鼓橡胶膜,挤出污泥水分,压干滤饼[图4-70(c)]。接着使压紧电动板反转,自动拉开板框,此时橡胶膜恢复原状,将滤饼弹出滤腔,滤饼自动卸料[图4-70(d)]。

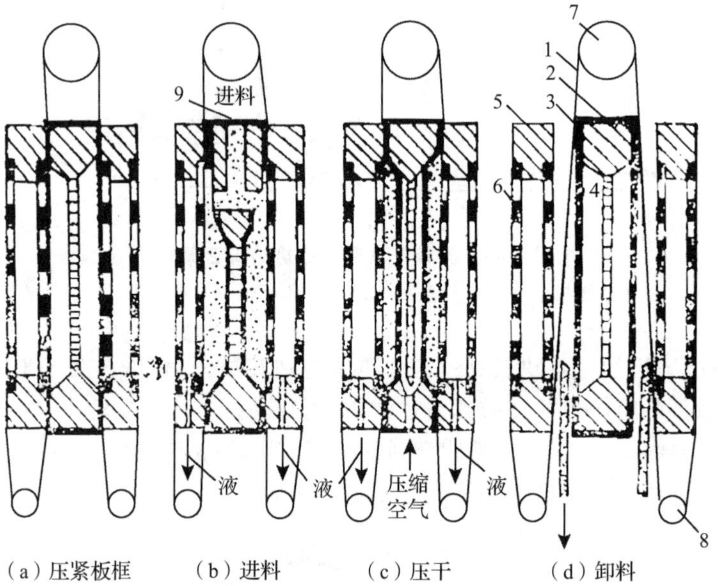

图4-70　自动板框压滤机的工作过程

1. 滤布;2. 滤框;3. 橡胶膜;4. 隔板;5. 滤板;6. 多孔网板;7. 上滚筒;8. 下滚筒;9. 进料口

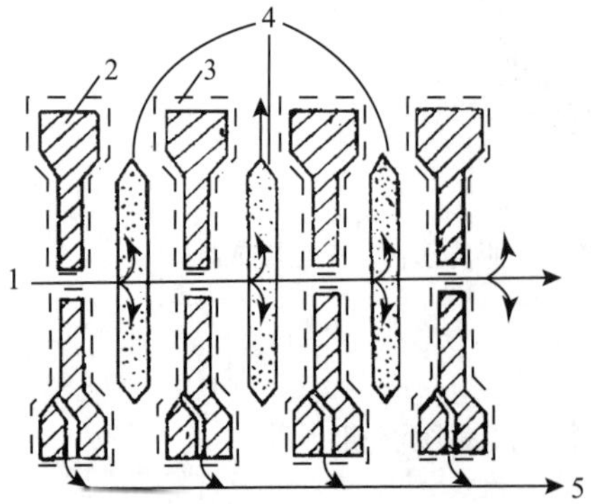

图4-71　厢式全自动压滤机的工作过程

1. 污泥;2. 滤板;3. 滤布;4. 滤饼;5. 滤液

2. *厢式全自动压滤机*

厢式全自动压滤机只有滤板,没有滤框。污泥由泵加压后从中心进泥管进入,通过两侧滤布的滤液由滤板的出液口排出。图4-71为厢式全自动压滤机的工作过程。滤板两面设有凸条和凹槽。凸条支承滤布,凹槽排除滤液。

4.4.5.3　滚压脱水

滚压脱水机由滚压轴和滤布组成。其工作原理是先将污泥浆进行化学调理后,给入浓缩段,依靠重力作用浓缩脱水,使污泥失去流动性,不致在压榨时被挤出滤布带。浓缩段的浓缩时间一般为 10～20 s，然后进入压榨段，依靠滚压轴的压力与滤布的张力榨去污泥中的水分，压榨段的压榨时间为 1～5 min。压榨的方式决定于污泥的特性，一般分为对置滚压式和水平滚压式 2 种(图 4-72)，相应的滚压脱水机分别为对置滚压式脱水机和水平滚压式脱水机(图 4-73)。

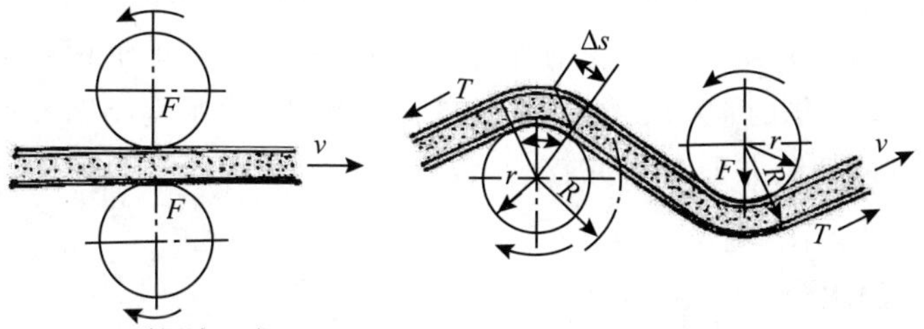

(a) 对置滚压式　　(b) 水平滚压式

图 4-72　滚压脱水机的类型

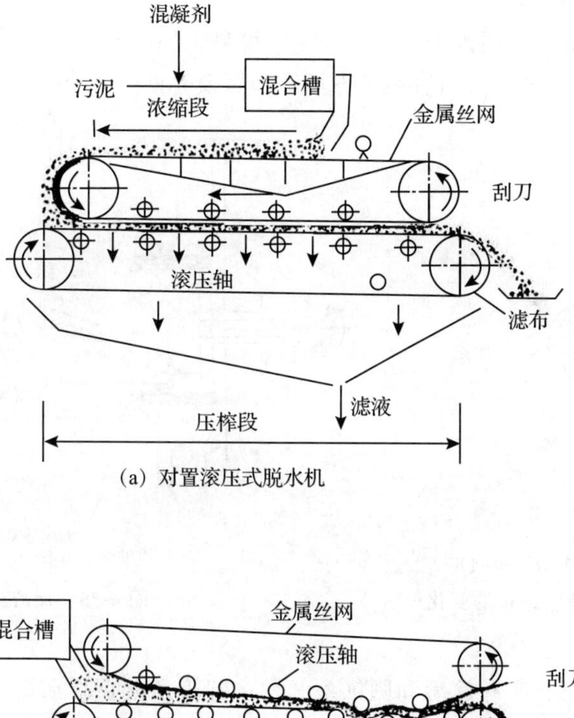

(a) 对置滚压式脱水机

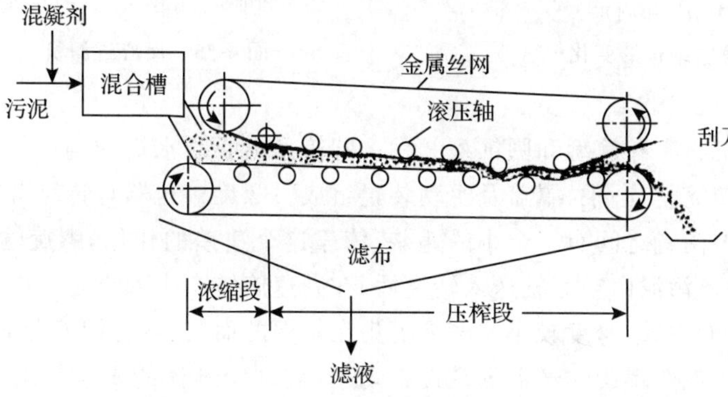

(b) 水平滚压式脱水机

图 4-73　滚压脱水机的类型

对置滚压式脱水机的滚压轴处于上下垂直的相对位置[图 4-73(a)]，压榨时间几乎是瞬时的，接触时间短，污泥所受的压力(P)等于滚压轴施加压力(F)的 2 倍，即 $P=2F$。水平滚压式脱水机的滚压轴上下错开[图 4-73(b)]，依靠滚压轴施加压力(F)对滤布所造成的张力(T)而压榨污泥。由于张力(T)受滤布物理强度的限制，压榨的压力较对置滚压式的小，压榨时间长。但在压榨过程中，由于滚压轴对两层滤布的旋转半径不同，内侧半径为 r，外侧半径为 R，压榨时产生一个位差(ΔS)，对污泥产生剪切作用，使滤饼脱水，如图 4-74 所示。在实际操作中，滚压脱水机是连续工作的，滤饼经多次反复的压榨脱水，含水率不断降低。滚压脱水是一种很复杂的现象，目前理论方面的研究较少，曾有人试图用金属材料的压延理论来解释这一现象。

4.4.5.4 离心脱水

在污泥离心脱水中，常用的离心脱水设备有以下几种类型：按分离因数的大小可分为高速离心脱水机(分离因数 $\alpha>3\ 000$)，中速离心脱水机(分离因数 α 为 1 500～3 000)，低速离心脱水机(分离因数 α 为 1 000～1 500)3 种；按离心脱水原理可分为离心过滤机、离心脱水机和沉降过滤式离心机 3 种。

(1)离心过滤机　有圆锥型[图 4-75(a)]和圆筒型[图 4-75(b)]2 种。离心过滤机主要用于粗粒沉渣的脱水，由于该设备存在滤网堵塞和磨损等机械部分的问题，在污泥脱水中应用尚不普遍。

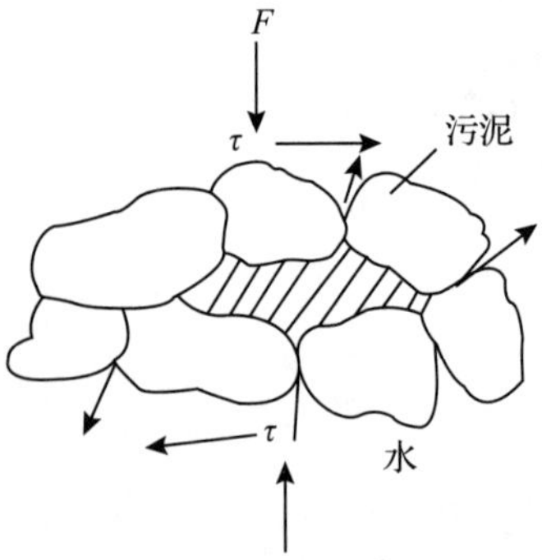

图 4-74　在压应力(*F*)和附加剪应力(*τ*)作用下滤饼结构的变化

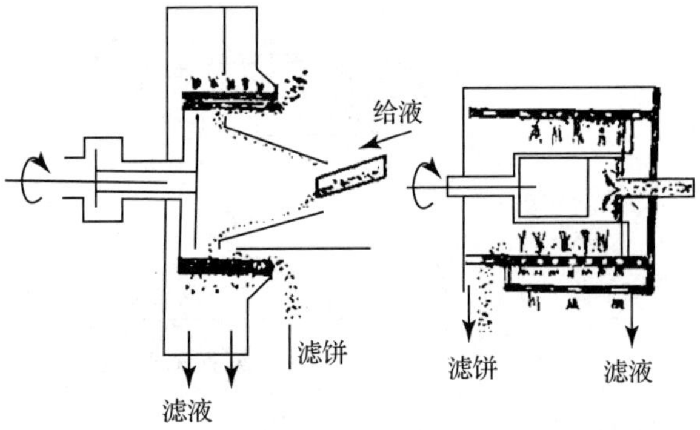

图 4-75　离心过滤机

(2)离心脱水机　有圆筒型和圆锥型 2 种。圆筒型离心脱水机的构造如图 4-76 所示。它是由螺旋输送器、转筒、空心轴、罩盖及驱动装置组成。螺旋输送器与转筒由驱动装置传动，向同一个方向转动，但两者之间有一个小的速差，依靠这个速差的作用，螺旋输送器能够缓慢地输送浓缩的污泥饼。污泥由空心轴送入转筒后，在高速旋转产生的离心力作用下，密度大的固体颗粒浓集在转筒的内壁，密度较小的液体汇集在污泥的面层，进行固液分离。分离液从转筒末端流出，浓集的污泥在螺旋输送器的缓慢推动下，被刮向锥体的末端排出，并在刮向排出口的过程中继续进行固液分离，而压实成滤饼。

圆锥型离心脱水机的转筒为圆锥形，其构造如图 4-77 所示。外筒内有主螺旋输送器和中心输泥器。污泥由中心输泥管送入分离液室，然后被分离成澄清液和泥饼。在分离室内，液体

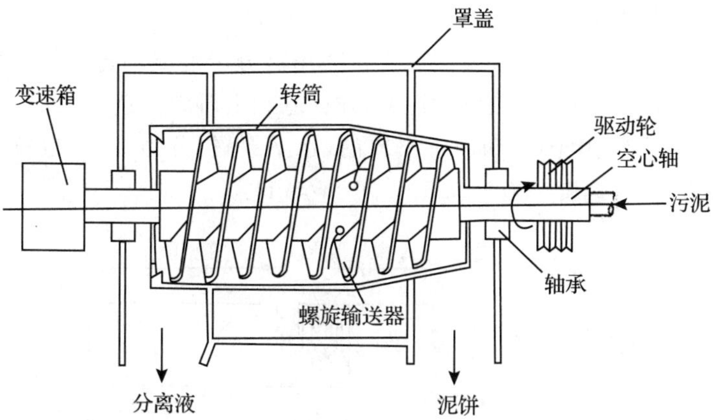

图 4-76　圆筒型离心脱水机的构造

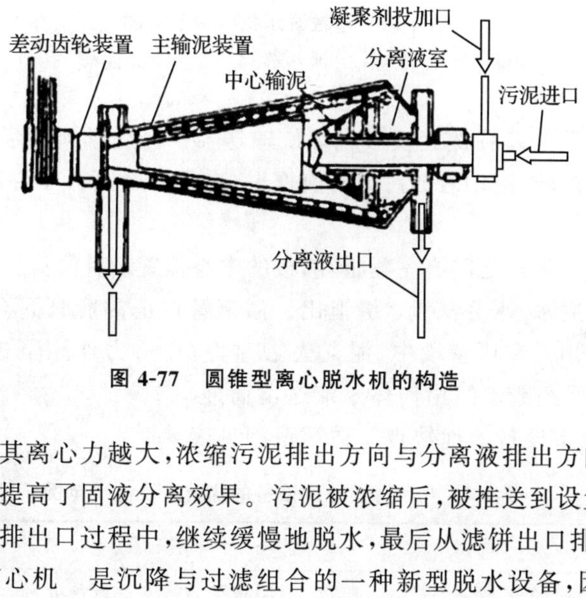

图 4-77　圆锥型离心脱水机的构造

越接近于分离液出口，其离心力越大，浓缩污泥排出方向与分离液排出方向相同，因此，它的离心力也逐渐变大，结果提高了固液分离效果。污泥被浓缩后，被推送到设置外筒里的主螺旋输泥器上，并在推到滤饼排出口过程中，继续缓慢地脱水，最后从滤饼出口排出。

(3)沉降过滤式离心机　是沉降与过滤组合的一种新型脱水设备，因而它兼有两者的优点，其工作原理如图 4-78 所示。进入离心机的污泥，先经离心沉降段，使污泥颗粒沉降于转筒壁上，并挤出其中大部分液体，随后螺旋将浓缩污泥推入离心过滤段，进一步脱水后排出机体。

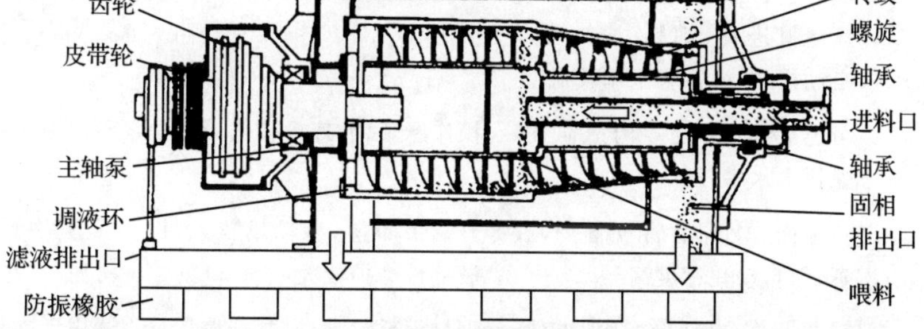

图 4-78　沉降过滤式离心机工作原理

4.4.5.5 造粒脱水

造粒脱水机是一种新型脱水设备。人们在使用高分子混凝剂进行泥渣脱水时，发现泥渣微粒可以直接形成含水率较低而致密的泥丸，在此基础上研制了造粒脱水机。图 4-79 是造粒脱水机构造示意图。它是由圆筒和圆锥组成的，水平放置，分为 3 段：造粒段、脱水段和压密段。圆筒的转速很低，线速度一般为 0.5～3.0 m/min。

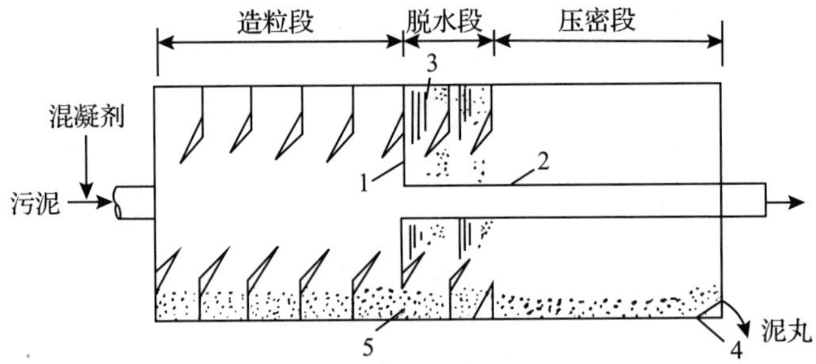

图 4-79 造粒脱水机构造示意图

1. 隔板；2. 溢流管；3. 泄水缝；4. 搓泥螺旋板；5. 孔口

造粒段的圆筒内壁上设有螺旋板形成螺旋输送器。经化学调理后的污泥首先进入造粒段。随着机体的缓慢旋转，滚动着的污泥向前推进，在重力及高分子混凝剂的作用下，逐渐絮凝，形成泥丸。

在污泥脱水段与造粒段之间有一隔板，隔板的中心位置设有溢流管，造粒段形成的泥粒从孔口进入污泥脱水段脱水，水分从泄水缝泄出。溢流管在正常情况下不出水，只有超载时，多余的水才由溢流管溢出。在压密段中，泥丸失去浮力，在重力作用下进一步压密脱水，形成粒大体重的泥丸，最后经泄水缝由筒体末端送出筒外。

以上几种污泥脱水设备的优缺点及适用范围见表 4-4。

表 4-4 几种污泥脱水设备的优缺点及适用范围

脱水设备类型	优点	缺点	适用范围
真空过滤脱水	能连续操作，运行平稳，可以自动控制，处理量较大，滤饼含水率较高	污泥脱水前需要进行预处理，附属设备多，工序复杂，运行费用高	适用于各种污泥
压滤脱水	制造较方便，适应性大，自动压滤机进料、卸料、滤饼可以自动操作，滤饼含水率较低	间歇操作，处理量较低	适用于各种污泥脱水
滚压脱水	可连续操作，设备构造简便，滤饼含水率较低	操作麻烦，处理量较低	不适用于黏性较大污泥脱水
离心脱水	占地面积小，附属设备少，投资低，自动化程度高	分离液不清，电耗量较大，机械部件磨损较大	不适用于含砂量较高污泥
造粒脱水	设备简单，电耗低，管理方便，处理量大	钢材消耗量大，混凝剂消耗量较高，污泥泥丸紧密性较差	适用于含油污泥的脱水

习题

1. 简述固体废物压实的目的和原理。

2. 固体废物的破碎方法有哪些？如何根据固体废物的性质选择合适的破碎方法？

3. 低温破碎的原理是什么？试比较低温破碎与常温破碎的区别。

4. 常见的机械分选方法有哪几种？根据固体废物的性质，如何选择分选方法？

5. 如何评价筛分设备的使用效果？怎样计算筛分效率？其影响因素有哪些？

6. 如何判断固体废物重力分选的可能性？

7. 概述浮选的基本原理。浮选中常用哪些浮选药剂？其在浮选过程中的作用是什么？

8. 根据固体废物（矿业固体废物、城市垃圾、冶金工业废物、农业固体废物）中各组分的性质，如何组合分选回收工艺系统？

9. 综合评述各种预处理方法的作用及其应用场合。

10. 不同高湿物料有哪些特性？

11. 简述污泥脱水设备的优缺点及适用范围。

12. 简述絮凝剂处理的目的和原理。

第5章 固体废物的稳定化与固化技术

5.1 概　　述

5.1.1 稳定化和固化的定义

固定化(简称固化)是指将污染物与无化学反应的黏合剂混合,固化受污染的土壤,用防水材料覆盖表面,减少污染物外部渗透,从而恢复受污染土壤。固化过程通常包括提高受污染土壤的机械强度、降低渗透性和封装有害污染物。稳定化指黏合剂与污染物混合后,两者发生化学或热反应,形成稳定的不溶性固体形态,从而降低污染物的毒性、浸出率和溶解度,达到修复目的,稳定化过程可能不会改变受污染土壤的物理性质。在大多数处理过程中,稳定化和固化同时进行,黏合剂既具有稳定化作用,又有固化作用。因此,该技术通常被称为固化/稳定化技术。

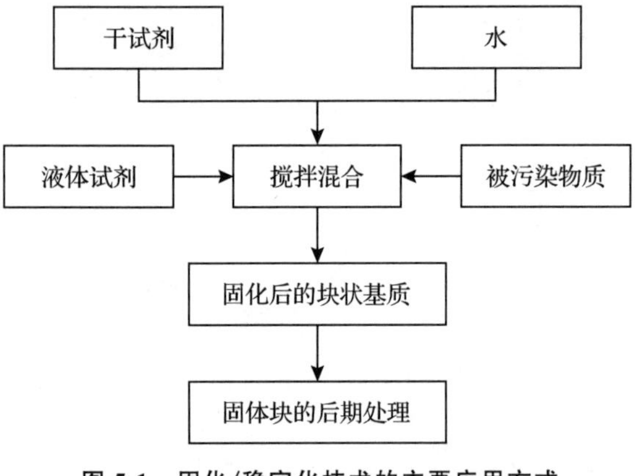

图5-1 固化/稳定化技术的主要应用方式

固化/稳定化包括原位固化/稳定化和异位固化/稳定化。常用的处理方式有水泥基固化/稳定化、石灰火山灰材料固化/稳定化、热塑性材料固化/稳定化、玻璃化、有机聚合物固化/稳定化、囊封和自胶结固化/稳定化等。固化/稳定化技术的修复效果通常由毒性特征浸出法(TCLP)确定,其原理是在稳定污染土壤后,污染物的流动性和溶解性降低,外部渗透减少,渗透水中污染物浓度TCLP值降低。固化/稳定化技术的主要应用方式如图5-1所示。

5.1.2 稳定化和固化的目的与要求

1. 稳定化和固化的目的

固体废物固化/稳定化处理的目的:以化学方式稳定含有危险废物的所有污染成分,以便于运输、使用和处置。一般来说,稳定化过程是选择合适的添加剂并与废物混合,以减少废物的毒性和污染物从废物向生态系统的迁移。这是一种使用载体、黏结剂或其他形式的添加剂固定全部或部分污染物的方法。固化过程是使用添加剂改变废物的工程特性（如渗透性、压缩性、强度等）的过程。稳定化和固化的目的是降低废物的毒性和流动性，提高处理对象的工程特性。

2. 稳定化和固化的要求

①危险废物固化处理后形成的固化体应具有良好的抗渗透性、抗浸出性、抗干湿性、抗冻融性和足够的机械强度等，并且最好可用作建筑基础、背景材料和其他资源。

②固化过程简单易行。

③固化材料的能耗和增容比低。

④工作场所无污染，符合固化体浸出毒性指标。

⑤固化剂来源丰富，成本低，加工成本低。

5.1.3 稳定化与固化的原理

固体废物的固化/稳定化技术（简称"SS 技术"）包括各种物理和化学机制以及各种处理废物的方法。其主要目的是将废物中的有害物质转化为具有更稳定的物理和化学性质的惰性物，减少其有害成分的浸出，或具有足够的机械强度以满足回收或处置的要求。由于废物种类繁多，成分复杂，稳定化与固化的原理还没有完全系统化。以下总结了固化/稳定化过程中的一些典型原理。

1. 化学反应原理

化学反应原理是固化/稳定化技术中最常见的原理之一，涉及各种化学反应过程。

2. 包容原理

包容（encapsulation）也称包埋，指以一定强度和抗渗透性的固化基材包裹污染物，以防止有害物质浸出和水的进入，达到固定的目的。主要方法：大型包容技术和微包容技术。

（1）大型包容技术　即使用大型、稳定且不透水的材料在废物的外表面形成一层隔离层，并将废物作为一个整体进行包装，以隔离有害物质。该技术中大量的危险废物实际上是被包裹在稳定材料中的非连续空洞之中。由稳定材料的分解和外部环境应力造成的物理破坏，其中有害物质在长时间后会再次迁移。影响该技术的主要因素是湿度和干燥度的周期性变化、外部液体渗透和冻融的循环变化、物理负荷导致的应力等。

（2）微包容技术　危险废物以微观的形式被固化材料的晶格点阵所包容。这项技术处理危险废物后，即使稳定材料分解成小颗粒，大多数有害物质仍被包裹在封闭的空间中。由于大多数有害物质没有进行化学转化或者与稳定材料形成络合物，当稳定结构分解成小块，或暴露在较大的表面时，污染物或多或少会加速向环境中迁移。水泥固化和熔融固化等技术同时具有微包容、化学稳定化的特点。

3. 吸附原理

吸附（adsorption）是通过接触固体表面从液相中除去可溶性组分的过程。吸附类型主要包括物理吸附和化学吸附，在废物固化/稳定化处理中，吸附主要指物理吸附。

吸附是一种表面过程，其中使用不同类型的吸附剂或吸附材料作为主要介质。在废物处理中，大多数具有大活性面积的物质均可以用作吸附剂，如活性炭、膨润土、粉煤灰、黏土、沸石、硅藻土等。影响吸附的主要因素是吸附载体的表面积、环境条件（pH、环境温度、平衡时间等）、固化产品的强度等。

要原理是在反应过程中产生具有强氧化性的羟基自由基(·OH)、过氧化氢自由基(HO_2·)、硫酸盐自由基(SO_4^-·)和超氧阴离子自由基(O_2^-·),这些自由基由于其不成对的电子具有高度反应性,能将有机污染物分解成毒性较小或无毒无害的小分子物质,甚至直接矿化为H_2O和CO_2。

5.2.2.1 过氧化氢氧化解毒

过氧化氢(H_2O_2)由于其安全性高、制备成本低和绿色健康无污染等优势,在AOPs中被广泛使用。H_2O_2在一定触媒(如Fe^{2+})作用下可以产生·OH,其氧化还原电位高达+2.8 V,·OH可以与水中的有机污染物分子反应,且无二次危害。H_2O_2/AOPs技术体系主要包括H_2O_2/O_3、UV/H_2O_2、芬顿法(Fenton)、$UV/H_2O_2/O_3$和超声/H_2O_2等。

1. H_2O_2/O_3

O_3作为一种强氧化剂,能够分解产生·OH,且具有高效、无二次污染的特点。当O_3与H_2O_2两者联用时,会加快O_3的分解,从而促进·OH的产生,提高O_3的利用率和降解效果。两者联用时的反应机理见式(5-1)至式(5-4)。

$$H_2O_2 \longrightarrow HO_2^- + H^+ \tag{5-1}$$

$$O_3 + HO_2^- \longrightarrow \cdot OH + O_2^- + O_2 \tag{5-2}$$

$$O_3 + O_2^- \longrightarrow O_3^- + O_2 \tag{5-3}$$

$$O_3^- + H_2O \longrightarrow + \cdot OH + HO^- + O_2 \tag{5-4}$$

O_3本身具有极强的氧化性,能够降解大量有机污染物,但对某些卤代烃农药等有机污染物的氧化降解效果较差,因此,将O_3与H_2O_2联用能提高氧化降解效率,促进氧化降解效果。此外,与UV高级氧化工艺相比,此方法不需要使用紫外光进行分子活化,且能够在浊度较高的水体环境中运行良好。

2. UV/H_2O_2

UV和H_2O_2联用体系对有机污染物的去除能力比单独使用H_2O_2或UV进行降解的效果更强。两者联用还具有价格低廉、操作简单等优点。一般认为,UV/H_2O_2高级氧化作用的实现途径主要有3种:有机物中的化学键在紫外光的作用下直接解离;H_2O_2的直接氧化作用;体系中产生的·OH间接氧化。起主导作用的是·OH的氧化作用。反应机理见式(5-5)至式(5-7)。

$$H_2O_2 + \sum hv \longrightarrow 2 \cdot OH \tag{5-5}$$

$$H_2O_2 + \cdot OH \longrightarrow \cdot HO_2 + H_2O \tag{5-6}$$

$$H_2O_2 + \cdot HO_2 \longrightarrow \cdot OH + H_2O + O_2 \tag{5-7}$$

式中:h为普朗克常数;v为光的频率,Hz。

UV/H_2O_2体系中每一分子H_2O_2可产生两分子·OH,具有比Fenton试剂更好的费用-效益比。与其他方法如Fenton试剂、吸附法相比,不仅能有效去除水中有机污染物,而且不会造成二次污染,也不需要后续处理。

3. 芬顿法(Fenton)

芬顿法是高级氧化工艺(AOPs)的一种,其通过Fe^{2+}和H_2O_2反应,生成·OH。Fenton

经受住·OH的氧化腐蚀，是选择和使用树脂时必须注意的问题。

此外，如海藻酸钠、胶原纤维等一些高分子有机化合物也可以作为固定载体，相关研究均取得了类似较好的处理效果，但此类载体在活性自由基(如羟基自由基、过氧化氢自由基、硫酸盐自由基等)下的化学稳定性还值得进一步探讨。

(2)无机载体/Fe/H_2O_2 体系　氧化铝、分子筛都具有良好的吸附性和离子交换性，是常见的催化剂载体，通过离子交换作用可以将铁离子替换而固载在分子表面催化分解 H_2O_2，是一类新型催化材料，相关研究报道也取得了较好的效果。

黏土是一种含水铝硅酸盐产物，主要是高岭石，并伴有铁氧化物等杂质，在自然界储量丰富，同样具有较好的吸附性和离子交换性，因而也可以用来作铁离子的载体。柱撑黏土复合材料利用某些具有层状结构的黏土矿物中层间所存在的可交换性阳离子通过交换反应引入铁离子，从而在其原位生成分子级别的支撑柱，并通过干燥、烧结等手段将其转化为具有一定吸附或催化性能的大孔径和具有热稳定性的复合材料。

此外，硅石纤维和碳纤维的比表面积比较高，吸附性也好，同样可以用作催化剂的载体。总体来说，无机载体-Fe/H_2O_2 体系具有成本低的优势，而且高比表面积载体的吸附性能和负载铁的催化性能协同作用，但是粉末催化剂的回收困难，需要研究制备合适的催化剂形态。

(3)铁氧化物/H_2O_2 体系　氧化铁/H_2O_2 组成的Fenton氧化体系就是采用氧化铁、氢氧化铁等含铁的矿石或砂石催化 H_2O_2 分解氧化有机物。氧化铁/H_2O_2 氧化体系对pH的范围要求较宽(酸性到中性)，催化剂容易回收再利用，但是，对氧化铁/H_2O_2 体系的氧化机理目前还没有一个定论。

(4)复合金属/Fe/H_2O_2　在非均相Fenton体系中掺入其他一些金属元素，可以提高催化剂的催化效果。稀土具有独特的物理、化学性质，掺杂一定比例的稀土能显著提高光催化剂的使用性能。

5.2.2.2 臭氧化解毒

臭氧(O_3)作为一种强氧化剂(2.07 eV)，可选择性地将大多数C—C键、双键、芳香环或含氮、磷及氧原子的有机污染物分解为短链的中间产物，使有机污染物降解甚至矿化为 H_2O 和 CO_2。在利用 O_3 氧化有机污染物的体系中，O_3 通常以分子形态与有机物直接反应，或通过链反应生成·OH再与有机物间接反应。·OH的氧化性较 O_3 强，与有机污染物的反应更为彻底。除单次 O_3 氧化外，还开发了与 H_2O_2、催化剂和UV等的组合来降解有机污染物。通过将其他技术与臭氧氧化相结合，增加·OH的生成速率，或生成其他氧化物质，如硫酸根(SO_4^{2-})，这导致有机污染物的去除率更高和/或更快。通常，O_3/催化剂工艺可根据催化剂类型分为均相和非均相系统。

1. 均相催化臭氧氧化

对于均相催化剂，通常使用金属离子，如 Zn^{2+}、Mn^{2+}、Co^{2+}、Cu^{2+} 和 Fe^{3+} 等非贵金属离子作为催化剂，催化 O_3 分解反应并产生·OH和 HO_2·。多相催化臭氧氧化是基于多相催化剂对臭氧的活化，例如金属或金属氧化物。常见的反应机理主要有2种：①金属离子的存在增强了臭氧分解和·OH生成，从而改善了有机污染物的氧化；②金属离子和有机分子结合形成的复合物被臭氧或·OH氧化。

亚铁离子(Fe^{2+})是均相催化高级氧化剂，可催化产生羟基自由基。在 Fe^{2+}/O_3 反应系统

中 Fe^{2+} 与臭氧直接反应产生中间体 FeO_2^{2+}，该物质随后演化生成 · OH，与有机污染物发生氧化反应，如式(5-18)和式(5-19)所示：

$$Fe^{2+} + O_3 \longrightarrow Fe^{2+} + O_2 \tag{5-18}$$

$$FeO^{2+} + H_2O \longrightarrow Fe^{3+} + \cdot OH + OH^- \tag{5-19}$$

与此同时，中间体 FeO_2^{2+} 也可缓慢地将 Fe^{2+} 氧化为 Fe^{3+}，如式(5-20)所示：

$$FeO^{2+} + Fe^{2+} + 2H^+ \longrightarrow 2Fe^{3+} + H_2O \tag{5-20}$$

催化臭氧氧化过程的最佳性能需要特定的催化剂剂量。高于最佳条件的催化剂剂量会导致过量 · OH 清除，降低新出现的污染物转化的工艺效率。从式(5-20)可以看出，高浓度的 Fe^{2+} 反而可能会限制 · OH 的生成，从而抑制反应的氧化能力。

有研究报道了均相催化臭氧氧化工艺降解废水中有机污染物的效率和可行性。例如，用 O_3/Fe^{2+} 系统处理 100 μg/L 乙酰胺(模型化合物)，当 O_3 浓度为 10 mg/L 和催化剂剂量为 10 mg/L 时，60 min 内实现 50%降解。

除了铁基催化剂材料外，还有锰氧化物(MnO、MnO_2 和 Mn_2O_3)、铝基材料(γ-Al_2O_3)其他金属材料(MgO、TiO_2)以及碳基等非金属材料(氧化石墨烯(GO)、还原氧化石墨烯(rGO)、碳纳米管(CNTs)、活性炭(AC)、颗粒活性炭(GAC)等作为氧化剂。

2. 非均相臭氧催化氧化

为了克服均相催化臭氧化的缺点，已经开发出具有高稳定性和效率的固体催化剂。特别是，金属氧化物(如 TiO_2、MnO_2、Al_2O_3)和金属/金属氧化物载体(如 Cu/TiO_2、Cu/Al_2O_3、Re/CeO_2)已被用作多相催化剂以激活 O_3 分解反应并转化有机污染物。催化剂、有机污染物和 O_3 之间的相互作用包括 3 种可能的情况。非均相催化臭氧氧化是在固体催化剂的存在下，提高难降解有机污染物臭氧氧化性能的工艺，所用催化剂主要包括贵金属催化剂、过渡金属催化剂、碱土金属催化剂和非金属催化剂。常见的反应机理主要有 2 种：

①固体催化剂的存在可以改善臭氧在水溶液中的传质及其在水溶液中的分解速率，催化剂的吸附作用增加活性物质与有机污染物的碰撞概率，从而加速有机污染物的降解，氧化降解过程主要发生在固-液相界面上。

②催化剂为水、臭氧和有机化合物之间的催化反应提供丰富的活性位点，加速臭氧分解产生活性自由基(式(5-21)至式(5-24)，其中 S 代表催化剂的表面位点)，利用自由基的强氧化性达到间接氧化降解有机污染物的目的，氧化降解过程主要发生在液相中。

此外，还包括在反应前同时吸附 O_3 和表面的有机污染物。

$$HO^- + S \rightleftharpoons S-OH + e^- \tag{5-21}$$

$$O_3 + S-OH \rightleftharpoons S-O_3 \cdot + \cdot OH \tag{5-22}$$

$$S-O_3 \cdot \rightleftharpoons S-O \cdot + O_2 \tag{5-23}$$

$$O_3 + S-O \cdot \rightleftharpoons O_2 \cdot + S + O_2 \tag{5-24}$$

相比于均相催化，非均相催化臭氧氧化过程催化剂的活性、稳定性和使用寿命都有明显提升，可高效催化臭氧分解，彻底氧化降解有机污染物。目前用于催化臭氧氧化的催化剂主要包括负载贵金属催化剂(金、银、钯、钌等)、过渡金属催化剂(铁、铈、锰、铜等)、碱土金属催化剂(镁、钙等)和非金属催化剂(活性炭、碳纳米管等)。与传统的基于臭氧的 AOP 相比，催化臭氧化工艺具有多项优势。由于不需要紫外线(如 O_3/UV)和 pH 调节(如 $O_3/HO—$),催化臭氧化的运营成本较低。耦合臭氧和多相催化可以增强反应动力学,提高 O_3 的利用效率,并减少实现废水中新出现的污染物完全矿化所需的时间。

3. 氯氧化解毒

UV/氯工艺作为一种新兴、高效的 AOP 技术,最初由 Watts 和 Linden 提出。在 UV/氯体系中,溶液中的游离氯($HClO/ClO^-$)在 UV 照射下光降解生成 $\cdot OH/O\cdot^-$ 和 $\cdot Cl$[式(5-25)至(5-27)]。其中 $\cdot OH$ 是无选择性强氧化剂,可以接近扩散的速度与有机基团反应,而 $\cdot Cl$ 则是具有选择性的强氧化剂,可通过单电子氧化、摘取 H 和添加不饱和 C—C 键与富电污染物的富电子基团反应。据报道,氧化还原对 $\cdot Cl/Cl^-$ 的标准电极电位在 2.20～2.60 V 范围内。UV/氯工艺中自由基产生的引发步骤如下:

$$HOCl(+h\upsilon) \longrightarrow \cdot OH + Cl\cdot \tag{5-25}$$

$$ClO^-(+h\upsilon) \longrightarrow \cdot O^- + Cl\cdot \tag{5-26}$$

$$\cdot O^- + H_2O \longrightarrow \cdot OH + OH^- \tag{5-27}$$

式中:h 是普朗克常数,υ 是紫外线频率。

UV/氯体系中,$\cdot OH$ 和 $Cl\cdot$ 是主要的活性自由基,对诸多污染物的降解起主导作用,如布洛芬、卡马西平、新烟碱类杀虫剂、甲硝唑、苯甲酸等。但 $\cdot OH$ 和 $\cdot Cl$ 还可与体系中 $HClO$、ClO^-、Cl^-、OH^- 等进一步反应,生成 $ClO\cdot$、$ClO\cdot^-$、$ClOH\cdot^-$、$Cl_2\cdot^-$ 等活性氯物种(Reactive chlorine species,RCS)进一步促进 UV/氯对污染物的氧化降解。尽管这两种氯物质($HOCl$ 和 ClO^-)都是 UV/氯气过程中产生自由基的潜在反应物,但据报道,在较低的 pH 下,$\cdot OH$ 的产生会增加。

研究者尝试用 UV/氯氧化工艺去除各种难降解有毒有害污染物,并将 UV/氯工艺与其他污染物去除工艺进行对比,结果表明与传统 AOPs 相比,UV/氯工艺有以下优点:

(1)成本低　相较于传统 AOPs 工艺中所涉及的化学试剂(如 H_2O_2、$FeSO_4\cdot 7H_2O$、O_3、$Na_2S_2O_8$ 等),UV/氯工艺中所需要的主要化学试剂 NaOCl 更加廉价易得,且 HOCl 和 OCl^- 的量子产量和摩尔吸光系数高,与 UV/H_2O_2 工艺相比,相同 UV 光照条件下能量利用率高,氧化剂消耗量少。

(2)工艺简单　UV/氯氧化工艺中只需要投加氧化剂和设置 UV 灯照射,UV 灯照射和残余的 Cl^- 还可继续为水体提供多重消毒屏障,不需要额外淬灭反应体系中残余的 Cl^-。传统的 UV/H_2O_2 法,需要淬灭残留 H_2O_2。因此,相较于传统方法,该反应工艺简化了处理工序并降低了处理成本,不易造成二次污染,且不需要额外与其他技术联用。

(3)效果好　传统 AOPs 中主要利用 $\cdot OH$ 氧化降解污染物,而 UV/氯体系中除了产生 $\cdot OH$ 和 $Cl\cdot$ 的同时,也会同时产生多种 RCS(如 $ClO\cdot$、$Cl_2\cdot^-$)。多种自由基共存,可以相互耦合共同促进复杂有机污染物的氧化降解。其中 $\cdot OH$ 是具有非选择性的强氧化剂,既可以接近扩散的速度与目标污染物反应,又易被水体中其他溶解性组分淬灭而导致分配给目标污染物的有效浓度低。而 $Cl\cdot$ 是具有选择性的强氧化剂,与含—NH_3、—OH、C═C 等富电基团的污染物的反应活性甚至高于 $\cdot OH$ 与相应污染物的反应活性。因此,对一些新型微污染物(如苯并三唑、甲苯三唑、三氯乙烯)降解时,UV/氯氧化法比 UV/H_2O_2 法更为有效。

(4)可行性高　目前,世界各地的水体消毒技术主要是 UV 消毒或氯消毒,当在氯消毒工艺后添加 UV 照射或者采用 UV 消毒法处理含氯泳池水和残留氯的饮用水时，水中的成分可同时暴露在 UV 和游离氯下，而在富含卤素自由基的沿海海水中，阳光照射下可自发 UV/氯反应。

UV/氯氧化工艺是先进氧化技术领域的新技术，应用研究并不丰富。最受欢迎的应用领域是供水（饮用水＋地表水），然后是废水处理。主要目标是去除有机物，如微污染物和与饮用水相关的消毒、消毒副产物（disinfection by-product，DBPs）控制以及味道和气味控制目标。在实际水体中，无机碳和溶解性有机质（dissolved organic matter，DOM）被认为是抑制氯氧化作用的原因，它们充当自由基清除剂，并降低可用于与污染物反应的有效自由基浓度。DOM 还可以消耗氧化剂，同时吸收紫外线辐射，通过屏蔽作用抑制游离氯的氧化作用和污染物的紫外线光降解。

5.3 固体废物的固化

5.3.1 固化的步骤

固化是指在危险废物中添加固化剂使其变为不可流动固体或形成紧密固体的过程。结构完整的整块密实固体，方便运输并进行进一步利用。固化的基本步骤如下：

1. 废物预处理

对收集到的固体废物必须进行预处理，如分选、干燥、中和、破坏氧化物等物理的和化学的处理过程，否则废物中所含的许多化合物都会干扰固化过程。例如，用水泥为固化剂时，锰、锡、铜、铝等可溶性盐类会延长凝固时间并降低固化体的物理强度。过量的水也会阻碍固化过程，含酸性物质过多则会使固化剂用量增加。

2. 加入填充剂及固化剂

固化可分为包胶固化（又称凝结固化）、自胶结固化、玻璃固化、水玻璃固化。不同固化处理所添加的固化剂和填充剂是不一样的。

（1）包胶固化　将有害废物包裹在包胶体内或使用包胶材料包覆废物微粒，添加的固化剂有水泥、沥青、石灰、塑料等。

（2）自胶结固化　是利用废物自身的胶结特性来达到固化目的的方法，该技术主要用来处理含有大量硫酸钙和亚硫酸钙的废物，如磷石膏、烟道气脱硫废渣等，不需要额外添加固化剂。

（3）玻璃固化　将固体废物与玻璃基材按一定比例混合后，在高温 900～1 200 ℃下煅烧、熔融、浇注，经退火后转化为稳定玻璃固化体，玻璃固化需要加入黏土。

（4）水玻璃固化　利用水玻璃加酸后的硬化等性能将有害废物结合，包容及吸附而固化，需要添加硅酸钠。

固化剂的用量一般根据实际固体废物的性质与数量来确定。

3. 混合和凝硬

将废物和固化剂在混合设备中均匀混合后，送到硬化池或处置场地中放置一段时间，使之凝硬，完成硬化过程。

4. 固化体的处理

根据所处理废物的特性，将固化体填埋或加以利用（如作建筑材料）。

5.3.2　水泥固化

1. 定义

水泥固化技术(cementsolidification)是将有毒有害的危险废物用水泥进行固化的处理方式。此法能够降低表面积,减少渗透率,使固体废物能够在运输和处置过程中更加安全。水泥固化是一种清除固体垃圾的技术,也是一种无毒、安全的处理危险垃圾的技术。

2. 原理

水泥是一种无机胶结剂,经水化反应后可形成坚硬的水泥块,能将沙、石等骨料牢固地凝结在一起。包括2种效果:

(1)凝胶含量　水泥与沉淀物中的水反应,所得凝胶在沉淀物中含有固体(沉淀物中的固体成为水合聚合体,包含在水泥凝胶中)。

(2)离子沉积　水泥是一种碱性物质,沉淀中的重金属离子与水泥中的 OH^- 反应。

3. 种类

(1)硅酸盐混凝土　以石灰、黏土为主要原材料的混凝土(又叫波特兰水泥),适用于腐蚀性不强的污泥。因为硅酸盐水泥易于和污泥中的油类、有机酸、金属氧化物反应,损害凝结硬化过程。

(2)矿渣水泥　加入一定量的高炉注水渣(火山灰),使其能够承受硫酸盐和化学腐蚀。

(3)粉煤灰水泥　加入一定量的粉煤灰(火山灰物质)。

(4)高铝含量水泥　添加一定量的铝含量较高的原材料,如铝土矿。

4. 添加剂

在水泥固化操作过程中,为了提高固化效率,改善固化体的质量,需要添加一些固化助剂。常用的添加剂有:①吸附剂,能够吸附泥渣中的有毒物质,如活性氧化铝、黏土、蛭石等;②缓凝剂,延迟固化的作用时间,如柠檬酸、酒石酸、硼酸盐等;③促凝剂,加入某些材料提高反应初期固化强度,如水玻璃、铝酸钠、碳酸钠等;④减水剂,能够增加水与水泥浆之间的黏结强度和降低水灰比,如表面活性剂等。

5. 优缺点

水泥固化在处理高危重毒的废物时效果显著。操作过程和所需要的仪器都相对简单,后期维修的花费少。处理原料(水泥和添加剂)都比较常见,价格便宜。含水率高的垃圾可以直接固化处理,固化体涂抹沥青能够降低污染物的浸出率,而且具有优秀的韧性和刚度,能够长久承受高温。固化体在一些情况下被用作建筑基础材料。由于水泥固化体的孔隙率相对较高,其浸出率也较高。固体废物固化使得处理费用增加。水泥的碱性易使废物中的铵离子变为氨气逸出,也可能释放其他有害气体。水泥固化过程需要较高的能量消耗,用于原材料的混合、运输和固化。在某些情况下,固化过程中污染物未能完全被固定,仍有可能渗出,导致二次污染。不同类型的废物与水泥的相容性问题可能导致固化体的强度和持久性不均匀。一旦固化完成,无法再次进行处理或恢复,可能会限制后续的资源再利用或其他处置方案。固化后的增容比例高,达1.5～2.0。某些废物需要预处理和加入添加剂。

6. 影响因素

(1)pH　许多金属离子在高pH环境下会生成氢氧化物沉淀。

(2)水、水泥和废物数量的比例　水太少,水泥和废料会影响砌块的硬化强度,不能保证水泥的完全水化;水太多,会出现水解放的现象。废弃物通常含有抑制水化的成分,而且程度难以评估，因此，水泥与废弃物的体积比应通过测试方法来确定。

（3）添加剂　为了提高固化材料的质量，通常会添加其他成分。吸附剂，如沸石或蛭石被添加到含硫酸盐的废物中，防止硫酸铝钙与水泥成分发生反应，导致水泥体积增加和性质恶化。还需要某些添加剂来降低有毒物质的浸出率。例如，可以添加少量的硫化物来有效固定重金属离子。

（4）凝固时间　必须适当调节初凝与终凝时间，并保证有充分的时间来运输、压实及浇注混凝土后的混凝土废料。凝固时间采用添加凝固促进剂（无机盐，如偏铝酸钠、氯化钙、氢氧化铁）和缓凝剂（有机物、淤泥、硼酸钠等）来调控，初凝时间一般大于 2 h，终凝时间大于 24 h。

7. 主要工艺

（1）外部混合法　将废物、水泥、添加剂和水在容器中进行搅拌，混合均匀后再灌入混合槽中（图 5-2）。此方法所使用的仪器简单，能够有效利用混合容器的体积，但使用过后的混合器需要花费大量的人力清洗干净，生成洗涤废水。

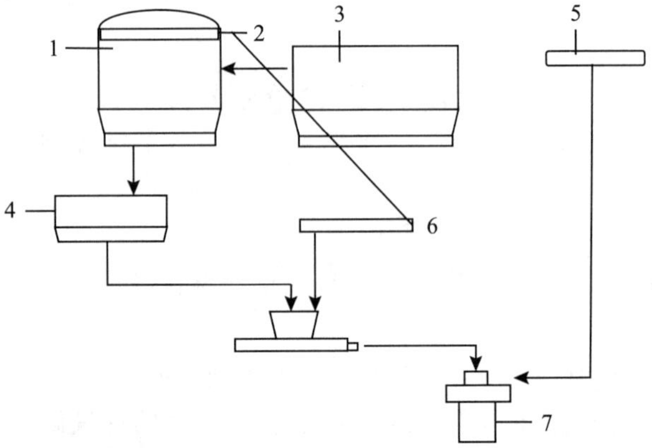

图 5-2　外部加入水泥的方法

1. 浆状废物；2. 脱水槽；3. 水泥贮仓；4. 混合槽；5. 促凝剂硅酸钠贮槽；
6. 进料机；7. 水泥/废物固化体进入贮桶

（2）容器内混合法　固体废物不需要转移，直接在最终处理的混合容器内进行搅拌即可（图 5-3），适用于危险性大但数量不多的废物，如放射性废物。这种方法不会产生新的污染物，而且处理所用的容器容量不大（通常用 200 L 的桶），难以充分的搅拌混合。

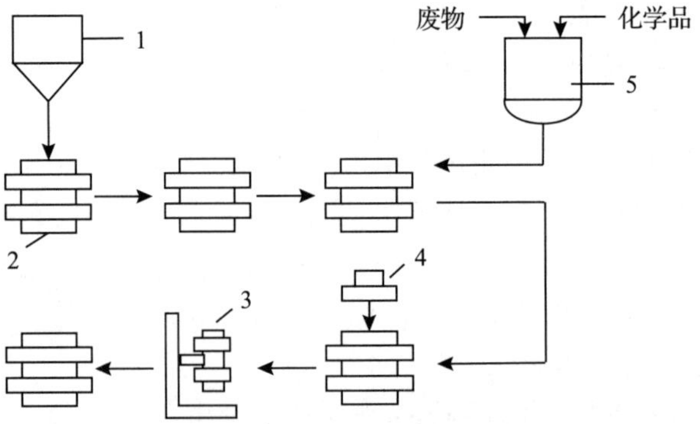

图 5-3　在桶内加水泥的方法

1. 干水泥料斗；2. 桶；3. 转鼓；4. 盖；5. 混合机

(3)注入法　固体废物的粒度较粗或不规则，难以混合，可以先将废物放在桶里，然后再填入准备好的砂浆，如果处理的是液体废物，可以同时将废液倒入。为了实现均匀混合，可以将密封的容器放在滚动或振动的平台上。在混合材料时应注意，可能会产生气体和热量，容器中的压力会增加，还需要确保容器没有完全装满，以达到均匀混合的效果。

8. 应用

(1)电镀污泥的处理　电镀污泥含有 Cd、Cr、Cu、Pb、Ni 和 Zn。该过程将干燥的电镀污泥、水泥和水按照(1～2)∶20∶(6～10)的比例进行添加，工艺流程如图 5-4 所示。电镀污泥处理工艺中，水泥固化工艺的处理效率高，初始资金以及后期维护的花费不高，此工艺已经非常稳定和成熟，应用广泛。

图 5-4　电镀污泥水泥固化处理工艺流程图

(2)含汞废水的处理　凝固和掩埋技术是一种组合式的稳定化处理技术，其中水泥凝固起主要作用，主要用于处理废旧含汞化学品。如图 5-5 所示，化学试剂、稳定剂(有机硫化物)和水泥或燃烧残留物按适当比例混合，在混合罐中一起揉捏，形成块状，并进行安全处置。新鲜混凝土的排出量为 1 000 L，干料的输入量为 1 600 L，骨料(碎石、圆石)的最大直径为 40～60 mm，理论容量为 10 m^3/h，搅拌时间为 6～8 min。固化成型需要 7～8 d，固化期间的浇水频率为 4 h/次。

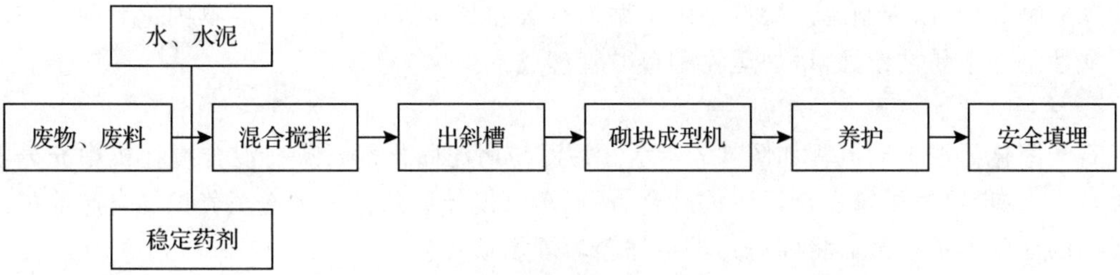

图 5-5　含汞废化学试剂固化填埋处理工艺流程

(3)砷污泥的处理　稳定化/固化-填埋工艺，是含砷固体废物的最常用处理工艺，其流程如图 5-6 所示。此法能够很高效的把含有砷固体垃圾的砷浸出浓度减少至《危险废物填埋污染控制标准》(GB 18598—2019)规定的砷浸出浓度以下，而后才进行安全填埋。

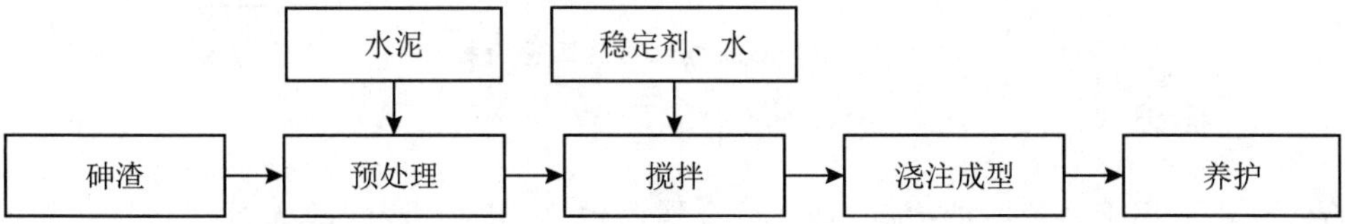

图 5-6　砷渣固化的工艺流程

水泥还可用于多氯联苯、油类、污泥、含有二氯乙烯和二氯乙烷的废物、各种树脂、稳定和硬化的塑料、石棉、硫化物和其他难以处理的污泥。它们也最常用于处理危险废物，如焚烧炉飞灰。

5.3.3 石灰固化

1. 定义

石灰固化指以石灰为固化剂，以垃圾焚烧飞灰、水泥窑灰以及熔矿炉炉渣等作为添加剂对危险废物进行固化/稳定化。通过波索来反应将重金属等污染物稳定于胶体结晶中。

2. 原理

石灰作为固化材料，常见的类型有普通生石灰、白云石生石灰和水化富钙石灰，这类石灰加入土中后将会发生一系列的物理化学反应。生石灰的主要成分是 CaO，消石灰的主要成分是氢氧化钙（$Ca(OH)_2$），具有碱性，呈白色粉末状。氢氧化钙碱性强且溶解度小，因此其腐蚀性小，被广泛用于日常生活，如用于自来水消毒、改良土壤酸性、制作漂白粉等。石灰固化是通过结晶反应、碳酸化反应和离子交换反应等反应实现污染物的稳定。结晶反应是 $Ca(OH)_2$ 使石灰吸收水分形成含水晶格并与土体颗粒结合形成共晶体，提高石灰土的水稳定性。碳酸化反应是 $Ca(OH)_2$ 与空气中的二氧化碳反应生成稳定性高的碳酸钙。离子交换反应是 Ca^{2+} 与粉土颗粒表面吸附的 Na^+、K^+ 发生离子交换，使胶体的吸附层变薄，可有效改善土体的湿性。

3. 优缺点

石灰固化已广泛应用于稳定钙基脱硫废物和多种重金属废物。固化工艺设备简单，操作方便，石灰资源丰富，对固体废物的含水率无要求，常温环境即可操作。石灰固化以粉煤灰和水泥窑灰为添加物，处理工艺废渣，形成的废物固化块具有一定的强度，可作为路基料，与填充物实现废物利用、以废制废。缺点是由于添加石灰和其他添加剂，会使废物固化后的体积增加且在酸性条件下易被侵蚀，增加运输和存贮管理成本。

4. 主要工艺

石灰固化污泥工艺流程如图 5-7 所示。污泥与污泥固化剂石灰在混合搅拌机中充分混合搅拌，再由皮带输送机输送至污泥成品仓，污泥车将搅拌后的污泥运送至养护场自然养护或切成规则的块状养护。最后将固态污泥运送至填埋场填埋。

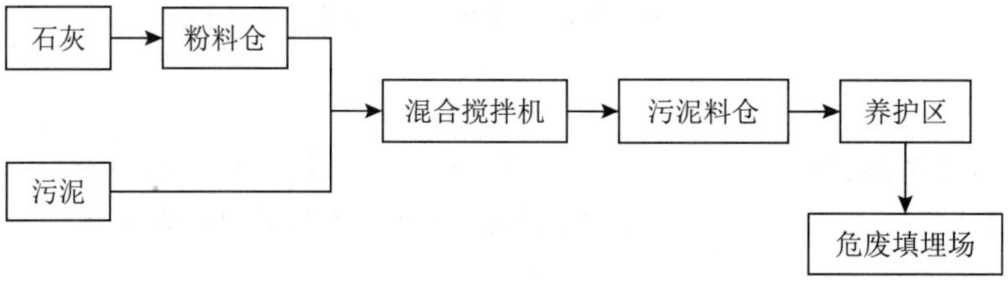

图 5-7 石灰固化污泥工艺流程

5. 应用

石灰固化适用于稳定石油冶炼污泥、重金属污泥、氧化物、废酸等无机污染物。随着我国污水处理技术的发展和污水处理厂的增多，产生的污泥也逐步增多。目前，很多污水厂仍然将污泥随意外运，简单填埋或堆放，从而污染环境。目前常通过石灰对污泥进行固化、杀菌。

污泥石灰干化固化杀菌的基本原理是将污泥与细石灰均匀混合，石灰与污泥中所含的水分发生如下反应：

$$1\ \mathrm{kg\ CaO} + 0.32\ \mathrm{kg\ H_2O} \longrightarrow 1.32\ \mathrm{kg\ Ca(OH)_2} + 1\ 177\ \mathrm{kJ} \tag{5-28}$$

根据这一反应，每投加 1 kg 的氧化钙，有 0.32 kg 的水被结合成为氢氧化钙，反应所生成的热可蒸发约 0.5 kg 的水。生石灰与水反应生成氢氧化钙后，与 CO_2 反应：

$$1.32\ \mathrm{kg\ Ca(OH)_2} + 0.78\ \mathrm{kg\ CO_2} \longrightarrow 1.78\ \mathrm{kg\ CaCO_3} + 0.32\ \mathrm{kg\ H_2O} + 2\ 212\ \mathrm{kJ} \tag{5-29}$$

这一反应会进一步增加固体物的总量，发热蒸发一部分水，进而增加污泥的含固量。CaO、$Ca(OH)_2$ 还可以与二氧化硅（SiO_2）或者氧化铝（Al_2O_3）发生反应。由于 $Ca(OH)_2$ 的作用使污泥呈碱性，可以与部分重金属结合形成无害化合物；由于反应热导致污泥温度升高，一部分游离的水被蒸发。温度和 pH 升高可以起到杀菌的作用，从而保证污泥在利用或处置过程中的卫生安全性，实现污泥改性、颗粒化，从而改善储存和运输条件，避免二次飞灰、渗滤液泄漏。

5.3.4　沥青固化

1. 定义

沥青固化是以沥青为主要基材的一种固化处理方法，将沥青与有害废物在一定的温度、配料比、碱度和搅拌作用下发生皂化反应，从而将有害废物均匀地包容在沥青中，达到稳定的目的。我国从 20 世纪 60 年代末就开始研究硝酸钠体系废液的沥青固化技术。该技术一般被用来处理具有中、低放射性的蒸发残渣，废水化学处理产生的污泥，焚烧炉产生的灰分、塑料废物，以及毒性较大的电镀污泥和砷渣等有毒有害废物。

2. 原理

沥青与有害废物在一定温度下均匀混合，产生皂化反应，使废物包容在沥青中，形成固化体。

3. 优缺点

沥青固化体具有很多优良性能，当废物包容量和盐含量适合时，浸出率能比类似的水泥固化体低至（1/100）～（1/1 000）。辐照剂量不超过 1×10^{9} rad（1 rad＝0.01 J/kg）时，固化体是稳定的；只有当辐照剂量达 1×10^{10} rad 时，沥青的化学结构才会被破坏。相对水泥固化来说，沥青固化具有处理所产生的固化体空隙率小、致密度高、废物包容量大、耐腐蚀性强和难于被水渗透等优点。

但由于沥青工艺要求的温度比较高，沥青又是可燃物，必须高度重视运行安全性。特别是用来固化含硝酸盐、亚硝酸盐或其他氧化剂废物时，可能会出现燃烧、爆炸的危险。此外，沥青固化程序复杂，处理过程容易产生二次污染，增加了运行管理费用和操作的难度。

为此需要强调：①严格控制操作温度在 180 ℃以下，并有完善的防止过热和防火措施；②废物中不含或仅含少量有催化作用的组分，重视料液的检测分析；③混合后熔融的沥青混合物分批装入容器，冷却时间≥24 h，待容器中心温度降到 50 ℃以下再储存；④沥青的化学结构容易被辐射降解而破坏，故不适宜用于处理高放废物。

4. 主要工艺

在各种路面中，沥青路面占 90％以上，是道路建设中一种最广泛的高级路面。沥青是一种高分子量脂肪烃和芳香烃的混合物，是一种黑色胶结剂，在世界范围内被广泛使用，尽管世界各地都有类似沥青材料的天然沉积物，但主要依靠炼油工业生产。使用沥青作为工程建筑和维护材料的关键特征和优势之一是其多功能性，以及对大多数酸、碱和盐的作用具有很强的抵抗力，还具有一定的弹性和可塑性，具有良好的包容性能，长期以来被用作低水平放射性废物的主要固化材料之一。我国目前使用的沥青大部分为石油蒸馏残渣制品，其化学成分复杂，主要有直馏沥青（石油蒸馏的残余物）、氧化沥青（在沥青中吹入空气使部分组分氧化的产物）、裂化沥青（石油重组分热裂化的产物）和乳化沥青（加入表面活性剂使沥青和水乳化的产物）。应根据不同的固化对象和工艺选用不同的沥青，直馏沥青适用于一般固化，而氧化沥青适用于放射性水平较高的固体废物。

沥青固化工艺主要包括三部分：固体废物的预处理、固体废物与沥青的热混合以及蒸汽净化处理，其中最为关键的是第二个环节。沥青不吸水，固化过程中不发生水化过程。因此，对于干废物，可以将加热的沥青与干废物直接搅拌混合，对含水分较多的废物需要预先浓缩脱水。混合的温度应控制在沥青的熔点和燃点温度之间，在 150～230 ℃的温度范围内，温度过高容易引发火灾。热混合通常是在专用的带有搅拌装置并具有蒸发功能的容器中进行，如果加热过程不进行搅拌，很容易引起火灾等事故。沥青固化处理废物的具体工艺流程见图 5-8。

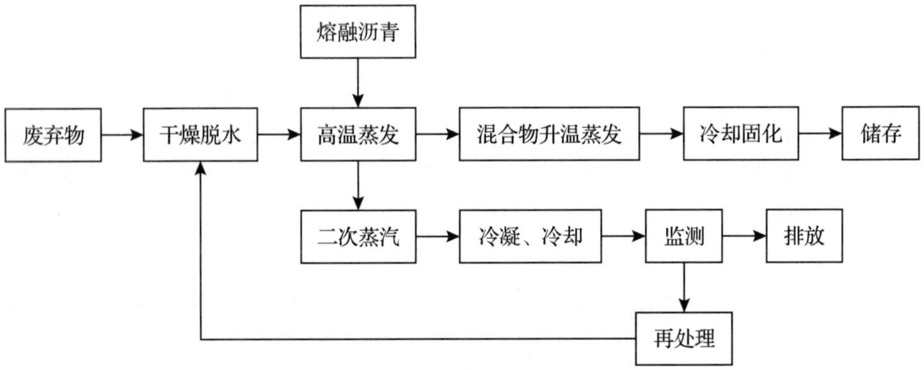

图 5-8　沥青固化工艺流程图

沥青固化方式主要有 2 种：①螺杆挤压法，整个过程在螺杆挤压机中完成。20 世纪 80 年代后，随着沥青固化方法应用需要日益提高，更高效的连续性操作设备被广泛应用，螺杆挤压机法主要针对于较为干燥（含水量少）的固体废物。这种方法是将螺杆挤压机与熔融的沥青混合，通过螺杆的旋转，同时达到将废弃物推进和将废弃物与沥青充分搅拌混合的双重目的。从螺杆挤压机排出的混合物被充填到废物桶中，冷却硬化。此装置体积小，固化效率高，整个加热搅拌过程都是在动态过程中进行的，因此废弃物在装置内的滞留物少。②薄膜蒸发法，其设置主要由带有搅拌装置的立体圆柱形结构组成。废液与熔融沥青分别加入薄膜蒸发器中，随即被高速转动的转子甩到加热壁上，以薄膜状流下，蒸出的蒸汽从顶部引出，落入接收容器的是无水的废物和熔融沥青的混合物。该工艺目前主要应用于含有大量水分的废弃物中，如图 5-9 所示。

5. 应用

对于常规固体废物的固化/稳定化技术，存在一些不可估量的问题：为提高固化体的稳定性和降低浸出率，需使用大量的凝结剂，增加成本和固化后的体积。当包容体破裂后，各类危险废物特别是重金属会重新进入环境，对环境造成二次污染，还会对各种生物体和人类的健康造成威胁。

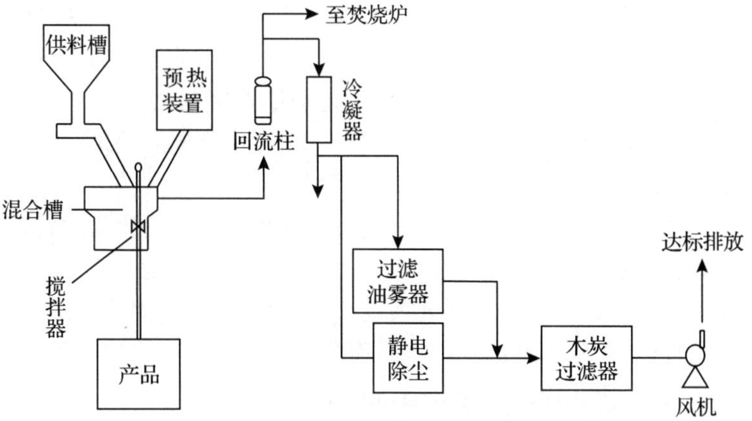

图 5-9 薄膜蒸发法固化工艺图

近些年有研究指出，在沥青中被固化的重金属可以长时间保持稳定，垃圾焚烧飞灰可用于生产沥青混合料。作为路基材料原料之一的垃圾焚烧飞灰，具有粒径小、比表面积大、耐碱度强的特点，可以显著提高材料的高温稳定性。并且垃圾焚烧飞灰产量巨大，在沥青混合料中使用其代替矿物材料既经济又环保。大量的粉煤灰废料可以有效再利用，可以替代资源日益稀缺的石灰石和玄武岩矿物材料。由于沥青良好的附着力、抗渗性和化学稳定性，能很好地凝固垃圾焚烧飞灰，稳定飞灰中的重金属污染物，起到无害化处理的作用。

此外，普通沥青路面在其使用寿命期间经常会出现车辙、开裂、剥落等问题，可以通过干法或湿法将再生轮胎橡胶和各种类型的废塑料等加入沥青中用作路面材料的改性黏合剂，对沥青进行改性，改变其黏度、耐高温和吸声等特性。沥青是一种碳氢化合物材料，具有与塑料相似的化学功能。乙烯醋酸乙烯酯等聚合物已被引入沥青中作为改性剂，以提高基础沥青的性能。聚合物改性剂不是与基础沥青发生化学反应，而是均匀分散在基础沥青中并吸收沥青的成分。塑料最重要的非机械性能之一是密度，它会影响与沥青混合后的剂量和相容性。沥青的密度范围为 0.85～1.05 g/cm^3。高密度聚乙烯、聚丙烯、乙烯醋酸乙烯酯的密度都小于沥青，而聚碳酸酯、聚氨酯的密度高于沥青，聚对苯二甲酸乙二醇酯和聚苯乙烯的密度与沥青的密度重叠。但目前很多工程师们对提倡大量使用回收材料犹豫不决，除非这种含有回收材料的路面基础设施的性能被证明与不包含回收材料的性能一样好。使用废塑料的挑战之一是旧塑料性能的恶化。有许多关于在道路上使用各种废聚合物的研究，然而，在充分了解含有各种剂量和类型的再生塑料的沥青路面的性能方面存在差距。

5.3.5 塑性材料固化

塑性材料是指在常温、静载荷下具有塑性的材料。可进行模锻、冲压、挤压等加工或成型，具有较强的抗冲击、抗震动能力，如低碳钢、铜、铝、塑料、橡胶等。塑性材料固化是指以塑性材料为固化剂与危险废物按一定的配比，同时添加适量的催化剂和填料(骨料)进行搅拌混合，发生共聚合固化而将危险废物包容形成具有一定机械强度和稳定性固化体的过程。依据所用塑性材料性质的不同而分为热固性材料固化和热塑性材料固化。

1. 热固性材料固化

热固性塑料是指在加热时会从液体变成固体并硬化的材料，与其他塑性材料的不同之处在于，热固性材料在二次加热后不会重新液化或软化为液态。热固性材料包容技术是热固性材料最常用的固化方法。该技术是将废弃物与其混合后从小分子变成大分子的交联聚合过程，主要通过物理作用将废物与材料结合，并在催化剂或絮凝剂的作用下形成多孔性聚合物，进而在每个废弃物颗粒表面形成一层不透水的膜，达到固化稳定的效果。

2. 热塑性材料固化

热塑性材料是指在特定温度范围内，能反复加热软化和冷却硬化的材料，其可经过高温处理变成熔融态液体后用以包覆废弃物，包覆废弃物的熔融态塑性材料经冷却后可形成塑性材料固化体，固化体可经过一系列后期工艺处理，从而达到将废弃物固化稳定化的目的。热塑性材料固化是塑性材料固化中常用的固化技术。固化处理中应用的热塑性材料有沥青、塑料、石蜡等，在实践应用中，沥青固化应用最为普遍，相关工艺流程固化方式已经在沥青固化章节进行详细阐述。相较于其他材料固化方法，热塑性材料可以经过反复加工固化，特别是对于包容性差的热塑性材料，其可以经过多次固化加工形成多层包容固化物，从而降低固体废物的渗透率。此外，热塑性材料相较于其他材料而言，具有延展性强、便于运输等优良特点。

塑性材料固化已经应用于多种危险废弃物的处理过程中，典型案例是在含有无机及有机物的电镀污泥中加入碳酸钙处理使废弃污染物干燥，干燥处理完毕后通过与不饱和聚脂、催化剂、助凝剂、河沙等混合加热固化。投配比例为干污泥重 30％以下，不饱和树脂重 20％～35％、骨料重 35％～50％。

5.3.6 玻璃固化

1. 概念

玻璃固化是把废物掺和在玻璃基料中形成玻璃固化体的过程。玻璃固化过程包括对放射性废物进行浓缩、煅烧，使其所含的盐分转化成氧化物，然后再与玻璃基料一起熔融，最终浇铸成玻璃固化体。

2. 优缺点

玻璃固化是固化高放废液的一种高效固化技术，自 20 世纪 50 年代开始，于 70 年代法国率先进入工业应用。玻璃固化因为固化体性能优良，能获得较多的减容优势而备受人们重视，并得到很大发展，如冷坩埚熔炉技术、流动玻璃固化装置、就地玻璃固化技术等。但高放废液中包含锕系及裂片核素在内的 30 多种元素的上百种同位素，一直是世界各国在放射性废物治理中的重点和难点。长期存放的玻璃固化废弃物需要进行严格监控和管理，以防潜在的环境污染。玻璃固化过程成本较高，技术要求严格，需要大量能源消耗；玻璃固化废弃物具有一定的脆性，在特定环境中可能存在破裂的风险。

3. 主要工艺

玻璃固化是目前国际上唯一实现工程化应用的高放废液（HLLW）处理方法。其中，硼硅酸盐玻璃因具有良好的抗辐照、化学稳定性和耐水性等特点，是包括中国在内的很多国家固化 HLLW 的首选玻璃固化材料。然而，硼硅酸盐玻璃中锕系核素的溶解度很低，这大大限制了固体废物的容量。另外，玻璃属于介稳相，热力学稳定性较差，容易出现半玻璃化或结晶现象。近年来，国内外核科技人员在陶瓷固化和玻璃陶瓷固化处理技术方面进行了比较广泛的研究，取得了重要进展。

玻璃陶瓷（微晶玻璃）是将原料经过煅烧、高温熔融制得玻璃后，再通过一定的热处理工艺技术，从玻璃体内析出稳定晶相的复合材料。它由玻璃相和结晶相共同组成，对高放废液成分波动的适应性较强。高放废物中部分锕系元素会根据类质同象原理进入晶体结构，而其他核废物组分及裂片元素将被固化到玻璃网络结构体内，在陶瓷固化体和玻璃固化体的双重保护作用下，实现结构和功能的优化利用。玻璃陶瓷固化具有如下优点：①可包容5%～10%（质量分数）超铀核素；②放射性核素（特别是锕系核素）进入晶格位置，使浸出率比一般玻璃固化体低1～2个量级；③可利用玻璃固化工艺设备生产，在工程上简便易行；④玻璃陶瓷体有较高密度，可减少最终废物的体积。因此，玻璃陶瓷被认为是新一代具有良好发展前景的高放废物固化基材，也被称为第三代高放废物固化体。

世界各国通常将高放废弃物暂时储藏在不锈钢储藏容器中，容器设计使用寿命一般为15～20年，只能用于高放废液的暂时储藏。这种简单的液体贮存方式容易发生核泄漏危险，放射性核素一旦释放进入人类环境，就会带来灾难性的破坏，必须转换成稳定、易于处理的固体形态。高放废液处理的最终目标是将固化体贮存于深地质处置库中，在工程屏障、地质介质屏障作用下将放射性核素与人类环境隔绝，高放废液具有放射性强、半衰期长、生物毒性大、释热率高、酸性强、腐蚀性大等特点，对固化处理候选基材的包容性（包容量大）、适应性（多核素、多组分）与长期安全稳定性（机械、化学与辐照稳定性等）提出了严格要求。核废料管理的目的是尽量减少和消除环境污染的可能性，以安全处理放射性废弃物，放射性最强的核素必须在原子尺度上将其固化在基体材料中。

目前已开发的高放废液固化处理技术主要包括玻璃固化、陶瓷固化、玻璃陶瓷固化：①玻璃固化是将玻璃器材和高准位废液按特定比例混合后，在高温熔炉中加热、熔融（1 100～1 200 ℃）、冷却凝固，转换成稳定的玻璃固化体。玻璃器材有较好的化学稳定性，耐辐射，玻璃结构中固化多种核素，包容量也较大。这是因为玻璃是化学性质不活跃的物质，在高温状态下呈液体状态，能够溶解大多数氧化物，所以将放射性核素包容在玻璃结构中。②陶瓷固化将放射性核素纳入陶瓷相晶格位置或镶嵌于晶格空隙中，化学稳定性更高，但固化工艺复杂，且元素选择性强，是单独固化特定锕系核素较理想的固化技术，工程化尚需时日。③玻璃陶瓷固化是将放射性核素固化在晶相和非晶相互镶嵌的复相材料中，实现对核素的"双重包容"。玻璃陶瓷固化被称为"新一代"高放废液固化处理技术，是未来高放废液固化处理的发展方向。

玻璃固化是目前唯一实现工业化应用的高放废液处理技术。已开发的玻璃基材主要有两大类：硼硅酸盐玻璃和磷酸盐玻璃。硼硅酸盐玻璃可以容纳更多的固体废物，具有优异的化学耐久性和热稳定性。除俄罗斯外，其他各国均使用了硼硅酸盐玻璃处理高放废液。在20世纪50年代，加拿大提出了玻璃作为核废料固化材料的潜在用途。1978年，法国AVM工厂采用金属炉对气冷堆中乏燃料后处理产生的高水平废液进行凝固。此后，少数发达国家开始建设大规模的玻璃固化设施。玻璃固化工艺技术经过发展，目前已有四代：第一代罐式法、第二代煅烧＋中频分段感应熔炉法、第三代焦耳加热陶瓷熔炉法、第四代冷坩埚法。其中第三代焦耳加热陶瓷熔炉工艺过程简单，处理能力大，熔炉的寿命可达5年左右，是目前大型固化设施应用最广的工艺技术。

高放废液玻璃固化已有40多年的发展历史，工艺较为成熟，玻璃固化被广泛应用主要是由于：①具有较好化学稳定性的玻璃能够包容一系列核素；②玻璃固化工艺与玻璃熔制工艺类似，工艺过程成熟；③废液经玻璃固化后，具有较大减容比，便于运输和处置；④深地质处置中玻璃具有较好的化学耐久性和耐辐照性能。

一些发达国家如法国、英国、德国、美国、比利时、日本等自20世纪80年代开始，陆续实现玻璃固化工程化应用。在我国，玻璃固化技术已发展了将近有40年的历程，先后进行了玻璃固化配方研制、工艺装备研究、非放射性环境下冷和放射性环境下热运行试验。在2021年我国首座高放废液玻璃固化设施正式投运，这标志着我国成为世界上为数不多掌握高放废液玻璃固化技术的国家，对推动核工业可持续发展具有里程碑意义。

5.3.7 自胶结固化

1. 定义及原理

自胶结固化技术是通过废物自身的胶结特性来达到固化目的的方法，适用于无机废物处理。自胶结固化技术主要用于处理含有大量硫酸钙和亚硫酸钙的废物，如烟道气脱硫废渣、磷石膏等。

废物中的二水硫酸钙($CaSO_4 \cdot 2H_2O$)和二水亚硫酸钙($CaSO_3 \cdot 2H_2O$)，经加热脱水后形成固态混合物，遇水后其产物会重新恢复为二水化合物，并迅速凝固硬化。将含有大量硫酸钙和亚硫酸钙的废物在一定温度下煅烧，然后加入固化添加剂及填料充分混合，经过凝结固化过程即可形成自胶结固化产物。

2. 优缺点

优点：①自胶结固化过程中使用的添加剂以易获得(石灰、粉煤灰或水泥灰)；②形成胶结固化物的速度较快，相较于石灰基固化胶结时间较短；③最后形成的胶结固化物可操作性高，性质稳定，不易燃，不易降解；④不要求原始固体废物完全脱水干燥，可有效处理含重金属的废物。

缺点：①适用范围较小，适用于含有大量硫酸钙或亚硫酸钙的泥渣；②需要人工熟练操作且自胶结固化设备较昂贵；③废物进入煅烧器后的煅烧过程要消耗大量的能量。

3. 主要工艺

自胶结固化技术的基本流程(图5-10)：首先将粉碎后的脱硫泥渣排进沉降器中，进行初步沉降分离；将沉降分离后的泥渣排进真空过滤器中进行过滤；将过滤之后的泥渣通过煅烧器煅烧再加入混合槽中，或者直接将过滤之后的泥渣排进混合固化器中；往混合槽和贮存槽中排入胶结剂和添加剂；将混合槽和贮存槽内的混合物和添加剂排入混合固化器中，进行自胶结混合固化加工；再通过干飞灰槽往混合固化器中添加干飞灰，以促进胶结固化。

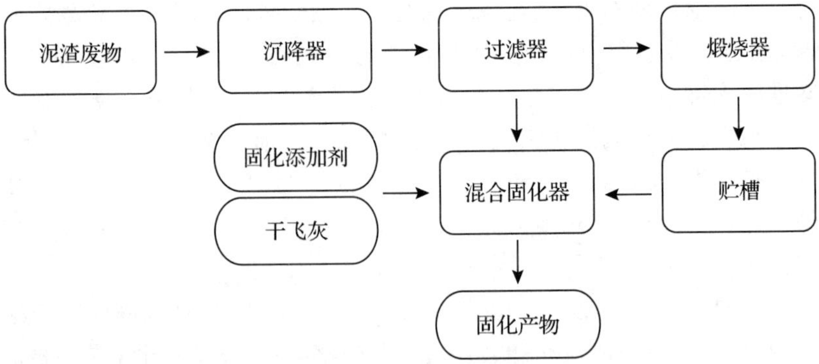

图5-10 固体废物自胶结固化处理流程

4. 应用

自胶结固化技术最早在美国开始被广泛应用于实际的固体废固化物处理中，如美国泥渣固化技术公司(SFT)利用自胶结固化原理开发的 Terry-Crete 技术。我国的重庆天志环保有限公司、镇江新区固废处置股份有限公司也开发了自胶结固化工艺来处理脱硫泥渣废物。镇江新区固废处置股份有限公司的自胶结固化系统如图 5-11 所示，包括沉降器、真空过滤器、添加剂槽、煅烧器等。真空过滤器的输出端的一路与煅烧器相连，另一路连接至混合器，添加剂槽的输出端连接至混合器，沉降器的内腔通过过滤器和水泵连接至水箱，煅烧器的输出端与胶结剂储存槽相连，胶结剂储存槽的输出端连接至混合器，干粉煤灰槽底部设置有相互独立的第一阀门和第二阀门，第二阀门通过连接管道连接至混合器，第一阀门顺次连接有搅拌器和混合器，水箱通过过滤器和水泵连接至搅拌器的顶部。此固化系统工艺、操作较简单，固化效率高。

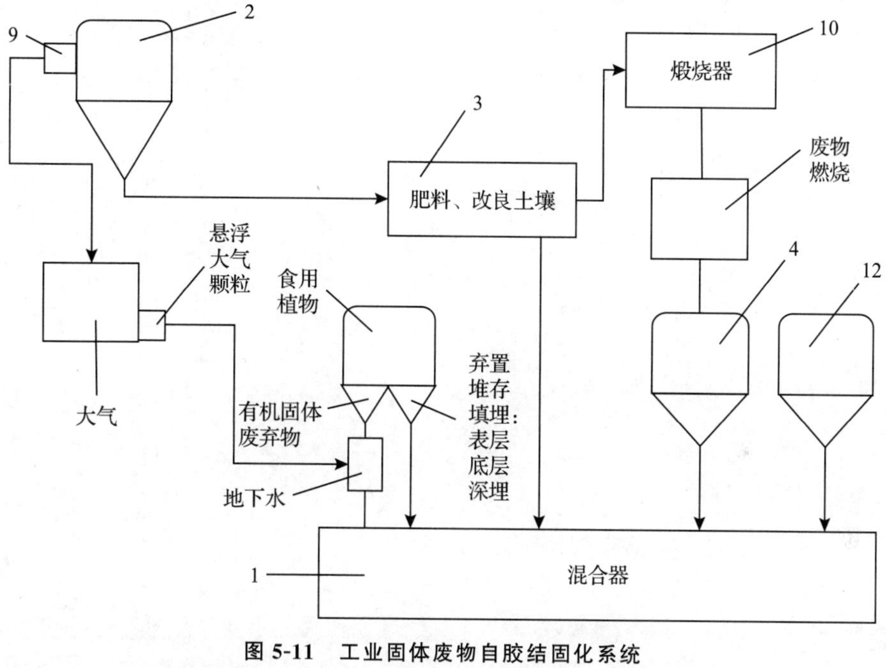

图 5-11　工业固体废物自胶结固化系统

1. 混合器；2. 沉降器；3. 真空过滤器；4. 胶结剂储存槽；5. 第一阀门；
6. 搅拌器；7. 第二阀门；8. 干粉煤灰槽；9. 水泵；10. 煅烧器；
11. 冷却器；12. 添加剂槽；13. 水箱

习题

1. 什么是固体废物的固化/稳定化处理？
2. 简述固化/稳定化技术过程所涉及的几种典型原理。
3. 固化/稳定化技术的要求是什么？
4. 水泥固化危险废物的优势是什么？
5. 石灰固化的过程中主要设计的化学反应是什么？简述石灰固化的原理。
6. 固体废物固化效果的衡量指标有哪些？简述常用固化方法的原理及工艺。

7. 常用的重金属化学稳定化的方法和常用的化学浸出的方法和种类有哪些?

8. 固体废物固化效果的衡量指标有哪些?

9. 常用固化方法的原理及工艺、常用的重金属化学稳定化的方法以及常用的化学浸出的方法和种类有哪些?

10. 简述沥青固化的影响因素、优缺点。几种固化方法分别适用于什么条件?

11. 简述热固性材料与热塑性材料固化方法的区别及优缺点。

12. 玻璃固化处理高放废液的优势是什么?

第 6 章　固体废物的焚烧技术

6.1　概　　述

6.1.1　焚烧的概念

固体废物的焚烧是一种高温热处理技术，即以一定的过剩空气量与被处理的固体废物在焚烧炉内进行氧化燃烧反应，使其有害物质在高温下氧化、分解而被破坏。通过焚烧处理，固体废物的体积可以减少 80%～90%，质量减少 20%～80%，其中的细菌、病毒能被彻底消灭，各种恶臭气体被高温分解，烟气中的有害气体经处理达标后排放。因此，焚烧处理是可同时实现固体废物无害化、减量化和资源化的有效手段之一。

焚烧法不仅可以处理固体废物，还可以处理液体废物和气体废物。例如，危险废物中的有机固态、液态和气态废物常常采用焚烧法来处理。在焚烧处理城市生活垃圾时，也常常将垃圾焚烧处理前暂时贮存过程中产生的渗滤液和臭气引入焚烧炉处理。一般而言，焚烧适宜处理有机成分多、热值高的废物。当处理可燃有机物组分很少的废物时，需补加大量的燃料，这会使运行费用增高。但如果有条件辅以适当的废热回收装置，则可弥补上述缺点，降低废物焚烧成本，从而使焚烧法获得较好的经济效益。

6.1.2　焚烧技术发展

垃圾焚烧技术作为固体废物处理的重要手段，始于 19 世纪中后期。但这个阶段设备简陋，没有烟气净化处理设施，垃圾中的可燃物比例较低，导致焚烧效率低、残渣量大，焚烧过程中产生的黑烟和臭味对环境的二次污染相当严重。

20 世纪初到 60 年代末是垃圾焚烧技术的发展阶段。这个阶段，世界发达国家的垃圾焚烧技术已初具现代化，焚烧炉从固定炉排到机械炉排，从自然通风到机械供风，向多样化、自动化方向发展。出现了由机械除尘、静电收尘和洗涤等技术构成的烟气净化系统。焚烧效率和污染治理水平进一步提高。

20 世纪 70 年代初到 90 年代中期是垃圾焚烧技术的成熟阶段。在原有除尘处理的基础上，进一步发展了湿式洗涤、半湿式洗涤、袋式过滤、吸附等技术，净化处理颗粒状污染物和气态污染物。90 年代新建的固体废物焚烧厂，大都采用袋式除尘设备来取代静电除尘设备，废气处理工艺流程也采用了复杂的多种废气处理方式相结合的形式。

固体废物的焚烧技术经历了从小到大，从简单到复杂，从间歇式、半连续式到连续式高效焚烧炉的发展过程，目前已经成为有机固体废物处理的基本方法之一，在许多国家都得到了广泛的应用。在瑞士、日本、瑞典、法国、丹麦等工业发达而国土面积较小的国家，其垃圾处理以焚烧为主，如日本是世界上垃圾焚烧厂最多的国家，据统计，20 世纪初日本垃圾产生量约为 4 997 万 t/年，按垃圾的平均热值 6 300 kJ/kg 计，总潜在能量约为 3.15×10^{11} kJ，相当于日本一次能源供给量的 1.6%，实际的垃圾发电总量相当于全国总发电量的 0.2%。美国从 20 世纪 80 年代起，政府投资约 70 亿美元兴建了 90 座垃圾焚烧厂，到 2006 年美国已有生活垃圾焚烧厂 140 多座。表 6-1 中显示出日本及北欧一些国家的固体废物焚烧处理比例比较高。

表 6-1　主要工业发达国家城市垃圾处理中焚烧所占比例　　%

国家	瑞士	日本	丹麦	瑞典	法国	比利时	荷兰	奥地利	美国
占比	75	73	70	69	55	40	35	23	16
国家	德国	挪威	英国	加拿大	意大利	西班牙	芬兰	爱尔兰	葡萄牙
占比	16	15	12	8	7	5	5	0	0

来源：中国固废网 https://www.solidwaste.com.cn/.

我国垃圾焚烧技术的研究和应用起步较晚但发展迅速。1988 年 2 月，四川乐山凌云垃圾焚烧处理场点燃了国内第一台日处理生活垃圾 30 t 的固定炉排型焚烧炉。同年 6 月，深圳市政环卫综合处理厂从日本三菱重工成套引进 2 台日处理能力为 150 t/台的马丁型倾斜往复炉排焚烧炉，成为我国第一座现代化垃圾焚烧发电厂。之后，江苏常州环卫综合处理厂研制的日处理能力 50 t 的平板链条式焚烧炉，宜兴中美合资格兰登公司为福州市机场研制的日处理能力 50 t 马丁型焚烧炉，无锡锅炉厂为广东顺德市研制的日处理能力 50 t 马丁型焚烧炉均先后通过了鉴定。1994 年，深圳市政环卫综合处理厂与杭州锅炉厂共同研制了日处理能力为 150 t 的焚烧炉，为我国大型垃圾焚烧设备国产化打下了基础。1996 年 6 月，北京昌平垃圾焚烧厂的日处理 100 t 的链条炉排型焚烧炉(采取内核烧结技术)投入运行，至今运行正常。1997 年 6 月，中国科学院工程热能物理研究所研制的日处理能力 100 t 的流化床焚烧炉，在北京海淀区上庄投入试运行。1998 年 5 月，浙江大学在余杭锦江热电厂 35 t 链条炉的基础上，研制出日处理能力为 150 t 流化床焚烧炉，该炉在燃料中掺烧了 70%的垃圾，将原热电厂改造为城市垃圾焚烧发电厂。北京环境卫生研究所为北京顺义研制的日处理能力约 70 t 的回转窑式焚烧炉也已经进入试运行。

随着国民经济的发展，人民生活水平的提高，在燃气使用率较高的大城市及沿海经济发达地区，如北京、上海、广州、珠海、厦门和宁波等地相继将垃圾焚烧并同时回收热能工程提到日程。其中大部分城市拟直接引进国外技术和设备。一般而言，引进一套(2 台)处理能力 600 t (2×3 MW)的垃圾焚烧发电厂需投资 4.5 亿元人民币。每处理 1 t 垃圾需投资 70 万～80 万元。如全部采用国产设备，每吨约需 20 万元。此外，还必须考虑烟气净化设施，避免二次污染。烟气净化设施费用往往占总投资的 1/3。如此巨大投资，对于我国大部分城市来说是难以接受的。随着垃圾焚烧处理优势的不断凸显、人口的增加和城市规模的迅速扩大，许多大中城市开始采用焚烧法来减少垃圾填埋量，解决填埋用地紧张问题。经过约 30 年的高速发展，截至 2017 年底，我国垃圾焚烧发电项目建成投产 338 座，并网装机容量 725.1 万 kW，2018 年底建成并投入运行的生活垃圾焚烧发电厂 441 座。在焚烧技术方面，我国结合国情开展实践研究，成功实现了低热值、低含水量和较高灰分的垃圾焚烧处理技术，为焚烧技术在中国的发展开辟了道路。

6.1.3　焚烧技术特点

焚烧处理与其他固体废物处理处置方法相比，具有以下独特的优点：

(1)消毒彻底　固体废物经焚烧处理后，其中的细菌、病毒等病原体被彻底消灭，燃烧过程中产生的有害气体和烟尘经处理后达到排放要求，无害化程度高。

(2)减容效果好　固体废物经焚烧后，其中的可燃成分被高温分解，减容效果好，可节约大量的填埋场占地。

(3)实现固体废物资源化　固体废物焚烧过程所产生的高温烟气，其热能被余热锅炉吸收转变为蒸汽，可用来进行余热发电或供热，固体废物可作为能源来利用，同时还可以回收固体废物中的有价金属，故可以实现固体废物处理的资源化。

(4)处理效率高　固体废物焚烧处理厂占地面积小，排放的尾气经处理后污染小，可以靠近市区建厂，节约运费。

(5)不受气候影响　焚烧处理可以实现全天候操作，不易受气候的影响。

(6)卫生条件好　固体废物中带恶臭的氨气和有机质废气被高温分解，有利于环境保护。

(7)处理成本低　随着城市人口密度的增大、地价的不断提高及固体废物填埋的环境污染要求的日益严格，填埋费用也随着剧增，焚烧处理法的费用可与填埋法媲美。

然而，无论从处理过程固有的工艺特性还是从技术完善程度看，固体废物的焚烧技术仍存在较大的发展空间，其不足主要体现在：①目前焚烧炉渣的热灼减率一般为 3%～5%，尚有潜力可挖；②气相中也残留少量以 CO 为代表的可燃组分；③气相不完全燃烧为高毒性有机物(以二噁英为代表)的再合成提供了潜在条件；④未燃尽的有机质和重金属的存在，不能完全避免灰渣中的有害物质的再溶出；⑤垃圾焚烧的经济性及资源化仍有改善的余地。

6.1.4　焚烧技术发展前景与趋势

当前，环境和能源是世界经济发展面临的突出问题。我国现有的可燃固废大多为低碳燃料，其生产过程中吸收 CO_2 成为温室气体的汇，因此，利用这一部分能源代替部分化石燃料对于解决气候变暖、促进城市能源结构的可持续多元化发展，实现国家的节能减排战略和“双碳”目标具有重要意义。

我国可燃固体废物(包括城市生活垃圾、农林产业废弃物、工业废弃物、城市污水污泥等)资源丰富，其中仅城市生活垃圾一项每年就有 1.5×10^8 t 左右的排放量，相当于 2.5×10^7 t 左右的标煤，而能源化处理利用率不足 10%，能源化利用潜力较大。但我国可燃固体废物来源、组分复杂，实施能源化清洁利用过程的相关基础研究比较薄弱，导致已建的以直接焚烧发电为主体工艺的能源化利用项目存在热效率低、二次污染严重等问题，特别是公众关心的二噁英和重金属排放问题一直未能得到有效解决。如何科学处置以城市生活垃圾为主的可燃固体废物已成为生态城市建设和经济社会可持续发展的瓶颈问题。因此，迫切需要开展可燃固体废物能源化高效清洁利用的相关基础研究，构建新一代近零排放的可燃固体废物高效能源化集成理论和方法，为我国可燃固体废物能源化高效清洁利用相关技术的开发和大规模工程应用提供科学依据。

6.2 固体废物焚烧的原理

6.2.1 热值与热量利用

热值是判断废物是否适合焚烧处理的重要参考指标。一般情况下，将废物的低位发热量以 4 182 kJ/kg 作为其自燃的下限，有害废物焚烧，一般需要的热值为 18 600 kJ/kg。从理论上讲，若废物的低位发热量大于 3 700 kJ/kg，无须添加辅助燃料即可燃烧。在实际情况中，垃圾中含有较多灰分和水分，导致热值偏低，一定程度上不适合进行焚烧处理。因此，在废物的焚烧处理前，应该先考虑将废物中的不可燃烧部分（灰分、水分等）去掉来提高其热值。

1. 热值的计算

废物的热值可通过标准实验测定，即通过氧弹测热仪测量或通过元素组成作近似计算。最常用的方法是，求出混合固体废物中的各组成物百分比，再通过测定各组成物质的热值，最后采用比例求和法得到混合固体废物的热值。

(1)通过元素组成作近似计算　热值有 2 种表示法，高位热值（粗热值）和低位热值（净热值）。高位热值是指废物在一定温度下反应到达最终产物的焓的变化。低位热值与高位热值的意义相同，只是产物的状态不同，前者水是液态，后者水是气态。所以，二者之差就是水的汽化潜热。用氧弹测热仪测量的是高位热值。将高温热值转变成低位热值可以通过式(6-1)计算：

$$\mathrm{NHV}=\mathrm{HHV}-2\,420[\mathrm{H_2O}+9(\mathrm{H}-\mathrm{Cl}/35.5-\mathrm{F}/19)] \tag{6-1}$$

式中：NHV 为低位热值，kJ/kg；HHV 为高位热值，kJ/kg；H_2O 为焚烧产物中水的质量百分数，%；H、Cl、F 分别为废物中的氢、氯和氟的质量百分数，%。

若废物的元素组成已知，则可利用 Dulong 方程式近似计算出低位热值：

$$\mathrm{NHV}=2.32[14\,000m_\mathrm{C}+45\,000(m_\mathrm{H}-m_\mathrm{O}/3)-760m_\mathrm{Cl}+4\,500m_\mathrm{S}] \tag{6-2}$$

式中：m_C、m_H、m_O、m_Cl、m_S 代表碳、氢、氧、氯、硫的摩尔质量分数。

(2)通过比例求和法计算　如果混合固体废物总重已知，废物中各组成物的重量和热值已测定，则混合固体废物的热值可用式(6-3)计算：

$$\text{固体废物总热值}=\frac{\sum(\text{各组成物热值}\times\text{各组成物重量})}{\text{固体废物总重}} \tag{6-3}$$

不同组分废物，其热值不同，表 6-2 为典型固体废物的热值。

表 6-2　典型固体废物的热值　kJ/kg

成分	单位热值	成分	单位热值
食品废物	4 600	庭院修剪物	6 700
纸张	16 700	木材	18 800
纸板	16 300	玻璃	170
塑胶	32 700	金属罐头	840

续表6-2

成分	单位热值	成分	单位热值
纺织品	17 600	非铁金属	—
橡胶	23 400	铁金属	—
皮革	17 600	泥土、灰烬、砖	—

例 6-1

表 6-3 是我国武汉市居民生活垃圾组分，假设各组分的热值与美国城市垃圾的典型组分的热值相同，可据此计算出武汉市垃圾的热值：

表 6-3　武汉市居民生活垃圾组分　%

可燃组分		不可燃组分	
组分	重量百分率	组分	重量百分率
厨房废渣、果皮	29.53	煤灰	63.08
木屑杂草	2.00	陶瓷砖石	2.65
纸张	1.35		
皮革、塑料、橡胶	1.39		
纤维	—		
小计	34.27		65.73

解：(1)以 100 kg 为基准，分别计算各组分的重量

$$厨房废渣及果皮重量=100\ kg\times 29.53\%=29.53\ kg$$

同样方法计算出木屑杂草的重量 2 kg，纸张重量为 1.35 kg，塑料皮革等重量为 1.39 kg。

(2)计算各组分产生的能量

$$厨房废渣产生的能量=4\ 650\ kJ/kg\times 29.35\ kg=137\ 314\ kJ$$
$$木屑杂草产生的能量=6\ 510\ kJ/kg\times 2\ kg=13\ 020\ kJ$$
$$纸张产生的能量=16\ 750\ kJ/kg\times 1.35\ kg=22\ 613\ kJ$$
$$塑料、皮革等产生的能量=32\ 560\ kJ/kg\times 1.39\ kJ/kg=45\ 258\ kJ$$

(3)将各组分能量相加即得 100 kg 产生总能量为 218 105 kg，则 1 kg 垃圾产生的能量为

$$218\ 105/100=2\ 181.05\ kJ/kg$$

武汉市城市垃圾的热值仅为 2 181.05 kJ/kg，不能维持燃烧。

实际上，焚烧过程是在焚烧装置中进行的。空气的对流辐射、可燃部分的未完全燃烧、残渣中的显热以及烟气的显热等原因都会造成热能的损失。因此，焚烧后可以利用的热量应从焚烧反应产生的总热量中减去各种热量损失，即

$$焚烧后实际可利用的热量=焚烧获得的总热量-\sum 各种热量损失$$

例 6-2

某固体废物含可燃物 60%、水分 20%、惰性物 20%。固体废物的元素组成为碳 28%、氢 4%、氧 23%、氮 4%、硫 1%、水分 20%、灰分 20%。假设①固体废物的热值为 11 630 kJ/kg；②炉栅残渣含碳量 5%；③空气进入炉膛的温度为 65 ℃，离开炉栅残渣的温度为 650 ℃；④残渣的比热容为 0.323 kJ/(kg·℃)；⑤水的汽化潜热 2 420 kJ/kg；⑥辐射损失为总炉膛输入热量的 0.5%；⑦碳的热值为 32 564 kJ/kg，试计算这种废物燃烧后可利用的热值。

解：以固体废物 1 kg 为计算基准。

1. 残渣中未燃烧的碳含热量

(1)未燃烧碳的量

惰性物的重量为 1 kg×20%＝0.2 kg

总残渣量为 0.2 kg/(1－5%)＝0.210 5 kg

未燃烧碳的量＝0.210 5－0.200＝0.010 5 kg

(2)未燃烧碳的热损失

$$32\,564\ \text{kJ/kg}\times 0.010\,5\ \text{kg}=340\ \text{kJ}$$

2. 计算水的汽化潜热

(1)计算生成水的总量(总水量)

总水量＝固体废物原含水量＋组分中氢与氧结合生成水的量

固体废物原含水量＝1 kg×20%＝0.2 kg

组成中的氢与氧结合生成水的量＝1 kg×4%×9/1＝0.36 kg

总水量＝(0.2＋0.36)kg＝0.56 kg

(2)水的汽化潜热

$$2\,420\ \text{kJ/kg}\times 0.56\ \text{kg}=1\,360\ \text{kJ}$$

(3)辐射热损失为进入焚烧炉总能量的 0.5%

辐射热损失＝11 630 kJ×0.5%＝58 kJ

(4)残渣带出的显热

$$0.210\,5\ \text{kg}\times 0.323\ \text{kJ/(kg·℃)}\times(650-65)\text{℃}=39.8\ \text{kJ}$$

(5)可利用的热值＝固体废物总含能量－各种热损失之和

＝11 630 kg－(340＋1 360＋58＋39.8) kg＝9 882.2 kJ

2. 固体废物焚烧热量利用

固体废物焚烧处理的目的之一是利用焚烧产生的热量。焚烧热的利用包括供热、发电和热电联供。

(1)供热　将焚烧产生的烟气余热转换为蒸汽、热水和热空气是典型的直接热能利用形式，如图 6-1 所示。通过布置在焚烧炉之后余热锅炉或其他热交换器，将烟气热量转换成一定压力和温度的热水、蒸汽以及一定温度的助燃空气，向外界直接提供。这种形式热利用率高、设备投资省，尤其适合于小规模(日处理量≤100 t/d)垃圾焚烧设备和垃圾热值较低的小型垃圾焚烧厂。热水和蒸汽除提供垃圾焚烧厂本身生活和生产需要外，还可向外界小型企业或农业用户提供蒸汽和热水，供暖和制冷，供蔬菜、瓜果和鲜花暖棚用热。

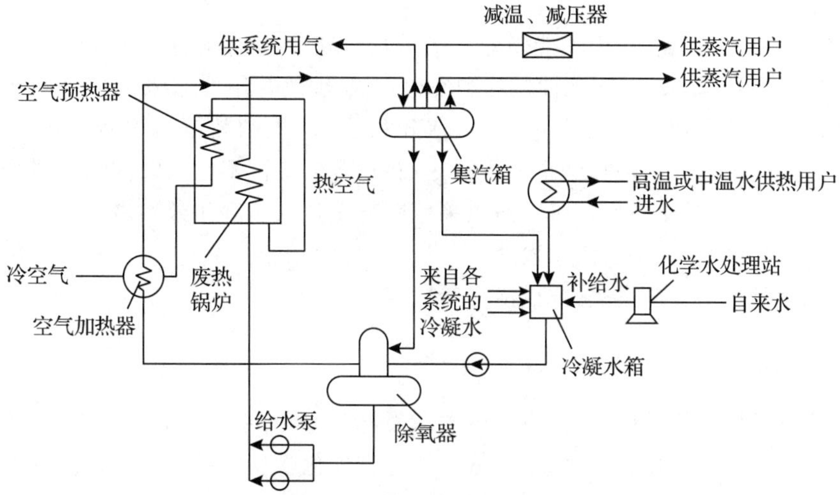

图 6-1　典型的供热利用系统

(2)余热发电　直接热能利用受到设备本身和热用户需求量的限制，为了充分利用余热，将其转化为电能是最有效的途径之一。将热能转换为高品位的电能，不仅能远距离传输，还提供量基本能不受用户需求量的限制，对提高整个设备利用率和降低相对吨废物投资额来说都有好处。图 6-2 所示为典型的垃圾焚烧发电系统。

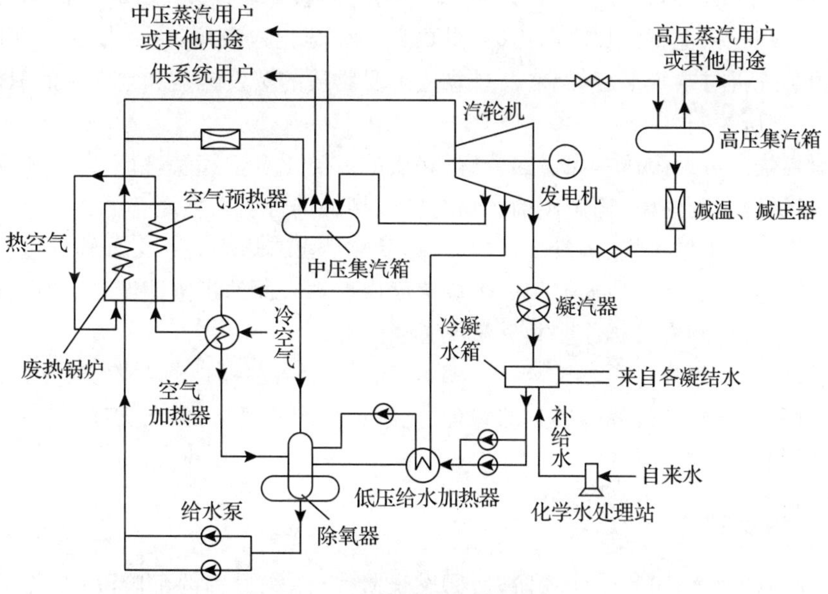

图 6-2　典型的垃圾焚烧发电系统

焚烧炉和余热锅炉多数为一个组合体，称为余热锅炉。余热锅炉的第一烟道就是焚烧炉炉膛。在余热锅炉中，主要燃料是废物，转换能量的中间介质为水。废物焚烧产生的热量被工质吸收，未饱和水吸收烟气的热量成为具有一定压力和温度的过热蒸汽，过热蒸汽驱动汽轮发电机组，热能被转换为电能。设备本身用热以及加热助燃空气用热仍能够被实现。目前，利用垃圾发电无论在数量上和规模上都发展较快，且随着垃圾热值的提高，垃圾发电将越来越受到重视。

(3)热电联供　实践表明，由热能转变为机械功再转变为电能的过程，能量损失很大。若有条件采用热电联供，将发电-区域性供热和发电-工业供热等结合起来，则焚烧厂的热利用率会得到大大提高。因为在蒸汽发电过程中，汽轮机、发电机的效率占去较大的份额(62%～67%)，而直接供热就相当于把热量全部供给热用户(当供蒸汽不收回时)或只回收返回热电厂低温水的热量(当采用热交换供热时)，所以采用直接供热的热利用效率高。

常见的热电联供方式有3种：①发电＋区域性供热(或供冷)；②发电＋工业和农业供热；③发电＋区域性供热＋工业供热(或供冷)。

6.2.2　燃烧形式

通常把具有强烈放热效应、有基态和电子激发态的自由基出现并伴有光辐射的化学反应现象称为燃烧。火焰能否自行传播，是区分燃烧与其他化学反应的特征。燃烧可以产生火焰，而火焰又能在合适的可燃介质中自行传播。其他化学反应都只局限在反应开始的那个局部地方进行，而燃烧反应的火焰一旦出现，就会不断向四周传播，直到能够反应的整个系统完全反应完毕为止。

固体废物的燃烧，称为焚烧，是包括蒸发、挥发、分解、烧结、熔融和氧化还原等一系列复杂的物理变化和化学反应，以及相应的传质和传热的综合过程。固体废物的焚烧是一个完全燃烧的过程，它必须以良好的燃烧为基础，使可燃性废物与氧发生反应产生燃烧，经济有效地转换成燃烧气或少量稳定的残渣。一般认为，固体物质的燃烧存在以下3种不同的燃烧方式：

(1)蒸发燃烧　指像石蜡那样的固体，受热后首先熔化成液体，进一步受热则产生燃料蒸汽，所产生的蒸汽再与空气混合燃烧，其燃烧速度受物质的蒸发速度和空气中的氧与燃料蒸汽之间的扩散速度所控制。

(2)分解燃烧　可燃固体首先受热分解，轻质的烃类化合物挥发，留下固定碳及惰性物，挥发分与空气扩散混合而燃烧，固定碳的表面与空气接触进行表面燃烧。

(3)表面燃烧　指像木炭、焦炭那样的固体，受热后没有熔融、蒸发、分解等过程，而是固体本身原封不动地直接燃烧。表面燃烧的燃烧速度由燃料表面的扩散速度和燃料表面的化学反应速度所控制。表面燃烧又称作多相燃烧或置换燃烧。

生活垃圾中可燃组分种类复杂，因此，固体废物的燃烧过程是蒸发燃烧、分解燃烧和表面燃烧的综合过程。虽然焚烧固体废物的物理、化学特性十分复杂，但在机理上与一般固体燃料的燃烧是一样的。

6.2.3　燃烧过程

燃烧过程包括3个阶段：①干燥阶段；②燃烧阶段，燃烧过程的主阶段；③燃尽阶段，即生成固体残渣的阶段。这三个阶段并非界限分明，尤其是对混合垃圾之类的焚烧过程更是如此。

从炉内实际过程看送入的垃圾有的物质还在预热干燥，而有的物质已开始燃烧，甚至已燃尽。对同一物料来说，物料表面已进入了燃烧阶段，而内部还在加热干燥。也就是说，这三个阶段只不过是焚烧过程的必由之路，其焚烧过程的实际工况将更为复杂。

（1）干燥阶段　干燥是利用热能使固体废物中水分汽化并排出生成水蒸气的过程。按热量传递的方式，可将干燥分为传导干燥、对流干燥和辐射干燥3种方式。焚烧时的预热干燥任务很重。对机械送料的运动式炉排焚烧炉，从废物送入焚烧炉起到废物开始析出挥发组分着火这一段，都被认为是干燥阶段。随着废物送入炉内的进程，其温度逐步升高，其表面水分开始逐步蒸发，当温度增高到100 ℃左右，相当于达到一个大气压下水蒸气的饱和状态时，废物中水分开始大量蒸发，此时，废物温度基本稳定。随着不断加热，废物中水分大量析出，不断得到干燥。当水分基本析出完后，废物温度开始迅速上升，直到着火进入真正的燃烧阶段。在干燥阶段，废物中的水分是以蒸汽形态析出的，因此，需要吸收大量的热量，即水的汽化热。

废物含水量越大，干燥阶段越长，从而使炉内温度降低。水分过高，炉温降低，着火燃烧就困难，此时需投入辅助燃料燃烧，以提高炉温，改善干燥着火条件。有时也可采用干燥段与焚烧段分开的设计，一方面使干燥段产生的大量水蒸气不与燃烧的高温烟气混合，以维持燃烧段烟气和炉墙的高温水平，保证燃烧段有良好的燃烧条件；另一方面干燥吸热是取自完全燃烧后产生的烟气，燃烧已经在高温下完成，再取其燃烧产物作为热源，不致影响燃烧段本身。

（2）燃烧阶段　废物基本上完成了干燥过程后，如果炉内温度足够高，且又有足够的氧化剂，就会很顺利地进入真正的焚烧阶段。燃烧阶段是指物料开始着火至强烈地发热发光氧化反应结束的这段时间。

$$C_xH_yCl_z+\left(x+\frac{y-x}{4}\right)O_2=xCO_2+zHCl+\frac{y-z}{2}H_2O \tag{6-4}$$

在焚烧阶段，对于大分子的含碳化合物（一般的有机固体废物），其受热后，总是先进行热解，随即析出大量的气态可燃气体成分，诸如CO、CH_4、H_2或者分子量较小的C_mH_n等。如纤维素的热解过程为

$$C_6H_{10}O_5 \xrightarrow{\triangle} 2CO+CH_4+3H_2O+3C \tag{6-5}$$

生成的小分子气态可燃物与氧接触进行均相燃烧就较固体废物与氧接触燃烧容易得多。热解过程还有挥发分析出，挥发分析出的温度区间在200～800 ℃范围内。同一种物料在热解过程不同的温度区间下，析出的成分和数量均不相同。不同的废物，其析出量的最大值所处的温度区间也不相同。因此，焚烧混合固体废物时，其炉温维持在多高是恰当的，应充分考虑待焚烧物料的组成情况。特别要注意热解过程会产生某些有害的成分，这些成分如果没有充分被氧化（燃烧掉），则必然成为不完全燃烧物。

有关理论研究表明，传热速度对热分解速度的影响远大于传质速度。因此，在实际操作中应保持良好的传热性能，使热分解能在较短的时间内彻底完成，这是保证废物燃烧完全的基础。

（3）燃尽阶段　废物在主焚烧阶段进行反应后，参与反应的物质浓度自然就减少了。反应生成的惰性物，气态的CO_2、H_2O和固态的灰渣增加。由于灰层的形成和惰性气体比例的增加，剩余氧化剂要穿透灰层进入物料的深部与可燃成分反应越发困难。整个反应的减弱使物

料周围的温度也逐渐降低，整个反应处于不利状况。因此，要使物料中未燃的可燃成分反应燃尽，就必须保证足够的燃尽时间，从而使整个焚烧过程延长。该过程与焚烧炉的几何尺寸等因素直接相关。综上分析，可将燃尽阶段的特点归纳为一句话：可燃物浓度减少，惰性物增加，氧化剂量相对较大，反应区温度降低。要改善燃尽阶段的工况，一般常采用翻动、拨火等办法来有效减少物料外表面的灰层，控制稍多一点的过剩空气量，增加物料在炉内的停留时间等。

6.3 固体废物焚烧的效果评价

6.3.1 焚烧效果的评价指标

用于评价焚烧效果的技术指标主要有可燃物减量比、热灼减率、燃烧效率、焚毁去除率和烟气排放浓度限制。

(1)可燃物减量比　指可燃物质经焚烧减少的质量比占投加物中可燃物质量的百分数，其计算方法如下：

$$P=\frac{B-A}{B-C}\times 100\% \tag{6-6}$$

式中：P 为减量比，%；A 为焚烧残余物在室温下的质量，kg；B 为投加物质量，kg；C 为焚烧残余物中不可燃物质的质量，kg。

(2)热灼减率　指焚烧炉渣经灼热减少的质量占焚烧炉渣质量的百分数，其计算公式如下：

$$Q=\frac{A-D}{A}\times 100\% \tag{6-7}$$

式中：Q 为热灼减率，%；A 为焚烧炉渣在室温下的质量，g；D 为焚烧炉渣在 600 ℃±25 ℃经 3 h 灼热后冷却到室温的质量，g。

(3)燃烧效率　指烟道排出气体中 CO_2 质量浓度与 CO_2、CO 质量浓度之和的百分比，计算公式：

$$\mathrm{CE}=\frac{\rho_{CO_2}}{\rho_{CO_2}+\rho_{CO}}\times 100\% \tag{6-8}$$

式中：CE 为燃烧效率，%；ρ_{CO_2}、ρ_{CO} 为燃烧后排气中 CO_2 和 CO 的质量浓度，mg/m^3。

(4)焚毁去除率　指某有机物质经焚烧后减少的质量百分比，计算公式如下：

$$\mathrm{DRE}=\frac{w_i-w_0}{w_i}\times 100\% \tag{6-9}$$

式中：DRE 为焚毁去除率，%；w_i 为被焚毁物中某有机物质的质量，g；w_0 为烟道排放气和焚烧残余物中与 w_i 相应的有机物质的质量之和，g。

(5)烟气排放浓度限制　固体废物在焚烧后会产生大量的烟气，其中主要成分是 N、CO_2、H_2O、O_2 等，但因为固体废物的组成复杂，其焚烧产生的烟气通常含有多种污染物质，对于排放烟气中污染物的控制指标主要有 4 类：①烟尘，通常以颗粒物、炭黑和总碳为控制指标；②有害气体，主要以氮氧化物、硫氧化物和 HF、HCl 为主；③重金属单质及其氧化物，主要是汞、铅、镉、铬等；④有机污染物，以 PAHs 和 PCDDs/Fs 等为主。

6.3.2　影响焚烧效果的因素

在理想状态下，废物进入焚烧炉后，依次经过干燥、燃烧和燃烬 3 个阶段，其中的有机可燃物在高温条件下完全燃烧，生成二氧化碳气体，并释放热量。但在实际的燃烧过程中，焚烧炉内的操作条件不能达到理想效果，致使燃烧不完全。严重的情况下将会产生大量的黑烟，并且从焚烧炉排出的炉渣中还含有有机可燃物。影响废物焚烧的主要因素包括废物本身的性质、停留时间、温度、湍流度、空气过量系数及其他因素。其中，停留时间、温度及搅拌混合程度和空气过量系数称为"3T＋1E"要素，是反映焚烧炉性能的主要指标。

(1)废物本身的性质　废物的热值和粒度大小是影响其焚烧的主要因素。热值越高，燃烧过程越易进行，焚烧效果也就越好。废物粒度越小，单位质量或体积废物的比表面积越大，与周围氧气的接触面积也就越大，焚烧过程中的传热及传质效果越好，燃烧越完全；反之，传质及传热效果较差，易发生不完全燃烧。一般，固体废物的加热时间与其粒度的 2 次方成正比，燃烧时间与其粒度的 1～2 次方成正比。因此，固体废物送入焚烧炉焚烧前，必须进行破碎预处理，以增加废物的比表面积，改善焚烧效果。

(2)焚烧温度　废物的焚烧温度是指废物中有害组分在高温下氧化、分解直至破坏所需达到的温度，它比废物的着火温度高得多。一般来说，提高焚烧温度有利于废物中有机毒物的分解和破坏，并可抑制黑烟的产生，但过高的焚烧温度不仅增加了燃料消耗量，而且过高的温度会增加废物中金属的挥发量及氧化氮数量，引起二次污染。因此，不宜随意确定较高的焚烧温度。合适的焚烧温度是在一定的停留时间下由实验确定的。大多数有机物的焚烧温度范围在 800～1 100 ℃之间，通常在 800～900 ℃范围内。通过生产实践，提供以下经验数据可供参考。

①对废气的脱臭处理，采用 800～950 ℃的焚烧温度可取得良好的效果。

②当废物粒子粒径在 0.01～0.51 μm 之间，并且供氧浓度与停留时间适当时，焚烧温度在 900～1 000 ℃即可避免产生黑烟。

③含氯化物的废物焚烧，温度在 800～850 ℃及以上时，氯气可以转化成氯化氢，回收利用或以水洗涤除去；低于 800 ℃会形成氯气，难以除去。

④含有碱土金属的废物焚烧，一般控制在 750～800 ℃及以下。碱土金属及其盐类一般为低熔点化合物。当废物中灰分较少不能形成高熔点炉渣时，这些熔融物容易与焚烧炉的耐火材料和金属零部件发生腐蚀而损坏炉衬和设备。

⑤焚烧含氰化物的废物时，若温度达 850～900 ℃，氰化物几乎全部分解。

⑥焚烧可能产生氧化氮(NO_x)的废物时，温度应控制在 1 500 ℃以下，过高的温度会使 NO_x 急剧产生。

⑦高温焚烧是防治 PCDD 与 PCDF 的最好方法，估计在 925 ℃以上这些毒性有机物即开始被破坏，足够的空气与废气在高温区的停留时间可以再降低破坏温度。

(3)停留时间　实际操作过程中，固体废物在炉中的停留时间必须大于理论计算所得的停留时间。当其他条件保持不变时，停留时间越长，焚烧效果越好，但停留时间过长会使焚烧炉的处理量减少，经济上不合理。停留时间过短会引起过度的不完全燃烧。所以，停留时间的长短应由具体情况来定。

(4)搅拌混合程度　是表征生活垃圾和空气混合程度的指标。焚烧炉所采用的扰动方式有空气流扰动、机械炉排扰动、流态化扰动及旋转扰动等，以流态化扰动方式效果最好。中小型焚烧炉多数属于固定炉床式，扰动多由空气流动产生，包括以下 2 种类型：

①炉床下送风。助燃空气自炉床下方送风，由废物层空隙中窜出，这种扰动方式易将不可燃的底灰或未燃炭颗粒随气流带出，形成颗粒物污染。废物与空气接触机会大，废物燃烧较完全，焚烧残渣热灼减量较小。

②炉床上送风。助燃空气由炉床上方送风，废物进入炉内时从表面开始燃烧。优点是形成的粒状物较少，缺点是焚烧残渣热灼减量较高。

二次燃烧室内氧气与可燃性有机蒸气的混合程度取决于二次助燃空气与燃烧气体的相互流动方式和气体的湍流程度。湍流程度可由气体的雷诺数决定，雷诺数低于 10 000 时，湍流与层流同时存在，混合程度仅靠气体的扩散达成，效果不佳。雷诺数越高，湍流程度越高，混合越理想。一般来说，二次燃烧室气体速度在 3～7 m/s 即可满足要求。如果气体流速过大，混合程度虽大，但气体在二次燃烧室的停留时间会缩短，反应反而不易完全。

(5)过量空气系数　按照可燃成分和化学计量方程，与燃烧单位质量废物所需氧气量相当的空气量称为理论空气量。为了保证废物燃烧完全，通常要供给比理论空气量所需的更多的空气量，即实际空气量，实际空气量与理论空气量之比值为过量空气系数，亦称过量空气率或空气比。其相关参数可定义如下：

①过剩空气系数(m)。用于表示实际空气量与理论空气量的比值，定义为

$$m=\frac{A}{A_0} \tag{6-10}$$

式中：A_0 为理论空气量；A 为实际空气量。

②过剩空气率(EA)。由式(6-11)求出：

$$\mathrm{EA}=(m-1)\times 100\% \tag{6-11}$$

废气中含氧量是间接反映过剩空气多少的指标。由于过剩氧气可由烟囱排气测出。工程上可以根据过剩氧气量估计燃烧系统中的过剩空气系数。废气中含氧量通常以氧气在排气中的体积百分比表示，假设空气中含氧量为 21%，则过剩空气系数 m 可粗略表示为

$$m=\frac{21}{21-\text{过剩氧百分比}} \tag{6-12}$$

焚烧排气的污染物排放标准是以 50%过剩空气为基准，过剩空气无法直接测量，因此以 7%过剩氧气为基准，再根据实际过剩氧气量加以调整。过量空气系数对废物燃烧状况影响很大，供给适当的过量空气是有机物完全燃烧的必要条件。增大过量空气系数，不但可以提供过量的氧气，还可以增加炉内的湍流度，有利于焚烧。但过大的过量空气系数可能使炉内的温度降低，给焚烧带来副作用，还会增加输送空气及预热所需的能量。实际空气量过低将使废物燃烧不完全，继而给焚烧厂带来一系列的不良后果。图 6-3 所示为低空气比对废物燃烧影响的示意图。

(6)其他因素　影响废物焚烧的其他因素包括废物在炉中的运动方式及废物层的厚度等。对炉中的废物进行翻转、搅拌，可以使废物与空气充分混合，改善条件。炉中废物层的厚度必

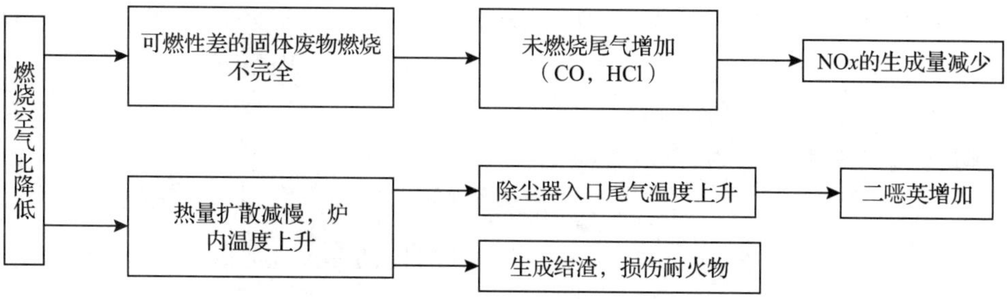

图 6-3　低空气比对废物燃烧的影响

须适当，厚度太大，在同等条件下可能导致不完全燃烧，厚度太小又会减少焚烧炉的处理量。

综上所述，在固体废物的焚烧过程中，应尽可能合理控制各种影响因素，使其综合效应向着有利于废物完全燃烧的方向发展。但这些影响因素不是孤立的，它们之间存在着相互依赖、相互制约的关系，某种因素产生的正效应可能会导致另一种因素的负效应，所以应从综合效应来考虑整个燃烧过程的因素控制。

6.4　固体废物焚烧的热工计算

6.4.1　理论和实际燃烧空气量

理论燃烧空气量是指废物（或燃料）完全燃烧时所需要的最低空气量，以 A_0 来表示。其计算方式是假设液体或固体废物 1 kg 中的碳、氢、氮、氧、硫、灰分以及水的质量分别以 C、H、N、O、S、A 及 W 来表示，则理论空气量可用如式(6-13)表示。

体积基准：

$$A_0=\frac{1}{0.21}\left[1.867C+5.6\left(H-\frac{O}{8}\right)+0.7S\right](\mathrm{m^3/kg}) \tag{6-13}$$

质量基准：

$$A_0=\frac{1}{0.231}(2.67C+8H-O+S)(\mathrm{kg/kg}) \tag{6-14}$$

式中，$(H-O/8)$称为有效氢。燃料中的氧以结合态水存在，在燃烧中无法利用这些与氧结合成水的氢，故需将其从全氢中减去。

实际需要燃烧空气量　实际供给的空气量 A 与理论燃烧空气量 A_0 的关系为

$$A=\alpha A_0 \tag{6-15}$$

6.4.2　焚烧烟气量计算

假定废物以理论空气量完全燃烧时的燃烧烟气量称为理论烟气产生量。如果废物组成已知，以 C、H、N、O、S、Cl、W 表示单位废物中碳、氢、氮、氧、硫、氯和水分的质量比，则理论燃烧湿基烟气量为

$$G_0'=3.67C+9H'+2S+1.03Cl+N(\mathrm{kg/kg}) \tag{6-16}$$

$$\text{或 } G_0=3.67C+9H'+2S+1.03Cl+N-W(\mathrm{kg/kg}) \tag{6-17}$$

式中 $H'=H-Cl/35.5$

而理论燃烧干基烟气量为

$$G_0'=1.867C+11.2H'+0.7S+0.631Cl+0.8N(\mathrm{m^3/kg}) \tag{6-18}$$

$$\text{或 } G_0=3.67C+9H'+2S+1.03Cl+N(\mathrm{kg/kg}) \tag{6-19}$$

将实际焚烧烟气量的潮湿气体和干燥气体分别以 G 和 G' 来表示，其相互关系可表示为

$$G=G_0+(m-1)A_0 \tag{6-20}$$

$$G'=G_0'+(m-1)A_0 \tag{6-21}$$

6.4.3 热量平衡计算

从能量转换的观点来看，焚烧系统是一个能量转换设备，它将垃圾燃料的化学能通过燃烧过程转化成烟气的热能，烟气再通过辐射、对流、导热等基本传热方式将热能分配交换给工质或排放到大气环境中。焚烧系统热量的输入与输出可用图 6-4 简单地表示。

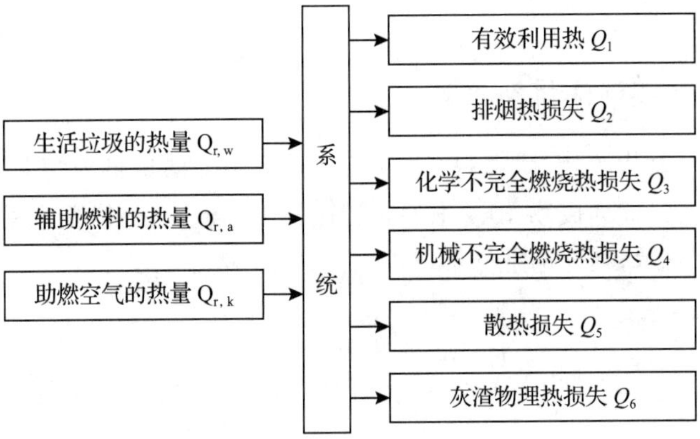

图 6-4　焚烧系统热量的输入与输出

在稳定的工况条件下，焚烧系统输入与输出的热量是平衡的，即

$$Q_{r,w}+Q_{r,a}+Q_{r,k}=Q_1+Q_2+Q_3+Q_4+Q_5+Q_6 \tag{6-22}$$

式中：$Q_{r,w}$ 为生活垃圾的热量，kJ/h；$Q_{r,a}$ 为辅助燃料的热量，kJ/h；$Q_{r,k}$ 为助燃空气的热量，kJ/h；Q_1 为有效利用热量，kJ/h；Q_2 为排烟热损失，kJ/h；Q_3 为化学不完全燃烧热损失，kJ/h；Q_4 为机械不完全燃烧热损失，kJ/h；Q_5 为散热损失，kJ/h；Q_6 为灰渣物理热损失，kJ/h。

1. 输入热量

(1)生活垃圾的热量 $Q_{r,w}$　在不计垃圾的物理显热情况下，$Q_{r,w}$ 等于送入炉内的垃圾量 W_r(kg/h)与其热值 Q_{dw}^y(kJ/kg)的乘积。

$$Q_{r,w}=W_rQ_{dw}^y \tag{6-23}$$

(2)辅助燃料的热量 $Q_{r,a}$　若辅助燃料只是在启动点火或焚烧炉工况不正常时才投入，则

辅助燃料的输入热量不必计入其中。只有在运行过程中需维持高温，一直需要添加辅助燃料帮助焚烧炉的燃烧时才计入其中。

$$Q_{r,a}=W_{r,a}Q_a^y \tag{6-24}$$

式中：$W_{r,a}$ 为辅助燃料量，kg/h；Q_a^y 为辅助燃料热值，kJ/kg。

(3)助燃空气的热量 $Q_{r,k}$　按入炉垃圾量乘以送入空气量的热焓计。

$$Q_{r,k}=W_r\beta(I_{rk}^0-I_{vk}^0) \tag{6-25}$$

式中：β 为送入炉内空气的过剩空气系数；I_{rk}^0、I_{vk}^0 为随 1 kg 垃圾入炉的理论空气量在热风和自然状态下的焓值，kJ/kg。

以上助燃空气热量只有用外部热源加热空气时才能计入。若助燃空气的加热是焚烧炉本身的烟气热量，则该热量实际上是焚烧炉内部的循环热量，不能作为输入炉内的热量。不用自然状态的空气助燃，此项为零。

2. 输出热量

(1)有效利用热 Q_1　有效利用热是其他工质被焚烧炉产生的热烟气加热时所获得的热量。一般被加热的工质是水，它可产生蒸汽或热水。

$$Q_1=D(h_2-h_1) \tag{6-26}$$

式中：D 为工质输出流量，kg/h；h_1、h_2 为进出焚烧炉的工质热焓，kJ/kg。

(2)排烟热损失 Q_2　由焚烧炉排出烟气所带走的热量，其值为排烟容积 $W_{r,w}V_{py}$（m^3/h，标准状态下）与烟气单位容积的热容之积。

$$Q_2=W_{r,w}V_{py}[(\partial C)_{py}-(\partial C)_0]\frac{100-Q_4}{100} \tag{6-27}$$

式中：$(\partial C)_{py}$、$(\partial C)_0$ 为排烟温度和环境温度下烟气单位容积的热容量，kJ/m^3；$\frac{100-Q_4}{100}$ 为因机械不完全燃烧引起实际烟气量减少的修正值。

(3)化学不完全燃烧热损失 Q_3　由炉温低、送风量不足或混合不良等导致烟气成分中此可燃气体（如 CO、H_2、CH_4 等）未燃烧所引起的热损失，即化学不完全燃烧热损失。

$$Q_3=W_r(V_{CO}Q_{CO}+V_{H_2}Q_{H_2}+V_{CH_4}Q_{CH_4}+\cdots)\frac{100-Q_4}{100} \tag{6-28}$$

式中：W_r 为送入炉内的垃圾量，kg/h；V_{CO}、V_{H_2}、V_{CH_4} 为 1 kg 垃圾产生的烟气所含未燃烧可燃气体容积，m^3/kg；Q_{CO}、Q_{H_2}、Q_{CH_4} 为各组分对应的热值，kJ/m^3。

(4)机械不完全燃烧热损失 Q_4　这是由垃圾中未燃或未完全燃烧的固定碳所引起的热损失。

$$Q_4=32\,700W_r\frac{A^y}{100}\times\frac{C_{lx}}{100-C_{lx}} \tag{6-29}$$

式中：$\frac{A^y}{100}$ 为 1 kg 垃圾中所包含灰分；32 700 为碳的热值，kJ/kg；C_{lx} 为炉渣中含碳百分比，%。

(5)散热损失 Q_5　散热损失为因焚烧炉表面向四周空间辐射和对流所引起的热量损失。其值与焚烧炉的保温性能和焚烧炉焚烧量及比表面积有关。焚烧量小，比表面积越大，散热损失越大；焚烧量大，比表面积越小，其值越小。

(6)灰渣物理热损失 Q_6　垃圾焚烧所产生炉渣的物理显热即为灰渣物理热损失。若垃圾为高灰分、排渣方式为液态排渣、焚烧炉为纯氧热解炉，则灰渣物理热损失不可忽略。

$$Q_6 = w_r \alpha l_z \frac{A^y}{100} c_{lx} t_{lx} \tag{6-30}$$

式中：c_{lx} 为炉渣的比热容，kJ/(kg·℃)；t_{lx} 为炉渣温度，℃。

例 6-3

某固体废物含可燃物 60%、水分 20%、惰性物 20%。固体废物的元素组成为碳 28%、氢 4%、氧 23%、氮 4%、硫 1%、水分 20%、灰分 20%。假设：①固体废物的热值为 11 630 kJ/kg；②炉栅残渣含碳量为 5%；③空气进入炉膛的温度为 65 ℃，离开炉栅残渣的温度为 650 ℃；④残渣的比热容为 0.323 kJ/(kg·℃)；⑤水的汽化潜热为 2 420 kJ/kg；⑥辐射损失为总炉膛输入热量的 0.5%；⑦碳的热值为 32 564 kJ/kg。试计算这种废物燃烧后可利用的热量。

解：以 1 kg 固体废物为计算基准。

1. 计算残渣中未燃烧的碳含热量

(1)未燃烧碳的量

惰性物的质量＝1×20%＝0.2(kg)

总残渣量＝0.2/(1－0.05)＝0.210 5(kg)

未燃烧碳的量＝0.210 5－0.200 0＝0.010 5(kg)

(2)未燃烧碳的热损失

未燃烧碳的热损失＝32 564×0.010 5＝341.9(kJ)

2. 计算水的汽化潜热

(1)生成水的总质量

总水量＝固体废物原含水量＋组分中氢与氧结合生成水的量

固体废物原含水量＝1×20%＝0.2(kg)

组分中氢与氧结合生成水的量＝1×4%×18/2＝0.36(kg)

总水量＝0.2＋0.36＝0.56(kg)

(2)水的汽化潜热

水的汽化潜热＝2 420×0.56＝1 355.2(kJ)

3. 计算辐射热损失

辐射热损失＝11 630×1×0.5%＝58.2(kJ)

4. 计算残渣带出的显热

残渣带出的显热＝0.210 5×0.323×(650－65)＝39.8(kJ)

5. 计算可利用的热量

可利用的热量＝固体废物总热量－各种热损失之和

＝11 630－(341.9＋1 355.2＋58.2＋39.8)＝9 834.9(kJ)

6.5　固体废物的焚烧系统

垃圾焚烧技术经历了一百多年的发展过程，已日臻完善并得到了广泛应用，目前通用的焚烧炉主要有机械炉排式、流化床式和回转窑式。在焚烧炉设备的技术细节方面，大量固体废物焚烧经验表明，对于生活垃圾而言，机械炉排焚烧炉与流化床焚烧炉均具有较好的适应性；而对于危险废物，回转窑焚烧炉适应性更强。

6.5.1　典型焚烧系统

固体废物焚烧系统主要由前处理系统、进料系统、焚烧系统、助燃空气系统、烟气处理系统、灰渣处理系统、余热利用系统和自动控制系统等组成。其典型的工艺流程如图 6-5 所示。

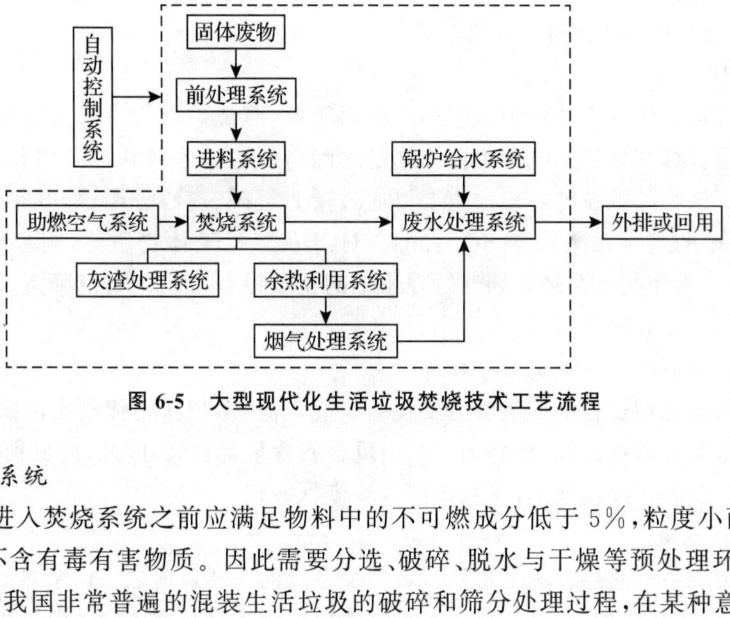

图 6-5　大型现代化生活垃圾焚烧技术工艺流程

1. 前处理系统

固体废物进入焚烧系统之前应满足物料中的不可燃成分低于 5%，粒度小而均匀，含水率在 45%以下，不含有毒有害物质。因此需要分选、破碎、脱水与干燥等预处理环节。前处理系统，特别是对于我国非常普遍的混装生活垃圾的破碎和筛分处理过程，在某种意义上往往是整个工艺系统的关键步骤，前处理系统主要包括称重系统、卸料子台、吊牛、抓斗、破碎设备和分选设备等。另外，一般进入焚烧系统焚烧前，垃圾会在垃圾储坑内堆酵处理 5～7 d，使垃圾含水率降低 10%～20%，保证入炉垃圾热值达到不添加辅助燃料维持燃烧的条件。

2. 进料系统

进料系统的主要作用是向焚烧炉定量给料。同时，要注意将垃圾池中的垃圾与焚烧炉的高温火焰气隔开、密闭，以防止焚烧炉火焰通过进料口向垃圾池垃圾反烧和高温烟气反窜。目前应用较广的进料方式有炉排进料、螺旋给料、推料器给料等。

3. 焚烧系统

焚烧系统是整个工艺系统的核心系统，是固体废物进行蒸发、干燥、热分解和燃烧的场所，主要包括炉床及燃烧室。炉床多为机械可移动式炉排构造，其功能有两点：一是传送废物燃料通过燃烧带，将燃烬的灰渣转移到排渣系统；二是在其移动过程中使燃料被适当的搅动，促使空气由下向上通过炉推料层进入燃烧室，以助燃烧。燃烧室一般在炉床正上方，按构造可分为室式炉(箱式炉)、多段炉、回转炉、流化床炉等。焚烧炉燃烧室容积过小，可燃物质不能充分燃烧，造成空气污染和灰渣处理的问题，燃烧室容积过大，会降低使用效率。

4. 助燃空气系统

助燃空气系统是焚烧炉非常重要的组成部分，其主要作用是为固体废物正常焚烧提供必需的助燃氧气，此外，还有冷却护排、混合炉和控制烟气气流等作用。此系统主要设备包括鼓风机、送风管道、进气系统、辅助燃烧器和空气预热器等。助燃空气可分为一次助燃空气和二次助燃空气。一次助燃空气是指由炉排下送入焚烧炉的助燃空气，其主要作用是助燃、冷却护排、搅动炉料，占助燃空气总量的60%～80%。一次助燃空气分别从炉排的干燥段、燃烧段和燃尽段送入炉内，气量分配约为干燥段15%、燃烧段75%、燃尽段10%。二次助燃空气指火焰上空气和二次燃烧室的空气，通常经过预热后从位于焚烧炉前方或后方炉腔上的喷嘴送入焚烧炉内，其主要作用是助燃，控制气流的湍流度，增加烟气停留时间，调节焚烧炉炉腔温度等，占助燃空气总量的20%～40%。

5. 烟气处理系统

焚烧炉烟气是固体废物焚烧炉系统的主要污染源，焚烧炉烟气含有大量颗粒状污染物质和气态污染物质。烟气处理系统的主要作用是去除烟气中的颗粒状污染物和气态污染物，实现达标排放。烟气中的颗粒状污染物主要可通过重力沉降、离心分离、静电除尘、袋式过滤等手段去除；烟气中的气态污染物如 SO_x、NO_x、HCl 及有机气体物质等，则主要是用吸收、吸附、氧化还原等技术净化。焚烧炉烟气处理系统的主要设备和设施有沉降室、旋风除尘器、静电除尘器、洗涤塔、布袋过滤器等。

6. 灰渣处理系统

固体废物焚烧处理过程中的灰渣主要包括焚烧炉渣(从炉床直接排出的残渣)和飞灰(由除尘设备收集)，都含有重金属，特别是飞灰中重金属含量特别高，因此，应分别收集和处理，一般焚烧炉渣按一般固体废物处理，飞灰按照危险废物处理。

7. 余热利用系统

回收垃圾焚烧系统的热资源是建立垃圾焚烧系统的主要目的之一。余热利用的主要形式有直接利用热能(将其转换为蒸汽、热水和热空气等)、利用余热发电和热电联供。

8. 其他工艺系统

除以上工艺系统外，固体废物焚烧系统还包括废水处理系统、自动化控制系统等。

6.5.2 机械炉排焚烧炉

机械炉排焚烧炉的心脏是焚烧炉的燃烧室及机械炉排，燃烧室几何形状(即气流模式)与炉排的构造及性能，决定了机械炉排焚烧炉的性能和固体废物焚烧处理的效果。这类焚烧炉发展历史最长，技术最成熟，应用实例也最多。炉排的主要作用是运送固体废物和炉渣通过炉体，还可以不断地搅动固体废物，并在搅动的同时使从炉排下方吹入的空气穿过固体燃烧层，使燃烧反应进行得更加充分。最原始的炉排是由一排固定的铸铁棍组成的，它仅能用于手工加料炉中。现在比较典型的焚烧过程大多使用活动式炉排，图6-6所示为各种活动式炉排。

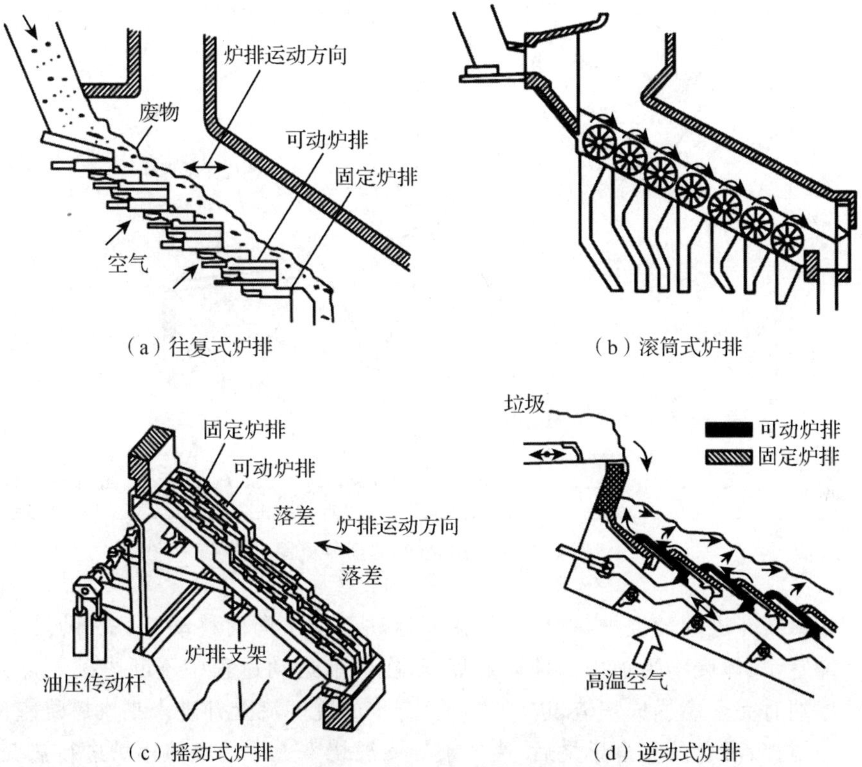

图6-6 活动式炉排的种类

(1)往复式炉排　主要由固定炉排片、活动炉排片、传动机构等部分组成。活动炉排片的尾端卡在活动横梁上，其前端直接搭在与其相邻的下一级固定炉排片上，使整个炉排呈明显的阶梯状，并具有一定的倾斜角度，以方便物料下行。

(2)滚筒式炉排　为5～7个圆筒形滚轮，呈倾斜排列，相邻圆筒间旋转方向相反，有独立的一次空气导管，由圆筒底部经滚筒表面的送气孔达到废物层。废物因圆筒的滚动而往下移动，并不断地得到搅拌混合。

(3)摇动式炉排　由一系列扇形炉排有规律地横排在炉体中(和物料运动方向呈垂直排列)。操作时，炉排有次序地上下摇动，使物料运动。

(4)履带式炉排　由连续不断地运动着的履带所组成。通过履带的移动来推送固体废物，对固体废物没有搅拌和翻动作用，固体废物只有在从上一炉排落到下一炉排时有所扰动，故易出现局部废物烧透、局部又未燃烬的现象。目前，仅在我国中小型垃圾焚烧炉中使用，国外已很少使用。

(5)逆动式炉排　长度固定、宽度可依炉床所需面积进行调整，可由数个炉床横向组合而成。固定炉条和可动炉条交错配置，可动炉条逆向移动，废物因重力而滑落。用于大型垃圾焚烧。

焚烧炉燃烧室内放置的一系列机械炉排，通常按其功能分为干燥段、燃烧段和燃烬段。各段供应的空气量和运行速度可以调节，如图6-7所示。

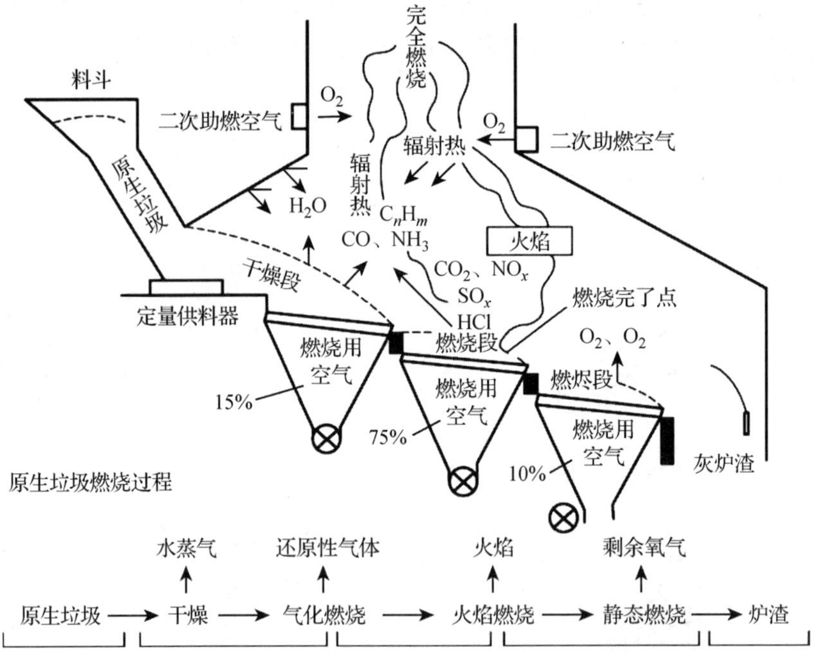

图 6-7 机械炉排炉的燃烧概图

固体废物由料斗进入焚烧炉,在炉排的往复运动下逐步向前移动。一次助燃空气由炉排下方送入燃烧室,固体废物受炉排的推动及翻滚,在向前运动过程中不断得到干燥并燃烧,在达到该炉排尾端时完全燃尽成灰渣,进入灰斗。产生的废气流上升进入二次燃烧室内,与二次助燃空气充分搅拌、混合及完全燃烧后,废气被导入燃烧室上方的废热锅炉进行热交换。机械炉排焚烧炉的一次燃烧室和二次燃烧室并无明显可分的界限。图 6-8 所示为典型的机械炉排焚烧炉,焚烧炉燃烧室内放置有一系列机械炉排。

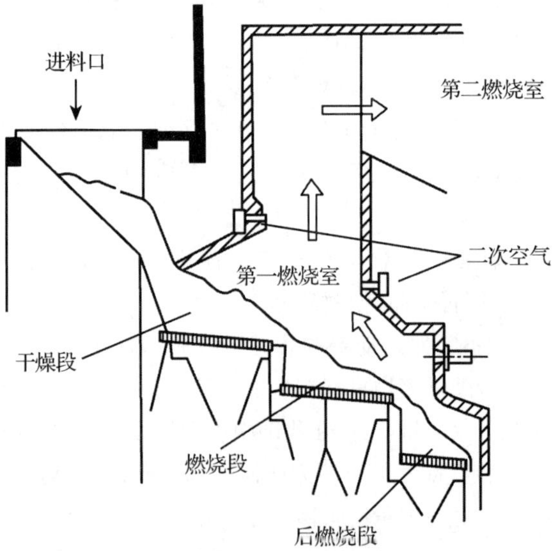

图 6-8 典型的机械炉排焚烧炉燃烧室结构

6.5.3　回转窑式焚烧炉

回转窑式焚烧炉形式是在圆柱形金属壳内砌筑耐火砖，水平安放稍有倾斜。通过炉体整体转动达到固体废物均匀混合并沿倾斜角度向出料端移动。根据燃烧气体和固体废物前进方向是否一致，回转窑式焚烧炉分为顺流和逆流 2 种。焚烧处理高水分固体废物时选用逆流炉，助燃器设置在回转窑前方(出渣口方)，而处理高挥发性固体废物时常用顺流炉。图 6-9 所示为一种顺流式回转炉。

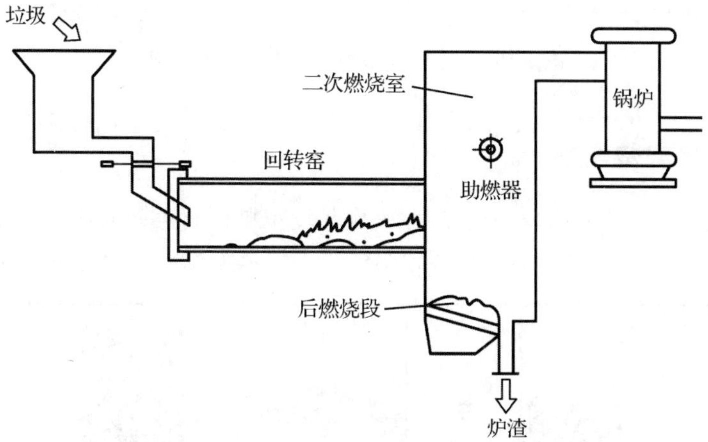

图 6-9　回转窑式焚烧炉

回转窑焚烧炉采用两段式燃烧，第一段以定速旋转达到垃圾的搅拌，垃圾可以从前端送入窑内进行焚烧，如采用多用途设计，废气和废液可以从前段、中段或后段同时配合助燃气体送入。因此，在备料和进料上较复杂，第一燃烧室燃烧完的废气及灰渣进入第二燃烧室，辅以助燃油和超量助燃空气达到完全燃烧效果。最后尾气送入污染控制系统，其底灰和飞灰分别加以收集。每座回转窑式焚烧炉常安设 1～2 个燃烧器，燃烧器一般设在焚烧炉的前端或后端，一般在开始运行前，都是通过燃烧器将炉温升高到必要的高度后再投放废物物料。其所使用的燃料有燃料油、液化气或高热值的废液。二次燃烧室也装有 1～2 个燃烧器，其整个空间为第一燃烧室的 30%～60%。

回转焚烧炉比其他炉型操作弹性大，可以耐废物性状(黏度、水分)、发热量、加料量等条件变化的冲击，是处理多种混合固体废料的较好设备。另外，由于回转炉机械结构简单，很少发生事故，能长期连续运转。但回转炉热效率低，只有 35%～40%，因此，在处理较低热值固体废物时，必须加入辅助燃料。回转炉可处理多种物料，如污泥、各类塑料、废树脂、硫酸沥青渣、城市垃圾等。回转窑式焚烧炉需配备二次燃烧室，废物在回转窑炉内分解气化产生可燃气体，其中，未燃烧的可燃气体在二次燃烧室内完全燃烧。

根据旋转窑本身的进料方式，可以分为同向式回转窑焚烧炉和逆向式回转窑焚烧炉(图 6-10)。同向式的助燃空气、垃圾与辅助燃油均由旋转窑前方进入，逆向式则由旋转窑后方加入。回转窑焚烧炉采用同向式操作，其干燥、挥发、燃烧及后燃烧的阶段性现象非常明显，废气的温度与燃烧残灰的温度在回转窑的尾端趋于接近。逆向式的安排可以减少燃烧室内的冷点，因此，可提高燃烧效率，但烟气中的悬浮微粒将会增加。

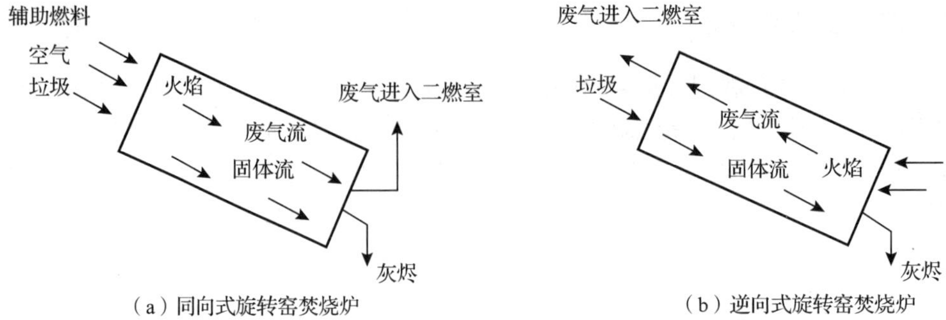

图 6-10　同向式和逆向式回转窑工作原理

6.5.4　流化床焚烧炉

流化床焚烧炉是在炉内铺设一定厚度、一定粒度范围的石英砂或炉渣，通过底部布风板鼓入一定压力的空气，将沙粒吹起、翻腾、浮动，图 6-11 所示为流化床焚烧炉燃烧原理。

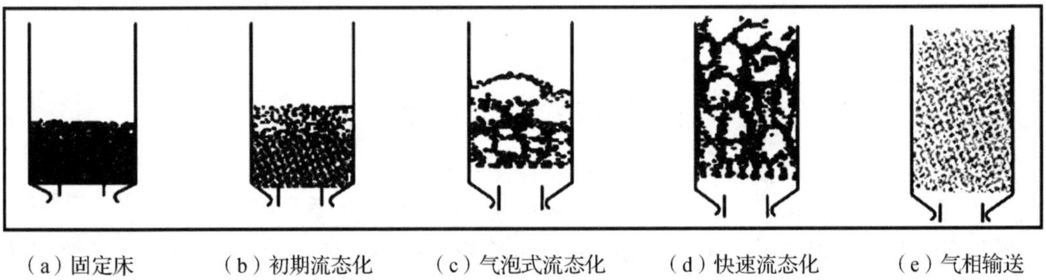

图 6-11　流化床的原理

流化床焚烧炉的结构很简单，主体设备是一个圆形塔体，下部设有分配气体的分配板，塔内衬有耐火材料，并装有耐热粒状载体。气体分配板有的由多孔板做成，有的平板上穿有一定形状和数量的专用喷嘴。气体从下部通入，并以一定速度通过分配板，使床内载体"沸腾"呈流化状态。废物从塔侧或塔顶加入，在流化床层内进行干燥、粉碎、气化等过程后，迅速燃烧。燃烧气从塔顶排出，尾气中夹带的载体粒子和灰渣一般用除尘器捕集后，载体可返回流化床内。若载体使用十几孔目的石英砂，则流化床的流化起始速度 μ_{mf} 为 10～20 cm/s，空塔速度 μ_{a} 是 μ_{rnf} 的 2～8 倍。若 $\mu_{a}>15\,\mu_{rnf}$ 时，载体的带出量非常大，同时床层压力减小。若 $\mu_{a}<15\,\mu_{mf}$ 时，被焚烧物呈未燃状态，容易结成饼状，破坏系统运行。如果过程需要强烈的流化状态，可用粗砂为载体，此时空塔速度可选用 1.0～2.5 m/s。流化床内气-固混合强烈，传热介质速率高，单位面积处理能力大，具有极好的着火条件。流化床焚烧炉采用石英砂作为热载体，蓄热量大，燃烧稳定性较好，燃烧反应温度均匀，很少局部过热。因此，能用于处理生活垃圾、有机污泥和有毒有害废液等废物种类，有害物质分解率高。

流化床燃烧温度在 800～900 ℃，过量空气系数小，氮氧化物生成量少，有害气体生成易于在炉内得到控制，是新一代"清洁"焚烧炉，极具发展前途。此外，流化床焚烧炉无运动部件，结构简单，故障少，投资及维修费低。流化床焚烧装置有很多种，它们在本质上都相同，区别只在于气体分配板的形式、流化床上层有无扩大的"自由空间"、加料口的位置和供料方式。

图 6-12 所示为流化床焚烧炉的结构。

固体废物经简单的预处理，粉碎到粒径为 20 cm 以下，再由供料器送入到流化床焚烧炉，调节散气板进入燃烧室的风量，使废物处于流化状态燃烧。废物和炉内的高温流动砂(650～800 ℃)接触混合，瞬时间气化并燃烧。未燃烬成分和轻质废物一起飞到上部燃烧室继续燃烧。一般认为上部燃烧室的燃烧占 40%左右，但容积却为流化层的 4～5 倍，同时上部的温度也比下部流化层高 100～200 ℃，通常也称为二燃室。不可燃物沉到炉底和流动砂一起被排出，然后将流动砂和不可燃物分离，流动砂回炉循环使用。流动砂可保持大量的热量，有利于再启动炉。图 6-13 所示为流化床焚烧的流程。

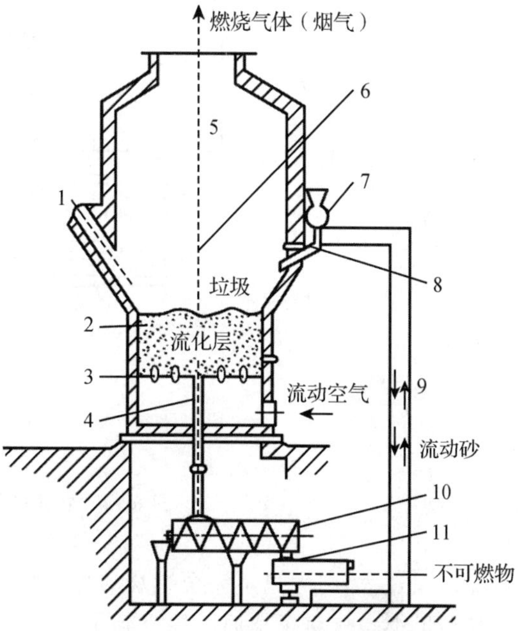

图 6-12　流化床焚烧炉的结构

1. 助燃室；2. 流化介质；3. 散气板；4. 不燃物排出口；5. 二次燃烧室；6. 流化床炉膛；7. 供料器；8. 二次助燃空气喷射口；9. 流化介质(砂)；10. 不燃物排出装置；11. 振动分选

6.5.5　模组式固定床焚烧炉

模组式固定床焚烧炉，又称控气式焚烧炉，或简称模组式焚烧炉。该炉型先在工厂内铸造好，再运到现场组装。因此，施工工期短，但单位造价高，且使用寿命较短。其构造如图 6-14 所示。

模组式焚烧炉燃烧过程在两个燃烧室进行，第一燃烧室常设计为缺空气系统，而第二燃烧室则设计为过量空气系统，通常不设置昂贵而复杂的空气污染控制系统。因此，在第一燃烧室先供以小风量，在 700 ℃左右使垃圾热解，

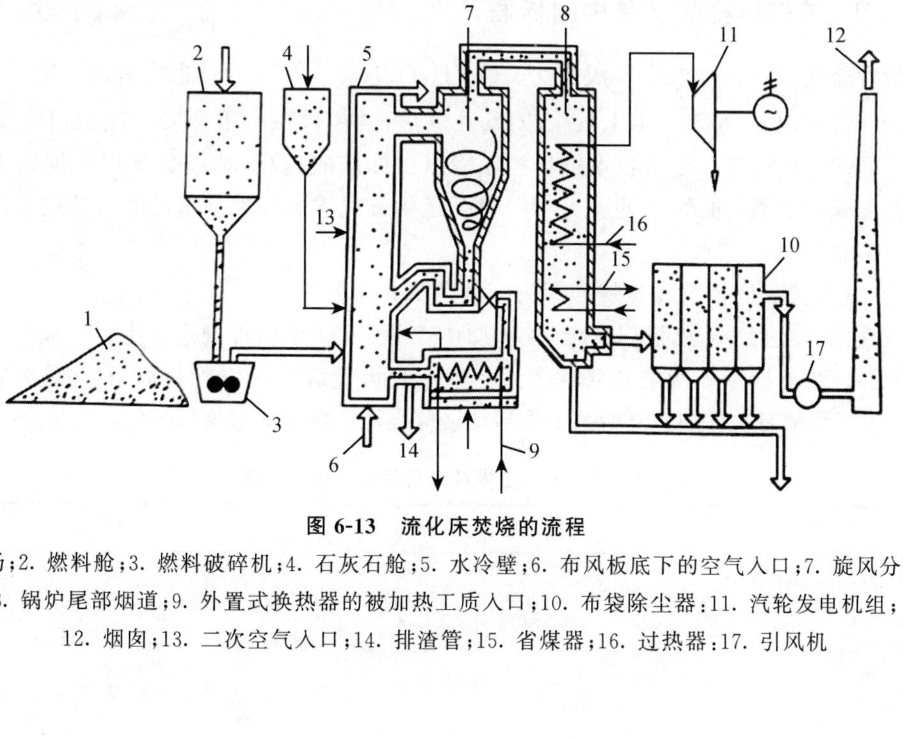

图 6-13　流化床焚烧的流程

1. 煤场；2. 燃料舱；3. 燃料破碎机；4. 石灰石舱；5. 水冷壁；6. 布风板底下的空气入口；7. 旋风分离器；8. 锅炉尾部烟道；9. 外置式换热器的被加热工质入口；10. 布袋除尘器；11. 汽轮发电机组；12. 烟囱；13. 二次空气入口；14. 排渣管；15. 省煤器；16. 过热器；17. 引风机

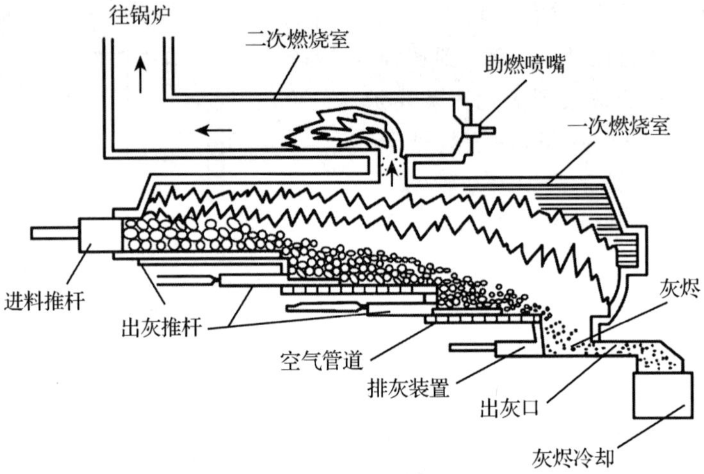

图 6-14 立式多段焚烧炉中心轴剖面图

避免风量过大，将大量不完全燃烧的悬浮物料带入第二燃烧室中，在第二燃烧室再以辅助燃油及超量助燃空气将燃烧温度提升到 1 000 ℃以上，以完全氧化不完全燃烧的烃类化合物，产生的废气几乎不含有颗粒物。模组式焚烧炉单炉的处理容量均不大，由每日处理数百千克到每日处理数十吨不等。一般多在小乡镇、岛屿、医院、工厂内使用，操作简便，但需重点考虑其建造成本较高，平均单位造价为大型炉的 1.5～2 倍，使用年限较短，一般 5～10 年。在工程应用方面，模组式焚烧炉常用来处理乡镇垃圾及医疗垃圾。

6.6 固体废物焚烧的污染物控制

6.6.1 焚烧污染物及其控制标准

垃圾焚烧过程中的烟气主要成分为 CO_2、H_2O、N_2、O_2 等，同时也含有部分有害物质，如烟尘、酸性气体（SO_X、NO_X、HCl、HF、CO）、碳氢化合物（TCH）、重金属（Pb、Be、Hg）以及二噁英（PCDDS/PCDFS）等。随着技术进步和环境保护标准的提高，垃圾焚烧烟气控制也经历了由简单到复杂的历程，进入 20 世纪 90 年代后，运用最先进的处理技术已经可使垃圾焚烧烟气污染物排放达到很低的水平。

目前，我国关于固体废物焚烧处理的标准主要有以下几个：

（1）《生活垃圾焚烧污染控制标准》（GB 18485—2014） 该标准规定了生活垃圾焚烧厂的基本原则、要求、性能指标和污染物排放限值。生活垃圾焚烧厂污染物排放限值如表 6-4 所示。表 6-5 比较了我国有关标准与欧盟关于生活垃圾焚烧污染物排放限值标准（EU2000/76/EC）。

表 6-4 生活垃圾焚烧厂污染物排放限值

序号	污染物	限值	取值时间
1	颗粒物/（mg/m^3）	30	1 h 均值
		20	24 h 均值

续表6-4

序号	污染物	限值	取值时间
2	氮氧化物(NO_x)/(mg/m^3)	300	1 h 均值
		250	24 h 均值
3	二氧化硫(SO_2)/(mg/m^3)	100	1 h 均值
		80	24 h 均值
4	氯化氢(HCl)/(mg/m^3)	60	1 h 均值
		50	24 h 均值
5	汞及其化合物(以 Hg 计)/(mg/m^3)	0.05	测定均值
6	镉、铊及其化合物(以 Cd+Tl 计)/(mg/m^3)	0.1	测定均值
7	锑、砷、铅、铬、钴、铜、锰、镍及其化合物(以 Sb+As+Pb+Cr+Co+Cu+Mn+Ni 计)/(mg/m^3)	1.0	测定均值
8	二噁英/(ng TEQ/m^3)	0.1	测定均值
9	一氧化碳(CO)/(mg/m^3)	100	1 h 均值
		80	24 h 均值

注:本表规定的各项污染物浓度标准限值,均指以标准状态下 11%(体积分数)O_2 的干烟气作为换算基准换算后的基准含氧量排放浓度。

表 6-5　我国与欧盟关于生活垃圾焚烧污染物排放限值标准的比较

序号	污染物	单位	GB 18485—2014	EU2000/76/EC
1	颗粒物	mg/m^3	20	10
2	HCl	mg/m^3	50	10
3	HF	mg/m^3		1
4	SO_2	mg/m^3	80	50
5	NO_x	mg/m^3	250	200
6	CO	mg/m^3	80	50
7	TOC	mg/m^3		10
8	Hg	mg/m^3	0.05	0.05
9	Cd	mg/m^3		0.05
10	Pb	mg/m^3		≤0.5
11	其他重金属	mg/m^3		≤0.5
12	二噁英	ng TEQ/m^3	0.1	0.1

(2)《危险废物焚烧污染控制标准》(GB18484—2001)　该标准对于危险废物焚烧炉的技术性能指标列出了要求,如表 6-6 所示。对于大气污染物排放限值的要求如表 6-7 所示。

表 6-6　危险废物焚烧炉的技术性能指标

废物类型	指标				
	焚烧炉温度/℃	烟气停留时间/s	燃烧效率/%	焚毁去除率/%	焚烧残渣的热灼减率/%
危险废物	≥1 100	≥2.0	≥99.9	≥99.99	<5
多氯联苯	>1 200	≥2.0	≥99.9	≥99.999 9	<5
医疗临床废物	≥850	≥1.0	>99.9	≥99.99	<5

表 6-7　危险废弃物焚烧排放气体污染物最高允许限值

序号	污染物	不同焚烧炉容量时的最高允许排放浓度限值		
		≤300 kg/h	300～2 500 kg/h	≥2 500 kg/h
1	烟气黑度/(mg/m^3)	林格曼Ⅰ级	林格曼Ⅰ级	林格曼Ⅰ级
2	烟尘/(mg/m^3)	100	80	65
3	一氧化碳(CO)/(mg/m^3)	100	80	80
4	二氧化硫(SO_2)/(mg/m^3)	400	300	200
5	氟化氢(HF)/(mg/m^3)	9	7	5
6	氯化氢(HCl)/(mg/m^3)	100	70	60
7	氮氧化物(以 NO 计)/(mg/m^3)	500		
8	汞及其化合物(以 Hg 计)/(mg/m^3)	0.1		
9	镉及其化合物(以 Cd 计)/(mg/m^3)	0.1		
10	砷、镍及其化合物(以 As+Ni 计)/(mg/m^3)	1		
11	铅及其化合物(以 Pb 计)/(mg/m^3)	1		
12	铬、锡、锑、铜、锰及其化合物(以 Cr+Sn+Sb+Cu+Mn 计)/(mg/m^3)	4		
13	二噁英/(ng TEQ/m^3)	0.5		

(3)《医疗废物焚烧环境卫生标准》(GB/T18773—2008)　该标准规定了医疗废物焚烧排放气体污染物最高允许限值，对于大气污染物排放限值的要求同表 6-7。

6.6.2　颗粒污染物的控制

垃圾焚烧厂的颗粒物控制与其他行业相同，可以分为静电分离、过滤、离心沉降及湿法洗涤等几种形式。常用的净化设备种类很多，如重力沉降室、旋风除尘器、静电除尘器、袋式除尘器、惯性除尘器和文丘里洗涤器等。其中，重力沉降室、惯性除尘器和旋风除尘器对细小颗粒物的去除效果很差，只能视为除尘的前处理设备。焚烧气的颗粒物细小，因此，惯性除尘器和旋风除尘器不能作为主要的除尘装置。静电除尘器及布袋除尘器为生活垃圾焚烧系统中最主要的除尘设备。静电除尘器和袋式除尘器的除尘效率均大于 99%，对小于 0.5 μm 的颗粒也有很高的捕集效率，是目前应用最广泛的 2 种颗粒物控制设备。文丘里洗涤器虽然可以达到很高的除尘效率，但能耗高且存在后续的废水处理问题，所以不再作为主要的颗粒污染物净化设备。

静电除尘器和袋式除尘器广泛应用于发达国家垃圾焚烧厂作为颗粒污染物的净化设备。国外的工程实践表明，一方面，静电除尘器能够使颗粒物的浓度控制在 45 mg/m^3 以下，而袋式除尘器的除尘效率更高，可以使颗粒物的浓度控制在更低的水平。另一方面，袋式除尘器虽然易受气体温度和颗粒物黏性的影响，致使滤料的造价增加和清灰不利，但其除尘效率对进气条件的变化不敏感，不受颗粒物比电阻和原始浓度的影响，比电阻过高或过低均会导致除尘效率大大降低，故二者各有优缺点。此外，需要说明的是，袋式除尘器在高效去除颗粒物的同时兼有净化其他污染物的能力，并可截留部分二噁英。因此，近年来国内外新建的大规模现代化垃圾焚烧厂大多采用袋式除尘器。

6.6.3　有害气体的控制

酸性气体包括 HCl、HF 和 SO_2 等。HCl、HF 是垃圾中的含氯、氟的塑料在焚烧过程中产生的，随着垃圾中这类塑料含量的增加，烟气中的 HCl、HF 含量也相应增加；烟气中的 SO_2 来自垃圾中的硫，垃圾中的硫含量比较低，一般低于 0.2%。大量高温烟气一般通过锅炉进行热能回收（又称余热利用）。对于全量焚烧，经过热交换的烟气通常采用涤气器（scrubber）先去除酸性气体。涤气器包括湿法、干法、半干法 3 类：湿法涤气器采用碱溶液吸收去除酸性气体，对 HCl、SO_2 去除率分别达到 95%、85%；干法涤气器采用喷雾干燥法，通过喷入石灰使 HCl、SO_2 去除率达到 90%、70% 以上；半干法涤气器采用石灰浆法，HCl、SO_2 去除率介于前两者之间。湿式涤气器去除效率高，但会相应增加污水处理设施。在酸性气体形成前直接向炉内喷入石灰如流化床焚烧炉，烟气处理就不需要涤气器处理而直接进行收尘处理。

NO_x 的净化是最困难且费用最昂贵的技术。这是由 NO 的惰性（不易发生化学反应）和难溶于水的性质决定的。垃圾焚烧烟气中的 NO_x 以 NO 为主，其含量高达 95% 或更多，利用常规化学吸收法很难达到有效去除。

目前常用的 NO_x 净化方法有选择性催化还原法（SCR）、选择性非催化还原法（SNCR）以及氧化吸收法等多种形式。SCR 法是在催化剂存在的条件下，NO_x 被还原剂（一般为氨）还原为对环境无害的氮气。由于催化剂的存在，该反应在不高于 400 ℃ 的条件下即可完成。SNCR 法是在高温（800～1 000 ℃）条件下，利用还原剂氨或碳酰胺（尿素）将 NO_x 还原为氮气的方法。与 SCR 法不同的是，SNCR 法不需要催化剂，其还原反应所需的温度比 SCR 法高得多。因此，SNCR 法的还原反应一般是在焚烧炉膛内完成的，而 SCR 法的还原反应则是在焚烧炉的后续设备中完成的，如图 6-15 所示。SNCR 法比 SCR 法的设备投资低，所需占地面积小，故 SNCR 法应用较为广泛。这两种方法的反应方程式如下：

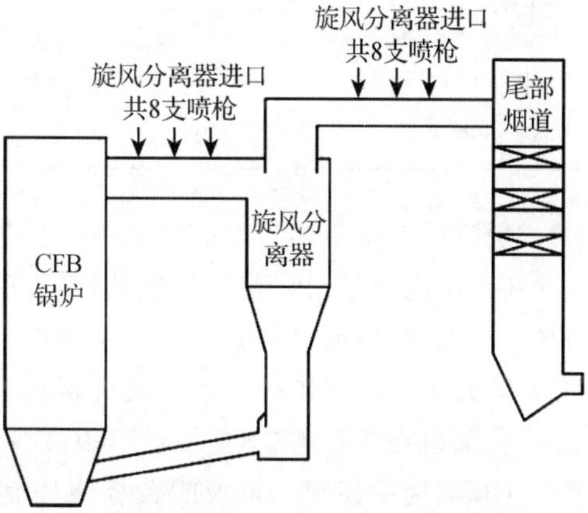

图 6-15　焚烧炉 SNCR 工艺流程简图

SCR 法：$4NO + 4NH_3 + O_2 \longrightarrow 4N_2 + 6H_2O$

SNCR 法：$2NO+4NH_3+O_2 \longrightarrow 3N_2+6H_2O$

氧化吸收法和吸收还原法都是与湿法净化工艺结合在一起共同使用的。氧化吸收法是在湿法净化系统的吸收剂中加入强氧化剂如 $NaClO_2$，将烟气中的 NO 氧化为 NO_2，NO_2 再被钠碱溶液吸收去除。吸收还原法是在湿法系统中加入 Fe^{2+}，Fe^{2+} 将 NO 包围，形成 EDTA 化合物，EDTA 再与吸收溶液中的 HSO_3^- 和 SO_3^{2-} 反应，最后放出 N_2 和 SO_4^{2-} 作为最终产物。据国外资料报道，吸收还原法的化学添加剂费用低于氧化吸收法。

6.6.4 重金属的控制

重金属废物中所含重金属物质高温焚烧后除部分残留于灰渣中之外，部分则会在高温下气化挥发进入烟气，部分金属物质在炉中参与反应生成的氧化物或氯化物比原金属元素更易气化挥发。这些氧化物及氯化物因挥发、热解、还原及氧化等作用，可能进一步发生复杂的化学反应，最终产物包括元素态重金属、重金属氧化物及重金属氯化物等。元素态重金属、重金属氧化物及重金属氯化物在尾气中将以特定的平衡状态存在，且因其浓度各不相同，各自的饱和温度亦不相同，遂构成了复杂的连锁关系。元素态重金属挥发与残留的比例与各种重金属物质的饱和温度有关，饱和温度越高则越易凝结，残留在灰渣内的比例亦随之增高。各种重金属元素及其化合物的挥发度如表 6-8 所示。其中，汞、砷等蒸气压均大于 7 mm Hg(1 mm Hg=133.322 Pa)，多以蒸气状态存在。

表 6-8　各种重金属元素及其化合物的挥发度

名称	沸点/℃	蒸气压/mm Hg		类别
		760 ℃	980 ℃	
汞(Hg)	357	—	—	挥发
砷(As)	615	1 200	180 000	挥发
镉(Cd)	767	710	5 500	挥发
锌(Zn)	907	140	1 600	挥发
氯化铅($PbCl_2$)	954	75	800	中度挥发
铅(Pb)	1 620	3.5×10^{-2}	1.3	不挥发
铬(Cr)	2 200	6.0×10^{-3}	4.4×10^{-5}	不挥发
铜(Cu)	2 300	9.0×10^{-3}	5.4×10^{-5}	不挥发
镍(Ni)	2 900	5.6×10^{-10}	1.1×10^{-6}	不挥发

现阶段对重金属控制的研究可以从焚烧前控制、焚烧中控制和焚烧后控制三方面进行。

(1)焚烧前控制　是一种预处理，主要是指垃圾的分类与分拣。将垃圾中重金属含量较多的成分(电池、电器、矿物质等)从垃圾中分拣出，可大大减少垃圾中重金属的含量以及后期处理处置的工作量。国外多数发达国家在焚烧前控制上都做了不少工作，如垃圾的分类收集制度。我国也在逐步建立这一制度，以减少垃圾处理的难度。

(2)焚烧中控制　垃圾的焚烧前控制虽然能大大减少重金属的含量，但焚烧法造成的重金属污染主要来源于焚烧过程中，因此，应格外关注焚烧中的处理措施。控制焚烧中的重金属污染主要从以下两方面入手：让重金属留在底灰中，然后再从底灰中将其回收；让重金属以气体的形式进入烟气，然后再用洗涤等各种方法加以处理。目前国际上比较流行的方法是向烟气中喷射基于碳的吸附剂，这种方法对除汞尤其有效，这是因为汞的沸点很低，极易挥发，经过焚烧处理后，几乎所有的汞都以气体的形式离开焚烧炉，进入烟气。当尾气通过热能回收设备及其他冷却设备后，部分重金属会因凝结或吸附作用而附着在细尘表面，可被除尘设备去除，温度越低，去除效果越佳。但挥发性较高的铅、锯和汞等少数重金属则不易被凝结去除。

(3)焚烧后控制　一方面，主要是灰渣与飞灰的处理，经过焚烧后大量含重金属的飞灰存在于焚烧炉、除尘器、烟囱中；另一方面，经过湿式洗涤后产生的污水中也会含有大量的重金属，若不加以处理极易对环境造成二次污染。目前焚烧后的处理方法主要有精除尘、固化处理法和各种重金属稳定化技术。

精除尘指采用各种新型的除尘技术，将富集有大量重金属的飞灰捕集下来。固化处理方法包括水泥固化、沥青固化、塑料固化、玻璃固化等。目前应用最广的是水泥固化，由于水泥具有较高的 pH，在固化过程中可使重金属离子在较高的碱性条件下生成难溶于水的氢氧化物或碳酸盐等。某些重金属离子也可以固定在水泥基体的晶格中，从而可以有效地防止重金属的浸出。

6.6.5　二噁英的控制

垃圾焚烧的二噁英的产生的主要原因包括：①垃圾中本身含有一定量的二噁英；②垃圾中塑料、橡胶以及与氯苯酚、氯苯、多氯联苯(poly chlorinated biphenyl，PCB)等结构相似的物质(称为前驱体)在炉内进行反应生成二噁英；③在废气冷却过程中，前驱体等有机物变成二噁英，特别是在 250～400 ℃容易产生，传统的静电除尘器烟气温度正好在此温度范围。

减少二噁英在炉内固体废物焚烧过程中的生成，可以通过“3T＋1E”方法进行控制。但仍有相当数量的二噁英，因为 De Novo 低温再合成进入余热锅炉后的烟气中，需要采用高效的净化工艺和技术对其进行控制。控制焚烧厂烟气中二噁英的排放可从控制来源、减少炉内形成、避免炉外低温再合成以及提高尾气净化效率四方面着手：①控制来源。避免含二噁英(如多氯联苯)以及含有机氯(PVC)高的废物(如医疗废物、农用地膜)进入焚烧炉。②减少炉内形成。通常采用的是“3T＋1E”工艺，即焚烧温度 850 ℃，停留时间 2.0 s，保持充分的气固湍动程度，以及过量的空气量，使烟气中 O_2 的浓度处于 6%～11%。③减少炉外低温再合成。炉外低温再合成现象多发生在锅炉内(尤其在节热器的部位)以及粒状污染物控制设备之前。已有研究指出，二噁英炉外低温再合成的最佳温度区间为 200～400 ℃，主要生成机制为铜或铁的化合物在飞灰的表面催化二噁英的前驱体(如苯、氯苯、酚类、烃类等)而合成二噁英。在工程上采取各种措施减少二噁英的炉外再次合成，如减少烟气在 200～400 ℃之间的停留时间，改善焚烧工艺，减少生成二噁英的前驱体，减少飞灰在设备内表面的沉积，减少二噁英生成所需要的催化剂载体，等等。④提高尾气净化效率。二噁英主要以颗粒状态存在于烟气中或者吸附在飞灰颗粒上，为了降低烟气中二噁英的排放量，就必须严格控制粉尘的排放量。布袋除尘器对 1 mm 以上粉尘的去除效率达到 99%以上，但对超细粉尘的去除效果不是十分理想，而活性炭粉末的强吸附能力可以弥补这项缺陷，通过喷射活性炭粉末加强对超细粉尘及其吸附的二噁英的捕集效率。

大量研究证明，垃圾焚烧过程中二噁英主要是在焚烧烟气离开高温燃烧段后重新合成的，包括余热锅炉、热交换器等温度范围在200～500 ℃的区域。因此，在此区域内防止二噁英的产生是较为关键的控制生成技术。

6.6.6 焚烧固体残渣的控制

垃圾焚烧产生的灰渣一般可分为下列4种。

(1)底灰　系焚烧后由炉床尾端排出的残余物，主要含有焚烧后的灰分及不完全燃烧的残余物(如铁丝、玻璃、水泥块等)，一般经水冷却后再送出。

(2)细渣　由炉床上炉条间的细缝落下，经集灰斗槽收集，一般可并入底灰，其成分有玻璃碎片、熔融的铝锭和其他金属。

(3)飞灰　是由空气污染控制设备中所收集的细微颗粒，一般系经旋风除尘器、静电除尘器或布袋除尘器所收集的中和反应物，如$CaCl_2$、$CaSO_4$等，及未完全反应的碱剂，如$Ca(OH)_2$。

(4)锅炉灰　是废气中悬浮颗粒被锅炉管阻挡而掉落于集灰斗中，也有沾于炉管上再被吹灰器吹落的，可单独收集，或并入飞灰一起收集。

目前，飞灰处置的常用方法有：①经固化稳定化处理后的产物，如满足浸出毒性标准或者资源化利用标准，可以进入普通填埋场进行填埋处置或进行资源化利用；②将飞灰中的重金属提取，提取后的重金属可以进行资源化利用。上述处理方法中的大部分已经实际应用于处理生活垃圾焚烧厂的飞灰，并取得一定的处理效果。飞灰的处理处置方法见图6-16。

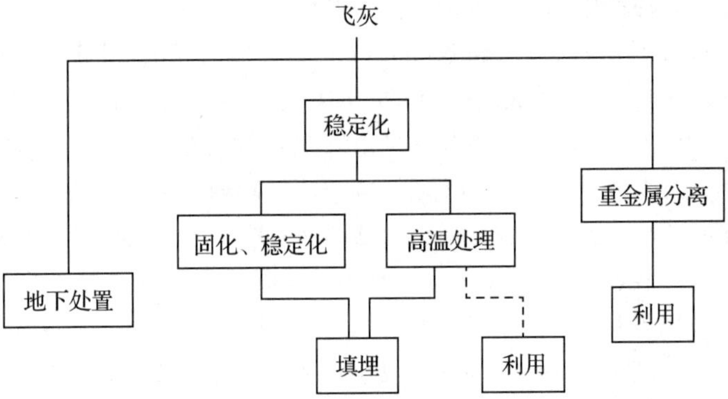

图6-16　飞灰的处理处置方法

6.6.7 恶臭控制

在焚烧废物的过程中，常会产生恶臭。恶臭物质是未完全燃烧的有机物，多为有机硫化物或氮化物，它们刺激人的嗅觉器官，引起人们厌恶或不愉快，有些物质亦可损害人体健康。

为防止恶臭的产生，常在二次燃烧室中利用辅助燃料将温度提高到1 000 ℃，如利用催化剂在150～400 ℃下进行催化，使恶臭物直接燃烧。也可用水或酸、碱溶液吸收恶臭物质；用活性炭、分子筛等吸附剂来吸附废气中的恶臭物质；用含有微生物的土粒、干鸡粪等多孔物作吸附剂，让微生物分解恶臭物质，将气体冷却，使恶臭物冷凝成液体而与气体分离。在上述方法中，燃烧法净化效果最好，没有二次污染，处理费用较低，也不存在进一步处理废液或废固体的问题；但需要消耗燃料，且催化剂易中毒。选择燃烧净化方法一般需从净化性能及净化费用两方面考虑，既要达到消除恶臭的目的又要减少净化费用，多数情况下采用 2 种以上的净化法较为有利，如直接燃烧后再经催化燃烧，吸收后再经浸渍不同化学品的吸附剂吸附，可达到更好的脱臭效果。

习题

1. 简述衡量焚烧处理效果的技术指标以及影响焚烧的主要因素。

2. 生活垃圾焚烧厂通常包括哪些系统？

3. 二噁英是怎样产生的？有哪些控制途径？

4. 简要介绍垃圾焚烧中控制酸性气体产生的技术途径。

5. 简要介绍几种控制焚烧烟气中重金属含量的方法。

6. 二噁英当量浓度是如何定义的？其当量浓度和总浓度的关系是什么？

7. 采用普通布袋除尘设备能否降低排放烟气中气态二噁英的排放量？为什么？

8. 论述焚烧灰渣的综合利用。

9. 试比较炉排炉、流化床炉和回转窑炉的优缺点。

10. 流化床焚烧炉适合在 1 000 ℃以上的温度下焚烧处理废物吗？为什么？

11. 含挥发分很高的固体废物(如干化污泥)适合采用何种焚烧方式进行处理？若需要采用炉排炉进行焚烧处理，需要对这类废物采取哪些预处理方法？

12. 在焚烧过程中，控制废物在炉排上的停留时间和控制烟气在二燃室的停留时间的目的一样吗？为什么？

13. 为控制废物焚烧中供给的空气量，测定排放烟气中的剩余氧量在 10%～13%之间，请计算该焚烧系统的过剩空气系数，并判断能否满足一般的垃圾焚烧对氧气的要求。

14. 对于厨余垃圾含量较高的生活垃圾，在采用焚烧技术进行处理时，有哪些办法可以提高焚烧的效率？请根据你所学知识进行分析。

15. 某小区日产生活垃圾 20 t，垃圾平均含水率 35%，经采样分析知：垃圾中有机废物的量占 50%，有机废物的化学组成式为$[C_6H_7O_2(OH)_3]_5$。拟采用焚烧处理，计算焚烧产生的实际干烟气量和实际湿烟气量，并提出合理的焚烧尾气处理方案。要求烟气中剩余氧气量在 6%～11%之间，空气中水蒸气含量为 5%。

第 7 章　固体废物的热解技术

7.1 概　　述

7.1.1 热解的概念

热解(pyrolysis)也称为干馏、热分解或炭化:广义上讲,是指物质在高温受热条件下发生分解的反应过程,可分为无机物热解和有机物热解;狭义上讲,是指有机物的热解反应,即有机物在限氧或无氧氛围环境中加热使之裂解为气态、液态和固态物质的过程。

7.1.2 热解与焚烧的比较

热解是在限氧或无氧条件下,物质受热裂解的过程;而焚烧是在供氧充足条件下,有机物质进行氧化燃烧反应的过程。由于接触氧气含量的限制,其最终产物也存在较大的差异,热解的主要产物是可燃的低分子化合物,其中气态产物包括氢气、甲烷、一氧化碳,液态产物的成分是甲醇、丙酮、乙酸和乙醛等有机物及焦油等,固态产物的成分为焦炭或炭黑;而焚烧的主要产物是二氧化碳和水。热解是吸热反应过程,焚烧则是放热反应过程。热解产物是燃料油及燃料气,可贮存及远距离输送;而焚烧过程会产生大量的热能,这些热能可回收并用于发电、加热或产生蒸汽等,就近利用。就反应设备而言,热解的反应设备为封闭式结构,体积小,投资费用低但维护和操作费用高;而焚烧的反应设备为敞开式结构,体积大,投资费用高但维护和操作费用低。

与焚烧相比,热解具有以下优点:①无明火燃烧过程,可以将固体有机物转化为以燃烧气、燃烧油和炭黑为主的贮存性能源;②热解为缺氧分解,因此,产生的 NO_x、SO_x、HCl 等污染性气体较少,可降低污染性气体的排放;③废物中重金属等有害成分大部分被固定在炭黑中;④由于保持还原条件,Cr^{3+} 不会转化为 Cr^{6+},从而降低 Cr 的毒性;⑤热分解所获得的残渣固体中无腐败性有机物,从而防止填埋场的公害,能够降低废物的体积,而且能防止灰渣熔融过程中金属类物质的溶出;⑥能够处理不适合焚烧和填埋的难处理物。

热解与焚烧的联系:①二者都是热处理,通过高温破坏和改变固体废物的组成和结构;②焚烧过程中通常包含热解阶段,而热解也常作为焚烧处理的辅助手段,利用热解技术进一步处理燃烧废物,可改善废物燃烧效果。

7.2 热解原理及方法

7.2.1 热解的原理

固体废物热解的实质是利用热能加热大分子物质使其化学键断裂转化为小分子物质。固体有机废物热解是一个复杂、连续的化学反应过程，在反应中包含着复杂的断键、异构化、重组化等化学反应。在热解过程中存在2种变化趋势：一是由大分子变成小分子直至气体的裂解过程，二是由小分子聚合成大分子的聚合过程。而固体废物中无机物的热解以气体[O_2、CO_2和H_2O(水蒸气)]和更稳定的无机化合物为最终产物。

固体废物中有机物的热解过程先由脱水开始，其次是脱甲基或脱氢，再是生成的水(脱水过程的产物)与架桥部分的次甲基键(脱甲基或脱氢的产物)进行反应生成CO和H_2。随着温度的继续升高，生成的芳环化合物再进行裂解、脱氢、缩合、氢化等反应。热解反应过程中发生的化学反应往往没有明显的阶段性，这些反应大多是交叉进行的。最终所获得的热解产物与废物类型和热解反应条件相关。例如，塑料和橡胶类废物其热解产物中液态油含量较多，包括轻石脑油、焦油以及芳香烃油的混合物；而农业废弃物在低温条件下热解，其产物主要以焦炭为主，但在高温条件下热解，其产物以热解气为主。

适用于热解的有机废物主要有废塑料、废橡胶、农业废弃物、生活垃圾和污泥等。

7.2.2 热解的方式

1. 按物质类型分类

(1)无机物热解　是无机物质在一定温度和压强条件下化学键或离子键断裂裂解成低分子化合物的过程。无机物由于成分简单，其热解产物相对单一。例如，碳酸氢钠焙烧生成碳酸钠；石灰石(碳酸钙)焙烧生成生石灰(氧化钙)；氧化汞热解生成元素汞；氯酸钾热解生成高氯酸钾等。

$$2NaHCO_3 \xrightarrow{\text{热解}} Na_2CO_3 + CO_2\uparrow + H_2O$$

$$CaCO_3 \xrightarrow{\text{热解}} CaO + CO_2\uparrow$$

$$2HgO \xrightarrow{\text{热解}} 2Hg + O_2\uparrow$$

$$4KClO_3 \xrightarrow{\text{热解}} 3KClO_4 + KCl$$

(2)有机物热解　是利用有机物的热不稳定性，在无氧或缺氧条件下受热裂解的过程。有机物热解反应是一个复杂的化学反应过程，包括化学键的断裂、异构化和重新聚合等过程。因此，其裂解后的产物也是复杂多样的，根据形态可以划分为气体、液体和固体。除有机物自身属性(组分、粒度、均匀度以及含水率等)外，热解温度是影响裂解产物组成的主要因素。当热解温度大于1 000 ℃，热解产物主要为燃气(H_2、CH_4等)；当热解温度在600～700 ℃时，热解产物主要为类重油物质；当热解温度低于600 ℃时，热解产物主要为炭黑。

$$\text{有机固体废物} \longrightarrow \text{气体} + \text{有机液体} + \text{固体}$$

式中：气体包括 H_2、CH_4、CO、CO_2、NH_3、H_2S、HCN、H_2O、SO_2 等；有机液体包括有机酸、芳香烃、焦油、煤油、醇、醛类等；固体包括炭黑、炉渣等。

2. 按加热方式分类

(1)直接加热热解　也叫内热式热解，是利用供给适量空气使被热解有机物部分直接燃烧所产生的热量或向热解反应器提供补充燃料所产生的热量供有机物热解所需。燃烧需要提供氧气，因而会产生 CO_2 和 H_2O 等惰性气体混在可燃气中，稀释可燃气，降低热解气体的热值。如果采用空气做氧化剂，热解气体中不仅有 CO_2 和 H_2O，还含有大量 N_2，会稀释可燃气，从而降低热解气体的热值。因此，采用的氧化剂不同，其热解气体的热值也不同。直接加热法的设备简单，可采用高温热解，其处理量大，产气率高，但所产气体的热值低，不能直接作为单一燃料直接利用。此外，采用高温热解时，会产生 NO_x 等污染气体。

(2)间接加热热解　也叫外热式热解，从外界供给热解所需热量。该方法将被热解的物质与热介质分离，在热解反应器（或热解炉）中进行热解，其可以利用墙式导热或中间介质来传热（热砂或熔化的某种金属床层）。墙式导热方式热阻大，熔渣可能会包覆传热墙面或出现腐蚀等问题，不能采用更高的热解温度，因而使用受到限制；采用中间介质传热，虽然可能出现固体传热或物料与中间介质的分离等问题，但综合比较起来，中间介质传热要比墙式导热方式好些。间接加热法的主要优点在于热解气的品质较高，可以作为燃气直接使用。但其产气率和产气量大大低于直接加热法。一般而言，除流化床技术外，间接加热法的物料被加热的性能较直接加热法差，从而延长物料在反应器里的停留时间，也就是说，间接加热法的生产率低于直接加热法。间接加热法不可能采用高温热解方式，这也将减少 NO_x 的产生。

3. 按热解温度分类

(1)低温热解　热解温度小于 600 ℃。该方法多适用于利用农业废弃物生产低硫、低灰的生物炭。所获得的生物炭根据其原料和碳化程度可作为活性炭和水煤气的原料。

(2)中温热解　热解温度在 600～700 ℃之间。该方法多用于单一物料作能源和资源回收的工艺上，将废轮胎、废塑料转换成用于化工初级原料的类重油物质。

(3)高温热解　热解温度大于 1 000 ℃以上。该方法采用的加热方式几乎都是直接加热。如果采用高温纯氧热解工艺，反应器中的氧化—熔渣区段的温度可高达 1 500 ℃，从而将热解残留的惰性固体（金属盐类及其氧化物和氧化硅等）熔化，以液态渣形式排出反应器，再经清水淬冷后粒化，从而大大减少固态残余物的处理困难。这种粒化的玻璃态渣可以用作建筑材料的骨料。

(4)等离子高温热解　热解温度在 3 000～5 000 ℃之间。该方式是利用一个或多个等离子体火炬喷射器产生的极度高温，使有机固体废物分解成一种含有氢和一氧化碳的可燃气体，无机物则成为一种惰性的玻璃态熔渣。这些玻璃态熔渣因其低的渗透性可以用于建筑材料和填充材料等。

4. 按热解炉结构

(1)固定床　图 7-1 所示为一典型的固定燃烧床反应器，经选择和破碎的固体废物从反应器顶部加入，反应器中物料与气体界面温度为 93～315 ℃，物料通过燃烧床向下移动，燃烧床由炉箅支持，在反应器的底部引入预热的空气或氧气，温度可达 980～1 650 ℃。这种反应器的产物包括从底部排出的熔渣或灰渣和从顶部排出的气体。排出的气体中含有一定的焦油、木醋液等成分，经冷却洗涤后可作燃气使用。

在固定燃烧床反应器中，维持反应进行的热量是由废物燃烧所提供的。采用逆流式物流方向，所以物料在反应器中滞留时间长，从而保证废物最大程度地转换成燃料。同时，反应器中气体流速相对较低，在产生的气体中夹带的颗粒物也较少。固体物质损失少，加上高的燃料转化率，使得未气化的燃料损失减到最低，从而减少对空气的潜在污染。但固定床反应器也存在一些技术难题，例如，有黏性的燃料诸如污泥和湿的城市固体废物需要进行预处理，才能加入反应器。预处理一般包括将炉料进行预烘干并进一步粉碎，从而保障不结成饼状。未粉碎的燃料在反应器会使气流成槽流，使气化效果变差，并使气体带走较多的固体物质。另外，反应器内气流为上行式，温度低，含焦油等成分多，故易堵塞气化部分管道。

(2)流化床　在流化床中，气体与燃料同流向相接触，如图7-2所示。由于反应器中气体流速高到可以使颗粒悬浮，固体废物颗粒不再像在固定床反应器中那样连续地靠在一起，反应性能更好，速度更快。在流化床的工艺控制中，要求废物颗粒本身可燃性好，不得在未适当气化之前就随气流溢出。另外，温度应控制在避免灰渣熔化的范围内，以防灰渣熔融结块。

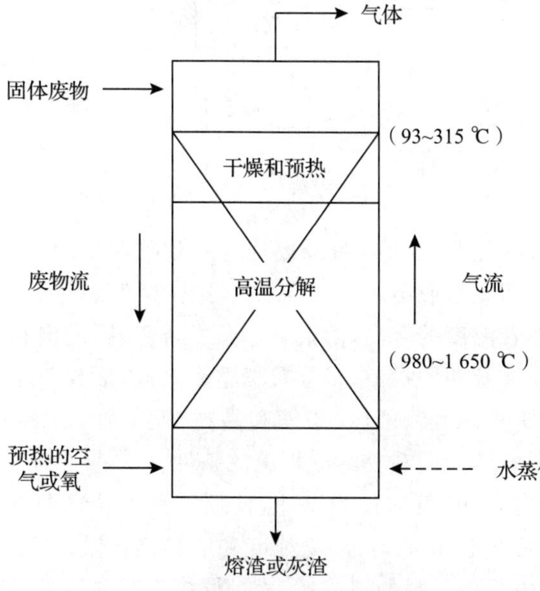

图7-1　典型的固定燃烧床热解反应器

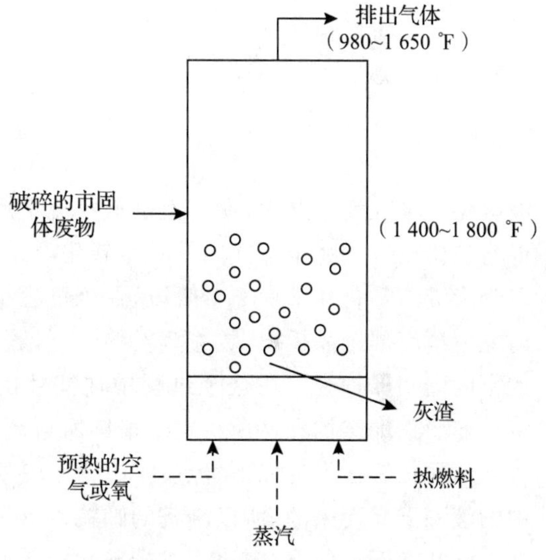

图7-2　流化床热解反应器

流化床工艺适用于含水量高或水量波动大的废物燃料，且设备尺寸比固定床小。但流化床反应器热损失大，气体不仅带走大量的热量，而且还会带走较多的未反应的固体燃料粉末。因此，在固体废料本身热值不高的情况下，尚须提供辅助燃料以保持设备正常运转。

(3)旋转炉　如图7-3所示，旋转炉是一种间接加热的高温分解反应器。旋转炉的主体设备是一个稍微倾斜的圆筒，缓慢旋转使废料通过蒸馏容器到卸料口。蒸馏容器由金属制成，而燃烧室则是由耐火材料砌成的。分解反应所产生的气体一部分在蒸馏容器外壁与燃烧室内壁之间的空间燃烧，这部分热量用来加热废料。在这类装置中热传导非常重要，所以分解反应要求废物必须破碎较细，尺寸一般要小于5 cm，以保证反应进行完全。此类反应器生产的可燃气热值较高，可燃性好。

5. 按工艺方法分类

(1)喷雾热解法　是以水、乙醇或其他溶剂将反应原料配成溶液，再通过喷雾装置将反应

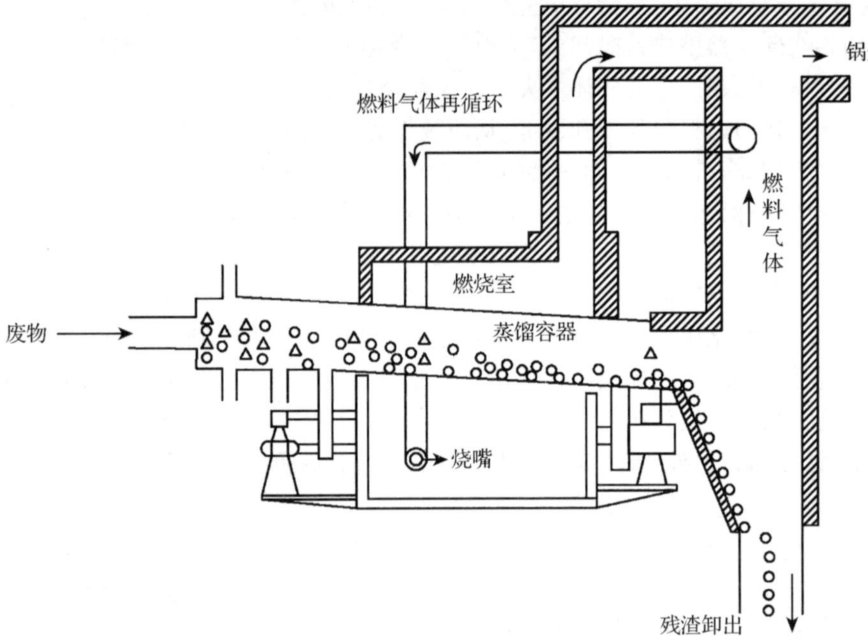

图 7-3　旋转炉热解反应器

液雾化并导入反应器中，使溶液迅速物流干燥，反应物发生热分解或燃烧等其他化学反应，获得与初始反应物完全不同的具有全新化学组成的超微粒或纳米粒子产物。喷雾热解法过程可以分为液滴雾化和干燥 2 个阶段，在该过程中，随着温度的升高，溶剂开始蒸发，溶质因过饱和而在液滴底部结晶析出，随着蒸发的进行，逐步向液滴四周扩散，最终覆盖整个液滴，形成一层致密的固相保护壳。在这个过程中往往伴随着气孔、断裂、膨胀、皱缩和晶粒“发毛”的形成。析出初始物的结构和性质决定了最终所得固体颗粒的性质和其继续析出的条件。

喷雾热解法具有以下优点：①因为干燥所需时间短，反应过程迅速，且颗粒是由悬浮在空中的液滴干燥而来的，所以制备的颗粒外形和组成上比较均匀，产物纯度和活性高；②原料是在溶液状态下均匀混合，故可以精确地控制所合成功能材料的组成；③通过调控工艺条件可以制得各种不同形态和性能的超微粉体，且制得的材料表观密度小、比表面积大、粉体烧结性能好；④操作简单，制备过程可一次性完成。

(2)常温法　该技术于 1996 年由清华大学开展研究，主要目的是在常温条件下实现重镁水分解，从而降低镁盐生产过程的能耗及污染。研究人员通过分析轻质碳酸镁及氧化镁产品的主要能耗分布发现，氧化镁生产过程主要的能量消耗在热分解过程中。原因是通常碳化得到重镁水中氧化镁的浓度仅为 5～8 g/L，要将如此低浓度的重镁水加热到 1 000 ℃以上热解，就会造成氧化镁生产的高能耗，如能常温实现重镁水的分解得到碳酸镁，将大幅度降低生产的能耗，提高企业的经济效益。于是，研究人员开展了重镁水常温下分解的研究，在菱镁矿轻烧粉直接碳化生产高纯度氧化镁和卤水-石灰生产高纯度氧化镁方面取得突破性的进展，实现了常温下重镁水的分解，分解率达到 90%以上(废水循环使用后回收率在 99%以上)，水可 100%复用，大量减少排放，符合我国目前大力倡导的循环经济的要求。该技术不但适用于菱镁矿直接碳化生产高纯度氧化镁及碳酸镁(可提供全套技术服务)，同时也适用于白云石法及卤水石灰生产氧化镁的企业(对热解段进行技术改造),为企业节能降耗。通过计算每吨氧化镁产品可降低 50%以上,效益在 2 000～3 000 元,同时减少废水及燃煤排放的污染,经济效益及社会效益十分显著。

(3)干式热解法　这是一项回收处理废旧轮胎的技术,所用工艺是从乌克兰引进的"干式热解法"。本技术可以从废旧轮胎等废旧橡胶制品中高效率的回收油、碳黑、废钢等半成品。其工艺流程如图 7-4 所示。

图 7-4　干式热解工艺流程

采用本工艺生产的处理装置通过对固体有机物的处理得到以下产品:①液烃,经进一步裂解可以获得汽油、重油、柴油等燃料;②热解气,热值接近天然气,可以作为居民用气或发电用气使用;③碳黑,经过活化处理后可以得到活性炭。

目前,国内对于废旧轮胎的裂解也取得了一些进展,但整体技术水平特点不明显,裂解配方不科学,产生大量的废气,造成环境污染。与国内使用的其他处理废旧轮胎的方法相比,干式热解法主要有以下优点:①安全环保,无三废排放;②出油率高,可达 45%～50%;③节水节能,实现了热动力资源的高效循环和经济使用;④生产自动化;⑤产能弹性大,模块化设计,便于控制生产规模。

6. 按生成产品分类

(1)热解造油　热解温度一般在 500 ℃以下,在无氧条件下使有机物裂解,生成燃油。

(2)热解造气　将有机废弃物在高温度下转变成气体燃料,通过对反应温度、加热时间及气化剂的控制,产生大量的可燃气体,这些气体经净化回收可直接加以利用或贮存于罐中待用。

(3)热解造炭　有机物在无氧或限氧高温(>200 ℃)条件下制备的一种高度芳香化的、富含碳元素的固体材料。一般来说,高于 1 800 ℃沉积的碳为石墨,低于此温度的为热解炭。

7.3　典型固体废物的热解

7.3.1　废塑料的热解

塑料一般是指以天然或人工合成的高分子化合物为基本成分,在一定条件下塑化成型,而产品最终形态能保持不变的固体材料。废塑料是在民用、工业等用途中,使用过且最终淘汰或替换下来塑料的统称。目前,塑料的种类很多,主要有聚乙烯(PE)、聚丙烯(PP)、聚苯乙烯(PS)、聚氯乙烯(PVC)、聚苯乙烯泡沫(PSF)、聚四氟乙烯(PTEP)、酚醛树脂、脲醛树脂、聚对苯二甲酸乙二醇酯(PET)、ABS 树脂、PE 农膜、PS 类包装材料、PP 编织袋、PVC 型材(片、板、管及异型材)等。随着社会的发展,大量的塑料制品被应用并被随意丢弃,导致严重的环境污染,俗称"白色污染"。塑料垃圾质轻且体积庞大,随意丢弃或填埋后,很难腐烂和降解,造成土地板结,妨碍作物呼吸和吸收养分,使之减产;它们在紫外线作用或燃烧时,会排放出 CO、氯乙烯单体、HCl、甲烷、NO_x、SO_2、烃类、芳烃、碱性及含油污泥、粉尘等物质污染水体和空气,含氯塑料焚烧释放二噁英等有毒有害物质。解决废塑料对环境的污染问题已成为世界各国研究的热点，尤其是废塑料的热解造油技术已经开始进入工业实用化阶段。

7.3.1.1 废塑料的热解特性

废塑料可以分为热塑性塑料和热固性塑料 2 类。热塑性塑料种类繁多、应用广泛、产生废塑料的量也较多，如 PE、PP、PS、PVC、PSF、PTEF 等大部分分解成碳氢化合物，热解过程不会产生有害气体，其热解产物为 $C_1 \sim C_{44}$ 的燃料油、燃料气和固态残渣。PVC 由于分解温度低，加热到 200 ℃左右开始脱氯反应，进一步加热发生断链反应。PET、ABS 树脂因热解过程中会产生有害气体或有腐蚀性气体，不适合作热解原料。热固性塑料如酚醛树脂、脲醛树脂等也不适合作热解材料。

废塑料的热导率较低，为 0.081～0.349 W/(m・K)(相当于干木材)。当加热到熔点温度(100～250 ℃)时中心温度还很低，继续加热，外部温度达 500 ℃以上并产生碳化，但此时内部才到熔点温度。外部碳化会妨碍内部分解，故热效率低下。

废塑料按其热解后的产物不同可以分为解聚反应型塑料、随机分解型塑料和中间分解型塑料。解聚反应型塑料受热解时聚合物解离、分解成单体(几乎 100%的分解成单体)，切断单体分子之间的结合键。这类塑料有聚氧化甲烯、聚 α-甲基苯乙烯、聚甲基丙烯酸甲酯、聚四氟乙烯等。随机分解型塑料受热解时链的断裂是随机的，产生由数目不同的碳原子和氢原子组成的低分子化合物，这类塑料包括聚乙烯、聚氯乙烯等。大多数塑料受热分解后，解聚反应和随机分解兼而有之，故称为中间分解型塑料。各种分解产物的比例随塑料的种类、热解温度不同而异。一般热解温度越高，气态的(低级的)碳氢化合物的比例越高。由于产物组成复杂，要分离提纯单个组分比较困难，一般只以气态、液态和固态 3 类组分回收利用。

当塑料中含氯、氰基团时，热分解产物中一般含有 HCl 和 HCN。塑料制品中含硫较少，热分解得到的油品含硫分也相应较低，是一种优质的低硫燃油，为此，日本开发了废塑料与高硫重油混合热解制取低硫燃油工艺。此外，也有利于塑料的不完全燃烧回收炭黑的热解类型。

7.3.1.2 废塑料热解工艺

1. 废塑料热解造油工艺

(1)废塑料热解造油工艺　可分为 2 步进行：①通过初步的热解反应得到热解油类的初次产品；②通过对热解油类的催化裂解得到高品质的油类产品。

(2)工艺类型　①将废塑料加热熔融，通过热解生成简单的碳氢化合物，再在催化剂的作用下产生油。此工艺经济性好，产物量较大，但建设费用较高，塑料作为唯一的生产原料，收集和运输费用通常也较高；②热解制油工艺流程分为热裂解和催化裂解两个阶段，如图 7-5 所示。此工艺最主要的特点是，第一步塑料热解得到重油，达到减容增效的目的，第二步只要将重油收集在一起，集中进行催化裂解即可。

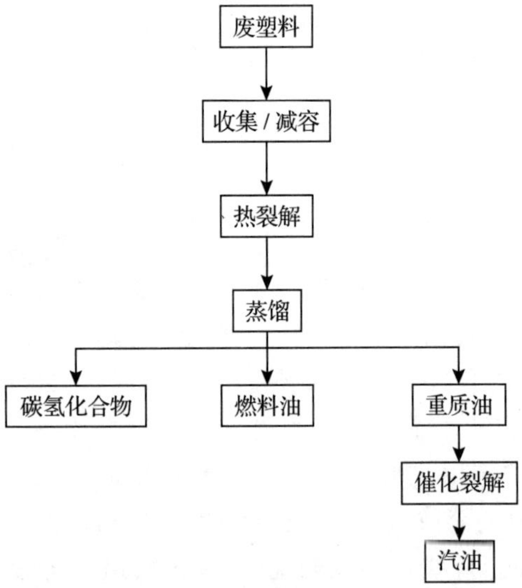

图 7-5　废塑料热解造油工艺

2. 聚烯烃浴塑料热解工艺

日本川崎重工研制开发了一套利用低温热分解的聚烯烃浴塑料热解工艺(图 7-6),主要是利用聚氯乙烯(PVC)脱 HCl 的温度比聚乙烯(PE)、聚丙烯(PP)和聚苯乙烯(PS)分解温度低的特点,将 PVC、PE、PP、PS 加至 380～400 ℃的热浴媒介中加热成熔融液,分解温度低的 PVC 首先气化脱出 HCl,然后 PE、PP、PS 熔融形成热浴媒体,根据停留时间的长短逐渐分解。分解产物包括 HCl、CO、N_2、H_2O 及 C_1～C_{30} 的碳氢化合物及残渣等,其中,C_1～C_4 是气体,C_5～C_6 是液体,C_7～C_{30} 为油脂状的碳氢化物,经冷凝塔及水洗塔回收油品及 HCl 气体经碱洗后,作为燃气燃烧,供给热解所需的能量。

该系统采用槽式聚合浴反应器,在槽内分解过程中进行混合搅拌,物料处于充分混合状态,同时采取外部加热,根据温度来控制生成油的性状。其优点是用对流传热代替热传导,提高传热效率,由于热解温度较低,没有金属(PVC 的稳定剂)的飞散。

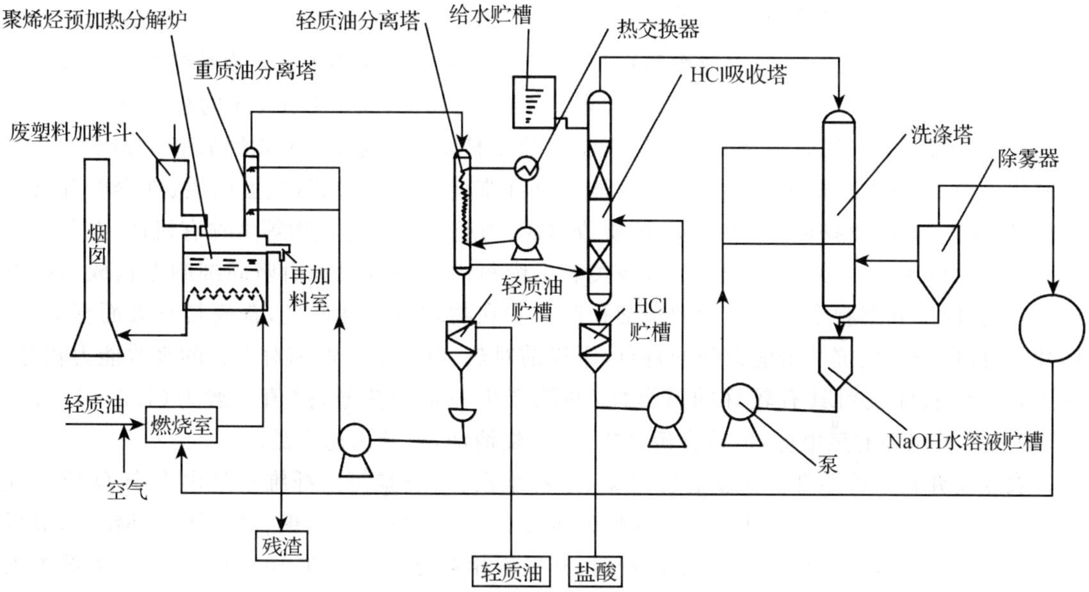

图 7-6　聚烯烃浴塑料热解工艺流程

3. 减压分解热解工艺

日本三洋电机根据塑料导热系数低的特点,开发利用微波炉与热风炉加热,减压蒸馏的流程,于 1972 年 6 月完成 3 t/d 处理量的实验性工厂。经破碎的废塑料送入熔化炉,并在其中加入发热率高的热媒体(如碳粒),由热风和微波同时加热至 230～280 ℃,塑料熔融,聚氯乙烯分解产生的 HCl 可以在回收塔回收。熔融的塑料送入反应炉,用热风加热到 400～500 ℃减压分解(6.7×10^4 Pa),生成的气体经冷却液化回收得到燃油。

4. 流化床热解工艺

为使热解炉内温度均一,改善传热效果,多使用流化床热解炉。载热体采用 0.3 mm 左右的砂,从预热炉来的热风把载热体层加热到 400～450 ℃,将破碎至 5～20 mm 的废塑料送入热解炉,从载热体获得热量进行分解,同时部分废塑料燃烧产生热量,贮存于载热体中,继续供给分解所需要的热量。正常运转时,预热炉停止工作。载热体层内设置搅拌桨,以保证流化床温度均一,同时可防止废塑料与载热体黏附在一起,影响流化。该热解炉的优点是采用内热式供热,热

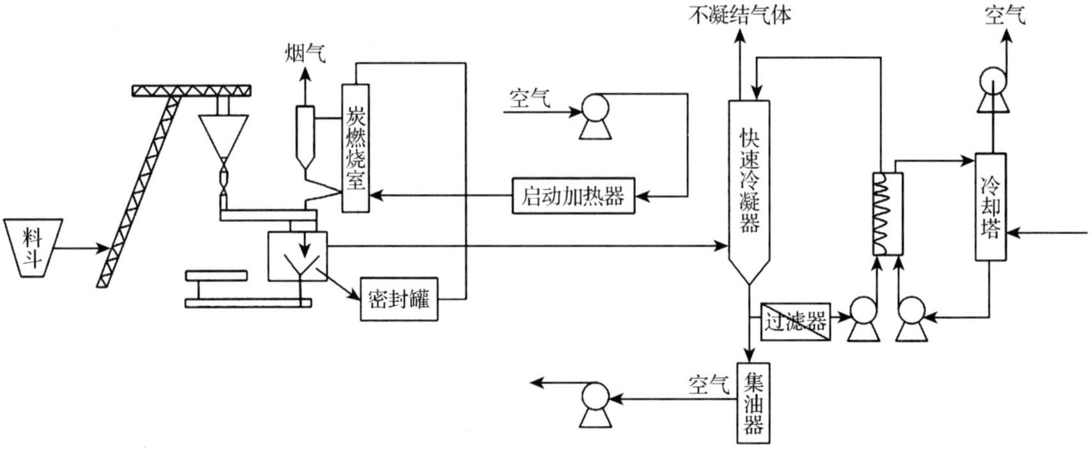

图 7-8　农业废弃物生物质旋转锥热解工艺流程

低温热解的反应温度不超过 350 ℃，反应时间不超过 60 min。在实验室规模上进行的间歇实验中，农业固体废物在无氧环境下于 20 min 内被缓慢加热到 300～350 ℃，液体产物在冰浴中收集。在连续实验中，采用一个间接加热的螺旋式火炉作为实验装置，低温热解的油收率为 18%～27%，焦炭收率为 50%～60%，油的氢碳比为 1.7。

3. 涡旋式烧蚀热解工艺

与其他热解方法相比，烧蚀热解在原理上有实质性的不同。在其他热解方法中，生物质颗粒的传热速率限制反应速率，因而要求生物质颗粒较小。在烧蚀热解过程中，热量通过热反应器壁面来熔化与其接触的生物质。生物质被机械装置移走后，残留的油膜可以给后继的生物质提供润滑，蒸发后即成为可凝结的生物质热解蒸气。反应速率的影响因素有压力、反应器表面温度和生物质在换热表面的相对速率。

图 7-9 所示为涡旋式烧蚀旋转反应器系统，装置中的生物质被加速到超音速来获得加热筒体内的切向高压。未反应的生物质颗粒继续循环，反应生成的蒸气和细小的炭粒沿轴向离开反应器进入下一工序。典型的液体收率为 60%～65%(干燥基)。

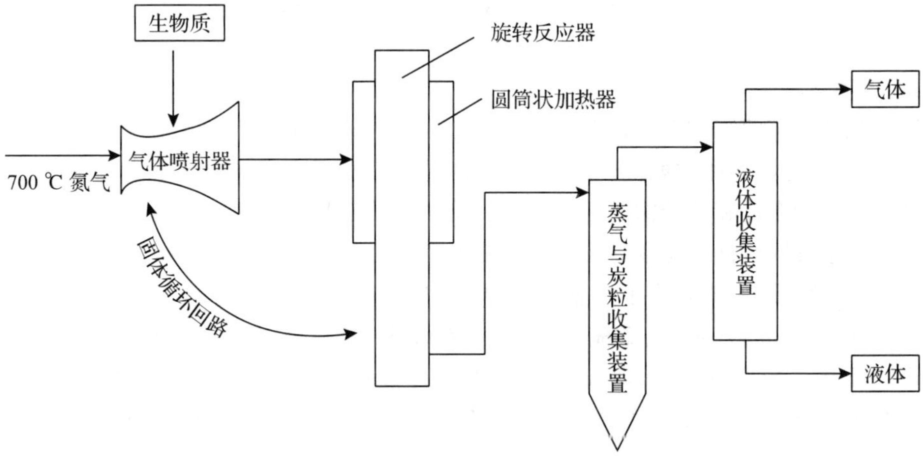

图 7-9　农业废弃物生物质涡旋式烧蚀反应器系统

7.3.3　生活垃圾的热解

随着工业的发展，生活垃圾中纸张、塑料以及合成纤维等可燃组分日趋增长。热解生活垃圾，回收燃料油、燃料气是一种新的垃圾能源回收技术。生活垃圾热解产物主要是热值较低的燃气，为了满足用户的需求，需要对所产生低热值燃气进行催化和纯化转化。具体转化流程如图 7-10 所示。

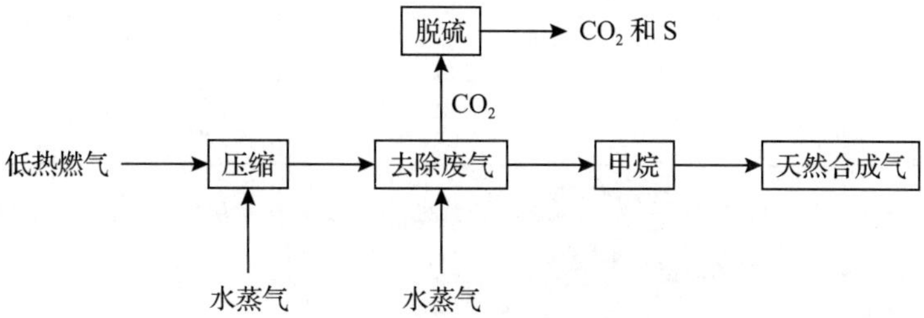

图 7-10　低热燃气合成天然气流程

其中压缩环节使燃气压力提高 150 倍，用水蒸气在固定床催化反应器中除去 CO_2 与 H_2S 等酸性气体，净化的燃气再进行甲烷化，使 H_2、CO 与 CO_2 在高压下合成甲烷(CH_4)，反应式如下：

$$CO+3H_2 \xrightarrow{\text{催化剂}} CH_4+H_2O \tag{7-1}$$

$$CO_2+4H_2 \xrightarrow{\text{催化剂}} CH_4+2H_2O \tag{7-2}$$

7.3.3.1　生活垃圾的热解特性

采用热天平分析法对 9 种常见的城市生活垃圾进行热解特性的研究，其结果如表 7-2 所示。

表 7-2　不同垃圾组分热解过程中的特征及热解指数

样品名称	热解速率/(℃/min)	T_1/℃	T_2/℃	T_{max}/℃	$\left(\frac{d\alpha}{dt}\right)_{max}$/(%/min)	$I/\times10^{-6}$
植物	10	170	900	270	0.069 8	0.354
厨余	50	180	980	330	0.321 0	1.216
落叶	10	170	920	330	0.187 2	0.756
	50	220	960	360	0.211 2	0.793
橡胶	10	160	780	760	0.068 7	0.146
	20	200	780	790	0.106 3	0.232
	50	170	860	390	0.222 9	0.828
塑料	10	220	550	300	0.115 3	1.165
	20	240	550	320	0.239 7	2.417
	50	250	550	330	0.635 4	6.418

续表7-2

样品名称	热解速率/(℃/min)	T_1/℃	T_2/℃	T_{max}/℃	$\left(\frac{d\alpha}{dt}\right)_{max}$/(%/min)	$I/\times10^{-6}$
杂草	10	210	900	330	0.064 9	0.285
皮革	10	180	490	340	0.058 8	0.558
纸张	10	240	920	340	0.160 7	0.695
化纤	10	190	880	360	0.126 5	0.509
瓜皮	10	170	970	310	0.040 8	0.164

注：I 为热解指数，α 为样品消耗份额；$\left(\frac{d\alpha}{dt}\right)_{max}$ 为最大失重率；T_{max} 为对应于最大失重率的温度；$\Delta T=T_2-T_1$；T_1 为开始失重时的温度；T_2 为终止失重时的温度。

显然，T_1 和 T_2 越小，挥发分释放越早；$\left(\frac{d\alpha}{dt}\right)_{max}$ 越大，ΔT 和 T_{max} 越小；总体热解反应进行过程越集中，反之，则不易热解。

垃圾的热解指数与加热速率、垃圾粒度、传热传质等因素有关，从表 7-2 中的数据可以发现，加热速率越高，热解指数越大，垃圾就越容易热解。

7.3.3.2 生活垃圾热解工艺

1. 新日铁生活垃圾热解熔融系统

新日铁生活垃圾热解熔融系统是将热解和熔炉一体化的设备，通过控制融温和供氧条件，垃圾在同一炉体内完成干燥、热解、燃烧和熔融等过程。干燥段温度约为 300 ℃，热解段温度为 300～1 000 ℃，熔融段温度为 1 700～1 800 ℃，其工艺流程如图 7-11 所示。垃圾由炉顶投料进入炉内，为了防止空气的混入和热解气体的泄漏，投料口采用双重密封阀结构。进入竖式炉内的垃圾由上向下移动，与上升中的高温气体进行热交换，其水分受热蒸发；垃圾逐渐降至热解段后，有机物在控制的缺氧状态下发生热解，生成可燃气和灰渣。有机物热解产生的可燃性气体导入二燃室进一步燃烧，并利用尾气的余热发电；灰渣则进一步下移进入燃烧区。灰渣

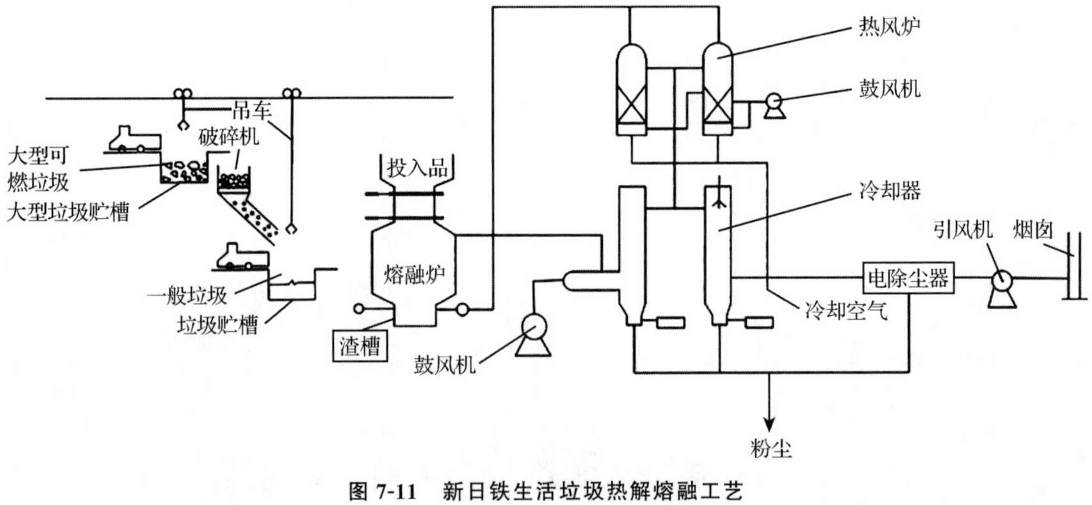

图 7-11 新日铁生活垃圾热解熔融工艺

中残存的热解固相产物炭黑与从炉下部通入的空气发生燃烧反应，其产生的热量不足以满足灰渣熔融的需要，应通过添加焦炭来提供碳源。

灰渣熔融后形成玻璃体和铁，体积大大减小，重金属等有害物质也被完全固定在固相中。玻璃体可以直接填埋处置或作为建材加以利用，磁分选出的铁也有足够的利用价值。热解得到的可燃性气体的热值为 6 276～10 460 kJ/m^3(1 500～2 500 kcal/m^3)，其组分如表 7-3 所示。

表 7-3　热解气体组分分析

产气量(标态)/(m^3/t)	体积分数/%							热值/(KJ/m^3)
	CO_2	CO	H_2	N_2	CH_4	C_2H_4	C_2H_6	
550	23.8	29.6	25.0	17.8	2.65	1.03	0.10	7 866

2. 流化床系统

流化床系统工艺流程如图 7-12 所示。将垃圾破碎至粒径小于 50 mm，经定量输送带传至螺杆进料器，由此投入热解炉内。在流化床内，作为载体的硅砂在热解生成气和助燃空气的作用下产生流动，从投料口进入的垃圾在流化床内吸收热量，在大约 500 ℃时发生热分解，热解过程产生的炭黑在此过程中发生部分燃烧。热解产生的可燃性气体经旋风除尘器去除飞灰后，再经分离塔分出气、油和水。分离出的热解气一部分用于燃烧，用来加热的辅助流化气回流到热解塔中。当热解气不足时，由热解油提供所需的那部分热量。

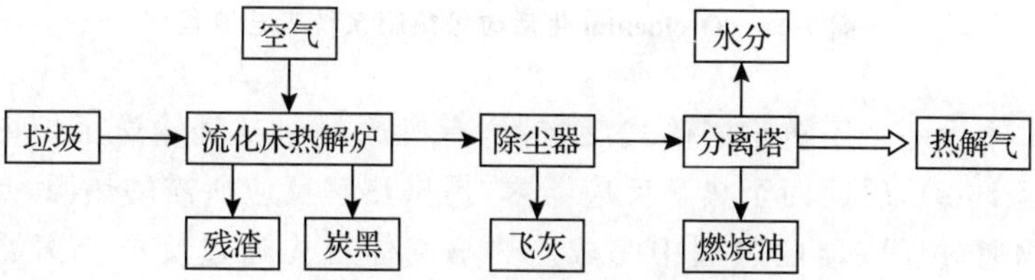

图 7-12　流化床系统工艺流程

3. Battelle 生活垃圾热解系统

Battelle生活垃圾热解系统如图 7-13 所示。经适当破碎除去重组分的城市垃圾，从炉顶的气锁送料器进入热解炉，从炉底送入约 600 ℃的空气-水蒸气混合气流，炉子的温度由上到下逐渐增加。炉顶为预热区，往下依次为热分解区和气化区。垃圾经过各区分解后产生的残渣经旋转炉栅从炉底排出。空气-水蒸气与残渣进行热交换，使排出的残渣温度接近室温，热解产物的气体从炉顶出口排出。炉内的压力为 700 mm H_2O(7 kPa)。生产的气体中，$\varphi(N_2)=43\%$，$\varphi(H_2)=\varphi(CO)=21\%$，$\varphi(CO_2)=12\%$，$\varphi(CH_4)=1.8\%$，$\varphi(C_2H_6)<1\%$，$\varphi(C_2H_4)<1\%$。由于含大量的 N_2，其热值非常低，为 3 766～7 531 kJ/m^3(900～1 800 kcal/m^3)。

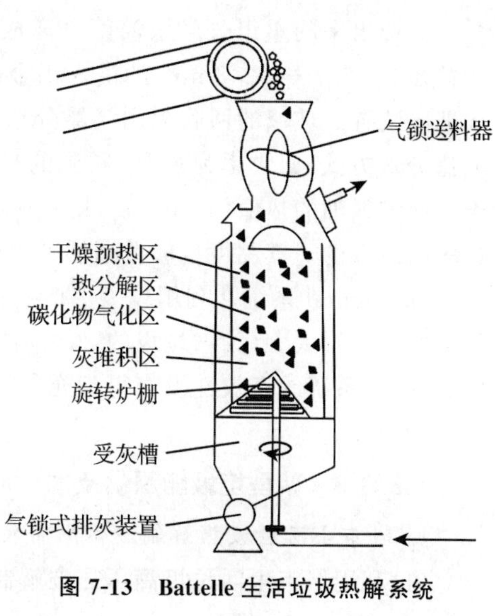

图 7-13　Battelle 生活垃圾热解系统

Battelle系统存在的问题是垃圾进料不均匀，有时会出现偏流、结瘤等现象。另外，熔融渣出料也较困难。

4. Occidental 生活垃圾热解系统

Occidental生活垃圾热解系统工艺流程如图7-14所示。首先将垃圾破碎至粒径小于76.2 mm，通过磁选分离出钢铁金属，再通过风选将垃圾分为重组分（无机物）和轻组分（有机物）。利用热解气体的热量将轻组分干燥至含水率4%以下，通过二次破碎装置使有机物粒径小于3.175 mm，再由空气跳汰机分离出其中的玻璃等无机物，作为热解原料。

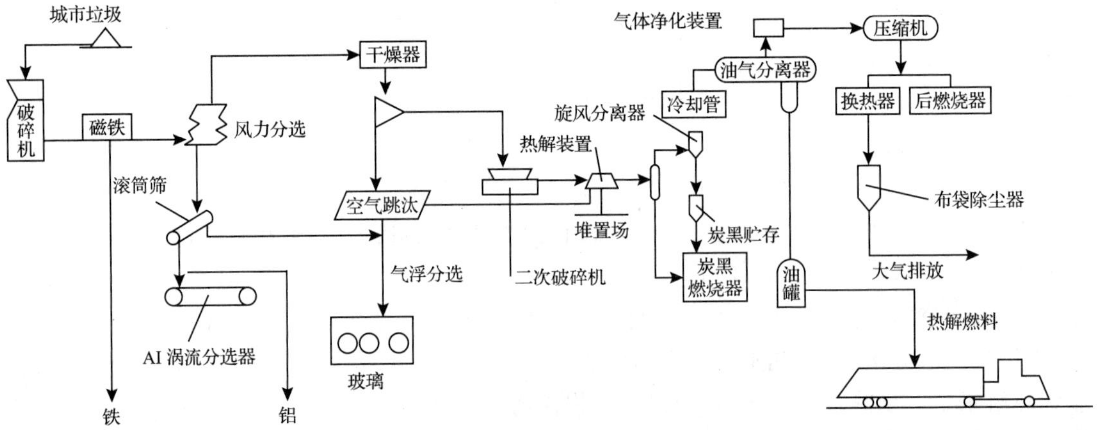

图7-14 Occidental生活垃圾热解系统工艺流程

热解设备主体为一个不锈钢制筒式反应器，有机原料由空气输送至炉内。热解反应产生的炭黑加热至760 ℃后返回至热解反应器内，提供热解反应所需的热源，热解反应在炭黑和垃圾的混合物通过反应器的过程中完成。热解气体首先通过旋风分离器分离出新产生的炭黑，再经80 ℃的激冷分离出燃烧油。残余气体的一部分用于垃圾输送载体，其余部分用于加热炭黑和送料载气的热源。产生的热解油中含有较多的固体颗粒，经旋风分离后，贮存于油罐。

分选出来的重组分经滚筒筛分离成三部分：①粒径小于12.7 mm的进入玻璃回收系统；②粒径为12.7～102.8 mm的进入铝金属回收系统；③粒径大于102.8 mm的重新返回至一次破碎装置。玻璃的回收采用气浮分选方式，垃圾中玻璃的回收率为77%；铝的回收采用涡电流分选方式，回收率为60%，得到的热解油的平均热值约为24 400 kJ/kg（5 832 kcal/kg），低于普通燃料油的热值（42 400 kJ/kg（10 134 kcal/kg）），这是由热解油中碳、氢含量较低而氧含量较高所致的。其黏度也较普通燃料油较高，在116 ℃下可以喷雾燃烧。

Occidental系统从利用垃圾生产贮存性燃料这一点来看，是一种非常有意义的技术，但由于炭黑产生量太大（约占垃圾的20%，含有总热值30%以上的能量），大部分热量都以炭黑的形式损失，系统的有效性没有得到充分的发挥，因此，应进一步开展炭黑作为燃料或其他原料利用的研究。

7.3.3.3 新型垃圾能源化技术

1. 城市生活垃圾热解制液体燃料技术

（1）利用城市生活垃圾高压热裂解制重油　日本通产省工业技术人员对城市生活垃圾进

行分析时发现，城市生活垃圾含有大量可燃物质，有机物占84%，其中碳、氧、氢、氮分别为49%、39.3%、8%、3.7%。将垃圾放入高压反应器中，加热到300 ℃，加压至12 MPa，垃圾中70%以上的有机物变成重油，热值为33 472 kJ/kg(8 000 kcal/kg)。

(2)利用城市生活垃圾蒸馏制轻质油　加拿大科学家利用城市生活垃圾和污泥，经机械脱水，去掉泥土，然后干燥成含水率小于5%的固态垃圾，放进蒸馏器中，加温至450 ℃，在无氧状态下蒸馏，蒸出的气体经冷凝变成了类似于柴油的轻质油，剩余部分变成炭。该厂日处理城市生活垃圾和污泥25 t，处理后的1 t固态垃圾可得到327.31 L油和0.5 t炭。

(3)利用城市生活垃圾制混合燃料　日本将城市生活垃圾和重油混合，然后脱水、脱油，制成少水、少油的混合垃圾燃料用于发电，1 t制成的混合垃圾燃料可回收800 kW·h的电能。在日本南部已建立一个日耗500 t垃圾燃料的发电站，发电功率为1 700 kW。

2. 城市生活垃圾热解制气体燃料技术

(1)高温热解法制取气体燃料　英国可燃气技术公司采用此法，将城市生活垃圾中废塑料、废轮胎、黄油浆及下水道污物等置入高温(700～800 ℃)热解炉内，分解出可燃气体，将其用于发电，回收的余热用于供暖。该炉日处理城市生活垃圾为1.44 t。

(2)厌氧发酵法制取可燃气　英国伯明翰机场附近储存垃圾超过3 500 t。通过调查发现，每分钟可产生2 m^3沼气。就地建发电厂，所发的电量可满足5 000人的需求。德国1985—1990年间共建起10个垃圾发电厂，总发电能力为35×10^7 kW·h/a。美国在加利福尼亚建立的垃圾气体发电站，每分钟燃烧495 m^3沼气，发电能力为5×10^4 kW。

3. 超级垃圾发电技术

超级垃圾发电技术，是指在垃圾发电设备中，设置作为前循环的燃气轮机发电设备，用燃气轮机排出的气体，加热焚烧炉的排热回收锅炉，从而产生蒸汽的一种技术。其特点在于焚烧炉内制造约290 ℃的蒸汽以防止锅炉管的高温腐蚀。另外，用焚烧天然气等来驱动燃气轮机，并利用燃气轮机的废热把从焚烧炉中送出来的290 ℃的蒸汽过热升温，过热后的蒸汽又吹入蒸汽轮机。其主要发电模式如图7-15所示，是能有效地利用垃圾焚烧热能的简便而高效的垃圾发电方法。

运用超级垃圾发电技术将炉温升到500 ℃，发电效率也由过去的10%提高到25%左右，有毒废气排放量降为0.5%以内，低于国际规定标准。日本的群山县、高崎市、大阪府界市、北九州市均采用此发电方法。1997年开始运行的群山县超级垃圾发电厂是日本第一个超级垃圾发电厂，发电效率为31%。

4. 垃圾碳化联合循环发电技术

垃圾碳化联合循环发电系统(垃圾半气化法燃气-蒸汽联合循环)是将垃圾作为可再生能源利用，使其成为工业化生产规模的高效低污染新型焚烧垃圾发电技术。其特点是将垃圾热解技术与增压循环床锅炉焚烧技术和燃气-蒸汽联合循环发电技术相结合，通过垃圾热解技术将垃圾的能源回收，为增压循环床锅炉系统提供稳定的均质燃料(垃圾碳化固体燃料)，再利用高效低污染的燃气-蒸汽联合循环发电，用于以垃圾为能源的垃圾处理与焚烧发电领域，可用于对现有的中小电厂改造。为保证增压循环床锅炉供汽的稳定性，根据垃圾热值变化的规律，采用余热锅炉补燃方案。燃机的部分高温乏气返回垃圾热解炉，为垃圾热解提供热能。生活垃圾碳化联合循环发电工艺流程如图7-16所示。

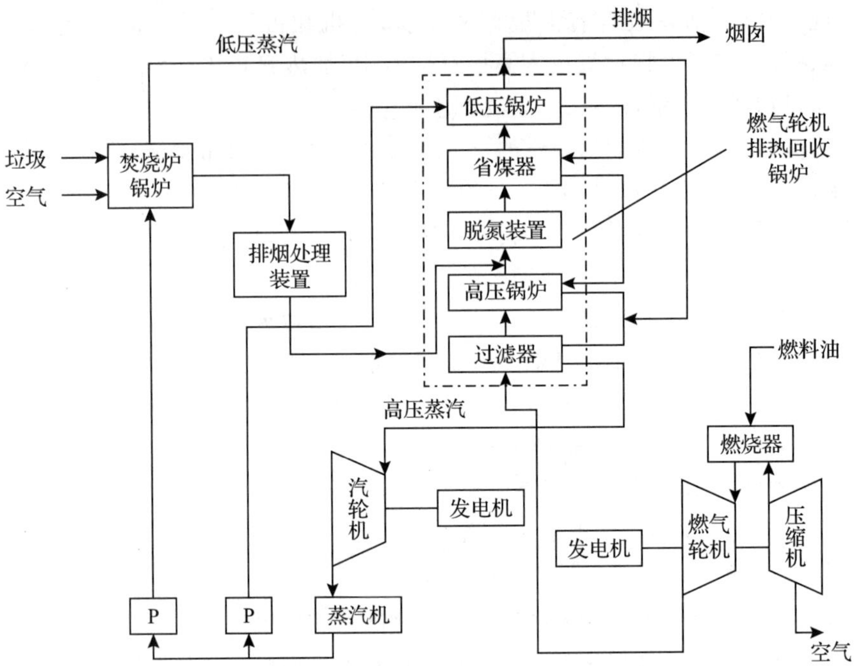

图 7-15 生活垃圾热解超级发电模式工艺

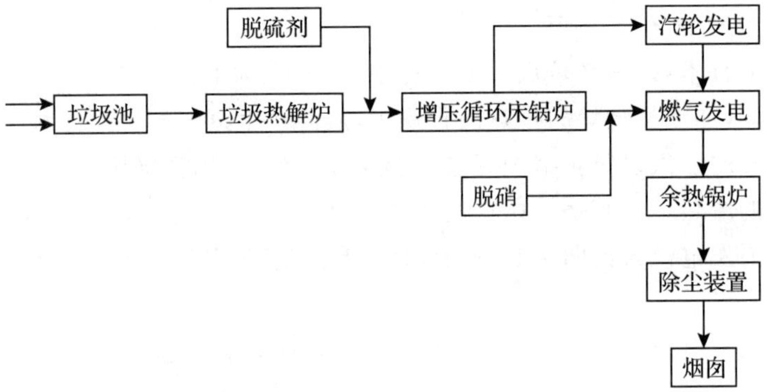

图 7-16 生活垃圾热解碳化联合循环发电工艺流程

5. 内旋流流化床焚烧技术

内旋流流化床是一种与传统的鼓泡床和循环流化床不同的流化床类型，通过非均匀的分段布风，各段之间较大的流化倍率差形成床料颗粒的大尺度内旋流，形成包含移动床和流动床组合成的复合床结构，加剧燃料和床料颗粒之间的碰撞混合，从而破坏燃料的凝聚结团，防止不良流化状态的发生。它能够迅速、良好地完成燃料从进入燃烧室到燃尽的一系列干燥、预热、破碎、不燃物分离排出与可燃物燃烧过程，同时通过控制移动床的流化速度还可以控制生活垃圾的预热、挥发分析出的速率，并通过控制浓相床区、自由空间等部分的温度控制燃烧过程和减少污染物的排出，控制焚烧过程中剧毒物质(如二噁英和呋喃)的产生。因此，内旋流流化床对燃料的适应范围广，特别适合焚烧各种水分和灰分含量高、热值低、质地不均匀、形状各异、性能随时间和地点有很大波动的燃料，是一种适用于焚烧包括城市生活垃圾在内的多种劣质燃料的燃烧装置。

6. 城市垃圾衍生燃料焚烧技术

垃圾衍生燃料(refuse derived fuel,RDF)是生活垃圾除去金属、玻璃、沙土等不燃物后的可燃组分,经过干燥、脱水、破碎和压缩成型等过程而制成的粒状、柱状固型燃料。制成的RDF为粒状、柱状及块状。它具有相对稳定的组成、热值高、大小均一、易贮存、运输和不变质等特点,为实现流态化热解气化提供可能。与单纯的焚烧处理相比,不仅燃烧温度高,而且燃烧性能稳定。

在制造RDF的过程中加入一些钙化合物的添加剂,可防止腐烂,有利于RDF的长期存放和运输。可在炉内进行脱氯,抑制氯化物气体的产生,炉内脱氯后形成氯化钙,有益于排灰固化处理。此外,RDF还具有尺寸均匀、热值高等特点,是良好的化石燃料的替代品。

RDF的制造工艺包括破碎、干燥、成型等过程。在RDF焚烧技术研究方面,一般采用流化床技术,其中循环流化床技术和内循环流化床技术较为普遍。

RDF焚烧技术的应用已在美国、日本、欧洲的一些发达国家引起了高度重视。美国SPSA于1988年1月着手建成RDF公司,通过SPSA采集的40%固体废物被转化为能源,日处理垃圾2 000 t。该公司于1990年5月为美国海军最大的造船厂设计了日燃烧1 500 t的RDF发电厂,该厂发出的电主要用于船厂,余下的卖给弗吉尼亚电网。日本从1992年开始由NOGI市循环研究中心建成一个实验工厂,该厂每8 h可将10 t垃圾处理为7 t的RDF。日本伊藤忠商事等四家公司联合开发成型垃圾燃料,把城市垃圾和工业废物一起,加工成一定形状的固体燃料,直接用于发电。据测算,日本城市垃圾年产5.0×10^{8} t,其中20%可以加工成固体垃圾燃料,1.0×10^{7} t城市垃圾可发电350×10^{9} kW·h,相当于东京电力公司年发电量的1/7。

此外,还有一些小型的将城市生活垃圾处理成固体燃料的方法。韩国运用加压干馏法,将食物垃圾置于反应器内,加温至200 ℃,加压至1.47×10^{3} kPa,用膨润土做催化剂,处理3 h,脱出垃圾中80%的水分,使固态成分碳化,制成以不饱和烃为主要成分的垃圾煤。处理1 kg食物垃圾可获得热值2 006 kJ。该法不需外加能量,燃烧时无二次污染,可直接应用于酿造厂、造纸厂排放的废物及生活垃圾处理。印度用浓缩法将城市垃圾经筛分去除灰土、沙砾,经磁选去除块屑,切碎,在施转炉中加热至200 ℃烘干,经风选与无机物分离,最后将可燃物质制成颗粒状垃圾煤。这种燃料具有很好的燃烧性能,其热值为16 720 kJ/kg(3 996 kcal/kg),密度为500 kg/m^3,燃烧充分,不产生黑烟。它是工业和民用的优质燃料,成本低廉,具有广阔的应用前景。

7.3.4 污泥的热解

污泥聚集了污水中的污染物和营养物质,主要包括有机残片、无机颗粒、细菌菌落及胶体等部分。若不能科学处理,会对环境造成二次污染,更甚者直接危害人体健康。污泥热解技术是一种新兴的污泥热处理工艺,该技术利用热量驱动污泥中不稳定的有机物质发生热裂解和热化学转化反应,改变污泥中原有有机物质的分子结构形态,使之转变为其他相态的碳氢化合物。污泥热解产物包括油、反应水、不凝性气体(NNG)、焦炭以及可溶性有机物。部分产物可作为前置干燥与热解的能源,剩余可当能源进行回收和储存。根据热解的最终温度,污泥的热解可以划分为高温热解(600～1 000 ℃)和低温热解(≤600 ℃)。污泥低温热解所需要的温度很低,很大程度上限制了二噁英、硫化物等污染物的排放,减少对大气的二次污染，且对热解设备要求简单，不需要耐高温、高压的材质，成本低。而污泥高温热解下会形成比表面积更大的炭渣，并且高温状态下有害物质会分解得更彻底，重金属也会被很好地固定住，对生态环境不会造成污染，高温热解焦油产量低、黏度小、含大量热解水，给设备带来的堵塞等问题较少。

7.3.4.1 污泥的热解特性

污泥的物理特性及生化特性如下：

(1)结构松散　具有类似绒毛的分支与网状结构，形状不规则，粒子质量分布高度均匀；其结构具有自相似分形的特点。

(2)具有极高的比表面积、孔隙率及含水率　比表面积介于 20～100 cm^2/mL 之间，孔隙率常大于 99%，含水率通常高达 95%～99%，脱水性很差。

(3)胞外聚合物对污泥的特性有直接影响　缠绕于污泥外表面的胞外聚合物(extracellular polymers，ECP)对污泥的生物絮凝性、沉降性产生直接影响，同时还能对废水中的重金属产生吸附作用，影响污泥颗粒表面电荷的电性。

(4)污泥的元素组成受处理对象的直接影响　通常食品污泥有机元素含量较高，工业污泥重金属含量较高，城市污泥成分复杂多变。

污泥含有大量易挥发性有机物质，一般认为 200～450 ℃时脂肪族化合物蒸发，300 ℃以上蛋白质转化，390 ℃以上开始糖类化合物转化，主要转化反应是肽键断裂，基团的转化变性及其支链断裂。

7.3.4.2 污泥热解工艺

1. *污泥热解的主要流程*

污泥热解工艺主要流程如图 7-17 所示。污泥滤饼与一部分已干燥污泥在混合搅拌机中混匀，经干燥器干燥后送往热分解炉。干燥器采用间接蒸汽加热方式，它由两部分组成，其中内筒加热用蒸汽，外部夹套走混匀后的污泥并通入空气，以带走蒸发的水分。从干燥段排出的废气在冷水塔内凝缩脱水后可作为燃烧室燃烧用空气。热分解生产的气体可经冷却、浓缩处理作为油类回收。为了回收其中可燃物的燃烧热及分解掉的 HCN 等有害气体，也可直接向燃烧室导入 800 ℃以上的高温气体，从燃烧室出来的高温气体用废热锅炉进行废热回收，产生蒸汽正好用于干燥段。但当热解排气的废热不能满足干燥用热量时，需向燃烧室内添加补充燃料。

2. *低温污泥热解法*

1999 年 8 月，世界上第一套污泥低温热解制油工业化装置在澳大利亚成功试运行。低温热解法是通过在无氧的条件下加热污泥干燥至一定温度(小于 600 ℃)，干馏和热分解作用使污泥转化为油、反应水、不凝性气体和焦炭 4 种可燃性产物。该技术热解污泥需进行干燥脱水，使其含水率在 5%以下。低温热解制油反应过程如图 7-18 所示。

此热解工艺由德国哥廷根大学根据一项法国专利进行再发展后首先提出，其基本工艺条件是：干燥污泥加热至 300～500 ℃，停留时间 30 min。

低温热解法制油在德国和加拿大研究较多，其中德国率先开始实验室研究反应过程，证明了这种技术处理污泥的可行性，为后面的研究奠定了基础。对该方法的经济性进行评价的研究认为，低温热解的投资不会高于焚烧的 30%。对产生的二次污染控制进行研究得出，在无

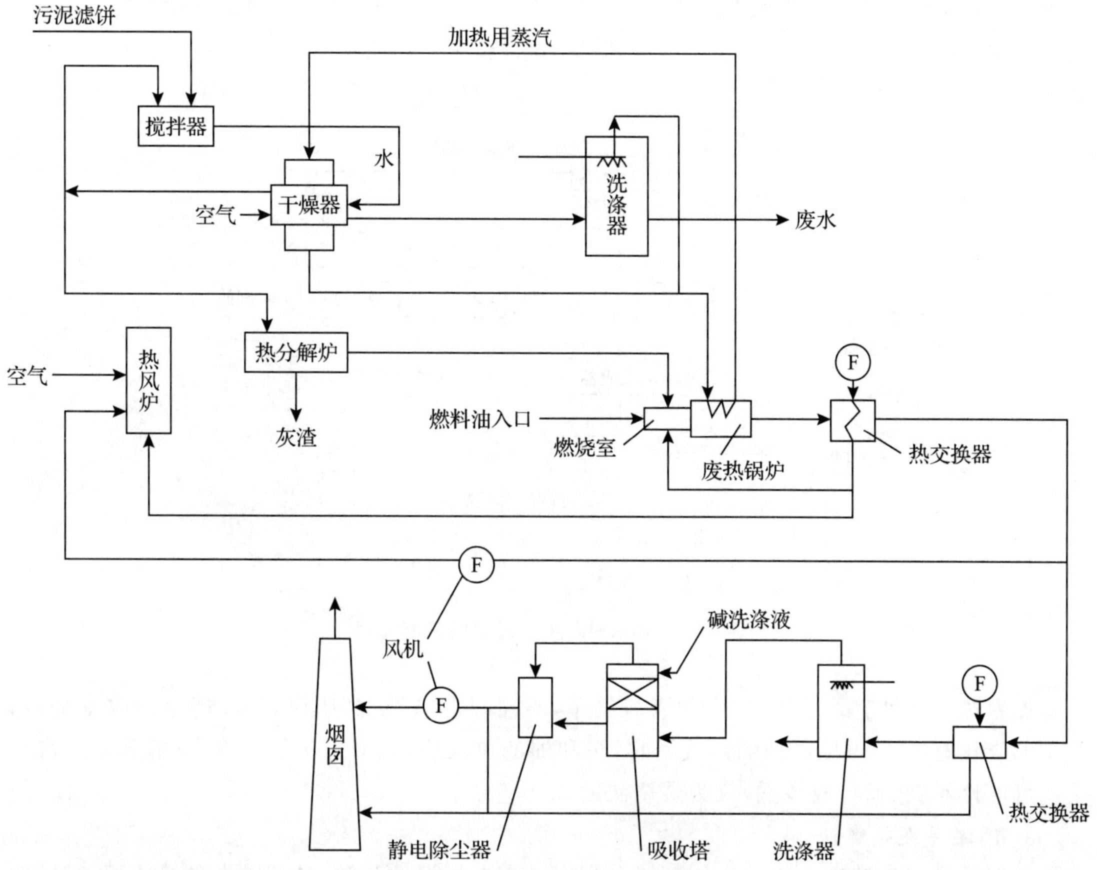

图 7-17　污泥热解工艺主要流程

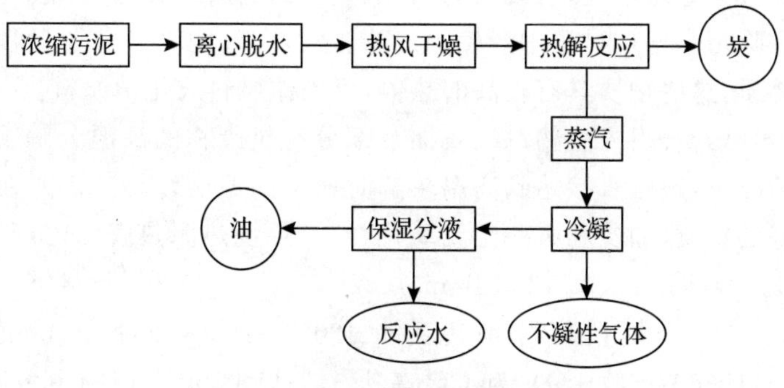

图 7-18　低温热解制油反应基本过程

氧环境下产生的二次污染与焚烧相比要少得多。还有研究表明,低温热解产生的油类热值较高,有很好的市场应用前景。我国也对该技术进行了试验,并对污泥油化的技术进行了分析,对转化过程的机理进行了探讨。

由污泥低温热解工艺发展而来的一种低温热解工艺已在澳大利亚得到生产性应用,名为 EnerSludge 的工艺采用热解与挥发相催化改性两段转化反应器,在 12 MPa 左右的大气压力、缺氧和 450 ℃的条件下,使可燃油品质提高,达到商品重油的水平(热值为 35 000 kJ/L

(8 365 kcal/L))。污泥干燥过程主要由转化的其他含能产物供能，全过程可由燃油发电回收能量(1 200 kW·h)/t；焦渣等以流化床燃烧，尾气处理工艺简单。1998 年正式投产，每天处理 17 t 左右干污泥，油和灰的产量分别为 5.5 t/d 和 2.5 t/d。其工艺流程如图 7-19 所示。

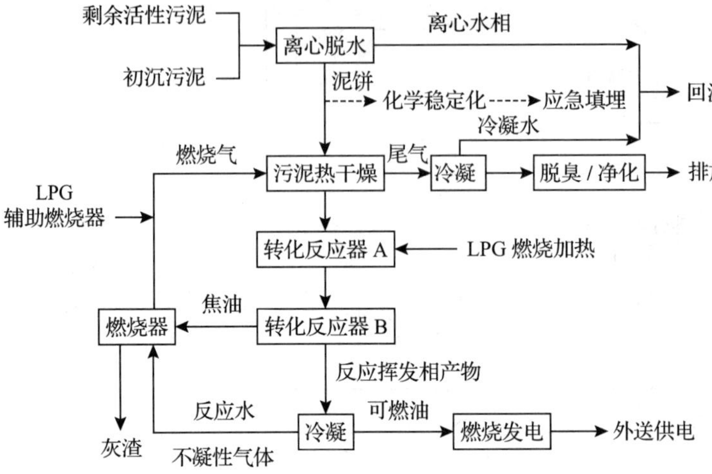

图 7-19　EnerSludge 污泥热解工艺流程

低温热解制油有许多优点：①设备较简单，不需要耐高温、高压设备；②能量回收率高，污泥中的炭约有 67%可以以油的形式回收，炭和油的总收率占 80%以上；③对环境造成二次污染的可能性小；④运行成本低，仅为焚烧法的 30%左右。

3. *高温污泥热解法*

污泥的高温热解法在惰性气体环境氛围中实现对污泥的分解，具有减少污泥体积、有效固定重金属、较低的重金属热析出量、产生的有害物质较少等特点。另外，如果高温分解控制在一定的条件下或经过某些化学处理，残留的固体物质(如烧焦的炭化物)能作吸附剂，用来控制工业空气污染和去除污水处理过程中产生的气味。污水、污泥高温热解过程可以同时产生大量的气体及油类物质，这些物质具有较高的热值，可用作燃料或化学原料。

目前，微波技术已经被引入生物、煤、石油及部分有机废物的高温分解领域。在原料微波吸收性能较差的情况下，很难直接达到高温热解时所需的温度，因此，需要在原料中加一定量微波吸收性能较好的物质(如炭和某些金属氧化物)。传统热源热解污泥产生的气、液态产物热值可分别达到 15 530 kJ/m^3(3 712 kcal/m^3)、32 475 kJ/kg(7 762 kcal/m^3)。微波热源热解污泥产生的气、液态产物热值可分别达到 9 420 kJ/m^3(2 251 kcal/m^3)、37 000 kJ/kg(8 843 kcal/m^3)，而且气态产物中 H_2 和 CO 高达 54%以上、液态产物中多环芳烃(PAHs)低于 5.37%，同时还含有较多的甲苯、苯乙烯等，可以用作化学原料。因此，微波高温热解污泥已经成为研究的热点之一。

4. *直接热化学液化法*

污泥直接热化学液化技术起源于 1913 年在德国进行的在高温高压(400～450 ℃，20 MPa)加氢，从煤或煤焦油得到液体燃料的试验。鉴于污泥低温热解制油需对脱水污泥进行干燥处理而需要很大的能量以及相应的投资，美国、英国、日本等对污泥直接热化学液化法进行了研究。该技术是在氮气环境、250～340 ℃条件下，将经过机械脱水的污泥(含水率为

70%～80%)加入热水中,以碳酸钠作为催化剂,使污泥中近 50%的有机物能通过加水分解、缩合、脱氢、环化等一系列反应转化为低分子油状物,得到的重油产物用萃取剂进行分离收集。重油产品的组成和性质取决于催化剂的装填与反应温度。反应过程可得到热值约为 33 000 kJ/kg (7 887 kcal/kg)的热体燃料,收率可达 50%左右(以干燥有机物为基准),同时产生大量不凝性气体和固体残渣。污泥直接热化学液化基本流程如图 7-20 所示。

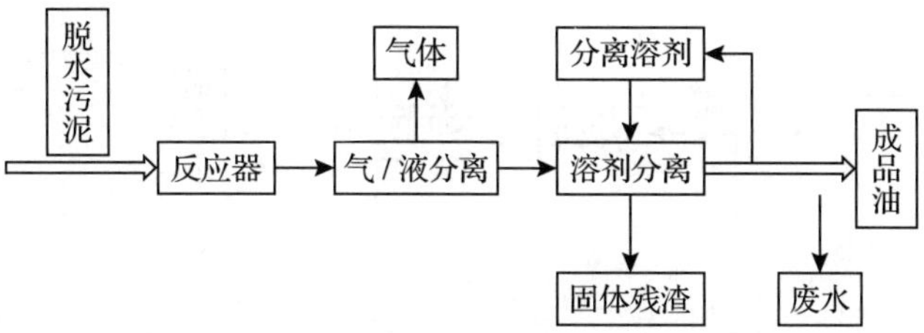

图 7-20　污泥直接热化学液化基本流程

1992 年,有人对该技术连续化生产作了相关研究,并建立了一套 500 kg/d 的连续处理设备,在温度 270～300 ℃、压力 6～12 MPa、停留时间 0～60 min 下,连续操作超过 700 h 没有出现任何问题,大约 60 t 含水率 75%的污泥可得到 1.5 t 的超重油。连续设备的运行费用已经大大降低。

污泥直接液化的优点在于,采用的污泥只需进行机械脱水,不必消耗能量对污泥进行干燥,能量剩余率较高,收率也较高,可达 50%。

7.3.5　废橡胶的热解

1. 橡胶的热解特性

废橡胶的热解从废塑料的热解中分离出来单独介绍,有其特殊的实际意义。广义地说,橡胶其实是塑料的一种。但实际生活中废橡胶一般主要是指废轮胎(天然橡胶)、工业上的废皮带和废胶管等。橡胶分为天然橡胶和人工合成橡胶。其中,人工合成的氯丁橡胶和丁腈橡胶,由于热解时会产生 HCl 和 HCN,不宜热解。废轮胎热解的产物非常复杂,气体占 22%,液体占 27%,炭灰占 39%,钢丝占 12%,热解产品组成随热解温度不同而变化。

2. 废橡胶流化床热解工艺

废橡胶流化床热解工艺流程如图 7-21 所示,先将废轮胎经剪切破碎机破碎至粒径小于 5 mm,再分离出轮缘及钢丝等,经磁选去除金属丝,废轮胎经螺旋加料器等进入电加热反应器中,流化床的气流速率为 500 L/h,流化气体由氮及循环热解气组成。热解气流经除尘器与固体分离,再经静电沉积器去除炭灰,在深度冷却器和气液分离器中将热解所得油品冷凝,未被冷却的气体作为燃料气为热解提供热能或作为流化气体使用。该工艺需要将废物破碎,预加工费用较大。因此,日本、美国、德国几家公司合作,在汉堡建立了处理能力 1.5～2.5 t/d 废轮胎的实验性流化床反应器。整轮胎不经破碎即能进行加工,可节省大量费用。整轮胎无须切割进入反应器达流化床后,慢慢地沉入砂内,热砂粒覆在其表面,使轮胎热透而软化,流化床内的砂粒与软化的轮胎不断交换能量,发生摩擦使轮胎渐渐分解,两三分钟后,轮胎全部分解完毕,出料后轮胎中的钢丝在砂床内残留,残留的钢丝大多都较完整,由深入流化床内的移动式格栅将其带走。热解产物连同流化气体,经旋风分离器及静电除尘器将橡胶、填料、炭黑和氧化锌分离除去，气体经冷却，分离出芳香族的油品，最后得到甲烷和乙烯含量较高的热解气体。整套设备装置体积小，产量高，操作简单，可连续加油连续生产。该工艺是在低温常压下进行的，安全系数高，所得油品颜色浅(淡黄)，黏度小，含硫量低。整个过程所需能量不仅可自给，而且还有剩余能量可供他用。

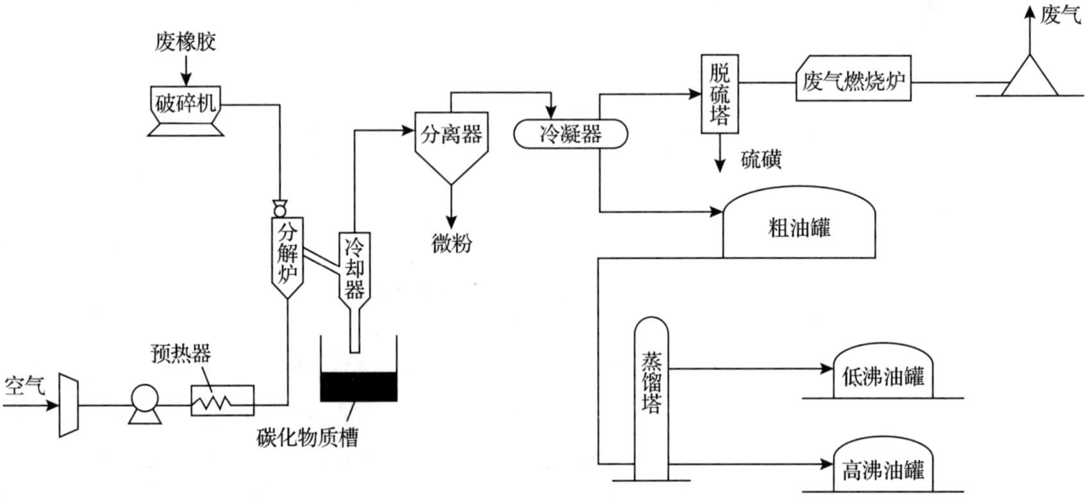

图 7-21　废橡胶流化床热解工艺流程

习题

1. 简述热解与焚烧的区别及联系。

2. 简述固体废物热解的基本原理、热解方式和特点。

3. 固体废物热解炉有哪些主要的炉型？它们各有何特点？

4. 可用于热解的固体废物有哪些？它们的热解特点是什么？并选一种固体废物对其热解工艺进行描述。

第8章　固体废物的热干化技术

8.1　概　　述

8.1.1　热干化定义

热干化是通过各种加热手段导入热量，使固体废物中的水分蒸发而实现固-液分离。关于热干化技术的理论研究和实际应用以污泥处理居多，因此，热干化技术也是我国污泥处理项目最常用的技术之一，与机械脱水技术共同占污泥处理应用的60%～70%。机械脱水技术在我国已经很成熟，但还有进一步发展空间，而热干化技术在我国还处在起步和发展阶段。污泥热干化技术是指利用热介质(高温烟气、蒸汽或导热油等)，通过专门的工艺和机械干化设备，直接或间接加热污泥，使污泥中全部或部分水分蒸发的一种工艺，干化后的含水率一般在15%～60%。但热干化技术依赖利用外加热源，因此，热干化的能耗很难降低到一个理想的数值水平。

8.1.2　国内外发展历史

热干化技术最早出现于20世纪初期的英国，英国的Bradford公司是世界上最早将热干化技术用于污泥处理的机构。1910年，该公司首次开发了转窑式污泥干化机并将其应用于污泥热干化实践。20世纪30年代，闪蒸式干燥机、带式干燥机分别在美、英两国污水处理行业出现。然而，其要求和成本相对较高，管理也较复杂，因此，该技术一直没有得到较好的推广。污泥海洋处置被禁止，同时污泥填埋标准越来越严，迫使人们更多的考虑采用污泥热干化技术作为污泥处理处置的一个环节。40年代，该技术在日本和欧美等国家才有较普遍的应用。60—70年代，热干化技术逐步得到了完善。90年代以来，污泥热干化技术处理在城市污泥处理中广泛运用并迅速发展，欧洲、北美的热干化设备应用呈爆发式增长，在德国大部分污泥都要进行热干化处理，在不同热干化工艺中，间接热干化备受发达国家青睐。随着技术的不断进步和实践的不断积累，在发达国家污泥热干化技术开始与其他能源化、资源化技术结合，发展成为一种较有效和环保的污泥处理方式。欧洲如德国、荷兰等，通过建设大型污泥热干化厂，将污泥热干化至含水率达60%后，进入电厂焚烧，或者堆肥农用，实现能源再利用。

国内对于热干化技术尤其是污泥热干化的研究相对起步较晚，对于污泥干化设备开发较少，缺乏脱水污泥进一步干化处理对应的设备，多数设备需要从外国进口。最早采用的干化设备主要是空心桨叶干燥机，该设备由德国引进，我国目前的应用数量还在逐年增加。2004年年底，我国第一座采用污泥干化/焚烧处理工艺的污水处理厂在上海市石洞口建成运行，设计采用污泥干化/焚烧联合处理工艺，可将脱水污泥含水率从70%下降到10%。随着对污泥处理处置问题的日益重视，国内很多经济发达、土地资源利用紧张的大型城市开始研发或引进污泥热干化技术和相关设备，实现污泥含水率低于10%。但国内自行研制的污泥干燥设备大多相对简单，直接使用热能干化，处理能力小，能耗大，而且没有相应的除臭、除尘设备，存在污染环境的隐患，且由于处理费用太高，只能很少量的运行，达不到预期效果。依托国外产业化的污泥热干化设备，通过优化热源、减少工艺步骤、优化运行参数等方法来降低能耗。目前国内已成功建设并运行多个处理能力较大的污泥干化处置项目，且运行良好。根据E20统计数据，国内污泥处理领域各技术路线中，能源干化、机械脱水、好氧发酵、厌氧消化技术分别占比31%、27%、18%、20%，其中能源干化即污泥热干化是主流的技术路线。

8.1.3 热干化系统及主要分类

热干化技术的应用实施需要相对复杂的配套系统，以污泥热干化系统为例，主要包括储运及进出料系统、热干化系统、分离系统、尾气净化与处理、废水处理系统、电气自控仪表系统及其辅助系统等。储运系统主要包括料仓、污泥泵、污泥输送机等；干化系统以各种类型的干化工艺设备为核心，热干化系统处理污泥时是能量净支出的一个过程，耗能费用在整个系统中超过80%；尾气净化与处理包括干化后尾气的冷凝和处理系统；电气自控仪表系统包括满足系统测量控制要求的电气和控制设备；辅助系统包括压缩空气系统、给排水系统、通风采暖系统、消防系统等。

针对污泥进行处理时，使用热干化处理技术可以分为多种类型，主要包括直接干化、间接干化以及直接-间接联合干化等。直接热干化是热对流干化技术的应用，常用的污泥直接热干化技术有转鼓干化、带式干化、闪蒸式干化等；间接热干化是热传导干化技术的应用，常用的污泥间接热干化技术主要有转盘式干化、立式多盘干化、桨叶式干化技术等；直接-间接联合干化技术是将这两种技术进行充分的结合，该技术代表有流化床干化技术和VOMM涡轮薄层干化技术。目前国内污泥热干化主流工艺为转鼓式干化、桨叶式干化、圆盘式干化、薄层式干化、流化床式干化等。

8.1.4 发展前景

目前，热干化作为一种较为成熟的干化技术，因其处理效果好，处理周期短，处理规模大的优点，在污泥处理中得到广泛应用。截至2020年1月，全国共有10 113个污水处理厂，处理能力1.77亿m^3/d，累计处理污水量532亿m^3，其产生的干污泥约1 232万t，干污泥处置量约为1 182万t，预计2025年我国污泥年产量将突破9 000万t。自2017年国家发展改革委办公厅和住房城乡建设部办公厅联合印发的《“十三五”全国城镇污水处理及再生利用设施建设规划》要求城镇污水处理设施建设应由“重水轻泥”向“泥水并重”转变以来，污泥无害化、减量化、资源化、稳定化处理迎来了极大的发展前景，将污泥进行干化后再利用成为最理想的处理方式。

热干化后的污泥含水率可降至10%以下，这对于污泥焚烧和制造肥料非常有利，可减小和缩小污泥质量和体积。从能量角度看，干化过程中是“以热换水”和“以大置小”的能量置换过程。但热干化技术系统仍存在容易产生臭气污染及粉尘爆炸的风险。近年来，我国也涌现出很多以节能环保为主的新型干化技术，如生物干化、水热干化、太阳能干化、微波干化等，但是因为其具体的使用条件限制或者仍然处于试验阶段无法大规模应用，所以这些技术发展的并不成熟，还无法取代传统的热干化手段。未来我国污泥处理应立足热干化技术系统不断优化干化效率、降低能耗的基础上，致力于新技术的开发，提升干化过程的经济性，强化干化技术与后端资源化利用技术的耦合，推动我国污泥等固废处理事业不断进步，真正实现污泥的资源化利用，变废为宝。

8.2　热干化过程特征及影响因素

8.2.1　热干化基本过程

热干化的本质是通过原料与加热介质间的传热和传质，来实现原料干燥的过程。热干化主要由表面水分蒸发和内部水分扩散两个过程持续、交替进行来完成。蒸发过程是指原料表面的水分汽化，由于物料表面的水蒸气压低于介质（气体）中的水蒸气分压，水分从物料表面移入介质。扩散过程是与汽化密切相关的传质过程。当物料表面水分被蒸发掉，物料表面的湿度低于物料内部湿度。此时，需要热量的推动力将水分从内部转移到表面。

以污泥为处理对象为例，热干化过程通常根据水分释放速率的不同分为 3 个阶段。

(1)物料预热阶段　一般指污泥干化过程的初期，在该阶段，湿的污泥物料受热，表面水分汽化挥发，水分释放速率迅速升高。

(2)恒温干化阶段　又称为表面汽化控制阶段。当污泥升温至湿球温度后，干化速率达到某一定值，即进入恒温干化阶段。在该阶段，传递给污泥物料的热量全部用来汽化污泥表面的自由水，即干化机提供的热量全部转化为水分汽化所需的潜热。此阶段的干化速率由水分蒸发速率决定，泥温不变，水分汽化释放速率恒定，故干化速率保持不变。

(3)降速干化阶段　又称为内部扩散控制阶段。待表面水分挥发后，污泥表面与污泥内部出现水分浓度梯度，进入降速阶段。在该阶段，提供的热量大部分用来加热污泥物料推动内部水分扩散至表面，少部分用来汽化表面水分。随着干化界线向污泥内部推移，传热、传质阻力增加，污泥干化速率下降，污泥含水率的减少也变得缓慢，直到污泥内部和表面的含水率达到平衡为止。

在生产实践中，以污泥热干化处理为例，热干化的基本流程为物料（污泥）在进料系统经破碎、过筛等前处理后，进入热干化系统，通过吸热蒸发水分，实现物料干化，干化过程中产生的含粉尘废气经分离系统实现固气分离，高温废气和废水经冷凝系统冷凝后，分别通过尾气处理系统和废水处理系统处理后达标排放（图 8-1）。

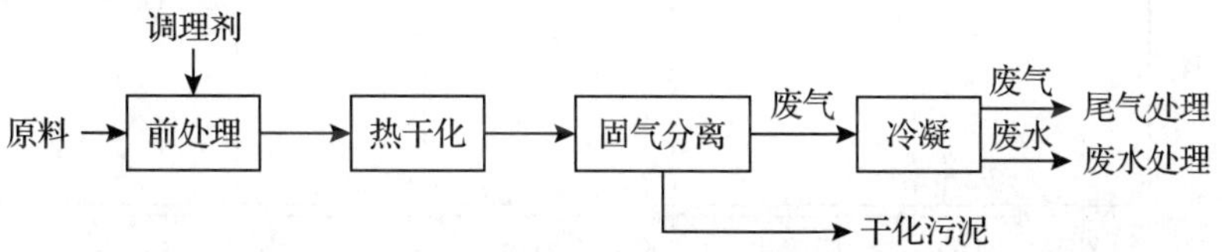

图 8-1　一般热干化流程

8.2.2 热干化过程特点

8.2.2.1 水分释放

1. 水分存在形式

热干化是脱除水分逐渐干燥的过程，主要特征是水分的蒸发释放。以污泥热干化为例，热干化过程中水分释放速率与污泥中水分的存在形式有关。污泥中主要存在 4 种形态的水分，分别是自由水、毛细水、吸附水以及内部水(图 8-2)：①自由水，不与污泥颗粒直接连接的游离水，作用力弱，可以自由流动，因此很容易被脱除，这部分水分含量最高，约占污泥总水分的 70%。②毛细水，受污泥颗粒的毛细作用附着在污泥颗粒间隙之间的水分，这部分水分约为污泥水分总量的 20%。③吸附水，由于表面张力吸附在污泥颗粒表面的水分，约占污泥总水分的 7%。④颗粒内部水，指污泥颗粒内部或者微生物细胞膜中的水分，约占污泥总水分的 3%，由于内部水与微生物紧密结合，这部分水分最难被脱除。

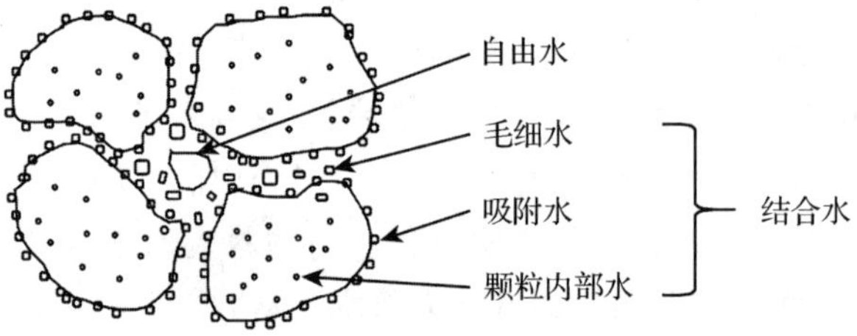

图 8-2 污泥中水分存在形式

2. 水分释放特性

根据不同形态水分与污泥的结合强度，热干化过程中水分的释放顺序依次为自由水、毛细水、吸附水、颗粒内部水。随着干化时间的延长，污泥的水分释放速率通常先快速升高，达到某一稳定值后维持一段时间，然后降低直至干化过程结束。因此，在热干化过程中，水分释放速率的变化特征如图 8-3 所示：①物料预热阶段，在干化开始时，污泥物料受热，水分释放速率迅

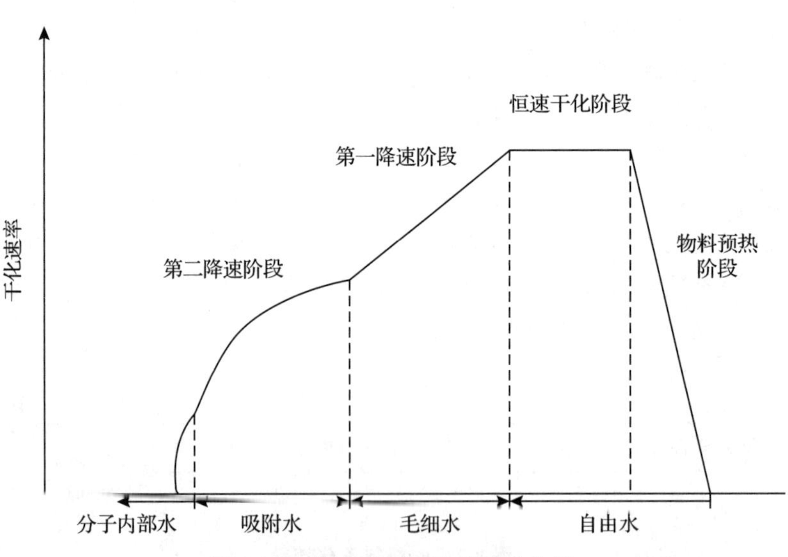

图 8-3 污泥干化过程水分释放曲线

速升高直至达到某一稳定的释放速率，该阶段释放少量自由水。②恒温干化阶段，在该阶段大量自由水挥发释放，水分释放速率保持恒定。③降速干化阶段，污泥表面水分蒸发后，由于污泥颗粒中结合水的存在，水分释放速率降低。该阶段可细分为第一降速阶段和第二降速阶段，两个降速阶段分别对应污泥中毛细水和吸附水的释放，最后释放的是颗粒内部水。

8.2.2.2 温度变化

热干化过程中，污泥温度变化主要由从环境吸热和自身水分挥发散热2个过程决定，其温度变化如图8-4所示：①干化初期，污泥水分汽化较弱，污泥在较高的环境温度下快速吸热升温。②当污泥温度接近标况水沸点100 ℃时，污泥表面的水分开始大量汽化，水分蒸发的同时带走大量热量，从而导致此阶段的污泥温度变化缓慢，即温度曲线的平稳阶段。③干化稳定阶段过后，污泥表面的水分含量已经较少，汽化吸热减弱，污泥温度继续升高，直至干化完成。

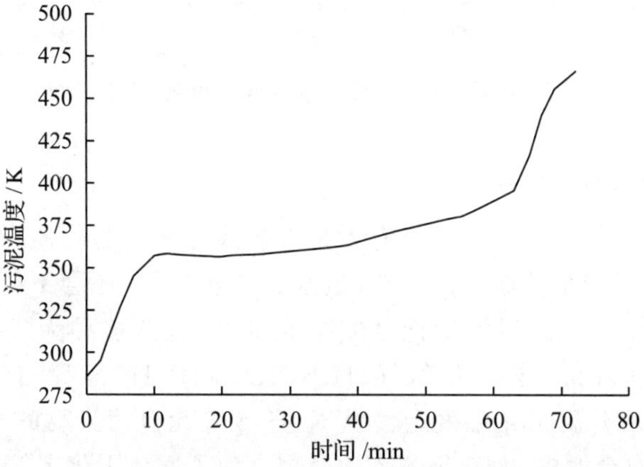

图8-4 污泥温度随时间变化曲线（汪家兴，2017）

8.2.2.3 黏性改变

在污泥热干化处理过程中，随着含水率的降低，干化速率和黏性也随之发生变化(图8-5)。对应不同的含水率范围，污泥要经历3种不同的物性阶段：黏稠区、黏滞区和颗粒区。其中黏稠区的含水率最大，颗粒区含水率最小。①当污泥含水率大于60%时，污泥处于黏稠区，流动性好、易于搅拌、可挤压性强、传热性能好，污泥干化速率高。②当污泥降至60%左右时，污泥黏度迅速增大。通常含水率为35%～60%时，污泥处于黏滞区，呈假塑态，容易出现结块和粘壁现象，干化速率低。③当污泥含水率降低至35%左右时，污泥处于颗粒区，黏附性显著降低。此时黏结在传热部件表面的污泥块开始破碎脱落，污泥从块状变成颗粒状，该阶段前期的干化速率比黏滞区略有升高。

污泥黏滞区的存在是热干化技术优化的难点之一。首先，黏滞区内的污泥具有很强的黏附和结团能力，会发生结块现象并黏附在内壁面和搅拌热轴表面，造成传热阻力急剧增大，传热效率降低，轴内的热量只能经过导热传递到污泥内部。其次，结块的污泥使搅拌变得困难，需要电机提供更大的扭矩，导致干化设备运动部件能耗增大，甚至导致干化设备的严重磨损。最后，黏着的污泥由于长时间受热，容易发生过度干化，从而产生安全隐患。一般认为污泥含水率为55%～60%时，黏性最大，干化时在设备内部堆积量最大，并且难以除去。因此，在污泥热干化过程中要严格控制其黏度。

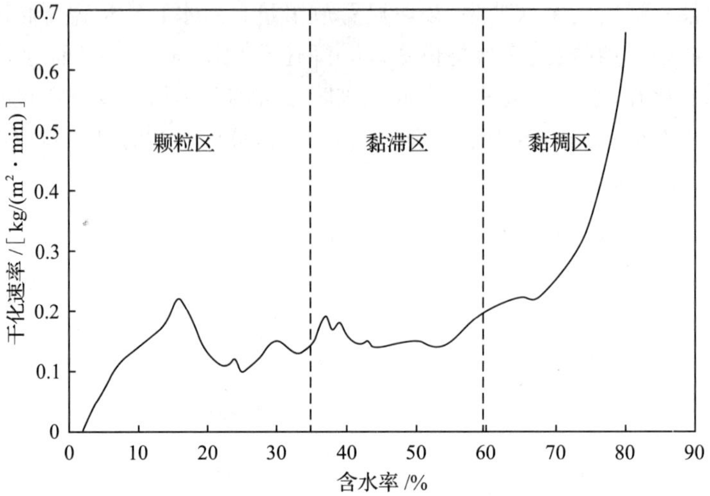

图 8-5　干化速率和黏性随含水率变化曲线(邹道安,2012)

8.2.2.4　干化尾气排放特性

在污泥热干化处理过程中,污泥中含有大量有机成分和有害物质,性质极其不稳定,且易腐烂。因此,污泥受热挥发或热解,除了有大量水分蒸发释放,还会不可避免地释放多种无机或有机污染物至干化尾气中。污泥干化尾气组成复杂,包含多种无机化合物和有机化合物(表 8-1)。其中,无机化合物主要包括氨气、H_2S、SO_2、HF、HCN 等;有机化合物则包括烷烃类、烯烃类、有机酸等。升高干化温度会使氨气、H_2S 等无机污染物的排放浓度增加,且有机化合物的释放量和种类会增多,尤其是苯系化合物。为了避免干化尾气排放造成二次污染,干化设备后续一般配套相应的尾气处理设备。

表 8-1　干化尾气主要成分

类别	成分
有机化合物	低分子有机酸、烷烃类、醛类、酮类、苯系物、有机硫化物
无机化合物	氨(NH_3)、硫化氢(H_2S)、氟化氢(HF)、氰化氢(HCN)

8.2.2.5　干化冷凝液特性

在污泥热干化处理过程中,回收干化尾气中的水蒸气,同时减小尾气中污染物的含量。干化尾气中的水蒸气和部分可溶性污染气体(如氨气等),在经过冷凝器时可直接溶入冷凝液中,然后随着干化冷凝液产物被分离出来。

污泥干化冷凝液一般呈碱性,生化需氧量(BOD_5)、化学需氧量(COD)和氨氮浓度高。干化时污泥释放的大量氨气溶于水呈碱性,释放的挥发性有机酸以及氯化氢、氰化氢、硫化氢、二氧化硫等酸性物质则溶于水呈酸性。热干化过程中释放的氨气浓度明显高于其他气体,故最终冷凝液呈碱性且氨氮浓度很高。污泥热干化过程中释放的甲烷、正己烷、苯等链烃以及芳香烃、挥发性有机酸等有机气体排放进入冷凝液中,导致冷凝液中的 COD 和 BOD_5 浓度较高。

采用桨叶式干化机处理污泥排放出的冷凝液 pH 为 9.0 左右,BOD_5、COD 和氨氮浓度远高于污水处理厂进水水质标准。因此，污泥干化后的冷凝液必须进一步处理或稀释才能达标排放。

8.2.2.6　热干化的安全特性

1. 粉尘爆炸的发生

在污泥干化、运输以及储存过程中，由于呈微细颗粒状的全干化污泥（含水率低于 20%）和干化设备或介质之间的摩擦、碰撞，干化系统内可能产生大量粒径小于 150 μm 的粉尘。粉尘颗粒的粒径极小，比表面积大，容易引起自燃现象。当粉尘达到一定浓度，且满足氧气含量、点燃能量等条件时可能会引起自燃或粉尘爆炸。

2. 粉尘爆炸的特性

（1）粉尘浓度　粉尘爆炸浓度的下限一般为每立方米几十至几百克。一般认为污泥的粉尘爆炸浓度下限在 60 g/m^3 以内。

（2）含氧量　一般要求干化系统内的氧气含量小于 12%。通常采用惰性气体来降低干化系统内氧含量。在一定粉尘浓度、点燃能量条件下，当干化设备中的保护性气体分别为 N_2、CO_2 和蒸汽时，粉尘自燃爆炸的最低含氧量分别在 5%、6%和 10%左右。热干化系统内通常设有氧气监控仪器，一般在氧气含量超过 8%～12%时，系统会进行停机保护。

（3）点燃能量　干化系统内粉尘浓度超过下限值，并具备含氧量条件时，还需具备一定点燃能量才会发生粉尘自燃。据研究，污泥粉尘的点燃能量很低，一般为几到几十毫焦。点燃能量的大小与干化系统温度有关，通常干化温度大于 85 ℃时，点燃能量低至 100 mJ 左右。

8.2.2.7　热干化的优势与不足

热干化技术是污泥处理处置技术的前提和关键所在，它的优势特点有：①减量化，污泥热干化后，含水率从 80%左右可减少到 40%左右，体积可减少 40%～50%，质量减少 60%～70%，减容效果好；②无害化，消除污泥中大量病原体和有害物质，具有无害化作用；③资源化，干化污泥产物可作为颗粒肥料，也可进一步焚烧以及用于土地改良；④稳定化，干化后的污泥物料成分更稳定，恶臭物质减少；⑤处理时间短，占用场地小，最终处理适用性好和灵活性高。

热干化技术的缺点有：①投资成本和运行成本较高，工艺操作复杂；②热干化产生的废气若处理不当，容易对环境造成二次污染。

热干化技术与其他干化技术的对比如表 8-2 所示。

表 8-2　污泥干化技术

污泥干化技术	干化原理	优点	缺点
自然干化	利用自然能源（太阳能、风能）使污泥受热并最终汽化挥发，以降低污泥含水率	成本低	干化周期长、占地面积大，臭气污染严重
热干化	利用人工能源（燃烧热或工业余热），通过直接或间接方式加热污泥，使污泥中的水分气化蒸发，以降低污泥含水率	处理周期短，为 1～2 h；干化效果好	废气废水产生量大、能耗高、要求含氧量低
水热干化	通过低温热解破坏污泥胶质结构和细胞膜，大幅度提高污泥脱水性能	不会产生粉尘、能耗较低	缺乏大型干化系统设计与研究应用

续表8-2

污泥干化技术	干化原理	优点	缺点
太阳能干化	利用太阳能的辐射加热功能和非饱和自然风的吸水能力使污泥中的水分进行蒸发干化	维护成本低,无臭气太阳能利用率高	设施占地面积大、基建费用相对较高
微波干化	利用频率在 0.3～300 GHz,波长 1 mm～1 m 的电磁波作用于污泥,污泥中的水分子会在微波电场中高速振动摩擦产生热量,促使水分子汽化	干化速率快,所需时间短(5～10 min);脱水率高	缺乏大型干化系统的设计与研究应用
生物干化	利用微生物高温好氧发酵过程中有机物降解所产生的生物热能,通过通风、翻堆等过程控制手段,促进污泥中水分快速散失,降低含水率	成本低,工艺简单,污染小,干化污泥含水率为30%～40%	处理周期较长(7～16 d),技术设备不够完善

8.2.3 影响热干化的因素

8.2.3.1 物料性质

1. 污泥性质

采用热干化技术处理的固体废物物料以污泥为主,且脱水效果显著。少部分厨余垃圾的脱水处理也采用热干化技术,但其对厨余垃圾的干化效果相较于其他脱水处理技术并不突出。本节主要介绍影响污泥热干化的因素。

污泥的性质如有机物成分、含水率以及尺寸大小等对热干化过程有重要影响:①有机物成分比例大,热值高的污泥物料,其可热解性相对较好,产物热值高,可回收性好,残渣少。②初始含水率低的污泥,干燥耗热少,升温到工作温度时间短。③污泥的黏度会影响干化设备的正常运行和干化速率。当污泥含水率在 50%～60%范围内,高黏度的污泥具有很大的黏附性,极易黏附在与其接触的物体上,并且难以除去。为避免高黏附性的污泥对干化设备以及操作带来的不利影响,热干化工艺中常将污泥半干化(干化污泥含水率控制在 60%左右)或采用干污泥返混法(干料返混法:将含水率小于 10%的全干化污泥与含水率为 80%左右的湿污泥按一定比例混合,使进入干化机的污泥含水率降低至 25%～35%),以使污泥在干化设备内越过黏滞区(含水率 35%～55%),进入"颗粒区"阶段,减轻污泥在干化机内的黏结,从而提高热传输效率及蒸发速率。④由于污泥的比表面积随粒径的减小而增大,污泥比表面积越大,与热介质接触越充分,这有利于热量传递以及水分扩散、蒸发。若污泥粒径过大,不利于热干化的快速进行。污泥颗粒尺寸越小,所需要干化加热的时间越短,但若污泥粒径过小,则会使粉尘产生量增多,容易堵塞设备,影响干燥效果。

2. 调理剂

除了污泥本身的性质,污泥调理剂也会对污泥干化效果产生影响。污泥调理剂可分为无机调理剂和有机调理剂两大类。常见的调理剂主要有铁盐、铝盐、生石灰以及褐煤等无机调理剂和聚丙烯酰胺(PAM)等高分子有机絮凝剂。

调理剂的加入会改变污泥中水分的分布情况以及污泥固相结构,加速水分释放,有效降低脱水污泥含水率。例如,褐煤等调理剂可以降低污泥黏性,从而减少污泥颗粒对干化设备的磨损,使干化过程顺利进行,提高污泥干化速率。此外,铁盐调理剂与生石灰、煤粉等骨架构建剂联合添加具有协同增效作用,复合调理剂可以破坏污泥的胞外聚合物质(EPS),形成刚性多孔结构,有利于污泥深度脱水。在最佳投加量下,脱水污泥饼含水率可降至49.5%±0.5%。调理剂还会影响污泥干化尾气排放和干化产物特性。例如,加入复合调理剂后,污泥碱性环境可固定溶解的酸性含硫气体,降低含硫气体的释放量,但会增强氨气的释放。此外,调理污泥的干化产物一般具有更好的空隙结构。

8.2.3.2　加热方式

采用不同的加热方式,污泥热干化过程和产物的特性会有所不同。按热介质与污泥接触的方式可分为直接热干化和间接热干化2种加热方式。直接热干化和间接热干化的对比如表8-3所示。

表8-3　直接热干化和间接热干化对比　　%

干化类型	干化效率	尾气排放量	粉尘量	能耗	干化污泥含水率
直接热干化	高	大	多	高	10～40
间接热干化	低	小	少	低	10～50

1. 直接热干化

直接热干化又称对流热干化,通过热介质(热空气、废烟气、蒸汽等)进入干化机与污泥直接接触混合,加热介质低速流过污泥层,使污泥升温,水分蒸发,最终得到干污泥产品,处理后的干污泥需要与热介质进行分离。直接热干化过程中热介质与污泥直接接触,所以传质传热效率高、干化效率高,干化污泥含固率高达85%～95%。但这种加热方式会使热介质受到污染,导致尾气、废水排放量和粉尘产生量大,所需能耗高。

2. 间接热干化

间接热干化又称传导热干化,是通过热介质(蒸汽、热油、热气体等)加热干化机器壁将热量传递给污泥,使干化机内的污泥受热,水分蒸发。间接热干化过程中热介质不与污泥直接接触,所以这种加热方式的传热效率和水分蒸发速率低于直接热干化,但尾气排放量和粉尘浓度低,含氧量较低,电能及热能消耗也较小。

8.2.3.3　工艺条件控制

1. 干化温度

干化温度为水分扩散、蒸发以及一系列化学反应提供热量,是干化过程中水分释放速率、尾气污染物排放量、冷凝液以及干化产物性质的重要影响因素。①通常干化温度越高,干化速率越高。这是由于在污泥干化过程中,干化温度越高,热源向污泥传热的热通量越大,污泥絮体和微生物细胞被加速破坏,污泥的间隙水、毛细水的脱除速度越快,水分蒸发能力也就越强。②随着干化温度升高,污泥干化过程中释放出的尾气污染物种类和数量增加,冷凝液中的BOD_5、COD和氨氮浓度也随之增大。研究表明,当干化温度高于120～140 ℃时,氨气、硫化氢排放浓度明显增加,苯系物等挥发性有机物也开始大量释放。③干化温度升高,污泥热值随之降低。当干化温度低于105 ℃时几乎没有有机质分解挥发,热值变化不明显;在150 ℃左右的干燥温度下,污泥的高位热值明显下降,当干化温度达到200 ℃时,污泥的高位热值损失了近一半。

总之热干化效果的好坏取决于干化温度的高低。干化温度高时(160～250 ℃),干化效率高,但尾气和废水污染物释放量大,挥发性有机质流失严重,干污泥热值降低幅度大。干化温度低(100～160 ℃)时,水分蒸发速率慢,干燥效率低,但挥发性有机质的流失减少,可以有效保留污泥热值。释放的 VOCs 等污染物浓度低,环保性好。干化温度过低(低于 100 ℃)时,由于吸附水和内部水的存在,污泥干化速率极低。因此,热干化的最低温度一般要求高于水标准状态下的沸点 100 ℃。从干化速率、污染物排放以及污泥热值等方面考虑,污泥干化的适宜温度范围应在 150～220 ℃。

2. 停留时间

污泥在干燥器内停留时间的长短会影响污泥脱水效果。停留时间越长,污泥与热空气接触的时间越长,水分蒸发越充分,干污泥的含水率越低,但会使干燥器处理量减少。停留时间过短,则会导致污泥干化不完全,可能达不到后续处理的含水率要求。具体停留时间需要根据热干化工艺、污泥类型以及后续处置的含水率要求决定。

3. 搅动速度

适当的搅动可以使空气和污泥充分混合,促进传热传质过程,从而加快干化速率。搅动的方法主要有机械搅拌(炉床搅拌)和气流动力搅动(流化床)。提高机械搅拌频次,可以增强污泥团块的剪切力,降低污泥粒径,避免污泥表层结壳,促进污泥内部水分的扩散与蒸发,从而提高干化速率。若搅拌速度过快,会使污泥内部温度降低,减缓污泥内部水分的扩散以及表面水分的蒸发。此外,在其他条件不变的情况下,通入适量流动空气来传导热量,可以加快干化速度,有效提升干化效率。

4. 热介质流量和流速

在直接热干化设备中,烟气、蒸汽等热介质的流量和流速大小对污泥含水率有关键性的影响。带式低温干化设备中,热空气的风速风量越大,越有利于污泥表面的水分蒸发,干化效果越好。提高烟气流速,可增大烟气与污泥颗粒的传热系数,提升污泥脱水效率。

除以上主要因素外,进料速度、物料配比、泥层厚度以及当地降水情况等也对污泥热干化有一定的影响。

8.3 热干化的工艺

8.3.1 热干化工艺类型

8.3.1.1 热介质接触方式分类

根据污泥与热介质接触情况,现行的污泥热干化技术分为 3 种:直接热干化、间接热干化以及直接-间接联合热干化技术。

1. 直接热干化工艺

直接热干化工艺在操作过程中,将诸如热空气、过热蒸汽、废烟气等热介质低速流过污泥层,吸收并带出污泥中的水分。由于是热介质与污泥直接接触,传热速度、热效率及蒸发速率较高。但是,热介质不可避免地混入污泥蒸发出的水分及其他物质(如氨气、硫化氢等气体及污泥细小颗粒),使热介质受到污染。早期的直接干化工艺中,热介质离开干化机后与干污泥颗粒分离,经除尘、热氧化除臭后排放。系统所需热风量很大,致使尾气量大,处理费用较高。

目前，该工艺多采用气体循环回用设计，使尾气处理成本高这一缺陷得到明显改善。在其干燥工艺中，热介质经除尘、冷凝、水洗后，只需对15%的热介质进行除臭后排放，其余的85%可直接返回干燥器。这不仅可减小尾气处理的负担，更重要的是可大大降低外部热介质的引入量，将干燥器内的氧气含量维持在较低水平，从而大幅度提高系统的安全性能。

对于直接干化技术来说，干化装置一般采用并流干化模式，热能供应随着污泥干化程度的增加而下降，这会导致后半段污泥干化速率的降低，一般采用分段干化来保持污泥干化的速率。

常用污泥直接热干化技术主要有转鼓干化、闪蒸式干化、带式干化、喷雾式干化等。

(1)转鼓干化技术　20世纪40年代，日本、欧洲和美国就开始采用该技术干化污泥。污泥与热介质在转鼓中直接接触传热而干化，经气-固分离后，85%热介质可返回干化系统循环利用，其余经除尘、冷凝、水洗处理后排放，干化后污泥呈稳定颗粒状。转鼓式工艺又可根据是否有回料返混分为直接转鼓工艺与间接转鼓工艺，这两种工艺均在无氧的条件下运行。

(2)闪蒸式干化技术　20世纪30年代，闪蒸式干化技术开始在美国污泥处理中使用。返混后的混合污泥在高速研磨机搅动下与流速20～30 m/s的高热气流进行数秒接触传热，水分蒸发而干化，污泥可干化至含水率8%～10%。该技术是固体流态化稀相输送在干化方面的应用，污泥颗粒与热介质直接接触并悬浮于流体中，两相接触面积大，强化传质传热过程，干化时间短。

(3)带式干化技术　通过热介质(烟气、热空气等)与铺设于烘干带上的污泥交叉或反向运动直接接触传热的方式去除污泥中水分。在干燥过程中，污泥可以容易地通过黏滞区，不会产生结块、烤焦现象，出泥含水率可降至10%以下。带式干化机的关键技术是如何根据污泥性质选择适合的布料装置，将污泥均匀铺设在烘干带上。目前该技术在国内应用较多，具有蒸发强度高、干燥速度快、产品质量好等优点，但该技术对污泥粒度有一定要求，进料前需整形调理。

(4)喷雾式干化技术　是将污泥通过雾化器形成雾状细滴分散于热气流中，使水分迅速汽化的污泥干化技术。喷雾式干化技术所采用的雾化器通常是一个高压力的喷头，雾化的液滴从塔顶喷下，热气流从塔底往上逆流，经气-液数秒的接触传热，水分气化含水率瞬间可降至15%～30%，无中间加热、换热程序，可大大提高热利用效率。污泥喷雾式干化技术已在我国得到规模化应用，如由浙江环兴机械有限公司联合清华大学共同研究开发的污泥喷雾干燥焚烧处理项目，于2008年8月建成试运行，日处理含水率80%的污泥360 t。

2. 间接热干化技术及其工艺

间接热干化是热传导干化技术的应用，实质是传热学中的热传导技术的一种。蒸汽、热油、热气体等热传导介质加热金属表面，同时在金属表面上传输湿物料，热量从温度较高的金属表面传递到温度较低的物料颗粒上，颗粒之间也有热量传递，这是在间接加热干化工艺中最基本的热传递方式。因热介质与污泥不接触，不会受到污染，可循环使用。所以热介质不局限于气体，也可用热油等液体，但仍主要以蒸汽和烟气为主。

对于间接热干化来说，随着污泥表面含湿量的降低，污泥换热效率也会大幅度降低，需要在后半段增加换热面积来保持干化速率。间接热干化过程中污泥通过被饱和蒸汽或导热油加热的中空装置表面吸收热量，由于缺少足够的空气流动将湿污泥破碎，容易引起湿污泥与装置表面产生严重的粘连问题，特别是在污泥含固率为55%～70%的粘连区。此类技术传热效率和水分蒸发速率低于直接干化技术，但尾气量较小，避免烟气污染，环保性能好。

常用污泥间接热干化技术主要有转盘式干化、立式多盘干化、桨叶式干化技术等。

(1)转盘式干化技术　该技术应用于污泥干化已有几十年历史，通常将热介质通入干化机转子中心轴和盘片内腔，加热盘片，同时污泥在导流片的转动作用下翻转、搅拌，与盘片接触而被加热干化。

(2)立式多盘干化技术　又称珍珠工艺。通过循环热油加热圆盘，干化机内小、大盘交替垂直排列，干污泥在涂层机内涂覆湿污泥后，在圆盘上做圆周运动，间接传热干化。20 世纪 70 年代该技术就被应用于污泥干化。

(3)桨叶式干化技术　该技术采用蒸汽或导热油作为热介质，进入干化机壳体夹套和空心叶片，同时加热机身和桨叶，污泥被叶片切割搅拌，通过夹套、空心轴和空心叶片的热传导而干化。

3. 直接-间接热干化及其工艺

直接-间接联合热干化是对流-传导热干化技术的结合，该技术代表有流化床干化技术和 VOMM 涡轮薄层干化技术。

(1)流化床干化技术　此技术通过流化床下部风箱将循环气体送入流化床，污泥在床内流态化，通过流化气体的直接加热和加热管内热源的间接加热而干化。

(2)涡轮薄层干化技术　污泥在高速涡流的作用下，在干化机内壁上形成薄层，一方面通过干化机衬套内的热介质间接加热干化，另一方面与干化机内热介质直接接触加热干化。该技术有效热对流占换热总量的 40%左右，热传导占 60%左右。

4. 3 种热干化技术适应性比较

根据污泥热干化技术的能耗、安全性、环境友好性和灵活性等特点，对上述 3 种干化技术进行适应性比较，其结果见表 8-4。

直接热干化工艺具有传质传热速率高、干化效率高、处理效果好等特点，但其能耗较高，尾气和废水处理量大，工艺复杂，投资和运行成本过高，适用于经济发达地区。间接干化与直接干化相比，其能耗和环保性能优势明显，能耗及废气、废水处理成本较低，更适用于经济欠发达地区。但考虑运行成本，无论哪种干化工艺都应优先选择附近可利用的余热、废热，如热电厂和焚烧站的烟气。

综合考虑干化技术类型、能耗、安全性、环境友好性和灵活性，拟推荐转盘干化技术作为污泥干化主导工艺，因其具有如下特点：①能耗低。单位体积具有较大传热面积，热效率高，热耗和电耗均低于其他干化技术。②安全性高。干化系统内气体流量小，含湿量高，氧含量低于 3%，惰性化高，粉尘浓度和干化温度较低，安全性好。③环境友好。间接传热，热介质不受污染，尾气量小，可能的二次污染仅限于冷凝废水，环保性佳。④灵活性高。既可用于污泥半干化，又可用于全干化，无须干泥返混；污泥干化产品适用于任何后续处置方案。

8.3.1.2　运行温度分类

根据运行温度的高低，可分为低温干化(温度 150 ℃以下)和高温干化(温度 150 ℃以上)。

低温干化主要是带式低温干化工艺，适用于气温较高的地区，以及处理规模较小的工程，干化度调节灵活，可间隙性连续运行，可利用中低湿废热，但占地相对较大。

高温干化主要是利用热炉进行的干化工艺，其不受地区和气候的影响，适用于处理规模较大的工程，主要消耗的能源为电能及热能，其特点是可用于各类污泥及其他物料的干化，自动化程度高，运行稳定可靠，但运行费用较高。

表 8-4　热干化技术适应性比较

热干化技术类型	干化机类型	能耗		安全性			环境友好性		灵活性	
		热能/(kJ/kg)	电能/[kW/(h·m^3)]	粉尘浓度	含氧量/%	干化温度	含湿量	尾气量	是否需要返混	干化产品
直接热干化技术	转鼓式	3 200～3 500	50～90	高	<8	高	低	大	是	全干化
	带式	3 200	100	较高	<10	低	高	大	否	全干化/半干化
间接热干化技术	转盘式	2 700	45～55	低	<3	低	较高	小	否	全干化/半干化
	立式多盘	3 100	45～60	低	<2	高	低	小	是	全干化
直-间接热干化技术	流化床	2 800	100～200	高	<4	高	高	较小	是	全干化

高温干化由于干化温度高，容易挥发和裂解污泥中的有机质，能够一次性将污泥体积缩减至最低，免去了污泥后续处理的麻烦，但增加了尾气处理难度，而且干化能耗极高，与目前节能减排的潮流不符，不利于大规模推广。低温干化由于干化温度较低，在干化过程中仅会去除污泥中的水汽，其有机物不会裂解和挥发，尾气没有明显臭味，无须额外的尾气除臭设备，设备投资和运行成本大大降低。该工艺能够通过利用各类废热能够很好地解决能耗问题，但整体干化效率较低，需要建设大量污泥干化工厂，才能满足不断增长的污泥干化需求，并且目前仅有烟气余热低温二段式污泥干化系统已经比较成熟，其余技术均处于实验研究阶段。高温干化与低温干化特性的比较如表 8-5 所示。

表 8-5　低温热干化和高温热干化特性比较　　℃

干化技术类型	温度	能耗	尾气排放	适用规模	干化效率
低温热干化	＜150	较低	少	较小	较低
高温热干化	＞150	高	多	较大	较高

因此，未来污泥干化的发展方向应该集中于太阳能技术与烟气余热等废热直接或间接热干化技术相结合，进一步降低能耗和提升干化效率方面。

8.3.1.3　热源分类

热源的持续稳定供给对干化技术工艺的正常运转具有重要意义。对于直接加热干化类型的工艺传热介质一般为高温烟气或热空气，而间接热干化类型的工艺传热介质多为蒸汽或导热油。具体选择何种介质要视干化机的特点、干化后污泥处置方式及有无其他廉价热源等因素而定。

用于污泥干化的热源主要有：化石燃料燃烧（燃煤、沼气、燃油和天然气等）、各类废热（烟气、蒸汽和热干气等）和电能。按照干化热源的成本，从低到高依次如下：烟气＜燃煤＜蒸汽＜燃油＜沼气＜天然气。一般来说，间接加热方式可以使用所有的能源，其利用的差别仅在温度、压力和效率。直接加热方式，则因能源种类不同，受到一定限制，其中燃煤炉、焚烧炉的烟气量大，又存在腐蚀性污染物，较难使用。但综合来看，利用各种成本基本为零的热干化污泥是最佳选择。

根据热源不同可将热干化分为以下几种类型：微波污泥热干化技术、热水污泥热干化技术、蒸汽干化技术、天然气污泥热干化技术、太阳能热泵联合污泥热干化技术、生石灰干化技术。

1. 微波污泥热干化技术

微波是一种频率介于无线电波与红外线波之间的电磁波。该电磁波不会引起物质分子结构上的变化。微波污泥热干化技术是在外部的交变电场的作用下，污泥中的水分子随着外加的电场极性的变更而发生运动变化，其通过克服原有的热运动和水分子间的相互干扰与阻碍，形成了一种与摩擦相似的运动。进而达到能量的转换，即将一定量的电能转化为热能。促使水分子吸热蒸发，实现污泥干化、减量的目的。该方式属于直接加热的形式（也称对流干燥）。该方式传热速度快，效率高，能耗较低，所需劳动力少，占地面积小，处理过程中基本无臭，处理周期一般为 30 min，易操作，但运行费用较高，且需要设置防粉尘爆炸装置。

2. 热水污泥热干化技术

热水污泥热干化技术利用换热器完成能量转移，污泥从换热器内的高温热水中摄取能量，蒸发其自身内的水分子，起到污泥干化、减量的效果。该处理技术设备简单，运行稳定性高，操作方便，适用于自身能够产生高温热水或高温冷却水的厂区。但其能耗较高，倘若高温热水不是其副产物，不宜采取此技术。热水污泥热干化技术工艺流程如图 8-6 所示。

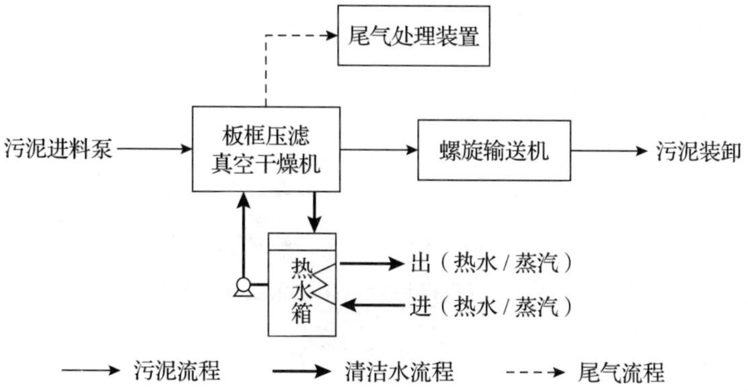

图 8-6　热水污泥热干化技术工艺流程图

3. 蒸汽污泥热干化技术

蒸汽污泥热干化技术同上述热水污泥热干化技术原理相似。二者区别在于蒸汽污泥热干化技术利用蒸汽所携带的热能，通过换热器将热能传递给污泥，蒸发其内部水分子，实现污泥中水分的去除，进而使污泥得到减量。适用于蒸汽量较大的大型厂区，以便于就地取材，实现资源循环利用的同时，有效缓解环境污染问题。该技术运行稳定性好，设备简单，操作方便，效率高。但运行成本高，能耗较大，若蒸汽不是该厂区的副产物，不宜采取此技术。蒸汽污泥热干化工艺流程如图 8-7 所示。

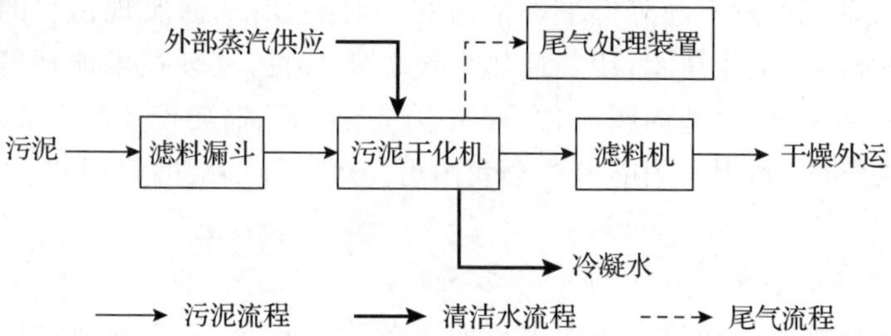

图 8-7　蒸汽污泥热干化技术工艺流程图

4. 天然气污泥热干化技术

天然气污泥热干化技术依靠天然气燃烧放热，将热能转化到污泥中，使其内部的水分子蒸发散失，使得污泥减量。因为顾及天然气爆炸所引起的灾害与经济损失，并为保障工作人员的安全和不必要的损失，所以应对运行设备进行相应的防护处理，如氮气保护、污泥返混等安全保障措施等。天然气作为一种清洁能源，在其燃烧过程中，不会向大气中排放污染性气体，有利于环境保护，是未来无害化处理污泥的一种发展趋势。该工艺处理效率高，适用于天然气较丰富的国家、地区。但能耗高，运行时，天然气存在一定的泄漏风险，应加强安全管理措施。天然气污泥热干化技术工艺流程如图 8-8 所示。

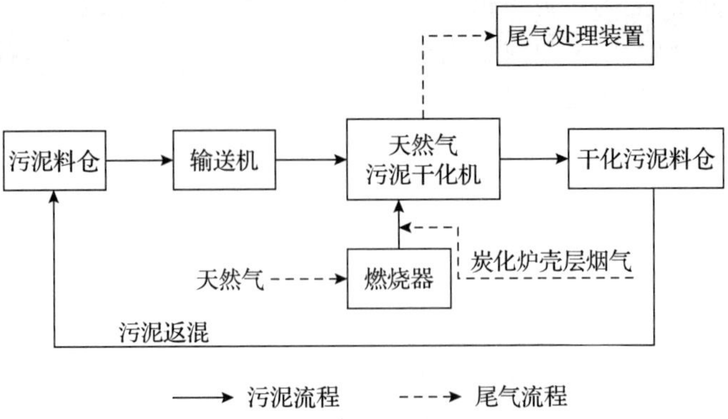

图 8-8　天然气污泥热干化技术工艺流程图

5. 太阳能热泵联合污泥热干化技术

太阳能作为当今一种新型能源具有能够就地取材、无污染、发展潜力大等优势。太阳能污泥热干化技术则是依靠吸收太阳能辐射产生的热量，为污泥处理过程提供所需要的热量，使污泥干化稳定的工艺技术。其与传统的污泥干化处理方式相比较，运行费用低，能源清洁，符合可持续发展战略。

仅凭借太阳能作为热源，易受地域或季节影响，因此为了解决此问题，采用太阳能热泵联合污泥热干化技术。在该联合工艺运行过程中，首先由蒸发装置吸收湿热气体中蕴含的热能，将工质（实现热能和机械能转化的媒介物）从低压液态转变为低压蒸汽态。其次使用压缩机进行增压处理，使其转变为高温高压蒸汽。然后进入冷凝器中进行冷凝，释放出来的热进入干燥气体。最后高压液体的工质流入节流装置转变为低温低压液体，接着进入蒸发器中，完成整个热泵循环系统。该系统通过不断降低干燥室内的相对湿度，从而实现污泥的干化。从运行效率角度来看，该联合污泥干化技术，比普通热泵效率高 70%，处理技术能耗低，运行费用低，农用价值高。但基建费用高，占地面积大，在密闭空气条件下，需要设置除臭设备。总之，该技术还具有很大的发展空间，利用太阳能也符合我国可持续发展的战略目标，是当今污泥处理领域的热点话题。

6. 生石灰污泥干化技术

生石灰污泥干化技术是通过向污泥中投加适量的生石灰，一方面通过生石灰的化学反应去除一部分水分子；另一方面通过化学反应所产生的反应热除去污泥中的水分子，使污泥得到干化。该工艺的化学反应式为

$$CaO+H_2O\rightarrow Ca(OH)_2 \tag{8-1}$$

反应进行过程中，温度逐渐上升的同时，伴随着大量的气体产生，气体中包含着大量的水分子。随着气体的排放，污泥的含水率下降。该工艺处理过程能耗较低，投资费用较低。但占地面积大，需要大量的劳动力，易受季节天气影响，技术难度比较大。

不同热源热干化技术比较见表 8-6。

表 8-6　不同热源热干化技术比较

干化技术类型	优点	缺点	适用条件
微波干化技术	效率高，过程中基本无臭	运行费用较高	需要设置防粉尘爆炸装置
热水干化技术	运行稳定性好，设备简单	能耗较高	高温热水或高温冷却水是厂区副产物
蒸汽干化技术	运行稳定性好，效率高	能耗大，运行成本高	蒸汽是厂区的副产物
天然气干化技术	处理效率高，利于环境保护	能耗高，运行有风险	天然气丰富的地区
太阳能热泵干化技术	能耗低，有利于环境保护	基建费用高	需要设置除臭设备
生石灰干化技术	能耗低，投资费用低	受天气影响，难度大	较大的占地面积，较多的劳动力

8.3.2　热干化工艺系统

8.3.2.1　热干化系统组成

一般来说，干化工艺由如图 8-9 所示的系统组成，但根据工艺特点（半干/全干，干化工艺类型）可能有所调整，包括污泥计量、输送和储存，污泥干化，气体的粉尘分离和冷凝（用于循环气体的除尘和洗涤并去除蒸发水），颗粒冷却、输送和储存，热源供给（导热油、蒸汽或者热水），冷却水供给（用于干泥产品的冷却和循环气体的洗涤喷淋），冷凝水处理，臭气处理，湿泥料斗、储仓、工艺回路的不可凝气体的处理，氮气储备（用于干泥料仓和工艺回路的惰性化），压缩空气（用于系统内阀门和仪表供气），电力和自动控制和检测，安全和消防等。

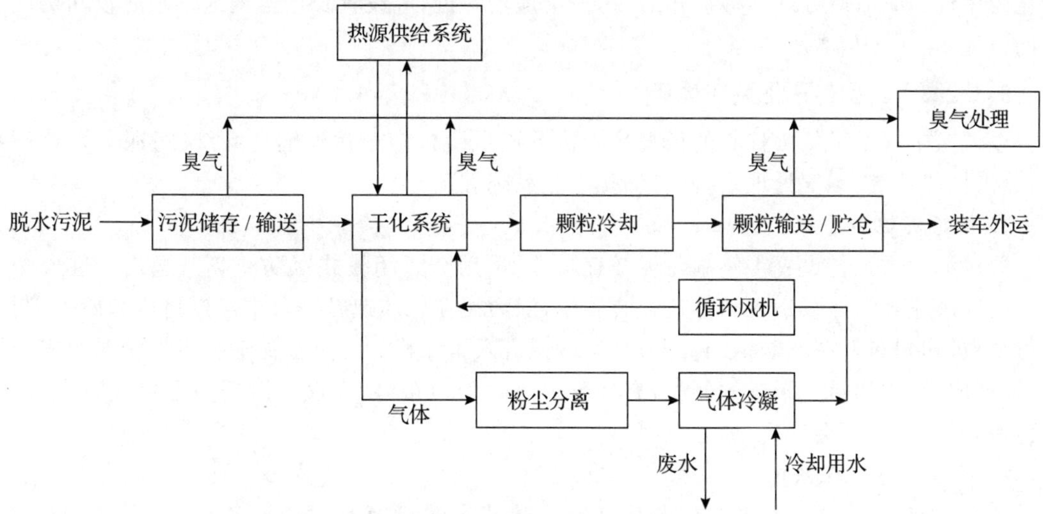

图 8-9　污泥干化系统工艺流程

8.3.2.2　热干化系统的设计要求

在选择污泥干化技术和设计工艺时，热源、热介质类型、热能损耗、运行安全性及干化对环境带来的影响是重要考虑的因素。

（1）污泥干化设备选型　根据污泥干化的实际需要，对干化设备进行选择。规模较小、污泥含水率较低、连续运行时间较长的干燥设备宜采用间接加热系统，否则宜采用带有污泥混合器和气体循环装置的直接加热系统。污泥干化设备采用间接加热方式或直接加热方式对能源种类的需求不同。

(2)污泥干化工艺处理规模设计　由于脱水污泥的含水率可能会有变动，污泥干化工艺处理规模设计时应考虑所需蒸发的水量，而不能简单依据脱水污泥量、污泥热干化处理的污泥固体负荷和蒸发量，应根据污泥性质、设备性能等因素，参照相似工艺设备运行经验确定。污泥热干化设备宜设置 2 套，若仅设 1 套，应考虑采取设备故障检修和常规检修期间的应急措施，包括污泥储存设施或其他备用的污泥处理处置途径。

(3)与干化设备爆炸有关的 3 个主要因素　是氧气、粉尘和颗粒的温度，虽然不同的工艺会有些差异，但必须控制的安全要素如下：①氧气含量<12%；②粉尘浓度<60 g/m^3；③颗粒温度<110 ℃。

(4)干/湿污泥仓控制因素　湿污泥仓中甲烷浓度应该控制在 1%以下，干泥仓中干泥颗粒温度应控制在 40 ℃以下。

(5)关于湿污泥敞开式输送的注意事项　为避免湿污泥敞开式输送对环境造成影响，应采用污泥泵和管道将湿污泥密封输送入干化机，干化机出料口须设置事故储仓或紧急排放口，供污泥干化机停运或非正常运行时暂存或外排。

(6)处理含沙量较大的污泥的注意事项　可通过增加耐磨量、降低转动部件转速等方法以减少换热面的磨损，特别是采用导热油作为热媒介质时，必须十分注意砂石混入污泥对干化设备的安全性存在负面影响。

(7)污泥热干化产品的保存及处置　应妥善保存、利用或妥善处置，避免二次污染污泥热干化的尾气、烟气，应处理达标后排放，污泥干燥场附近，应设置长期监测地下水质量和空气质量的设施。

8.3.2.3　典型热干化系统优势

以低温带式干燥机为核心的低温热干化系统主要包括湿污泥输送系统、污泥干燥处理系统、蒸汽供热系统、尾气处理系统、自动化控制系统五部分。

1. *湿污泥输送系统*

湿污泥输送系统设置 1 座湿污泥缓存料斗，采用全封闭模式以防止臭气逸出。进入缓存料斗的湿污泥经螺杆泵送入软体造粒装置中，湿污泥在软体造粒装置中经过挤压和破碎，制成软体颗粒，均匀布料在不锈钢网带上，然后缓慢进入干燥机。通过污泥造粒机把污泥制成颗粒状，造粒成型，增加污泥干燥的面积，有利于污泥的均匀布料，不仅可以提高干化效率，还可以使污泥均匀干化，不会出现“糖心”现象。

2. *污泥干燥处理系统*

污泥干燥装置主要由集约化蒸汽间接加热式干燥机及其附带设备组成。利用 142 ℃、0.3 MPa 的蒸汽，经管道输送到蒸汽换热器内，作为热源间接加热污泥。干燥机的热量主要来自蒸汽热交换产生的热风。污泥中的水分通过热风的加热蒸发，产生的蒸汽被干燥机内的排湿废气带走。干化污泥从干燥机末端排出后，通过斗式提升机输送到干污泥料仓。

污泥加热时产生的干燥尾气中的蒸汽以约 90 ℃排出干燥机，经过光催化氧化处理装置除臭除味预处理后，接入生物除臭系统。热媒蒸汽的冷凝水排放到凝液罐，再经过凝液泵送到界外。

3. 蒸汽供热系统

工业园区余量蒸汽经管道输送到蒸汽换热器内进行换热，换热后的热风(≥130 ℃)再经均匀布风系统把热量分布均匀后，进入污泥干燥装置进行污泥干化，可有效杜绝部分过于干燥、部分达不到干化效果的差异现象。

4. 尾气处理系统

尾气的主要来源是蒸发过程中产生的水分及少量挥发酚。尾气一部分通过循环风机进行循环利用，一部分通过排湿风机牵引到余热回收装置，进行热量回收和降温处理，预处理后的尾气进入光催化氧化处理装置除臭除味，再通过管路系统送入生物除臭系统处理，有效控制废气二次污染问题。

5. 自动化控制系统

自动化控制系统采用 1 套独立的 PLC 控制系统，且 PLC 配有专用通讯卡件。所有机组相关控制信号均进入 PLC 控制系统，由 PLC 控制整套机组运行，并将现场 PLC 控制系统集成至现有 DCS 自控系统。机组运行流程、运行的关键参数、需修改的设定参数、测试按键等需集成在 PLC 触摸屏上，机组关键参数的运行/故障/报警信号能单独在触摸屏上显示，且现有 DCS 中控系统也同步显示。

本系统适用于工程所在工业园区有稳定的工业余量蒸汽的情况，其特点为采用 PLC 控制系统，系统可以自动运行，无须人员值守，还能自动进行检查工作，可实现污泥处理的智能化运行。

8.4　热干化的设备及工程

热干化技术主要用于处理高湿废物，其中以污泥的处理量最大。截至 2020 年，我国城市污水处理厂处理能力 1.77 亿 m^3/d，累计处理污水量 532 亿 m^3，其产生的干污泥约 1 232 万 t，干污泥处置量约为 1 182 万 t。因为污泥中含有多种有毒有害物质，所以国内外普遍认为污泥干化后再进行焚烧，是处理污泥最佳途径。目前工程化与规模化地对污泥进行干化前处理以提高热值，已得到认可与应用。

8.4.1　热干化的设备

随着热干化技术的逐渐发展，热干化设备的机型也在逐渐演化。根据热干化工艺中热介质与作用对象接触方式的不同，可分为直接加热式、间接加热式和直接/间接联合干燥式 3 种；按设备进料方式分类，大致可分为采用干料返混式与湿污泥直接进料式 2 类；按设备形式分类，可将所有的热干化设备分成转盘式、浆叶式、薄层式、带式、流化床、转鼓式、多重盘管式、螺旋式、离心式化机、喷淋式多效蒸发器等多种设备形式，现阶段常用的热干化设备主要有圆盘式、浆叶式和带式；以下将按设备形式进行热干化设备的介绍，常见热干化设备的参数特点如表 8-7 所示。

8.4.1.1　转鼓式干化机

目前主要有 Andritz AG、Bio Gro、Swiss Combi 和 Okawara 4 家转鼓式干化机设备供应商。其中 Andritz 公司开发的密闭式带返料的直接加热转鼓式干化系统，污泥返混后含水率为 30%～40%。

表 8-7　常见热干化设备的参数特点

干化机形式	干化方式	干化产品	是否需要返料	系统安全性		能耗		供应厂商	应用实例
				粉尘含量	安全性	热量/(kj/kg 水)	电量/[KW/(h/m^3 水)]		
转鼓式	热对流	全干化	需要/不需要	较高	填充度高，运行温度高，含氧高	3 200～3 500	50～90	Andritz 公司、BioGro 公司、Swiss Combi 公司和 Okaw ara 公司等	美国佛罗里达州 Largo 污水处理厂、瑞士 Basel 污水处理厂、加拿大魁北克污泥干燥厂等
转盘式	热传导	半干化/全干化	需要/不需要	低	污泥温度低，氧气含量低	2 750	45～55	Atlas-Stord 公司	荷兰 SNB 污泥干燥焚烧站、丹麦 Lynetten 污水处理厂和挪威 I. V. A. R 污水处理厂等
流化床	热对流、热传导	全干化	需要/不需要	很高	污泥易粘于设备内壁，设备中干燥污泥量大	2 750	100～200	WABAG 公司、维奥技术瓦巴格德国有限公司和 Andritz 公司等	上海石洞口污水处理厂

(1)直接加热转鼓式干化机　其工艺流程如图 8-10 所示。直接加热转鼓式干化机的主体由转鼓与翼片螺杆两部分组成,这两部分对废弃物加热,转鼓通过外部燃烧炉进行加热,而翼片螺杆通过热对流介质传热(也有转鼓式干化机通过温度 600 ℃左右,流速 1.2 m/s 的热气流对高湿废弃物加热)。转鼓在负压的条件下运行,无水汽与灰尘外溢,经 20～60 min 烘干成含水率低于 10%的产品,尾气通过洗涤吸附系统处理。该设备的优点是能耗低,缺点是干化机出口处损失能量较多,后续处理费用昂贵。

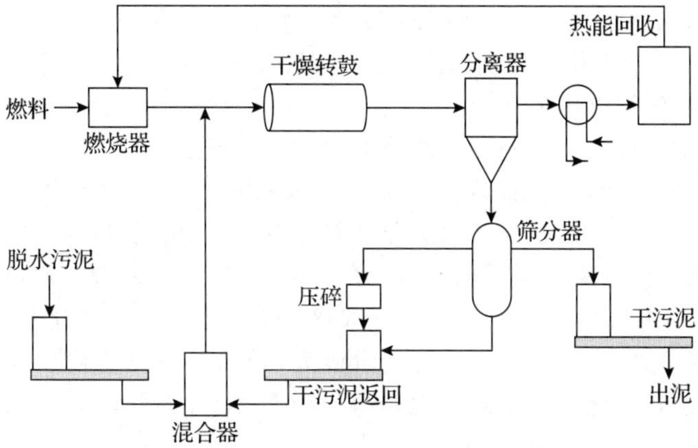

图 8-10　直接加热转鼓式干化技术工艺流程

(2)间接加热转鼓式干化机　是将经脱水后的废弃物与原高湿废弃物返混,经螺旋输送机运到转鼓内,经转鼓旋转混合均匀,在热气流作用下逐渐向前移动,烘干后形成稳定颗粒,而后送入分离器,颗粒过筛网,水蒸气被收集进行热能回用,生物过滤器处理尾气。该系统特点:干化后的废弃物呈颗粒状,如污泥的粒径为 1～4 mm;废气离开转鼓后,能量能回收利用,并且得到合理处理。

8.4.1.2　带式干化机

带式干化技术在我国污泥干化前处理中应用比较普遍,如深圳南山热电厂 400 t/d 污泥干化项目,采用低温带式干化工艺,设备的主要生产商为琥珀公司和得利满公司。如图 8-11 所示,带式干化机中高湿废弃物通过输料装置进入带有底部滑架系统的卸料斗中,在每个卸料斗的下部安装高压螺杆进料泵,将废弃物泵入干化机布料装置,布料装置将废弃物碾压成型平铺在带式干化机的网带上,网带采用 12～60 目不锈钢丝网,待达到最佳的铺设厚度后,网带移动,以供下一行程污泥的布料。热源通过换热器将热量传递给热风,污泥中的水分在穿透加热带热风介质的带动下被带出,产物含水率 10%～40%。带式干化机与其他设备相比,热风风

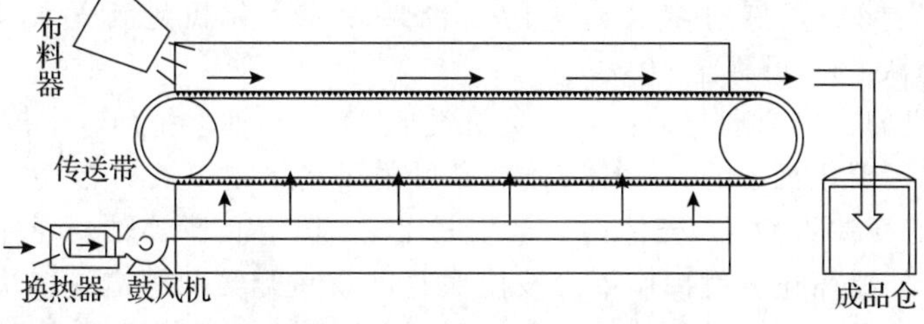

图 8-11　带式干化技术工艺流程

量更大，由于带式干化机由热风带出水分的工作原理，其可利用较低温度的热源，如锅炉烟气尾端的余热或其他形式的废热，对能源进行有效的梯级利用，以实现循环经济的目的。带式干化机磨损部件少，运行费用低，可利用废热进行低温干化，具有代表性的设备是德国汉斯琥珀公司的 KULTBT 型干化设备。

8.4.1.3 转盘式干化机

转盘干化机早在几十年前即被应用于污泥干化，国内主要有天通控股有限公司和 AS (Atlas-Stord)在上海的分支机构 NEWTECH 生产转盘式干化设备，代表性工程案例有荷兰 SNB 污泥干化焚烧站（半干化后焚烧），干化后污泥含水率在 50%左右，德国德雷斯顿污水处理厂（全干化）干化后污泥含水率在 10%左右。

转盘式干化机主要由管状空心轴与圆筒形状的定子组成，轴上装有中空转盘，热介质通过中心轴注入转盘内，转盘缓慢转动（转速约为 3～5 r/min）可以使废弃物向指定方向流动并起到搅拌的作用。从废弃物中蒸发出来的水蒸气聚集在穹顶，从通风口排出，干化后的颗粒进入分离料斗，一部分颗粒被分离出再返回进口，另一部分粒径合格的颗粒通过进一步冷却后送入料仓储存，该技术可采用低温热源加热（≤180 ℃）。该方法所需空气量少，因此所产生的尾气量也少，可减轻环境污染，但干化产品的含尘量极大，须单独另设造粒系统，用于完全干化时，设备极易磨损。转盘式干化技术工艺流程如图 8-12 所示。

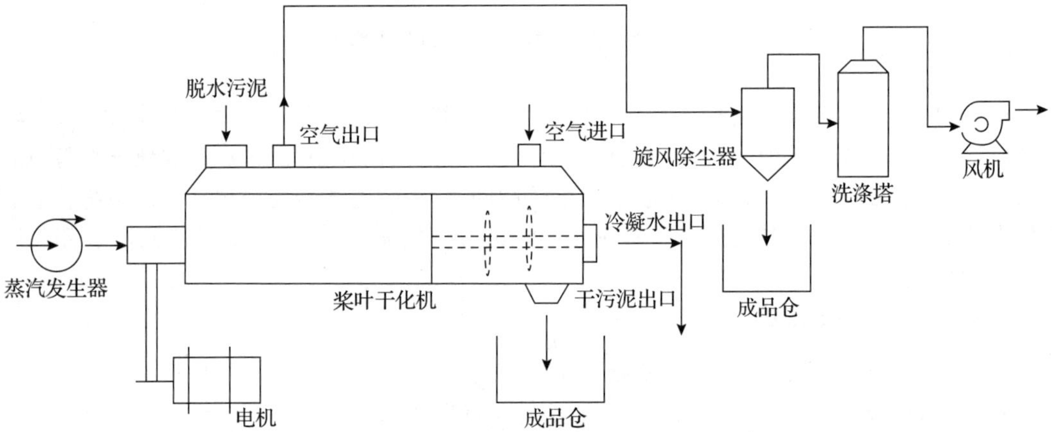

图 8-12 转盘式干化技术工艺流程

8.4.1.4 桨叶式干化机

桨叶式干化技术应用较为成熟，目前主要有绍兴三原重工业机械有限公司（三原重工）、浙江省化工研究院有限公司、苏州市自力化工设备有限公司等公司生产此类干化机。工程案例有绍兴市中环再生能源发展有限公司采用 8 台桨叶式干化机进行污泥干化，日处理污泥 500 t，污泥含水率从 85%可降至 40%。

桨叶式干化机的工作原理与转盘式干化机类似，在中心轴上排列着中控桨叶，热介质经中心轴流经桨叶，进入干化机中的高湿废弃物在桨叶的带动下得以被加热，水分蒸发后由风机带出。桨叶干化机的壳体为 Ω 形，壳体内一般安排 2～4 根空心搅拌轴。壳体有密封端盖与上盖，防止物料粉尘外泄而充分发挥作用。该技术通过双螺旋桨叶等措施解决了圆盘受热不均匀的问题，但高含沙量废弃物对其叶片具有较强的磨损。废弃物在机器内通过桨叶推动，因此对于黏性较大的废弃物处理效果不好。

8.4.1.5　流化床式干化机

流化床式干化机利用直接-间接联合热干化技术，通过流化床下部风箱将循环气体送入流化床，废弃物在床内流态化，经流化气体的直接加热和加热管内热源的间接加热而干化。流化床系统生产商主要有德国 WABAG 公司和安德里茨公司，目前我国采用流化床干化技术干化污泥的主要有上海石洞口污水处理厂，日处理污泥超过 200 t，干化后含水率在 10%以下；北京市清河污水处理厂，日处理污泥 400 t。

流化床干化工艺所使用的惰性材料一般为石英砂或者矿渣。载热体温度为 500～600 ℃，干燥时间为 10～15 min。高湿废弃物通过进料器进入圆形仓内，而后泵入流化床中，气体作为高效热交换介质与废弃物处于交叉逆流状态，水分则在流体运动中得以蒸发，用来使流化的干污泥颗粒脱离循环气体经抽吸罩脱离，废气中的小部分灰尘在旋风分离器中回收，干化后的污泥经干污泥斗以颗粒状排出(图 8-13)。该工艺的主要优点是干燥时间的可控制性和高强度的热传递，流化床干燥器均为固定部件，设计简单。其缺点是废气中的粉尘含量高，大概为 0.6～0.7 g/m^3。

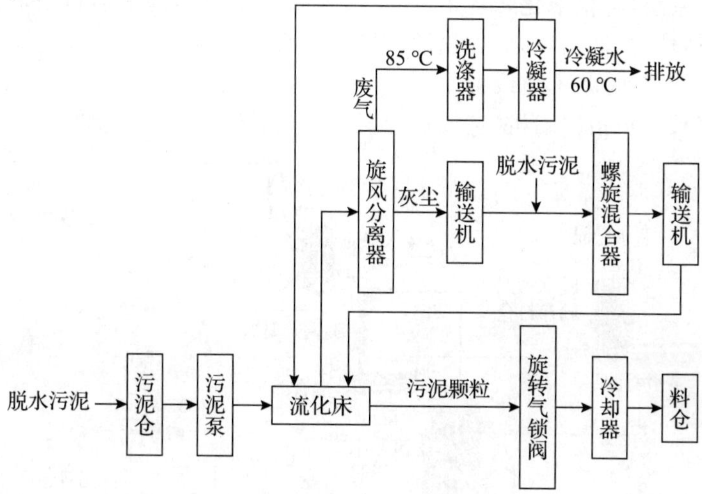

图 8-13　流化床干化工艺流程

此外，还有卧式干化机、滚筒式干化机、离心式干化机等多种设备类型。

8.4.2　工程案例

8.4.2.1　项目概况

白龙港污水处理厂一期项目，总投资约 6.8 亿元，污水处理能力约 2 000 000 m^3/d，项目采用“浓缩＋厌氧消化＋脱水＋部分干化”的处理工艺，经过消化与干化处理，污泥总量从 1 000 t/d 减量到约 450 t/d。其中白龙港污泥热干化系统共有 3 条干化线，单条污泥干化线处理能力 1 100 kg/h，蒸发水量 2 800 kg/h，输入的脱水污泥的含水率 72%～78%，干化污泥的含固率 70%～90%，处理速度平均 60.4 t/d，蒸发 1 kg 水约消耗 3 089 kJ 热量。污泥热干化系统利用污泥消化处理产生的经脱硫处理的沼气为气源，以天然气作为备用气源，天然气管以满足 1 套污泥干化机运行所需气量进行装配，天然气量约为 300 m^3/h。污泥干化处理系统由污泥接收储存、热量供应、压缩空气、尾气处理、成品输送储存各单元组成。干化后污泥可外运作为垃圾填埋覆盖土、绿化介质土等进行资源化利用。

8.4.2.2　工艺流程

流化床污泥热干化系统的工艺流程如图8-14所示。除流化床系统本体外，主要的配套系统组成包括：

(1)脱水污泥接收储存系统　脱水污泥由柱塞泵送入干化系统的2座进泥料仓，每座料仓的储存能力为250 m^3。

(2)成品冷却系统(每条干化线各1个)　主要用来降低干污泥颗粒的温度，使之易于储存、输送。输送的高温污泥颗粒通过冷却螺旋输送机的隔套和中心螺旋管内流动的冷却水使出料温度降低，并在封闭的惰性环境中运行。该系统由冷却螺旋输送机组成。

(3)成品输送储存系统(每条干化线各1个)　由螺旋输送机、斗提机、干污泥料仓和用于向卡车卸载干污泥颗粒的卸料器组成。

(4)尾气处理系统　用于处理污泥热干化过程中产生的气体，尾气经处理达标后排放。尾气处理系统包括前端的预处理系统和后端的逆流洗涤生物除臭系统。

(5)热量供应系统(每条干化线各1个)　为流化床干燥器提供运行所需的热量。该系统由燃气导热油载体炉、热油循环泵、导热油储槽和膨胀槽等组成。

(6)压缩空气系统(每条干化线各1个)　用于向仪表、气控设备、卸料器、除尘喷嘴提供压缩空气，压缩空气系统包括压缩机、空气过滤器、干燥器和压缩空气储罐。

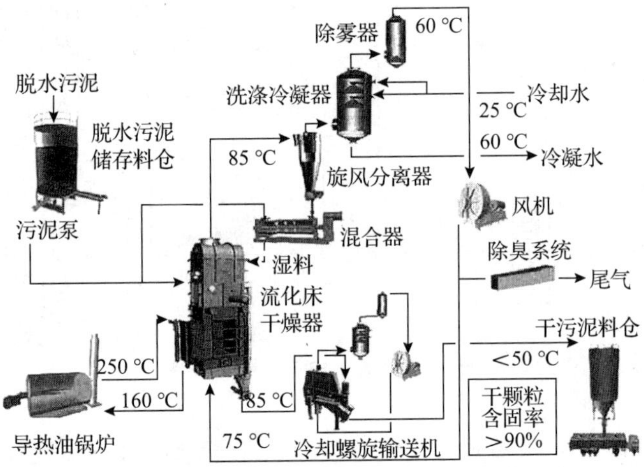

图8-14　流化床污泥热干化系统工艺流程

8.4.2.3　工艺设计

1. 系统工艺设计思想

(1)流化床干化系统的设计　流化床干化系统主要的设计参数是单位水蒸发能力，该数据决定系统的热量输入。所有热量由流化床内的热交换器提供。污泥进料系统的设计基于进料污泥的总量，从而确定采用进泥泵及进泥切割装置的台数。气体回路系统由床内流态化的气体流量决定。风机的选用原则是在提供设定流量的基础上，克服在管道及系统设备内的阻力，从而在流化床内提供足够的流化气体压力。除尘系统规格根据分离效果及阻力等数据确定。冷凝系统规格根据蒸发水量的冷凝量确定。

(2)脱水污泥接收储存系统　其设计通常考虑最少正常处理1 d的湿污泥储存量。较大规模储存量虽可提供运行灵活性，但投资及运行费用会增加。减少储存量可降低投资及运行电耗，减少尾气的生物除臭规模。

(3)成品冷却系统 其主要设计参数是最终产品的温度要求及冷却介质的条件。

(4)成品输送储存系统 所有成品输送设备都需要平缓地输送成品，输送速度<1 m/s，以避免在输送过程中产生粉尘。

(5)尾气处理系统 包括1个处理干燥器排出的高浓度臭气的化学喷淋预处理单元，以及1个处理其预处理后及污泥料仓换气系统产生的臭气的生物除臭系统，以保证达标排放。

(6)热量供应系统 送入流化床干燥器的供热量由流化床系统的水蒸发量确定。热供应的控制通过调节热油流量及其温度实现。

(7)压缩空气系统 其规格主要取决于仪表的需要及卸料装置的除尘要求。

2. 主要子系统工作原理

(1)干燥器组成 流化床干燥器基本上包括自底部到顶部的3个不同的组成部分：①装配有布风板的风箱。布风板可使流化的气体一致且均匀地流经干燥器的风区，以保持干物料均匀浮动。②床体中间部分。此部分装有浸在流化层的热交换器，热交换器传输所有需要的能源，以用于蒸发来自湿污泥的水分，导热油是其理想的导热介质。③流化床干燥器抽吸罩。离开干燥器的气体中携带有蒸发的水分和一些粉尘，此处作为随流化气体从流化层带出的物料的第一分离区。

(2)流化床污泥干化 流化床内充满干颗粒物料，物料在床内浮动运动。脱水污泥被泵送入干颗粒物料形成的流化层内，即与床内已干燥的污泥颗粒相混合。因良好的热传输效果，湿污泥颗粒中的水分立即被蒸发，污泥颗粒被干燥至含固率大于70%以上。湿污泥颗粒在流化层内成形，产生1～4 mm的干污泥颗粒。流化床干化技术的分级效果使得干化成品基本无粉尘。通过干化成品与脱水污泥的后混系统，可以调整最终产品的含固量，使其含固率在70%～90%。流化床的特性可保证成品一致的温度和干燥外形。因长时间的停留和热容量，即使进料脱水污泥的数量或其湿度有波动，也可以保证物料相同的干燥效果。通过循环气流，可将细小的物料和粉尘带出流化层，因此，通过旋转气锁阀正常外排的颗粒无粉尘。

(3)粉尘处理 采用旋风分离器使脱离污泥干燥器的粉尘和污泥细粒与流化气体分离。旋风分离器底部是设置有料位控制器的粉尘仓，这样，将粉尘循环至流化床干燥器则无须连续运行。粉尘从灰仓通过螺旋送料器送至混合器与脱水污泥进行混合，并由输送机送回至流化床干燥器。

(4)干燥气体循环 用于流化作用的循环气体可将污泥细粒和蒸发的水分带离流化床干燥器。污泥细粒在旋风分离器内进行分离，蒸发的水分在洗涤冷凝器内采用逆流直接喷水方式进行冷凝。经过进一步处理的污水处理厂出水可用于冷凝器内气体的冷却，来自旋风分离器的循环气与冷却水直接接触。即干燥气体进行双清洗：旋风分离器内的干法清洗和洗涤冷凝器的湿法清洗。冷凝冷却水排至消化系统的热量回收系统，用于消化系统的污泥预加热。来自冷凝器内气体中的小水珠在除雾器内得到分离，被清洗及冷却后的流化气体通过2个风机循环至干燥器，其中1台风机变频调速，可调节循环气流量。

(5)系统供热 污泥消化处理系统产生的经脱硫处理的沼气在热油锅炉内燃烧，产生污泥干化过程所需的热量。天然气可作为双气燃烧器的备用燃料。经锅炉热油被加热至250 ℃左右，经流化床内热交换器间接传热，流出流化床内热交换器的热油的温度在160 ℃左右。通过热油泵将流经流化床干燥器内部的热交换器的导热油循环送至热油锅炉。因为供给干燥器的热量可立即停止，且保留在干燥器内的导热油量和储热量不大，不会带来显著的温度增加，所以即使在停车和停电时也无须导热油冷却系统。

(6)成品冷却 通过气锁阀排放流化床干燥器的干燥成品：温度85 ℃，干物质含固率>

90%，颗粒尺寸 1～4 mm。来自流化床干燥器的干物料通过斗提机直接输送到冷却螺旋输送机，经冷却水及惰性冷却气体的冷却，干污泥颗粒被冷却至 50 ℃以下。

(7)干颗粒成品　经冷却的干污泥颗粒经螺旋输送机分送至 2 座干污泥料仓，每座干污泥料仓的净容量为 150 m^3。含固率 90%以上的干污泥颗粒储存在由干燥器排气所产生的惰性气体环境中。干污泥料仓配套有：①数个温度传感器；②压力控制器，以保持料仓的微过压(100 Pa)，确保环境空气无法进入料仓，以使物料保持处于惰性气体环境中；③防止料仓产生高压和低压的安全阀；④一氧化碳和氧气含量检测系统。在污泥干化装置停产时，须向干污泥料仓注入氮气，以补偿干污泥料仓气体温降造成的容积缩减。从安全理念出发，物料的余热需要释放到料仓壁，因此无须考虑料仓的保温隔热。

(8)干化污泥的后混系统　因为半干污泥储存在料仓内易堵塞料仓的出口以致无法卸料，且其长时间储存可能产生自燃现象，为此，本工程干污泥料仓内仅储存含固率＞90%的干化污泥成品。干化污泥卸料后与脱水污泥相混合，以达到干化污泥成品的含固率要求。

(9)臭气处理系统　流化床干化装置是个密封系统，仅有少量臭气需从系统中排出，其他的臭气来自脱水污泥料仓和干化污泥成品料仓卸料装置。鉴于两者臭气成分及其浓度的区别，前者需经化学预处理(NaOH)及后续的生物除臭处理，后者则直接进行生物除臭处理。

8.4.2.4　工艺特点

(1)系统能耗低　包括以下 2 点。

①由于流化床系统的密闭性特点以及优化设计，系统能耗较低。

②干化热源主要采用的是前端消化系统产生的沼气，节省了大量的能源成本。

(2)系统适应性强　包括以下 4 点。

①在干化系统进泥含水率波动时，系统可自动调节进泥速率，保证出泥稳定性。

②本污泥热干化系统可实现全自动化运行，智能化程度高，所需运行人员较少。

③整个流化床干燥系统由循环管路系统和标准设备组成，维护保养和备品备件较为方便。

④污泥后混系统可在线调节卸载过程，灵活改变以符合外运污泥的含水率。

(3)系统安全性高　包括以下 6 点。

①流化床干化器具有分离作用，所产生的污泥颗粒几乎无粉尘。

②本污泥热干化系统为密封系统，且含氧量低(体积分数＜3%)，降低粉尘自燃可能性。

③物料颗粒在流化床内流动，与内部导热油管进行间接热交换，产品与热媒之间无直接接触。

④流化循环气通过洗涤器和冷凝器进行冷却，该冷却效果可以保证在工厂停机阶段的可控冷却。

⑤通过污泥中所含的气体和水蒸气，密闭的循环管路内部能够实现自我惰性化。

⑥干污泥产品含水率＜10%，使产品的能够安全储存，将其自燃风险降低到最低。

习题

1. 热干化的定义是什么？它在我国的发展前景如何？
2. 热干化的基本过程是什么？影响热干化的因素有哪些？
3. 热干化的热源主要有哪几种？它们各自的特点是什么？
4. 污泥热干化的设备有哪些？各类设备的优缺点有哪些？
5. 请按热介质与作用对象接触方式对设备进行划分。

第9章 有机固体废物堆肥化技术

9.1 基本概念

堆肥技术源自自然界微生物分解矿化有机物的过程。中文“堆肥”一词既可指代一种生物处理工艺或方法，也可指代一种土壤改良剂或有机肥料产品。为此有学者建议用“堆肥化”(composting)来描述处理工艺或方法，用“堆肥”(compost)来描述产物或产品。

堆肥化是指在人工控制条件下，利用微生物的分解矿化作用，将有机固体废物中可被生物降解的有机物向稳定的腐殖质转化的生物化学过程。

这个定义强调，堆肥过程是在人工控制条件下进行的，不是自然腐烂或腐化过程。堆肥原料是有机固体废物中可被生物降解的有机成分。堆肥化的实质是生物化学的过程，有机物分解矿化的同时还发生着腐殖质合成。堆肥化的目的是获得对环境无害且富含腐殖质的固体产物，即废物达到相对稳定。堆肥化是一种处理有机固体废物的生物技术。

堆肥化生成的固体产物为堆肥，也可将其定义为堆肥过程生成的富含腐殖质的肥料或土壤改良剂。

9.2 堆肥历史

9.2.1 古代

地球形成于46亿年前，原始生命起源于40亿年前，已有地质记录的生命现象可追溯至38亿年前。也就是说，自从生物体诞生之后的40亿年来，自然界的物质循环就在周而复始地发生着，也可以说，有机物矿化分解的堆肥化现象早就存在。堆肥科学与技术起源于人类发展受到自然资源的约束以及人类主动探索和改造自然的过程，虽然堆肥化是20世纪才发展起来的科学技术，但原始的堆肥方式很早已出现。

据推测，人类的祖先起源于5 500多万年前，但可考的人类文明距今只有7 000多年。在新石器时代，人类的生活习惯开始由狩猎与采集向种植与饲养转变，并于6 000多年前在古西亚两河流域出现了苏美尔城市定居文明。位于尼罗河下游的古埃及文明于5 300多年前逐渐形成城市社会形态，位于东亚黄河流域的华夏文明于4 500多年前步入城市定居文明阶段。垃圾治理的历史伴随着人类城市文明而产生。在位于美索不达米亚的苏美尔人城市定居点遗址中，房屋、庭院和街道到处都是“片状垃圾”，这表明垃圾治理是当时城市环境管理所必须面对的大难题。为解决这一难题，6 000 多年前的苏美尔人开始在其所居住的房子外，用石头搭建垃圾坑，将产生的垃圾投入其中，再定期用土进行覆盖掩埋。距今 3 000 多年前，中国商朝的城市管理者开始通过立法约束人们在城市内随意投放垃圾的行为，例如，《韩非子・内储说上》中的“殷之法，弃灰于道者断其手”，《汉书・五行志》中的“秦连相坐之法，弃灰于道者黥”等。

“金木水火土”五行相生相克的理论，反映了中国古人对自然界组成和物质循环已有朴素唯物论的认识。《道德经》第二十七章中的“常善救物，故无弃物”，应该是人类历史上最早关于废弃物资源化循环利用的论述。《汜胜之书》中的“伊尹作为区田，教民粪种”，殷商甲骨文中“屎”“粪”等字及卜辞，《周礼・草人》中的“土化之法”，《诗经・周颂》中的“荼蓼朽止，黍稷茂止”等，说明 3 000 多年前中国商朝就开始通过往农田里施用人畜粪便、秸秆等有机固体废物，以提高农作物产量，这比欧洲早了 1 300 多年。

《老子・第四十六章》中的“走马以粪”，《韩非子・解老》中的“积力于田畴，必且粪溉”，《荀子・富国》中的“多粪肥田，是农夫众庶之事也”等，说明中国在春秋战国时期将人畜粪作为肥料施用于农田已经非常普遍。《吕氏春秋・任地》中的“地可使肥，又可使棘”和《汜胜之书》中的“凡耕之本，在于趋时，和土，务粪泽，早锄早获”等表明，中国秦汉时期已非常重视植物残体、动物和人粪便等有机固体废物对土壤的培肥作用。

《汜胜之书・麻》中“以溷中熟粪粪之亦善”说明，2 000 多年前的中国古人已掌握在动物圈舍生产腐熟粪肥的方法。《齐民要术・杂说》中“其踏粪法：凡人家秋收治田后，场上所有穰、穀等，并须收贮一处。每日布牛脚下，三寸厚，每平旦收聚堆积之；还依前布之，经宿即堆聚。计经冬一具牛，踏成三十车粪”表明，1 600 年前中国的古人已熟练掌握利用植物残体和畜禽粪便进行混合堆沤发酵生产有机肥料的方法。

宋代陈敷《农书》中“粪屋之中，凿为深池，筑以砖甓，勿使渗漏。凡扫除之土，燃烧之灰，簸扬之糠粃，断稿落叶，积而焚之，沃以粪汁。积之即久，不觉甚多。凡欲播种，筛去瓦石，取其细者，和匀种子，疏把撮之，待其苗长，又撒以壅之，何患收成不倍厚也哉？”的记载，精确专业地描述了 1 000 多年前中国古人进行堆肥生产所用的设施和方法，以及堆肥产品的应用等，粪屋这一措施大大避免了粪肥中的养分流失。元代王祯在《农书・粪壤篇》中则记载了利用河泥和大粪进行混合堆沤制备有机肥料的方法。

13 世纪圣殿骑士团的记录文件对“堆肥化”进行了更为翔实专业的描述，不同初始堆肥原料准备时，要控制物料的颗粒大小和长度(如树枝碎屑的直径)，从而保证堆肥产物施用的适用性。根据木屑和畜禽粪便的含水量，确定二者进行堆肥的适宜比例；还明确了堆肥初始物料混匀后料堆的尺寸及其横截面的性状，以及记述了不同物料堆肥发酵需要的时间。另外，记录了通过在料堆上覆盖树枝或土壤来减少蒸发引起的水分流失的方法以及堆肥产物的应用建议。

《宝坻劝农书》中详细记载了中国明代“踏粪法、窖粪法、蒸粪法、酿粪法、煨粪法、煮粪法”6 种积造有机肥料的方法。其中蒸粪法就是堆肥化的一种方法，即先设置粪屋，经常把灰土、糠秕、秸秆、落叶等投进人畜粪便中去，随即封盖起来，是堆体发热直至腐解成为熟粪；冬天地下暖，需凿掘深池，用以沤制堆肥。酿粪法是在农舍附近顺水的空闲处“修治垣屋”，有雨时灌进腥秽之水，再把腐草、枯叶等随时装填进去，“日久靡烂”，经过这样酿造的粪肥对土壤和作物非常有益。在此基础上，清代的《知本提纲》全面总结我国古代先人积制生产有机肥料的“酿造十法论”。

古籍文献中关于堆肥化技术记载的准确性值得关注，特别是应考虑当时的人们并不了解微生物学和土壤化学。即便如此，通过这些古籍记载的关于堆肥的生产过程、产物及其对土壤和农作物的作用，我们可以发现，古人对生态学、土壤学、植物营养学和农学等学科已经有非常系统深入的理解。

9.2.2 近现代

传统的堆肥方式历经数千年演变发展，一直被亚洲四大文明古国及周边诸国所重视。直至19世纪中叶，欧美发达国家才开始关注堆肥对农业生产的作用。1848年，George Bommer关于有机固体废物堆肥方法获得美国专利授权，被称为庞默堆肥法(Bommer composting)，该法是将畜禽粪便、蔬菜残体、淤泥、泥炭等混合后，再堆沤制成有机肥；该法类似于中国明代《宝坻劝农书》中记载的“蒸粪法”。1888年12月，美国北卡罗莱那州农业试验站发表了“堆肥的原则、分析和价值”的第61号公告。从19世纪末到20世纪初，为应对人口迅速增长，欧美发达国家不断加大农业科技领域的投入，尤其是土壤化学和微生物学的快速发展，推动了现代堆肥技术体系的建立，尤其是拖拉机的发明，为堆肥操作的机械化提供了可能。

英国的Albert Howard是被公认的现代堆肥技术的奠基者。1925年，他通过对印度传统经验的总结，结合在印度印多尔植物工业研究所的有机固体废物堆肥相关的研究成果，提出了著名的印多尔法(Indore process)。最初该法采用厌氧工艺，只用于处理畜禽粪便。但不久后就开始用于蔬菜残体、动物和人粪便、稻草、树叶等有机固体废物的处理。该法的基本流程：先在堆肥原料中加入碱性物料，中和物料中的酸性物质，然后将所有堆肥物料混匀后，在平地或于深0.6～0.9 m的坑槽中堆积成约1.5 m高堆垛进行堆肥发酵，整个过程持续约6个月以上。后来印多尔法被改进成了好氧工艺，并被命名为邦加罗尔法(Bangalore process)，即在堆肥过程通过频繁地翻堆来维持堆体内部的好氧状态。

在20世纪初，人们开始关注堆肥技术在城市生活垃圾处理中的应用，并不断提升堆肥工艺的机械化程度。1922年，贝卡里(Beccari)设计的以其名字命名的密闭式堆肥系统获意大利专利授权。该系统的主体结构为一个简易的密闭巢仓，进料口设置在巢仓的顶部，正前方为出料口，中部设有通气口。原料装满巢仓后就封闭进料口，开始进行堆肥发酵，前期为厌氧阶段，后期打开通风口进行好氧发酵。该系统虽然可避免堆肥前期有机物快速降解而造成的臭气排放，但当出料口打开时会排放大量的恶臭气体，并且会产生大量的渗沥液。1931年，博达斯(Bordas)对该系统进行了改进，即在发酵仓的中部和外壁均设置通风管，以避免堆体出现厌氧，同时还采用格栅将发酵仓隔成上下两层，从而大大提高了发酵仓的空间利用率。

1932年，荷兰VAW公司建成了欧洲第一个大型城市垃圾堆肥厂，采用了由印多尔工艺改进而来的范马宁工艺(Van Maanen process)，该法是将垃圾堆成大型条垛后，定期用铲车进行翻堆操作，并定期将堆肥过程产生的渗沥液喷洒在料堆上。后来该工艺被广泛引入北美、非洲、亚洲等地区，国内目前仍有许多企业在使用。与此同时，德国施韦因富特(Schweinfurt)和瑞士比尔(Biel)建立了卡斯派里法(Caspari)，这种方法是先将粉碎后的垃圾挤压成砖块状，然后堆放处理30～40 d，期间采用自然通风和强制通风管曝气，物料腐熟后再破碎利用。

丹麦达诺公司(Dano)于1933年研发出了卧式生物发酵滚筒的堆肥装置，也称达诺滚筒堆肥系统。该装置发酵筒的直径为2.74～3.66 m，长约45.72 m，在水平方向上呈倾斜放置，堆肥原料从前端进料口进入缓慢旋转的发酵滚筒中，最后从末端出料口排出。该系统处理效率很高，发酵周期短且恶臭气排放少。之后该装置一直被改进应用，截至20世纪70年代初，全球累计建成150余座，例如意大利的罗马、英国的累斯特、美国加州的萨克拉曼多和亚利桑那州的费利克斯等地都建有采用达诺滚筒法的堆肥厂，直到现在世界各地仍在新建达诺滚筒堆肥工厂。

1935年，民国时期的邓崇岱对当时欧美发达国家关于有机固体废物堆肥的科技成果和成功经验进行了系统梳理和总结之后，出版了《堆肥新编》一书，该书详细地论述了堆肥的性质及效能，堆肥化的原料、场地、设施、方法、翻堆等生产过程及所需工具，堆肥过程有机物的转化及其原因，堆肥过程管理和堆肥成品的应用等。这是中国的第一部关于堆肥科学与技术的专著。

1939年，美国新泽西州汉普顿的Earp-Thomas建立了机械化程度很高的堆肥发酵装置——对流通风立式移动搅拌发酵仓，通常称为Earp-Thomas法。该法的问世，使快速堆肥法得以发展。发酵仓内自上而下设置多层通气孔，物料从上往下移动，其通气效果和发酵时间都有很大程度的改进。以后各国相继出现了Frazer Eweson法、Jersey法、Naturizer法、Riker法和Varro法等类似的堆肥发酵装置。1980年之后，将固定发酵槽和搅拌装置结合起来，就形成了新的搅拌式移动发酵系统，其代表工艺主要有Fairfield Hardy法、Snell法、Metro-Waste法、Tollemache法、Beard法和Eweson法等。进入21世纪后，将通风机构和搅拌机构结合在一起形成许多效率更高的堆肥发酵系统，如日本立式多层搅拌床式系统、中国的动态槽式发酵系统等。

以上这些堆肥工艺在各种固体废物尤其城市生活垃圾和污泥处理方面发挥着重要作用。在20世纪70—80年代，城市生活垃圾中成分复杂性增强，尤其是无机部分，因此对于这些机械化程度较高的工艺的推广和利用限制性较大，一度被土地填埋和焚烧所替代。进入20世纪80年代后期至90年代，土地资源日益紧张，焚烧垃圾又带来更为严重的二次污染问题，因此人们又重新注意采用堆肥方法来处理各种有机废物。

进入21世纪后，分子生物学和生态学的快速发展，以及智能化技术领域的突破，推动了人们对堆肥过程碳氮转化过程的认识，尤其随着人们环保意识增长，以及有机固体废物处理对全球变化的影响增加，各国越发重视堆肥化技术对碳减排和碳中和的重要作用。在继续推动有机固体废物堆肥化向机械化和智能化发展的同时，堆肥科学与技术正逐渐聚焦安全、减排、增效和提质等领域。

9.3 堆肥化原理

9.3.1 基本原理

自然界中很多微生物具有矿化分解有机物的能力。实践证明，利用微生物在一定温度、湿度和pH条件下，使有机物发生生物化学降解，形成一种类似腐殖质土壤的物质，用作肥料和改良土壤，在热力学上是完全可能的，这种利用微生物降解城市有机固体废物的方法称为生物处理法，一般又称堆肥化，其过程如图9-1所示。在堆肥化过程中，伴随着有机物分解和腐殖质形成的过程，堆肥的材料在体积和重量上也在发生明显的变化。通常由于碳素等挥发性成分分解转化，重量上减少1/2左右，体积减小1/2左右。

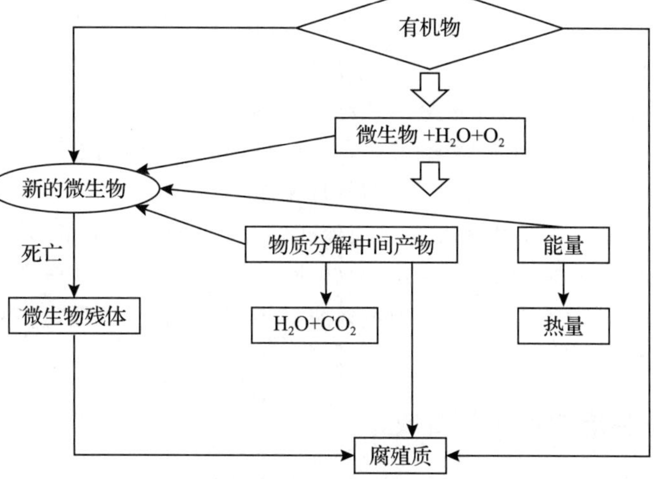

图 9-1　堆肥过程

有机废物堆肥化过程实际上就是基质的微生物发酵过程。微生物将有机物转化成二氧化碳(CO_2)、生物量、热量和腐殖质。堆肥使用的有机物原料、填充剂和调节剂绝大部分来自植物,它们的主要成分是糖类、蛋白质、脂类。微生物通过新陈代谢活动分解有机底物来维持自身的生命活动,同时达到分解复杂有机物质透过微生物的细胞壁和细胞膜而为微生物吸收利用。不溶性大分子有机物则先附着在微生物的体外,由微生物所分泌的胞外酶分解为可溶性小分子物质,再输入细胞内为微生物利用。通过微生物的生命活动,把一部分被吸收的有机物氧化成为简单的无机物,并提供生命活动所需要的能量,把另一部分有机物转化合成新的细胞物质,使微生物增殖。如图 9-2 所示,可以简单地说明这个过程。

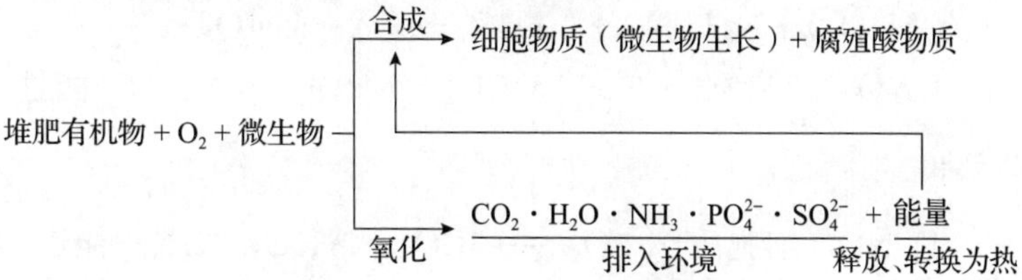

图 9-2　堆肥的好氧发酵过程

9.3.2　生物动力学原理

在堆肥过程中,堆体温度之所以会呈现先增高后降低的趋势,与微生物的活动紧密相关。同时,温度变化也会对微生物的丰度产生影响。在温度变化的 4 个阶段中,一部分菌种不适应堆料环境,数量减少甚至死亡,另一部分菌种则大量生长繁殖成为优势种群,引起堆料中微生物群落和数量的演替。

在堆肥的最初阶段,堆体内温度接近室温,嗜温菌是优势菌群,细菌为主要降解者,将堆体内的可溶性和易降解有机质迅速降解。

而随着有机质降解放热,堆肥达到高温期。在堆体内部温度达到 55 ℃后,嗜热微生物逐渐死亡或休眠，嗜热微生物取代其成为主导菌群，此时，一些较难降解的有机质，如纤维素、半纤维素等开始被降解。随着温度的不断上升，优势菌群也在发生变化。当堆体温度在 50～60 ℃时，堆体中典型的降解微生物是内生芽孢杆菌；当堆体温度上升至 60～70 ℃，堆体中最主要的降解微生物变为嗜热菌，如嗜热孢子丝菌等；而如果堆体温度超过 70 ℃时，会导致堆体内溶解氧含量不足，抑制微生物的降解效率，大部分嗜热微生物相继死亡或进入休眠状态，仅剩余少量非芽孢形成菌成为降解微生物，如氢杆菌属、栖热菌属。

嗜热微生物最终随着堆体中底物耗尽而停止活动，温度随即降低，堆肥进入腐熟阶段，木质素等难降解有机物在此阶段被逐渐降解并转化为腐殖质。在腐熟阶段，嗜热微生物替代嗜热微生物重新成为主导微生物，真菌成为主要降解者，生命活动增强，进一步分解剩余难降解的有机物，形成腐殖质。

9.3.3 有机物质的氧化与合成

堆肥过程中有机物的转化包含氧化与合成 2 种途径，二者没有绝对的空间或时间界限。下列方程式反映了堆肥中有机物的氧化和合成：

1. 有机物的氧化

(1)不含氮有机物($C_xH_yO_x$)

$$C_xH_yO_z+(x+1/2y-1/2z)O_2 \longrightarrow xCO_2+1/2yH_2O+\text{能量}$$

(2)含氮有机物($C_sH_tO_uO_v \cdot aH_2O$)

$$C_sH_tN_uO_v \cdot aH_2O+bO_2 \longrightarrow C_wH_xN_yO_z \cdot cH_2O(\text{堆肥})+dH_2O(\text{水})+ eH_2O(\text{气})+fCO_2+gNH_3+\text{能量}$$

2. 细胞物质的合成(包括有机物的氧化，并以 NH_3 为氮源)

$$n(C_xH_yO_z)+NH_3+(nx+ny/4-nz/2-5x)O_2 \longrightarrow C_5H_7NO_2(\text{细胞质})+(nx-5)CO_2+1/2(ny-4)H_2O+\text{能量}$$

3. 细胞质的氧化

$$C_5H_7NO_2(\text{细胞质})+5O_2 \longrightarrow 5CO_2+2H_2O+NH_3+\text{能量}$$

以纤维素为例，好氧堆肥中纤维素的分解反应如下：

$$(C_6H_{12}O_6)_n \xrightarrow{\text{纤维素酶}} n(C_6H_{12}O_6)(\text{葡萄糖})$$

$$n(C_6H_{12}O_6)+6nO_2 \xrightarrow{\text{微生物皮肤}} 6n(CO_2)+6n(H_2O)+\text{能量}$$

$$\text{或}(C_6H_{12}O_6)_n+6nO_2 \longrightarrow 6n(CO_2)+6n(H_2O)+\text{能量}$$

厌氧堆肥是在无氧条件下，借厌氧微生物(主要是厌氧菌)的作用来进行的，图 9-3 所示简单说明了有机物的厌氧分解过程。

从图 9-3 中可以看出，当有机物厌氧分解时，主要经历了 2 个阶段：酸性发酵阶段和碱性发酵阶段。分解初期，微生物活动中的分解产物是有机酸、醇、CO_2、氨(NH_3)、硫化氢(H_2S)、磷化氢(PH_3)等，在这一阶段称为酸性发酵阶段，有机酸大量积累，pH 逐渐上升，另一群统称为甲烷细菌的微生物开始分解有机酸和醇，产物主要是甲烷(CH_4)和 CO_2。随着甲烷细菌的

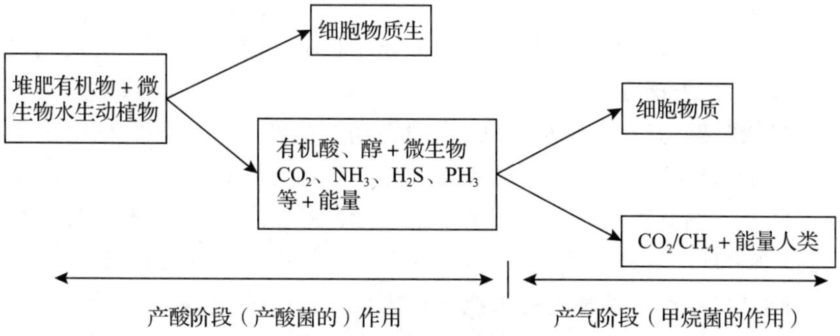

图 9-3　有机物的厌氧堆肥分解

繁殖，有机酸迅速分解，pH 迅速上升，这一阶段的分解叫碱性发酵阶段。以纤维素为例，堆肥的厌氧分解反应为：

$$(C_6H_{12}O_6)_n \xrightarrow{\text{微生物}} n(C_6H_{12}O_6)$$

$$n(C_6H_{12}O_6) \xrightarrow{\text{微生物}} 2n(C_2H_5OH) + 2n(CO_2) + \text{能量}$$

$$2n(C_2H_5OH) + n(CO_2) \xrightarrow{\text{微生物}} 2n(CH_3-COOH) + n(CH_4)$$

$$2n(CH_3COOH) \xrightarrow{\text{微生物}} 2n(CH_4) + 2n(CO_2)$$

$$\text{总反应：}(C_6H_{12}O_6)_n \xrightarrow{\text{微生物}} 3n(CO_2) + 3n(CH_4) + \text{能量}$$

9.3.4　堆肥过程的 4 个阶段

固体废物好氧堆肥过程一般有 4 个阶段：升温阶段、高温阶段、降温阶段、腐熟阶段。

(1)升温阶段　是指堆肥化初期，可降解有机物在有氧条件下矿化分解为小分子有机物质(如简单糖类、淀粉、蛋白质等)，释放大量的热量，不断提高堆体温度，从 20 ℃左右上升至 40 ℃，又称为发热阶段，或中温阶段。

(2)高温阶段　堆肥中复杂的有机物质(如纤维素、半纤维素、果胶物质等)强烈分解，热量蓄积，堆体温度持续上升至 60～70 ℃，有些甚至可高达 80 ℃。堆肥不当的堆肥，只有很短的高温期，或者根本达不到高温。

(3)降温阶段　当高温阶段持续一定时间后，纤维素、半纤维素、果胶物质大部分已被分解，剩下很难分解的复杂成分(如木质素)和新形成的腐殖质，微生物的活动减弱，温度再次下降至 40 ℃。

(4)腐熟阶段　堆肥体积显著缩小，温度略高于环境温度，此时可以适当压紧堆肥，减弱有机质矿化作用，有利于保肥。

9.4　堆肥化工艺

9.4.1　工艺类型

堆肥化工艺发展至今，已经形成很多类型。可以按照堆肥工艺的特点进行分类。

1. 按微生物对氧的需求分类

(1)好氧堆肥　依靠专性和兼性好氧细菌的作用使有机物得以降解的生化过程。一般一次发酵在4～12 d,二次发酵在10～30 d便可完成。好氧堆肥的环境条件好,不会产生难闻的臭气,具有对有机物分解速度快、降解彻底、堆肥周期短的特点。但好氧堆肥必须维持一定的氧浓度,因此运转费用较高。目前采用的堆肥工艺一般均为好氧堆肥。

(2)厌氧堆肥　依赖专性和兼性厌氧细菌的作用降解有机物的过程。厌氧堆肥的特点是工艺简单。通过堆肥自然发酵分解有机物,不必由外界提供能量,因而运转费用低。若对于所产生的甲烷处理得当,还有加以利用的可能。但厌氧堆肥具有周期长(一般3～6个月)、易产生恶臭且占地面积大等缺点,所以不适合大面积推广应用。

2. 按要求的温度范围分类

(1)中温堆肥　一般系指中温好氧堆肥,所需温度为15～45 ℃。其温度不高,不能有效地杀灭病原菌,因此,目前中温堆肥较少采用。

(2)高温堆肥　好氧堆肥所产生的高温一般在50～65 ℃,极限可达80～90 ℃,能有效地杀灭病菌,且温度越高,臭气产生就会减少,因此高温堆肥已为各国公认,采用较多。高温堆肥最适宜温度为55～60 ℃。

3. 按堆肥过程中物料运动形式分类

(1)静态堆肥　把收集的新鲜有机废物一批批地堆积。一旦堆积后,不再添加新的有机废物,也不再翻堆,待其在微生物生化反应完成之后,成为腐殖土后运出。静态堆肥适用于中小城市厨余垃圾、下水污泥的处理。

(2)动态堆肥　采用连续或间歇进、出料的动态机械堆肥装置,具有堆肥周期短(3～7 d)、物料混合均匀、供氧均匀充足、机械化程度高、便于大规模机械化连续操作运行等特点。因此,动态堆肥适用于大中城市固体有机废物的处理。但是,动态堆肥要求高度机械化,并需要复杂的设计、施工技术和高度熟练的操作人员。另外,动态堆肥的一次性投资和运转成本较高。因此,动态堆肥工艺在国内外的应用越来越广泛。

4. 按堆肥堆制方式分类

(1)露天式堆肥　即露天堆积,物料在开放的场地上堆成条垛或条堆进行发酵。通过自然通风、翻堆或强制通风方式,以供给有机物降解所需的氧气。这种堆肥所需设备简单,投资成本较低。其缺点是发酵周期长,占地面积大,受气候的影响大,有恶臭,易招致蚊蝇、老鼠的滋生。这种堆肥仅适宜在农村或偏远的郊区应用,而城市是不合适的。

(2)装置式堆肥　也称为封闭式堆肥或密闭型堆肥,是指将堆肥物密闭在堆肥发酵设备中,如发酵塔、发酵筒、发酵仓、覆膜等,通过风机强制通风,提供氧源,或不通风厌氧堆肥。装置式堆肥的机械化程度高,腐熟时间短,占地面积小,环境条件好,堆肥质量可控可调,因此,适用于规模化工业生产。

5. 按发酵历程分类

(1)一次发酵　好氧堆肥升温与高温2个阶段的微生物代谢过程称为一次发酵或主发酵。它是指从发酵初期开始,经中、高温然后到达温度开始下降的整个过程,一般需10～12 d,以高温阶段持续时间较长。

(2)二次发酵　经过一次发酵后,堆肥物料中的大部分易降解的有机物质已经被微生物降解,但还有一部分易降解和大量难降解的有机物存在,需将其送到后发酵仓进行二次发酵(也称后发酵），使其腐熟。在此阶段温度持续下降，当温度稳定在40 ℃左右时即达到腐熟，一般需20～30 d。

此外，根据堆肥过程中所采用的机械设备的复杂程度，有简易堆肥和机械堆肥之分。

以上为堆肥工艺的基本类型，仅按其中某一种分类方式难以全面地描述实际采用的堆肥工艺，因此，常采用多种分类方式同时并用的形式描述堆肥工艺，如高温好氧静态堆肥、高温好氧连续式动态堆肥、高温好氧间歇式动态堆肥等。国外有一种较为直观简便的分类方法，也被国内研究人员所接受，即按照堆肥技术的复杂程度，将堆肥系统分为条垛式堆肥系统、通风静态垛系统、反应器系统（或发酵仓系统）等。实际上，条垛式和通风静态垛式堆肥属于露天式好氧堆肥，反应器式堆肥即为装置式堆肥，有的属于连续式或间歇式好氧动态堆肥，有的属于静态堆肥。

9.4.2　工艺过程

1. 预处理

在以家畜粪尿、污泥等为堆肥原料时，前处理的主要任务是调整水分和C/N，或者添加菌种和酶。但以城市生活垃圾为堆肥原料时，垃圾中含有大块的原料和非可堆肥物质，因此有破碎和分选前处理工艺，通过破碎和分选，去除非可堆肥物质，调整垃圾的粒径。必须去除非可堆肥物质的理由：①若不去除，会使发酵仓容积增大；②传送装置或翻堆搅拌装置可能会被纤维、绳子缠卷或被竹、金属等绞入而影响操作；③非可堆肥物质妨碍发酵过程；④非可堆肥物质虽然也可在后处理工序去除，但干电池等物质里所含重金属一旦混入堆肥原料，就难以在后处理时选出，而混到成品堆肥中。

调整粒径的理由如下：通过破碎可使原料水分一定程度地均匀化，同时使原料比表面积增大，增加微生物代谢效率，提高发酵速度。从理论上讲，粒径越小，越容易分解，但是，考虑到增大物料比表面积的同时，还必须注意保证堆体有一定的孔隙率，便于通风，使好氧微生物能够获得充足氧气。一般适宜的粒径范围是2～60 mm，最佳粒径随原料物理特性的变化而变化，如果堆肥物质结构坚固，不易挤压，则粒径应小些，否则，粒径应大些。此外，决定原料粒径大小时，还应从经济方面考虑，因为破碎得越细小，动力消耗就越大，处理费用就会增加。

2. 一次发酵

一次发酵是指有机物中纤维素、木质素、脂肪、蛋白质等有机大分子在好氧微生物及其胞外酶的作用下被降解、矿化，释放能量的过程。一次发酵又称为主发酵。主发酵可在露天或发酵装置内进行，通过翻堆或强制通风向堆积层或发酵装置内供给氧气。在露天堆肥或发酵装置内堆肥时，由于原料或辅料中存在微生物而开始发酵。首先是易降解物质矿化，产生二氧化碳和水，同时释放热量，使堆体温度上升，微生物通过吸收有机物中的营养成分开始快速繁殖生长。在微生物自身繁殖的同时，还将细胞中吸收的物质分解，从而释放热量。

发酵初期物质的分解发酵作用是靠中温菌（30～40 ℃是为最适宜生长温度）进行的，随着堆温上升，最适宜温度为45～65 ℃的高温菌取代中温菌。在高温条件下，常见的病原菌均可被热灭活或杀死（表9-1）。一般将温度升高到开始降低为止的阶段称为主发酵阶段，以厨余垃圾为主体的城市垃圾及畜禽粪便好氧堆肥，主发酵期为3～10 d。

表 9-1　几种常见病菌与寄生虫的死亡温度

名称	死亡情况	名称	死亡情况
沙门氏伤寒菌	46 ℃以上不生长；55～60 ℃，30 min 内死亡	血吸虫卵	53 ℃，1 d 死亡
沙门氏菌属	56 ℃，1 h 内死亡；60 ℃，15～20 min 死亡	蝇蛆	51～56 ℃，1 d 死亡
志贺氏杆菌	55 ℃，1 h 内死亡	霍乱弧菌	65 ℃，30 d 死亡
大肠杆菌	绝大部分，55 ℃，1 h 死亡；60 ℃，15～20 min 死亡	炭疽杆菌	50～55 ℃，60 d 死亡
阿米巴涂	68 ℃，死亡	布氏杆菌	55 ℃，60 d 死亡
美洲钩虫	45 ℃，50 min 内死亡	猪丹毒杆菌	50 ℃，15 d 死亡
流产布鲁氏菌	61 ℃，3 min 内死亡	猪瘟病毒	50～60 ℃，30 d 死亡
酿脓链球菌	54 ℃，10 min 内死亡	口蹄疫病毒	60 ℃，30 d 死亡
化脓性细菌	50 ℃，10 min 内死亡	小麦黑穗病菌	54 ℃，10 d 死亡
结核分枝杆菌	66 ℃，15～20 min 内死亡，有时 67 ℃死亡	稻热病菌	51～52 ℃，10 d 死亡
牛结核杆菌	55 ℃，45 min 内死亡	麦蛾卵	60 ℃，5 d 死亡
蛔虫卵	50～56 ℃，5～10 d 死亡	二化螟卵	55 ℃，3 d 死亡
钩虫卵	50 ℃，3 d 死亡	小豆象虫	60 ℃，4 d 死亡
鞭虫卵	45 ℃，60 d 死亡	蛲虫卵	50 ℃，1 d 死亡
甲型流感病毒	56 ℃，30 min 死亡	稻瘟菌	54 ℃，10 min 内死亡
锈菌属真菌	60 ℃，1 d 死亡	镰刀菌属真菌	60 ℃，30 min 内死亡

3. 二次发酵

二次发酵主要是不同腐殖酸前体经过生物物理化学的作用不断聚合形成腐殖质的过程。经过一次发酵的半成品被送到后发酵工序，将一次发酵工序尚未分解的易分解有机物和较难分解的有机物进行分解，使之变成腐殖酸、氨基酸等比较稳定的有机物，得到完全腐熟的堆肥产品。一般把物料堆积到高 1～2 m，进行后发酵，并要有防止雨水流入的装置。有的场合还需要翻堆和通风，通常不进行通风，而是每周进行一次翻堆。

发酵时间的长短，决定于堆肥的使用情况。例如，堆肥用于温床（能够利用堆肥的分解热）时，可在一次发酵后直接使用，对几个月不种作物的土地，大部分可以不进行发酵而直接施用堆肥；对一直在种作物的土地，则需要使其发酵到不能发生夺取土壤氮的程度，后发酵时间通常在 20～30 d 及以上。

4. 产品处理及贮存

经过两次发酵后的物料中，几乎所有的有机物都变细碎和变形，数量减少。然而，城市生活垃圾堆肥时，预分选工序没有去除的塑料、玻璃、陶瓷、金属、小石块等杂物依然存在。因此，还需要经过一道分选工序，去除杂物，并根据需要进行再破碎（如生产精制堆肥）。

堆肥一般在春秋两季使用,在夏冬就必须积存,所以要建立储存 6 个月生产量的设施。储存方式可直接堆存在发酵池中或袋装,要求干燥、透气,闭气和受潮会影响堆肥产品的质量。

5. 恶臭控制

部分堆肥工艺和堆肥物料在堆制过程和结束后,会产生臭味,必须进行脱臭处理。目前常用的臭气处理方法包括物理法、生物法、化学法或这几种方法的组合。在露天堆肥时,可在堆体表面覆盖腐熟堆肥,以防止臭气逸散。应用较多的除臭装置是堆肥过滤器,当臭气通过该装置,恶臭成分被堆肥(熟化后的)吸附,进而被其中好氧微生物分解而脱臭,也可用特种土壤代替堆肥使用,这种过滤器叫土壤脱臭过滤器。生物除臭法是 20 世纪后期发展起来的恶臭处理方法,随着研究的深入和逐步应用,在日本、荷兰、德国等发达国家取得了良好的应用效果。化学除臭法工艺成熟,除臭效率高而且安全可靠,可以将恶臭物质彻底氧化分解,但是所用设备繁多且工艺复杂,能耗大,成本高,持续时间短。

虽然除臭方法较多,但均有一定的局限性,同时针对恶臭成分的复杂性,应加强在提高单一方法除臭效率的同时,利用多种恶臭原位除臭方法的组合使用,以达到更好的除臭效果。一般来说,除臭措施应作为最后的手段。它们往往昂贵,且仅仅部分有效。选择适当的原料,适当管理,是最好的办法。

9.5　堆肥过程的影响因素

9.5.1　原料特性

1. 粒度

在进行有机固体废物堆肥处理之前,必须进行必要的破碎处理,使各种堆肥原料成为大小适宜的颗粒,有利于提高微生物分解活动的效率。堆肥化所需氧气是通过堆肥原料颗粒孔隙供给的,微生物通常在有机颗粒的表面活动,堆肥物料颗粒度影响空气与有机物的接触面积,进而影响好氧微生物对物料的分解。降低颗粒物尺寸,增加比表面积,将促进微生物的活动并加快堆肥速度。但如果原料太细,又会阻碍堆层空气的流动,如纸张、动植物、纤维织物等,遇水受压时密度会提高,颗粒孔隙大大缩小,将减少堆层中可利用的氧气量,反而会减缓微生物活动速度。因此,为了加快发酵过程,农业固体废物堆肥前需进行筛分或破碎处理至合适的粒度,通常最佳粒径在 12～60 mm,随废弃物物理特性的变化而变化,为促进发酵升温,在保证空气通透的前提下,尽量减小堆肥原料的尺寸。

2. 含水率

初始物料水分比例的调节对促进堆肥进程和提高产品质量有不可忽视的重要作用,物料含水率对发酵进程有很大影响,水的主要作用在于:①溶解有机物,参与微生物的生长代谢;②调节堆体温度,当堆体温度过高时,水分蒸发速度加快,带走一部分热量。堆肥物料初始最佳含水率为 60%～70%,最有利于微生物分解。若含水率过高,超过 70%,水会降低堆肥物质粒子之间孔隙度,阻碍空气流通,温度难以上升,从而造成厌氧状态,不利于好氧微生物生长,分解速度明显降低,产生 H_2S 等恶臭气体。若含水率低于 40%,则无法满足微生物生长需要,有机物难以分解。不同有机固体废物的含水率差别很大,在实际堆肥中,应注意对物料的调配,以达到初始含水率标准。若含水率过高,可以添加一定比例的松散、吸水物质,如稻草、谷壳、秸秆、干树叶等，也可添加腐熟的堆肥产品，以辅助吸收水分，改善堆体结构。若含水率低于最佳范围，可添加厨余垃圾、污泥、畜禽粪便等湿物料来提高含水量。

3. 碳氮比

堆肥初始物料的碳氮比是影响堆肥腐熟度和堆肥产品肥力的最主要因素。碳源是微生物生长的能源供给，氮是微生物的生长所需要吸收的营养。通常适宜的初始堆料碳氮比为(20～35)∶1。碳氮比高，堆体内碳含量过高，氮素养料相对缺乏，导致微生物不停地氧化多余的碳来降低碳含量，以使碳氮达到一个适合微生物新陈代谢的状态，这个过程有机物的分解速度下降，发酵过程延长。同时，初始碳氮比例高，容易导致成品堆肥的碳氮比也过高，这样堆肥施入土壤后，将夺取土壤中的氮素，土壤陷入"氮饥饿"状态，会影响作物生长。若碳氮比偏低，可供消耗的碳素少，氮素相对过剩，将变成氨态氮而挥发，不仅产生大量的臭气对堆体周边环境造成的恶劣影响，还会导致氮元素大量损失而降低肥效。

因此，为保证堆肥过程中有理想的分解速度和成品堆肥中一定的碳氮比[一般为(10～20)∶1]，有机固体废物堆肥化过程较少使用单一的物料，而使用禽畜粪便和秸秆等进行不同物料混合调制，再进行进一步堆制。堆肥原料中各种废物的碳氮比有很大差别，表 9-2 中是常用的堆肥原料数据。

表 9-2　各种物料的碳氮比值

物料	C/N	物料	C/N
人粪	6～10	厨余垃圾	25
鸡粪	5～10	嫩草	12
猪粪	7～15	杂草	19
牛粪	8～26	混合垃圾	34
马粪	2.3	麦秸	128
活性污泥	5～8	木屑	170

当已知堆肥原料含氮量、含碳量以及含水率时，可通过计算确定物料的混合比例。

例 9-1

为了使好氧堆肥的物料的碳氮比达到最佳值 25，现将碳氮比为 128 的麦秸和碳氮比为 10 的鸡粪进行混合，已知麦秸和鸡粪的含水率分别为 10%和 50%，麦秸和鸡粪的含氮量分别为 0.3%和 3%(干基)，试确定麦秸和鸡粪的混合比例。

解：

(1)1 kg 麦秸：

$$水=1\times10\%=0.10(\mathrm{kg})$$

$$干物质=1-0.10=0.90(\mathrm{kg})$$

$$N=0.90\times0.3\%=0.0027(\mathrm{kg})$$

$$C=0.0027\times128=0.3456(\mathrm{kg})$$

(2)1 kg 鸡粪：

$$水=1\times 50\%=0.50(kg)$$
$$干物质=1-0.50=0.50(kg)$$
$$N=0.50\times 3\%=0.015(kg)$$
$$C=0.015\times 10=0.15(kg)$$
$$\frac{C}{N}=\frac{1\ kg\ 麦秸中的\ C+x\ kg\ 鸡粪中的\ C}{1\ kg\ 麦秸中的\ N+x\ kg\ 鸡粪中的\ N}$$
$$25=\frac{0.3456+0.15x}{0.0027+0.015x}$$

解得：$x=1.236$(kg/kg 麦秸)

4. pH

pH 对微生物的生长有很大影响，pH 在合理的范围内可使微生物有效地发挥其应有的作用，极大地加快堆肥腐熟速率，若过高或过低均会降低甚至抑制微生物的活性，引发堆肥降解变慢、产生臭气及氮素损失等问题。一般认为，pH 在 6.5～8.5 时，堆肥化效率最高。当堆肥的 pH 过低时，在堆肥中起物料降解作用的主要微生物（*Bacillales*、*Actinobacteria*）的活性会受到严重抑制，甚至有机物降解出现停滞。同时，较低的 pH 促进了堆体中的耐酸菌（*Lactobacteria*、*Clostridia*）的生长代谢，从而产生的各类有机酸，发出恶臭气味，污染周边大气环境。当堆肥的 pH 过高，堆肥中有机物降解产生的氨气挥发量迅速上升，造成氮素大量损失，特别是含氮量较高的畜禽粪便类废弃物堆肥时，氮素损失更为严重，主要以 NH_3、N_2、NO_x 等形式散发到大气中，其中，以 NH_3 的形式损失的氮量最多，大量氨氮的挥发同样会给周边环境带来臭味且导致堆肥品质下降。

9.5.2 堆体环境

1. 温度

在堆肥发酵腐熟过程中，温度会直接影响微生物的生物活性和菌群结构，是影响微生物活动和堆肥工艺过程的重要因素。堆肥作为一种生物系统，反应进行的温度是有限定范围的，温度过高或过低都会减缓反应速度，过低的堆温将大大延长堆肥达到腐熟的时间，而过高的堆温（>70 ℃）将对大多数堆肥微生物产生抑制作用。

堆肥中微生物分解有机物而释放出热量，这些热量使堆肥温度上升。堆肥初期，堆体基本呈中温状态，嗜温菌较为活跃，大量繁殖。它们在利用有机物的过程中，有一部分转化成热量，堆体温度不断上升，1～2 d 后可以达到 50～60 ℃。在这个温度下，嗜温菌生长受到抑制，大量死亡，而嗜热菌的繁殖进入激发状态（表 9-3）。嗜热菌的大量繁殖和温度的明显提高，使堆肥发酵直接由中温进入高温，并在高温范围内稳定一段时间，较高的温度能够使堆肥中绝大多数寄生虫和病原菌被杀死，保证堆肥安全性。

表 9-3　堆肥温度与微生物生长的关系

温度/℃	温度对微生物生长的影响	
	嗜温菌	嗜热菌
38(常温)	激发态	不适用
38～45	抑制状态	可开始生长
45～55	毁灭期	激发态
55～60	不适用(菌群萎退)	抑制状态(轻微)
60～70	—	抑制状态(明显)
>70	—	毁灭期

2. 通风

通风是影响好氧堆肥过程中温度变化、微生物活性、气体排放、水分去除和产品质量的重要参数，通风量主要决定于堆肥原料中有机物含量、挥发度、可降解系数等，是整个好氧堆肥过程中最为重要的一个环节。

通风的作用主要包括：①增加堆体内部氧气含量，以促进微生物繁殖及生长代谢所用，如果堆体内氧气含量不足，将会造成微生物厌氧的情况发生，降低微生物降解速度，也会产生大量臭气，对堆肥质量以及环境造成恶劣的影响；②调节温度，堆肥内微生物降解活动将会产生高温反应，温度过高容易导致嗜热细菌的活性下降甚至失去活性，降低堆肥效率，因此，需要通过供氧量的控制调节温度；③促进水分的散失，在维持适宜温度的条件下，加大通风量可以去除水分，干燥堆料。基于以上几点可见通风直接影响好氧堆肥微生物的生长活动，对堆体物料有机质降解以及温度变化具有直接影响。过小的通风量不足以提供给微生物充足的氧气，影响堆肥温度的升高；过大的通风量则有可能使堆体的热量大量散失，影响堆肥的无害化程度。

在通风供氧过程控制中，必须注意供氧的浓度。在堆肥开始的初始阶段，有机物料中易降解的物质会被微生物快速分解代谢，氧气消耗量最大，因此，在初始阶段需要提供足够的氧气来维持堆肥进程，并实现热量蓄积。之后的阶段对氧气的需求量就会缓慢下降。一般来讲，堆体内需维持的最低氧浓度是 5%，若没有足够的氧气，就会造成堆体内局部甚至完全的厌氧发酵，厌氧发酵过程是缓慢和低效的，无法产生足够的热量使物料中的水分大量挥发，进而会加剧堆体内的厌氧情况。同时，厌氧发酵过程中产生如甲烷、有机酸、硫化氢等物质，这些化合物会产生臭气并会引起安全问题。适宜的通风量一般取 0.6～1.8 m^3/(d·挥发性固体物)，或将氧气浓度控制在 10%～18%。

从技术上来讲，通风供氧共分为 3 种方式：①翻堆供氧，利用各种专用翻堆机或者人为对堆体进行翻堆作业，改善堆体的通风效果，增加堆体内部含氧量；②自然通风供氧，也称表面扩散供氧，将堆体表面散开通过自然吹风达到供氧效果；③机械供氧，通过使用专用机械设备达到供氧效果，如采用风机强制通风供氧，采用风机供氧时，必须有一定风压，否则气流不能有效穿透堆体，通常强制通风可取的经验数据为 0.05～0.2 m^3/(min·m^3 堆料)。

9.5.3　堆体管理

1. 翻堆

翻堆是堆肥过程中的重要管理措施，作用包括重塑堆体结构、破碎与均匀物料等。通过翻倒、搅拌等方式使堆料、水分、温度和氧气等达到均一化，还可以起到供给空气、混合物料、散发水蒸气的作用。翻堆频率能够影响堆肥过程中堆料的温度、含氧量等因素，从而改变堆料中活性微生物数量、种类和生物酶活性，进而影响堆料的矿化和腐殖化进程。一般情况下，翻堆频率高，堆肥原料可进一步均一化、细粒化，堆体内氧气含量高，加快堆肥原料和微生物的表面更新作用，促进好氧发酵。但若翻堆频率过高，发酵中已升温的原料的散热量也增加，反而使发酵温度降低。因此，要根据堆肥原料中有机物的含量和翻堆设备，设定最适合的翻堆频率，通过翻堆来改善堆肥效果，促进发酵。

在实际工程中，建议在高温发酵期每日翻堆一次，在二次发酵期可根据实际工艺需要调整翻堆频率，以降低堆体温度和含水量。

2. 补水

在堆肥发酵过程中，应定期检测堆肥混合物料的含水量变化，含水量过高或过低均会对堆肥进程产生很大影响。控制堆肥混合物料的含水量，通常遵循"一湿、二调、三不动"的原则。"一湿"是指在原料预处理、堆料和第一次翻堆时，混合物料的水分要尽量充足，尤其是原料未经预处理的，上层料要比下层料多浇水；"二调"是指从第二次翻堆开始，注意调节堆肥混合物料的水分，干的地方补水，湿的地方不加水，防止水分过多或过少；"三不动"是指在进入发酵后期，最后一次翻堆时不要再补水，否则影响后发酵温度及堆肥发酵效果。

9.6　堆肥化设备

9.6.1　预处理设备

1. 粉碎机

粉碎机粉碎时，将物料放入进料口，物料进入粉碎室，电动机带动带轮使主轴转动，主轴上的锤架板带动销轴上的锤片旋转，在高速旋转转子上的锤片击打下，物料粉碎，粉碎后的物料在高速旋转转子的甩动、室内气流的输送以及自身重力的综合作用下，使粉碎合格的物料通过筛网从出料口排出。未粉碎物料再次在粉碎室内进行碰撞、搓擦，直至粉碎物料合格后出筛。其中，进入到粉碎室的物料量可通过进料口中的挡板进行控制调节。秸秆粉碎机如图9-4所示。

2. 锤磨机

物料进入锤磨机(图9-5)后，通过安装在一个旋转的轴上能自由活动的金属锤刷的作用减小体积。金属锤会分裂物料直到它们可以通过卸料口。

磨床是锤磨机的一种，使用旋转缸吸收系统粉碎木材和树枝，旋转缸带物料通过含有锤子的固定底面。

缸式粉碎机可以有很多种不同的模型，且具有各自不同的功能。大型、重型磨床适用于粉碎大量的干燥木材和树枝。便携式的磨床应用柴油或汽油发动机。固定式磨床使用柴油或电动引擎。浴缸磨床每小时可以处理10～50 t物料，这取决于物料处理的方式、过筛的大小和含

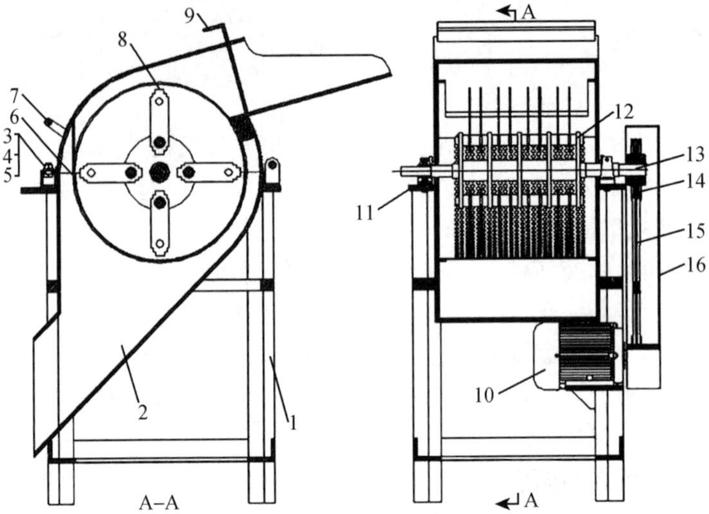

图 9-4　秸秆粉碎机(Won J,2012)

1. 机架;2. 出料口;3. 螺栓;4. 螺母;5. 平垫圈;6. 筛筒;7. 机盖;8. 锤片;9. 挡板;10. 电动机;11. 调心轴承;12. 转子;13. 主轴;14. 带轮;15. 皮带;16. 带轮罩

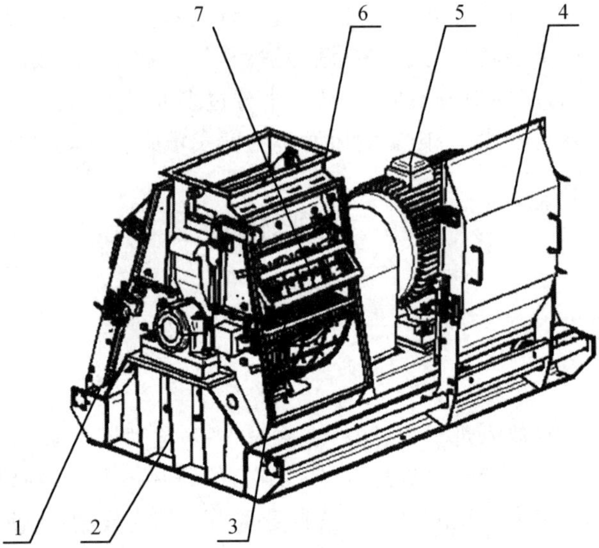

图 9-5　锤磨机

1. 进料导向机构;2. 机座;3. 压筛机构;4. 操作门;5. 电机;6. 上机壳;7. 转子

水量等因素。

3. 切片机或其他设备

其他原料处理设备,或者切片设备都是通过不同旋转、固定刀片加上限制大小的过筛出口相结合的方式来减小物料体积。切片机用来切物料的刀是固定在旋转气缸或刀盘上的,而旋转气缸和刀盘是固定在一个固定的外壳里。

牧草收割机可以粉碎纸张和纸板。收割机的粉碎功能可以粉碎纸张,但瓦楞纸板会堵塞粉碎机,对机器有很大磨损。

9.6.2　混料设备

混料机(图 9-6)是到目前为止被证实最好的混合机器。有助于物料混合均匀。应用混料机,物料放在顶部,混合物可以直接通过侧卸升运器从料堆中卸载下来。混合操作需要进行几分钟。

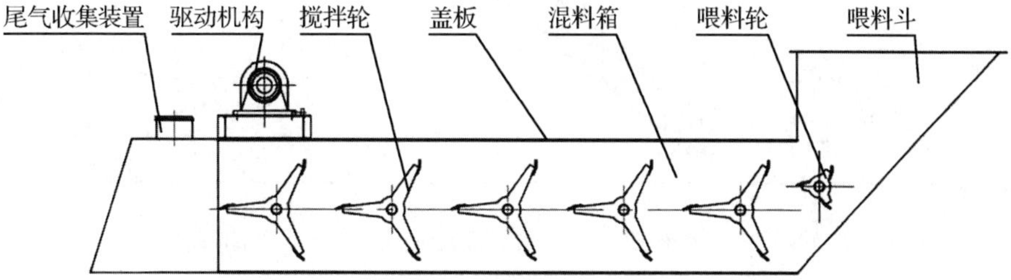

图 9-6　混料机

9.6.3　翻堆设备

对于小型或中等规模的条垛式堆肥生产的翻堆操作,可采用装载机或铲车来完成。通常来讲,这类器械的料斗只是简单地将物料从料堆中举起然后重新自然抛下,从而实现物料混合并使物料重新形成蓬松的堆体。料斗也可将堆垛底部的物料翻到堆体表面,将旧堆体变成新堆体。但应避免翻堆设备碾压料堆造成物料孔隙度下降的错误操作。用装载机进行翻堆形成的堆体结构通常较紧密,要结合物料下沉高度或体积进行适当的调整。

使用装载机或铲车进行翻堆操作所耗费的时间与铲料斗的体积大小有关。通常,用铲车可在 1 min 左右完成物料拾取、提升和抛落操作。一般来讲,利用装载机或铲车进行翻堆的速率为 15～54 m^3/h。若原料需进行额外的混合搅拌操作,可与掺混搅拌设备联合使用。若能联合使用粉碎机和搅拌机能确保堆肥原料均匀,在这种操作条件下,可使发酵物料均匀进入翻堆机,当翻堆机填满物料后,撒布机使物料重新堆置成毗邻原堆体的新堆体。尽管这种方式与只有转斗式翻堆相比可以提供更充分的翻转,但是需要更高的投资成本和更多的时间。

目前国内外有很多专门的机械设备用于堆肥翻堆作业。这些装备可以节省大量的时间和劳动力,使堆肥原料充分混合,生产出均匀的堆肥产品。链板式翻堆机构类似 1 台移动的链板输送机也称链板式翻堆机(图 9-7),有独特的多齿链板。在翻堆过程中,翻堆机沿隔墙轨道前行作业,多齿链板将底层物料掏空送走,上层物料不停跌落到倾斜的链板输送头上,物料会在输送过程中被打散、混合,翻过输送头向后散落,产生定量位移,使物料在槽内有规律、等距离后移,从而形成了一种定时翻堆、定距移位的标准好氧发酵机制。翻堆机翻堆一次,物料向后移动 3～4 m(根据链板输送头的长度),即翻堆的同时,往出料端移动物料,并空出进料端的一段距离进料。每天翻堆一次,物料往后移动一次,发酵过程完成后(20～30 d),物料即可以从入料端移动到出料端。链板翻堆机具有的移位功能,能使物料在翻堆工作的同时实现有序流动,减少运输车辆的使用,减少转运、布料车辆的工作区域。

堆肥翻堆作业可直接利用拖拉机或装载机推动或牵引车载式翻堆机,翻堆机挂着拖拉机的一侧,拖拉机行驶在过道行驶内,驱动翻堆机翻动条垛。有些翻堆设备是由旋转滚筒轴上一系列的搅拌桨叶实现对物料搅拌翻动;有些翻堆设备是由齿轮倾斜输送装置将物料提升起来

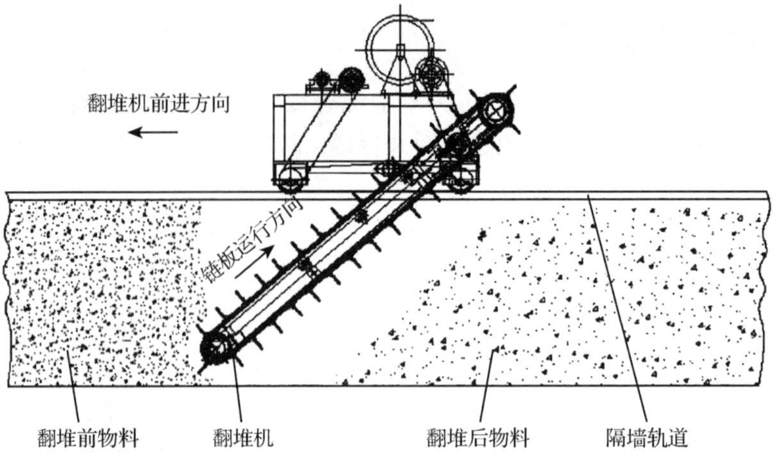

图 9-7　链板式翻堆机

后实现翻堆操作。目前国内外大多数此类翻动设备只能实现单通道翻堆操作，对于露天条垛式堆肥的单个条垛来讲，非常有必要设置双翻堆通道。当然也有少部分的条垛翻堆设备设置翻堆单行道即可。因此，对于拖挂式翻堆设备来说，要根据牵引拖拉机的操作要求设置合适的条垛间距。

牵引悬挂式翻堆机的价格相对来讲非常便宜，主要是因为其翻堆和行走机构的动力完全依赖于牵引拖拉机，自身没有发动机和动力装置。现在应用比较普遍的是完全自驱动翻堆机。其中还有一些翻堆机采用螺旋型或桨板进行翻堆，实现物料或堆垛搅拌。另外，还有一类自驱式翻堆机采用横跨于条垛之上的结构，利用旋转滚筒轴上的锤子和连枷实现物料的翻堆。

利用闲置的农机与装备完成翻堆操作，不花额外的费用购买专门的翻堆设备是可能的。例如，闲置的土豆挖掘机就可改造成为堆肥翻堆设备；其他可能会改造为堆肥翻堆设备的农机包括筛分机、螺旋传送带、皮带机以及具有提升翻抛功能的收获机械。

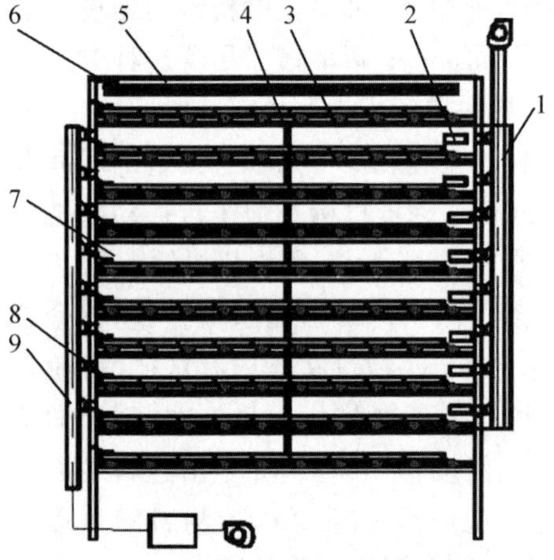

图 9-8　塔式堆肥反应器

1. 排风口通道；2. 取样口；3. 翻板；
4. 温度氧气传感器；5. 刮板布料器；
6. 摆式布料器；7. 堆肥室；
8. 翻板液压缸；9. 进风口通道

9.6.4　堆肥反应器

反应器堆肥是指将堆肥物料置于建筑、容器、反应器中的密闭式好氧堆肥方法。一方面方便操作人员对堆体温度、含水率以及 O_2 浓度等进行快速、有效地调整，实现对反应进程的精准控制；另一方面对外界环境气候依赖性小，可以保证稳定的处理速度。此外，反应器堆肥系统便于对尾气以及渗滤液等进行收集和处理。

1. 塔式堆肥反应器

塔式堆肥反应器整体结构由自上而下横向设置的塔式堆肥室、进排风道、温度氧气传感器、缓冲出料斗等组成，如图 9-8 所示。反应器顶部为横向水平的刮板布料器，其进料口衔接摆式布料器与提升机出料口。反应器的底部为缓冲出料斗，成品堆肥被在缓冲出料斗口下方的刮板输送机输送到成品斗式提升机。堆肥层位于刮板布料器与缓冲出料斗之间。堆肥室内装有多个温度氧气传感器，分别位于肥堆的 1/3 处和 2/3 处，在反应器两侧分别装有进风口通道和排风口通道，进风口通道上装有温湿度调节装置，可调节进入堆肥室内空气的温度与湿度。反应器外壁为双层不锈钢保温结构，其内部填充聚苯乙烯泡沫塑料，形成保温层。

2. 矩形搅动箱反应器

矩形搅动箱反应器是一种水平流动的、通风固体搅动箱式反应器，它采用强制通风和机械搅动，可以使操作更加灵活。如图 9-9 所示，反应器通常不封顶，而且是安装在建筑物内，为的是能够全天操作和控制杂质。一般一天只进行一次原料循环。矩形搅动反应器系统的搅动装置安装在箱壁顶端的横杆上运转，原料从箱子的一端进入，然后靠搅动装置沿箱子移动，最后从箱子的另一端出来。

图 9-9　搅动箱反应器系统图

3. 圆形搅拌床堆肥反应器

如图 9-10 所示，圆形搅拌床堆肥反应器是一种通过翻搅使物料从圆的周边向圆中心移动的堆肥装置。堆肥物料通过装在旋转臂上的输送系统从反应器的边沿进入，经过装在一个旋转臂上的垂直螺杆搅拌，原料沿外围给入。钻头在反应器里面搅动原料，而且将新的原料与旧的堆肥物质混合。原料逐渐地输送到反应器的中心，在那里经过一个可以调节的溢流口下落到一个出口传送带上，这个出口传送带位于反应器下面的传输装置上。空气从底部的分布环进入，上部为活动的圆形顶，可以根据操作要求打开或关闭圆顶。

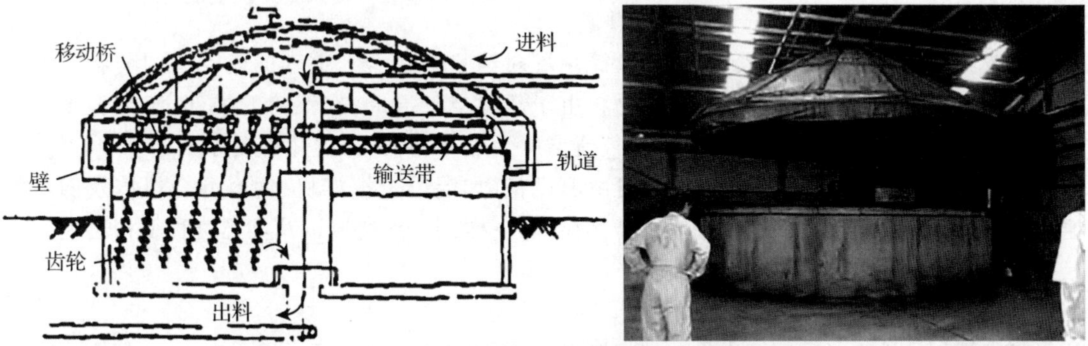

图 9-10　圆形搅拌床堆肥反应器系统图

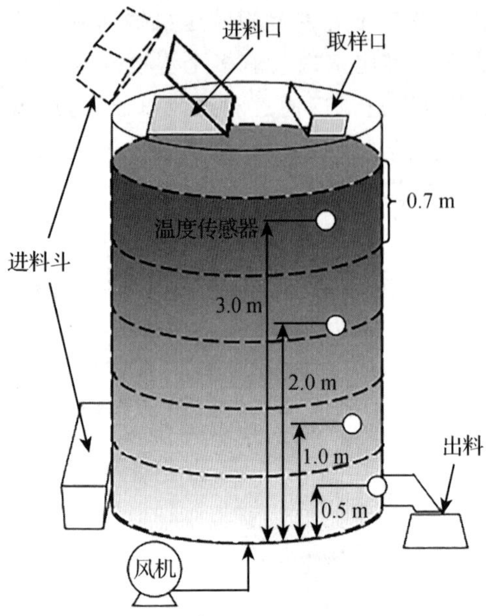

图 9-11　筒仓式堆肥系统结构示意图

4. 筒仓式堆肥反应器

筒仓式堆肥反应器堆肥系统类似于底部卸货的筒仓(图 9-11)。每天由进料斗从筒仓的上部装入堆肥原料,在筒仓的下部取出发酵完全的堆肥。通风系统将气体从筒仓的底部经过堆肥物料吹出。排出气体可以在筒仓顶部收集进行臭气处理。这种堆肥方法的堆肥周期一般为 14 d,因此,筒仓的体积的 1/14 必须每天进行清除和被混合物料替代。当物料一般离开第二个发酵筒仓后,物料一般已腐熟。这种堆肥将堆肥所占用的面积最小化,因为物料是立体堆放的。但是,立体堆放就会导致压实,因此,必须克服温度控制和气流障碍。由于物料在运行过程中在反应器中很少会发生混合,当物料进入筒仓前必须进行完全的混合。

5. 滚筒式堆肥反应器

滚筒式堆肥反应器是一个使用水平滚筒来混合、通风以及输出物料的堆肥系统。滚筒架在大的支座上,并且通过一个机械传动装置来翻动。在滚筒中堆肥过程,易降解物质很快被好氧降解,但是堆肥必须被进一步降解,通常采用条垛或静态好氧堆肥来完成堆肥过程的第二阶段。在一些商业堆肥系统中堆料在滚筒中停留不到 1 d,滚筒基本上作为一种混合设备。图 9-12 是一个典型的滚筒式堆肥系统简图。

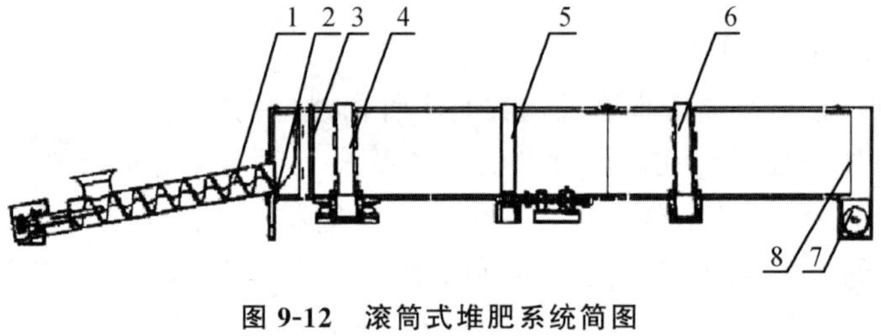

图 9-12　滚筒式堆肥系统简图

1. 螺旋进料装置;2. 进料箱;3. 筒体;4. 带挡轮支承装置;5. 传动装置;
6. 无挡轮支承装置;7. 螺旋出料装置;8. 出料箱

空气由滚筒的进料口进入,原料在滚筒翻堆时与空气混合。空气的流动方向与物料的运行方向相反。靠近滚筒的出料端,堆肥物料由于新鲜空气冷却;在滚筒的中部,气流温度上升且堆肥速率加快,而在滚筒的进料口处,气流温度为最高,新鲜物料开始发酵。

对于小型滚筒堆肥设备而言,滚筒可由旧设备(如混凝土搅拌机、饲料混合机以及旧水泥窑)等改造而成。尽管没有商用设备先进,但功能一样:混合、通风以及堆肥过程变得迅速。

9.6.5　除臭设备

臭气控制是堆肥过程管理中最大的问题之一,固体有机废物堆肥过程会产生大量的臭气,并且臭气成分复杂,主要包括氨、硫化物、胺类和一些低级脂肪酸类等。堆体产生异味主要有 3 个

来源：有异味的原材料、氨氮损失、堆体产生厌氧条件。其中的氨气、硫化氢和硫醇等，具有可溶于水、气味强度大等特点，长时间处在这种环境中，会使人头痛、恶心、呕吐，眼睛、鼻部和喉部受刺激。恶臭气体排放到大气中后会加剧空气污染，已经成为社会公害。

堆肥过程中的废气产生可以通过调节发酵条件来降低其浓度和产生量，但是无法使臭气浓度达到排放标准，因此，就必须选择合适的方式和设备对堆肥场地内产生的臭气进行处理和消除。

1. 生物滤池

生物滤池去除堆肥产生的恶臭气体的模拟装置如图 9-13 所示，生物滤池内填充生物活性填充料，主要是草炭、木屑、树枝、腐熟堆肥、土壤等。臭气经过加压预湿后，从底部进入生物滤池，与填充料上附着的生物膜（微生物）接触而被膜吸收，最终得以降解为水和二氧化碳，处理过的气体从生物滤池顶部排出。

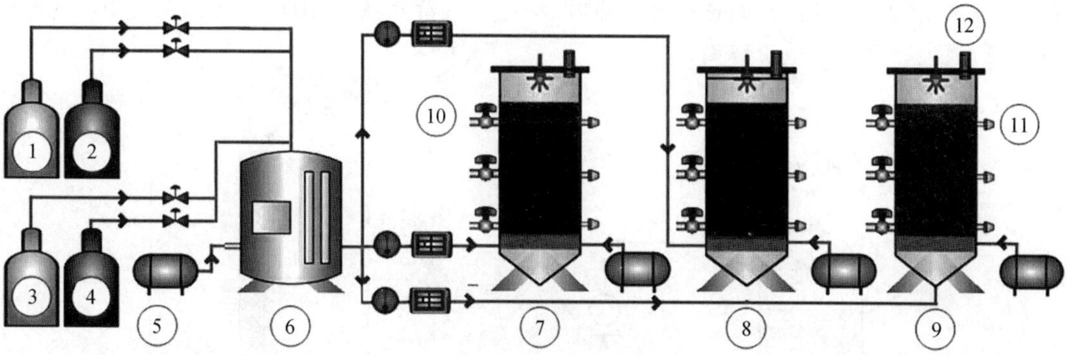

图 9-13　生物滤池模拟装置

1. 氨气气体罐；2. 硫化氢气体罐；3. 甲苯气体罐；4. 甲硫醇气体罐；5. 空气泵；6. 混合气体室；7. S1 反应塔；8. S2 反应塔；9. S3 反应塔；10. 固体取样口；11. 气体取样口；12. 出气口

2. 生物滤塔

生物滤塔（图 9-14）通常由一个装有填料的洗涤器和一个具有活性污泥的生物反应器构成。洗涤器里的喷淋柱将微小水珠逆气流喷洒，使臭气污染物与填料水接触，被水吸收转入液相，通过生物膜中的微生物，将臭气污染物代谢分解，从而达到净化臭气的目的。与生物滤池不同的是，生物滤塔工艺中的液相（通常带有悬浮微生物）是流动的，在两个分开部分连续循环，这样有利于反应条件的控制。

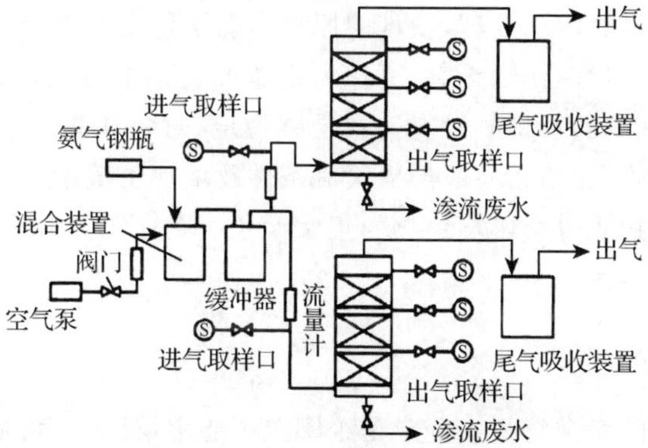

图 9-14　生物滤塔结构示意图

3. 生物滴滤池

生物滴滤池(图 9-15)与生物滤池比较相似,臭气污染物质的吸收和降解同时发生在一个反应装置内,不同的是,后者反应器高,池内的填充料是惰性化学材料小球(如聚乙烯),循环水不断喷洒在填充料上,依靠生长在球体表面的微生物膜降解污染物。生物滴滤池缺点是填料的比表面积较低,一般为 100～300 m^3/m^3,不适用于处理水溶性差的挥发性有机污染物质,同时产生需处理的剩余污泥,投资和运行成本高。

4. 膜生物反应器

膜生物反应器(图 9-16)是 20 世纪 90 年代中期出现的一种废气生物处理技术。其核心装置是一个气-液两相反应器,两相中间由带微孔的疏水性膜材料隔开,微孔膜一侧与气相废气流接触,另一侧与液相营养液接触。液相中接种对特定污染物有降解作用的微生物。臭气中的特征性污染物可以被微孔膜选择性地吸收、渗透进入营养液内,随后被接种在液相中的微生物降解。膜生物反应器造价较高。

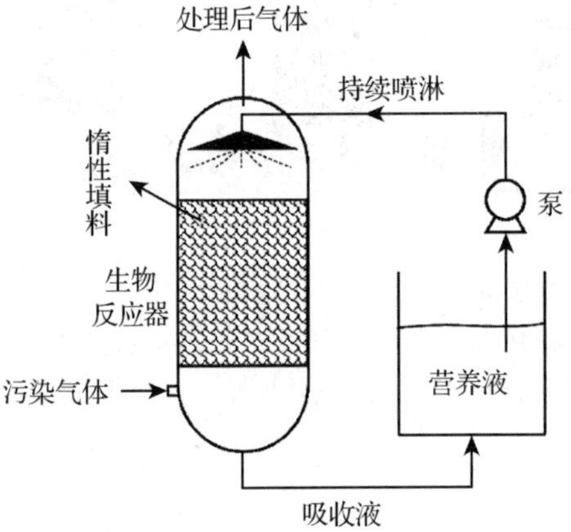

图 9-15 生物滴滤池示意图

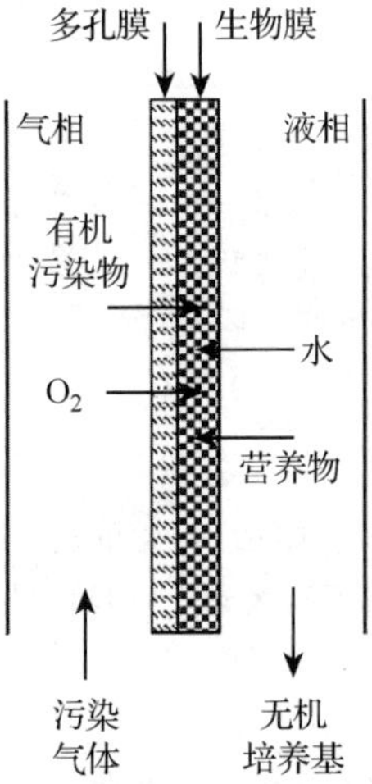

图 9-16 膜生物反应器结构示意图

9.7 堆肥产品腐熟度评价

有机废物通过高温好氧堆肥处理,使堆肥原料中的不稳定有机物,经过一段时间的生物氧化和腐熟,形成性质稳定、对农作物无害、可作为土壤改良剂的堆肥产品。未腐熟的堆肥如果应用于土壤系统,由于其中的有机质没有达到足够稳定,对农作物生长产生一些不利影响,例如阻碍农作物对氮的吸收,在植物根区形成厌氧条件及增加土壤中某些重金属离子的溶解性,其可能含有的植物毒性物质也会影响植物的正常生长。为了避免这些负面效应,检测并保证堆肥的腐熟度是非常重要的。

9.7.1 物理指标

一般通过观察堆肥的表观特征来确定是否腐熟。通常情况下,腐熟堆肥的表观特征如下:①堆肥后期温度自然降低;②不再吸引蚊蝇;③不再有令人讨厌的臭味;④由于真菌的生长,堆肥表面有白色或灰白色菌丝附着;⑤堆肥产品呈现疏松的团粒结构。此外,高品质的堆肥应是深褐色,肉眼看上去均匀,并发出令人愉快的潮湿泥土气味,这种方法只能从感官上进行初步判断,难以进行定量分析。

1. 温度

堆肥过程温度变化可分为3个明显阶段,即初期升温阶段堆体温度很快上升到55 ℃以上,接着维持一段时间高温阶段,随后是堆肥逐渐达到腐熟的降温阶段。温度的变化与堆肥过程中的微生物代谢活性有关,二者之间的关系可用如下关系式表示:

$$K_T = K_{20} \cdot \theta(T-20)$$

式中:K_T、K_{20} 分别为温度在 T、20 ℃时的呼吸速率;θ 为常数。

堆肥腐熟后,堆体温度与环境温度趋于一致,一般不再发生明显变化。不同堆肥系统温度变化差别显著。由于堆体为非均相体系,其各个区域的温度分布不均衡限制了温度作为腐熟度定量指标的应用,但其仍是堆肥过程最重要的常规检测指标之一。

2. 色度

堆肥过程中堆料逐渐发黑,腐熟后的堆肥产品呈黑褐色或黑色。Sugahara等提出一种简单的技术用于检测堆肥产品的色度,并回归出一关系式:

$$Y=(0.388C/N)+8.13(R^2=0.749)$$

式中:Y 是响应值(颜色分析值)。

通常认为 Y 值为11～13的堆肥产品是腐熟的。使用该法时要注意取样的代表性。由于堆肥的色度极易受其原料成分的影响,很难建立统一的色度标准以判别各种堆肥的腐熟程度。

3. 气味

通常堆肥原料具有令人不快的气味,在运行良好的堆肥过程中,这种气味逐渐减弱并在堆肥结束后消失。由于小分子量挥发性脂肪酸是引起恶臭气味的主要成分。若堆肥结束和翻堆后,堆体内无恶臭气味产生,则检测不到小分子脂肪酸。良好的腐熟堆肥产品应具有潮湿泥土的气息。

4. 残余浊度

将不同腐熟程度的堆肥按比例与某些结构上有缺陷的土壤混合,在30 ℃温度下好氧培养一段时间,通过分析堆肥对土壤结构的影响来评价堆肥的腐熟度。堆肥时间为7～14 d的堆肥产物在改进土壤残余浊度方面具有最适宜的影响,同时混合物中多糖的成分也达最高水平。可以根据残余浊度来判别堆肥产品的腐熟度。

5. 热重分析

堆肥原料中含大量木质纤维素,Blanco在研究地中海地区以麦秆为主要原料的堆肥试验中,认为水溶性和碱萃取成分的腐熟度指标与堆肥系统有关,局限性较大。采用热重方法分析堆肥在40～540 ℃的重量分布,结合植物发芽及黑麦温室试验,发现堆料在360～540 ℃的重量损失与之有较好的相关性。

总体来说,物理指标虽然简便、直观,但是难以定量表征堆肥过程中原料成分的变化,也就不易定量说明堆肥腐熟程度,缺乏可信度和可操作性。

9.7.2 化学指标

常用来判定堆肥腐熟度的化学指标有:pH和电导率、有机质变化指标、氨氮指标、腐殖化指标、碳氮比以及有机酸等。

1. pH 和电导率(EC)

pH 可以作为评价堆肥腐熟程度的一个重要指标。堆肥原料或发酵初期，pH 为弱酸到中性，一般为 6.5～7.5，腐熟的堆肥一般呈弱碱性，pH 在 8～9，但 pH 受堆肥原料的影响，只能作为堆肥腐熟的一个必要条件，而不是充分条件。电导率反映了堆肥浸提液中离子总浓度，即可溶性盐的含量。堆肥中的可溶性盐是对作物产生毒害作用的重要因素之一，主要是由有机酸盐类和无机盐等组成。当堆肥 EC 值小于 9.0 ms/cm 时，可以认为对种子发芽没有抑制作用。同样，电导率也是堆肥腐熟的一个必要条件。

2. 有机质变化指标

在堆肥过程中，堆料中的不稳定有机质分解转化为二氧化碳、水、矿物质和稳定有机质，堆料的有机质含量变化显著。反映有机质变化的参数有化学耗氧量(COD)、生化需氧量(BOD_5)、挥发性固含量(VS)。

(1)化学耗氧量(COD) COD 的变化主要发生在热降解阶段，在随后的阶段趋于平稳。当堆料的 COD 小于 700 mg/g 干堆肥时，可以认为堆肥达到腐熟。

(2)生化需氧量(BOD_5) BOD_5 虽然不代表堆肥中的全部有机物，但代表了堆肥中的可生化降解部分，随着堆腐的进行，BOD_5 不断降低。通常认为腐熟的堆肥产品中 BOD_5 值应小于 5 mg/g 干堆肥。但是，原料成分对于 BOD_5 的影响很大。有些固体废物原始 BOD_5 值就较低，对于不同原料的指标无法统一；且测定 BOD_5 的方法复杂、费时，不能及时反馈产品的结果，从而影响对操作过程的控制。

(3)挥发性固体含量(VS) 基本上反映了堆肥原料中有机质的含量，在不同的堆肥过程中变化的幅度比较大。以污泥为原料的堆肥，VS 的测定可采用 550 ℃下灼烧 4 h 的重量损失，但在 430 ℃下燃烧 24 h 能更好的反映有机质含量。

某些有机质，如淀粉、糖类、脂肪、纤维素等在堆肥过程中发生的变化具有规律性。淀粉和糖类是易降解有机质，很容易被微生物利用，如果堆肥物质达到了稳定状态，就不应再含有淀粉和糖类。可用碘法来测定堆肥中的淀粉，但不能以淀粉消失判定堆肥腐熟，因为淀粉仅占堆料可降解物的一小部分，检不出淀粉应是堆肥腐熟的必要条件。在好氧堆肥初期，所有原料都会以 CO_2 形式释放出一部分有机质，可降解有机质越多，释放 CO_2 越多。随堆肥过程的进行，可降解释放 CO_2 的有机质含量会减少。当其达到一定的值或者消失时，可以认为堆肥达到腐熟。堆肥的每 100 g 有机质中，可降解释放 CO_2 的有机质少于 500 mg/d 时，该堆肥便达到腐熟，但是此参数的测定周期较长，需要 38 d，因此其实际应用受到限制。

纤维素类物质包括纤维素、半纤维素、木质素等，是堆料中不易降解的成分，降解速度缓慢。通常认为堆肥过程的中、高温阶段有利于纤维素类物质的降解。高温阶段纤维素的降解占总降解率的 63.5%～88.5%，纤维素从最初占有机质的 34%下降至 9%～11%，因此，纤维素含量是腐熟度评价的适宜指标。虽然纤维素在堆肥结束后会发生很大变化，但是堆肥仍可能尚未腐熟，对植物生长还有抑制作用。

类脂物也是堆肥过程中一类比较难降解的物质，其变化也可作为堆肥腐熟度的评价指标。其中乙醚(DEE)萃取的类脂是易于降解的低分子量直链和支链烷烃、链烯酸和链烷酸等；氯仿($CHCl_3$)萃取的类脂是不易降解的高分子链烷化合物及少量酚类和芳香类化合物。当 $CHCl_3$-脂/($CHCl_3$-脂+DEE-脂)>0.25、DEE-脂/$CHCl_3$-脂<2.50 时，可判定堆肥腐熟。

3. 氮指标

堆肥过程虽然是有机物的生化降解过程，但也伴随着明显的硝化反应过程。含氮成分发生降解产生氨气。释放的氨气或被微生物同化吸收，或由固氮微生物氧化为亚硝酸盐或硝酸盐，或是逸入大气（氮损失）。垃圾中氮的成分很少，产生的氨气多被微生物吸收利用，氮的损失较少，而污泥中氮含量相对较高，存在氮的损失问题。在堆肥后期，部分氨气被氧化成亚硝酸盐和硝酸盐，因此，亚硝酸盐或硝酸盐的存在可用于判断堆肥腐熟度。氨氮和硝酸盐氮适用于评价堆肥的腐熟度，堆肥水溶相氨氮硝酸盐氮比值的变化范围在0.03%～18.9%。

4. 腐殖化指标

堆肥过程中伴随着腐殖化的过程，各腐殖化参数的变化是评价腐熟度的重要因素。

(1)CEC（阳离子交换容量）　CEC值一般随腐殖化过程的进行而逐渐增加，垃圾堆肥过程中，CEC值从初始40 cmol/kg有机质上升到堆肥结束后的80 cmol/kg有机质，当CEC大于60 cmol/kg有机质（以灰分计）且C/N（水相）小于6时，可以认为堆肥达到腐熟。但是对于不同堆料的堆肥过程，由于堆料的不同，腐熟堆肥的CEC值在41.4～123 cmol/kg有机质之间，变化范围太大。而且，对某些堆肥原料初始CEC值就大于60 cmol/kg的有机质，显然不太适合。因此，CEC值需要与其他指标结合起来用以判断堆肥是否腐熟。不同类型的原料，经过堆腐后，CEC/TOC（阳离子交换量与总有机碳之比）值均从1.2～2.4上升到3.5～4.2。所以，CEC/TOC可以用作供试材料的腐熟指标，但是它也受到堆肥原料及堆肥过程的影响。

(2)腐殖化参数　因为影响土壤生态环境、团粒结构及肥力和植物生长，所以腐殖质是土壤有机质中最重要的组分。根据堆肥在酸、碱中的溶解性质，可将堆肥中的腐殖质划分为：腐殖质HS、腐殖酸HA、富里酸FA、富里部分FF及非腐殖质成分NHF，它们的含量多少通常以含碳量表示。在堆肥原料中HA含量低，FA含量多，但随着堆肥过程的进行，二者的含量发生显著变化，HA含量增加，FA含量在堆肥过程中下降。有机质的腐殖化程度可通过以下参数来表示：腐殖化指数（HI＝HA/FA）、腐殖化率（HR＝HA/FF，FF＝FA＋NHF）、胡敏酸的百分含量（HP＝HA×100/HS）及腐殖化度[DH(%)＝(CHA＋CFA)/TEC×100]。

堆肥过程中堆料的HS含量增加2倍，从377 g/kg有机质提高到710 g/kg有机质，HA从184 g/kg有机质增加到457 g/kg有机质，NHF从107 g/kg有机质上升到170 g/kg有机质，而FA基本保持不变，维持在80～100 g/kg有机质。腐殖化指数HI从初始时的0.49经过140 d下降到0.29，腐殖化率HR从1.0上升到1.8。

腐熟堆肥腐殖化参数的最小值分别为HA/FA＝1.00，HR2＝7.00，HI＝3.50，Cex（萃取碳）＞3.00，堆肥腐殖化速率比厌氧消化过程快。腐殖质的变化反映了堆肥的腐熟程度，有机肥料和有机调理剂中腐殖质的稳定化指数SI(stability index)如下：

$$SI = CH_2/CH_1$$

式中：CH_1、CH_2分别表示极性溶剂和非极性溶剂萃取液中腐殖酸碳含量。

当SI大于0.6和0.8时，堆肥分别达到稳定和腐熟。根据有机质评估指数OMEI (organic matter evolution index)，认为腐熟的堆肥OMEI趋向于1。OMEI的计算公式为

$$OMEI = 1/[1 + (CIM/CH_2)]$$

式中：$CIM = CH_1 - CH_2$，表示可降解有机质。

有机物的腐殖化程度不适用于描述堆肥腐熟度，这是因为其总含量有时在堆肥过程中变

化不明显，新腐殖质形成同时，有些腐殖质会发生矿化作用。

5. 碳氮比

碳源是微生物利用的能源，氮源是微生物的营养物质。在堆肥过程中，碳源被消耗，转化成二氧化碳和腐殖质物质，而氮则以氨气的形式散失，或变为硝酸盐和亚硝酸盐，或是由生物体同化吸收。因此，碳和氮的变化是堆肥的基本特征之一。

(1)C/N(固相) 是一种传统的方法，常常被作为评价腐熟度的一个经典的参数，理论上C/N值在腐熟的堆肥产品中像腐殖质一样约为10。一般来说，C/N值从最初的25～30或更高降低到15～20，表示堆肥已腐熟，达到稳定的程度。在堆肥混合原料最初的C/N>25的情况下，C/N(固相)作为腐熟度指标得到了很好的应用，但对堆肥混合原料的C/N值较低的情况，就不太适合。腐熟的堆肥C/N值小于20，但许多堆肥原料的C/N值较低，如污泥、农用废弃物等，此时C/N就不适合作腐熟度参数。C/N值小于20只是堆肥腐熟的必要条件，建议采用T=(终点C/N)/(初始C/N)评价腐熟度。有人收集并分析了的许多数据，认为当T值小于0.6时，堆肥达到腐熟；还有人认为腐熟的堆肥T值应为0.53～0.72或0.49～0.59。

(2)水溶性成分参数 堆肥反应是微生物对堆肥原料中有机物的生物化学转化过程，代谢发生在水溶相，因此检测堆肥样品水萃取成分的变化更能反映堆肥腐熟程度。主要的参数有水溶性有机质含量(WSC)、水溶性碳与水溶性氮的比值(WSC/WSN)、水溶性碳与总氮量的比值(WSC/TN)、水溶性碳与有机态氮的比值(WSC/N-org)。

有机碳/总有机氮小于0.70作为腐熟度参考标准。水溶性有机物、水溶性碳、有机氮和碳氢化物在堆肥过程中明显下降，这种变化与植物毒性物质NH_4^+，苯酚和低分子有机酸的减少有关。他提出当水溶性碳/水溶性氮≥2、水溶性碳/有机氮≥5、糖类≥0.1、生物降解指数BI≥2.4、NH_4^+≥0.02时可认为堆肥达到腐熟。

6. 有机酸

有机酸广泛存在于未腐熟堆肥中，可通过研究有机酸的变化，来评价堆肥腐熟度。随着堆肥的进行，有机酸逐步减少，减少的快慢与通气状况和原料相关。以有机酸做腐熟度评价只能定性，即未腐熟的堆肥含有有机酸，腐熟的堆肥有机酸含量极少。

挥发性有机酸(VOA)的平均浓度为43.85 mg/kg(以干重计)，认为堆肥的挥发性有机酸(VOA)与其植物毒性作用有关。堆肥后的有机物通过释放有机成分，特别是低分子有机酸(LMWA)来影响所含营养元素的可利用性。LMWA随着堆肥时间的延长而减少，如果未腐熟，大量存在的LMWA可能影响营养元素的流动性和植物对营养元素的利用。低级脂肪酸对种子发芽和植物生长有不良影响，未腐熟堆肥中的这种影响属于代谢现象，也就是说堆肥过程中代谢产生的短链脂肪酸是产生植物生长抑制作用的原因之一。堆肥中含有氨基酸、挥发性脂肪酸和其他低分子有机酸，乙酸是其中的主要成分，占42%～93%。含有乙酸的堆肥是未腐熟的，其前提为堆肥中的主要成分是碳氢化合物，分解的条件是好氧的，如果发生厌氧反应，主要的酸性物质是丁酸。腐熟堆肥较污泥中低分子有机酸含量大幅度下降。但堆肥材料不同，腐熟后堆肥各种有机酸含量差异较大。

9.7.3 生物指标

实践证明，仅用化学分析方法评价堆肥腐熟度是远远不够的，必须结合生物分析的方法才可靠。堆料中微生物的活性变化及堆肥对植物生长的影响常用以评价堆肥腐熟度，这些指标主要有生物活性及种子发芽率等。

表 9-4　不同堆肥时间污泥堆肥中低分子有机酸含量的变化　　mg/kg

类型	AS-GD 3/1 *		AS-GD 1/1		AS-PR 1/1		AS-CR 1/1	
	堆肥前	腐熟后	堆肥前	腐熟后	堆肥前	腐熟后	堆肥前	腐熟后
乙酸	267	176	202	152	114	236	250	65
丙酸	165	115	102	62	95	85	158	—
异丁酸	74	57	53	14	14	14	55	6
丁酸	376	200	106	72	54	118	361	54

*：AS 为消化污泥，GD 为葡萄渣，PR 为泥炭提取腐殖酸后残余物，CR 为城市垃圾有机组分，3/1 为干重比。

1. 呼吸作用

通常根据堆肥过程中微生物吸收 O_2 和释放 CO_2 的强度来判断微生物代谢活动的强度及堆肥的稳定性。对于好氧堆肥来说，微生物耗氧速率变化反映了堆肥过程中微生物活性的变化，也反映了堆肥过程中有机物的变化。各堆肥阶段耗氧速率显著不同腐熟堆肥的耗氧速率随堆肥时间变化曲线显得平滑，其值比堆肥初期明显下降。不同堆肥时期的氧浓度变化差别显著，根据氧浓度变化来判断堆肥程度，是快速、简单、便宜的在线监测方法，便于工艺控制。呼吸速率与初始条件无关，仅与废物分解的状况有关，可用作堆肥工厂管理的定性参数。

2. 微生物活性

堆体中微生物量及种群的变化，也是反应堆肥代谢情况的依据。反映微生物活性变化的参数有酶活性、三磷酸腺苷（ATP）和微生物量。ATP 的分析是土壤中生物量的测定方法之一，酶的活性随时间下降，β-糖酶、磷酸酶和尿素酶活性之间具有较好的相关关系，但嗜热细菌与酶活性间没有必然的相关关系。ATP 的变化在堆肥初期 1～3 周最为显著，腐熟后的 ATP 稳定在 1～2 μg/g 之间。原料中如果含有 ATP 抑制成分，对 ATP 的结果也有影响。经翻堆的比未经翻堆的微生物量下降更快，堆体不同区域及不同堆肥阶段，微生物群落的特征显著不同，生物分析可作为评价堆肥腐熟度的合适方法。

堆体中微生物量及种群的变化，也是反映堆肥代谢情况的依据。在堆肥初期，堆肥呈中温，嗜温菌较活跃，大量繁殖，主要是蛋白质分解细菌，产氨细菌数量迅速增加，在 15 d 内达最多，然后突然下降，在 30 d 内完成其代谢活动，在堆肥 60 d 时降到检测限以下，当堆肥达到 50～60 ℃时，嗜温菌受抑制甚至死亡，嗜热菌则大量繁殖，分解纤维素的细菌，真菌都是中温菌及高温菌，它们在 60 d 时最多，并在整个过程中保持旺盛活动。而正是在堆肥的高温期，堆肥中的寄生虫、病原菌被杀死，腐殖质开始形成，堆肥达到初步腐熟。自养硝化细菌，由于堆肥前期的高温及氨气含量的增加，其数量在堆肥初期被严格限制，在 80 d 时数量最多，活动最旺盛，直到堆肥的最后也仍然存在。在堆肥的腐熟期主要以放线菌为主。当然堆肥中微生物群落中某种微生物存在与否及其数量的多少并不能指示堆肥腐熟度，但是在整个堆肥过程中微生物群落的演替却能很好地指示堆肥腐熟度。因此，用微生物来评价堆肥过程是合适的，特别是用它来指示堆肥是否达到稳定阶段或是否已经腐熟，微生物分析可作为评价堆肥腐熟度的合适方法。

3. 种子发芽指数

未腐熟的堆肥含有植物毒性物质，对植物的生长产生抑制作用，因此可用堆肥和土壤混合物中植物的生长状况来评价堆肥腐熟度。考虑到堆肥腐熟度的实用意义，植物生长试验应是评价堆肥腐熟度最终和最具说服力的方法。许多植物种子在堆肥原料和未腐熟堆肥萃取液中生长受到抑制，而在腐熟的堆肥中生长得到促进，以种子发芽和根长度计算发芽指数 GI，从理论上说，GI<100%，就判断是有植物毒性。但在实际实验中，如果发芽指数 GI 大于 50%时可认为堆肥降低到植物可以承受的范围，如果≥80%，则认为堆肥已完全腐熟。该方法被用作评价有机废物和粪便堆肥腐熟度的标准。植物毒性与堆肥初期的降解过程有关，需要适当的腐熟期以消除这种植物毒性。但不同植物对植物毒性的承受能力和适应性有差异，除草剂等残余、高盐度或某些特殊物质在初始阶段分解没有正常进行，种子发芽实验可能是不可靠的，且实验需要的时间较长。

9.7.4 堆肥产品质量要求

9.7.4.1 堆肥产品的质量控制

1. 原料质量控制

有机肥料原料的好坏，直接影响堆肥产品的质量。不同原料中有机质和其他养分含量差别很大，同样是鸡粪，蛋鸡和肉鸡的养殖方式不同，蛋鸡粪便的养分含量远高于肉鸡。畜禽粪便中，鸡粪的养分含量高于猪粪，猪粪的养分含量高于牛粪。不同的有机肥料养分含量的差异是由其形成过程所决定的，例如作物秸秆有机质含量丰富，但氮磷钾含量相对较低；人的粪便氮含量较高，且容易分解；鸡、猪、牛粪便的养分含量一方面受饲料成分影响，另一方面受畜禽吸收的影响。在收购有机肥料原料时，尽量收购氮、磷、钾等养分含量高的原料。

堆肥原料在产生和收购过程中容易混入各种杂质，如鸡粪在堆肥过程中不可避免地会混入尘土，还受垫圈过程中各自垫圈料的影响，这些在一定程度上降低了粪便的养分含量。因此，在收购原料时尽量选杂质少的原料，并引导养殖户尽量少加垫料，改加对粪便养分含量影响较少的垫料，如草炭、稻壳粉、过磷酸钙等。

垃圾、污泥等城市废物中有机质和氮、磷、钾等养分含量也相当高，但这些有机废物常含重金属、放射性、微生物病菌等有害物质。

2. 堆肥过程质量控制

堆肥产品质量除与原料有关外，堆肥过程中许多环节对其质量也有较大影响。提高产品的质量应注意以下环节：

(1)减少养分损失　堆肥过程中很多环节造成养分损失，一是发酵造成养分的损失，在发酵过程中，有机氮分解成无机物氮，以氨气形式挥发损失，可在堆肥原料中加入一些强吸附性物质，如沸石、粉末状过磷酸钙、草炭等，减少发酵过程中的养分损失。很多堆肥厂就把原料如畜禽粪露天堆放，降水时原料中的速效养分，容易随着雨水淋失。

(2)防止降低堆肥产品的养分含量　要保证堆肥发酵腐熟，需要在发酵前的原料混料时加入各种辅料，保证微生物活动必需的水分、通气、碳氮比等条件。加入辅料会降低堆肥产品养分含量，在堆肥过程中要在保证发酵所需的条件下，减少辅料的用量，尽量加入养分含量高的辅料。此外，要改造加工条件，减少用土地面堆放加工原料，减少尘土混入肥料中去。

(3)控制发酵过程　有机物料发酵不充分，施到农田中容易传染病虫害和烧苗，有机物料发酵过度则肥料中养分损失严重。因此，要控制发酵程度恰到好处。

9.7.4.2　产品质量管理

(1)制定企业内部质量管理体系　要制定产品质量管理体系,控制生产过程中的产品质量。

(2)制定企业产品的质量标准　我国目前没有堆肥产品的国家标准,产品主要依据各企业自己的企业标准。作为一个企业,必须制定自己产品的企业标准,并到所在地区的技术监督局备案,否则无标产品不准销售。同时,企业标准要严格遵守技术部门的标准制定规范。

9.7.4.3　有机肥相/关质量控制与标准

我国堆肥生产施用相关质量控制标准见表 9-5。

表 9-5　堆肥生产施用相关质量控制标准

标准名称	代号
农田灌溉水质标准	GB 5084—2021
地表水环境质量标准	GB 3838—2002
城镇垃圾农用控制标准	GB 8172—87
有机-无机复混肥料标准	GB/T 18877—2020
复混肥料标准	GB 15063—2009
农用污泥中污染物控制标准	GB 4284—2018
畜禽养殖业污染物排放标准	GB 18596—2001
保护农作物的大气污染物最高允许浓度	GB 9137—88
粪便无害化卫生标准	GB 7959—2012
环境空气质量标准	GB 3095—2012
污水综合排放标准	GB 8978—1996
土壤环境质量标准	GB 15618—1995
农产品安全质量:无公害畜禽肉产品产地环境要求	GB/T 18407.3—2001
生活饮用水卫生标准	GB 5749—2022
高温堆肥的卫生指标	GB 7959—87
有机肥料标准	NY 525—2021
畜禽场环境质量标准	NY/T 388—1999
绿色食品肥料使用准则	NY/T 394—2021
无公害食品畜禽饮用水水质	NY 5027—2008
生物有机肥行业标准	NY 844—2021

习题

1. 简述堆肥过程中微生物的代谢途径。
2. 在好氧和厌氧条件下,堆肥过程中的产物有何不同?
3. 简述堆肥的各个阶段及优势微生物菌群。

4. 以鸡粪、锯末为堆肥原料，混合物料的初始条件为碳氮比为25，含水率为60%。假定混合物料的质量为1 kg，计算鸡粪、锯末以及水的添加比例，原料理化性质见表9-6。

表9-6 堆肥原料理化性质

物料	含水率/%	含碳量/(g/kg)	含氮量/(g/kg)
鸡粪	70	180	18
锯末	30	360	0.72

5. 物料堆肥前为什么需要处理？常见的物料预处理设备有哪些？
6. 简述常用堆肥反应器、除臭设备的优缺点和适用范围。
7. 固体废物破碎的方法主要有哪些？
8. 简述好氧堆肥不同堆肥工艺各自的优缺点。

第 10 章　固体废物的厌氧消化技术

10.1　概　　述

厌氧消化(anaerobic digestion,AD)是一种将有机物质分解产生沼气、沼渣和沼液的工程技术。沼气是一种可再生能源,热电联产后可用于发电和供热,养分丰富的沼渣和沼液可替代化肥并改良土壤。厌氧消化技术是固体废物资源转化为能源的重要途径,产生的生物天然气(biomethane)在能够缓解能源供需缺口的同时,还具有诸多方面的环境效益,如减轻温室效应,减少环境污染,产生绿色能源及高质量附加产品,形成以沼气为纽带的农业生态系统等。因此,厌氧消化技术能够真正实现有机固体废物的减量化、无害化和资源化,适应循环经济的发展。

我国有机固体废物产生量大,2017 年年产农业固体废物 40 多亿 t、畜禽粪便 38 亿 t、生活垃圾 1.8 亿 t。不同种类的有机固体废物有机质含量差异较大,其中作物秸秆的有机质含量最高(80%以上),而生活垃圾的有机质含量较低(50%以下),从能源回收的角度来看有机质含量越高具有的热值也越高,可以从中获得更高的能量。因此,一些有机质含量高并且易被生物降解的有机固体废物是厌氧消化原料的理想选择。

有机固体废物厌氧消化已经成为热门研究领域。畜禽规模化养殖,使畜禽粪便产量大且便于收集,成为厌氧消化物料的主要来源。牛粪含水率和木质素偏高,导致牛粪单一发酵产气潜力在畜禽粪便中比较低(180～220 m^3/t VS)。猪粪和鸡粪单一发酵产气潜力较高,为 270～390 m^3/t VS 和 260～480 m^3/t VS。但鸡粪有机氮含量高,易降解为氨氮。适量的氨氮浓度可促进厌氧消化体系微生物的生长,但当氨氮浓度超过一定范围后将对厌氧微生物的代谢产生抑制。猪粪中因为磷含量较高,易导致在体系发酵过程中酸化,降低甲烷产量。秸秆类物质厌氧消化存在发酵效率缓慢、产气率低、发酵周期长、生物转化率低等问题,单一发酵产气量为 160～330 m^3/t VS。

10.2　厌氧消化微生物

厌氧消化是指在微生物相互作用下将复杂的有机物转化为甲烷(CH_4)和二氧化碳(CO_2)的过程。根据代谢途径差异,可将此过程分为水解、酸化、乙酸化和产甲烷四个阶段(图 10-1)。参与其中的微生物也可由此分为四大类:水解细菌、产酸细菌、产乙酸菌及产甲烷菌。

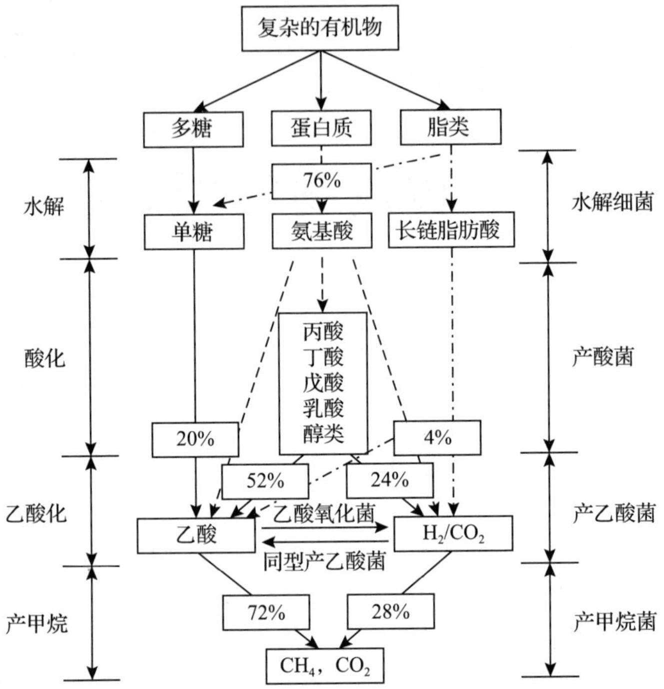

图 10-1 厌氧消化的主要代谢途径及代谢产物

10.2.1 水解细菌

水解是厌氧消化的最初阶段，76％的大分子有机质(多糖，蛋白质和脂类)在此阶段水解为单糖、氨基酸和长链脂肪酸。水解细菌是参与这一过程的关键微生物，通过分泌胞外酶达到水解效果。水解细菌多数为兼性厌氧微生物，属于厚壁菌门(Firmicutes)和拟杆菌门(Bacteriodetes)，适应环境能力强(耐受 pH 为 5～9)(表 10-1)。在固体废物厌氧消化过程中，不同发酵原料在水解过程中所需要的水解细菌不同。例如，对于淀粉含量较高的体系，隶属于厚壁菌门的延长厌氧醋菌(*Acetanaerobacterium elongatum*)和隶属于拟杆菌门的 *Mariniphaga anaerophila* 可以将其水解为葡萄糖，在产酸阶段将这些葡萄糖利用。对于木质纤维素含量较高的秸秆和厨余垃圾而言，隶属于厚壁菌门的某些菌属发挥重要作用，它们可分泌纤维素酶将纤维素水解为纤维二糖。在脂类物质含量较高的厌氧体系中，以梭菌属(隶属于厚壁菌门)为主的水解细菌分泌脂肪酶将脂质水解成甘油和长链脂肪酸。在富含蛋白质的厌氧体系中，*Bellilinea caldifistulae* 等菌属含量相对较高，它们利用蛋白质生长，并且在产酸阶段产生乙酸、丙酸和乳酸等。值得一提的是，由于有机固体废物的复杂性，厌氧体系中的水解菌群和产酸菌群并不都是单独存在，反而是共同作用促进有机质的降解，甚至同一种微生物可以同时担任水解和产酸的角色。毋庸置疑，水解细菌和产酸细菌的同时存在促进了有机固体废物水解产物和挥发性脂肪酸的快速生成。

表 10-1　参与厌氧消化过程的主要水解细菌特征及功能

水解细菌种类	最优操作条件		水解底物	水解产物
	pH	温度/℃		
Clostridium thermosaccharolyticum 热解糖梭菌	6.7～7.0	35～37	多糖（淀粉和木质纤维素）	单糖
Gracilibacter thermotolerans 耐高温纤细杆菌	6.8～7.7	43～47		
Clostridium thermocellum 热纤梭菌	5.2～5.5	32～35		
Clostridium cellulolyticum 解纤维梭菌	5.2～5.5	32～35		
Fibrobacter intestinalis 肠道丝状杆菌	6.6	37		
Clostridium phytofermentans	6.0～9.0	35～37		
Clostridium sp. 梭菌属	—	—	脂类	长链脂肪酸、醇类、氨基酸、单糖
Micrococcus sp. 微球菌属	—	—		
Staphylococcus sp. 葡萄球菌属	—	—		
Bellilinea caldifistulae	7.0	55	蛋白质	氨基酸、单糖
Clostridium leptum 柔嫩梭菌	5.3～5.8	35～37		

10.2.2　产酸细菌

在产酸阶段，产酸细菌自发地将水解阶段产生的单糖、氨基酸和长链脂肪酸分解为包括甲酸、乙酸、丙酸、丁酸和戊酸在内的挥发性脂肪酸（VFAs）（表 10-2）。产酸菌是兼性或者严格厌氧微生物。繁殖速度极快，是产甲烷菌的 30～40 倍，且对 pH 和温度变化的耐受能力较强。目前发现的产酸菌有几百种，不同发酵原料下的优势产酸菌存在一定差异（表 10-3）。例如，当发酵底物淀粉含量较高时，隶属于拟杆菌门的 *Alkalitalea saponilacus*、*Acetanaerobacterium elongatum* 等微生物的丰度将占据优势，这两种菌可以将葡萄糖水解为乙酸和丙酸等有机酸。对于木质纤维素含量较高的底物而言，隶属于厚壁菌门的小克里斯滕森氏菌（*Christensenella minuta*）占有优势。该微生物主要利用 *D*-木糖、葡萄糖、水杨苷、*D*-甘露糖、*L*-鼠李糖和 *L*-阿拉伯糖来生产挥发性脂肪酸。发酵原料蛋白质含量较高时，隶属于互养菌门（Synergistetes）的氨基酸发酵菌氨基酸发酵菌猪梭菌（*Cloacibacillus porcorum*）发挥主要产酸作用，该菌主要将精氨酸、*D*-色氨酸、丝氨酸和苏氨酸转化为甲酸、乙酸和丙酸。对于脂类物质而言，尤其是在高温（50～55 ℃）厌氧消化体系中，隶属于厚壁菌门的解脂嗜热互营杆菌（*Thermosyntropha lipolytica*）相对丰度会较高，该微生物可将长链脂肪酸水解为乙酸和丙酸。另外，在不同厌氧生态条件下（氧化还原电位和 pH），产酸菌的种类和发酵产物也会发生变化。具体来说，当 pH>6.0 时，厌氧体系倾向于丁酸型发酵，梭菌属（*Clostridium*）、丁酸梭菌（*C. butyricum*）和丁酸弧菌属（*Butyriolbrio*）为优势产酸细菌；当 pH 5.5 时，氧化还原电位（oxidation reduction potential，ORP）大于 −100 mV 时，厌氧消化体系倾向于丙酸型发酵，丙酸菌属（*Propionibacterium*）和韦荣球菌属（*Veillonella*）为优势产酸细菌；当 pH 5.0 时，厌氧消化体系为混合酸型发酵，以大肠杆菌属（*Escherichia*）和变形杆菌属（*Proteus*）等为主要菌属；当 pH 4.0～4.5 时，厌氧消化倾向于乙醇型发酵，对应酵母菌属（*Saccharomyces*）等。

表 10-2　产酸过程的标准吉布斯自由能变化(以葡萄糖为例)

反应(pH 7,T=298.15 K)	$\Delta G'^{\theta}$/(kJ/mol)
$C_6H_{12}O_6+4H_2O+2NAD^+ \longrightarrow 2CH_3COO^-+2HCO_3^-+6H^++2NADH+2H_2$	−215.7
$C_6H_{12}O_6+2NAD^+ \longrightarrow 2CH_3CH_2COO^-+2NAD^++2H_2O$	−357.9
$C_6H_{12}O_6+2H_2O \longrightarrow 2CH_3CH_2CH_2COO^-+2HCO_3^-+3H^++2H_2$	−261.5
$C_6H_{12}O_6+2H_2O+2NADH \longrightarrow 2CH_3CH_2OH+2HCO_3^-+2NAD^++2H_2$	−234.8
$C_6H_{12}O_6 \longrightarrow 2CH_3CHOHCOO^-+2H^+$	−217.7

表 10-3　参与厌氧消化过程的主要产酸细菌特征及功能

酸化细菌种类	最优操作条件		酸化底物	酸化产物
	pH	温度/℃		
Alkalitalea saponilacus 厌氧盐碱细菌	9.7	35～37	单糖	丙酸、乙酸
Acetanaerobacterium elongatum 延长厌氧醋菌	6.5～7.0	37		乙醇、乙酸、H_2/CO_2
Petrimonas sulfuriphila	7.2	34～40		乙酸、H_2/CO_2
Christensenella minuta 小克里斯滕森氏菌	7.5	37～40		乙酸、丙酸等 VFAs
Bifidobacterium animalis 动物双歧杆菌	6.4～7.0	39～41		乳酸、乙酸
Bacteroides caccae 粪拟杆菌	5.0～5.2	30～37	氨基酸	琥珀酸、乙酸
Cloacibacillus porcorum 猪梭菌	6.5	39		甲酸、乙酸、丙酸、丁酸
Sedimentibacter acidaminivorans 沉积物棒菌	6.0～8.5	30～37		甲酸、乙酸、H_2/CO_2
Thermosyntropha lipolytica 解脂嗜热互营杆菌	7.15～9.5	52～72	长链脂肪酸	丙酸、丁酸、戊酸、异戊酸
Syntrophomonas sapovorans	7.1	35		乙酸、H_2/CO_2、丙酸、丁酸

10.2.3　产乙酸菌

产乙酸菌是联系水解、产酸细菌与产甲烷菌的关键微生物。在产乙酸阶段,产乙酸菌将产酸阶段产生的醇类和 VFAs 转化为可供产甲烷菌直接利用的乙酸,H_2/CO_2 以及甲酸盐。产乙酸菌主要包括产氢产乙酸菌和耗氢产乙酸菌(同型产乙酸菌)。产氢产乙酸菌主要将产酸阶段产生的 VFAs(除乙酸外)和醇类转化为乙酸。目前,常见的产氢产乙酸细菌包括脱硫弧菌属(*Desulfovibio*)、互营杆菌属(*Syntrophobacter*)、*Thermovirg* 和氢芽孢菌(*Hydrogenispora*)等。在产乙酸过程中,由干吉布斯自由能大于 0,乙醇、丁酸和丙酸的产氢产乙酸反应并不能自发进行,且转化速率顺序为:乙醇>丁酸>丙酸(表 10-4)。故需要"下游"微生物利用 H_2 或者乙酸等产物,降低氢分压或者乙酸浓度,从而持续促进产氢产乙酸过程,而同型产乙酸菌将拉动这一过程。

表 10-4　产氢产乙酸菌对 VFAs 和醇代谢的标准吉布斯自由能变化

底物	反应(pH 7, T=298.15 K)	$\Delta G'^{0}$/(kJ/mol)
乙醇	$CH_3CH_2OH + H_2O \longrightarrow CH_3COO^- + H^+ + 2H_2$	+9.6
丙酸	$CH_3CH_2COOH + 3H_2O \longrightarrow CH_3COO^- + H^+ + HCO_3^- + 3H_2$	+76.1
丁酸	$CH_3CH_2CH_2COOH + 2H_2O \longrightarrow 2CH_3COOH + 2H_2$	+48.1

同型产乙酸菌是既能进行化能自养又能进行化能异养的严格厌氧细菌。该菌以 CO_2 为最终电子受体，以 H_2 及糖类，有机酸，醇类等有机物为供氢体，乙酸是其无氧呼吸的唯一产物。常见的同型产乙酸细菌主要包括乙酸梭菌(*Clostridium aceticum*)、乙酸杆菌(*Acetobacterium*)和鼠孢菌属(*Sporomusa*)等。如表 10-5 所示，所有同型产乙酸反应均可自发进行。尤其是氢分压较高时，同型产乙酸过程自发进行的趋势更大。因此，从热力学角度，同型产乙酸菌和在较低氢分压生存的产氢产乙酸菌具有互营关系。

表 10-5　同型产乙酸细菌的标准吉布斯自由能变化

反应(pH 7, T=298.15 K)	$\Delta G'^{0}$/(kJ/mol)
$CH_3OH + HCO_3^- + H_2 \longrightarrow 2CH_3COO^- + 2H_2O$	−2.9
$2CO_2 + 4H_2 \rightleftharpoons CH_3COO^- + 2H_2O + H^+$	−15.9
$2HCO_3^- + 4H_2 + H^+ \longrightarrow CH_3COO^- + 4H_2O$	−70.3

除同型产乙酸过程外，乙酸也可被互营乙酸氧化菌(SAOB)转化为 H_2/CO_2，但前提是 SAOB 与氢营养型产甲烷菌进行互营生长。具体来说，乙酸转化为 H_2/CO_2 的过程是非常不顺利的(+104.6 kJ/mol)，但当氢营养型产甲烷菌消耗上述 H_2/CO_2(−135.6 kJ/mol)时，反应可以顺利进行。一般而言，SAOB 被认为可以通过化能自养和化能异养生长，并产生乙酸。不同的 SAOB 利用的酸化产物不同。例如，隶属于厚壁菌门的 *Syntrophomonas wolfei* 可在 pH 5.4～7.4 以及中温(35～37 ℃)条件下生存，是固体废物厌氧消化过程中典型的丁酸互营菌，与部分氢营养型产甲烷菌互营，将丁酸转化为乙酸。隶属于变形菌门(*Proteobacteria*)的 *Syntrophaceticus schinkii* 可在 pH 6.0～8.0 以及 25～40 ℃条件下生存，可与氢营养型产甲烷菌互作生长，将丙酸转化为乙酸，H_2/CO_2 和甲酸盐。生长在 pH 7.0～7.8 以及 28～37 ℃条件下的嗜酸共养菌(*Syntrophus aciditrophicus*)(属于变形菌门)可以通过与其他微生物协作，将某些 VFAs 以及苯丙酸盐转化为乙酸，并被产甲烷菌利用。

10.2.4　产甲烷菌

产甲烷菌是厌氧消化的最后阶段，前述阶段产生的中间产物(乙酸，H_2/CO_2，甲基类化合物)被产甲烷菌利用并产生甲烷。与水解和产酸细菌不同，产甲烷菌生长速度相当缓慢，其繁殖时长从几个小时到几十个小时。另外，产甲烷菌对环境变化(氧气、pH 等)极其敏感。具体来说，大部分产甲烷菌严格厌氧，只有少数产甲烷菌可在微氧过程中短暂存活。例如，99%的沃式甲烷球菌(*Methanococcus voltae*)和万式甲烷球菌(*Methanococcus vannielli*)在接触氧气后的 10 h 内被杀死，即使是一些耐氧的产甲烷菌暴露在空气中超过 30 h 后，细胞的活力也会迅速下降。pH 也会显著影响产甲烷菌活性，产甲烷菌的生长 pH 范围窄，大部分在中性条件下生存(pH 6.0～8.0)，仅有极小部分可在弱酸条件下生存(最低 pH 4.5)。然而，产甲烷菌的生长温度范围广(0～110 ℃),在高压条件下(20 MPa)耐受温度可达 122 ℃。

产甲烷菌可分为 7 个大目,15 个科以及 35 个属(表 10-6)。根据底物利用类型不同,可将产甲烷菌分为 5 类:乙酸营养型、氢营养型、甲基营养型、氧甲基营养型以及烷基营养型产甲烷菌。其中前 3 类营养型产甲烷菌常见于固体废物厌氧消化系统中。理论情况下,高达 72%的甲烷来自乙酸营养型产甲烷途径,28%的甲烷来自氢营养型产甲烷途径。但现有研究表明,尤其是在高温、高氨氮或高负荷条件下,氢营养型产甲烷菌和甲基营养型产甲烷菌更容易耐受环境条件的变化,使得氢营养型产甲烷途径和甲基营养型产甲烷途径的占比超过 30%,甚至达到 90%以上。

乙酸营养型产甲烷菌是指利用乙酸产生 CH_4 和 CO_2 的古菌。现阶段已知的乙酸营养型产甲烷菌是隶属于甲烷八叠球菌目的甲烷八叠球菌属(*Methanosarcina*)和甲烷鬃毛菌属(*Methanosaeta*)。除了利用乙酸外,甲烷八叠球菌属也可利用 H_2/CO_2 以及甲基类化合物产生甲烷。值得一提的是,之前被认为只能利用乙酸的甲烷鬃毛菌属被发现也可直接利用 CO_2/H_2 产生甲烷。相比于丝状的甲烷鬃毛菌属,荚膜较厚的甲烷八叠球菌属可以忍受更为恶劣的环境(如氧气、低温等)。

表 10-6 产甲烷菌系统分类的主要类群及生理特性

目	科	属	底物
甲烷杆菌目 *Methanobacteriales*	甲烷杆菌科 *Methanobacteriaceae*	甲烷杆菌属 *Methanobacterium*	H_2,甲酸
		甲烷短杆菌属 *Methanobrevibacter*	H_2,甲酸
		甲烷球菌属 *Methanosphaera*	H_2,甲醇
		甲烷嗜热杆菌属 *Methanoththermobacter*	H_2,甲酸
	甲烷嗜热菌科 *Methanothermaceae*	甲烷嗜热菌属 *Methanothermus*	H_2
甲烷球菌目 *Methanococcales*	甲烷球菌科 *Methanococcaceae*	甲烷球菌属 *Methanococcus*	H_2,甲酸
		Methanothermococcus	H_2,甲酸
甲烷微菌目 *Methanomicrobiales*	甲烷微菌科 *Methanocaldococcaceae*	甲烷微菌属 *Methanocaldococcus*	H_2
		甲烷炎菌属 *Methanotorris*	H_2
		甲烷微菌属 *Methanomicrobium*	H_2,甲酸
		甲烷袋状菌属 *Methanoculleus*	H_2,甲酸
		甲烷袋菌属 *Methanofollis*	H_2,甲酸
		产甲烷菌属 *Methnogenium*	H_2,甲酸
		叶形产甲烷菌属 *Merhanolacinia*	H_2
		甲烷盘菌属 *Methanoplanus*	H_2,甲酸
	Methanospirillaceae	甲烷螺菌属 *Methanospirillum*	H_2,甲酸
	甲烷粒菌科 *Methanocorpusculaceae*	甲烷粒菌属 *Methanocorpusculum*	H_2,甲酸
		甲烷砾菌属 *Methanocalculus*	H_2,甲酸

续表10-6

目	科	属	底物
甲烷八叠球菌目 *Methanosarcinales*	甲烷八叠球菌科 *Methanosarcinaceae*	甲烷八叠球菌属 *Methanosarcina*	H_2，甲胺，乙酸
		甲烷拟球菌属 *Methanococcoides*	甲胺
		甲烷喜盐菌属 *Methanohalobium*	甲胺
		甲烷嗜盐菌属 *Methanohalophilus*	甲胺
		甲烷叶菌属 *Methanolobus*	甲胺
		甲烷嗜甲菌属 *Methanomethylovorans*	甲胺
		甲烷微球菌属 *Methanimicrococcus*	H_2，甲胺
		甲烷盐菌属 *Methanosalsum*	甲胺
	甲烷鬃毛菌科 *Methanosaetaceae*	甲烷鬃毛菌属 *Methanosaeta*	乙酸
甲烷火菌目 *Methanopyrales*	甲烷火菌科 *Methanopyraceae*	甲烷火菌属 *Methnopyrus*	H_2
甲烷胞菌目 *Methanocellales*	甲烷胞菌科 *Methanocellaccae*	甲烷胞菌属 *Methanocella*	H_2
马赛球菌目 *Methanomassiliicoccales*	马赛球菌科 *Methanomassiliicoccaceaae*	马赛球菌属 *Methanomassiliicoccus*	H_2，甲醇

氢营养型产甲烷菌利用 H_2、甲酸盐等电子供体还原 CO_2 产生 CH_4。在整个产甲烷物种中，超过 75% 的产甲烷菌可利用 H_2/CO_2 生长，其中主要包括甲烷杆菌目、甲烷球菌目、甲烷微菌目、甲烷八叠球菌目。除利用 H_2 和甲酸盐以外，部分氢营养型产甲烷菌也可以利用丙酮酸，二元醇甚至 CO 作为电子供体产生 CH_4，但上述电子供体介导下的甲烷产生速率远远低于 H_2。有研究发现，当 CO 浓度为 100% 时，甲烷热自营营养杆菌（*Methanothermbacter thermoautotrophicus*）的产甲烷速率仅为 H_2/CO_2 的 1%。同时，与乙酸营养型产甲烷菌（尤其是甲烷鬃毛菌属）相比，氢营养型产甲烷菌对恶劣环境的耐受性更强。一方面，氢营养型产甲烷菌可以在 $pH<5$ 的环境中生存；另一方面，氢营养型产甲烷菌的繁殖速率（4～12 h/代）明显高于乙酸营养型产甲烷菌（4～9 d/代）。值得一提的是，在标准热力学条件下，与乙酸营养型产甲烷菌（$\Delta G=-36$ kJ/mol）和甲基型产甲烷菌（$\Delta G=-106$ kJ/mol）引导的产甲烷途径相比，氢营养型产甲烷菌引导的氢营养型产甲烷途径能量获取效率（$\Delta G=-131$ kJ/mol）更高（表 10-7）。该事实使得氢营养型产甲烷菌成为广泛研究的模式物种。

表 10-7　不同产甲烷菌的代谢产物及吉布斯自由能

反应	$\Delta G'^{\theta}$/(kJ/mol)	参与古菌(营养型)
$4H_2+HCO_3^-+H^+\longrightarrow CH_4+3H_2O$	−135	氢营养型产甲烷菌
$4HCO_2^-+H^++H_2O\longrightarrow CH_4+3HCO_3^-$	−145	氢营养型产甲烷菌
$4CO+5H_2O\longrightarrow CH_4+3HCO_3^-$	−196	乙酸营养型产甲烷菌 氢营养型产甲烷菌

续表10-7

反应	$\Delta G'^{\theta}$/(kJ/mol)	参与古菌(营养型)
$2CH_3CH_2OH + HCO_3^- \longrightarrow 2CH_3COO^- + H^+ + CH_4 + H_2O$	−116	氢营养型产甲烷菌
$CH_3COO^- + H_2O \longrightarrow CH_4 + HCO_3^-$	−31	乙酸营养型产甲烷菌 乙酸营养型产甲烷菌
$4CH_3OH \longrightarrow 3CH_4 + HCO_3^- + H_2O + H^+$	−105	乙酸营养型产甲烷菌 甲基营养型产甲烷菌
$4(CH_3)_3—NH^+ + 9H_2O \longrightarrow 9CH_4 + 3HCO_3^- + 4NH_4{}^+ + 3H^+$	−76	乙酸营养型产甲烷菌 甲基营养型产甲烷菌
$2(CH_3)_2—S + 3H_2O \longrightarrow 3CH_4 + HCO_3^- + 2H_2S + H^+$	−49	甲基营养型产甲烷菌
$CH_3OH + H_2 \longrightarrow CH_4 + H_2O$	−113	氢营养型产甲烷菌 甲基营养型产甲烷菌

甲基营养型产甲烷菌主要是利用甲醇、甲基苯丙胺(一甲基、二甲基、三甲基)和甲基化硫化物产生 CH_4。甲基营养型产甲烷菌主要分布在甲烷球菌属、马赛球菌属和甲烷八叠球菌科中。与氢营养型产甲烷菌类似,甲基营养型产甲烷菌抵抗恶劣环境的能力比乙酸营养型产甲烷菌强。

10.3 厌氧消化工艺

厌氧消化如今已经有成熟的工艺流程(图 10-2)。有机固体废物在经过前期的筛分之后,将可降解的部分进行包括添加外源材料、改变物料配比、改变固含量等预处理,随后加入至厌氧反应器中进行厌氧消化反应。经过一定时间的厌氧消化后,底物中的有机物大部分以沼气形式产出,剩余的沼液沼渣也通过其他手段加以利用。

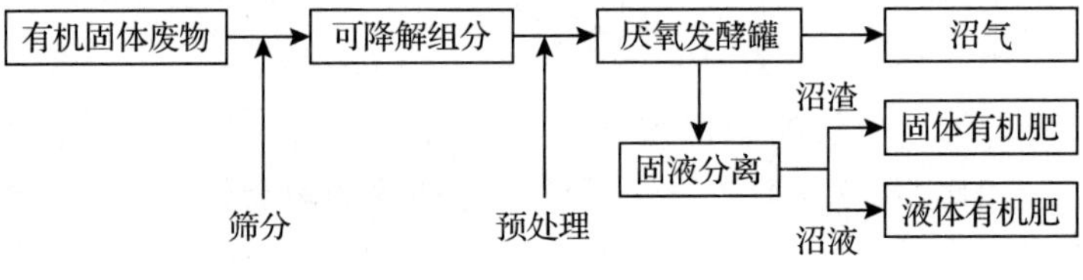

图 10-2 厌氧消化的主要工艺流程

可以从不同角度将现存厌氧消化工艺分为以下几个类型:按照固含量的多少分为湿式厌氧消化和干式厌氧消化;按照温度的高低分为常温、中温和高温厌氧消化;按照投料运行方式分为连续式、半连续式和序批式厌氧消化。

其中,湿式厌氧消化和干式厌氧消化按照发酵物料固含量(TS)来区分这两种工艺,一般来讲,进料固含量低于 15%的工艺属于湿式消化工艺,而进料固含量大于等于 15%的工艺则属于干式消化工艺。

10.3.1 湿式消化工艺

湿式消化工艺是原料固含量在 15%以下进行的厌氧消化反应,适用于有机废弃物流动水含量较多的情况。厌氧湿式发酵是在原料固含量较低的情况下，在无氧或低氧的条件下，有机质被兼性和专性厌氧微生物群逐级降解成稳定的小分子物质，并产生沼气的过程。厌氧消化产物(沼渣和沼液中)含有植物所需的营养物质，可用于还田，沼气中甲烷含量约占 60%。

湿式发酵设备费用高、后续处理量大，但稳定性强。在欧洲，90%处理城市有机固体垃圾及生物质废弃物的沼气工程都采用单相厌氧消化工艺，其中，湿式与干式发酵工艺的应用大致平均分配。在 20 世纪 80 年代前，对厌氧消化工艺的研究主要集中在湿法厌氧消化上，进入 20 世纪 90 年代后，干式厌氧消化工艺也开始受到越来越多的关注。目前，我国主要采用干式消化工艺。

10.3.2　干式消化工艺

干式消化工艺是指固体含量较高的厌氧消化反应，也称厌氧干发酵，一般在无流动水的前提下分解有机废物。厌氧干发酵的生化反应与厌氧湿发酵在本质上是相同的，都是微生物在厌氧条件下分解有机质产生 CH_4 和 CO_2，并且完成能量转化的过程。与传统的厌氧消化相同，厌氧干发酵的转化过程分为水解、酸化、产氢、产乙酸、产甲烷几个阶段，但在实际反应过程中，几个生化反应阶段同时进行，并保持一种动态平衡。这种动态平衡受到发酵底物性质、浓度、pH 和环境温度等因素的影响。

一般来说，干式消化工艺的沼气产量会比湿式消化工艺高。这是因为较高 TS 含量意味着更多的可利用有机物，在细菌和产甲烷古菌之间的协同作用下转化为更多甲烷。然而，这种高有机负荷也更易导致水解和产酸阶段反应强烈，进而造成 VFAs 和氨的积累，抑制消化器性能和最终甲烷产量。因此，干式消化随着 TS 的不断上升，甲烷产量一般会随之呈现先上升后下降的规律，生产过程中需要选择适宜的底物 TS 含量。值得注意的是，不同厌氧消化条件尤其是原料性质的差异，会导致干式消化工艺最适用的 TS 条件不同，大部分的干式消化工艺采用 22%或更低的 TS 含量，少数顽固性有机物(如农作物秸秆、绿化垃圾等高木质纤维素生物质)可在 35%以上的 TS 含量条件下稳定运行。

10.3.3　消化工艺增效调节

鉴于厌氧消化工艺的特性，改善其工艺性能的方案策略主要包括底物特性的改善和工艺运行技术调节两大类别。表 10-8 总结了几种有效增效的例子。

表 10-8　增强厌氧消化性能的几种方法及效果

	处理方式	原料类型	甲烷产量
原料类型		餐厨垃圾	178 L/g VS
		鸡粪	280 L/g VS
		庭院垃圾	49.3 L/g VS
		玉米秸秆	239 L/g VS
		生活垃圾	202 L/g VS

续表10-8

	处理方式	原料类型	甲烷产量
预处理	淀粉酶处理	稻壳	34.90 L/gr TS
	纤维素酶处理	稻壳	25.60 L/gr TS
	水热处理	水稻秸秆	133 L/g VS
	碱处理	水稻秸秆	237.5 L/g VS
	酸处理	玉米秸秆	200 L/g VS
	蒸汽爆碎	玉米秸秆	257 L/g VS
共消化		餐厨垃圾、庭院垃圾	0.13 L/g VS
		大麦秸秆、猪粪和牛粪	0.25 L/g VS
		生活垃圾、稻草	0.40 L/g VS
外源添加剂	纤维素降解菌	甘蔗渣	0.44 L/g VS
	生物炭	小麦秸秆	0.22 L/g VS
	镍、钴	水稻秸秆	0.31～0.40 L/g TS
接种	经甘蔗渣驯化的厌氧污泥，*F*/*I*＝1	甘蔗渣	0.28 L/g VS
	经甘蔗渣驯化的厌氧污泥，*F*/*I*＝0.5	甘蔗渣	0.27 L/g VS
	经甘蔗渣驯化的厌氧污泥，*F*/*I*＝0.25	甘蔗渣	0.25 L/g VS
	消化后的猪粪，*F*/*I*＝0.2	废弃脂质	0.15 L/g VS
	消化后的猪粪，*F*/*I*＝2	废弃脂质	0.87 L/g VS
	猪粪中温厌氧系统，*F*/*I*＝1	猪粪、玉米秸秆和黄瓜秧	0.36 L/g VS
	猪粪中温厌氧系统，*F*/*I*＝2	猪粪、玉米秸秆和黄瓜秧	0.2 L/g VS
温度	55 ℃	小麦秸秆	0.17 L/g VS
	37 ℃	小麦秸秆	0.12 L/g VS
	55 ℃	生活垃圾	5.45 m^3/L
	35℃	生活垃圾	4.30 m^3/L

(1)厌氧消化基质性质调节　原料的类型在停留时间、有机物降解和总挥发性固体的转化率方面显著影响厌氧消化，并最终决定反应器的稳定性和 CH_4 产量。相比于性质稳定的农业秸秆等高木质纤维素生物质，厨余垃圾、城市生活垃圾等易降解的有机物在厌氧消化过程中可以快速溶解并转化为 VFAs 和总氨氮等小分子物质。这种转化还容易导致中间有害化合物的积累，导致反应器运行不稳定、起泡和抑制 CH_4 生成。相比之下，一些相对难分解的有机固体废物，如农业秸秆和园林废弃物，对系统稳定性有很强的保持能力，但它们仍有可能在单一物料消化过程中积累中间化合物。

共消化是一种常用的增效方式，可以利用多种原料特性互补的方式来调节底物性质，并建立系统稳定的有机质协同分解作用。共消化的目的是实现基质元素和养分的平衡，以供微生物利用，常见的做法是基于合适的碳氮比(C/N)混合富氮原料(如牲畜粪便)和富碳原料(如农作物秸秆)。共消化产生的沼气比多种类型原料的单消化率高出 25%～400%。通常建议的原料 C/N 范围为 20～30,最佳比例为 25。

(2)厌氧消化工艺参数调节　厌氧消化运行工艺参数的调节对于厌氧消化的性能影响至关重要。按照工艺类型的不同,厌氧消化通常分为序批式和连续/半连续式两种。工艺运行参数调节的主要内容如下:

(1)消化温度调节　是提高厌氧消化性能的一种简单方法。大多数工业反应器通常分为常温、中温(－35 ℃)和高温(－55 ℃)3 种条件。与中温相比,高温条件可以提高微生物活性,从而提高有机物降解率和甲烷产量并缩短消化时间。然而,高温消化能耗较高,中间代谢产物(例如 VFAs)更容易快速积累,可能导致成本上升以及消化过程失稳。因此,高温消化通常用于促进(例如农业秸秆和园林废弃物等)难降解物质的降解。

(2)接种　对厌氧消化性能有显著影响,尤其是在启动阶段。接种物会带来微生物和水。因此,高浓度和活性接种源是减少消化时间、提高消化效率和增加最终产品中 TS 的关键。厌氧消化系统通常使用沼渣、循环沼液或奶牛粪便作为接种物。此外,原料中接种物的百分比也需要控制在合适的比例内,以保持厌氧消化系统的稳定。大量接种物可以加速厌氧消化系统的启动,并提高单位底物的甲烷产量,但不可避免地降低有机固废的处理能力。一般而言,易降解有机物(如厨余垃圾)的 F/I[基于挥发性固体含量(VS)]设置得相对较低(通常小于 1),而对于中温系统或木质纤维素生物质的 F/I 可以设置为 2～3。但也有些系统可以在稳定运行的条件下将 F/I 设置到 6 以上,因此具体针对某个反应器需要重新考虑 F/I。

(3)预处理　是改善原料特性以提高其生物可降解性的有效方法。含有难以水解的组分(如木质纤维素和富含脂肪的生物质)的原料通常进行预处理。各种预处理技术,包括机械、化学、热处理和生物处理,已广泛用于加速水解,可以提高厌氧消化的效率。

(4)外源添加剂　可以被用来提高厌氧消化的性能,能够增强对高有机负荷的抵御能力。主流的添加剂主要包括微量金属、碳基材料和 pH 调节剂。适当添加微量金属,如铁、锌、镍、铜、钴、钼和锰,可以提高产甲烷菌的能力。例如,有研究表明,在中温和高温条件下,镍和钴的添加可以分别有效地提高稻草厌氧消化 37%和 46%的沼气产量。此外,碳基材料和 pH 调节剂可以改善中间产物的积累,并增强酸性和产甲烷阶段之间的平衡。

10.4　厌氧消化过程的关键影响因素

10.4.1　温度

厌氧消化过程中,温度对微生物生长繁殖及生物化学反应都有很大程度的影响。厌氧消化过程中主要存在 3 个最适温度范围,分别是低温发酵(15～20 ℃)、中温发酵(35～40 ℃)和高温发酵(50～55 ℃),这也指导了众多工业反应器进行消化温度的选择。不同的微生物适应的最佳温度不同,同一种微生物在不同的温度下进行厌氧消化反应,其活性也并不完全相同。当温度处于 10～30 ℃时,产甲烷菌的产甲烷能力随着温度的升高而提升,日产气的高峰也会随之提前,微生物菌群的变化也会随着温度的不同产生明显的变化。当温度超过 40 ℃时,微生物菌群中的物种数量会急剧下降。对于最适生长温度,47 ℃可能是中温菌生长的上限,同时也是物种数量最少的温度界限。超过 70 ℃,仅存几种菌可以保持生长。一般来说,细菌和古菌在中温条件下的多样性更高。

10.4.2 pH

pH 是影响厌氧消化的重要因素之一。厌氧消化过程中，适宜不同微生物生存的最佳 pH 范围均存在差异，pH 对厌氧消化的影响主要体现在对微生物酶活性的影响，厌氧消化过程中每种酶的活性都有一个最佳 pH 范围。水解及酸化细菌最适生长 pH 为 5.5～6.5，产甲烷菌需要严格的碱性环境，最适宜范围是 7.3～8.0。产甲烷菌的失活是导致厌氧消化体系受到抑制甚至失败的主要原因，所以控制好 pH 对厌氧消化体系的稳定至关重要。一般情况下，厌氧消化正常运行状态时，pH 就不需要进行人工干预。因为体系内的挥发性脂肪酸与总碱度形成了一个缓冲系统，维持体系稳定，保护系统不因环境的骤变冲击而导致 pH 突然变化。

10.4.3 挥发性脂肪酸

厌氧发酵中的 VFAs(如甲酸、乙酸、丙酸和丁酸等)由氨基酸、脂肪酸和单糖分解产生，发生在酸化阶段，后被产甲烷菌用来产甲烷。尽管 VFAs 是厌氧消化过程中不可或缺的营养物质，但它们积累过量会对厌氧消化产生抑制效果。由于厌氧消化底物的不同，VFAs 累积抑制性能的阈值也有所不同。众多研究发现，当 VFAs 含量大于某个值(这个值一般不会超过 20 g/L)，产甲烷活动会显著受到抑制，甚至完全停止。另外，一般认为，丙酸更容易抑制厌氧发酵，其次是乙酸，然后是丁酸。有研究提出，造成厌氧发酵体系产甲烷性能受到抑制的丙酸、乙酸和丁酸浓度阈值为 4 g/L、6 g/L 和 8 g/L。

10.4.4 氨氮

厌氧消化过程中，氨氮是重要的控制参数之一。在此过程中，微生物利用蛋白质等有机物代谢生长的同时生成氨氮类物质，主要以游离氨及铵根离子的形式存在于厌氧消化体系中。氨氮为微生物的生长繁殖提供必需的氮源，但浓度过高的氨氮会对产甲烷菌的活性产生抑制作用。游离氨(NH_3)会在高氨氮浓度下渗入微生物细胞内，造成钾离子/质子失去平衡，从而抑制微生物生理活动。并且游离氨及铵根离子的相对平衡和转化会影响 pH 的变化。不同的厌氧消化系统、反应器类型及反应条件，都会导致不同的最适宜氨氮浓度范围。有研究表明：当沼液中的氨氮浓度处于 1 670～3 717 mg/L 时，产甲烷菌的活性会有明显的下降，当氨氮浓度继续升高到 4 086～5 550 mg/L 时，产甲烷菌活性骤降 50%，氨氮浓度高达 5 875～6 600 mg/L 时，产甲烷菌会失去活性。

10.4.5 碳氮比(C/N)

厌氧消化过程中，碳、氮作为主要的营养物质，为厌氧微生物代谢和生长提供保障，其比例对厌氧系统的稳定性和厌氧微生物活性有显著影响。厌氧消化系统中最佳 C/N 为(20∶1)～(30∶1)。在此过程中，若 C/N 过高，氮元素缺乏，会使微生物能源物质不足，从而造成产甲烷效率下降，并且体系抗冲击能力较弱，进而导致挥发性脂肪酸积累，体系酸化。若 C/N 太低，即氮元素含量过高，厌氧消化过程中会产生氨氮积累，导致氨氮抑制现象。

10.4.6　含固率

厌氧消化系统中，底物的含固率对体系运行的稳定性及厌氧消化反应速率都有很大影响。在水分充足的液体环境中，体系物料容易混合均匀，微生物与底物接触面积大，传质传热效率高，各部分微生物生长均匀一致，体系运行更加稳定。但高水含量的情况则会导致厌氧消化效率下降，处理效果降低，同时产生大量沼液，造成二次处理困难。当固体含量上升，传质传热效率会降低，同时会在体系内出现反应不同步及微环境情况，导致微生物生长不再均匀一致，系统运行不稳定。但高含固率发酵体系能够增加处理量和容积产气率，降低反应器运行成本。然而，在高含固率厌氧发酵体系中，底物中丰富的有机质含量可增加 CH_4 产率，但过高的有机负荷可能带来抑制效应，物料产 CH_4 潜力随之降低。所以，控制厌氧消化体系中物料的含固率对厌氧消化体系具有重要意义。

10.5　厌氧消化设备与运行管理

厌氧反应器的发展与城市污水、有机固体废物的处理需求密不可分，根据湿式和干式厌氧消化工艺的不同，厌氧消化反应器也可分为湿式厌氧反应器和干式厌氧反应器。同时为保证消化系统稳定高效地进行，需要对厌氧反应器的运行进行日常管理与维护。

10.5.1　主要设备

1. 湿式厌氧反应器

目前常用的湿式厌氧反应器的类型有：升流式厌氧污泥床反应器、厌氧颗粒污泥膨胀床反应器、连续流混合搅拌反应器、降流式厌氧污泥床反应器和膜生物反应器等。

(1)升流式厌氧污泥床反应器(UASB)　包括污泥反应区、气-液-固三相分离器(包括沉淀区)和气室，如图 10-3 所示。底部反应区储存了大量的厌氧污泥，沉淀和凝结性能良好的污泥在下部形成了一层污泥层。待处理的污水从厌氧污泥床底部流入污泥层与污泥混合接触，污泥中的微生物分解污水中的有机物并转化为沼气。沼气不断地以微小气泡的形式释放出来，在上升的过程中，这些微小的气泡继续合并逐渐形成较大的气泡。在污泥床的上部，由于沼气的搅动，污泥浓度较低的污泥与水一起上升到三相分离器中。当沼气接触到分离器下部的反射器时，它围绕反射器弯曲，然后穿过水层进入气室。浓缩在气室沼气中，经导管输出，固液混合物反射到三相分离器的沉淀区，使污水中的污泥絮凝，颗粒逐渐增多，在重力作用下沉降。斜壁上沉淀的污泥沿斜壁滑回厌氧反应区，使大量污泥在反应区内堆积，从沉淀区溢流堰上部分离出

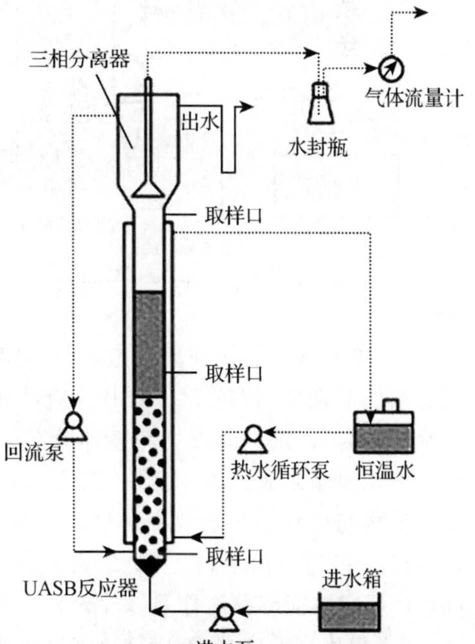

图 10-3　UASB 反应器示意图

的污水从溢流堰上部溢出，然后排出污泥床。

（2）厌氧颗粒污泥膨胀床反应器（EGSB） 其结构与UASB相似，分为进水分配系统、反应区、三相分离区和出水渠系统，如图10-4所示。与UASB反应器不同，EGSB反应器具有特殊的出水回流系统。颗粒污泥膨胀床改善了废水中有机物与微生物的接触，强化了传质能力，提高了反应器反应速率。由于回流等结构设计，使得废水在反应区具有较高的向上流动率，反应器中的颗粒污泥处于膨胀态。

（3）连续流混合搅拌反应器（CSTR） 是一种使发酵原料和微生物处于完全混合状态的厌氧处理技术，如图10-5所示。整个发酵生产过程是在一个封闭的罐内完成的，在消化池内设置搅拌装置，使发酵原料与微生物完全混合。进料方式采用恒温连续加料操作。由于搅拌作用的影响，新原料在发酵罐中迅速与所有发酵液中的细菌混合，使发酵基质浓度始终较低，以降解废水中的有机污染物，去除厌氧废水生物处理器中的悬浮物。

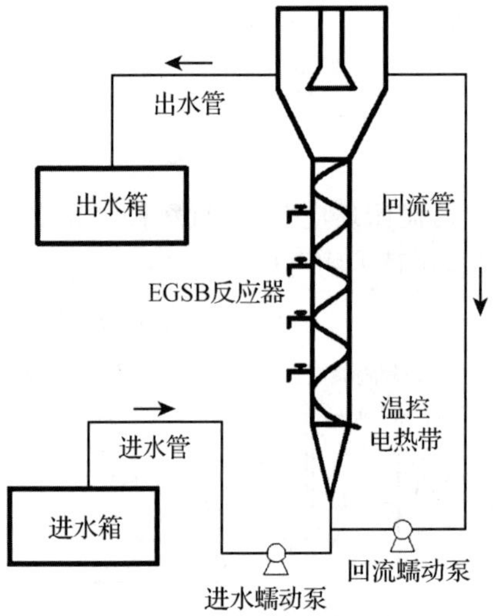

图10-4 EGSB反应器示意图

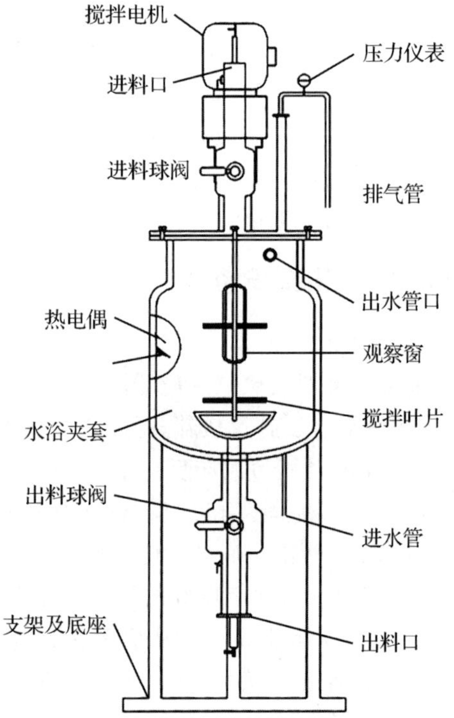

图10-5 CSTR反应器示意图

（4）降流式厌氧污泥床反应器（DASB） 该反应器的结构相对简单，主要依靠重力作为物质运输的驱动力，相较于UASB反应器而言，具有相对明显的低能耗优势，如图10-6所示。当配水均匀时，内部的悬浮填料整体分布于有效区域的上部，进行重力配水时，水力负荷较小，填料区出现少量膨胀或者不膨胀，进水通过填料间隙完成下沉，防止了短流，也增长了流线，提高了微生物与底物的接触效率。也因为存在重力布水，且与气体产生的方向相反，在不打破填料区整体分布的前提下，在单个填料载体的表面上和内部能产生水力剪切和微扰动，从而使得DASB反应器能够被看作是一个经多个完全混合的小单元组成的推流式反应器。

（5）膜生物反应器（MBR） 该反应器是将膜技术结合到生物处理中，即利用膜技术降解水中的有机物，如图10-7所示。MBR反应器主要构件是中空纤维微滤膜，该组膜构件浸没于反应器内的混合液中；反应器的底部，采用穿孔管曝气产生紊动来冲刷中空纤维膜表面，促使累积在膜表面的颗粒脱落。在抽吸水泵产生的负压下，水穿过膜而完成过滤处理。富含世代周期较长的硝化菌、聚磷菌等微生物的污泥，被截留在 MBR 反应器内，污泥浓度大大增加，使降解有机物、脱氮和除磷的生化反应进行得更迅速、更彻底。

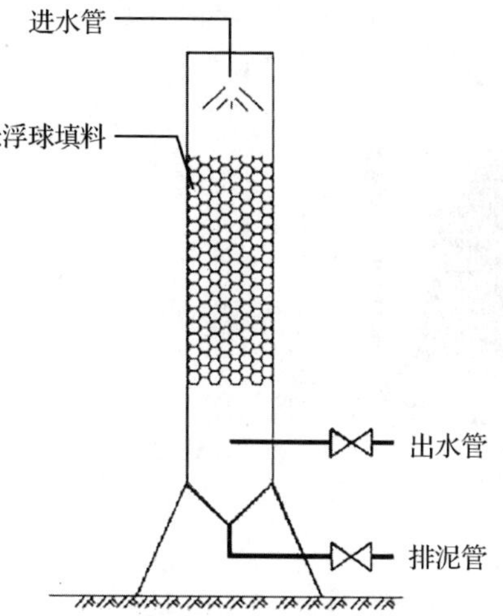

图 10-6　DASB 反应器示意图

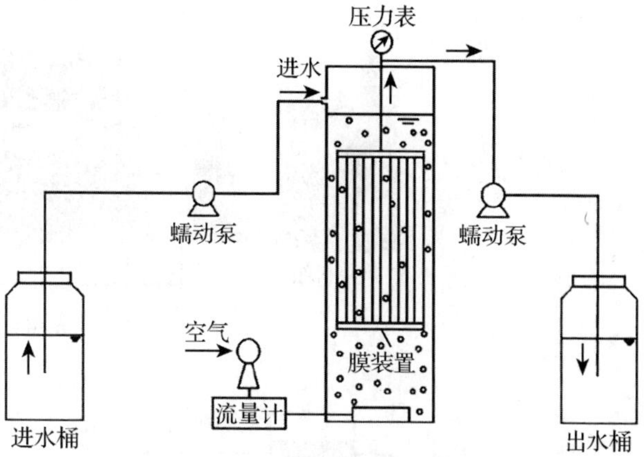

图 10-7　MBR 反应器示意图

2. 干式厌氧反应器

干式厌氧消化反应器的类型多种多样，根据反应器的进出料方式，可分为序批式反应器和连续式反应器。

(1)序批式反应器　一般为生物淋滤型反应器，在渗滤液喷淋过程中可对反应器中的氧气含量、有机负荷等进行调节，也可以是将产酸相和产甲烷相分开的两相反应器。两相反应器可以使水解酸化和产甲烷化在各自的最优条件下运行，从而提高厌氧消化的产气速率。典型的序批式反应器有 Loock 序批式反应器、Bekon 序批式反应器和 Bioferm 序批式反应器 3 类。

①Loock 序批式反应器。其工作过程主要包括投料阶段、预好氧处理阶段、启动阶段、厌氧消化阶段和发酵完成阶段，如图 10-8 所示。在第 1 阶段物料首先经过预好氧堆肥，利用堆肥热量提高物料温度；第 2 阶段开始渗滤液的喷淋；第 3 阶段为主要的产气阶段，沼气中甲烷成分可达到 80%以上；在第 4 阶段喷淋系统停止循环并排空渗滤液，通入空气后打开仓门。

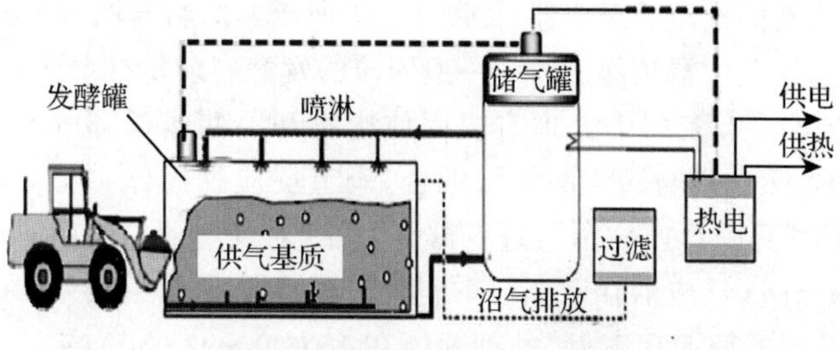

图 10-8　Loock 序批式反应器

②Bekon 序批式反应器与 Bioferm 序批式反应器。均设有自动控制系统，使发酵过程更容易控制，如图 10-9、图 10-10。Bioferm 序批式反应器进料浓度一般为 25%～35%，平均发酵时间 28 d，发酵渗滤液通过喷洒作为接种源。这两种反应器与 Loock 序批式反应器相比，未设置搅拌装置，且在运行过程中没有预好氧处理的阶段。

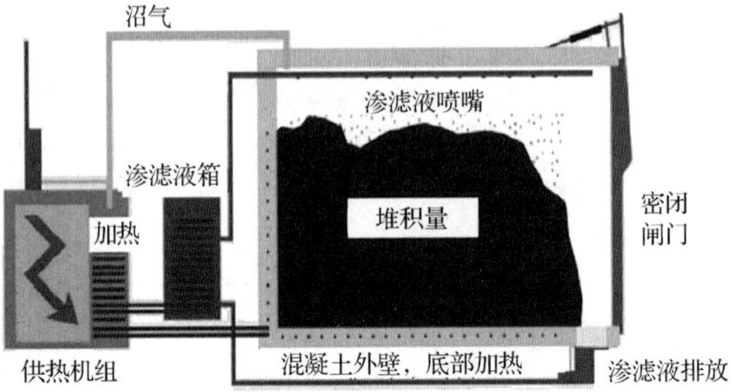

图 10-9　Bekon 序批式反应器

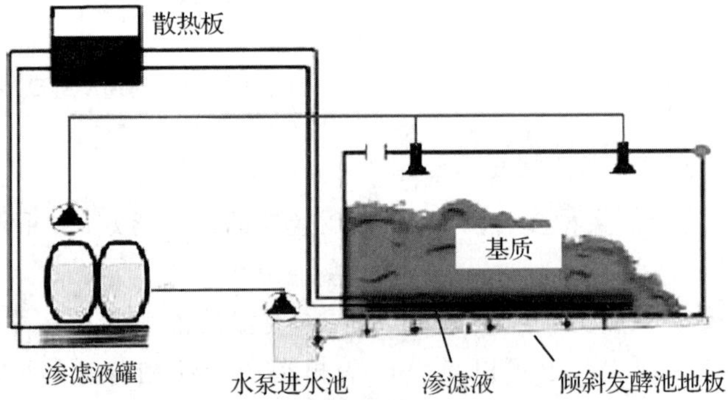

图 10-10　Bioferm 序批式反应器

(2)连续式反应器　为单相反应器，发酵底物中的固体含量可达到 20%～40%，沼气产量(VS)高达 0.3～0.5 m^3/kg。反应器处理的发酵原料固体含量高、黏度大，因此反应器对原料的输送要求更高。Dranco、Valorga、Kompogas 是 3 种已经商业化推广的、典型的连续式单相干发酵反应器。

①Dranco 反应器。适于处理源头分类的生活垃圾和工业有机垃圾，已在比利时、德国、奥地利等多个国家有商业化应用，处理规模在 12 000～20 000 t/年。Dranco 反应器主要包括一个混料罐、一个上进料和下出料的推流式反应器，如图 10-11 所示。原料与回流的发酵剩余物首先在混料罐内混合，之后输送至反应器顶部进料。一般回流的发酵剩余物与新鲜原料的比例为 6∶1。

②Valorga 反应器。大多用于处理有机固体废物和一些难以降解的生活垃圾，其主要流程是对物料进行分类、筛选后与回流的沼液混合，调节反应物固体含量后输送至反应器内，如图 10-12 所示。发酵过程中将产物沼气进行部分回流，对反应器内物料进行气动搅拌，加强物料流动性。目前，Valorga 反应器在欧洲已取得良好的商业化应用效果，在法国、荷兰、波利尼西亚等地都有稳定运行的商业化案例，处理规模在 16 000～92 000 t/年。

③Komogas 反应器。是一个水平的推流反应器，如图 10-13 所示，采用转子泵进料，内部

有一个转轴辅助完成排气和物料的均质化，并完成对物料的推流出料，内部充满度保持在72%～77%，以保证系统稳定运行，这样一些工艺水或者消化残余物就可进料混合了。反应器内物料的含固率为23%左右。Kompogas反应器主要处理源头分类的有机废物，包括废物接收、筛选、中间储存及湿度调节等流程，发酵温度为55 ℃左右，发酵时完全隔离和加热，发酵停留时间一般为15～22 d。

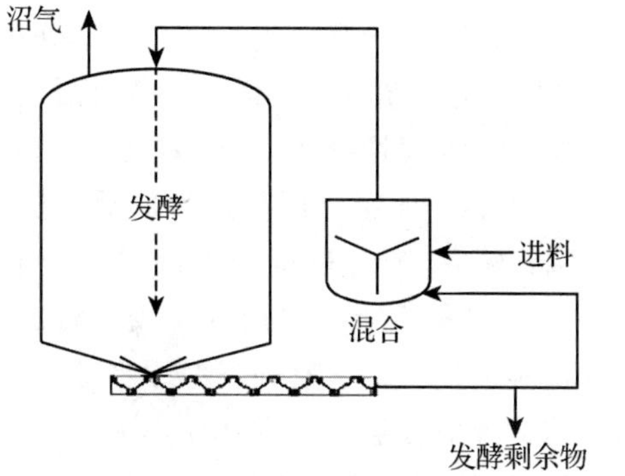

图 10-11　Dranco 反应器

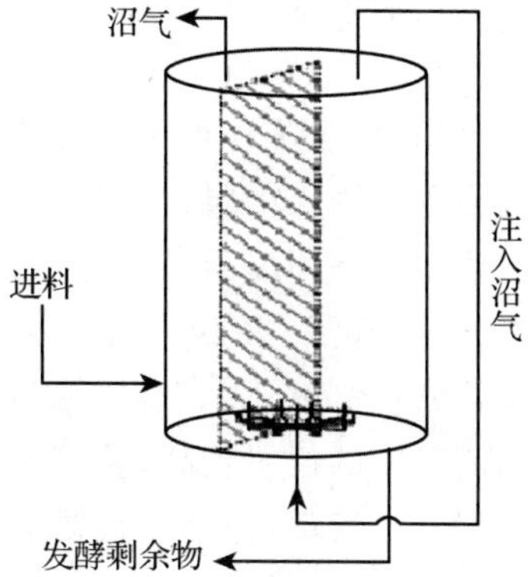

图 10-12　Valorga 反应器

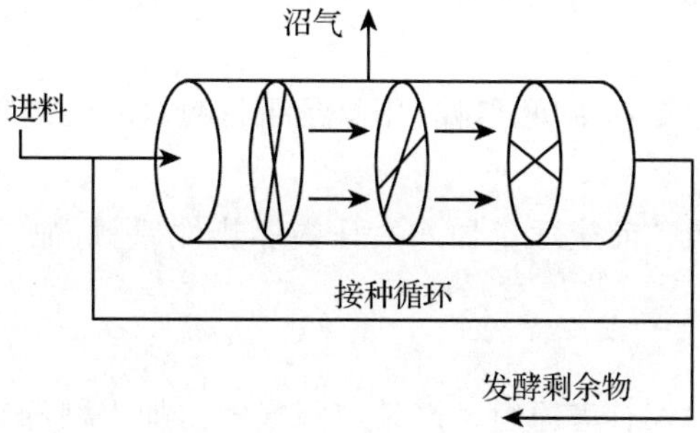

图 10-13　Komogas 反应器

10.5.2　运行与管理

1. 日常运行

(1)要经常进出料　小型家用沼气池日沼气容积为1.5 m^3 左右，每天应有相当于20 kg的畜禽粪便入池。秸秆等干料可按每千克产气0.3～0.5 m^3 计算用量。考虑到一般自然风干存放的秸秆含水率较高，可按每天4～5 kg进行配置，短期进料。应尽可能考虑与畜禽粪便进行综合进料或添加氮素化肥后过水堆沤进料。每5～10 d进出料应达到发酵原料总量的3%～5%。如8 m^3 沼气池每5～10 d进出料量应达到0.2～0.3 m^3。同时排出相同数量的发酵残余物，并定期抽取底部沉渣，以保持一定的有效池容。进出料时，应先出料，后进料，遵照出多少进多少的原则，保持气箱容积的相对稳定和产气均衡。

(2)维持适宜的发酵温度　新池启动时，应用温水启动，水温30～50 ℃为宜。禁止使用冷水启动，延长启动时间。温度是沼气发酵的主要外在条件，温度适宜则沼气菌群活动旺盛、产气快。在10～60 ℃范围内均能正常发酵产气，低于10 ℃或高于60 ℃都严重抑制沼气菌的活动，料液温度在 8 ℃以下时沼气的产生已很微弱。一般情况下，当发酵温度为 16～20 ℃时，如果单位体积产气量为 1，则当发酵温度为 24～26 ℃时产气量会提高一倍，当发酵温度为 29～31 ℃时，则比 24～26 ℃时产气量提高 1 倍。根据沼气发酵的这一特性，夏季可比春秋季适当多出掉一部分料，将池内气腔腾大，避免高压运行，减少冲盖可能，有利于安全使用；冬季可比春秋季适当多进一部分料，以维持较高的产气，使灶前压力较高，火力大且好用。同时较多的料液和较高的料液浓度有利于池内酿热，保护池体。

(3)定期搅拌池内发酵原料　经常搅拌池内发酵原料，可显著提高产气率。如果长期不搅拌，则池内的原料就会按轻重形成自然分层。最上层为浮渣层，发酵原料多而沼气菌群较少，原料得不到充分利用。中层为发酵料液层，以水为主，发酵原料少，沼气菌也少，原料中的泥土部分也与一些沼气菌团以菌胶团的形式存在于这一层。下层是沼气发酵的活性层，若发酵原料不经常搅拌，随着沼气的产生，下层原料会不断减少，产气量也会逐渐减少。搅拌以每天 1～2 次、每次 5～10 min 为宜。如果每天搅拌一次，以早上未用气前气压较大时进行较好，此时料液在抽渣管中的位置较高，易于抽出，可轻松实现搅拌。只有在发酵原料充足的条件下经常搅拌才能提高产气率，但如果长期不进出料，则搅拌对促进产气的作用不大。

(4)严防漏气　进料后，按要求密封好各活动盖，特别注意密封好天窗口，以防漏气。

(5)排放废气　启动初期所产气体为废气，不能燃烧，应排放废气 7 d，每天排放 30 min。

(6)观测压力变化情况　当沼气压力达到 9 个大气压时，应及时用气或放气，以免压力过大损坏压力表和池体。

(7)及时检修　经常检查各接口、管路、用具是否密封、损坏、老化、堵塞，若发现问题，及时检修。

(8)加强越冬管理　入冬前应适量加入牛马粪等热性原料，池外加盖保温膜，确保冬季正常产气。

2. 设施管理

(1)物料管理　不能加入有害原料。严禁向沼气池内加入剧毒农药和各种杀虫剂、杀菌剂以及电石等，也不能投入刚喷洒了农药的作物茎叶、刚消过毒的禽畜粪便，不能投入如烟草秆、夹竹桃等植物及重金属化合物、盐类等，以免使正常发酵受到破坏，甚至停止产气。

(2)安全管理　包括以下 3 点。

①沼气池进出料口应加盖板，以防人、畜跌入，也有利于保温和环境美观。沼气池顶部应避免重物撞击或汽车压行，以防崩塌。

②沼气压力表应常检查，池内压力过高时要立即用气、放气，或从水压间出部分料液，以防胀坏气箱。用户要经常开窗通风和检查输气管路、开关是否漏气，一旦室内嗅到沼气的臭鸡蛋味时，要立即开窗通风，并切断气源，人要迅速离开，待气味散尽后，立即检查漏气部位，检修好后方可用气。导气管堵塞必须马上清理。

③进出料要均衡，不能过大。如加料数量较大，应打开开关，慢慢加入。一次出料较多，压力表水柱下降到零时，应打开开关，以免产生负压过大而损坏沼气池。

(3)安全换料和维修　人在入池前，必须先打开活动盖口通风，并将原料出到进出料口以下，敞开数天，排出池内沼气，再放小动物入池试验，未发现异常反应，才能入池工作。下池系好安全带，池顶留人守护。在入池出料、维修和补漏时，不能用油灯和蜡烛等明火，只能用电灯或手电筒照明。

习题

1. 厌氧消化的微生物学过程主要分为哪几个阶段？为什么这样划分？
2. 厌氧消化主要有哪几条产甲烷途径？各自有什么特点？
3. 我国目前厌氧消化主要处理哪些类型的有机废物？它们有什么特点？
4. 序批式和连续式厌氧消化反应器各自有什么优缺点？

第 11 章　固体废物的乙醇发酵技术

11.1　概　　述

随着全球经济的不断发展，工业化发展面临能源消耗和环境破坏持续加重的问题。石油价格的快速上涨，使人们加强了对新能源研究和开发的力度。以人类目前开发的技术效益来看，乙醇是石油的重要替代物之一。作为燃料，乙醇有诸多突出的优点：能量利用率较高，产热较多；燃烧过程中对环境造成的污染远低于其他化石燃料；可通过有机固体废物发酵大量生产。

11.1.1　微生物学原理

1. *参与发酵的相关微生物*

参与固体废物乙醇发酵的微生物主要包括酵母菌、霉菌和细菌。其中，酵母菌是目前应用最广泛的发酵菌株，而细菌则被认为具有较大的乙醇发酵潜力。

(1)酵母菌　用于乙醇发酵工业生产的酵母菌株一般须具备以下性能：具有快速将糖转化为乙醇的能力；具有较快的繁殖速度和较高的比生长速率；具有一定的耐乙醇和耐高温能力，以便采用高浓发酵和高温发酵。

①酿酒酵母。乙醇生产最常用微生物是酿酒酵母(*Saccharomyces cerevisiae*)。酿酒酵母是种单细胞微生物，属子囊菌纲。除在营养极端缺乏时采用孢子繁殖外，一般为芽生繁殖。酿酒酵母能发酵葡萄糖、麦芽糖、半乳糖、蔗糖等。

②粟酒裂殖酵母。粟酒裂殖酵母(*Schizosaccharamyces pombe*)也是一种有应用潜力的酒精发酵微生物。该酵母的繁殖方式是裂殖，且耐高渗透压能力强，适合纤维和半纤维水解液的乙醇发酵。此外，部分粟酒裂殖酵母菌可进行葡萄糖的连续发酵，它利用菌体自身絮凝能力而形成酵母颗粒，并以此作为一种固化手段，获得更高的菌体浓度[40～60 g(干重)/L(反应器容积)]，进而达到很高的生产能力，最高的发酵强度可达 30～40 g(乙醇)/(L・h)，是一般常规乙醇酵母发酵的 5 倍。

③其他菌种。植物废弃物中含有大量的半纤维素，而半纤维素分解产物主要是木糖。目前已被证明可用于木糖直接乙醇发酵的微生物菌种主要有：假丝酵母(*Candida*)、毕氏酵母(*Pichia*)、嗜热糖梭菌(*Clostridium thermosaccarolyticum*)和管囊酵母(*Pachysolen*)。管囊酵母是第一个被发现具有转化木糖为乙醇功能的酵母，但管囊酵母在发酵木糖时伴生同量的

木糖醇，而树干毕氏酵母不产生木糖醇，因此乙醇产率高。

(2)细菌　长期以来，乙醇发酵都采用酵母，但随着 1911 年从苹果酒中分离得到运动发酵单胞菌后，人们对细菌乙醇发酵产生了极大的兴趣(表 11-1)。与酿酒酵母相比，细菌在乙醇的产量、发酵效率、最大细胞浓度以及生长速率等方面均优于酵母，但其碳源利用范围较酵母窄。国外学者最初利用一种耐热厌氧菌——热纤梭菌来进行纤维素的直接乙醇发酵，后来又把它同另一耐热厌氧菌——热糖梭菌混合培养，运用耐热糖梭菌来把前者不能代谢的戊糖转化为乙醇，提高了乙醇的产率。国内学者也利用这两种细菌对造纸废水中的短小纤维进行直接发酵生产乙醇，结果表明混合培养能大大提高乙醇的产量。

表 11-1　部分以乙醇为主要发酵产物的细菌

中温菌	产率/(mol 乙醇/mol 葡萄糖)	嗜温菌	产率/(mol 乙醇/mol 葡萄糖)
芽孢杆菌	1.8	耐热厌氧菌	1.9
运动发酵单细胞	1.9	芽孢杆菌	1.8
螺旋杆菌	1.5	芽孢杆菌	1.0
解淀粉杆菌	1.2	杆菌	1.0
明串珠菌	1.1	耐热厌氧菌	0.95

(3)霉菌　一些霉菌也能够利用木糖发酵产生乙醇(表 11-2)。在乙醇发酵中，一部分霉菌本身能进行乙醇发酵，如尖镰孢菌(*Fusarium oxysporum*)及粗糙脉孢菌(*Neurosporacrassa*)具有发酵戊糖和己糖为乙醇的能力，可使纤维废物的处理工艺大大简化，降低处理成本；另一类在生产中常用的霉菌包括根霉(*Rhizopus*)、曲霉(*Aspergillus*)和木霉(*Trichoderma*)。根霉存在于酒曲之中，是淀粉发酵法主要的糖化菌，其中以东京根霉(又称河内根霉)最为著名。黄曲霉和米曲霉分解蛋白质的能力很强。这些霉菌能产生较强的淀粉酶系统和纤维素酶系统，用来生产糖化剂以水解淀粉和纤维素。

表 11-2　发酵木糖产生乙醇的霉菌

微生物	产率/(g 乙醇/g 木糖)	周期/h	糖利用率/%
念珠菌	0.20	168	—
毛霉	0.16	96	54
镰刀菌	0.32	96	100
镰刀菌	0.50	144	100
镰孢菌	0.34	144	—

2. 微生物的乙醇发酵机制

(1)水解　酵母菌作为乙醇发酵的主要微生物，不能直接利用淀粉和纤维素原料转化成乙醇，只能转化糖为乙醇。因此，含纤维素类有机废弃物制备乙醇首先需要淀粉和纤维素等不能被酵母直接利用的原料通过酸水解或酶水解转化成糖，继而由酵母菌将糖发酵成乙醇。

$$(C_6H_{10}O_5)_n + nH_2O \longrightarrow nC_6H_{12}O_6 \quad \text{(酸水解或酶水解)}$$

(2)乙醇发酵　乙醇发酵是酵母菌在厌氧条件下,分解已糖形成乙醇的过程。在乙醇发酵过程中,酵母在没有分子态氧和氧化酶参与作用下,呼吸基质不彻底氧化,最终的氢受体不是分子态氧,而是某种中间代谢产物,该反应的过程如下:

$$C_6H_{12}O_6 + 2A \longrightarrow 2CH_3COCOOH + 2(A-2H)$$

$$2CH_3COCOOH \longrightarrow 2CH_3CHO + CO_2$$

$$2(A-2H) + 2CH_3CHO \longrightarrow 2CH_3CH_2OH + 2A$$

总反应式:

$$C_6H_{12}O_6 \longrightarrow 2CH_3CH_2OH + CO_2 + Q(\text{能量})$$

由上式可以看出,1 mol 葡萄糖经发酵后可产生 2 mol 乙醇,即 180 g 葡萄糖可产生乙醇 92 g,产率为 51.5%。然而,酵母菌干重的累积约为利用碳水化合物的 2%,同时 2.7%的碳水化合物用于形成甘油、有机酸及杂醇油。因此,糖只有 47%转化形成乙醇,即理论上 100 kg 纯淀粉可生产 60.5 kg 的 96%浓度乙醇。

11.1.2　影响因素

1. 厌氧环境

乙醇发酵属于厌氧发酵,酵母菌仅在厌氧环境中才会产生乙醇,因此创造一个厌氧条件是本技术的先决条件。如果存在氧气,某些酵母菌会在细胞呼吸的过程中将丙酮酸完全氧化为二氧化碳和水;同时,乙醇发酵的过程中大多是厌氧菌,氧气对这些功能菌有毒害作用。此外,厌氧菌的种类也是一个重要影响因素。选择不同的菌种对于最终乙醇的产率有较大影响。例如,我国科学家在实验中分离得到了可以直接将纤维素转化为乙醇的高纯富集物,该富集物通过降解纤维素产乙醇的产量约为 30%;而利用热纤梭菌和热硫化氢梭菌对预处理后底物进行混合菌发酵,乙醇的产量可以达到 70%,同时副产物有机酸也大幅度减少。

2. 原料种类以及粉碎程度

不同固体废物中纤维素、半纤维素等含量的范围较广,因此原料的种类对乙醇产量就成为了一个本质的因素。例如,纤维素、半纤维素、木质素的水解程度逐级递减;糖类、淀粉、纤维素水解程度逐级递增。在不同的原料中,它们的化学结构不同且聚合度(衡量聚合物分子大小的指标)也不同。原料的接触面积也是影响反应速率和利用率的关键因素。在水解时,原料的粉碎程度需要适中,适当的粉碎在水解时可以使酸或活性酶更好地进入原料结构内部。例如,原料中的纤维素、半纤维素、木质素间相互缠绕,如果原料材质过于粗糙会导致反应的利用率与效率降低;如果原料过于细碎、密度太大,则会在水解时影响到滤出速度。

3. 温度

在整个固体废物乙醇发酵过程中,原料的水解、发酵等步骤都会受到温度的影响,进而影响乙醇的产率。在酸水解的过程中,糖类底物的水解在一定范围内温度越高则水解速度越快,其温度适宜范围一般是在 10～45 ℃(对于浓酸来说)或者 100～200 ℃(对于稀酸来说)。在酶水解的过程中,温度对乙醇产率的影响就更加明显。受酶的性质影响,酶的反应活性随着温度的上升来到一个极大值;在达到临界值之后,其活性又会随着温度的升高而下降。例如,纤维素的水解酶一般在 45～50 ℃区间的活性最大。因此,在大的温度波动下,固体废物乙醇发酵的产率和产量都会受到影响。

4. pH

在固体废物乙醇发酵过程中,pH 也是影响发酵进程的因素之一。相比较具有腐蚀性且回收成本高的浓酸，稀酸水解应用的范围更广，能够断裂纤维素内部的氢键，使得纤维素易水解且提高木糖转化率，因此在使用酸水解时一般需要控制 pH 不能过低。此外，在酶水解的过程中，pH 的变化既影响微生物的生长又影响微生物的活性及代谢，因此控制 pH 也是该步骤中的重要部分。例如，烟曲霉降解预处理稻草的过程中，当初始 pH 为 4.5 时，稻草的降解率最高，并且其降解率呈先上升后下降的趋势。

5. 停留时间

乙醇发酵时间越长，有机物消化越完全，但其反应速率会随消化时间的增加逐渐降低。因此，发酵过程存在一个最佳的发酵时间，可用最少的成本获得最好的发酵效果。该最佳的发酵时间与物料的性质、消化温度、有机负荷、含固率及消化工艺等相关。

6. 含水率

固体废物乙醇发酵过程的每一步都离不开水的作用。从第一步的水解到第二步的发酵过程，微生物需要从周围环境中不断吸收水分以维持正常生长代谢。同时，水是生化反应的介质和微生物运动的介质。此外，水的含量还影响着物质在固体表面的运输以及产酸、乙醇与产甲烷之间的平衡。

11.1.3　可乙醇发酵的原料

含有可发酵性糖或可转化为发酵性糖的物质均可作为乙醇发酵的原料。

1. 秸秆类

秸秆在我国产量巨大，是一种典型的农业废弃物，主要来源于小麦、水稻、玉米、薯类、油菜、棉花等作物。秸秆类生物质主要由纤维素、半纤维素和木质素 3 类聚合物组成(图 11-1)，其中，秸秆粗纤维含量高达 30%～40%，在自然界中不易被降解。据统计，我国每年秸秆类生物质产量达 8 亿 t 左右，为制取生物能源提供了丰富的原料来源。

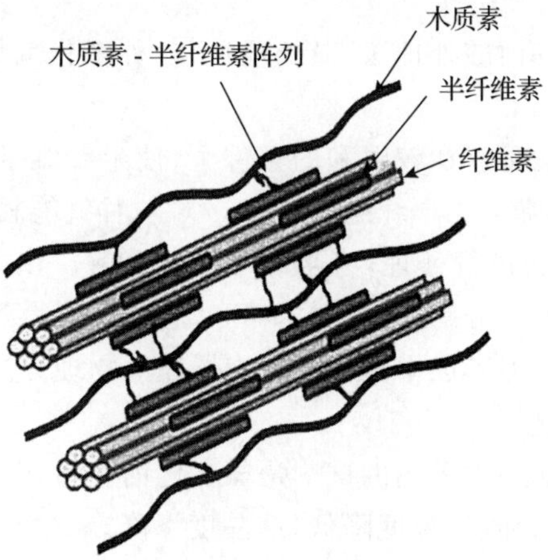

图 11-1　木质纤维素的组成

2. 淀粉类

淀粉类废弃物是一种良好的乙醇发酵原料，包含木薯、马铃薯和禾谷类等加工废弃物。淀粉类废弃物在经过乙醇发酵后，其剩余副产物可利用沼气厌氧消化技术进行再处理，实现副产物的梯级高效利用。

3. 海洋废弃物

海藻等海洋有机废弃物也可作为乙醇生产的原料。但海藻酸的降解是海藻发酵生产乙醇的主要障碍,可利用降解海藻酸的酵母菌进行乙醇发酵。在海藻的乙醇发酵实践过程中,可对菌种进行培养驯化后检测 3~7 d 丙酮酸脱羧酶、乙醇脱氢酶和海藻酸裂解酶的活性,酶活性达到最高时也是乙醇发酵的重要时间。

11.2 预处理与水解工艺

11.2.1 原料预处理方法

葡萄糖、乳糖、蔗糖等是乙醇发酵的传统底物,固体废物发酵前需要转变成以上物质才能高效进行乙醇发酵。同时,纤维素、半纤维素和木质素等构成生物质的主要成分互相缠绕,且纤维素本身存在晶体结构,阻碍酶与纤维素表面的接触。因此,乙醇发酵前,除可直接利用的糖质原料外,需要将纤维素和淀粉类有机废物进行相应的预处理,主要方法包括物理、化学和生物 3 种。

1. 物理预处理

目前,国内外常用的物理预处理方法包括:曝气、机械挤压、高能辐射以及超声波和微波等处理。物理预处理可以破坏木质纤维素的晶体结构以增加与酶接触的表面积。例如,蒸汽爆裂是将含水的原料加热到一定温度和压力,然后突然减至常压使原料细胞中的水瞬时汽化,造成纤维素分子间晶体结构解体,同时木质素和半纤维素对纤维素的保护作用也遭到破坏,这有助于后续纤维素酶的作用;此外,在高温条件下(270 ℃)也可得到更好的半纤维素水解效果。但总体上说来,应用物理法对固体废物中的木质纤维素等成分进行预处理能耗较大。

2. 化学预处理

常用的化学预处理方法有:酸处理法、碱处理法、各种氧化剂氧化处理法和其他化学试剂处理法。

(1)酸处理法　酸处理法可以在较温和的条件下,使半纤维素分解为戊糖类化合物,但一般不能使其中的木质素发生降解。半纤维素在 100 ℃左右就能较好地溶解在稀酸中,因此可以用 2%浓度的酸对纤维原料进行处理,将半纤维先行分解。该方法不仅可以解除半纤维素的保护作用,还可使半纤维素的分解产物(如木糖和葡萄糖等)得到利用。然而,虽然酸预处理可以高效地促进纤维素水解,但其成本相比较蒸汽爆破等物理方法要高,而且预处理后必须将 pH 调到中性以便于后续工艺。

(2)碱处理法　碱处理法中常采用的试剂是氢氧化钠。稀 NaOH 处理可以引起木质纤维原料润胀,使其内部表面积增加,聚合度降低,结晶度下降。有学者采用 2% NaOH 对玉米秸秆等原料进行碱处理,取得了 20%的葡萄糖获得率,但对碱处理的废液必须做进一步的处理。

3. 微生物预处理

微生物预处理可以被用来降解木质素和半纤维素。该预处理的优点是能耗低,反应条件比化学法温和,且产生的抑制性产物也比较少。其中,褐腐菌主要用于降解纤维素,白腐菌和软腐菌可以降解纤维素和木质素。微生物预处理法中最常用的是白腐菌。有学者研究了白腐菌类微生物预处理麦草的效果,结果表明 35%的原料可被糙皮侧耳菌(*Plerotus ostreatus*)转化成还原糖。此外，黄原毛平革菌（*Pchrysosporium*）在代谢过程中也可产生木质素降解酶、木质素氧化酶。

11.2.2　酸水解工艺

淀粉和糖类废弃物经过简单的处理后，可直接进行后续的发酵工艺，而固体废物中的纤维素在自然条件下是很难分解的。水解主要是纤维素和半纤维素的水解——纤维素的最终水解产物是葡萄糖，半纤维素的最终水解产物是木糖、葡萄糖以及其他已糖和戊糖。酸水解工艺是指植物纤维原料中的纤维素和半纤维素在酸的催化作用下加水分解成单糖的过程。如：把纤维素或淀粉通过酸水解工艺分解为葡萄糖分子。

1. 酸水解

在适当的酸浓度条件下，纤维素大分子中的糖苷键断裂，聚合度下降，部分水解后产物称为水解纤维素，纤维素完全水解时则生成葡萄糖。半纤维素主要成分是戊聚糖，水解后生成戊糖。糖的水解温度越高，水解速度就越快。然而，纤维素水解产生的单糖在高温下不稳定，会进一步分解生成各种糖的分解产物，甚至形成碳。因此，为保证一定的水解速率并减少单糖的分解，通常酸水解是在较低的温度下并添加无机酸作为催化剂进行。常用的无机酸主要为一定浓度的硫酸和盐酸。酸水解的反应式如下：

$$(C_6H_{10}O_5)_n + n\ H_2O \longrightarrow n\ C_6H_{12}O_6$$

$$(C_5H_8O_4)_n + n\ H_2O \longrightarrow n\ C_5H_{10}O_5$$

2. 浓酸水解

浓酸水解法一般情况下指的是酸浓度为70%的硫酸、40%的盐酸或80%的硝酸等无机酸作为酸催化剂来水解纤维素。该方法主要是纤维素在浓酸中溶胀或溶解后，通过与酸形成复合物，再降解生成聚合度较低的可溶性寡聚糖和葡萄糖。而后加水稀释，一定温度下加热一段时间后可溶性糖即可水解为葡萄糖。用此方法转化纤维素到葡萄糖的产率较高（最高可达90%以上）。然而，浓酸水解法所用强酸对设备的腐蚀性严重，且必须对酸进行回收以减少对生态环境污染的潜在影响。

3. 稀酸水解

稀酸水解是纤维素酶解工序前的有效处理技术。在较高温度下，纤维素的复杂网络状结构使其在稀酸中发生固相纤维素和稀酸溶液之间的多相水解反应，生成可溶性低聚糖和葡萄糖。然而，稀酸水解法的缺点是水解反应所需的温度较高，副产物较多，容易使生成的产物葡萄糖继续分解为乙酰丙酸和甲酸、乳酸等小分子物质。该方法所得到的糖类产率（50%～70%）也较低。稀酸水解一般采用硫酸，盐酸和磷酸等无机酸，但稀酸水解和浓酸水解一样面临着设备腐蚀和生态环境污染等缺点，酸液的回收及其后处理同样面临着挑战。

4. 酸水解的主要影响因素

（1）水解酸的种类与浓度　不同种类的酸具有不同的电离度，通常 HCl、HBr、HI 为最强的催化剂，在水溶液中能游离全部的 H^+。但 HCl 腐蚀性强，HBr 和 HI 价格昂贵，生产中尚未广泛应用。在实际生产中，通常用粗硫酸作为水解用酸。虽然酸浓度的提高理论上可以降低水解时间，但通常在采用稀酸常压水解时选用的酸浓度为0.5%～1%。

（2）水解温度和时间　温度对水解速度影响很大，纤维素酸水解速度随温度升高而加快，但同时生成的单糖分解速度也随温度而提高。一般地，难水解的多糖在较高温度（180～

190 ℃)下进行水解是适宜的，而易水解的多糖则宜于在较低温度(150～180 ℃或100 ℃)下水解。因此，酸水解过程中应采取适当方法减少单糖分解以降低损失。

(3)加压水解　稀酸常压水解法主要适用于木质纤维素和半纤维素含量较高的原料，而稀酸加压水解法一般在10～15个大气压下进行。在实际生产中，经加压水解可以迅速将多糖水解产生的单糖分离出，减少单糖的破坏。这种方法的得糖率一般为理论值的45%～50%。稀酸高压水解的水解糖液含糖量一般为2.5%～4%。

11.2.3　酶水解工艺

酶水解是指复杂有机化合物在酶的作用下经水解作用转化为可发酵糖的过程。纤维素酶水解是高效转化木质纤维素的方法，纤维素在纤维素酶的作用下逐步降解成低聚结构，最终水解成葡萄糖。木质纤维原料中的天然半纤维素在木聚糖酶(通常称半纤维素酶)的作用下也会降解，水解产物中有85%～90%是木糖。酶水解过程会受到诸多外界因素的影响，这是因为纤维素酶活性受环境限制较大。

1. 酶水解机理

纤维素先被降解为较低分子化合物，该化合物具有水合性后先在酶的作用下形成纤维二糖，随后由纤维二糖酶分解生成葡萄糖，该过程在工业上也被称为纤维素的糖化。以水解纤维素的最佳试剂——纤维素真菌酶为例，其水解纤维素的机理是内切酶将线性β-1,4葡糖键切断，纤维二糖水解酶从末端切开纤维二糖，最后β-葡糖酶水解纤维二糖为葡萄糖。

2. 酶水解的主要影响因素

(1)酶用量　当底物量一定的情况下，在酶饱和底物之前，酶用量越大，水解度也越大。但随着酶用量加大，成本也随之提高。一般而言，在酶水解初期，水解度上升很快，随着产物逐渐增加，酶的活力受到抑制，水解度趋于平缓。此外，也有研究表明，部分纤维素分子能和酶分子的结合点位数量有限，结合点位被占用后即使增加酶用量也无法提高酶水解效率。

(2)外源物质　抑制剂和活化剂对酶水解也有显著影响。纤维素酶可被纤维二糖和甲基纤维素引起竞争性抑制，从而限制酶水解效率；同时，部分天然存在或人工合成的重金属或染料等也会使酶失活。此外，与抑制物相反，许多物质对纤维素酶具有协同或激活作用，如Mg^{2+}、Ca^{2+}和中性盐类等能使纤维素酶活化。

(3)水解温度和pH　温度从酶催化反应的速度及酶的稳定性两方面影响酶水解效率。随着温度的升高水解度不断增大，在水解度达到最大值后，继续升高温度会导致酶分子结构次级键解体而降低酶活性。在一般情况下，纤维素水解在40～45 ℃时水解度上升速率最快。pH对酶水解效率也有很大的影响。在一般情况下，酶水解反应在pH范围为4.5～5.5时具有最大反应速率，高于或低于该范围，酶水解反应速率均会降低。

(4)底物性质　底物的纤维素结构和浓度均会对酶水解产生影响。纤维素链之间存在着氢键，通过氢键的缔合作用，在分子密度大的区域形成结晶区，在分子密度小的区域形成无定形区。以上结构的差异影响着纤维素水解酶的切入，从而影响到水解效果。例如，有研究表明，随着底物浓度的降低及反应体系中水分的增加，水解度逐渐升高，至3%时达到最大。之后水解度开始下降，这是由于随着底物浓度的减少，减轻了产物对酶促反应的反馈抑制作用，但随着反应体系中水分的增加，酶的浓度会相应下降。

11.3　发酵设备与过程管理

11.3.1　流化床反应器

流化床反应器可以通过流体流动使反应体系中的固定层颗粒处于悬浮运动状态，具有传质、传热效率高，可连续操作的特点。然而，为保障乙醇产出率，该反应器仅适合在固化载体与发酵液密度相似的两相反应中应用。国内学者以淀粉类物质为发酵原料，采用该类型反应器进行乙醇发酵，结果表明在发酵底物糖质量分数为 15%～17%时，乙醇生产能力在 5.2～5.9 g/(L·h)；而在发酵底物糖质量分数为 24.5%时，乙醇生产能力可达到 6.1 g/(L·h)。

11.3.2　填充床反应器

填充床反应器是利用固化介质先在反应器内部形成稳定床层再引入底物溶液参与反应的装置。填充床反应器具有返混小和机械磨损率低等优势，且在乙醇发酵过程中有良好的重复性及稳定性。然而，该反应器的不足在于操作过程中无法对固化介质进行更换，且传质及传热效果较差等问题。填充床反应器在实践中也有一定的应用。例如，利用填充床反应器以变质粮食为原料进行乙醇发酵的实践中，乙醇发酵效率可以达到 83.7%。

11.3.3　气升式反应器

气升式反应器的原理是依靠纯液体和含气泡液体之间的密度差来完成特定路径的流动，气体通过流动循环带动物质间的反应。气源是气升式反应器的主要动力装置。该反应器的主要优点是低碳节能，且反应器较低的内部剪切应力不会对固化细胞产生严重破坏。国内学者利用气升式反应器以玉米粉为原料进行乙醇发酵实践，发现发酵 48 h 后获得乙醇的体积分数达到 12.8%。

11.3.4　搅拌釜反应器

搅拌釜反应器是较为传统的生物化学反应器，该类反应器通过机械搅拌对搅拌釜内部物质进行充分搅拌混匀，以达到反应目的。反应器存在搅拌装置，混合较为充分，可使乙醇发酵比较彻底。有国内学者以 30 g/L 葡萄糖和 15 g/L 木糖为原料，将 2 种原料混合均匀后作为发酵底物加入到搅拌釜生物反应器中进行连续乙醇发酵，取得了良好的乙醇发酵效果。

11.3.5　膜式反应器

膜式反应器耦合了乙醇发酵和膜的渗透汽化。该反应器得益于较大的膜比表面积，在乙醇发酵过程中催化效率相对较高。国内学者采用耦合了膜渗透汽化及酵母细胞固定床的膜式反应器进行连续化发酵乙醇，结果表明该反应器通过降低乙醇对细胞的抑制作用提高了乙醇产率约 2.1 倍。

11.3.6　发酵过程监测

在乙醇发酵过程中，以中红外光谱分析方法为基础，已建立了快速准确的分析测量葡萄糖和乙醇含量的方法。利用该方法，不仅实现了乙醇和葡萄糖同时进行定量分析，而且还能够去除菌体代谢过程中多种物质的干扰。此外，该方式还可以与基于中红外光谱法计算生物量所建立的数学模型相结合，为何时需要增加底物或何时需要收获产品提供支持。

习题

1. 参与固体废物乙醇发酵的相关微生物包括哪些？
2. 微生物乙醇发酵的机制及影响因素包括哪些？
3. 可用于乙醇发酵的常见固体废物原料有哪些？原料预处理方法有哪些？
4. 常见固体废物乙醇发酵过程的水解工艺及对应影响因素包括哪些？
5. 常见的固体废物乙醇发酵设备及各自的特点是什么？

第 12 章　固体废物的饲料化技术

12.1　概　　述

畜牧业的快速发展使得全球对蛋白质饲料的需求日益增加，很多国家都面临蛋白质饲料短缺的问题。我国畜牧业所需的蛋白质饲料长期依赖进口，蛋白质资源短缺已成为威胁养殖业可持续发展的重大问题。同时，工农业生产及日常生活中又在不断产生着大量有机废物，这些有机废物中包含着大量的纤维素、半纤维素、木质素、淀粉、蛋白质等可转化为饲料的生物质资源。将这些废物特别是易腐废物转化为饲料特别是蛋白质饲料，不仅能提高资源的利用效率，而且对消除环境污染，改善生态环境都具有重要的意义。

饲料化固体废物以农作物秸秆和餐厨垃圾为主。作物秸秆中含有大量的有机物和少量的矿物质及水分，其有机物主要为碳水化合物、粗蛋白质和粗脂肪，碳水化合物主要包括纤维素、半纤维素、木质素和果胶等。农作物秸秆含有动物需要的各种饲料成分，这为其饲料化利用奠定了物质基础。但是，由于秸秆纤维素类含量高，营养价值低，一般被用作粗饲料来饲养动物，尚具有许多限制性因素。秸秆被动物消化利用的前提是动物消化道内要有内源性纤维素酶系或添加到秸秆饲料中的外源性纤维素酶系。反刍家畜瘤胃微生物能分泌纤维素酶系，因此能够直接利用秸秆饲料。而单胃家畜不能分泌纤维素酶系，不能直接利用农作物秸秆饲料，必须添加外源性纤维素酶才能利用。此外，秸秆中的蛋白质含量低和其他必要营养物质的缺乏，因而其适口性不好，家畜采食量小、消化率低。因为农作物秸秆存在以上限制因素，所以秸秆直接作为饲料效果欠佳，需进一步加工处理。秸秆饲料化利用技术主要有秸秆青贮技术、微贮技术、氨化技术、秸秆揉搓加工技术、热喷处理技术和秸秆饲料压块技术等。

餐厨垃圾中有机物含量(占干物质的 80%～93%)、含水率(70%～87%)、油脂含量(2%～3%)和盐分含量(约 1%)，如表 12-1 所示，其中的粗脂肪和粗蛋白质含量与大豆、玉米等典型饲料无显著差别。但是，由于餐厨垃圾有机物含量高，腐烂变质速度快，易携带滋生有害微生物(口蹄疫病毒、沙门氏菌、弓形虫、猪瘟病菌等)，直接利用和处理不当会造成病原菌的传播和感染。餐厨垃圾饲料化处理方式主要有 2 种方式：

(1)制成动物饲料　餐厨垃圾经过适当的预处理，消除病毒等有害物质，然后再制成动物饲料。其预处理主要是针对餐厨垃圾中的细菌、病毒等污染物的控制，常用的预处理手段主要有高温干化灭菌、高温压榨、高温湿热处理技术等。高温、压榨等处理手段对减少餐厨垃圾的细菌、病毒污染具有明显的效果，但仍然存在一定的安全隐患。此外，餐厨垃圾中存在许多微量的有毒有害物质，如作物的农药残留、食品添加剂等，其中许多物质具有很强的环境稳定性和生物累积效应，因此，利用餐厨垃圾直接作为动物饲料，并以很短的周期和途径再次进入食物链的循环，对动物和人类的健康安全均带来不利影响，存在不可确定的安全隐患。

表 12-1　餐厨垃圾营养成分　　%

城市	含水率	有机质（干基）	粗蛋白（干基）	粗脂肪（干基）	含油量（湿基）	盐分（湿基）
苏州	84.43	82.98	21.80	29.30	3.28	0.70
北京	74.39	80.21	25.86	24.77	3.12	0.36
天津	70.99	85.64	24.30	25.96	2.63	0.70
重庆	87.07	92.88	14.45	17.02	1.96	0.24
杭州	74.94	91.50	16.46	24.31	2.09	1.32

(2)饲养非食物性生物　采用餐厨垃圾饲养特定非食物性生物，基于食物链的物质循环过程，将餐厨垃圾进行物质转化的提升应用，获得高附加值生物蛋白质。可将餐厨垃圾进行预处理分选去除杂质、脱除油脂和氯化钠后，饲养蚯蚓得到动物蛋白质饲料。也可采用黑水虻生物转化餐厨垃圾，研究黑水虻幼虫的耐受性以及处理餐厨垃圾的能力，将餐厨垃圾的高效转化为黑水虻虫体饲料。还可通过对本地家蝇进行诱捕驯化，利用家蝇生物转化厨余垃圾，获得幼虫饲料产品。此外，还可利用易腐垃圾来培养单细胞微生物，然后经过干燥及提纯制成生物蛋白质。与餐厨垃圾直接或者经过简单预处理后用作动物饲料相比，蛋白质转化法具有更高的环境安全性。因此，本章重点对固体废物蛋白质饲料化技术进行介绍，主要包括单细胞菌体蛋白质技术、微生物发酵法、昆虫幼虫转化法和蚯蚓转化法。固体废物蛋白质转化技术不仅适用于餐厨垃圾，对于绝大多数易腐农林废物、污泥及其混合物也是适用的。

12.2　固体废物饲料化利用的方法

12.2.1　单细胞菌体蛋白质技术

1. 概述

单细胞蛋白(single cell protein，SCP)，是利用有机基质来培养单细胞微生物，然后经过干燥及提纯制成生物体蛋白质，又称微生物蛋白。单细胞蛋白同传统的动植物蛋白相比有许多优点：①微生物生长快，蛋白质产量高。据测算，质量为 500 kg 的肉牛，每天能生长 0.5 kg 蛋白质(牛肉)，而同样质量的酵母菌，在相同时间里可产生 1 000 kg 以上的蛋白质；池塘里的单细胞藻类每年每平方米能生产 1.12 t(干物质的量)蛋白质，比大豆的产量高出 10～15 倍，比玉米的产量高出 25～50 倍。②营养价值大。微生物的蛋白质含量高，且氨基酸组成齐全，并富含维生素，因而具有很高的营养价值。③易于实现工业化生产。微生物能在相对小的连续发酵反应器中大量培养，占地小，而且培养不受季节、气候和地区的限制。④能以多种废物为原料。在适宜的培养条件下，可利用碳水化合物、碳氢化合物、石油加工副产品等生产单细胞蛋白，来源广泛且价格低廉。⑤微生物比植物和动物更容易进行遗传操作，对它们更宜大规模筛选高生长率的个体，更容易实施分子育种技术。

作为一个农业大国，我国生物质资源非常丰富，每年因粮食生产而废弃的有机固体物质，因得不到合理利用而被焚烧，这不仅使生物质资源被白白浪费，同时还造成环境污染。利用这些有机废物生产 SCP，不仅可以节省大量耕地，保护环境，而且还可以实现综合治理，变废为宝，有利于相关工业的持续发展。

2. 用于生产 SCP 的微生物

用于生产单细胞蛋白的微生物主要包括细菌、酵母菌和其他真菌、单细胞藻类和放线菌等（表 12-2），根据所用原料的不同，可将生产 SCP 的微生物划分为以下几类：①利用碳水化合物为原料的微生物，如酿酒酵母、假丝酵母、木霉和青霉等；②利用碳氢化合物的微生物，其中以假丝酵母菌的 SCP 产率最高；③利用甲醇为原料的微生物，以细菌为主，如甲基单胞菌（*Methylomonas clara*）、假单胞菌（*Pseudomonas*）等；④利用乙醇为原料的微生物，以酵母菌（如假丝酵母）为主，其次是细菌和霉菌；⑤利用甲烷为原料的微生物，以细菌为主，如甲烷假单胞菌（*Pseudo-monas methanica*）等；⑥以 CO_2 为碳源、H_2 为能源生产 SCP 的微生物，如氢单胞菌（*Hydrogenomonas*）；⑦利用光能生产 SCP 的微生物，如小球藻（*Chlorella*）、螺旋藻（*Spirulina*）和光合细菌等。

用于发酵的微生物必须满足安全、具有良好同化吸收发酵底物、繁殖快且性能稳定的条件，不同的微生物其生理特性也不相同，在应用时需要根据具体情况进行选择。一般而言，细菌的生长速度快，蛋白质含量高，能利用糖类和烃类，但菌体体积小，分离困难，且蛋白质不如酵母菌易于消化吸收；丝状真菌虽易于回收，但生长速度慢，蛋白质含量较低；藻类因纤维质细胞壁的存在也不易为人体消化吸收；酵母菌个体细胞大，易于分离回收，且蛋白质易于人体吸收，目前生产上应用较多。

表 12-2　用于生产 SCP 的微生物（李建政，2004）

微生物		利用的原料（碳源和能源）
藻类	小球藻（*Chlorella pyrenoidosa*）	CO_2、日光
	小球藻（*C. regularis*）	CO_2、日光
	小球藻（*C. sorokiniana*）	CO_2、日光
	栅列藻（*Scenesdesmus quadricauda*）	CO_2、日光
	短尖栅列藻（*S. acutus*）	CO_2、日光
	螺旋藻（*Spirulina platensis*）	CO_2、日光
细菌放线菌	无色杆菌（*Achromobacter delvacuate*）	柴油
	甲烷假单胞菌（*Pseudomonas methanica*）	CH_4
	氢单胞菌（*Hydrogenomonas*）	CO_2、H_2
	不动杆菌（*Acinebacter cerifxcans*）	粗柴油

续表12-2

	微生物	利用的原料(碳源和能源)
细菌放线菌	甲基单胞菌(*Methylomonas clara*)	甲醇
	巨大芽孢杆菌(*Bacillus megaterium*)	骨胶原肉罐装废物
	假单胞菌(*Pseudomonas* sp.)	燃料油、甲醇废水
	褐色高温单胞菌(*Thermononaspora fusca*)	纤维素类废物
	嗜甲基菌(*Methylophilus methylotrophus*)	甲醇
	黄纤维单胞菌(*Cellulomonas flavigena*)	蔗渣、废纸
	溶纤维毛壳菌(*Chaetominum cellulolyticum*)	木质纤维素
	诺卡菌(*Nocardia* sp.)	甲烷烃、废弃饲料
酵母菌	解脂假丝酵母(*Candida lipolytica*)	烷烃、粗柴油、液体石蜡
	热带假丝酵母(*C. tropicalis*)	烷烃、粗柴油
	产朊假丝酵母(*C. utilis*)	亚硫酸废液、乙醇、烷烃
	脆壁克鲁维酵母(*Kluyveromyces fragilis*)	乳清
	酒酿酵母(*cerrvisae*)	蜜糖
	红酵母(*Rhodotorual glutinis*)	生活废水
霉菌和高等真菌	黑曲霉(*Aspergillus niger*)	角豆浸汁、玉米加工废物
	米曲霉(*A. oryzae*)	咖啡废水、甜菜渣
	地霉(*Geotrichum*)	玉米和豌豆的废物
	融黏帚霉(*Gliocladium deliquescens*)	玉米磨粉后的废物、大豆乳清
	拟青霉(*Paecilomyces varioti*)	亚硫酸废液
	木霉(*Trichoderma harzianum*)	咖啡废物
	绿色木霉(*T. viride*)	玉米和豌豆废物、甘蔗渣
	白地霉(*Geotrichum candidum*)	酒糟
	灰黄链霉菌(*Streptomyces griseoflavus*)	纸浆废液
	蘑菇(*Agaricus blazei*)	柑橘压榨汁、橘子汁
	大秃马勃(*Calvatica gigantea*)	啤酒厂废物、酒糟压榨物
	羊肚菌(*Morchella* sp.)	葡萄糖、麦芽糖、乳糖、乳清、玉米罐头废物、亚硫酸废液(氨)

微生物菌种在发酵产单细胞蛋白工艺中起着至关重要的作用，它的选用决定了发酵所产饲料品质的优劣，也是畜禽和人类食用安全的关键。截至 2021 年 3 月，《饲料添加剂品种目录》中规定了 29 种可直接饲喂动物或允许在饲料中使用的微生物，主要划分为酵母菌、霉菌、乳酸菌和芽孢杆菌四大类，具体菌种见表 12-3。

表 12-3　可直接饲喂动物或允许在饲料中使用的微生物(杨瑞,2022)

类别	通用名称	适用范围
酵母菌	产朊假丝酵母、酿酒酵母	动物养殖
霉菌	黑曲霉、米曲霉	
乳酸菌	粪肠球菌、婴儿双歧杆菌、屎肠球菌、乳酸肠球菌、嗜酸乳杆菌、干酪乳杆菌、德氏乳杆菌乳酸亚种(曾称乳酸乳杆菌)、植物乳杆菌、乳酸片球菌、戊糖片球菌、罗伊氏乳杆菌、纤维二糖乳杆菌、发酵乳杆菌、德氏乳杆菌保加利亚亚种(曾称保加利亚乳杆菌)	
芽孢杆菌	地衣芽孢杆菌、枯草芽孢杆菌、两歧双歧杆菌、嗜热链球菌、迟缓芽孢杆菌、短小芽孢杆菌	
红假单胞菌属	沼泽红假单胞菌	
放线菌	长双歧杆菌、短双歧杆菌、青春双歧杆菌、动物双歧杆菌	
乳酸菌	布氏乳杆菌	青贮饲料、牛饲料
放线菌	产丙酸丙酸杆菌	
乳酸菌	副干酪乳杆菌	青贮饲料
芽孢杆菌	凝结芽孢杆菌	肉鸡、生产育肥猪和水产动物养殖
芽孢杆菌	侧孢短芽孢杆菌(原名:侧孢芽孢杆菌)	肉鸡、肉鸭、猪、虾养殖

3. 生产 SCP 的有机废物

自然界微生物资源十分丰富,因此能用于生产 SCP 的生物质原料多种多样。判断某种有机废料是否适合于生产 SCP,应考虑以下原则:价廉;易于被微生物降解;原料能常年可靠地供应,并能够安全、经济地贮存;能经济地把原料运往工厂所在地;质量稳定且可预测。

用液体和固体废物作为发酵底物并不是一个新的想法,例如,糖蜜一直被广泛用作面包酵母、柠檬酸和青霉素发酵的碳源。能源价格的上涨以及控制环境污染的需要,进一步推动了用发酵的方法把废物转化为食物和饲料技术的发展。下面将介绍各类废物及其作为生产 SCP 底物的潜力。

(1)农业废物　以农业废物作为生产 SCP 或其他更有价值的物质,在当今社会受到了高度重视。农业废物因产地和来源不同(如农场的、动物的和农作物的加工废料),其可用性存在着差异。能否用作生产 SCP 的原料,取决于废物的组成和营养价值,一般而言,所有的农业废物所含可代谢的能源都比较少。在利用过程中,需要将这些废物粉碎,用碱处理以提高可消化性,进行生物处理以提高营养价值。例如,菌酶协同发酵工艺可将农业废物中的某些营养物质进行更为充分的降解和发酵,不仅改善了饲料风味和适口性,还可以提高饲料原料的利用价值。

(2)餐厨垃圾　餐厨垃圾发酵工艺包括单菌发酵工艺与混菌发酵工艺。当底物富含大分子、难以降解的物质时多选择混菌发酵,且较多采用固态发酵。当餐厨垃圾中有机质容易溶出至液体中时,较多使用单一菌种发酵。当底物中存在富含纤维素、木质素等难以降解的蔬菜、瓜果下脚料时，可使用混菌发酵，充分利用不同菌种的优势。如采用酵母菌、黑曲霉和枯草杆菌作为混合发酵菌剂进行固态发酵，菌种最佳配比为 1∶1∶2，接种量 1.0%、尿素添加量 1.0%、30 ℃发酵 48 h、基质含水量 60%，在此条件下发酵产物中粗蛋白质含量高达 58.7%，氨基酸总含量可增加 1.08 倍，其中必需氨基酸含量提高了 95.9%。利用酿酒酵母发酵餐厨垃圾生产单细胞蛋白，在 25 L 的大型发酵罐中进行发酵，蛋白质产率达 39.8%。因此，在餐厨垃圾生产蛋白质饲料中，应根据具体的处理情况来决定菌种的选择。若包含难降解物质、大分子化合物时，则通过菌种混合发酵；若餐厨垃圾经过前期的预处理或者积存时间较久，其中大分子化合物已经降解，则使用单一菌种进行发酵，以确保发酵过程不被污染。目前，使用更多的是固态混菌发酵的方法，但是无论是单一菌种还是多种菌属配合，目的都是提高发酵效率和增加产物粗蛋白质含量。

(3)食品加工中的废物　罐头制造和食品加工中的废物，如豆粉、甜菜粕、咖啡渣、亚麻籽粉、干柑橘渣等均味美且富有营养。蔬菜加工中的废物由于含水量很高，不利于大范围使用。这些废物中的干物质含量为 11%～90%，其余是水分，这样运输费用难以降低。因此大多数罐头厂的废物通常都埋入地下。在美国，像乳酪乳清、柑橘渣、马铃薯加工的废物，苹果、番茄加工的废物，以及甘蔗加工副产品等最常见食品加工废物已用于食品生产。

(4)海产品加工中的废物　或为含有溶解物物质和悬浮固体的废水，或为由肉、壳、骨头和内脏构成的固体废物。这些固体废物通常回收作为肥料和饲料，而废水由于太稀难于回收。从鱼类及海味加工废料中获得的浓缩鱼蛋白，从鱼中提取的可溶性物质及鱼的青饲料浓缩物(在酸性 pH 下被自发产生的酶所液化的产物)可用作食品。

(5)纸浆和造纸厂废物　在制造纸浆和造纸生产过程的各个阶段几乎都产生一些固体废渣。对于大多数纸浆和造纸厂，其排出的废水中都含有相当数量的固体废物，经过初级处理可以得到淤渣，淤渣经过脱水使干物质含量提高到 25%以上。这种固体淤渣经过一定的物理处理或化学预处理除去木质素后，就是生产 SCP 的可能底物。回收的废纸以及造纸厂的纤维质残留物(如废纤维和漂白过的或未经漂白过的碎屑)都不适合用作动物饲料，这主要是考虑有毒成分的安全风险和饲料的口感。但这类有机废物经过各种物理的和化学的方法处理后，可以用作生产 SCP 的底物。处理方法可以采用 NaOH、氨、尿素、SO_2、NO_2、γ 射线辐射、电子辐射、粉碎、蒸制、煮沸等任何一种及其组合，其目的是脱除天然纤维的木质素和用水解酶来提高它们的可同化性。

(6)酿造业废物　在酿造业的生产工艺过程中，会产生大量的有机废物，其中大部分均以半固态形式未经干燥就被排出。酿造业副产品之一的酒糟一直被用作反刍家畜的饲料。如果直接用湿的酒糟进行某种产品的生产，就无须进行物料干燥，不仅可以简化工艺，还可以减少能耗。

(7)制药厂废物　制药厂的有机废物主要是将最终产物(如抗生素)经过过滤从发酵培养基中分离出来后的固体残渣，是由工业微生物的菌丝体、未消耗的培养基和消沫油及微生物的代谢产物(如残留的抗生素)所组成的非均相混合物。如果将这些有机废物直接排入环境，势必会造成环境污染，而把这些废物直接作饲料可能会出现一些问题，如由于有少量抗生素的存在会增加动物抗病原体的能力，另外动物饲料中的抗生素能够通过动物产品传递给人体。所以，对这一类有机废物的利用，应全面考虑，合理开发。

4. SCP 生产工艺

所有 SCP 生产工艺一般都包含预处理、有氧发酵、细胞分离和细胞干燥等主要工序。

每种工艺都要求对原料进行某种预处理，预处理的内容繁简又各不相同，从极简到极繁的均有。利用酵母菌生产单细胞蛋白，和通过发酵生产乙醇相类似，但有 2 个重要的差别：首先，细胞物质的大规模生产是一个需氧过程，要求使用氧分子。把氧气传递到溶液中是关键，因此需要以搅拌的形式输入能量；其次，酵母菌的新陈代谢是一个强放热过程，因而通常必须把多余的热量除去以保持最佳的发酵温度。

在 SCP 生产过程中，通常用过滤或离心方法收集细胞，然后对所得到的细胞产物进行洗涤和喷雾干燥就得到可以出售的产品，以这种方式生产的单细胞蛋白可用作动物饲料。如果供给人类食用，还需要另外进行一些加工，如蛋白质的提取和纯化、细胞溶解和核酸水解等。作为人类食用的 SCP，特别是作为蛋白质的来源，它必须是干的可溶性的粉末，色泽极淡且极少气味；活细胞数低，没有病原体；营养价值高，核酸含量低，并且毒性物质含量低。如图 12-1 所示描绘了典型 SCP 生产过程的主要工艺流程。

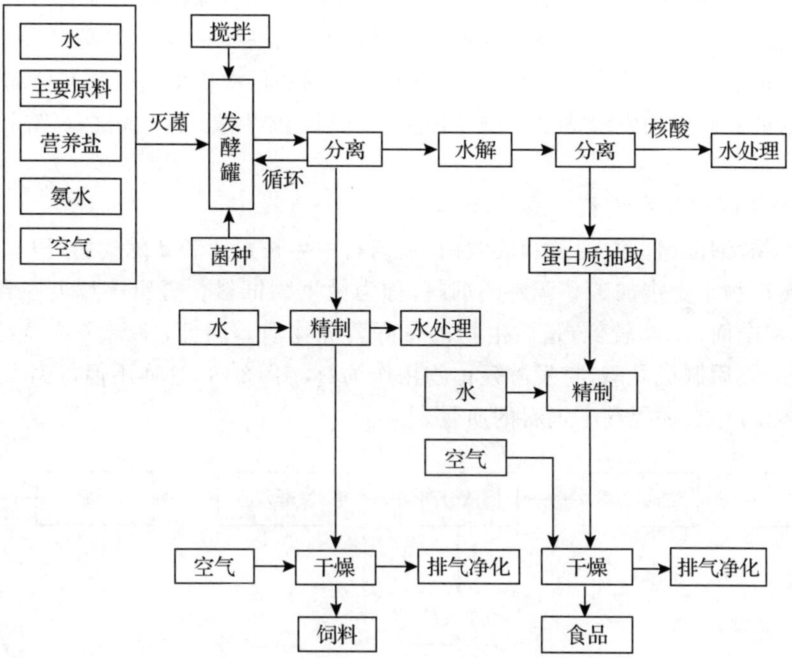

图 12-1　典型 SCP 生产过程的主要工艺流程

5. 有机废物生产 SCP 面临的问题

微生物的培养不受季节、气候和地区的限制，所以 SCP 的生产易于实现工业化。但是 SCP 产品的广泛使用还存在一些问题：

①有机废物组分复杂，杂质含量高，因此在工艺前端必须增加预处理环节。以餐厨垃圾为例，其高浓度的有机质、盐分都会抑制微生物的生长，若无预处理，会导致物料难以完全降解。此外，部分有机废物中可能缺少一些微生物生长的营养物质，需要添加其他的辅料调整。

②SCP 中可能存在一些高浓度的核酸，而核酸含量高会增加血清中的尿酸，从而导致肾结石的形成。

③有毒有害物质存在的可能性，如微生物可能会从培养基中吸收富集重金属，以及部分微生物在环境的刺激下会产生菌内毒素，具有较高的污染风险。这些都是影响其得到广泛应用的主要限制因素。

12.2.2 微生物发酵法

1. 概述

食堂及饭店内的残羹剩饭是城市生活垃圾的重要组成部分，主要包括：米和面粉类食品残余物、蔬菜、植物油、动物油、肉骨、鱼刺等。从化学组成上，有淀粉、纤维素、蛋白质、脂类和无机盐等，其中以有机组分为主，含有大量的淀粉和纤维素，无机盐中 NaCl 的含量较高，同时含有一定量钙、镁、钾、铁等微量元素。一方面，食堂垃圾有机物质含量高，有毒有害物质含量少，因此它是可以作为资源利用的；另一方面，食堂垃圾含水率较高、易腐，且其中含有病原微生物，必须及时对其进行适当的处理，否则容易造成二次污染。另外，随着人民生活水平的不断提高，食堂垃圾的产生量也不断提高，对环境的影响也越来越突出，且具有长期性的特点。

针对食堂垃圾的特殊性和长期性，对其处理必须按照环境保护和资源利用的原则，同时兼顾产业化的要求进行。将食堂垃圾作为饲料是目前常用的一种方式，但是直接用来饲养动物极易将垃圾中可能含有的病毒传染给动物，继而通过动物再次传染给人或其他动物，显然这种方法是不可取的。微生物发酵法是易腐垃圾生产饲料的常用处理方式之一，在国内外得到了广泛应用。

2. 微生物发酵制饲料技术

利用微生物（细菌、真菌、海藻和放线菌）在饲料中生长繁殖和新陈代谢，积累有用的菌体、酶和中间代谢产物来生产加工和调制的饲料，称为微生物饲料。餐厨等垃圾中含有丰富的有机物，营养元素全面，C/N 较低，是微生物的良好营养物质。因此，将厨房垃圾经预处理后接种乳酸菌，发酵之后制成乳酸，将发酵残留物用作饲料（图 12-2），这样不但得到了乳酸，而且由于增加了菌体蛋白质，还提高了饲料的质量。

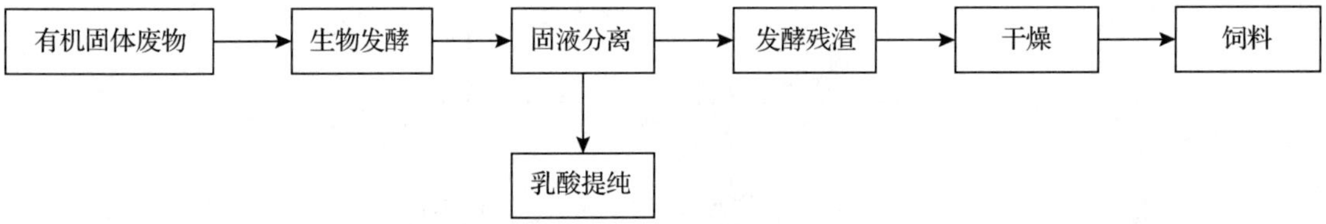

图 12-2 生物发酵制饲料工艺流程

此项技术的工艺为：将有机固体废物搅碎，添加一定比例的水，高压灭菌后，接种乳酸菌，在 37 ℃的条件下发酵几十小时后进行固液分离，发酵残渣经干燥后制成高质量的饲料，而分离出的垃圾发酵液，可从中提取乳酸。乳酸可广泛用于食品、医药和化学工业。近年来，随着聚乳酸类生物降解塑料的研究开发，又使得乳酸的需求量猛增，市场前景良好。

用固体发酵法利用食品工业废物生产菌体蛋白质饲料也是目前国内外研究的一个方向。这是一种投资少，耗能低，见效快，操作简便的生物转换技术。利用食品工业废渣作为原料进行酵母固态发酵，可以提高其蛋白质和维生素的含量，以此来代替大豆、鱼粉等蛋白质饲料。例如，大米渣主要成分除淀粉外，还有丰富的蛋白质（27%～28%）及一些双糖、单糖、矿物质及微量元素，因此可将米渣直接用于发酵生产饲料蛋白质。它的技术路线为：废渣→配料→拌料→蒸煮→冷却→接种→固体发酵→干燥→粉碎→包装→成品。

对于固体发酵来说，调节发酵物质的水分、pH、温度等是必要的，因为这些都是影响菌体蛋白质增加的重要因素。一般情况下，初始含水量要求在 65%左右，初始 pH 在 5.9～6.2，温度控制在 28～31 ℃，比较有利于酵母菌的生长。利用发酵法将食品工业废物变为动物可以利用的饲料，提高了饲料的蛋白质含量，降低了粗纤维的含量，有利于动物的消化吸收。并且还可以从中得到高附加值的产品，既解决了环境问题，又解决了垃圾的资源化问题，是一种值得推广的好方法。

12.2.3　昆虫幼虫转化法

1. 概述

垃圾分类的施行，推动了易腐垃圾资源化利用技术的发展。昆虫幼虫转化技术作为新兴的生物处理技术，能够很好地实现易腐垃圾的减量化与资源化，同时该技术与其他处理技术相比，具有养殖周期短、转化效率高，昆虫蛋白质附加值相对较高，养殖过程温度适中、能量消耗低的特性，其技术优势主要体现如下：

(1)养殖周期短、转化效率高　蝇蛆 3～5 d 可完成易腐垃圾蛋白质转化，黑水虻幼虫在 7～10 d 也可实现易腐垃圾资源的生物转化。因此，昆虫生物蛋白质转化技术具有养殖周期短、转化效率高的特点。

(2)昆虫蛋白质附加值相对较高　昆虫幼虫营养丰富，含有丰富的蛋白质、氨基酸、维生素以及各种动物所需微量元素，是一种具有潜力的饲料原料。以昆虫幼虫作为媒介的易腐垃圾生物蛋白质转化工艺能够将废弃的生物质资源转化为具有高附加值的动物蛋白质源饲料添加剂。虽然同样是作为饲料产品，但是将易腐垃圾有机质转化为昆虫蛋白质后，避免了食物链风险及同源性污染问题。现今国际渔业萎靡，国内饲用蛋白质资源市场日益紧缺，昆虫幼虫蛋白质含量丰富(黑水虻幼虫含 42%～45%的粗蛋白质，蝇蛆含 56%～63%的粗蛋白质)，可作为鱼粉和豆粕的替代品，以活体饵料或者昆虫蛋白粉的形式用于水产与畜禽养殖。

(3)养殖过程温度适中，能量消耗低　昆虫幼虫的生长最适温度基本在 25～32 ℃。除冬季需要适当增温，夏季高温期间需要适当降温外，基本无须外源辅助加热。此外，昆虫蛋白质转化处理过程基本通过人机配合完成，大部分工艺如养殖物料添加、昆虫接种、虫渣分离、二次堆肥等工序仍以人工劳作为主，机械化程度相对较低，因而相较于好氧堆肥和厌氧产沼处理等模式，能耗相对较低。

2. 技术原理

昆虫幼虫转化技术是利用一些昆虫幼虫生长快、周期短、营腐生性且食腐性广的特点，基于食物链的物质循环过程，将前端收集的易腐垃圾经过分选、破碎、制浆等预处理后，投加适量的辅料(米糠、麦麸等)制得含水率适宜的适口性浆料，然后利用昆虫幼虫进行生物转化处理。

常用的昆虫有黑水虻、家蝇、红头苍蝇等。黑水虻，学名亮斑扁角水虻，属双翅目水虻科昆虫，其生命周期短，适宜条件下 30～40 d 即可完成一个世代，生长繁殖迅速，产卵一次可达千粒。家蝇、红头苍蝇(由野生丝光绿蝇驯化而来)，也均属双翅目昆虫，分布地区广泛，世代时间短，繁殖能力强。

昆虫生长需经历卵、幼虫(蛆)、蛹、成虫 4 个时期，不同时期有着不同的形态与特征。昆虫幼虫喜好摄食畜禽粪便、厨房下脚料、腐肉等易腐组分且食量大、易管理。因此，处理餐厨等易腐垃圾主要集中在幼虫阶段。蝇蛆处理周期较短，为 3～5 d，黑水虻幼虫处理周期相对较长，为 7～10 d。同时，成熟的幼虫营养成分高，黑水虻成熟幼虫体为乳白色，长约 20 mm，体态肥胖，呈长条椭圆形，粗蛋白质含量(42%～45%)、粗脂肪含量(31%～35%)高。蝇蛆体长 5～13 mm，乳黄色，长圆锥形，高蛋白质(56%～63%)、低脂肪(10%～14%)。

昆虫幼虫的摄食以及肠道微生物协同作用下的新陈代谢过程，可以将易腐垃圾中的有机废弃物转化为富含蛋白质和脂肪的幼虫生物质与虫粪。在快速获得昆虫蛋白质的同时，在好氧微生物的协同作用下，促进有机浆料发生腐殖化，降低易腐垃圾的含水率。昆虫幼虫体内含有大量抗菌活性的碱性多肽物质——抗菌肽，在生物转化过程中能够杀灭绝大多数有害微生物。昆虫幼虫与虫粪经筛分后，昆虫幼虫可经过后续深加工制取蛋白质饲料等获得高附加值产品。虫粪等残渣可进行二次堆肥处理生产有机肥。因此，易腐垃圾经昆虫幼虫处理转化后，能够实现减量化、资源化。

3. 物料要求

昆虫蛋白质转化技术主要用于村镇地区经分类后产生的易腐垃圾(主要是餐厨垃圾)的减量资源化处理。物料需要具备以下特点：

(1)物料具有低 C/N　基于物料减量化程度、幼虫转化效率及幼虫产量适应性，含氮量较高的低 C/N(C/N<15)餐厨垃圾物料更为适合。

(2)物料具有较好的可食性　尽管易腐垃圾厌氧产沼后产生的沼渣 C/N 也较低，但因为其黏性大，颗粒间空隙小，阻碍昆虫摄食，且用于昆虫合成自身蛋白质所需的氮元素大部分存在于沼渣微生物细胞内，难以被昆虫取食，所以其养殖昆虫生物转化率较低。

因此，生物蛋白质转化技术主要适用于可食性好、含氮量高的低 C/N 餐厨垃圾、畜禽残体、粪便等物料的处理，不适用于可食性差或高 C/N 的沼渣、厨余垃圾以及农贸市场生鲜垃圾的处理。

4. 工艺流程

村镇易腐垃圾生物蛋白转化技术主体工艺单元(图 12-3)由物料预处理单元(破碎除杂、三相分离提油，图 12-4)、幼虫孵化单元、虻/蛆养殖单元、虫粪分离单元、虻/蛆粪二次堆肥单元和废水废气处理单元等工艺单元组成。具体工艺流程如下：

(1)物料预处理单元　易腐垃圾(餐厨垃圾)经收运车从收集点收集后运至处置中心，将收集的垃圾倒入卸料池或卸料仓库等接收装置，再经输送带或输送机输送至预处理系统。预处理系统主要分为以下 3 种类型。

①破碎除杂耦合辅料调理型。原料接收池中的易腐垃圾(餐厨垃圾)经输送机输送到预处理系统，经分拣破碎机完成人机配合二次分拣、粉碎精分、搅拌制浆，然后于调节池中短暂厌氧发酵后，添加米糠、麦麸等辅料，以调节高含水率的有机废物，来获得适合喂养昆虫幼虫的有机浆料。预处理过程中分选出的残渣、杂质外运单独处理，不进行脱水与脱油处理。

②机械脱水耦合辅料调理型。从卸料仓出来的易腐垃圾(餐厨垃圾)，经沥水设备处理后得到油水混合物和固体餐厨垃圾，油水混合物进入油水分离单元；脱水脱脂后的易腐垃圾经分选除杂将餐具、玻璃瓶等杂物去除后，破碎并制成浆料后进入存储罐或混料区，适当投入一定量的米糠、麦麸等辅料，调制成含水率适中且适合喂养昆虫幼虫的有机浆料。预处理过程中分选出的残渣、杂质外运单独处理。

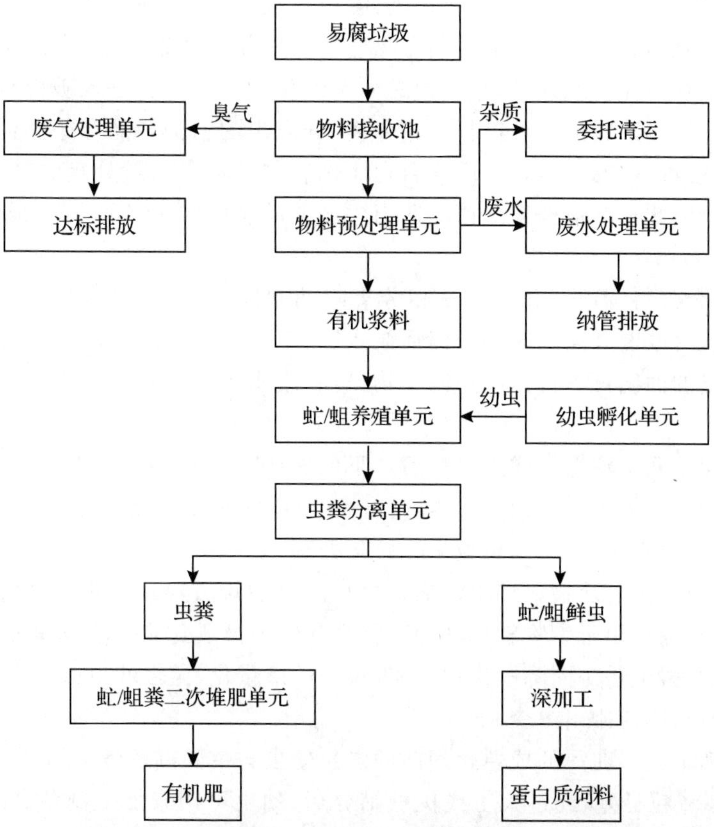

图 12-3　村镇易腐垃圾生物蛋白质转化技术工艺流程

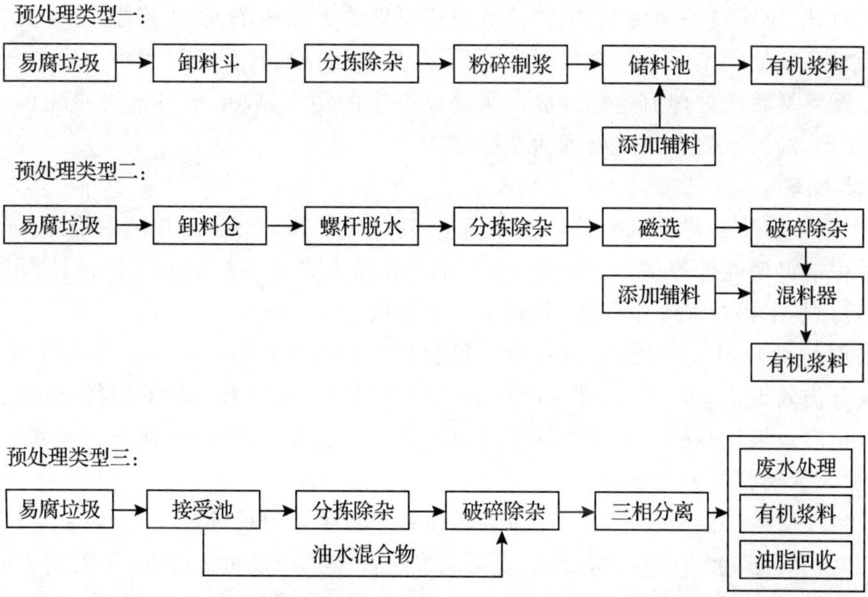

图 12-4　村镇易腐垃圾生物蛋白质转化技术物料预处理流程图

③物料三相分离除油制浆型。易腐垃圾(餐厨垃圾)在接收池短暂停留后,输送至分选筛分设备进行除杂处理,沥出的部分油水混合物送往三相分离系统,分选后杂物中的金属收集后回收利用,其余杂物委托清运处理,然后输送初步纯化的易腐垃圾进入破碎机,进一步除杂后将物料破碎成浆料,将浆料加热后进行三相分离,分离出的粗油脂储存于储油罐中回收利用,废水排入收集池中进一步处理,有机固渣暂存于储料单元以备后续处理。其产生的有机固渣含水率相对较低,因此只需根据实际情况适当添加少量辅料以调节水分,制成适合喂养昆虫幼虫的有机浆料。

机械脱水耦合辅料调理型和物料三相分离除油制浆型中沥出的油水混合物进入提油单元,经过加热装置将温度升高到 80 ℃,然后泵入三相卧式离心机,依据固渣、水、油的密度差异将其分离,分离出的油脂可进行提纯炼制生物柴油,废水进入污水处理系统,有机固渣用于喂养昆虫幼虫。

(2)幼虫孵化单元　将昆虫成虫交配后产下的卵(或外购虫卵)置于 30 ℃的恒温箱内,经一定时间孵化出幼虫(黑水虻经约 70 h 孵化出虻幼虫,红头苍蝇经 12～24 h 孵化出蝇蛆),添加适量辅料短期喂食后,以备易腐垃圾生物转化处理。

(3)虻/蛆养殖单元　从物料接收池输送出来的易腐垃圾经预处理后,将制得的有机浆料经人工投加或机械铺料用于生物转化处理。将适龄幼虫投喂到养殖池或槽中,经取食、消化等新陈代谢作用以及微生物协同降解作用,实现垃圾的减量化,昆虫幼虫取食有机浆料并用于自身生长发育,同时从体内排出虫粪。

(4)虫粪分离单元　获得的成熟化蛹前的老熟幼虫与虫粪以及残留物,利用昆虫幼虫避光性的特点以及虫-渣粒径差,经过人工或机械筛分后,幼虫可用来加工制备高附加值的昆虫蛋白质源饲料等,虫粪残留物经二次堆肥处理后可加工成有机肥产品。

(5)虻/蛆粪二次堆肥单元　经过昆虫生物处理后的残留物与虫粪因发酵周期较短,腐熟度仍达不到园林绿化或农用要求,因此需要进行二次堆肥腐熟,虫-渣分离后的残渣含水率较低,且呈颗粒状,可通过添加菌剂、辅料使其快速腐熟为无致病菌、质地疏松、无臭的有机肥料。

(6)废水废气处理单元　易腐垃圾在预处理、生物蛋白质转化等过程中产生的臭气由管道统一收集,经除臭系统处理后达标排放。预处理产生的污水、收运车与车间冲洗水、生活生产废水统一收集,经污水处理系统处理后达标排放。

5. 技术瓶颈

目前生物蛋白质转化技术因其养殖周期短、转化效率高,产品(昆虫蛋白质)附加值相对较高,养殖过程能量消耗低等优势,使得不少人在此技术上进行了探索与实施。然而现阶段,生物蛋白质转化技术仍存在不少问题,制约了它的发展。

(1)易腐垃圾杂质率高,预处理复杂　目前尽管在不少地区已经大力推行了垃圾分类制度,但垃圾分类效果仍参差不齐,在易腐垃圾(餐厨垃圾)中仍混有大量的塑料、玻璃、金属等杂物。此外,易腐垃圾过高的含水率不利于昆虫幼虫的生长发育及转化,调节含水率可通过机械脱水或添加大量辅料的方式进行。

(2)养殖环境条件控制要求高　昆虫养殖过程中需要适宜的环境条件,幼虫生长温度常年需维持在 20～35 ℃,30 ℃左右时最佳,夏天温度过高需用冷风机等降温,冬天则需通过蒸汽、热风机等进行加热。同时光照、环境湿度等其他条件也都会影响昆虫交配率、产卵率、孵化率、生长发育率及垃圾转化率等,因此需要控制好环境条件,为其营造良好环境。同时还需注意卫生无害化和生物安全性问题，做好免疫消毒防止传染病传播。

(3)养殖过程机械化自动化程度低　昆虫不同龄期所需的环境条件有所差别，需合理规划其生长环境，工厂车间至少要分为原料接收与预处理车间、虫卵孵化车间、昆虫幼虫生物处理车间、虫-粪分离车间、二次堆肥车间等。目前，虫卵孵化、幼虫养殖、虫粪分离与清洗等过程，机械化与自动化程度低。特别是昆虫交配产卵后，虫卵收集过程机械化程度低，虫卵损失率高。目前虫卵主要通过人工方式进行收集，机械化程度低、劳动强度大，同时虫卵比较脆弱，人工收集过程中不可避免地造成不少虫卵损坏，影响产业效益。

(4)生物蛋白质转化率相对较低　昆虫幼虫的营养价值受易腐垃圾原料营养成分的影响。此外，易腐垃圾的纯度与新鲜度也会严重影响昆虫幼虫的品质，从而影响昆虫幼虫产品品质的稳定性。

12.2.4　蚯蚓转化法

1. 概述

蚯蚓转化法通过蚯蚓的新陈代谢作用，将废弃物转化为物理、化学和生物学特性俱佳的蚯蚓粪，还可以产生另一种有用的产品即蚯蚓，蚯蚓可作为鱼饵、鸟食销售，经烘干、粉碎、造粒后还作为动物蛋白质饲料。由于表观蚯蚓对有机废物具有天然的定植能力，摄食的废弃物只有5%～10%被用来满足自身的新陈代谢需要，其余的被排出体外，有助于在好氧条件下快速分解原料，并在短时间内形成所谓的蚯蚓粪。此外，蚯蚓的肠道含有数量庞大的微生物菌群，使得它们的排泄物(即蚯蚓粪)往往表现出显著的微生物多样性，因而蚯蚓转化法处理有机固体废物得到了广泛的应用。

2. 蚯蚓转化法影响因素

蚯蚓转化法以蚯蚓及微生物为主体，废物处理效果主要受原料性质及蚯蚓两方面的影响，具体如下。

(1)原料　①原料粒度。原料粒度分布对堆肥进程有较大的影响。堆肥原料的粒度太大会导致其分解速率较慢，而颗粒太小会形成致密结构，降低孔隙率。②温度。蚯蚓是变温动物，蚯蚓的活动温度一般在 5～30 ℃，最适宜温度为 15～25 ℃，在此温度范围内蚯蚓能最好地发育与繁殖，40 ℃以上死亡。蚯蚓卵最适宜的孵化温度为 20～27 ℃，但是不同种类蚯蚓的生存阈值范围不同。③pH。堆体 pH 会影响蚯蚓及微生物活动，不同的微生物及蚯蚓种类适应范围不同，通常以中性为主，但有研究报道其有利 pH 是 4.5～9.0。④C/N。低 C/N 条件下，较快的碳分解易产生厌氧区，从而影响蚯蚓及好氧微生物的生长，相反 C/N 较高时蚯蚓数量增长快，更有利于提高蚯蚓堆肥处理效果。一般认为 C/N 为(25～40)∶1 时蚯蚓堆肥处理效果最佳。⑤含水率。含水率 50%～80%是蚯蚓堆肥最佳湿度范围。湿度过低蚯蚓会降低新陈代谢速率，出现逃逸、脱水甚至极度萎缩呈半休眠状态；湿度过高则氧浓度不足，出现逃逸或窒息死亡。⑥有毒有害物质。蚯蚓将废物当作食物，但有些废物原料不适合直接接种蚯蚓进行堆肥，通常需要对其进行预堆置以去除有毒有害物质。

(2)蚯蚓相关因素　蚯蚓大致分为表层型、内层型和深层型 3 类，不同种类的蚯蚓有着各自的习性，但能用来处理有机废物的品种很少。表层型蚯蚓整体环境适应性强，繁殖能力强，通常以“大平 2 号”赤子爱胜蚓为常见品种。堆体中蚯蚓的接种密度也会对生物转化进程产生影响，如蚯蚓的交配频率在低种群密度时很高，而当密度接近基质的承载能力时它会降低。园林绿化废物生物转化过程中赤子爱胜蚯蚓以 8.1～16.2 g/kg 基质(干重)添加，有利于蚯蚓粪养分提升且腐熟度高。

3. 工艺流程

利用蚯蚓处理餐厨垃圾生产动物蛋白质饲料的具体工艺流程为：

(1)餐厨垃圾预处理　首先利用振动筛去除餐厨垃圾中的骨头、塑料、铁罐、碎石、竹签后，再将筛下的餐厨垃圾送入转速为 2 600～2 900 r/min 的连续进出料式卧式离心机，对餐厨垃圾进行脱油脂、脱氯化钠处理，得到油脂含量为 1%～8%(湿基)、氯化钠含量为 0.1%～0.6%(湿基)的餐厨垃圾。

(2)用蚯蚓处理餐厨垃圾生产动物蛋白饲料　将预处理后的餐厨垃圾铺设在处理场地，每平方米餐厨垃圾撒播 0.3～0.5 kg 蚯蚓，并保持处理场内温度为 18～25 ℃，相对湿度 50%～75%；每天清理出蚯蚓粪便并向场地内按蚯蚓∶餐厨垃圾＝1∶(1.5～4)的比例加入餐厨垃圾；80～85 d 后蚯蚓开始产卵，停止蚯蚓粪便的清理和餐厨垃圾的添加，产卵 7～10 d 后，蚯蚓卵孵化繁殖出新的蚯蚓，新蚯蚓的重量为撒播蚯蚓重量的 9～10 倍时，取出 80%～90%的蚯蚓，进行烘干、粉碎、造粒，可得到用蚯蚓生产的动物蛋白饲料。

习题

1. 可饲料化固体废物种类有哪些？
2. 餐厨垃圾饲料化处理方式主要有哪些？
3. 简述单细胞菌体蛋白质技术的生产工艺流程。
4. 简述昆虫幼虫转化法技术原理及物料要求。
5. 简述昆虫幼虫转化法工艺流程。
6. 蚯蚓转化法的影响因素有哪些？

第 13 章　固体废物的材料化技术

13.1　工业固体废物材料化应用

工业固体废物，是指在工业生产活动中产生的固体废物，主要包括冶金废渣（如钢渣、高炉渣、赤泥）、矿物废物（如煤矸石、尾矿）、能源灰渣（如粉煤灰、炉渣、烟道灰）、化工废物（如硫铁矿渣）以及轻工业排出的下脚料、污泥等废物。

13.1.1　制砖

砖块作为主要的建筑材料之一，拥有悠远的使用历史。常规砖一般是由黏土经高温窑烧制而成，或用普通波特兰水泥混凝土生产。采石过程中不但会消耗大量能源，还会产生大量废物，并破坏生态环境。为节约原材料，消纳废物，开发出各种利用废物制造建筑用砖的新技术，包括使用粉煤灰、矿山尾矿、矿渣、建筑垃圾、木屑、废弃棉花、石灰石粉、造纸残留物、石油废水处理厂污泥、牛皮纸浆生产残留物、碎橡胶和水泥窑粉尘等生产砖块的方法。

1. *煤矸石制砖*

煤矸石的产生量很大，约占我国工业废渣年排放总量的 1/4，它是采煤过程和洗煤过程中排出的固体废物。利用煤矸石制砖包括用煤矸石生产烧结砖和作烧砖内燃料。泥质和碳质煤矸石，质软、易粉碎，是生产煤矸石砖的理想原料，图 13-1 为煤矸石烧结砖生产工艺的流程图，主要包括原料的破碎、成型、码坯和焙烧等工序。

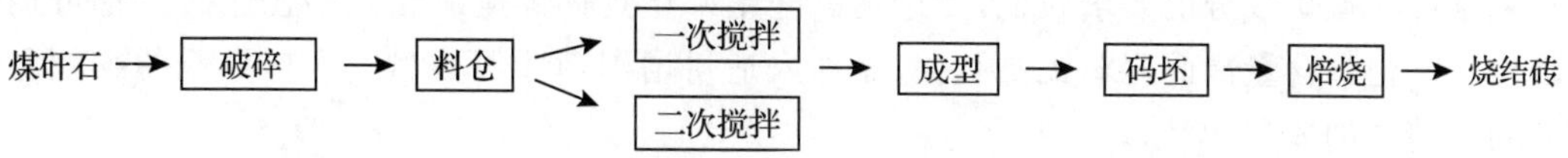

图 13-1　煤矸石烧结砖生产工艺流程

（1）破碎　利用铲车和挖机将煤矸石进行粗筛，经粗筛把原料粒径 80 mm 以上的大块矸石送至颚式破碎机破碎；煤矸石原料粒径在 80 mm 以下的送到锤式破碎机破碎。原料粒径越细，塑性越高，越易成型，成品强度也越高；但不是越细越好，太细致使砖坯的透气性不好，不宜烘干，在窑内容易塌窑。煤矸石粉碎后的粒径宜控制在 3.5 mm 以下，并要有一定的粗细配比，利于后续泥料成型，经筛分后的物料进入原料区。

（2）成型　煤矸石料浸水性较差，为了提高泥料塑性，必须将水和原料（含内燃料）搅拌均匀。搅拌时间宜控制好，这样才能满足码坯时的湿坯强度，并减少干燥裂纹。搅拌的水分和时间不仅影响烧结砖的质量，还是决定砖窑产量的重要条件。将搅拌后的松散泥料输入挤泥机受料箱内，由于螺旋的旋转，螺旋叶面对泥料施以轴向推力，通过抽真空来减少水分，提高砖坯硬度，把松散的泥料挤压成具有一定强度和密度的泥条，然后通过输泥条机送至切坯机，切割成标准的单孔或多孔砖坯。

(3)干燥　塑性挤出成型的砖坯，由于含水率高，砖坯必须经过干燥后才能入窑焙烧。

(4)焙烧　煤矸石的烧结温度范围一般为 900～1 100 ℃，因内部含有 10%左右的炭及部分挥发物，故焙烧过程不需加热。

2. 粉煤灰烧结砖

粉煤灰烧结砖(粉煤灰砖)是把粉煤灰和黏土等按一定比例混合，经搅拌、成型、干燥和焙烧等工序制备的砖。烧制中粉煤灰的用量必须依据黏土的塑性指数而定，具体掺入量见表 13-1。

表 13-1　黏土塑性指数与粉煤灰掺入量比例关系

黏土塑性指数	粉煤灰掺入量	黏土塑性指数	粉煤灰掺入量
>15	>60%	<7	效果不显著
8～14	20%～50%		

粉煤灰烧结砖的突出优点是粉煤灰可作黏土塑化剂，其绝热性超过了黏土砖，这样在干燥过程中裂纹少、损失率低；重量比普通黏土砖轻 20%，可减轻建筑物的自重和造价；因成分中含有少量的炭，可节省燃料。

3. 低硅铁尾矿制砖

低硅铁尾矿在我国占有相当大的比例，例如，我国南方湖北、安徽、南京等地的铁尾矿中硅含量普遍小于 50%，是典型的低硅铁尾矿。在烧结过程中，铁尾矿细颗粒与其他物质通过一系列物理化学反应形成不可逆的固体。随着温度升高，部分矿物发生分解、重结晶，形成新相。这些新生成的矿相构成了烧结砖的骨架，赋予砖体强度，且烧结过程中产生低共熔物形成液相，将孔隙充塞，使坯体中微孔减少、密度增大、强度提高；冷却后形成的玻璃体将结晶的固体颗粒牢固地胶结在一起，形成致密的砖体。

烧结砖对尾矿成分的要求较低，无论是高硅尾矿还是低硅尾矿在烧结普通砖上都可得到成功应用。但硅含量高的尾矿无黏结性，需加入适量增塑剂才可成型。含硅量低的细粒尾矿则有利于砖体的成型、烧结。

13.1.2　生产水泥

随着水泥原材料中的黏土资源进一步紧缺，利用工业废物开展水泥生产原料的替代品研究，成为行业关注重点。

1. 硅酸盐生产水泥

硅酸盐水泥是指以硅酸钙为主要成分的各种水泥的总称，生产水泥的原料是石灰石、黏土和铁粉。加入铁粉是为了降低水泥窑的烧成温度，使液相提前出现，降低液相黏度，使石灰石和黏土彻底反应，减少水泥料中游离氧化钙的含量，从而提高水泥质量。

生产过程可简单地概括为“两磨一烧”，即生料的配制和磨细、生料煅烧、熟料加石膏磨细。将原料按比例配合、磨细，得到生料混合物。生料在回转窑或立窑内经 1 350～1 450 ℃高温灼烧、冷却后得到粒状或块状的熟料，熟料与适量石膏共同磨细得到成品水泥。

2. 煤矸石制水泥

煤矸石与黏土的化学成分相近，可代替黏土配料烧制水泥。此外，根据煤矸石能释放一定热量的特点，还可代替部分优质燃料，节约生产用能。生产过程与生产普通水泥基本相同，将原料按一定比例配合，磨细成生料，烧至部分熔融，得到以硅酸钙为主要成分的熟料。再加入适量的石膏和混合材料，磨成细粉而制成水泥，以 40％总掺量的煤矸石粉以及激发剂作为添加比例。随着煤矸石用量的增加，水泥抗折、抗压强度性能逐步增加。当煤矸石添加量超过 50％时，对应的水泥强度抗压能力已经达到传统普通硅酸盐水泥强度中的 32.5 等级。

煤矸石在传统生产工艺中本身不具有活性，但是借助火山灰活性将其活化，然后在水泥生产过程中，使其成为地下黏土的重要材料，成为现代工艺的新型水泥。受煤矸石掺量因素的影响，不少煤矸石的成本存在较大的差异，导致在水泥生产过程中，掺量需要进行科学的调整。煤矸石的添加，从经济方面进行分析，可以实现对原有加工材料的有效替代，降低黏土材料的使用，节约大量的生产成本；从环保领域进行分析，煤矸石的大量应用，有利于解决我国当前煤矸石堆砌过多等现实问题，以废物利用的形式，实现对现有资源的高效使用；从使用效果进行分析，煤矸石作为水泥原材料，可以进一步改善水泥的特性，尤其是传统水泥的结构特性，得到进一步强化和提升。

3. 赤泥生产水泥

赤泥是铝土矿提炼氧化铝后剩余的残渣。获得 1 t 氧化铝所排放的干赤泥为 0.72～1.76 t，应用赤泥量最大的是水泥工业，用赤泥可代替黏土生产普通硅酸盐水泥，其生产工艺流程和技术条件与普通硅酸盐水泥生产基本相同。每生产 1 t 水泥可利用赤泥 400 kg，且生产的水泥具有抗硫酸盐腐蚀、抗冻等特点，图 13-2 为利用烧结法生产普通硅酸盐水泥工艺流程。

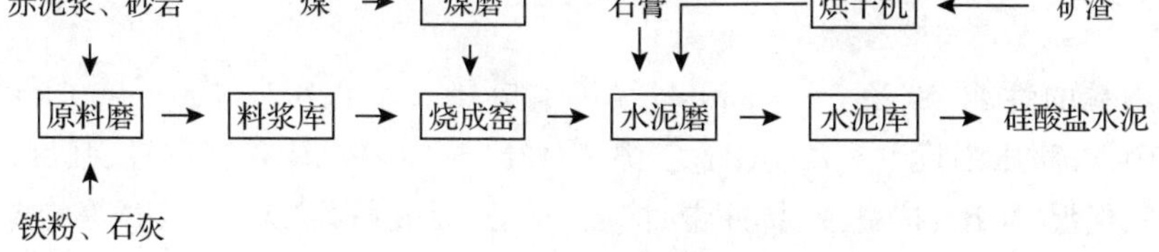

图 13-2　烧结法生产普通硅酸盐水泥工艺流程

赤泥浆经过过滤、脱水后，以赤泥、砂岩、石灰石、铁粉 4 组分配成生料，共同磨制成生料浆。调整到符合技术指标后，用流入法在蒸发机中除去大部分水分后，再进入回转窑在温度 1 400～1 450 ℃烧成水泥熟料。熟料与高炉水渣、石膏共同在水泥磨中混合碾磨到一定细度即得到水泥产品。

13.1.3　生产陶粒

陶粒是具有一定强度、粒度多为 5～25 mm 的规则球体或不规则的陶制颗粒，表面有一层坚硬的外壳，内部多孔，具有良好的物理、化学和水力特性。强度高，密度小，比表面积大，孔隙率高，吸附截污能力强，化学和热稳定性好，耐酸耐热，隔水保气，保温隔热，被广泛应用于建材、园艺和化工等领域。

陶粒制备的原理是在不同条件下，陶粒生球会发生不同的物理与化学行为，使得陶粒形成特殊结构，达到所需要的功能。由于制备工艺的不同，陶粒可被细分为烧结陶粒、免烧陶粒、膨胀陶粒、烧结陶粒滤料、免烧陶粒滤料 5 类，具体的制备原理如表 13-2 所示。

表 13-2　各类型陶粒的制备原理

陶粒类型	制备原理
烧结陶粒	高温下生球发生固相反应，体积收缩，生成玻璃相、莫来石相等，冷却后硬度极高
免烧陶粒	在养护阶段引气剂产生气体，胶凝基体包裹产生的气体使得陶粒膨胀，胶凝基体凝结和硬化使得陶粒具有一定强度
膨胀陶粒	在高温下产生均匀气体，同时产生具有一定黏度的液相，液相包裹生成的气体生成气泡，冷却后液相凝固为固体，形成蜂窝状多孔结构
烧结陶粒滤料	焙烧过程中产生均匀气体，生球内产生少量液相，不足以包裹生成的气体，气体冲击或逸出，料球中形成大量相互贯通的孔隙，使陶粒形成多孔结构，具备吸附性
免烧陶粒滤料	添加膨胀珍珠岩等具有孔状结构的原料，养护后表面形成大量微孔

陶粒原料对成分的质量要求为：SiO_2 53%～79%，Al_2O_3 12%～16%，熔剂氧化物 8%～24%，在此范围内均可烧成具有膨胀性的陶粒。部分固体废物由于其成分符合或者接近陶粒生产所需成分，从理论上可以作为陶粒的原料。这些固废包含煤矸石、粉煤灰、部分废石尾矿、污泥、赤泥等，能作为陶粒原料的固废成分不尽相同，但大体上具有一致性：主要成分为 SiO_2、Al_2O_3，另外还含有钙、铁、钾、钠、镁和少量重金属物质等。

以粉煤灰为例，粉煤灰陶粒是用粉煤灰作为主要原料，再加一定量的黏结剂如黏土或页岩，经过混合、成球和烧结而成的球状或块状物。它是一种性能较好的人造轻骨料。生产工艺一般由原料的磨细处理、混合料加水成球、焙烧等工序制成。烧结通常采用烧结机、回转窑或立波尔窑。

粉煤灰陶粒的性能：粒径 5～15 mm；级配＜5 mm；堆积密度 700～800 kg/m^3；吸水率(1 h)8%～10%；筒压强度 9～12 MPa；空隙率 43%～45%。具有容重轻、强度高、导热系数低、耐火度高、保温、防冻、抗腐蚀、抗冲击、抗震、耐磨、无放射物(无有害物)等特点。

粉煤灰陶粒可作为耐 1 000 ℃以下的混凝土骨料。以粉煤灰陶粒代替普通石子配制的轻骨料混凝土，广泛用于高层建筑、桥梁工程、地下建筑工程等，不仅能降低混凝土的表观密度，而且还可以改善混凝土的保温、耐火、抗冻、抗渗、吸音和抗震等性能。其生产工艺流程如图 13-3 所示。

13.1.4　生产筑路材料

粉煤灰、石灰和碎石按一定比例混合搅拌可制作路面基层材料，掺加量最高可达 70%，且对粉煤灰质量要求不高，根据《粉煤灰石灰类道路基层施工及验收规程》进行生产和施工。粉煤灰代替黏土筑路有全灰和间隔灰 2 种，工程回填、围海造田和矿井回填等均可大量使用粉煤灰。

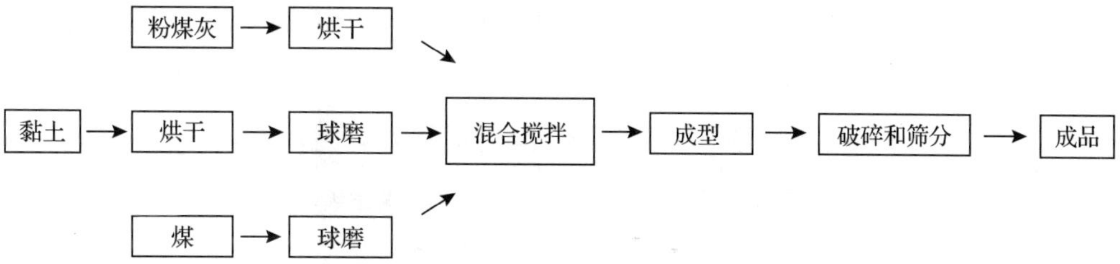

图 13-3　粉煤灰陶粒的生产工艺流程

煤矸石是很好的筑路材料，具有很好的抗风雨侵蚀性能，并可降低筑路成本。煤矸石作为塌陷区复地的填充材料，已经取得了很好的经济效益和社会效益。这种途径消耗渣量大，是解决煤矸石占地问题的有效途径。

钢渣具有容重大、呈块状、表面粗糙、稳定性好、不滑移、强度高、耐磨、耐蚀、耐久性好、与沥青胶结牢固等特点，代替天然碎石被广泛用于各种路基材料、工程回填、修砌加固堤坝和填海工程等方面。钢渣与沥青结合牢固，具有较好的耐磨耐压防滑性能，可用于沥青混凝土路面的铺设。钢渣用作沥青混凝土路面骨料时，既耐磨，又防滑，是公路建筑中有价值的材料。钢渣疏水性好，是电的不良导体而不会干扰铁路系统电信工作，所筑路床不生杂草，干净整洁，不易被雨水冲刷而产生滑移，是铁路道渣的理想材料。

13.1.5　生产微晶玻璃

微晶玻璃是一种用途很广的新型无机材料。高炉渣微晶玻璃与同类产品对比，具有配方简单、熔化温度低、产品物化性能优良及成本低廉等优点，除用于耐酸、耐碱、耐磨等部位外，经研磨抛光后是优良的建筑装饰材料。采用机械化压延成型工艺，还可生产大而薄的板材。

矿渣微晶玻璃的主要成分为：62%～78%的高炉矿渣，22%～38%的硅石以及其他非铁冶金渣等。将上述成分放入固定式或回转式炉中熔化成液体，用吹、压等一般玻璃成型方法成型，并在 730～830 ℃下保温 3 h，最后升温至 1 000～1 100 ℃保温 3 h 使其结晶，冷却后即为其成品。加热和冷却速度宜低于 5 ℃/min。结晶催化剂为氟化物、磷酸盐和铬、锰、钛、铁、锌等多种金属氧化物，其用量视高炉矿渣的化学成分和微晶玻璃的用途而定，一般为 5%～10%。微晶玻璃配料的化学组成如表 13-3 所示。

表 13-3　微晶玻璃配料的化学组成　　%

SiO_2	Al_2O_3	CaO	MgO	Na_2O	晶核剂
40～70	5～15	15～35	2～12	2～12	5～10

13.1.6　生产塑料填充剂

赤泥微粉是一种优良的热稳定剂，用于塑料工业可取代常用的重钙、轻钙、滑石粉及部分添加剂。所得塑料产品的质量符合材料技术规范，具有优异的耐候性和抗老化性能，可延长制品寿命 2～3 倍，并可生产赤泥/塑料阻燃膜和新型塑料建材。随着塑料加工和表面处理剂的不断改进，对赤泥性质与应用性能认识的深化，赤泥在塑料行业的应用被越发重视。赤泥聚氯乙烯材料是一种新型高分子材料，是利用氧化铝厂的赤泥废渣填充聚氯乙烯(PVC)树脂而成的。以再生的废 PVC、预处理的赤泥和经过滤的废机油为主要原料，生产赤泥塑料制品。既保护了环境，又节省了资源，且性能优于一般 PVC 材料，图 13-4 为利用烧结法生产塑料填充剂的工艺流程。

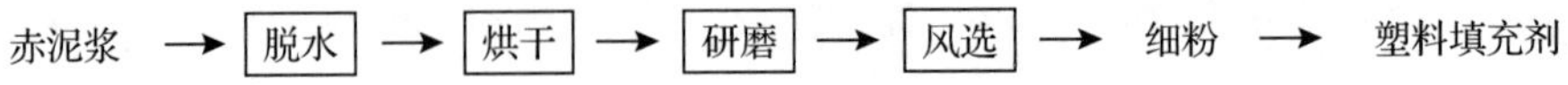

图 13-4　烧结法生产塑料填充剂工艺流程

赤泥浆先脱水至 35%以下，再经过烘干机烘干至含水量小于 0.5%后，研磨并分选小于 44 μm(320 目)的细粉，即可得到塑料填充剂。

13.1.7　回收金属

1. 硫酸渣中有价金属的回收

硫酸渣中含铁量很大，但直接送去炼铁则会由于其中含铜、铅、锌、硫、砷而影响生铁质量，同时对铜、铅、锌等有色金属也是一种资源的浪费。因此，烧渣中有价金属应予综合回收。综合回收烧渣中有价金属的方法有烯酸直接浸出、磁化焙烧-磁选、硫酸化焙烧-浸出、氯化焙烧等。其中氯化焙烧是目前工业上综合利用程度较好、工艺较为完善的方法。氯化焙烧是利用氯化剂与烧渣在一定温度下加热焙烧，使有色金属转化为氯化物而回收。

2. 废石中有价金属的回收

废矿石中含有硫化铜、黄铁矿和多种金属硫化物，在氧气、雨水和铁硫杆菌作用下，产生出含有铜、铁、硫、铝等离子的酸性水，造成水体污染。为了保护环境、综合利用矿山资源，可用酸性废水浸出废石中的铜，具体工艺流程见图 13-5。

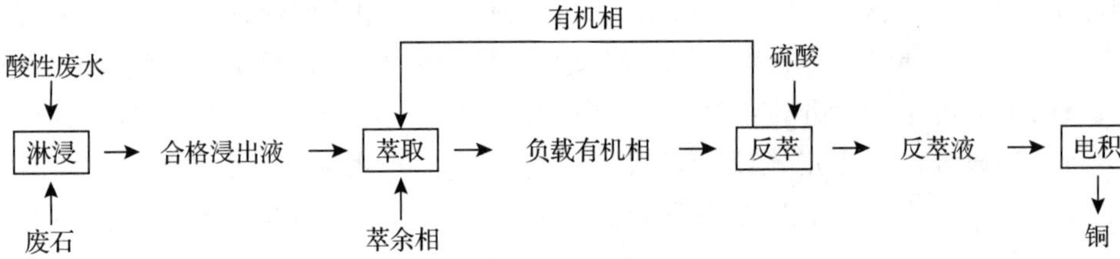

图 13-5　废石堆回收铜工艺流程

酸性废水至高位水池，再经过总管、支管和喷淋头喷淋的废石堆上，在废水自上而下渗透过程中，借助细菌作用使铜金属浸出。浸出液从堆底流出，并循环 2～3 次。当含铜浓度达到 1 g/L 以上时，萃取回收其中的铜。

13.2　城市固体废物材料化应用

运用更加合理的方式来提高城市固体废物的再利用率，通过材料化应用，不仅可以很好地消纳固体废物，还能提高废物的高附加值，进而有效降低温室气体排放、对保障国家能源安全及可持续发展都具有重要意义。

13.2.1　碳量子点材料

碳量子点是一种“零维”碳材料，通常呈直径少于 10 nm 的球状结构。具有独特的荧光性、低细胞毒性、水溶性及生物相容性等优点，被称为碳纳米光。特别是以蜂蜜、柑橘果皮、食物垃圾、豆浆、香菜叶、大蒜和虾壳等来源自生活中较为常见的生物质废物作为碳源，制备的"绿色"碳量子点来源广泛、合成步骤简单、无须用强酸或有机溶剂，且光学性能优异，十分适合规模化生产。碳量子点已应用于生物成像、生物传感、光催化、生物和环境分析等多个领域，显示出重要的社会价值和经济价值。

荧光碳量子点的合成方法可以分为自上而下法和自下而上法。自上而下法是指将尺寸较大的碳质材料破碎或者解离成为小分子，主要包括电弧放电法、激光消融法等。相反地，自下而上法指的是通过热解或者自聚将小分子反应成为具有较大粒径的物质，比如水热法、超声法等。

(1)电弧放电法　用浓硝酸对电弧放电所得到的生物质废物进行氧化处理，通过引入羧基增强水溶性，再用碱液进行萃取操作，去除沉淀物后得到稳定的悬浮液，经过分离得到所需的纳米颗粒。这种合成碳量子点的方法优点在于只需要简单的分离纯化过程，对环境无污染，所合成的碳量子点无须表面修饰，在紫外灯照射下发出不同颜色的荧光。缺点是产物为混合物，量子产率低，表面修饰困难。

(2)激光消融法　将碳粉和黏土混合均匀后通过热压制成碳靶，再以氩气作为保护气进行烘焙、成长、退火等步骤对碳靶做进一步的处理。在水蒸气和氩气共同存在的条件下用激光器对碳靶进行消融得到初产物，再经数次氧化得到碳量子点。这种方法合成碳量子点需要十分复杂的步骤才能得到有荧光的产物，操作较为烦琐。

(3)水热法　在前驱体中加入钝化剂，利用水热法一步合成。这种方法是目前最热门的碳量子点制备方法，具有较高的量子产率。

(4)超声法　以生物质废物为碳源，在强酸或强碱存在下借助超声辅助合成荧光碳量子点。此方法快速、高效，同样被广泛用于荧光碳量子点的合成。

13.2.2　高强度纸板

以旧杂志等废纸为主要原料可以生产高强度纸板。其生产原料 100%为废旧纸张，不使用黏合剂，生产的纸板可多次再生利用。具体工艺流程见图 13-6。

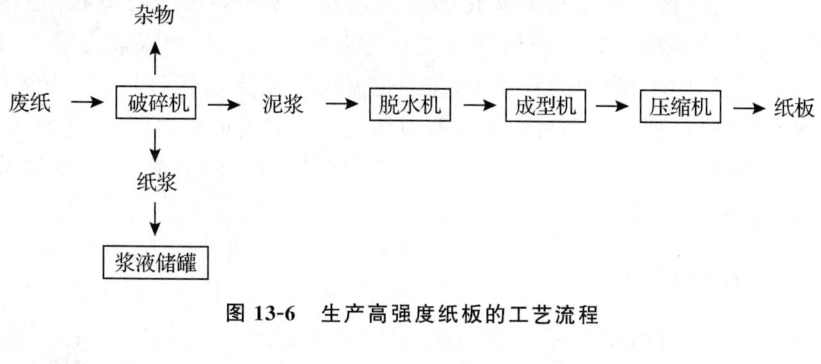

图 13-6　生产高强度纸板的工艺流程

废纸原料经过破碎机、碎浆机粉碎，将其他杂物除去，得到的纸浆进入浆液储罐，浆液进入脱水机，再经加压脱水成型机、高频压缩机等，最终得到纸板。

这种产品具有很多优点。由于其使用的黏合剂是非甲醛系，几乎不释放甲醛，有利于人体健康；其密度几乎与中密度纤维板、木屑板相同，所以可以代替木制板材作为地板材料和墙壁材料等的底衬材料；纤维素纤维可以用作隔热材料，其除具有木质纤维的吸湿性、高隔音效果外，还具有优良的吸音效果，可作为舒适住宅的建筑材料等。

13.2.3　生产胶粉

胶粉是通过机械粉碎废橡胶而得到的一种粉末状物质。根据所用废橡胶种类不同，可分为轮胎胶粉、胶鞋胶粉、制品胶粉等多种。生产胶粉的具体步骤如下。

(1)预处理　废橡胶种类繁多，并且含有多种杂质，因此，在生产胶粉之前要进行预处理，常用的预处理技术有分拣、切割、清洗等工序。

(2)初步粉碎　将切去钢丝圈后的废轮胎投入破碎机，胶块与钢丝分离后，再用振动筛分离出所需粒径的胶粒。

(3)精细粉碎　将初步粉碎工段制造的胶粒送至细胶粉粉碎机进行连续粉碎操作，目前最多是由冷磨工艺制得的。利用液氮使废橡胶冷却至－150 ℃，然后研磨成很小的粒径。这种超低温粉碎最适用于常温下不易破碎的物质，产品不会受到氧化与热作用而变质，可得到比常温粉碎力度分布更窄、流动性更佳的微粒。但超低温粉碎所得的产品胶粒能量没有充分回收，容易造成很大浪费。我国目前主要采用常温工业化生产精细橡胶粉碎技术。该技术以物理手段为主，辅之以化学手段。

(4)分级处理　将精细粉碎产生的不同粒径分布的混合物料进行分级处理，提取符合规定的物料，将这些物料经分离装置除去纤维杂质后，装袋即成品。

(5)改性　胶粉的改性主要是利用化学、物理等方法将胶粉表面改性，改性后的胶粉能与生胶或其他高分子材料更好地混合。目前胶粉改性技术主要包括：在胶粉粒子表面吸附配合剂与生胶交联，在胶粉表面吸附特定的有机单体和引发剂后在氮气中加热反应形成互穿聚合物网络与生胶配合，胶粉表面进行化学处理后露出官能团与生胶结合，在粗胶粉表面喷淋聚合物单体后经机械粉碎产生自由基与单体接枝反应。复合材料的性能与纯物质相近，但可大大降低制品的成本，同时可回收资源，解决污染问题。

13.2.4　生产涂料

废塑料生产建筑材料是废塑料资源化的重要途径。废塑料先进行分选、清水洗净、再晾干、晒干或烘干后用粉碎机粉碎成合格的粒度。将粉碎后的塑料加入装有混合溶剂(二甲苯70%、乙酸乙酯20%、丁醇10%)的容器中，在一定温度下使聚乙烯(PE)、聚丙烯(PP)等塑料全部催化溶解，制成塑料胶浆。在另一个容器中加入配制好的改性树脂，与塑料胶浆按比例混合(废塑料∶改性树脂≈2.5∶1)制成清漆，经研磨得到所需要的细度，用汽油调节色漆黏度，过滤后即得到合格色漆产品。

13.2.5　多孔碳材料

多孔碳材料具有比表面积大、孔结构丰富、孔径可调、化学性质稳定等特点，被广泛用于离子交换、能源存储和转换等领域。根据国际纯粹与应用化学联合会的规定，将多孔材料分为微孔、介孔和大孔。依据孔径范围划分，小于 2 nm 的是微孔，2～50 nm 的是介孔，大于 50 nm 的是大孔。

化石燃料产品、生物质和金属有机骨架是比较常见的多孔碳材料的前驱体。目前化石燃料产品的储存量日益减少，而城市生物质废物属于环境友好型材料，既能解决固体废物问题，减少腐烂生物质产生的温室气体排放，又可以大规模、低成本地生产。将城市固体废物转化为具有良好吸附性能的有序纳米结构的多孔碳，是实现资源化和可持续发展最有效、最具前景的方法，也是未来碳材料研究的重要内容。

习题

1. 工业固体废物的材料化应用有哪些？
2. 煤矸石制砖分几步？
3. 为什么煤矸石可以用来生产水泥？
4. 城市固体废物的材料化应用有哪些？
5. 生产胶粉的步骤有哪些？

第14章　固体废物的最终处置

14.1　概　述

14.1.1　最终处置的概念

固体废物经过减量化和资源化处理后,剩余的无再利用价值的残渣往往富集了大量的不同种类的污染物质,对生态环境和人体健康具有即时性和长期性的影响。安全、可靠地处置这些固体废物残渣,是固体废物全过程管理中的最重要环节。

用于处置固体废物的方法主要有海洋处置和陆地处置。海洋处置现已被国际公约禁止,但陆地处置至今仍是世界各国最常采用的一种废物处置方法。

14.1.2　最终处置的目的与原则

1. 最终处置的目的

固体废物的最终处置是为了使固体废物最大限度地与生物圈隔离而采取的措施,是解决固体废物的最终归宿问题,对于防治固体废物的污染起着十分关键的作用。固体废物处置的总目标是确保废物中的有毒有害物质无论现在还是将来都不致对人类及环境造成不可接受的危害。处置的基本要求是废物的体积应尽量小,废物本身无较大危害性,处置场地适宜,设施结构合理,封场后要定期对场地进行维护及监测。

2. 最终处置的原则

固体废物的最终安全处置原则大体上可归纳如下:

(1)区别对待、分类处置、严格管制危险废物和放射性废物　固体废物种类繁多,危害特性和方式、处置要求及所要求的安全处置年限均各有不同。就固体废物最终安全处置的要求而言,可根据所处置固体废物对环境危害程度的强弱和危害时间的长短,大体上将其分为以下6类:

①对环境无害的惰性固体废物。如未受污染的天然松散或坚硬岩石、建筑废物以及带有相对熔融状态的矿物材料(如来自炼焦炉的熔渣),即使在水的长期作用后对周围环境也无害。

②对环境有轻微、暂时影响的固体废物。如矿业固体废物、电厂的粉煤灰、钢渣、类似于熔融状态的废物(惰性物)等,废物中所含有的污染物质虽可释放,但对水域和周围环境的污染

是轻微的、暂时的，程度上是可容忍的。

③在一定时间内对环境有较大影响的固体废物。如城市生活垃圾，在废物中的有机组分达到稳定化之前会不断产生渗滤液和释放出有害气体，对环境有较大影响。

④在较长时间内对环境有较大影响的固体废物。如大部分工业固体废物（例如来自烟气脱硫后的石膏）。

⑤在很长时间内对环境有严重影响的固体废物。如危险废物，其废物中含有有害程度强或有毒的特殊化学物质。

⑥在很长时间内对环境和人体健康有严重影响的废物。如因其有害性质（例如易溶和难分解的物质成分）必须封闭处理的特殊废物、易爆物质或高水平放射性废物。

因此，应根据不同废物的危害程度与特性，区别对待，分类管理。对具有特别严重危害性质的危险废物，处置上比一般废物的污染防治更为严格，需实行特殊控制。这样，既能有效地控制主要污染危害，又能降低处置费用。

(2)最大限度地将危险废物与生物圈相隔离　固体废物，特别是危险废物和放射性废物，最终处置的基本原则是合理地、最大限度地使其与自然和人类环境隔离，减少有毒有害物质释放进入环境的速率和总量，将其在长期处置过程中对环境的影响减至最小程度。

(3)集中处置　《中华人民共和国固体废物污染环境防治法》把推行危险废物的集中处置作为防治危险废物污染的重要原则和措施。对危险废物实行集中处置，不仅可以节约人力、物力、财力，利于监督管理，也是有效控制乃至消除危险废物污染危害的重要形式和主要技术手段。

14.1.3　最终处置方法的分类与特点

固体废物处置的基本方法是通过多重屏障（如天然屏障或人工屏障）实现有害物质同生物圈的有效隔离。天然屏障指的是：①处置场地所处的地质构造和周围的地质环境；②沿着从处置场所经过地质环境到达生物圈的各种可能途径对于有害物质的阻滞作用。

人工屏障指的是：①使废物转化为具有低浸出性和适当机械强度的稳定的物理化学形态；②废物容器；③处置场地内各种辅助性工程屏障。

概括来说，固体废物的处置可分为海洋处置和陆地处置两大类。海洋处置是基于海洋对固体废物进行处置的一种方法。海洋处置主要分为2类：一类是传统的海洋倾倒，另一类是近些年发展起来的远洋焚烧。

陆地处置是基于土地对固体废物进行处置。根据废物的种类及其处置的地层位置（地上、地表、地下和深地层），陆地处置可分为土地耕作、工程库或贮留池贮存、土地填埋（卫生土地填埋和安全土地填埋）、浅地层埋藏以及深井灌注处置等几种。

实际上，固体废物的处置，是一个既包括处理又包括处置的综合过程。对于一般固体废物来说，适宜的处置设施一般包括下述一个或数个处理和处置过程：①浓缩、干燥、压缩等减容预处理；②无害化解毒处理；③化学稳定化或固化；④焚烧或热解；⑤土地处理；⑥深井灌注；⑦卫生土地填埋；⑧安全土地填埋；⑨尾矿坝或贮留池；⑩工程库和其他。本节仅就海洋处置、深井灌注及土地填埋处置的有关问题加以介绍。

14.1.3.1 海洋处置

1. 海洋处置基本方法及注意问题

根据处置方式,海洋处置分为海洋倾倒和远洋焚烧 2 类。海洋倾倒实际上是选择距离和深度适宜的处置场,把废物直接倒入海洋。如美国在 1899—1965 年就曾把建筑垃圾、污泥、废酸、有害废物倒入海洋处置场。海洋倾倒在 20 世纪 60 年代是美国高放射性废物的主要处置方法。

远洋焚烧是近些年发展起来的一项海洋处置方法,是用焚烧船在远海对废物进行焚烧破坏,主要用来处置卤化废物,冷凝液及焚烧残渣直接排入海中。如"火神"号焚烧船曾成功地对含氯烃化合物进行过焚烧。

海洋处置既具有填埋处置的显著优点,又不需要填埋覆盖。因此,美国、日本及欧洲各国都曾进行过海洋处置。此处置方法在国际上已被禁止,我国基本上持否定态度。为了严格控制向海洋倾倒废物的行为,我国制定了有关海洋倾废的管理条例。

基于对环境问题的关注,为了加强对固体废物海洋处置的管理,许多工业发达国家都制定了有关法规,还签订了国际协议。如 1972 年美国颁布的《海洋保护、研究和保护区法》,79 国在英国伦敦通过的《防止倾倒废物及其他物质污染海洋的公约》,我国 1985 年颁布的《中华人民共和国海洋倾废管理条例》,均对海洋处置申请程序、处置区的选择、倾倒废物的种类、倾倒区的封闭等做出了明确规定。

2. 海洋倾倒

海洋倾倒是将固体废物直接投入海洋的一种处置方法。其法律定义是指利用船舶、航空器、平台及其他载运工具,向海洋倾倒废物或其他有害物质的行为。海洋倾倒的理论依据是,海洋是一个庞大的废物接受体,对污染物质有极大的稀释能力。对容器盛装的有害废物,即使容器破坏,污染物质浸出,也会由于海水的自然稀释和扩散作用,海洋环境中污染物保持在容许水平的限度。

为防止海洋污染,需对海洋倾倒进行科学管理。根据废物的性质、有害物质含量和对海洋的环境影响,把废物分为 3 类:一类是禁止倾倒的废物;二类是需要获得特别许可证才能倾倒的废物;三类是获得普通许可证即可倾倒的废物。

一类废物包括:①含有机卤素,汞、镉及其化合物的废物;②强放射性废物;③原油、石油炼制品、残油及其废物;④严重妨碍航行、捕鱼及其他活动或危害海洋生物的,能在海面漂浮的物质。

二类废物是需要严格控制的废物,这类废物污染物质含量高,主要包括:①含有砷、铅、铜、锌、铬、镍、钒等物质及化合物的废物;②含有氰化物、氟化物及有机硅化合物的废物;③弱放射性废物;④容易沉入海底,可能严重妨碍捕鱼和航行的笨重的废物。

三类废物是指除上述两类废物之外的低毒或无毒的废物。

3. 远洋焚烧

远洋焚烧是利用焚烧船在远海对固体废物进行处理处置的一种方法。其法律定义是指以高温破坏为目的而在海洋焚烧设施上有意地焚烧废物或其他物质的行为。海洋焚烧设施包括用于此目的的船舶、平台或其他人工构筑物。

远洋焚烧适于处理处置各种含卤素有机废物,如含氯有机废物 PCBs。

远洋焚烧与陆上焚烧的区别在于,产生的氯化氢气体冷凝后可直接排入海中,焚烧残渣无须处理,也可直接排入海中。根据美国进行的焚烧鉴定试验,含氯有机物完全燃烧产生的水、二氧化碳、氯化氢以及氮氧化物，由于海水本身氯化物含量高，并不会因吸收大量氯化氢而使其中的氯平衡发生变化。此外，由于海水中碳酸盐的缓冲作用，也不会因吸收氯化氢使海水的酸度发生变化。

工业发达国家都曾采用远洋焚烧法处理处置有害废物。1967 年，德国将一艘油船改装成焚烧船，在海上进行焚烧含氯工业废物的研究。1975 年，美国环保局为壳牌化学公司颁发了焚烧各种含氯有机废物的特别许可证，有效期为 2.5 年，总处理量不超过 5 000 t。1977 年，马赛厄斯Ⅲ号焚烧船在欧洲北海也进行了类似的焚烧鉴定试验。

远洋焚烧的优点是空气净化工艺较陆地焚烧简单，处理费用比陆地焚烧便宜，但比海洋倾倒贵，每吨处理费用为 50～80 美元。

与土地处置相比，远洋焚烧即便不是一种理想方法，也是一种可以接受的方法。但因存在有关生态方面的争议问题，国际海洋法已经禁止在海上进行任何类型的废物焚烧。

14.1.3.2 深井灌注处置

1. 基本概念

深井灌注处置是指把液状废物注入到地下与饮用水和矿脉层隔开的可渗透性的岩层中。在某些情况下，它是某些有害废物的安全处置方法。

深井灌注处置系统要求适宜的地层条件，并要求废物同建筑材料、岩层间的液体以及岩层本身具有相容性。在石灰岩或白云岩层处置，容纳废液的主要条件是岩层具有空穴型孔隙，以及断裂层和裂缝。在砂石岩层处置，废液的容纳主要依靠存在于穿过密实砂床的内部相连的间隙。

一般废物和有害废物，都可采用深井灌注方法处置。适于深井灌注处置的废物可分为有机和无机两大类。它们可以是液体、气体或固体，在进行深井灌注时，将这些气体和固体都溶解在液体里，形成溶液、乳浊液或液固混合体。深井灌注方法主要是用来处置那些实践证明难于破坏，难于转化、不能采用其他方法处理处置，或者采用其他方法费用昂贵的废物。

表 14-1 列出了美国工业废物深井处置的情况。从表中可以看出，深井灌注的最大使用者是化学、石油化工和制药工业，它们所拥有的井数占现有井数的 50%，其次是炼油厂和天然气厂，金属公司居第三位。此外，食品加工、造纸业也占有一定的比例。可见深井灌注方法具有广泛的适应性。

工业废物的深井灌注处置已经有近 30 年的历史，是能为环境所接受的液体废物处置方法。不过也有人认为这种处置方法缺乏远见，担心深井一旦产生裂隙可能导致蓄水层的污染。深井灌注处置系统的规划、设计、建造与操作，主要分为废物的预处理、场地的选择、井的钻探与施工，以及环境监测等几个阶段。

2. 深井灌注的工作程序

(1)场地选择　深井灌注处置的关键是选择适于处置废物的地层，适于深井处置的地层应满足以下条件：①处置区必须位于地下饮用水源之下；②有不透水岩层把注入废物的地层隔开，使废物不致流到有用的地下水源和矿藏中去；③有足够的容量，面积较大，厚度适宜，空隙率高，饱和度适宜；④有足够的渗透性，且压力低，能以理想的速度和压力接受废液；⑤地层结构及其原来含有的流体与注入的废物相容，或者花少量的费用就可以把废物处理到相容的程度。

表 14-1 美国工业废物深井处置的情况

行业	井数/个	百分比/%	行业	井数/个	百分比/%
矿业			化学及有关产品	131	49.1
金属	2	0.7	石油炼制	51	19.1
煤	1	0.4	石料及混凝土	1	0.4
石油和天然气	17	6.4	金属精炼	16	6.0
非金属物质	5	1.9	金属冶炼	3	1.1
制造业			机械业(电子业除外)	1	0.4
食品	6	2.2	照相业	3	1.1
造纸	3	1.1	其他	27	10.1

在地质资料比较充分的条件下,可根据附近的钻井记录估计可能存在的适宜地层位置。为了证实确定不透水层的位置、地下水水位以及可供注入废物地层的深度,一般需要钻勘探井,对注水层和封存水取样分析。同时进行注入试验,以确定理想的注入压力和注入速率,并根据井底的温度和压力进行废物和地层岩石本身的相容性试验。

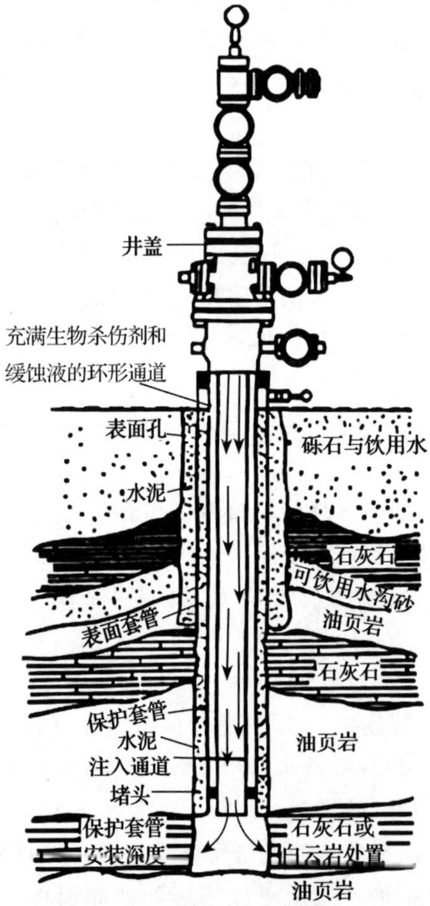

图 14-1 深井灌注处置井剖面图

供深井灌注的地层一般是石灰岩或砂岩,不透水的地层可以是黏土、页岩、泥灰岩、结晶石灰岩、粉砂岩和不透水的砂岩以及石膏等。

(2)钻探与施工 深井灌注处置井的钻探与施工和石油、天然气井的钻探技术大体相同。值得注意的是深井的套管要多于一层,外套管的下端必须处在饮用水基面之下,并且在紧靠外套管表面足够深的地段内灌上水泥。深入到处置区内的保护套管,在靠表面处也要灌上水泥,以防止淡水层受到污染。图 14-1 是位于石灰岩或白云岩层的处置区的深井剖面图。在钻探过程中,还要采集岩芯样品,经过分析,进一步确定处置区对废物的容纳能力。

凡与废物接触的器材,都应根据其与废物的相容性来选择。井内灌注管道和保护套管之间的环形空间需采用杀菌剂和缓蚀剂进行保护处理。

(3)操作与监测 处置操作分地上预处理和地下灌注 2 步。

①地上预处理。主要是在地面设施上进行的，目的是防止处理区岩层堵塞、减少处置容量或损坏设备。在某些条件下，废物的组分会与岩层中的流体起反应，形成沉淀，最终可能会堵塞岩层。例如，难溶的碱土金属碳酸盐、硫酸盐及氢氧化物沉淀，难溶的重金属碳酸盐、氢氧化物沉淀以及氧化还原反应产生的沉淀等。通常采用的预处理方法是化学处理或液固分离的方法，使上述组分除去或中和。防止沉淀的另一种方法是向井里注入缓冲剂，把废液和岩层液体隔离开来。

②地下灌注。是在有控制的压力下，以恒定的速率向处置区灌注。灌注速率一般为300～4 000 L/min。深井灌注系统配备有连续记录监测装置，可以连续记录灌注压力和速率。在灌注管道和保护套管设置有压力监测器，以检验管道或套管是否发生泄漏。若出现故障，应立即停止操作。深井处置的费用与生物处理的费用相近。对某些工业废物来说，深井灌注处置可能是对环境影响最小的切实可行方法。目前美国每年大约有 3×10^7 t 液体废物采用深井灌注处置，其中11%为有害废物。

14.1.3.3　土地填埋处置

1. 土地填埋处置的概念

土地填埋处置是从传统的堆放和土地处置发展起来的一项最终处置技术，它不是单纯的堆、填、埋，而是一种按照工程理论和土工标准，对固体废物进行有控管理的综合性科学工程方法。在填埋操作的处置方式上，它已从堆、填、覆盖向包容、屏蔽隔离的工程贮存方向发展。土地填埋处置，首先需要进行科学选址，在规划设计的基础上对场地进行防护(如防渗)处理，然后按严格的操作程序进行填埋操作和封场，要制定全面的管理制度，定期对场地进行维护和监测。

土地填埋处置具有工艺简单、成本较低、适于处置多种类型固体废物的优点，已成为固体废物最终处置的一种主要方法。其主要问题是渗滤液的收集控制问题。实践表明，以往选用的某些衬里系统是不适宜的，衬里一旦破坏很难维修。另外，相关法律的颁布和污染控制标准的制定，意味着对土地填埋的要求更加严格，致使处置费用不断增加。因此，对土地填埋处置方法尚需进一步改进，并臻于完善。

2. 土地填埋处置的分类

土地填埋处置的种类很多，采用的名称也不尽相同。按填埋场地形特征可分为山间填埋、峡谷填埋、平地填埋、废矿坑填埋；按填埋场地水文气象条件可分为干式填埋、湿式填埋和干湿式混合填埋；按填埋场的状态可分为厌氧性填埋、好氧性填埋、准好氧性填埋和保管型填埋；按固体废物污染防治法规，可分为一般固体废物填埋和工业固体废物填埋。在日本，工业固体废物填埋又分为遮断型、管理型和安定型3种。比较科学的分类，是根据所处置的废物种类，以及有害物质释出所需控制水平来进行分类。根据固体废物的类别、特性和对水资源保护的目标，可将填埋方法分为如下6种类型。

(1)惰性废物填埋　使用惰性废物填埋场或堆放场是土地填埋处置的一种最简单的方法。它实际上是把建筑废物、未受污染的天然松散或坚硬岩石以及带有相对熔融状态的矿物材料(如来自炼焦炉熔渣)等惰性废物直接埋入地下。埋设方法分浅埋和深埋2种。

(2)矿业废物填埋　主要用于处置电厂的粉煤灰、类似于熔融状态的废物(惰性物)等污染物质，可导致水域有轻微的、暂时的影响的废物处置。

(3)卫生土地填埋　主要用来处置在一段时间内会对公众健康及环境安全造成危害的一般固体废物，主要用来处置城市垃圾。

(4)工业废物填埋　也称手工业和工业废物填埋场，用于处置一般工业有害废物，如来自烟气脱硫后的石膏。因此场地的设计操作原则不如安全土地填埋那样严格，如场地下部土壤的渗透率仅要求为 10^{-6} cm/s。

(5)危险废物填埋　也称危险废物土地安全填埋，主要用于处置危险废物，对填埋场场址选择、工程设计、建造施工、营运管理和封场后的管理都有特殊的严格要求。如衬里的渗透系数要小于 10^{-8} cm/s，渗滤液要加以收集和处理，地表径流要加以控制等。

此外，还有一种土地填埋处置方法，即处置低放射性废物的浅地层埋藏方法与危险废物土地安全填埋大体相同，但在安全处置年限要求方面较前者要高些。

(6)深地层填埋　一般建在地下几百米深、具有良好地质条件的处置场，也称特殊废物深地质处置库，或深井灌注。主要用于处置因其有害性质(如易溶和难分解的物质成分)，不能在地面填埋场处置，必须封闭处理的液体、易燃废气、易爆废物，以及中、高水平放射性废物等特殊废物。用于处置高水平放射性废物的地下处置场，习惯称之为深地质处置库。

固体废物土地填埋处置的可行性取决于多种因素，如废物的种类、数量和性质、有关的法规、公众的观念和可接受性、土壤和场地的特性等。废物土地填埋场的设计和管理方案因场地而异，处置方案的技术和经济可行性取决于场地的地形、土壤、气象和水文条件、从废物产生地到场地的距离以及土地使用的现状与规划。目前采用较多的是城市垃圾卫生土地填埋、危险废物安全土地填埋和中低放射性废物浅地层埋藏。

14.2　卫生土地填埋

14.2.1　概述

卫生土地填埋通常是每天把运到土地填埋场的废物在限定区域内铺成 40～75 cm 的薄层，然后压实以减少废物的体积，并在每天操作之后用一层 15～30 cm 的土壤覆盖、压实。废物层和土壤覆盖层共同构成一个单元，即填筑单元。具有同样高度的一系列相互衔接的填筑单元构成一个升层。完成的卫生土地填埋场是由一个或多个升层组成的。当土地填埋达到最终的设计高度之后，再在该填埋层之上覆盖一层 90～120 cm 的土壤，压实后就得到一个完整的卫生土地填埋场。卫生土地填埋场剖面图如图 14-2 所示。

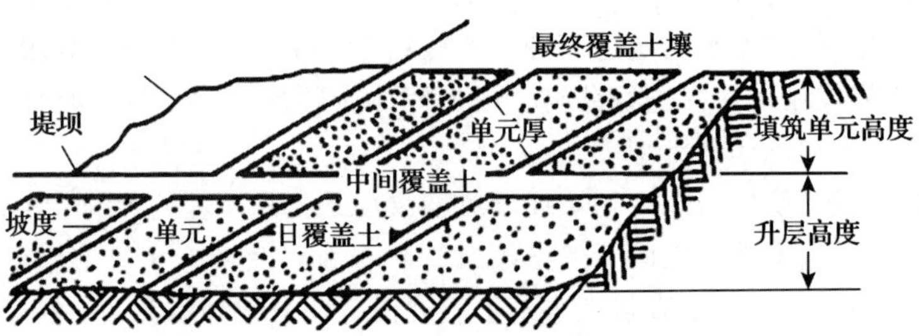

图 14-2　卫生土地填埋场剖面图

卫生土地填埋主要分厌氧，好氧和准好氧 3 种。好氧填埋实际上类似高温堆肥，其主要优点是能够减少填埋过程中由垃圾降解所产生的水分，进而可以部分减少由浸出液积聚过多所造成的地下水污染。其次是好氧填埋分解的速度快，并且能够产生高温(可达 60 ℃)，这对消灭大肠杆菌等致病细菌是十分有利的。但由于其结构复杂、施工困难、造价高，不便推广应用。对于准好氧填埋，也同样存在类似的问题，只不过准好氧填埋的造价比好氧填埋低。

目前，世界上广泛采用的是厌氧式填埋，原因是厌氧填埋结构简单，操作方便、施工费用低，同时还可回收甲烷气体。为了防止地下水的污染，目前卫生土地填埋已从以往的依靠土壤过滤自净的扩散型结构发展为密封型结构。所谓密封型结构，就是在填埋场的底部和四周设置人工衬里，使垃圾同环境完全屏蔽隔离，防止地下水的浸入和浸出液的释出。如何防止浸出液的渗漏、降解气体的释出控制、臭味和病原菌的消除、场地的开发和利用是卫生土地填埋场地选择、设计、建造、操作和封场过程应着重考虑的主要问题。

14.2.2　填埋场的总体规划

卫生土地填埋场地设计规划程序如图 14-3 所示，主要包括：基本计划的制订、场地的选择与勘察、环境调查报告、场地基本规划、环境影响评价、场地的设计、场地的建造与施工、土地填埋操作、封场、场地的维护及监测等。

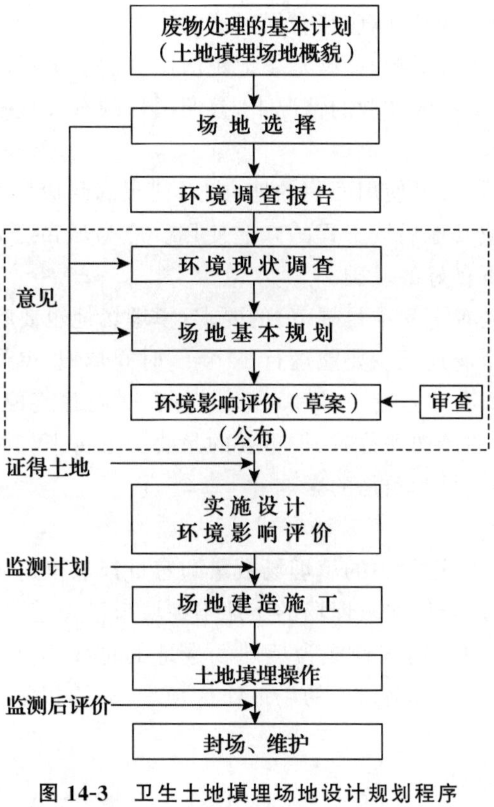

图 14-3　卫生土地填埋场地设计规划程序

14.2.3　选址的依据、原则与要求

一个固体废物填埋场场址的选择和最终确定是个复杂而漫长的过程，必须经过场地详细调查、工程设计和费用研究、环境影响评价等环节。大多数城市和地区在实施固体废物管理计划时，最困难的任务是选择一个合适的填埋场场址，它制约了填埋场工程安全和投资环节。

填埋场选址总原则是以合理的技术、经济方案，尽量少的投资，达到最理想的经济效益以实现保护环境的目的。在规划新的填埋场时，首先应对适宜处置废物的填埋场场址进行现场踏勘调查，并根据所能收集到的当地地理、地质、水文地质和气象资料，初步筛选出若干可供建设城市垃圾卫生填埋场的地区。再根据选址基本准则，对这些可供选择的场址进行比较和评价。在评价一个用于长期处置固体废物的填埋场场址的适宜性时，必须加以考虑的因素主要有：运输距离、场址限制条件、可以使用的土地面积、入场道路、地形和土壤条件、气候、地表水文条件、水文地质条件、当地环境条件以及填埋场封场后场地是否可被利用。

1. 运输距离

运输距离是选择填埋场地的重要因素，对废物管理系统起着重要作用。尽管运输距离越短越好，但也要综合考虑其他各个因素。因为填埋场选址通常由环境和政治因素决定，因此，长距离运输现在已为常见。

2. 场址限制条件

对居民区的影响：场址至少应位于居民区 500 m 以外或更远。运输或作业期间有害废物飘尘或气味应在当地气象扩散条件下不影响居民区，并在建场前应做好这方面的环境影响评价。填埋场在作业期间，噪声的影响应符合居民区的噪声标准。

填埋场能否对居民区造成影响，关键是场地距居民区的安全距离，在这方面应做一定的测试工作。目前在国内尚缺少实践经验的情况下，参照国外的有关规范是很有必要的。

3. 可用土地面积

填埋场应选择具有充足的可使用面积的地方，以利于满足废物综合处理长远发展规划的需要，应有利于二期工程或其他后续工程的兴建使用。应为城市工业废物和生活垃圾的集中收集、管理及综合治理打下良好的基础。

根据《生活垃圾处理处置工程项目规范》的要求，填埋场地也要有足够的使用面积，包括一个适当大小的缓冲带，一个场地至少要能运行 10 年。时间越短，单位废物处置费用就越高，尤其是场地选择、辅助设施如台式过秤设备和存储设备等，进行最终覆盖等都有同样的花销。在进行填埋场潜在处置能力的最初评价时，很重要的是要考虑将来可能的废物转移范围，并考虑这种转移对要处置的残渣数量和条件的影响。

4. 出入场地道路

随着废物量的不断增加，运行中的填埋场数量和容量都显得迫切需要，因而要求新建填埋场的呼声日益增大。通常适合用作填埋场的土地不在城市已建道路的附近，因此，建设出入填埋场的道路和使用长距离的运输车辆成为填埋场选址的重要因素。如果有铁道线路可以利用，即使是距离较远，也可选择铁路附近的场地作为填埋场，而以铁路作为长距离运送固体废物的运输工具。

5. 地形、地貌及土壤条件

场地地形、地貌决定了地表水的水文特征，同时也往往决定了地下水的流向和流速。废物运往场地的方式也需要进行地貌评价才能确定。一个与较陡斜坡相连的水平场地，会聚集大量的地表径流和潜层水流。地表水和潜层水文条件的研究将有助于这种情况的评价，也有助于评价地表水导流系统的必要性和类型。场地地形，其坡度应有利于填埋场施工和其他配套建筑设施的布置。不宜选址在地形、坡度起伏变化过大的低洼处和汇水处。原则上地形的自然坡度不应大于5%，场地内有利地形的承载范围应有足够的可填埋作业的容积，满足使用年限内可预测的固体废物产生量，并留有余地。应利用现有自然地形空间，将场地施工土方量减至最小。

作为防渗层使用的黏土密封层材料和作为排水层的滤料材料，因用量大，为了节省投资，应尽量就地取材，并应有充足的可采量和可靠的质量来保证填埋场的施工要求。

6. 气候条件

填埋场选址必须考虑当地的气候条件。在许多地方，冬季将会影响进出填埋场的道路条件，潮湿的气候可能导致必须分隔使用填埋场区，对于结冻比较严重的地区，填埋场覆盖层物质必须贮备充足，以便在不能挖掘的气候条件下使用。风的强度和风向也必须充分考虑，为了避免风把废碎物吹起，必须建立挡风设施。具体使用什么样的挡风设施要依据当地条件而定。选择填埋场场址应考虑温和季节的主导风向。

7. 地表水水文情况

所选场地必须在 100 年一遇的地表水域的洪水标高泛滥区或历史最大洪泛区之外，或是应在可预见的未来(长远规划中)建设水库或人工蓄水淹没和保护区之外。填埋场新场址的选择必须考虑其位置应该在湖泊、河流、河弯的地表径流区。最佳的填埋场场址位置是在封闭的流域区内，这对地下水资源造成危害的风险最小。填埋场的场地必须是位于饮用水保护区、水体和洪水区之外，并必须是在春潮区、泥炭沉积超过 1 m 的沼泽地区之外。还应建在地下水水位之上。

8. 地质和水文地质条件

场址应选在渗透性弱的松散岩层或坚硬岩层的基础上，天然地层的渗透性系数最好能达到 10^{-8} m/s 以下，并具有一定厚度。场地基础岩性应对有害物质的运移、扩散有一定的阻滞能力。场地基础的岩性最好为黏性土、沙质黏土以及页岩、黏土岩或致密的火成岩。场地应避开断层活动带、构造破坏带、褶皱变化带、地震活动带、石灰岩溶洞发育带、废弃矿区或坍陷区、含矿带或矿产分布区，以及地表为强透水层的河谷区或其他沟谷分布区。

对场地水文地质条件的要求：场地基础应位于地下水(潜水)最高丰水位标高至少 1 m，以及地下水主要补给区范围之外；场地应位于地下水的强径流带之外；场地内地下水的主流向应背向地表水域。场址不应直接选择在渗透性强的地层或含水层之上，应位于含水层的地下水水力坡度平缓地段。场地选择应确保地下水的安全，应设有保护地下水的严密技术措施。

对场地工程地质条件的要求：场地应选在工程地质性质有利的最密实的松散或坚硬岩层之上，并具有一定厚度，可起到良好的防止污染的屏障作用。场址基础的松散或坚硬的工程地质力学性质，应保证场地基础的稳定性，使沉降最小，有利于达到填埋场边坡稳定性的要求。

场地应位于不利的自然地质现象、滑坡、倒石堆等的影响范围之外。填埋场场址不应选择建在砾石、石灰岩溶洞发育地区。

9. 当地环境条件

填埋场场地位置选择，应在城市工农业发展规划区、风景规划区、自然保护区之外；应在供水水源保护区和供水远景规划区之外；应具备较有利的交通条件。到邻近居民点距离必须大于 500 m(在开阔填埋场地必须大于 1 000 m)。填埋场在其运营期间，应尽可能减少对周围景观的破坏，并且不要对周围主要的有价值的地貌、地形造成不必要的损坏。在填埋前必须制定一个计划，避免产生不利的景观影响，并确保在封场后尽快加以复原。可用树木、灌木或借助自然地形将填埋场与周围公众活动场所隔开，以改变视野。封场后，应尽快使填埋场同周围环境融为一体。

10. 地方公众

填埋对当地公众造成的主要影响之一,或者说公众抱怨的根源是由填埋场的建造所引起的额外交通问题。过多的卡车运输造成了噪声、振动、废气排放、灰尘、污物以及其他可察觉的侵害。如果可能,应尽量为重型卡车规定行车路线,使其在主要道路上行驶。这可通过自发的协议来达到,也可在废物处置合同中加以规定。

为争取同当地公众保持良好的关系并表明具有自行解决问题的能力,经营者对公众的抱怨须反应及时并表示同情。通过迅速地解决这些问题,来表明填埋场经营者能有效地操作管理其填埋场,并且一定要保护周围公众和环境的安全。

填埋场选址应符合现行国家标准《生活垃圾填埋场污染控制标准》和其他相关标准的规定,并应符合下列规定:

①应与当地城市总体规划和城市环境卫生专业规划协调一致;

②应与当地的大气防护、水土资源保护、自然保护及生态平衡要求相一致;

③应交通方便,运距合理;

④人口密度、土地利用价值及征地费用均应合理;

⑤应位于地下水贫乏地区、环境保护目标区域的地下水流向下游地区及夏季主导风向下风向;

⑥选址应有建设项目所在地的建设、规划、环保、环卫、国土资源、水利、卫生监督等有关部门和专业设计单位的有关专业技术人员参加;

⑦应符合环境影响评价的要求。

14.2.4 填埋场选址的步骤

1. 资料搜集

选址工作应充分利用现有的区域地质调查资料,掌握区域地质、水文地质和工程地质特征,可以得到所需要的选址"基本准则"中规定的资料。我国已完成各省区内 1∶5 万或 1∶10 万的地质调查工作,有的区域还完成了水文地质和工程地质调查工作。搜集这些区域地质调查资料对填埋场选址是非常重要的。在利用区域地质调查资料的基础上,可以制定选址的野外踏勘路线和计划,指导选址工作向更深一步发展。地面卫星图像是一个很好的信息源,它可反映出最新的地面上所有的信息资料,准确显示出地面上所有的物标,明确指出选址工作应开展的范围或地点,使选址工作有的放矢,做出详细的选址规划。

2. 野外踏勘

野外踏勘是选址工作中最重要的技术环节,它可直观地掌握预选场地的土地利用情况、交通条件,周围居民点分布情况、水文网分布情况和场地的地质、水文地质和工程地质条件,以及其他与选址有关的信息和资料。

根据野外踏勘实际调查取得的资料,再结合搜集到的所有其他资料和图件进行整理和分析研究,确定被踏勘调查地点的可选性并进行排序。在排序过程中,要对每个可选地点的基本条件进行分析对比,并分别列出每个地点可选性的有利和不利因素。

3. 预选场地的社会、经济和法律条件调查

对于一个初步确定的预选场址,要进一步调查场地及其周围的社会、经济条件,以及公众

对填埋场建设的反映和社会影响，确定填埋场的建设是否有碍于城市整体经济发展规划（或工农业发展规划），是否有碍于城市景观。

详细调查地方的法律、法规和政策，特别是环境保护法、水域和水源保护法。从而可评价这些预选地点是否与这些法律和法规相互冲突，相互抵触，并要取消那些受法律、法规限制的预选地点。

4. 预选场地可行性研究报告

预选场址调查结束后应提交预选场地可行性研究报告，但这并不意味着选址工作已结束。提交预选场地可行性报告的目的，主要是利用充足的调查资料说明场地具有可选性，以报告的形式提出并报请项目主管单位，再由主管单位报请官方审批，列入正式国家或地方的计划项目，使工程项目从可行性研究阶段进入正式计划内的工程项目阶段，从而可以履行一切计划工程项目的手续。

5. 预选场地的初勘工作

前述工作只是选择出较为理想的场地位置，并征得管理部门的肯定和同意。但是场地的综合地质条件能否满足工程的要求，应对场地进行综合地质初步勘察，查明场地的地质结构、水文地质和工程地质特征。如初勘证实场地具有渗透性较强的地层（$K>10^{-6}$ m/s）或含水丰富的含水层，或由含有发育的断层组成，则场地的地质质量很差，这会使工程投资增大，该场地也不具可选性，可能需要放弃该场地而另选其他场地。如初勘证实场地具有良好的综合地质技术条件，则场地的可选性就会得到最终定案。因此场地的地质初步勘察工作是场址是否可选的最终依据。

6. 预选场地的综合地质条件评价技术报告

场地初步勘察施工结束，应由钻探施工单位出具场地地质勘察技术报告，再根据地质报告提供的技术资料和数据，由项目主管单位编制场地综合地质条件评价技术报告。报告应详细说明场地的综合地质条件，详细描述对场地的有利和不利因素，做出场地可选性的结论，并对下一步场地详细勘察和工程的施工设计提出建议。

场地综合地质条件评价技术报告是场地选择和工程立项的依据，使固体废物安全填埋场项目由选址阶段正式过渡到工程阶段，该报告也是场地详勘设计的依据。如果场地得到不可选的结论，选址工作则又要重新开始或进行第二或第三场址的初勘工作。

7. 工程勘察阶段

在确定场地可选后，可立即转入工程实施阶段，依此场地综合地质条件评价技术报告进行场地的详细勘察、设计和施工。

综上所述，填埋场位置的选择是一项技术性强、难度大、任务重的工作。整个选址工作要经过多个技术环节，才能最终定案并过渡到工程阶段。

14.2.5 填埋场综合技术条件评价

填埋场详细勘察阶段最终提交的成果和必须要达到的目的，是根据调查资料和数据对场地的防护能力、安全程度、稳定性、环境影响和污染预测做出可靠评价。

1. 场地防护能力的评价

根据地质勘察工作得到的场地区域、外围和基础的地质结构、地层、岩性和地质构造条件，以及要填埋废物的性质，可对场地的防护能力做出定性评价，也可根据专门渗透试验对场地的防护能力做出定量评价。

2. 场地安全程度评价

场地安全评价包括定性评价和定量评价。定性评价依据场地的综合地质条件；而定量评价是依据场地存在的地质屏障层的厚度和渗透性，确定场地的安全寿命。假如填埋场工程设计要求安全寿命应达到 100 年，但通过勘察资料计算，地质屏障系统安全寿命只能达到 50 年，则应在地质屏障系统上采取措施，使之再承担 50 年的安全寿命，才能达到填埋场设计的安全标准。场地的安全程度不仅涉及地质屏障系统和密封屏障系统，也取决于工程所使用材料的寿命，故场地安全评价应对场地地质条件、工程技术措施、施工质量和所应用的材料、设备的寿命进行综合评价。

3. 场地稳定性评价

场地稳定性评价主要是对场地天然或人工边坡和基础稳定性评价。场地基础稳定性与区域地质构造和地震烈度有关，而基础的沉降、变形主要与岩、土体的力学性质有关。应根据岩、土体力学性质试验和实验成果正确预计基础沉降量，避免不均匀沉降的出现。根据计算的沉降量值对密封层的施工采取预处理措施。因此，场地稳定性也是保证场地安全的极重要因素。

4. 场地环境影响评价

特别当填埋场工程与自然保护、水源保护、经济发展规划，以及景观保护等条例有冲突时，要重点做出这方面的环境影响评价。应特别注意的是在某些局限条件制约下，填埋场工程不得不选在距居民区（或零散居民点）较近的位置上，从长远观点上要考虑对居民生存环境的影响，要做出公正评价，并采取必要的保护措施。

5. 场地污染可能性评价

建设废物填埋场的最重要的目的就是保护水环境，因此要对场地周围地表水系统和地下水系统进行污染预测。预测出当废物渗滤液突破三道“屏障”时，是否能达到所允许的极限标准。如果出现忧虑值时，要论证它是否能污染被保护的水体。这就要求在区域综合地质调查中给出地下水和地表水完整的区域循环系统，在地质环境中是否存在有阻止污染带运移、扩散的地质体或导致污染增强的地质体。场地污染预测准确与否，取决于场地综合地质勘察技术的先进程度和取得资料的准确性。

废物填埋场的选址涉及面广，考虑的因素多，难度大，工作费时费力。自然界真正存在的理想场地很罕见，但是通过技术措施能够利用的场地会是很多的。影响选址的因素有两类：一类是影响选址的限制性因素，另一类则是影响选址的条件因素。影响选址的限制性因素还可分为两类：一类是选址必须避开的限制性因素，另一类则是可调节的限制性因素。影响选址的条件因素实质上是场址的场地质量问题，它与可容纳废物的种类和填埋场的上部结构应采取的技术措施有直接关系，可认为这是填埋场的工程性问题。

14.2.6 填埋场的设计

卫生土地填埋场的设计包括场地的面积和容量确定、地下水的保护措施及降解气体的控制等。填埋场的设计、运行必须按照颁发的技术法规进行。

《生活垃圾卫生填埋处理技术规范》规定，进入填埋场的填埋物应是居民家庭垃圾、园林绿化废弃物、商业服务网点垃圾、清扫保洁垃圾、交通物流场站垃圾、企事业单位的生活垃圾及其他具有生活垃圾属性的一般固体废物。

城镇污水处理厂的污泥进入生活垃圾填埋场混合填埋处置时，应经预处理改善污泥的高含水率、高黏度、易流变、高持水性和低渗透系数的特性，改善后的泥质除应符合《城镇污水处理厂污泥处置　混合填埋用泥质》的要求外，还应达到以下岩土力学指标的规定：

①无侧限抗压强度≥50 kN/m^2；

②十字板抗剪强度≥25 kN/m^2；

③渗透系数为 10^{-6} cm/s～10^{-5} cm/s。

填埋场防渗系统的结构与所用 HDPE 土工膜应符合《垃圾填埋场用高密度聚乙烯土工膜》的规定。HDPE 土工膜厚度不应小于 1.5 mm，当防渗要求严格或垃圾堆高于 20 m 时，宜选用不小于 2.0 mm 的 HDPE 土工膜厚度。盲沟内应设置高密度聚乙烯(HDPE)收集管，HDPE 收集管直径应不小于 315 mm。填埋气体利用率不宜小于 70%。

填埋场封场应符合《生活垃圾卫生填埋场封场技术规范》与《生活垃圾卫生填埋场岩土工程技术规范》的有关规定。

填埋场封场后应继续进行填埋气体导排、渗沥液导排和处理、环境与安全监测等运行管理，直至填埋体达到稳定。

填埋场封场后的土地利用应符合《生活垃圾填埋场稳定化场地利用技术要求》的要求。

最后，要求提供填埋场封场、封场后管理以及已确定的有关行动的财政保证。这些要求适用于除地方机构直管的填埋场外的所有填埋场。

14.2.6.1　场地的面积和容量

填埋场容量除与填埋场面积和填埋高度有关外，还与固体废物的可压缩性、日覆盖层厚度、废物分解特性和负荷高度有关。其估算方法是：首先确定填埋场的理论容量，然后考虑填埋废物的初始密度，在上覆压力作用下而导致的最终压实密度，以及生物降解作用造成的质量数降低，确定填埋场能够容纳固体废物的实际质量。

1. 填埋场理论填埋容量

根据填埋场结构方案，确定每一填埋层的面积，然后计算每个填埋层体积(填埋层的平均面积与填埋层的高度之积)，加和各个填埋层的体积，便得到填埋场的理论容量。如果填埋层覆盖层土壤是从填埋层处开挖得到的，那么得到体积即为可以填埋废物的体积。如果覆盖层物质需要外运进来，则得到的体积还要减去外运来的覆盖层物质的体积才是可以填埋废物的体积。

2. 固体废物组分可压缩性的作用

填埋场固体废物的初始密度随填埋场作业方式、每种固体废物组分的压缩性质及其所占百分比等因素而变化。如果固体废物按薄层填埋在作业表面后压实，则可以得到较大的压缩。按保守地估计，填埋的固体废物的初始密度也要比运输工具运来的压实后的固体废物的密度略小。通常填埋场固体废物的初始密度为 250～600 kg/m^3，这也取决于废物的压实情况。废旧物质回收不仅可降低填埋场体积的需求量，而且影响余下废物的压缩性质。

3. 覆盖层物质的体积

在填埋场的建设中，覆盖物质不断进入填埋场，通常日覆盖层厚为 15～30 cm，中间覆盖层更厚，最终覆盖层一般厚 1～2 m，故填埋场容量计算中必须考虑覆盖的物质量。日覆盖层和中间覆盖层的用量以废物/土壤来表示。废物与土壤之比可以根据填埋场隔室的几何形态来确定，通常废物：土壤为(4～10)：1。

4. 废物降解和负重高度的作用

生物降解作用使废物的质量减小，因此废物的体积减小，从而可以增加废物的填埋量。在填埋场的初步设计阶段，可以只考虑由负重而导致的压缩量，然后在填埋场设计的下一阶段，考虑生物降解造成的减容。卫生土地填埋场的面积和容量与城市的人口数量、垃圾的产率、废物填埋的高度、垃圾与覆盖材料量之比以及填埋后的压实密度有关。通常，覆土和填埋垃圾之比为 1∶4 或 1∶3，填埋后废物的压实密度为 500～700 kg/m^3，场地的容量至少可供使用 20 年。

每年填埋的废物体积可按式(14-1)计算：

$$V=365\times\frac{WP}{D}+C \tag{14-1}$$

式中：V 为一年填埋的垃圾体积，m^3；W 为垃圾的产率，kg/(人·d)；P 为城市的人口数，人；D 为填埋后废物的压实密度，kg/m^3；C 为覆土体积，m^3。

如已知填埋高度为 H，则每年所需土地面积为

$$A=V/H \tag{14-2}$$

例

一个 5 万人口的城市，平均每人每天产生垃圾 2.0 kg，如果用卫生土地填埋法处置，覆土与垃圾之比为 1∶4，填埋后废物压实密度为 600 kg/m^3，试求 1 年填埋废物的体积和 20 年的填埋面积和总体积。

解：

①$V=365\times2\times50\ 000/600+365\times2\times50\ 000/(600\times4)=76\ 041\ m^3$

②填埋高度为 7.5 m，每年占地面积为：$A=76\ 041/7.5=10\ 138.8\ m^2$

③运营 20 年的总面积：$A_{20}=10\ 138.8\ m^2\times20=202\ 760\ m^2$

④运营 20 年的总容量：$V_{20}=76\ 041\times20=1\ 520\ 820\ m^3$

土地填埋场的实际占地面积确定之后，还要考虑场地周围土地的使用，要注意保留适当的缓冲区，并根据有关标准确定场地的边界。填埋场地的容量也要根据当地的发展规划，留有充足的余地。

14.2.6.2 地下水保护系统设计

固体废物填埋场对环境的影响，主要是废物在填埋处置过程中产生的含有大量污染物的渗滤液所造成的。渗滤液的污染控制乃是填埋场设计、运行和封场的关键性问题。

1. 渗滤液的产生及控制

卫生土地填埋场内会产生一定数量的渗滤液，这些渗滤液的数量和性质与许多因素有关。浸出液的主要来源如下：

(1)直接降水　降水包括降雨和降雪，它是渗滤液产生的主要来源。影响渗滤液产生数量的降雨特性有降雨量、降雨强度、降雨频率、降雨持续时间等。降雪和渗滤液生成量的关系受降雪量、升华量、融雪量等影响。在积雪地带，还受融雪时期或融雪速度的影响。一般而言，降

雪量的十分之一相当于等量的降雨量,其确切数字可根据当地的气象资料确定。

(2)地表径流　地表径流是指来自场地表面上坡方向的径流水,对渗滤液的产生量也有较大的影响。具体数字取决于填埋场周围的地势、覆土材料的种类及渗透性能、场地的植被情况及排水设施的完善程度等。

(3)地表灌溉　与地面的种植情况和土壤类型有关。

(4)地下水　如果填埋场地的底部在地下水位以下,地下水就可能渗入填埋场内,渗滤液的数量和性质与地下水同垃圾的接触情况、接触时间及流动方向有关。如果在设计施工中采取防渗措施,可以避免或减少地下水的渗入量。

(5)废物中的水分　随固体废物进入填埋场中的水分,包括固体废物本身携带的水分以及从大气和雨水中的吸附(当贮水池密封不好时)量。入场废物携带的水分有时是渗滤液的主要来源之一。填埋污泥时,不管污泥的种类及保水能力如何,即使通过一定程度的压实,污泥中总有相当部分的水分变成渗滤液自填埋场流出。

(6)覆盖材料中的水分　随覆盖层材料进入填埋场中的水量与覆盖层物质的类型、来源以及季节有关。覆盖层物质的最大含水量可以用田间持水量(FC)来定义,即克服重力作用之后能在介质孔隙中保持的水量。典型的田间持水量对于沙而言为 6%～12%,对于黏土质的土壤为 23%～31%。

(7)有机物分解生成水　垃圾中的有机组分在填埋场内经厌氧分解会产生水分,其产生量与垃圾的组成、pH、温度和菌种等因素有关。

2. 影响渗滤液产生量的因素

填埋场渗滤液的产生量通常由获水能力、场地地表条件、固体废物条件、填埋场构造、操作条件等 5 个相互有关的因素决定,并受其他一些因素制约。

(1)填埋场构造　填埋场的构造与渗滤液产生量有很大关系,对于未铺设水平和斜坡防水防渗衬层的填埋场底部,或是建设在地下水位以下的平地型填埋场或山谷型填埋场,地下水的入浸是渗滤液的一个重要来源;对于未设高质量地表水控制系统的填埋场,地表径流可能导致产生过多的渗滤液。

通常,对于一个设计完好的填埋场可以避免地下水和地表径流进入填埋场。渗滤液主要来源于大气降水、地表灌溉、固体废物含水,以及填埋处置过程中废物分解产生的水分,其中降水是影响渗滤液产生量的重要因素。

设计完好的填埋场的水运移及水平衡如图 14-4 所示。大气降水到达填埋场表面后,在合理设计地面径流控制系统的情况下,降水的一部分变成地表径流流出填埋

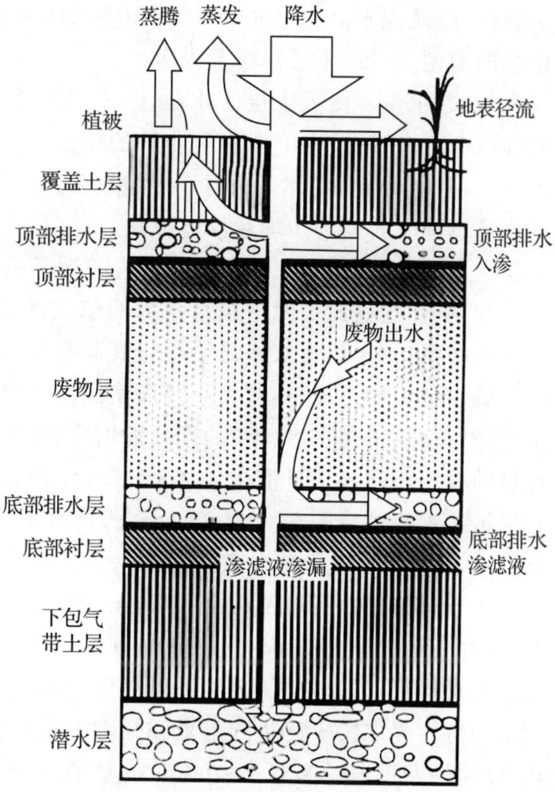

图 14-4　填埋场的水运移及水平衡

场，另一部分通过表面蒸发离开，只有少部分渗入覆盖土层。在覆盖土层中部分被植物吸收并蒸腾进入大气，其余则通过覆盖土层顶部排水层土壤的扩散、迁移进入覆盖土层内的顶部衬层-排入渗水收排系统，大部分水沿顶部排水层底坡流入收集管网而排出填埋场，仅有小部分水能下渗到废物层形成渗滤液，这时的渗滤液主要来源于废物本身带入的水分。

(2)降雨　影响渗滤液产生的降雨特征有4个，即降雨量、降雨强度、降雨频率和降雨周期。降雨量通常用以表示在某一给定地区、于某一时段(如月或年)内到达地表的雨水总量，此数可以是一次或多次降雨的结果。从水文或气象部门可以得到多年周平均、月平均、季度平均或年平均的降雨量。许多估算渗滤液产生量的方法常以月平均降雨量为基础，往往忽略了降雨强度、频率和时间周期对地表土壤颗粒的影响，而这些影响可能会改变入渗速率并进而使渗滤液的产生量发生一定程度的变化。

(3)地表径流　包括入流和出流。

①入流。是指来自场地表面上坡方向的径流水，称为区域地表径流，对渗滤液的产生量也有较大影响。渗滤液具体数量取决于填埋场地周围的地势、覆土材料的种类及渗透性能、场地的植被和排水设施情况等。

②出流。是指填埋场场地范围内产生并自填埋场流出的地表水，称为填埋场地表径流。影响填埋场地表径流的因素主要有：地形、填埋场覆盖层材料、植被、土壤渗透性、表层土壤的初始含水率和排水条件。填埋场地形，如大小、形状、坡度、方位、高度和地表形状等，控制着地表积水的流动。在这些因素中，坡度尤为重要。表层土壤的类型、渗透性及初始含水率直接影响入渗速率，并会对地表汇水或地表径流产生影响。填埋场地表植被也对地表径流有显著影响，它会使地表水流动速度变慢，从而使水在地表保持较长的时间。所产生的影响大小取决于植物的类型、密度、生长年龄及季节。

(4)贮水量　渗入土层的水分，只有部分会下渗进入废物层，另一部分则滞留在土层内。假如降水的入渗恰好使固体废物上面的覆盖土层饱和，则土层中超过填埋场田间持水量(即土壤含水率，在达到田间持水量条件下土壤水张力的典型值是1/10到1/3 atm，1 atm=101 325 Pa)的水量迅速下排变为填埋场渗滤液量。此后，由于蒸发蒸腾作用，含水率还会渐渐降低。如在土层内有植物根系，则土壤含水率还会下降至凋萎系数(即土壤在植物不再能吸收水分条件下的含水量，在达到此值时土壤水张力的值大约是15 atm)，然后基本保持不变；如在土层内无植物的根系，则土壤含水率最终要比其凋萎系数大。

城市垃圾的组成、颗粒大小及压实密度是影响其田间持水量的主要因素。垃圾的田间持水量随垃圾的堆积密度(干)的增加而增大，随颗粒粒径的减少而显著增大。未经处理的城市垃圾的真正田间持水量值在0.2～0.35(体积含水率)。对城市垃圾所进行的某些分析表明，其原始含水率的范围在0.1～0.2(体积含水率)。因此，城市垃圾的表观田间持水量的范围可能在0.1～0.15(体积含水率)。

水分有2种途径滞留在废物中：第一种为废物微观结构的毛细管作用，所吸收的水分滞留在废物中；第二种为滞留在废物颗粒间隙处的游离水。一般废物的孔隙率为20%～35%。中间覆土材料或经过压实的废物都可使该区域的饱和层抬高，即地下水的静水位抬高。因此，填埋场的持水量取决于废物的密度和孔隙率或阻止液体向下渗透的不渗透性隔层。在许多填埋场，废物的密度通常为0.7～0.8 t/m^3。在这种密度下，每立方米的废物在产生渗滤液之前可以持有0.1～0.2 m^3 的水。然而，如果废物压实密度很高，废物的持水量就会下降。如当密度高于 1.0 t/m^3 时，持水量只有 0.02～0.03 m^3。

(5)蒸发量　渗入并保持在填埋场覆盖层或废物层上部的大气降水，会因地表蒸发和植物蒸腾作用不断进入大气；在同样条件下，有植被的地表蒸腾所散失的水分较裸露的地表蒸发所散失的水分要多。地表蒸发和植物蒸腾作用二者实际上很难截然分开，统称为腾发或蒸散。而单位时间内单位面积地表蒸发散失的水量称为蒸发量或蒸发强度。蒸发量的大小主要取决于两方面的因素：一是受辐射、气温、湿度和风速等气象因素的影响；二是受土壤含水率的大小、水分分布及其上所生长植物的影响。当土壤供水能力强时，由大气蒸散能力决定的最大可能蒸散强度称为潜在蒸散强度，实际的蒸散强度一般要比潜在的蒸散强度小。

在有植被的地表，水还会被植物根系吸收并通过植物叶面而蒸腾，植物的蒸腾比土面蒸发更重要。植物生长愈旺盛、根系及叶片愈发育，则同样条件下吸水及相应的蒸腾作用就愈强。

3. 填埋场渗滤液组成及特征

(1)填埋场渗滤液的主要成分　填埋场渗滤液的主要成分有下述4类：

①常见元素和离子，如Cd、Mg、Fe、Na、NH_3、碳酸根、硫酸根和氯离子等；

②微量金属，如Mn、Cr、Ni、Pb等；

③有机物，常以TOC、COD来计量，酚等也可以单独计量；

④微生物。

城市垃圾填埋场所处置的生活垃圾的成分在各个地方基本上相类似，所产生的渗滤液的组分也大致如上。工业废物填埋场由于所填埋的废物类别各不相同，其渗滤液成分彼此间各有变化。

(2)渗滤液浓度变化特征　填埋渗滤液的性质与填埋废物的种类、性质及填埋方式等许多因素有关，化学成分变化较大，其浓度和性质随时间呈高度的动态变化关系，主要取决于填埋场的使用年限和取样时填埋场所处的阶段。在填埋的初期，渗滤液中的有机酸浓度较高，而挥发性有机酸占有量不到1%；随着时间的推移，挥发性有机酸的比例将增加。渗滤液中有机物浓度降低的速度，好氧填埋要比厌氧填埋快些。新、老填埋场渗滤液浓度变化较大。在填埋场的酸性阶段，其pH较低，而BDD_5、TOC、COD、营养物质和重金属的含量均较高。反之，如果取样期在填埋场的产甲烷阶段，这时的pH为6.5～7.5，而BOD_5、TOC、COD、营养物的含量则明显降低，且重金属的含量也同样有明显的降低。渗滤液的pH不仅与渗滤液的酸度有关，而且还涉及渗滤液表面的CO_2分压。

对于普遍采用的厌氧填埋来说，渗滤液的性质一般为：

①色嗅。呈淡茶色或暗褐色，色度在4 000～20 000，有较浓的腐化臭味。

②pH。填埋初期pH为6～7，呈弱酸性，随时间推移，pH可提高到7～8，呈弱碱性。

③BOD_5。随着时间和微生物活动的增加，渗滤液中的BOD_5也逐渐增加。一般填埋6个月至2.5年，达到最高峰值，此时BOD_5多以溶解性为主，随后此项指标开始下降，到6～15年填埋场达到安定化为止。

④COD。填埋初期COD略低于BOD_5，随着时间的推移，BOD_5急速下降，而COD下降缓慢，因而COD略高于BOD_5。渗滤液的生物可降解性可用BOD_5与COD之比来反映，当BOD_5/COD=0.5时，渗滤液较易发生生物降解；当BOD_5/COD=0.1时，渗滤液难以降解。最初，这一比值将在0.6或者更大一点的量级上；在0.4～0.6时，表明渗滤液中的有机物质开始生物降解；对于成熟的填埋场，渗滤液的此项比值通常为0.05～0.20，其中常含有不被生物

降解的腐殖酸和富里酸。

⑤TOC。浓度一般为 265～2 800 mg/L。BOD_5/TOC 可反映渗滤液中有机碳氧化状态。填埋初期，BOD_5/TOC 值高；随着时间推移，填埋场趋于稳定化，渗滤液中的有机碳以氧化态存在，BOD_5/TOC 值降低。

⑥溶解固体总量。渗滤液中溶解固体总量随填埋时间推移而变化。填埋初期，溶解性盐的浓度可达 10 000 mg/L，同时具有相当高的钠、钙、氯化物、硫酸盐和铁。填埋 6～24 个月达到峰值，此后随时间的增长无机物浓度降低。

⑦SS。一般多在 300 mg/L 以下。

⑧氮化物。氨氮浓度较高，以氨态为主，一般为 0.4 mg/L，有时高达 1 mg/L，有机氮占总氮的 10%。

⑨重金属。生活垃圾单独填埋时，重金属含量很低，不会超过环保标准。但与工业废物或污泥混埋时，重金属含量会增加，并可能超标。

⑩磷。渗滤液中磷含量很低，特别是溶解性磷酸盐质量浓度很低。在中性渗滤液中，溶解性磷酸盐含量最大可能是由 $Ca_5(OH)(PO_4)_3$ 控制，因此渗滤液中的溶解性磷酸盐含量受 Ca^{2+} 浓度或碱性水平的影响。

(3)痕量组分　渗滤液中的痕量组分(其中一些具有危及健康的风险)取决于填埋场内这些痕量组分在气相中的浓度。痕量组分的浓度可以用 Henry 定律计算。越来越多的社会团体和填埋场作业人员限制危险废物与城市垃圾一起处置，因此，新填埋场渗滤液中痕量组分的浓度有所减低。

4. 控制渗滤液产生量的工程措施

(1)入场废物含水率的控制　填埋过程中随填埋废物带入的水分，相当部分会在废物压实过程中沥滤出来，其量在渗滤液产生量中占相当大的比例。为此，必须控制入场填埋废物的含水率。城市垃圾卫生填埋场一般要求入场填埋的城市垃圾含水率＜30%(质量分数)。

(2)控制地表水的入渗量　地表水是渗滤液的主要来源，因此消除或者减少地表水的渗入量是填埋场设计的最为重要的方面。对包括降雨、暴雨、地表径流、间歇河和上升泉等的所有地表水进行有效控制，可以减少填埋场渗滤液的产生量。图 14-5 是平面防水导流系统示意图。

地表水管理的目的是不让区域地表径流进入填埋场区，不让填埋场内径流通过废物，对外界形成污染。当填埋场产生的地表径流通过废物层并流出填埋场，则会将废物中的污染物带到接受水体(河流、湖泊、自然水库等)中，并可能引起覆盖土壤、边坡、水道以及其他未保护地表的侵蚀。因而需要采取下列措施：对间歇暴露地区产生的临时性侵蚀和淤塞的控制；对最终覆盖区域采取土壤加固、植被、整修边坡等控制侵蚀措施；沟渠加设衬层，以防止在暴雨期间大流量径流的冲刷；修建缓冲池以减少洪峰的影响；将流经未覆盖固体废物的径流引至渗滤液处理与处置系统。

管理设施的规模大小是根据对降水量的预测确定的，包括暴雨产生的概率和降水密度。其设计使用年限应以能控制 25～50 年内所发生的 24 h 最大降水量为准。可供选用的控制设施有雨水流路、雨水沟、涵洞、雨水储存塘等。

①雨水流路。填埋场内及周围的雨水流路对于减少渗滤液的产生是非常重要的。填埋场通常位于自然排水线路上，需要在填埋场周围设置场外排洪沟，以防场外周边地域的地表径流

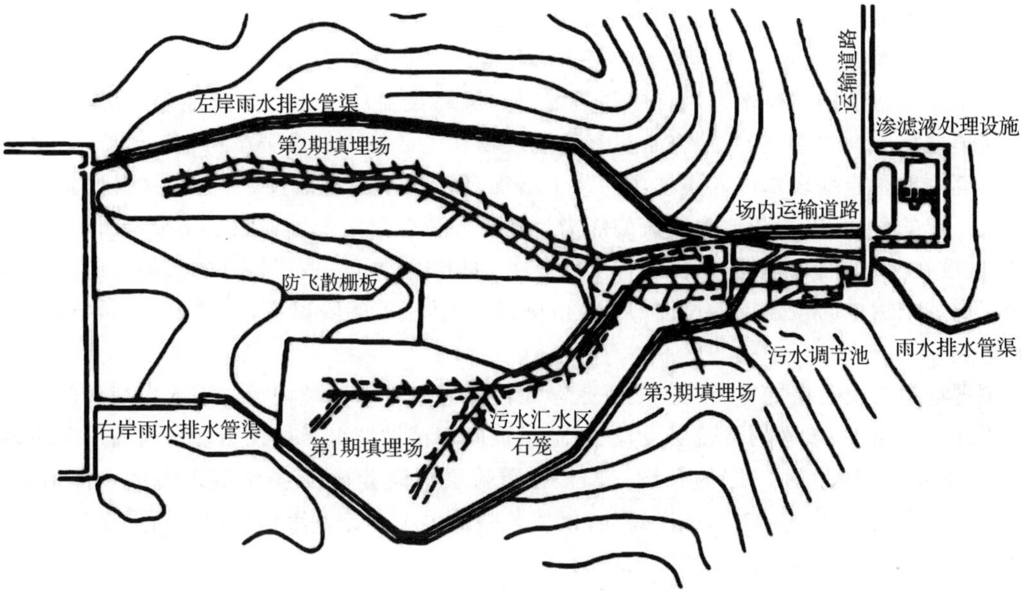

图 14-5 平面防水导流系统示意图

进入。对于有些位于周围暴雨地表径流能够进入的填埋场场地(如山谷填埋场)来说,这种场地的地表必须有一定的坡度,并需设置地表排水系统。对于一次性铺设防渗衬层的填埋场,衬层的设计必须允许降雨改道而不进入正在填埋的废物中。

在填埋场的施工或生产运行期间,宜采用分区施工、分区填埋、分区封顶的操作方式,以控制开放性作业面积,同时可以减少降水产生的渗滤液量;或是在场内设置临时坝或场内排洪沟,以免场内非作业区的地表径流与作业区的渗滤液相混合。

对于只需排除顶部地表水的填埋场,其排水设施的总体要求是控制地表水的运移距离。许多填埋场采用一种干扰沟系列,将干扰沟中截流的雨水引入较大的渠中,使之排离填埋场。

②雨水沟。雨水沟(也称排水浅槽)按照明渠流原理设计。可能会有不只一条渠道(沟)流过或绕过填埋场,多数情况是在主渠之上再连上一条或更多的二级沟,而由主渠承载填埋区域的全部径流。在设计这些沟时,应该仔细估测通过此系统每一部分的适当径流量。在位于填埋场上的沟道底部应有较小的斜坡,以减少停留侵蚀量(注:推荐的最大值为 10%),防洪雨水。

③涵洞。圆形或矩形涵洞用于排出道路下面的水。涵洞的进出口处应有平缓的过渡,以减少进出口处的侵蚀。进出口处要使用混凝土。在很多情况下,涵洞是不易长期维护的。因此混凝土涵洞优于金属涵洞,后者需要频繁更换是其缺点。作为一种替代,在长期维护的后期(一般在填埋场关闭后 20~30 年),可以挖开道路,形成开放式空间以取代涵洞,但这只有在预计缺乏长期的维护时才采用。涵洞可以是满流的,也可以是半满流的。流性取决于入口的几何形状、坡度、尺寸、粗糙度、接近度及尾水条件等。当流量不超过 0.28 m^3/s 时,采用底坡为 1%(最小)、直径为 45~50 cm 的圆形截面的涵洞是安全的。

④雨水储存塘。在许多情况下,需要建造暴雨储存塘(库)来储存改道后的暴雨地表径流,以减少危及下游的洪水泛滥。典型的储存塘(库)既要收集填埋场完工后的部分雨水,又要收集尚未完工部分的雨水。在将地表水引入天然流域之前,需要使之通过一座专设的沉淀塘,此

塘的作用在于减少流入下游河湖中的地表雨水中的总溶解固体(TDS)量，残留在塘底的沉淀物应定期加以清除，并将其在填埋场内与填埋物等一并进行处置。

⑤增加覆盖层的贮排水作用。中间覆盖层和最终覆盖层可用以防止地表水进入填埋场。在用作填埋场中间覆盖层的材料中，只有庭院废物和生活垃圾的堆肥产物、人工黏土衬层和黏土可以有效地防止地表水进入填埋场。为了增加其贮排水的有效性，在上述材料的施工中应铺设成一定的角度，以增强地表径流的能力。在中间覆盖层之上铺设第二层废物时，先把土层除去，堆放在一边，然后填埋废物，再把土层盖上，如此进行可以取得良好的效果。有些填埋场使用了增加土壤中间覆盖层的厚度(1～3 m)来覆盖已完工的隔离室，实践表明降水可以被有效地阻隔。

填埋场最终覆盖层的主要功能之一是减少雨水和融雪渗入填埋场。进入填埋场的水量取决于当地水文条件、填埋场覆盖层设计、覆盖层坡度和植被情况。如果填埋场覆盖层采用多层式结构，则要分别考虑每一层的布设。若是在覆盖层内设置衬层-排水层入渗水收排系统，则可以将所收集的大部分入渗水排出场外，仅使其中的很小部分下渗到废物层而形成渗滤液，这样就能有效地达到减少渗滤液产生的目的。

(3)控制地下水的入渗量　有关的法规规定填埋场底部距离地下水最高水位应大于1 m，但如在所有季节都要求符合这项原则是很难的。若不采取工程措施来降低地下水位，场外地表入渗水进入填埋场，则因地下水的渗入势必导致填埋场的渗滤液剧增。

对地下水进行管理的目的在于防止地下水进入填埋区与废物接触。其主要方法是控制浅层地下水的横向流动，使之不进入填埋区。成功的地下水管理不仅可以减少渗滤液的产生量，还可为改善场区操作创造条件。具体而言，有如下几种控制方法。

①设置隔离层法。利用低渗透率材料的隔离作用防止地下水进入填埋区，是一种常用的被动型控制方式。常用的方法有：使用合成材料柔性膜、帷幕灌浆、打入钢板桩等。为取得更可靠的效果，这种隔离层需要嵌入现场的地下某一低渗透层。如果隔离层能进入地下水位以下一定深度，则可使填埋区下面的水位有一定程度的降低。在选择适用的方法时需要注意，可能该法仅适合于某种特定的地质条件，如在该场地的下方必须具备一定厚度的低渗透层。

通常，地下水水位呈季节性涨落态势。铺设在填埋场底部和边坡位置的防渗衬层可以有效降低地下水入渗量，即使是在黏土层中也应铺设这种衬层。其原因是在大多数情况下，黏土中存在砂缝，同时在场址勘察时很难判断在它的下层土层中是否有垂直的和水平的裂缝存在，而地下水则有可能透过裂缝进入填埋场，于是就增加了渗滤液的产生量。

②设置地下水排水管法。采用布设排水管的方法来控制浅层水水位，在农业上已经应用了多年，该法对于控制填埋场下方的浅层水位也同样有效。可在场区边界位置开挖沟渠，例如安装排水管，并用高渗透性材料回填。当地下水位升高时，即会流入排水管排走。为防止排水管阻塞，应在管外用无纺布包裹。

在地下水位较高的砂质环境中，可通过在场区边界位置安装地下水排水管永久地降低填埋场底部的地下水水位。对于山谷型填埋场，也可以安装地下水排水系统降低填埋场底部的地下水水位。为防止排水管阻塞，应在管外用无纺布包裹，并对地下水排水系统进行适当的维护，每年至少清洗一次管道。

③抽取地下水法。使用水泵抽水法控制地下水位时，应在处置区附近开凿一系列的井眼。经过抽取地下水将在填埋区下面形成一个漏斗，可使地下水位降至填埋区的底部以下。抽出

的水可以排往地表水系统。该法虽然有效，但显然会增加运行费用。

5. 渗滤液产生量估算方法

渗滤液生成量的确切估算是比较困难的，因此，一般采用经验公式计算，比较简便的计算公式[式(14-3)]为

$$Q=C\cdot I\cdot A/1\,000 \tag{14-3}$$

式中：Q 为日平均浸出液量，m^3/d；C 为流出系数，与表面特性、植被、坡度(0.2～0.8)，%；I 为平均降雨量，mm/d；A 为填埋厂集雨面积，m^2。

流出系数 C 与填埋场表面特性、植被、坡度等因素有关，一般为 0.2～0.8。

6. 地下水的防护系统设计

地下水保护措施很多，除按照场地标准合理地选址外，还可以从设计、施工方案以及填埋方法上采取措施。图 14-6 是填埋场剖面上防渗衬里及废水收集设计示意图。不可燃废弃物被放置填埋在单元式中，废弃物所产生的污水从每个单元式汇入污水汇水区，污水汇水区下层设置了挡水层以防止污水渗入到地下对下层土壤与地下水造成污染。污水从污水汇水区流进调节池，通过泵房被输送到渗滤液处理设备后被排出，进入调节池前，污水要流经吸水特殊入孔与防倒流堰，以防止污水倒流。

①设置防渗衬里。就是在填埋垃圾和土体之间设置一个不透水层。衬里分人造和天然 2 种，前者包括沥青、橡胶和塑料薄膜等；后者主要是黏土，渗透系数小于 10^{-7} cm/s，厚度至少为 1 m。填埋场内所积聚的浸出液要及时排出处理。

②设置导流渠或导流坝，减少地表径流进入场地。

③选用合适的覆盖材料，防止雨水渗入。

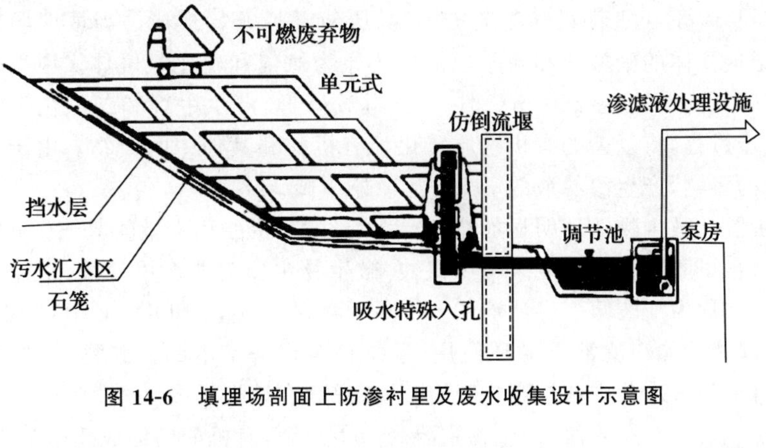

图 14-6　填埋场剖面上防渗衬里及废水收集设计示意图

14.2.7　气体的产生及控制

1. 气体的生成

垃圾被填埋后，废物中的有机物在微生物的作用下降解。最初由于垃圾填埋时携带了一部分氧气使得分解过程是在好氧条件下进行，持续数天后，当氧气耗尽后即转为厌氧分解。此时气体的主要成分也由原先的二氧化碳、水和氨转变为甲烷、二氧化碳、氨和水及少量的硫化氢，并趋于稳定。填埋场主要气体的产生分以下 5 个阶段(图 14-7)。

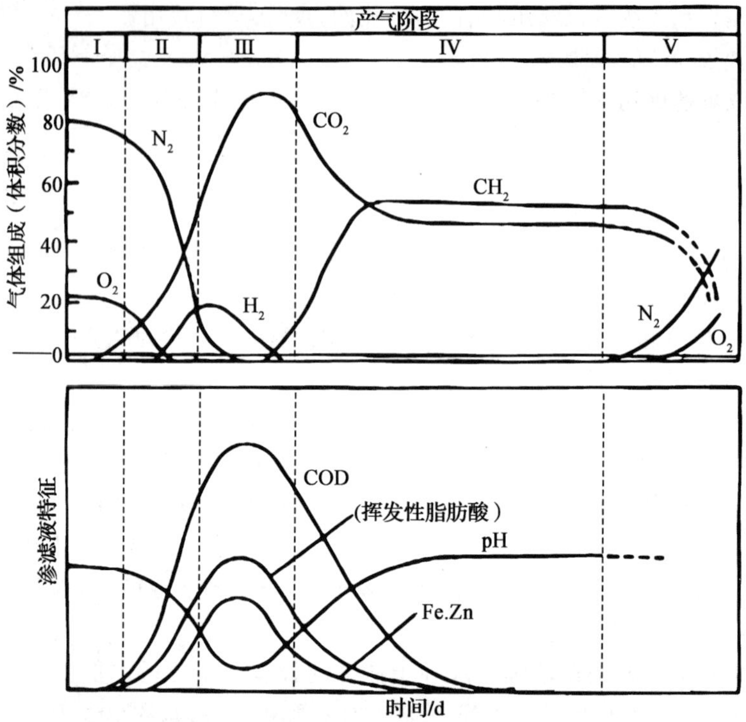

图 14-7　填埋场气体的产生阶段示意图

(1)初始调整阶段　废物中的可降解有机组分好氧生化分解。好氧和厌氧微生物主要来源于日覆盖层和最终覆盖层土壤、填埋场接纳的废水处理消化污泥，以及再循环的渗滤液等。

(2)过程转移阶段　随着氧气逐渐被消耗，厌氧环境开始形成。当填埋场变为厌氧环境时，可作为电子接受体的硝酸盐和硫酸盐常被还原为氮气和硫化氢气体。甲烷生成开始于氧化还原电位值降低到－300～150 mV 时。Eh 继续降低，产生甲烷和二氧化碳的微生物群落开始进入第三步过程，将复杂的有机物质转化为有机酸和其他中间产物。由于有机酸和二氧化碳浓度升高的影响，产生渗滤液的 pH 开始急剧下降。

(3)酸性阶段　微生物活动明显加快，产生大量的有机酸和少量的氢气。此阶段典型的中间产物有甲酸、富里酸或其他更复杂的有机酸，微生物主要为非产甲烷菌，由兼性厌氧菌和专性厌氧菌组成，常称为产酸菌。渗滤液的 pH 则下降到 5 以下，BOD_5、COD 和电导上升，重金属溶解进入渗滤液。如渗滤液不循环使用，系统将会损失基本的营养物质；如渗滤液没有形成，转化产物将浓集于水分中和被废物吸着，从而保存在填埋场内。

(4)产甲烷阶段　在此阶段，微生物主要为产甲烷菌，有机酸的形成速率会明显减慢，有机酸和氢气被转化为甲烷和二氧化碳，填埋场中的 pH 将会升高到 6.8～8。如有渗滤液产生，则其 pH 将上升，BOD_5、COD 及电导下降。在较高的 pH 时，很少有无机组分能保持在溶液中，故渗滤液中的重金属浓度也将降低。

(5)稳定化阶段　可降解有机物被转化为甲烷和二氧化碳之后，填埋废物进入成熟阶段，或称为稳定化阶段。填埋场气体的产生速率将明显下降。大多数可利用的营养物质已从系统中去除，填埋场气体(LFG)中也可能会存在少量的氮气和氧气。在此阶段产生的渗滤液常含有腐殖酸和富里酸，很难用生化方法加以进一步处理。

卫生土地填埋场气体的产生量和产生速度与处置的垃圾种类有关。气体的产生量可采用经验公式推算或通过现场实际测量得出。气体的产生量虽然因垃圾中的有机物种类不同而有所差异，但主要与有机物中可能分解的有机碳存在比例关系。因此，通常可采用式(14-4)推算气体产生量：

$$G=1.866\times C_g/C \tag{14-4}$$

式中：G 为气体产生量，L；C_g 为可能分解(气化)的有机碳量，g；C 为有机物中的碳量，g。

根据 Weiss Samuel 在卫生土地填埋场 907 d 的现场观测结果，每立方米的垃圾可产生 1.5 m^3 的气体。如果按此产率计算，一座容量为 5×10^6 m^3 的中型卫生土地填埋场，可产生 7.5×10^6 m^3 的气体，数量是比较可观的。

如前所述，卫生土地填埋所产生的气体主要含有甲烷和二氧化碳，此外还可能含有硫化氢或其他有害或具有恶臭味的气体。当有氧气存在时，甲烷的浓度达到 5%～15%就能发生爆炸；二氧化碳密度较大，大约为空气的 1.5 倍，为甲烷的 2.8 倍，因此会逐步向填埋场下部沉降，使填埋场地势较低的区域二氧化碳的浓度增高，进而通过填埋场基础薄弱环节释出，且沿地层下移而与地下水接触。二氧化碳较易溶于水，不仅会使水的 pH 降低，而且会使地下水的硬度及矿物质含量增加。因此，必须对填埋场产生的气体加以收集，或排出烧掉，或作为能源加以利用。

2. 气体控制

对于卫生土地填埋场产生气体的控制，除在选择场地时要考虑场地的位置以及土壤的渗透性能外，还要在工程设计上采取适当的措施。常用的方法有可渗透性排气和不可渗透的阻挡层排气 2 种。

(1)可渗透性排气　是控制土地填埋场产生的气体在水平方向运动的一个有效方法。典型的方法是在填埋场内利用比周围土壤容易透气的砾石等物质作为填料建造排气孔道，排气孔道的气孔间隔与填筑单元的宽度有关，一般为 20 m 以上，砾石层的厚度为 30～40 cm，这样即使发生沉降也能维持畅通排气。控制气体水平运动的渗透性排气系统如图 14-8 所示。

(2)不可渗透的阻挡层排气　在不透气的顶部覆盖层中安装排气管，如图 14-9 所示。排气管与设置在浅层砾石排气通道或设置在填埋废物顶部的多孔集气支管相连接，还可用竖管燃烧甲烷气体。如果填埋场地与住宅相距较近，竖管要高出建筑物。

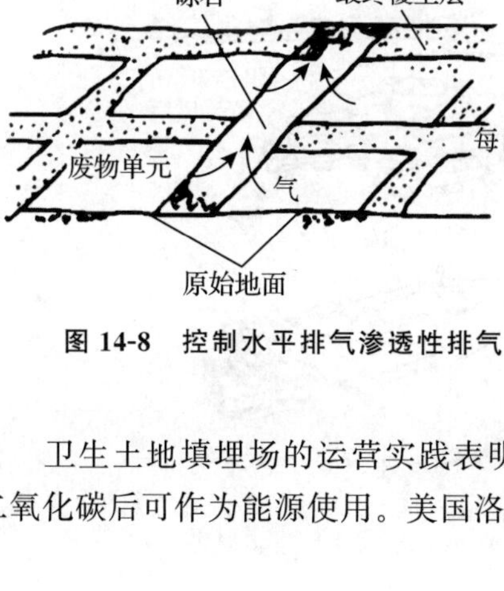

图 14-8　控制水平排气渗透性排气系统

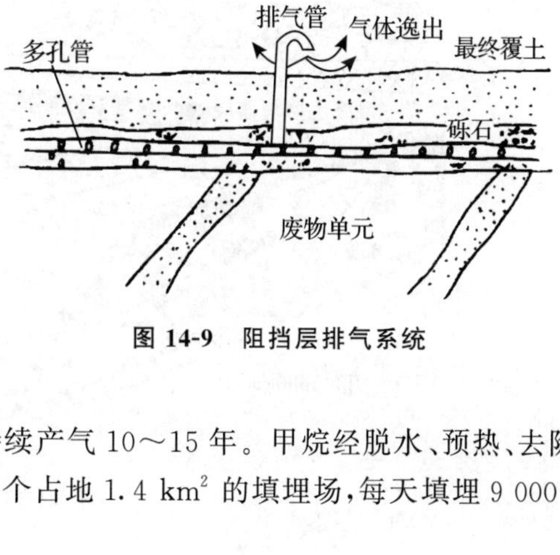

图 14-9　阻挡层排气系统

卫生土地填埋场的运营实践表明，填埋场可持续产气 10～15 年。甲烷经脱水、预热、去除二氧化碳后可作为能源使用。美国洛杉矶市郊的一个占地 1.4 km^2 的填埋场，每天填埋 9 000 t

垃圾,每分钟产甲烷 200 m^3。

14.2.8 填埋方法

卫生土地填埋方法主要有 3 种:一是沟槽法;二是地面法;三是混合法,即通常所说的斜坡法。

1. 沟槽法

沟槽法是把废物铺撒在预先挖掘的沟槽内,然后压实,把挖出的土作为覆盖材料铺撒在废物之上并压实,即构成基础的填筑单元结构。沟槽的大小要根据场地水文地质条件来确定。通常沟的长度为 30～120 m,深 1～2 m,宽 4.5～7.5 m。当地下水位较低且有充分厚度的覆盖材料可取时,适宜选用本法。其优点是覆盖材料就地可取,每天剩余的挖掘材料,可作为最终表面覆盖材料。图 14-10 为典型的沟槽法填埋废物示意图。

图 14-10 沟槽法示意图

2. 地面法

地面法是把废物直接铺撒在天然的土地表面上,压实后用薄层土壤覆盖,然后再压实。地面法可在坡度平缓的土地上采用,但开始时要建一个人工土坝,作为初始填筑单元的屏蔽。因此最好是在采石场、露天矿、峡谷、盆地或其他类型的洼地采用。该法适于处置大量的固体废物。优点是不需开挖沟槽或基坑,缺点是需另寻覆盖材料。图 14-11 为地面法填埋废物的示意图。

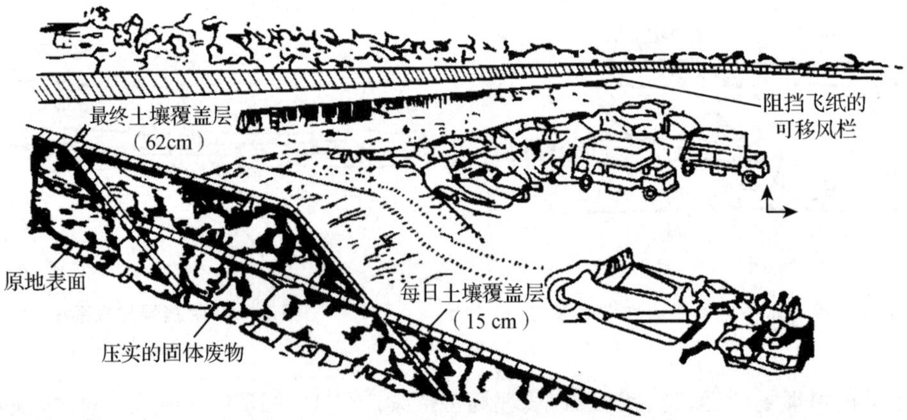

图 14-11 地面法示意图

3. 斜坡法

斜坡法是把废物直接铺撒在斜坡上，压实后用前面直接得到的土壤加以覆盖，然后再压实。图 14-12 为斜坡法填埋废物的示意图。斜坡法实际是沟槽法和地面法的结合。该法的优点是只需进行少量的挖掘工作，即可满足第二天覆盖废物的需要，由于不需要从场外运进覆盖材料，而且废物堆积在初始表面下，因此斜坡法比地面法能更有效地利用处置场地，但若填埋不得法，会出现滑坡的现象，甚至坍塌。

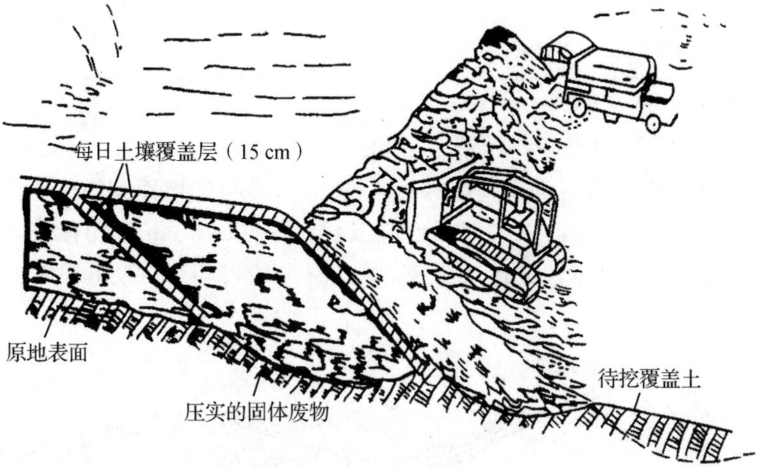

图 14-12　斜坡法示意图

卫生土地填埋场操作的灵活性较大，具体采用哪种方法可根据垃圾的数量以及处置场地的自然特点来确定。例如，在一个场地可采用沟槽法进行填埋操作，同时利用挖掘出的土壤作为地面法的覆盖材料，在同一场地建造其他覆盖层。

14.2.9　填埋操作

为保证土地填埋操作的顺利进行，必须根据场地的布局制定一份完整的土地填埋操作计划，为操作人员指明操作规程、交通线路、记录和监测程序、定期操作进度表、意外事故应急计划及安全措施等。

设备的选择对于土地填埋操作十分重要。它既关系到土地填埋的质量，又关系到土地填埋的处置费用。常用的填埋设备有履带式和轮胎式推土机、铲运机、压实机。有时也使用专门的压实设备，如滚压机、夯实机或振动器等，以增加填埋物的密实性，提高场地利用率。常用的土地填埋设备的性能列于表 14-2。

表 14-2　土地填埋设备的性能特点

设备	固体废物		覆盖材料			
	铺撒	压实	挖掘	铺撒	压实	运输
履带式推土机	E	G	E	E	G	NA
履带式装卸机	G	G	E	G	G	NA
轮胎推土机	E	G	E	G	G	NA

续表14-2

设备	固体废物		覆盖材料			
	铺撒	压实	挖掘	铺撒	压实	运输
轮胎装卸机	G	G	F	G	G	NA
填筑压实机	E	E	P	G	E	NA
铲运机	NA	NA	G	E	NA	E
拉铲挖土机	NA	NA	E	F	NA	NA

注:评价依据。容易操作的土壤和覆盖材料,运输距离大于 333 m。

性能注释。E优,G良,F中,P差,NA不适用。

填埋操作时,通常把垃圾从卡车直接卸到工作面上,沿自然坡面铺撒压实。每层填埋的厚度以 2 m 为宜,厚度过大难以压实。每天操作之后至少铺撒 15 cm 厚的覆盖土壤,并且压实。这样可以防止垃圾裸露引起风蚀或造成火灾,同时减少鸟类和啮齿动物的光顾。图 14-13 为填埋操作的工作示意图。

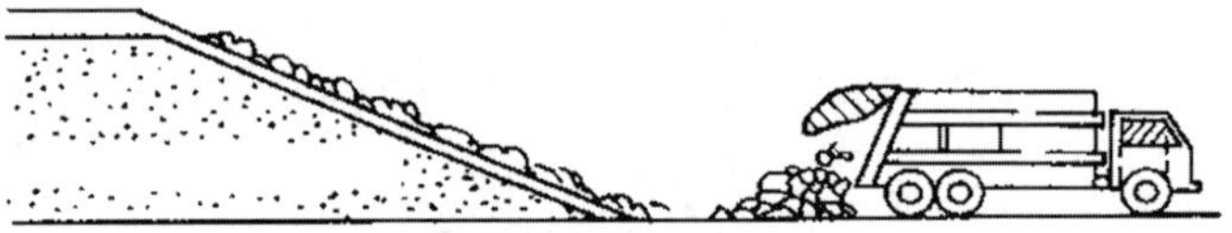

(a)把废物卸在斜坡上

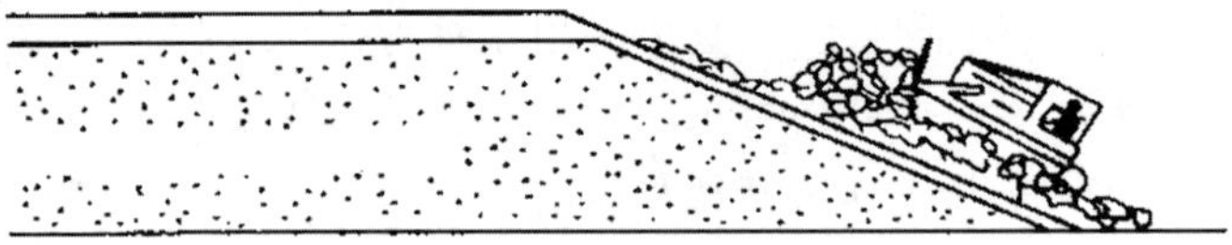

(b)铺成大约0.6 m薄层

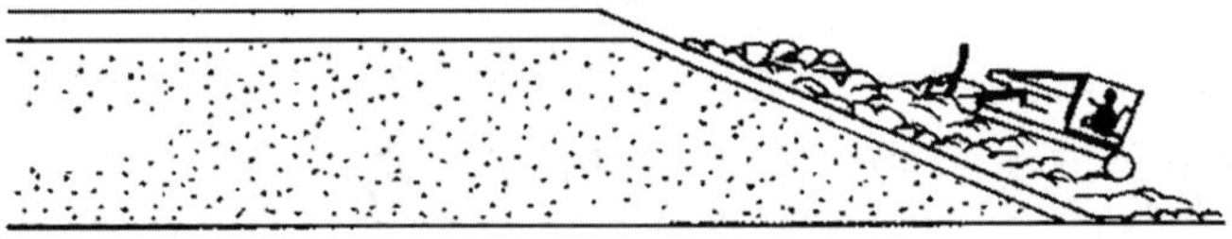

(c)压实

图 14-13　填埋操作示意图

填埋作业方式可根据场地的地形特点来确定。对于平坦地区,土地填埋操作可以由下向上进行垂直填埋,也可从一端向另一端进行水平填埋。图 14-14 为这两种填埋作业方式的断面图。垂直填埋也称阶梯式填埋,其优点是,在较短时间内就可使填埋的垃圾达到最终填埋高度,既可以减少垃圾的暴露时间,又有助于减少浸出液的数量,因此被广泛采用。

对于地处斜坡或峡谷地区的土地填埋可以从上到下或从下往上进行。一般采用从上到下的顺流填埋方法,因为这样既不会积蓄地表水,又可减少浸出液。图 14-15 为丘陵、峡谷地区填埋作业方式示意图。

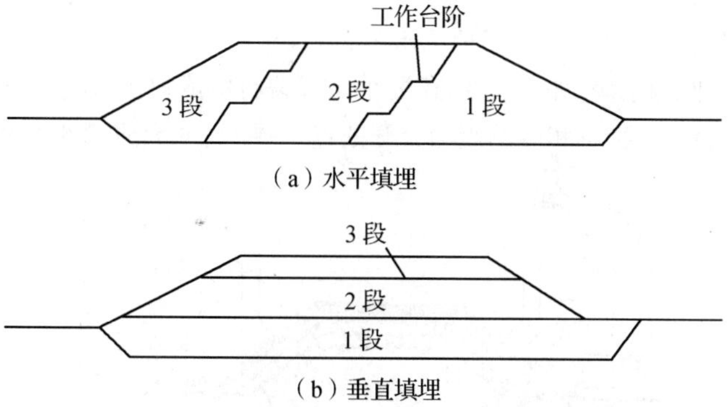

图 14-14　平坦地区的填埋操作

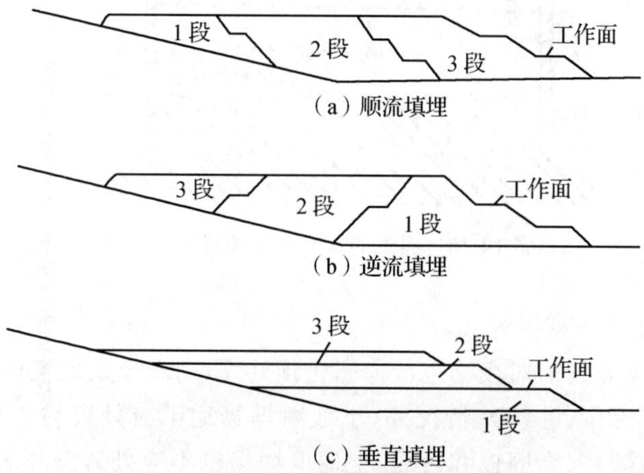

图 14-15　丘陵、峡谷地区填埋作业

14.2.10　封场

卫生土地填埋场地的封场、维护、监测等要求可参阅安全土地填埋的技术规定。

卫生土地填埋法具有工艺简单、操作方便、处置量大、费用较低等优点。在我国目前城市垃圾无机物含量高，处理利用率低、经费紧张的情况下，卫生土地填埋是一种较为可行的处置方法。它既消纳了垃圾，又可根据城市的地形地貌特点将填埋场开发利用，封场后可以植树绿化，建造假山公园。

14.3　安全土地填埋

14.3.1　概述

1. 安全土地填埋概念

安全土地填埋实际上是一种改进的卫生土地填埋。各国的定义不尽相同，一般都是按下面的设计和操作标准来进行安全填埋的。

安全土地填埋场必须设置人造或天然衬里,下层土壤或土壤同衬里相结合的渗透率小于 10^{-8} cm/s,最下层的土地填埋物要位于地下水位之上,要采取适当的措施控制和引出地表水,要配备浸出液收集、处理及监测系统,如果需要,还要采用覆盖材料或衬里以防止气体释出,要记录所处置废物的来源、性质及数量,把不相容的废物分开处置。图 14-16 为典型的安全土地填埋场示意图。

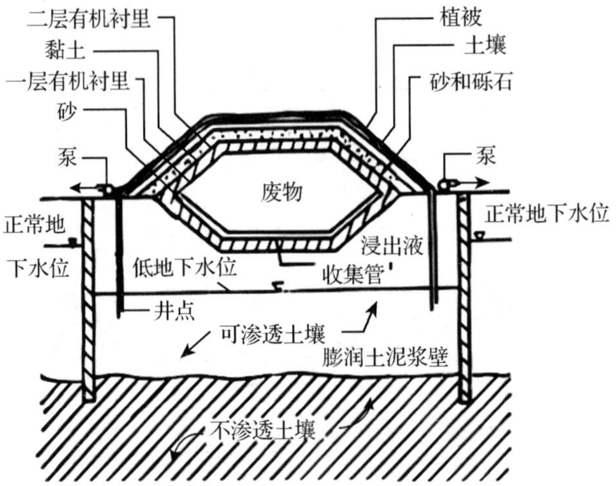

图 14-16　典型的安全土地填埋场示意图

2. 适于安全土地填埋处置的废物

从理论上讲,如果处置前对废物进行稳态化预处理,则安全土地填埋可以处置一切有害和无害的废物。但在实际中,除特殊情况外,土地填埋场地不应处置易燃性废物、反应性废物。挥发性废物和大多数液体、半固体和污泥,土地填埋场也不应处置互不相容的废物,以免混合以后发生爆炸,产生或释出有毒、有害气体或烟雾。

3. 安全土地填埋场地的设计原则

安全土地填埋场是处置有害废物的环境保护工程。为了防止有毒有害物质释出,减少对环境的污染,土地填埋场地的设计、建造及操作必须符合有关的技术规范。土地填埋场地的规划设计原则如下:

①处置系统应是一种辅助性设施,不应妨碍工厂的正常生产;

②处置场的容量应足够大,至少能容纳一个工厂(或地区)产生的全部废物,并应考虑到将来场地的发展和利用;

③要有容量波动和平衡措施,以适应生产和工艺变化所造成的废物性质和数量的变化;

④系统要满足全天候操作要求;

⑤处置场地所在地区的地质结构合理,环境适宜,可以长期使用;

⑥处置系统符合现行法律和制度上的规定,满足有害废物土地填埋处置标准。

4. 安全土地填埋场的基本构成

安全土地填埋场的功能是接收、处理和处置有害废物。一个完整的安全土地填埋场地主要由填埋场、辅助设施和未利用的空地组成。各部分所含的设施如图 14-17 所示。为确保填埋场对有害废物进行安全处置,场地的设计和规划应注意的主要问题是:①废物处置前的预处理;②浸出液的收集及处理;③地下水的保护;④场地及其周围地表径流水的控制管理等。

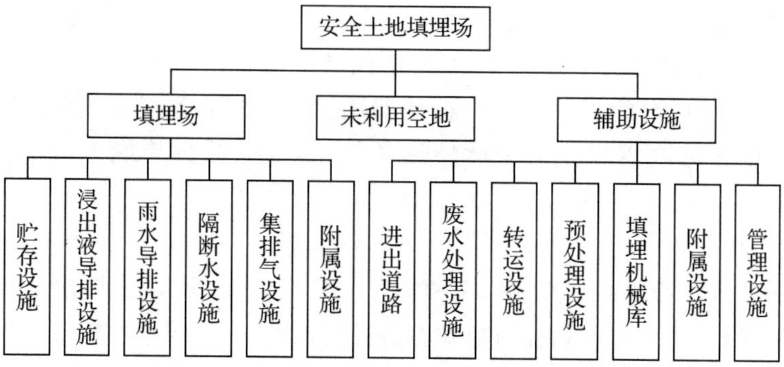

图 14-17　安全土地填埋场设施构成

5. 安全土地填埋场地设计规划和管理程序

安全土地填埋场的设计规划和管理程序同卫生土地填埋程序和要求大体相同，这里便不再赘述。

14.3.2　场地的选择与勘察

1. 场地的选择

(1)场地的选择标准　影响场地选择的因素有很多，主要应从工程学、环境学、经济学以及法律和社会四方面来考虑。场地选择的一般要求列于表 14-3。为了避免场地完全报废而无法补救，许多国家都制定了场地选择标准，如美国的“资源保护和回收法”还规定了禁止选址的情况。

(2)场地选择原则　上述几方面的场地选择要求都不是孤立的，而是相辅相成的，主要遵循两条原则：一是从防止污染的角度考虑的安全原则，二是从经济方面考虑的经济合理原则。

表 14-3　场地选择的要求

因素	要素
工程	①尽可能靠近生产厂；②容量足够大；③进路是全天候公路；④尽可能利用天然地形；⑤避开地震区、断层区、溶盐洞及矿藏区；⑥填埋物与地下水位之间至少有 1.5 m 厚的土壤，土壤渗透率≤10^{-7} cm/s
环境	①在 100 年一遇洪泛区之外；②避开地下蓄水层；③降水量低、蒸发速率高；④避开居民区和风景区；⑤避开动植物保护区；⑥避开文物古迹；⑦减少运输和设备运转噪声
经济	①容易征得土地；②场地及道路施工容易；③运转距离短
法律和社会	①符合有关法律规定；②必须取得地方主管部门的允许；③注意公众舆论和社会影响

安全土地填埋场是有害废物的“坟墓”，目的是使废物与生物圈隔离，以消除污染、保护环境。因此，安全原则是场地选择要遵循的基本原则。维护场地的安全性，要防止场地对大气的污染、地表水的污染，尤其是要防止浸出液的释出对地下水的污染。因此，地下水是场地选择时考虑的重点。

同卫生土地填埋场一样，经济原则对国外商业性填埋处置场的影响比较突出，尤其是当运营收入少于场地造价和运输费用时，很有可能导致场地关闭。对国家投资的场地来说，有害废物的处置是以环境效益和社会效益为主，但经济问题也应予以考虑。场地的经济问题是一个比较复杂的问题，它与场地的规模、容量、征地费用、施工费用、运输费、操作费等多种因素有关。合理的选址可充分利用场地的天然地形条件，尽可能减少挖掘土方量，降低场地施工造价。

2. 场地的勘察

场地的勘察包括现场调查和实地勘测两方面。勘察的步骤为：①根据现有资料对场地所在地区进行初步调查；②在初步调查的基础上进行实地考察；③通过钻探或挖掘技术进行场地水文地质勘测；④勘察资料整理，绘制较详细的处置场场地地图。

(1)现场调查　在进行场地选择时，首先要进行现场调查。这个阶段的主要工作是文献资料调研和现场实地考察，以了解场地的地形、地貌、水文地质、工业布局、人口分布等情况，同时进行初步分析，判断该地区是否适合建造填埋场地。现场调查的内容有①地区性质：人口密度、工业布局、地区开发的前景；②废物：来源、性质、数量；③气象：年降水量和月降水量、风向风力、气温、日照量；④自然灾害：地震、滑坡、山崩；⑤地形地质：地形图、地质构造走向、地下水位、流速、流向；⑥水系：地表河流的流量、水质、走向、开发利用情况；⑦交通运输：运输方法、路线及交通量；⑧场地容量；⑨生态：重要的植物群体、稀有动物生息情况；⑩文化古迹；⑪有关的环境保护法律及标准。

(2)实地勘测　在现场调查的基础上，还要通过测量和钻探技术对场地进行实地勘测。测量的目的是要搞清场地的实际面积。对于山谷和洼地地区，要测量出实际的宽度、高度、坡度等，此外还要测定距通往场地道路的距离、走向及距其他特定设施的距离。

实地勘测的主要工作是通过钻探对场地的水文地质情况进行研究。目的是要了解场地的地质结构、地层岩性、地下水的埋藏深度、分布情况及走向、隔水层性质及厚度等。钻孔的深度一般要钻到第二含水层，要分层采集土样和水样。通过土壤试验测量土壤的岩性、孔隙度、渗透系数等，以便绘制地层柱状图、地质剖面图和岩石颗粒级配图。同时对取得的地下水样进行分析，测定地下水的本底值。钻孔的数目、深度及位置可根据场地的条件确定。对于浅区勘探，至少要在场地上钻 3 个孔，对于复杂的地质条件，可根据场地的性质及可能性，适当增加钻孔数量。

场地选择时的地质勘探钻孔要结合场地的总体规划统一考虑。勘探钻孔可安装井管，作为封场后场地的监测井。

14.3.3　填埋场的结构

根据场地的地形条件、水文地质条件以及填埋的特点，土地填埋场的结构可分为：人造托盘式、天然洼地式和斜坡式 3 种。

1. 人造托盘式

典型的人造托盘式土地填埋如图 14-18 所示。该方案的特点是场地位于平原地区，表层土壤较厚，具有天然黏土衬里或人造有机合成衬里。衬里垂直地嵌入天然存在的不透水的地层，形成托盘形的壳体结构，从而防止了废物同地下水接触。为了增大场地的处置容量，此类填埋场一般都设置在地下。如果场地表层土壤较薄，也可设计成半地上或地上式。

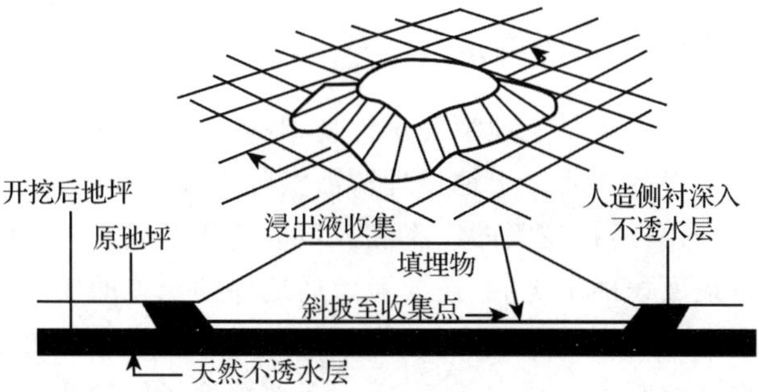

图 14-18　人造托盘式土地填埋

2. 天然洼地式

天然洼地式土地填埋结构如图 14-19 所示。此种结构的特点是利用天然峡谷构成盆地状容器的 3 个边。天然洼地式土地填埋的优点是充分利用天然地形，挖掘工作量小，处置容量大。其缺点是填埋场地的准备工作较复杂，地表水和地下水的控制比较困难。主要预防措施是使地表水绕过填埋场地并把地下水引走。采石场、露天矿坑、山谷，凹地或其他类型的洼地都可采用这种填埋结构。

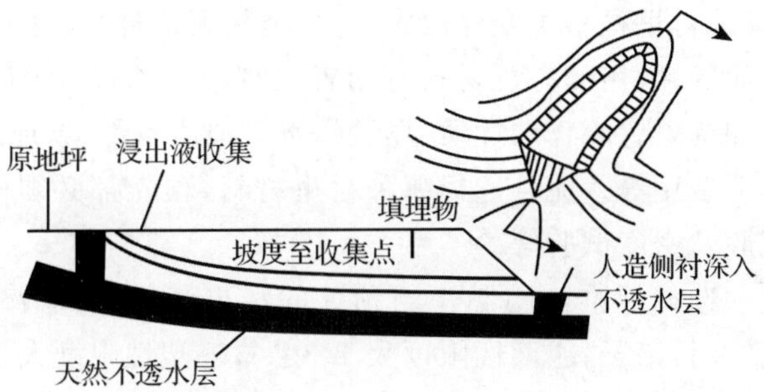

图 14-19　天然洼地式土地填埋

3. 斜坡式

斜坡式土地填埋场结构，同卫生土地填埋中的斜坡法相似。其特点是依山建场，山坡为容器结构的一个边。地处丘陵地带的典型斜坡式土地填埋如图 14-20 所示。

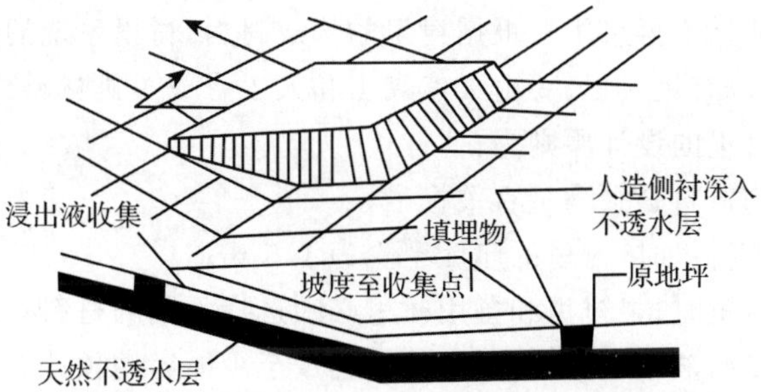

图 14-20　斜坡式土地填埋

14.3.4 填埋场场地面积的确定

土地填埋场场地面积的确定是土地填埋设计规划的一部分，它不但是初步设计的需要，而且也是场地将来进一步开发的需要。土地填埋所需实际占地面积同卫生土地填埋所需土地面积的计算方法相同，计算时只需把垃圾的产率和人口数之积换成固体废物的填埋率即可。

土地填埋场实际占地面积确定之后，还要考虑场地周围土地的使用，如预处理等辅助设施的占地等。要注意保留适当的缓冲区，以便根据相应的标准确定场地的边界。确定边界的原则如场地边界距饮用水井的距离必须大于 150 m，土地填埋场同边界至少保留 15 m 的距离。除边界缓冲区外，还要保留 5%～10%的辅助操作面积，确定所需面积的同时，还要考虑现场废物暂存的容量。

14.3.5 地下水保护系统

除严格按照场地选择标准进行合理选址外，还可以从设计、施工方案以及填埋方法等方面来考虑。采用防渗的衬里、建立浸出液收集监测处理系统是从设计施工方面保护地下水的优选方法。

1. 衬里材料的选择

适于作土地填埋场的衬里材料主要分两大类：一类是无机材料，另一类是有机材料。常用的无机材料有黏土、水泥等；常用的有机材料有沥青、橡胶、聚乙烯，聚氯乙烯等。衬里材料的选择与许多因素有关，如待处置废物的性质、场地的水文地质条件、场地的级别、场地的运营期限、材料的来源以及建造费用等。无论选择哪种衬里材料，预先都必须做废物相容性试验、渗透性试验，抗压强度试验及密度试验等。

(1)天然黏土衬里的选择标准　①黏土与预计的浸出液相容；②渗透系数$\leqslant 10^{-7}$ cm/s；③30%的土粒能通过 200 目筛子；④液性限度大于 30%；⑤塑性限度大于 15；⑥pH$\geqslant$7。

(2)人工合成有机衬里的选择标准　①与废物的浸出液相容；②渗透系数$< 10^{-12}$ cm/s；③厚度不小于 0.5 mm；④便于施工；⑤抗臭氧、紫外线和土壤细菌的侵蚀；⑥具有适当的耐候性；⑦具有足够的机械强度；⑧厚度均匀，无薄点、裂缝、磨损、气泡和外来的颗粒；⑨便于维修；⑩应为同一厂家的同种产品；⑪价钱便宜。

2. 衬里系统的设计

根据浸出液收集的方式，地下水保护系统分无浸出液收集衬里系统和具有浸出液收集衬里系统 2 种。前者目前已不再采用。根据衬里的构成材料，衬里系统的结构主要有 3 种：①天然黏土衬里；②人工合成有机衬里；③由天然黏土和人工合成有机材料构成的复合双衬里。通常浸出液收集系统和衬里的设计原则为：

①衬里和其他结构材料必须满足有关标准；

②设置天然黏土单衬里时，衬里的厚度至少为 1.5 m；

③设置双层复合衬里时，主衬里和备用衬里必须选择不同的材料；

④必须设置收集浸出液的积水坑，积水坑的容量至少能容纳预计 3 个月的浸出液；

⑤衬里应具有适当的坡度，以使浸出液流入积水坑；

⑥衬里之上应设置保护层，保护层可选用适当厚度的砾石，也可选用专用的高密度聚乙烯网和无纺布；

⑦在可渗透保护层内也可设置多孔浸出液收集管，使浸出液通过收集管汇集到积水坑中；

⑧积水坑设有浸出液监测装置；

⑨设置浸出液排出系统，定期抽出浸出液处理，以减少衬里的水力压力；

⑩设置备用抽水系统，以便当泵或立管出现故障时抽出浸出液。

图 14-21 为具有浸出液收集系统的双衬里结构示意图。这种设计是当处置场地不能满足低渗透性设计要求时，为避免浸出液释出而采取的安全措施。该衬里系统的主衬里为人工合成有机衬里(如高密度聚乙烯)，辅助衬里为人工合成有机薄膜和黏土构成的复合衬里。主衬里浸出液收集系统为砂或砾石层，内铺多孔浸出液收集及排水管，上部为铺有无纺布的过滤层，在侧面及顶边的过滤层上还铺有一层保护土壤。浸出液通过集排水管汇集到积水坑中，定期泵送到废水处理厂处理。

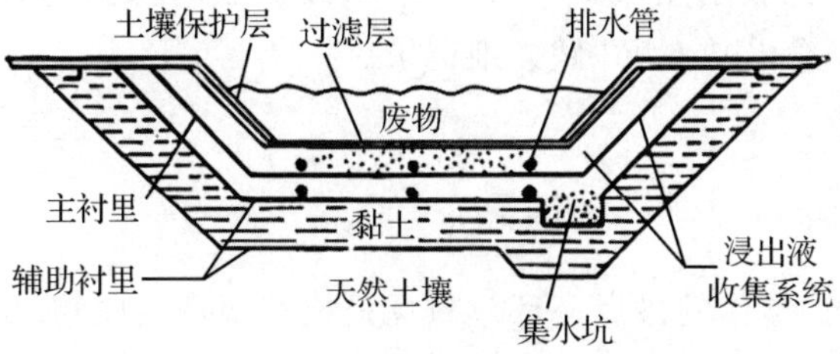

图 14-21　双衬里结构示意图

14.3.6　地表径流控制

地表径流控制的目的是把可能进入场地的水引走，防止场地排水进入填埋区内，以及接收来自填埋区的排水。通常采用的方法有导流渠、导流坝，地表稳态化和地下排水 4 种。

1. 导流渠

导流渠一般环绕整个场地挖掘，这样使地表径流汇集到导流渠中，并经土地填埋场下坡方向的天然水道排走。导流渠的尺寸、构造形式及结构材料可根据场地的特点来确定。导流渠起码要能积聚并排除掉正常条件下的地表径流水。常用的结构材料有天然土壤、土衬沥青、碎石混凝土等。

2. 导流坝

导流坝是在场地四周修筑的堤坝，以拦截地表径流，把其从场内引出流入排水口。导流坝一般用土壤修筑，用机械压实。

3. 地表稳态化

地表稳态化是用压得很密实的细粒土壤作为覆盖材料，以控制地表径流的速度，减少天然降水的渗入，减少表面覆盖层的冲刷侵蚀。地表稳态化土壤的选择和施工要结合封场统一考虑。

4. 地下排水

地下排水是在填埋物之上，覆盖层之下铺设一层排水层或一系列多孔管，使已经渗透过表面覆盖层的雨水通过排水层进入收集系统排走。

14.3.7　气体控制

安全土地填埋场虽然对所处置的废物严格加以限制，并进行预处理，但一些可以生化降解的固体废物在填埋过程也可能产生气体。因此，安全土地填埋场的设计也必须考虑气体的控制，具体方法同卫生土地填埋场气体控制相同，不再赘述。

14.3.8 填埋操作

安全土地填埋操作计划、填埋设备的选择以及填埋操作程序类似于卫生土地填埋。

对于平坦地区，土地填埋操作可以采用水平填埋或垂直填埋的方式，对于斜坡或峡谷地区，则可采用顺流填埋、逆流填埋或垂直填埋。

对于干废物，可以像城市垃圾卫生土地填埋那样处置，同时要注意防尘。对于湿废物，则需进行脱水预处理，或添加吸附干燥剂，或分区轮换操作。

对于极度有害废物，需要进行稳定化预处理，然后填埋处置；对于桶装废物，要有规律地放置，桶的四周要放置足够的吸附剂，以吸收容器渗漏或破损时释出的有害物质；对于化学上互不相容的废物，则应远离分开放置，并做详细记录。

14.3.9 封场

1. 封场的目的

封场是土地填埋设计操作的最后一环。封场是指在填埋的废物之上建造一个与下部填埋场结构配套的顶部覆盖系统，以实现对处置废物的封隔。封场的目的：①使废物同环境隔离；②调节场地表面地表排水，减少降水的渗入；③减少场地表面的侵蚀。因此，封场要同场地基础结构、地表径流控制、浸出液的收集，气体的控制措施等结合起来考虑。

2. 顶部覆盖系统

根据安全土地填埋场设计要求，顶部覆盖系统要和填埋场的底部及四周的防渗衬里配套设计并建造。顶部防渗覆盖层材料的选择及设计施工要同防渗衬里一致。如果衬里为天然黏土单衬里系统，则在填埋的废物之上也要铺设一层同样厚度的黏土防渗覆盖层；如果衬里系统是天然黏土和人工合成的有机衬里构成的复合衬里，则防渗覆盖层也要采取相应的结构。这样使填埋场形成一个完整的封闭式结构，把填埋的废物同环境完全屏蔽隔离，进而减少污染环境的可能性。

图 14-22 为典型的安全土地填埋场顶部覆盖系统结构示意图。该覆盖系统由 5 部分组成。填埋的废物之上为由黏土和高密度聚乙烯构成的顶部防渗覆盖层，黏土层厚 60 cm，高密度聚乙烯膜厚 0.5 mm，防渗覆盖层之上为由砂和砾石构成的排水层，厚度为 30 cm；排水层之上为无纺布过滤层，过滤层之上为 60 cm 厚的顶部土壤，最上部为植被。

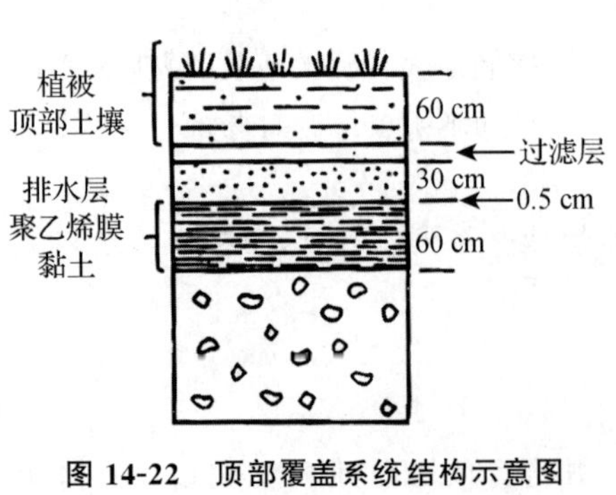

图 14-22 顶部覆盖系统结构示意图

按上述要求建造的顶部覆盖系统工艺比较复杂，造价也比较高。如果建场资金有限，也可根据填埋场场地的特点简化设计要求，但至少应采取以下封场措施：①在填埋的废物之上覆盖一层渗透系数≤10^{-7} cm/s 的 15 cm 厚的土壤防渗覆盖层；②在顶部防渗覆盖层之上覆盖一层 45 cm 厚的天然土壤；③如果种植植被，在两层土壤之上再铺设一层 15～100 cm 厚的表面土壤；④表面土壤覆盖层要保持一定的坡度，坡度一般不超过 30°；⑤在坡度超过 10°的地方要建造水平台阶；坡度小于 20°时，标高每升高 3 m 建造一个台阶；坡度大于 20°时，标高每升高 2 m 建造一个台阶；⑥台阶应具有足够的宽度和高度，要能经受暴雨的冲刷。

封场用顶部覆盖土壤的土质较填埋操作用日覆盖土壤的土质要求高，必须认真选择。对于防止废物扬散，同日覆盖土壤一样，几乎各种土壤都可以满足要求，对于防止降水渗入及气体释出，黏土、粉沙壤土、粉沙黏壤土的效果较好；对于防止蝇虫滋生，以黏壤土为最好；对于防止啮齿动物打洞，净沙和净沙砾较好；对于植被，黏粉质沙土可保水保肥、通气，有利于植物生长。因此，封场用顶部覆盖土壤一般应选择可塑性及压缩性良好的混合土壤。图 14-23 为各种土壤的结构分类及选择范围。对于天然衬里材料及卫生土地填埋日覆盖土壤的选择，也可根据实际要求参照此图进行。

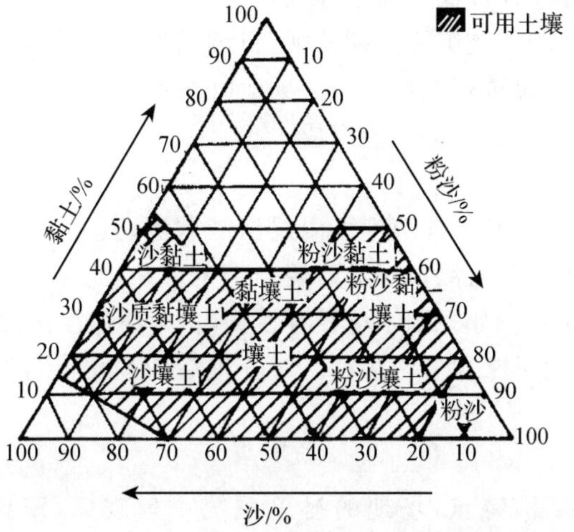

图 14-23　用于覆盖土壤的结构分类及选择范围

封场用植被的作用是减少降水渗入、防止土壤侵蚀、美化场地环境。植被的种类可根据覆盖土壤的厚度确定。对于一般场地，宜于植草。

安全土地填埋场在封场后的 20 年内要保持土地填埋场的设计标准。对于处置放射性废物及有害废物的场地，封场后场地不得开发建造公共设施。

14.3.10　辅助设施

为了保证土地填埋操作的顺利进行，安全土地填埋场还必须建造配套的辅助设施，辅助设施的规模可根据场地的特点及现有条件确定。辅助设施一般包括进出道路、预处理车间、废水处理车间、公共设施、磅站及围墙等。

(1)进出道路　是场地的交通命脉，因此，安全土地填埋场应建造全天候道路系统。从公路系统到场地入口，从入口到工作现场要建造永久性公路。填埋操作工作面总是变化的，因此还要铺设简易的临时性公路。

(2)预处理车间　某些废物不能直接进行填埋处置，处置前需在现场进行预处理。预处理的工艺及规模可根据废物的性质及数量确定。一般包括含水废物的脱水、酸碱废物的中和、有毒有害废物的解毒及固化处理。

(3)废水处理车间　安全土地填埋场内所产生的浸出液成分复杂、污染物浓度较高，必须加以处理。如果填埋场附近没有废水处理厂，必须自行建造废水处理车间。浸出液的处理方法同其他来源的废水处理方法大体相同。

(4)公共设施　土地填埋场必须建造车库、设备维修车间、办公室和卫生设施。这些公用设施可根据使用周期确定建造的方式。如果使用周期较短，可建造临时性的，最好是活动式的，这样既便于使用，又可节省投资。要配备动力、水、电供应及通信系统。要设置磅站，以便统计场地接收处置的废物数量，这样更有助于填埋操作的控制和场地的计划管理。为保证场地的安全，填埋场四周要设置围墙或其他屏障，要设置永久标志，标明警戒线。

14.3.11　场地监测

场地监测是土地填埋场设计操作和管理规划的一个重要部分，是确保场地正常运营及进行环境评价的重要手段。场地监测除定期监视、目测场地的侵蚀、渗漏、坍塌及其他有关迹象外，主要是通过各种监测系统进行取样分析。场地监测系统主要由浸出液监测系统、地下水监测系统、地表水监测系统及气体监测系统组成。

1. 浸出液监测

浸出液监测包括两方面，其一是填埋场内浸出液监测，其二是处理后的浸出液排放监测。填埋场内浸出液监测是指随时监测填埋场内浸出液的液位，定期采样进行分析。采样方法因浸出液收集系统的结构而异。如果积水坑设置在场内，则通过浸出液泵出系统采样；如果积水坑在场外，则可在积水井通过常规方法采样。对处理后的浸出液进行监测分析的目的是看其是否达到排放标准。

2. 地下水监测

根据土地填埋场的结构特点，场地的衬里系统一旦破坏，浸出液就会释出，污染地下水。因此地下水监测是场地监测的重点。地下水监测包括充气区监测和饱和区监测两方面。

(1)充气区监测　充气区监测是指对场地下方的充气区进行监测，其目的是尽早发现浸出液是否泄漏释出。所谓充气区是指土地表面和地下水之间的土壤层，该区土壤空隙为部分空气和部分水所充满，因此也称为未饱和区。浸出液一旦释出，必须通过它进入地下水。

充气区监测主要采用压力真空渗水器进行采样。充气区监测一般沿填埋场的四周设置，最好是直接设置在土地填埋场的衬里结构的下部。充气区监测比较复杂困难。为便于取样，确切反应浸出液的迁移位置，有时要在同一监测井垂直设置几个渗水器。

(2)饱和区监测　饱和区监测是指对场地周围地下水的监测，目的是为了提供场地运营前后的地下水水质情况。饱和区监测网点一般设置在填埋场的水力上坡区和水力下坡区。监测井的数量、位置可根据场地的规模、场地的水文地质条件来确定。最简单的地下水监测系统由四口井组成，井的位置分布见图 14-24。1 号井为本底监测井，位于场地的水力上坡区，与场地距离不超过 3 km，用于测定未受土地填埋场运营操作影响的地下水水质，并以此作为确定有害物质是否从场地释出并影响环境的基准。2 号井和 3 号井位于靠近场地边缘的水力下坡区，用于提供直接受场地影响的地下水数据。4 号井位于远离场地的水力下坡区，用于提供浸出液释出、迁移距离的数据。为了节约开支，监测井的设置可同场地选择时的地质勘探井结合起来进行。

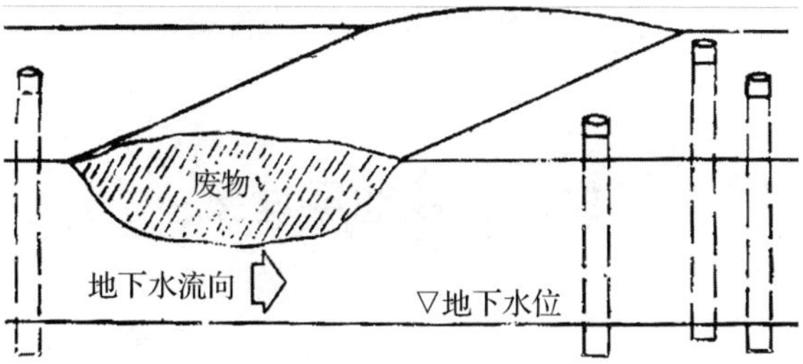

图 14-24　地下水监测系统井位分布图

地下水监测井的深度可根据场地的水文地质条件来确定。为适应地下水水位的波动变化，井深一般应深至地下水水位之下 3 m，以便随时采集水样。如果有多层地下水，可对多层地下水监测。本底井一般要监测两层。典型的地下水监测井结构剖面如图 14-25 所示。

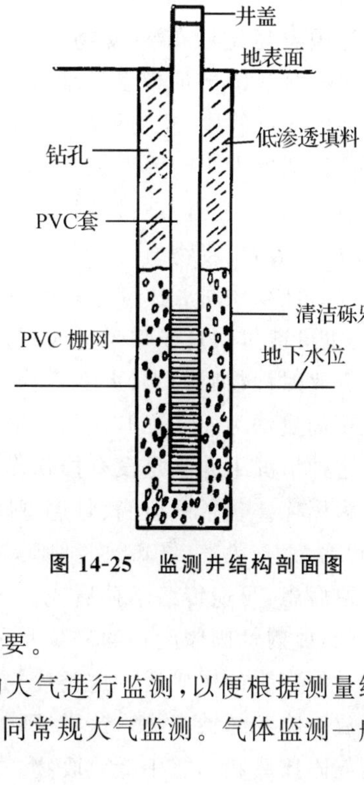

图 14-25　监测井结构剖面图

(3)地表水监测　地表水监测是指对场地附近的地表水进行监测，目的是监测地表水水体是否受到浸出液的污染。地表水监测的方法比较简单，主要是在取样池和靠近场地的河流、湖泊取样。取样次数和分析项目可根据场地的监测计划和环保部门的要求确定。

(4)气体监测　气体监测的目的是了解填埋场的气体释出情况和大气的质量情况。气体监测包括填埋场排气监测和填埋场附近大气监测。

①填埋场排气监测。是指对气体控制系统排出的气体进行分析。通过排气量测定气体成分，掌握填埋场内有机物质的降解情况。气体监测对卫生土地填埋场尤为重要。

②填埋场附近大气监测。是指对填埋场周围及上空的大气进行监测，以便根据测量结果确定填埋场气体排放对空气的影响。大气监测网点的布置同常规大气监测。气体监测一般每 10～20 d 取样一次，如果连续数天无风，应增加监测次数。

3. 监测项目及次数

(1)监测分析项目　水质监测分析有两类：一类是关键性因素分析，另一类是全分析。关键性因素分析的目的是通过较频繁的选择性分析，根据水质的一个或多个参数的明显变化来发现水质污染的迹象。关键性因素分析至少应监测分析的项目为：电导、pH、氯化物、总有机碳、铁及主要有害组分。

全分析的目的是提供场地附近比较完整的水质情况。全分析的次数较少，但分析的范围较宽。全分析的项目包括物理指标、化学指标和生物指标。

(2)监测次数　场地监测应该在整个土地填埋期间连续进行。如果条件允许，最好是在土地填埋操作开始前进行。填埋结束封场后至少要连续监测 20 年。取样的频率可根据场地的条件和监测的目的来确定。一般按下述规定取样：①关键性因素分析每 3 个月取样 1 次；②全分析每 6 个月至 1 年 1 次；③填埋前及填埋操作期间，本底井每 1 个月全分析 1 次，封场后本底井 1 年全分析 1 次；④饱和区关键性因素分析取样次数根据地下水的流速来确定，当流速≤

25 m/年，1 年 1 次；当流速为 25～50 m/年，半年 1 次，当流速＞50 m/年，半年以内 1 次；⑤饱和区全分析 1 年 1 次。

14.4 浅地层埋藏

14.4.1 概述

1. 放射性固体废物的来源及分级

(1)放射性固体废物的定义　放射性固体废物是指任何含有放射性核素或被其沾污、比活度超过国家规定限值的废物。根据放射性废物分类标准，固体废物中放射性比活度大于 7.4×10^4 Bq/kg 的或仅含天然 α 辐射体，比活度大于 3.7×10^5 Bq/kg 的为放射性固体废物；放射性固体废物中，超铀核素(原子序数大于 92，半衰期大于 20 年的 α 辐射的放射性核素)的放射性比活度大于或等于 3.7×10^6 Bq/kg 的为超铀废物，其表面放射性污染水平超过国家关于放射性物质表面污染；控制水平规定值，而比活度小于或等于 7.4×10^4 Bq/kg 的固体废物称为放射性污染废物。

放射性物质对人体健康影响很大，对人体组织和器官有损伤，既可在人体之外造成外照射损伤，也可通过饮食或呼吸进入人体造成内照射损伤。因此人、畜吸入大气中放射性微尘或误食含有放射性物质的水、水生生物、农作物等，会引起放射性疾病。据介绍，放射性物质对人的半致死剂量约为 400 rad，照射 650 rad 100%死亡；照射剂量 150 rad 以下，死亡率下降为零。但在这种情况下并不是没有损伤作用，据国外报道，往往 20 年后才能表现出来一些症状，主要表现为癌症。包括白血病、骨癌、肺癌及甲状腺癌，还可表现为不同程度的寿命缩短，能导致头昏、疲乏无力、脱发、红斑、白细胞减少或增多、血小板减少等病症。且放射性物质的慢性作用，会遗留后患，可遗传给子孙后代。

(2)放射性固体废物的来源及种类　放射性固体废物主要有 3 类：①铀矿的选矿、开采及水冶过程产生的尾矿渣。这类废物一般数量大、放射性比活度低，通常就地堆存或回填矿井。②高放废物和超铀废物。这类废物是指来自反应堆的乏燃料组件或核燃料使用后处理所产生的高放固体废物。③中低放废物。这类废物来自反应堆、后处理厂、核研究中心及放射性同位素应用单位等被放射性污染而不能再用的物体，比活度一般较低。如报废的设备、管道及配件、过滤器、离子交换树脂、防护衣具、抹布，废纸、废橡胶、废塑料、废混凝土块等。

除超铀废物外，放射性固体废物按其所含最长的放射性核素的半衰期($T_{1/2}$)长短分为 4 种：①$T_{1/2}\leqslant60$ 天，②60 天$<T_{1/2}\leqslant5$ 年，③5 年$<T_{1/2}\leqslant30$ 年；④$T_{1/2}>30$ 年。放射性废物又按其比活度水平分为极短寿命放射性废物、极低水平放射性废物、低水平放射性废物、中水平放射性废物和高水平放射性废物等 5 类，其中极短寿命放射性废物和极低水平放射性废物属于低水平放射性废物的范畴。各级废物的放射性比活度水平参见 GB 9133—1995《放射性废物的分类》。

2. 浅地层埋藏方法

(1)浅地层埋藏处置概念　浅地层埋藏处置是指地表或地下的、具有防护覆盖层的、有工程屏障或没有工程屏障的浅埋处置，埋藏深度一般在地面下 50 m 以内。浅地层埋藏处置场由壕沟之类的处置单元及周围缓冲区构成。通常将废物容器置于处置单元之中，容器间的空隙用沙子或其他适宜的土壤回填，压实后再覆盖多层土壤，形成完整的填埋结构。这种处置方法借助上部土壤覆盖层，既可屏蔽来自填埋废物的射线，又可防止天然降水渗入。如果有放射性核素泄漏释出，可通过缓冲区的土壤吸附加以截留。

浅地层埋藏处置适于处置中低放固体废物。由于其投资较少，容易实施，在国外应用较广。

(2)处置废物的种类及要求　浅地层埋藏处置主要用于处置容器盛装的中低放固体废物。根据处置技术规定，适于浅地层处置的废物所含核素及其物理性质、化学性质和包装必须满足以下条件：①含半衰期大于5年、小于或等于30年放射性核素的废物，比活度不大于3.7×10^{10} Bq/kg；②含半衰期小于或等于5年放射性核素的废物，比活度不限；③在300～500年内，比活度能降到非放射性固体废物水平的其他废物；④废物应是固体形态，其中游离液体不得超过废物体积的1%；⑤废物应具有足够的化学、生物、热和辐射稳定性；⑥比表面积小，弥散性低，且放射性核素的浸出率低；⑦废物不得产生有毒有害气体；⑧废物包装体必须具有足够的机械强度，以满足运输和处置操作要求，⑨包装体表面的剂量当量率应小于2 mSv/h；⑩废物不得含有易燃、易爆、易生物降解及病菌等物质。

为使处置的废物满足上述条件，必须根据废物的性质在处置前进行预处理。预处理方法有去污、包装、切割、压缩、焚烧、固化等。

(3)浅地层埋藏处置场的设计原则　浅地层埋藏处置场处置的是中低放废物，其目的是在废物可能对人类造成不可接受的危险时间范围内，把废物中的放射性核素限制在处置场范围之内。因此，处置场的设计，除要考虑废物处置前的预处理、浸出液的收集、地表径流的控制外，还要考虑辐射屏蔽防护问题。处置场的设计原则为：①处置场的设计必须保证在正常操作和出现事故情况下，对操作人员和公众的辐射防护符合辐射防护规定的要求；②要避免处置场关闭后返修补救；③尽可能减少水的渗入；④充分排出地表径流水；⑤尽量减少填埋废物容器之间的空隙；⑥合理布置处置单元；⑦废物之上要覆盖2 m以上的土壤。

浅地层埋藏处置设施主要分简易沟槽式和混凝土结构式2种，其设计规划程序与安全土地填埋场的设计规划程序大体相同。本节仅就场地的选择、场地的设计规划和2种处置方法加以简单介绍，具体选址与设计要求参见《低、中水平放射性固体废物近地表处置安全规定》。

14.4.2　场地选择与设计

1. 场地选择的步骤

场地的选择是一个连续、反复的评价过程。在此期间要不断排除不适宜的场址，并对可能的场址进行深入调查。在选出可使用的场址后，应做详细评价工作，以论证所做的结论是否确切，场地的选择一般分区域调查、场址初选和场址确定3步进行。

(1)区域调查　其任务是确定若干可能建立处置场的地区，并对这些地区的稳定性、地震、地质构造、工程地质、水文地质、气象条件和社会经济因素进行初步评价。

(2)场址初选　是在区域调查的基础上进行现场踏察和勘测，通过对勘察资料的分析研究，确定3～4个候选场址。

(3)场址确定　是对候选场址进行详细的技术可行性研究和代价利益分析，以论证场址的适宜性，并向国家主管部门提出详细的选址报告，最终批准确定一个正式场地。

2. 场地选择要求

同安全土地填埋场场地选择一样，浅地层埋藏处置场场地的选择也要遵循安全、经济 2 条原则，要从水文、地质、生态、土地利用和社会经济等方面加以考虑。场地选择要求如下：

①处置场应选择在地震烈度低及长期地质稳定的地区；

②场地应具有相对简单的地质构造、断裂及裂隙不再发育；

③处置层岩性均匀，面积广、厚度大、渗透率低；

④处置层的岩土具有较高的离子交换和吸附能力；

⑤场地应选择在工程地质状况稳定、建造费用低和能保证正常运行的地区；

⑥场地的水文地质条件比较简单，最高地下水位距处置单元底部应有一定的距离；

⑦场地边界与露天水源的距离不少于 500 m；

⑧场地宜选择在无矿藏资源或有资源而无开采价值的地区；

⑨场地应选择在土地贫瘠，对工业、农业以及旅游、文物、考古等使用价值不大的地区；

⑩场地应选择在人口密度低的地区，与城市有适当的距离；

⑪场地应远离飞机场、军事试验场地和易燃易爆等危险品仓库。

3. 场地的设计

(1)场地的总体布置　浅地层埋藏处置场的规模和占地面积可根据待处置废物的数量来确定。各处置单元的设计则按全场的总体规划来安排。场地总体设计时要特别注意人口和通道的布置，以及沾污区和非沾污区的控制。

处置场由处置设施和辅助设施组成。处置设施由不同结构及规模的处置单元构成。辅助设施包括卸料分类设施、废物预处理(也称调制)设施、去污设施、分区控制设施、一般服务设施等，此外还有进出口和安全防护围墙。

通常，根据辐射防护要求把处置场分为 2 个区：一是限制进入的限制区，二是非限制进入的行政管理区。限制区由处置区和缓冲带组成。处置区内有可供安放废物的沟或其他处置单元。缓冲带介于处置单元和围墙之间。卸料分类设施、预处理设施和去污设施等均设置在限制区域内。限制区和行政管理区之间由围墙隔开。具体设计时可根据场地的水文、地质条件及地形条件来确定。

为确保周围居民的安全，处置设施周围要设置缓冲区，场地四周应修筑围墙，以防无关人员进入场地。

(2)处置单元设计　如前所述，处置单元主要有沟槽式和混凝土结构式 2 种。设计时可根据场地的特性和对不同类型废物的处置要求来选择。同安全土地填埋一样，防水和排水是处置单元设计考虑的重点。处置单元的设计参见沟槽式和混凝土结构式浅地层埋藏处置方法。

4. 填埋场的封闭和复用问题

当填埋场的全部空间都填满废物之后，要使用最终覆盖层将填埋场加以封闭，同时还要用安全合理的方式对所有用于废物处置的设备和辅助设施加以净化。

封闭危险废物填埋场的实施步骤通常为：

①清除和拆除任何危险废物处理和贮存设施；

②为填埋场盖上一层适当的最终覆盖层；

③控制由地表水、地下水和空气造成的污染物迁移；

④在填埋封场后维持期内维护现有地下水监测网运行；

⑤继续将流入水清除出填埋场；

⑥避免土蚀和风蚀；

⑦控制封闭地区的积水和地面水渗入；

⑧维护填埋气体和渗滤液的收排处理系统；

⑨维护最终覆盖层和衬垫的完好性；

⑩在审核文件中注明该处曾用来填埋危险废物，并且注明其再使用是要受限制的；

⑪限制接近该封闭区。

填埋场封闭后，其经管者需做以下工作：

①保持最终覆盖层的完整性和有效性，进行必要的维修以消除沉降和凹陷以及其他因素的影响；

②常规性监测检漏系统；

③继续运行渗滤液的收排系统，直到无渗滤液检出为止；

④维护和检测地下水监测系统；

⑤保护和维护任何测量基准。

填埋场的善后计划应考虑封场以后需要维护工作的延续年限，例如至少 30 年。这段时间具有随机性，可根据填埋场封闭以后的污染物具体迁移数据资料适当地延长或缩短。妥善封闭的填埋场能达到一般使用的要求，例如用作停车场或开放性场地等。但一旦确定将填埋场如此复用，那么加强覆盖层设施和封场后地面逸散物的监测则是很重要的。

14.4.3　沟槽式浅地层埋藏

沟槽式浅地层埋藏处置同卫生土地填埋的沟槽法相似。沟槽分细长沟和一般沟 2 种。细长沟适于处置比活度较高、表面剂量大的废物。细长沟一般宽 1 m，深 6 m，长 75～150 m。一般沟宽 30 m，深 6 m，长 300 m。具体尺寸可根据场地的规模和水文地质条件确定。沟槽应在黏土层挖掘，否则应在沟的底部和侧面铺设黏土衬里。沟的底部应具有适当坡度，倾向沟的长度方向。在沟底低的一侧设置盲沟，盲沟内填充碎砖或砾石，盲沟也有 0.3%的坡度。沟的底部还要铺设 60～90 cm 厚的砂层，使沟平坦。沟槽内应设有集水井，集水井的数量及位置根据沟的长度确定。沟槽内如有积水(浸出液)，可通过盲沟流入集水井，再通过立管抽出。废物填埋完后用砂回填，然后用土覆盖封场。覆盖土一般分 3 层，下部为 90 cm 厚的土层，压实后至少再覆盖一层 60 cm 厚的黏土，黏土之上再铺设 15～45 cm 的顶部土壤，并进行植被覆盖。完成填埋作业的沟槽，在其四角要埋设石碑标志，详细记载所处置废物的种类、数量，照射量率和埋藏日期等。

沟槽式浅地层埋藏法处置量大、投资少，容易实施，适用于大型处置场。

14.4.4　混凝土结构式浅地层埋藏

混凝土结构法实际上是一种改进的沟槽式浅地层埋藏法，分沟槽式、坑式、井式、古坟式等多种型式。顾名思义，处置场的建造结构为混凝土结构，屏蔽及防渗效果好，适于处置中放废物。具体做法是在地上挖一个适当尺寸的坑，坑底用混凝土浇筑抹平，在底边建造排水沟，用以收集浸出液。壁面为由金属框架固定的混凝土板，一层一层排列堆放。在每一层废物之上均浇灌混凝土，使每个废物层完全镶嵌在混凝土中，这样便筑成了混凝土“巨石”块。这个巨石块的上部表面平台还可用作贮存低放废物的基座。废物填满后，按沟槽式浅地层埋藏方式进行覆盖封场。

法国多采用混凝土结构式浅地层埋藏法处置中低放废物，图 14-26 为法国芒什处置场古坟式布设示意图。该场地占地 $1.2\times10^5\ m^2$，处置能力为 $4\times10^5\ m^3$，建设投资 1.5 亿法郎，年运行费用 6 000 万法郎。处置设施下部为混凝土结构，处置中放废物；混凝土平台之上存放低放废物。平台四周留有排水沟，用以收集贮存期间的雨水及封场后的浸出液。废物桶贮存在由水泥板围成的处置单元内，整个区域堆满后用沙砾填充废物容器之间空隙，以稳定废物。上部用沙土覆盖，最后再在堆的上部覆盖一层防水黏土。完成的浅地层埋藏场，外形像古坟一样。再覆土、植被美化，与周围环境十分协调。

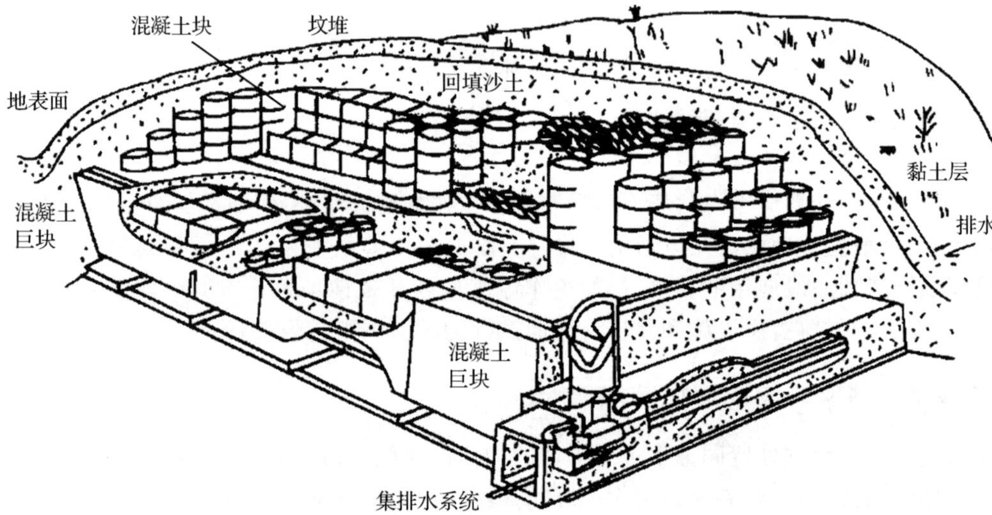

图 14-26　法国芒什处置场古坟式布设示意图

浅地层埋藏处置是处置中低放废物的较好方法。目前我国正在积极发展核电事业，迫切需要解决低放废物的处置问题。根据我国疆土辽阔、处置场地选择余地大的特点，考虑到处置技术的发展趋势和我国经济的承受能力，我国的中低放废物宜选用浅地层埋藏处置的方法。

14.5　危险废物与放射性废物的处置

14.5.1　危险废物的处置

1. 稳定化技术

稳定化技术作为一种高效的固体废物处置技术，在化工、医疗等领域得到了广泛的应用。稳定化技术是利用化学稳定剂等材料将有害固体废物转化为难溶性物质，从而改善其稳定性，防止其向土壤、水源等方面扩散。

2. 快速碳酸化技术

快速碳酸化技术的基本原理是将危险固体废物放入高浓度的二氧化碳中，通过特殊的化学反应利用化学反应，将有害物质分解，生成其他无害或低危害性的物质，减少有害废物的危害。应用较多的是矿物工业，以改善冶炼效果，并在技术上不断革新，逐步将其用于有害固体废物的无害化处理。虽然采用快速碳酸化技术处理废物的效果较好，但是因为工艺流程比较复杂、处置费用高，在大规模使用上有很大的缺陷，所以它更适合于高风险、重点危险废物的处理。

3. 等离子气化技术

等离子气化技术是利用等离子技术将有害固体废物加热，将其温度提升到几千摄氏度甚至上万摄氏度，从而激发有害固体废物的活性，将有害固体废物转化为无害物质。因为高温的持续时间比较长，一些有害物质会随著高温而转变为易挥发气体，所以在需要时应加强对其的保护，以避免发生火灾和爆炸。与常规的燃烧工艺相比，等离子气化工艺中没有二噁英等有害物质的产生。

4. 超临界水氧化技术

超临界水氧化技术是将有害固体废物放入超临界水中，通过对有机物进行深度氧化，最终将其分解为氮气、水、二氧化碳等物质。利用超临界水氧化技术，可以完全分解许多难降解的有毒物质，并能有效地杀死有害生物。通过超临界水氧化工艺对有害固体废物进行一定的循环再利用，具有良好的经济效益。超临界水氧化工艺所需要的设备体积小、运转简单、适应性好、运行环境好。

14.5.2 放射性废物的处置

1. 美国放射性废物的处置

美国把放射性废物按照其来源和放射性活度，大致分为 4 类：①高放废物；②低水平废物；③铀矿渣；④退役废物。其高放废物采用安全、永久性地质处置方式。铀矿渣就地掩埋；低放废物主要产生于反应堆运行以及学术、医疗、工业和其他商业的应用过程，并按照放射性活度浓度高低又细分为 A、B、C 3 类，采用浅地层填埋处置的方式。

2. 英国放射性废物处置

英国根据衰变热能力和活度把放射性废物分为 4 类：

(1)高放废物　这类废物衰变过程会显著提高环境温度，需要在设计贮存或处置设施时考虑衰变热的影响。

(2)中放废物　其放射性活性高于低放射性活度废物的极限值，但在储存和处理设备的设计过程中，可以不考虑衰变热的影响；大多数中放废物在水泥硬化后，会被装进一个 500 L 的不锈钢桶里。较大的物体会被放入较大的不锈钢或水泥容器中。当垃圾被处置时，垃圾的水分含量应该降低到适合包装的程度。有些物料或装置的小零件可以被过度压缩，而有些可以被切成小块。

(3)低放废物　含有放射性物质，但是 α 放射性核素活度不超过 4 GBq/t 或 β/γ 发射体活度浓度不超过 12 GBq/t，而且不能作为一般的废物处置；对于低放废物处理处置，首先采用超级压缩法对现役设施的运行和退出废物进行减容处理。在这一步骤中，装入废物桶或箱中，被高达 2 000 t/m^2 的高压压缩。压缩后的废物被装入大型金属容器，接着向金属容器内填充水泥。最后，将这些金属容器放置在德瑞格(Drigg)低放废物处置设施中。

(4)极低放废物　能够和一般废物一起安全处置、并且每 0.1 m^3 物质的 β/γ 活度小于 400 kBq 或者单个物项 β/γ 活度小于 40 kBq 的废物。

3. 德国放射性固体废物处置

德国废物处置的基本思路是采用深地质处置的方法处置所有类型的放射性废物。其主要依据的是高放废物、中放废物和低放废物，按衰变热将废物划分为2类：一类是产热放射性废物，另一类是能忽视衰变热的放射性废物。德国的废物管理战略是所有放射性废物都将在深地质构造层中进行处置。据预测，到2080年，德国将会生产280 000 m^3 的可忽略的放射性废料，并排放24 000 m^3 的放射性废料，而联邦环境部明确表示，单一的废料储藏室可以储存目前和本世纪产生的全部放射性废料。德国对未达到洁净和解控级别的废料采取了核辐射保护控制措施。

4. 中国放射性废物管理现状

我国借鉴国际上的分类方法，把放射性废物分为豁免废物、极低水平放射性废物、中水平放射性废物、高水平放射性废物和α放射性废物。

我国的垃圾处理策略是根据垃圾的分类来处理。《中华人民共和国放射性污染防治法》明确规定，高水平放射性固体废物实行集中的深地质处置。先采取深度处理的方式，对高放废物进行安全处理。将高放废物埋入500～1 000 m的地下，从而使其与人类生活的环境断绝有效的联系。

习题

1. 简述最终处置的定义。
2. 简述最终处置的目的与原则。
3. 简述最终处置的分类和主要方法。
4. 简述土地填埋处理的分类。
5. 简述卫生土地填埋技术的定义与填埋方法。
6. 简述卫生土地填埋场基本构造。
7. 安全土地填埋的主要步骤是什么？
8. 危险废物的处置技术有哪些？
9. 国内外放射性废物的处置情况？

第 15 章　农业固体废物的循环利用

15.1 概　　述

农业固体废物的循环利用是维系农业系统绿色可持续发展的关键。我国农业正从传统的“资源-产品-废弃物”的线性生产方式向“资源-产品-废弃物-再生资源”的循环农业方式转变。循环农业本质上是将农业清洁生产与废弃物资源化利用有机结合，最大限度地提高农业资源的利用效率，以推进农业和农村经济可持续发展。发展循环农业是解决农业资源环境问题的客观需要。农业固体废物循环利用涉及畜禽粪便、作物秸秆、农村有机生活垃圾等的资源化利用问题。农业废弃物在循环农业生态链中的增益化利用，不仅能提高资源利用率，还能实现经济、生态和社会效益的统一。在循环农业中，废弃物的资源化利用是发展循环农业的非常重要的环节，尤以畜禽粪便的资源化利用最为关键。畜禽粪便含有丰富的有机质和多种营养元素，是循环农业中肥料化和能源化等技术和模式的主要研究对象。

循环农业为现代农业向深度发展提供了新的发展理念，即在技术创新的基础上，实现了可再生资源对不可再生资源的减量替代，以及物质转换链的延长和资源转化率的提高，实现农业产出增长、经济效益提高与农业生产潜力提升、农业生态环境保护的有机统一。农业产业系统是种植业、林业、渔业、牧业及其延伸的农产品生产加工业、农产品贸易与服务业、农产品消费系统之间相互依存、密切联系、协同作用的耦合体。农业产业部门间的“天然联系”、农业产业结构的整体性特征，正是循环经济所要建立和强化的，是建立农业生态产业链的基础。

15.1.1　循环农业的概念

根据对循环经济和低碳经济的理解以及对循环农业的实践，循环农业可以定义为循环经济理念在农业生产领域的延伸和运用，因此，循环农业就是在既定的农业资源存量、环境容量以及生态阈值等综合约束下，从节约农业资源、保护生态环境和提高经济效益的角度出发，运用循环经济学的方法组织的农业生产活动以及农业生产体系，通过末端物质能量的回流形成物质能量循环利用的闭环农业生产系统。简而言之，循环农业就是按照循环经济和低碳经济理念，通过农业系统的优化设计和管理，实现农业系统的“光热自然资源利用效率最大、购买性资源投入最低、可再生废弃资源利用最多、有害污染物排放最少”目标的农业模式。从循环化(recycle)、再利用(reuse)、减量化(reduce)和可控化(regulate)等循环农业技术利用，实现“一高两低”，即资源利用高效率、物能投入低消耗、污染物输出低排放。

15.1.2 循环农业的基本原理

与工业系统倡导的闭环式物质循环不同，农业系统由生命系统和非生命系统两大部分组成，决定其既是自然再生产过程，又是经济再生产过程。发展循环农业必须首先认清农业生产的特殊性，农业系统的物质循环不可能采取闭合式的循环模式，而是一种非闭合、高效率的循环。因此，循环农业的基本原理是在不同尺度的农牧业生产系统内，采取能量高效转化、生物互作利用、物质高效循环、产业链接循环和生态经济协调等5项原理，实现农业生产过程“经济高效、技术可行、生态安全、环境友好、社会接受”的可持续发展，是在多年来生态农业理论和建设的实践基础上，进一步发展起来的农业循环模式。以改变过去我们农业产业的“资源-产品-废物排放”的单向线性发展模式，成为“资源-产品-废物再利用”的多次、多级、多梯度发展模式，这是循环经济的本质。

在循环农业领域，美国已经建立相对完善的保护性农业以及废弃物循环利用技术体系。欧洲国家主要进行了包括有机农场、生态农业、生物能源农场等相关模式与技术研究。当前，循环农业技术发展趋势表现在以下几方面：①现代化：循环农业技术应用现代生物技术、信息技术、制造技术成果，加快常规循环模式改造与技术升级；②高效化：循环农业必须依靠科技建立经济效益高、有市场前景的循环农业体系；③安全化：研究确定不同地区不同资源条件下，适宜的循环模式、适度的循环量，将循环农业建立在环境安全、资源许可的基础之上；④规模化：不局限于农业生产系统内部，同时采取多种途径和通过适度外延，从更大范围和更大尺度上，建设从生物原料到终端产品的多个产业链接循环，将每个物质循环环节的物质利用效率和废物的排放风险降到最低。循环农业体系遵循的5个基本原理如下：

(1)能量高效转化原理　在农业系统合理的投入下，通过加强过程控制和管理，达到农业系统各个环节能量高效转化，减少无效能量的输出。

(2)物质高效循环原理　通过物质能量资源的多层次、多级化的循环利用，达到农业系统的自然资源利用效率最大化、购买性资源投入最低化、可再生资源高效循环化、有害生物和污染物可控制化的目标。

(3)生物互相循环原理　充分利用微生物之间的物质竞争、互作等这种复杂的生态作用，合理配置生物的生态位，建立物质内循环的复合生物体系，增加农业生物多样性，提高物质循环利用率。

(4)产业链接循环原理　通过产业链加环、组链，减少非生产循环，增强生产循环，提高物质循环周转率，构建多级、多层次的物质循环利用体系，生产出更多的产品，减少废弃物排放。

(5)生态经济协调原理　按照生态经济协调的原则设计循环农业产业体系，形成一种“经济高效、技术可行、生态安全、环境友好、社会认可”的可持续农业模式。

15.1.3 我国古代循环农业模式与特征

中国古代农业有着悠久的历史，我国先民前辈们在几千年的农业生产实践中，形成了以精耕细作为特点的传统农业生产方式。中国古代传统农业的特点可以归纳为：①循环利用、低能消耗的有机农业；②以种植业为主，多种经营的小规模综合农业；③用地养地结合，保持土壤地力；④精耕细作，集约生产，提高土地利用效率和作物产出。这与目前火热的循环农业理论的主要思想不谋而合。

世界各国都纷纷向我国传统农业学习。19世纪初，前美国农业部土壤局局长Frankling来中国考察后，研究并撰写了《四千年的农民》一书，该书第一次在西方学术界提出循环农业的思路，并且详细介绍了中国的若干循环模式，在世界农业发展上产生了剧烈影响。由此可见，中国古代传统农学思想与现代化的农业循环思想有着继承和发展的关系，并对现代循环农业思想有着深远的影响。

中国古代传统农业发展中，农家肥一直被劳动人民视为核心生产资料。清代的《知本提纲》中的“酿造十法论”中把农家肥概括为十大类“人粪、畜粪、草粪、火粪、泥粪(河淤泥塘)、骨粪、苗粪(绿肥)、渣粪(饼肥)、黑豆粪、皮毛粪”。这些肥料肥效、用法、用途各不相同，“羊壅宜于地，猪壅宜于田”。中国古代传统农业中使用的农家肥以有机肥为主，但也有无机肥，如石灰、草木灰、骨粪和墙角灰等。明朝著作《天工开物》中就有记载“土性带冷浆者，宜骨灰蘸秧根，石灰淹苗足”，这主要是由于南方水量充沛，很多农田都长期浸泡在水中，通过石灰等有机肥来调节水温。古代劳动人民对于粪肥的深刻认识，使得以农养牧、以牧促农，农牧互补等多种经营模式不断发展完善，实现了农林牧渔副五产互利互补、相互融合的循环农业模式。

我国浙江地区产生了粮食酿酒、酒糟喂猪、猪粪还田的“粮-酒-猪-粮”的循环农业模式。用现代循环农业的观点上看“粮-酒-猪-粮”模式就是典型的“种养加”循环农业。中国古代种养结合循环农业模式中集大成者是基塘循环体系。明代开始中国就开始利用畜禽粪便来进行水产养殖，在珠三角和太湖流域的发展更具特色。当地农民在空地上挖出深塘，挖出的泥土覆盖在池塘边形成基，塘内养鱼，基上种桑，使水产养殖和种植业有机地联系在一起，形成了桑基鱼塘农业循环模式，即桑叶喂蚕，蚕沙养鱼，塘泥肥基，基肥促桑。清代《高明县志》中有记载:“将洼地挖深，泥复四周为基，中凹下为塘，基六塘四，基种桑，塘蓄鱼，桑叶饲蚕，蚕粪饲鱼，两利俱全，十倍禾稼。”此后，随着社会进一步发展，又从桑基鱼塘发展出蔗基鱼塘、菜基鱼塘、果基鱼塘等多种基塘系统。

15.1.4　发达国家的循环农业模式

“再利用、减量化、资源化”的循环经济“3R”原则属于过程性、输入端和输出端方法，各国结合其自然资源、地理条件、气候特征、产业结构，发展了多种循环农业模式。虽然各国在实践中对各种循环农业模式的称谓不完全相同，但其目的都是协调环境与发展之间的矛盾，实现本国农业可持续发展，充分体现了循环经济的“3R”原则。

20世纪80年代西方发达国家由于农产品出口减少、农产品过剩，引起农产品价格的下跌。如果继续增加农业的投入，只能使农产品价格进一步下跌。因此减少农业投入，成为有利于农场主增强竞争地位的有效措施。减少化学农肥投入自然同时会减少化学制品使用、降低污染、减少土壤侵蚀，有利于自然环境的保护。虽然西方发达国家的国情各有不同，但他们的可持续农业的共同特点都是把过度集约化的生产体系转换到适合环保的适度集约化经营。

1. 瑞典

瑞典生态循环农业的发展水平居世界领先地位。在种植业方面，瑞典提倡只施用牲畜粪便等天然肥料，不使用化肥、农药和除虫剂。为使土地保持肥力和减少病虫害，实行轮作制，特别是要种植豆类作物和牧草。每4年循环一次，即第1年种小麦，第2年种豌豆，第3年种燕麦,第4年种牧草。在养殖业方面,瑞典提倡让牛、羊、猪、鸡在室外自由活动,使用自己生产的、没有施用过化肥和农药的饲料。禽畜传染病以预防为主,一般不喂药,如果喂了药,要等3个月后才能屠宰。普通猪饲养期为6个月,而生态猪饲养期为7~11个月。如今在瑞典,有机农场的发展相当迅速,在整个欧盟中位居前列。

2. 美国

美国尽管没有明确提出循环农业的概念,但是循环农业理念却广泛应用于农业各方面。20世纪80年代初,美国在有机农业、生态农业的基础上,提出了可持续农业的概念。美国可持续农业有一个不断成熟完善和发展的过程,可分为低投入可持续农业、高效率可持续农业、以人才和科技为特征的可持续农业3个阶段。

美国可持续农业的新农作模式强调农业的生态与经济效益。主要由作物轮作、休闲农作、覆盖作物轮作、残茬还田免耕、农牧混合和水土保持耕作等组成。作物轮作模式有助于抑制杂草及病虫害,可以改善植物养分的供给,防止水土流失,降低水资源污染。残茬还田免耕模式可以减少化肥用量,增加土壤有机质。这项技术一直是美国免耕农田的主导技术,全美国有70%的农田采用该技术。覆盖作物轮作模式在美国东部得以推广。这种模式以豆科作物、饲草作物为主,通过种植覆盖作物越冬后直接用作覆盖绿肥还田。实验表明,在基本上不用氮肥的情况下,采用该技术农作物产量可提高30%~40%。

美国的精准农业也是体现"减量化"这一理念的循环农业模式。精准农业也称精确(细)农业,追求以最少的投入获得优质的高产出和高效益。指导思想是按田间每一操作单元的具体条件,精准地管理土壤和各项作物,最大限度地优化农业投入量(如化肥、农药、水、种子等),以获取最高产量和最大经济效益,同时减少使用化学物质肥料与农药,保护农业生态环境,保护土地等自然资源。精准农业本质上就是现有农业生产措施与计算机自动控制系统的有机结合。20世纪70年代,美国将信息技术引入农业领域,开始了精准农业的探索。在明尼苏达州的2个试验农场的实验结果显示,精准指导施肥的粮食年产量比传统的平衡施肥提高30%左右,且减少了化肥施用总量,经济效益得到提高。美国200多万个农场中,现有60%~70%的农场采用精准农业技术。

3. 德国

德国于20世纪60—70年代开始发展有机农业,通过采取农地休耕、减少化肥和农药施用量、循环利用农作物秸秆等措施,实现农业清洁生产,控制污染源头,保护农业生态环境。借助实施财政支持、先进管理技术等手段,德国有机农业取得了长足发展。德国为发展有机农业,还对农业生产的产前、产中、产后、农业加工及营销等进行了深入研究,针对不同环节的特点,把信息技术应用到其中。主要包括:农业信息数据库系统、农业信息网络服务系统、计算机自动控制系统、计算机模拟和模型技术以及网络计算机辅助决策技术、食品安全可追溯技术、精准农业技术等。借助这些技术,政府或农场主可以通过对农业生产进行精确定位来实施农业生产全过程监测,及时全面地收集数据资料,实时掌握农业生产基本情况,追溯农产品质量,并利用计算机模拟等工具预测农业生产环境、产品质量变化与自然灾害发生等趋势,以制定有效措施加强农业生产管理。德国循环农业技术模式具体体现在农场主必须根据自然条件决定种植品种和经营方式。实行测土施肥技术,以减少氮素损失及对土地结构的破坏,合理轮作以保持和增加农田土壤肥力,改善土壤结构和土壤中的生物、水分和腐殖质含量。采用先进的电子计算机技术对病虫害的发生、发展规律进行测试分析,确定最佳防治期,以减少用药次数和用药量。对害虫的天敌习性进行研究，尽量利用天敌灭虫。使用可以把未沉积在靶标上的药液重新收集回流至药液箱的循环式喷雾机用于杀灭密植果园、葡萄园等的虫害，以减少药液流失至土壤或飘逸于空气中。这种循环式喷雾机在春天树叶稀少时可回收药液 70%左右，在果树茂盛期也可回收药液 20%左右。此外，还通过从一些农作物中提取矿物能源和化工原料，实现农产品的循环再利用。德国科学家对甜菜、马铃薯、油菜、玉米等进行定向选育，从中制取乙醇、甲烷，成功地研制出绿色能源，从菊芋植物中制取酒精，从羽豆中提取生物碱。油菜籽是德国目前最重要的能源作物，不仅可用作化工原料，还可用于提炼植物柴油，代替矿物柴油用作动力燃料。

4. 日本

20 世纪 50 年代，日本进入重化工业发展阶段，与其他发达国家的经济发展历程相似，日本不惜以环境为代价，实现经济的快速发展，尤其在农业发展上采取高投入高产出的方式。但同时也引发土壤和水质污染、自然环境和资源破坏等严重问题。进入 20 世纪 80 年代，面对本国资源的匮乏与自然环境严重破坏的双重压力，日本正式提出“绿色资源的维护与培养”的发展目标，开始选择“环保型可持续农业”的发展道路。该模式基于人口、资源、环境与经济平衡发展的立足点，主张以有机物还田与合理轮作为基础，利用农业的物质循环机能，一方面限制人工合成化学制品的使用，减少其对环境的负面影响；另一方面在环境容量内重新研发农业生产技术，加大对生物农药和生物肥料开发与应用的力度，增进其对环境的积极影响。

日本菱镇是发展循环农业较早且较成功的地区，提倡将农业生产和生活中的废弃物转化为有机肥，发展废弃物资源化的循环农业模式。该镇规定农业生产中禁止使用农药、化肥和其他非有机肥料，生产的农产品需是无化肥、无农药添加残留、无公害的有机农产品。此后，菱镇将小规模下水道污泥、家禽粪便以及企业的有机废物作为原料投入发酵设备，产生的甲烷气体用于发电，剩余的半固体废渣进行固液分离，固态成分用于堆肥和干燥，液态成分处理后再次利用或者排放(排放时已基本对环境无害)，实现了废物的高度资源化和无害化。此外，菱镇还对厨房垃圾进行统一收集和处理，制成有机肥。

日本爱东町地区循环农业的核心内容是发展油菜生产。一方面，油菜籽榨油后遗留的油渣可以通过堆肥或饲料化处理得到优质的有机肥料或饲料；另一方面，所得菜籽油，再加工处理成生物燃油。爱东町地区循环农业有效促进了资源在农业经济系统中的高效再生，减少了外部资源投入和农业废弃物排放，实现了资源合理循环再利用和生态环境保护的目标，符合循环经济的基本原则。

5. 以色列

以色列土地资源极其匮乏，为此，以色列充分利用自己的高科技优势打造循环农业。这些技术主要包括：生物杀虫剂的研制，既能消灭害虫而又不对作物本身造成损害的天敌的培育，抗病、高产和品质优良的种子的培育等。

根据传统的做法，蔬菜、果树病害综合防治技术一般都是在病害初发后采用单一化学或生物防治措施，这也导致化学农药使用次数居高不下。为了解决这一问题，以色列科学家研制出一套以气象因子测报为基础，建立起针对设施农业蔬菜灰霉病为典型病害的生物和化学防治综合决策系统。此技术应用后，在一个生长季内喷药次数减少 5 次以上，平均可减轻病害 63.9%±3%，杀菌剂用量减少 65%，其效果远远好于单一使用化学农药或生物防治剂。

设施农业生产技术、作物病虫害的生物防治技术和节水灌溉技术是以色列实现现代农业的三大标志。

以色列的循环农业还突出体现在完善的节水农业灌溉体系上。喷灌、滴灌、微喷灌和微滴灌等技术在以色列普遍使用，80%以上的农田灌溉应用滴灌，10%为微喷，5%为移动喷灌，完全取代了传统的沟渠漫灌方式。其中，成效最大的是农业滴灌技术：一是水可直接输送到农作物根部，比采用喷灌方式节水20%；二是在坡度较大的耕地应用滴灌不会加剧水土流失；三是经污水处理后的净化水（比淡水含盐浓度高）用于滴灌不会造成土壤盐碱化。滴灌技术比传统的灌溉方式节约用水和节省肥料30%以上，而且有利于循环利用废污水。为开辟水源，以色列加大了对污水处理和循环利用的投入。以色列规划农业灌溉全部使用污水再处理后的循环水，目前，已将80%的城市污水处理后循环利用，主要用于农业生产，占农业用水的20%。经处理后的污水除用于农业灌溉外，还重输回蓄水层。

以色列科技兴农政策已经取得了巨大的成就，目前，科学家们仍在继续探索，努力提高包括水的利用率、浇灌方法、作物及种子选育在内的农业科研和生产水平。

15.1.5 发展中国家的可持续农业

发展中国家可持续农业与发达国家可持续农业是建立在不同基础上的。第一，提高粮食产量仍是发展中国家的主要任务。第二，西方发达国家农业科学技术比较发达，发展中国家的农业发展，在相当长的一段时期内还是主要依靠外界物质“投入”实现增长，要实现以科技投入为主的内涵型农业需要有一个历史过程。

鉴于上述情况，对于多数发展中国家而言，只有在农业取得较大发展的前提下，同时充分保护自然资源和生态环境，才是可持续农业发展的基本方向。东方国家与西方国家在农业发展中所面临的背景不同，因此实现农业持续发展的道路也不一样。西方国家是在现代农业基础上倡导农业持续发展的，其背景是农产品过剩，自然可以不再以增产而以自然资源和生态环境的保护为主要目标；东方国家是在传统农业基础上主张农业的持续发展，其背景是农产品的紧缺和农业劳动生产率的低下，自然要以增产为主要目标。持续的核心是发展，明天的发展是以今天的发展为起点的。如果农业不能解决今天人们的食品需求，就不能谈论明天的发展。

1. 巴西

巴西农业发展战略的基本特点一是以外向型为主，二是以扩大“农业边疆”为主。在这一农业总战略的指示下，出口农业得到迅猛发展。不仅出口农产品结构发生了较大变化，而且开垦土地面积也大幅度上升。巴西的农业发展战略强调农产品出口和扩大“农业边疆”，忽视了粮食生产，特别是忽视了城乡贫困阶层的基本要求，因此每年要花费10亿～20亿美元进口粮食。忽视粮食生产，强调“农业边疆”开发，忽视生态环境等，成为巴西多年来农业发展战略的缺陷。这种发展战略，决定了巴西可持续农业发展的重点，是满足国内粮食和纤维的基本需求，防止生态环境的严重破坏。

2. 墨西哥

墨西哥是个多山的高原之国，土地资源相对贫乏，而人口增长率很高。因此，人均耕地面积少，土地承载力超负荷是墨西哥的主要问题。在20世纪60年代墨西哥粮食尚能自给有余，农产品出口曾是外汇收入的重要来源。但是从20世纪70年代起，粮食进口数量不断增加，约占国内粮食消费量的1/4。墨西哥政府为提高粮食产量，减少粮食进口的压力，采取了一系列短期行为，如鼓励农民毁林造田、开垦缓坡地，以扩大种粮面积。以至于造成森林资源破坏，土壤侵蚀,50%的耕地表土层流失,土地越来越贫瘠。有些落后地区,则仍然保持原始耕作方式,造成对生态环境的严重破坏。当前,墨西哥可持续农业具体技术及模式有复种、轮作制;墨西哥南部农家庭院雨林生态农业和墨西哥中部的湿地生态农业模式。这些技术与模式都保持了土壤肥力和生态系统的良性循环。

3. 印度

印度农业问题十分严重。虽然绿色革命带来了较好的农业增产效果,但是粮食只能维持低水平的自给,生态环境日益恶化。印度全国70%以上的地表水遭到污染,80%的居民得不到安全的饮用水。森林面积每年的减少率高达4%,水土流失严重,气候恶化和雨量减少使得印度干旱和半干旱地区的农田占全国耕地面积的70%以上。20世纪60年代中期开始的绿色革命,引进了现代农业技术,化肥和农药使用量大增,给生态环境带来了严重的危害。印度在发展可持续农业方面采取了以下措施:

(1)研制和推广生物肥料　印度农业科研机构经过将近20年的研究,已开发出能够从大气中固定氮素的多种生物肥料,其中最常用的有根瘤菌、固氮菌和蓝绿藻,这些生物肥料已达到了商业生产的水平。这几类生物肥料在实际使用中已收到较好的成效,号称其增产效果相当于每公顷2～40 kg氮素。但是,这些生物肥料的产量却远远不能满足需要。

(2)研制和推广生物农药　印度的生物农药资源丰富,例如,原产于印度的尼姆树资源,学名为Azadirchta indica,其种子的提炼品是当今最有效的生物农药,能杀死200多种害虫,却不伤害鸟类和家畜,也不产生残毒。美国国家研究理事会(National Research Council)1992年发表的一份报告中称:“尼姆树是一种解决全球问题的树”。印度科学家早在1920年就开发出尼姆农药。印度一些大企业集团如塔塔、古德勒杰、西海岸赫尔博化学公司和南方石化公司等,都在制造尼姆农药,美国格拉斯公司也已经在卡纳塔克邦的土姆库尔县设厂制造尼姆农药。这种农药除部分供应印度市场外,大量向美国出口。印度科学家又从当地一种紫丁香的种子中提炼出一种高效无毒的农药,正在进行试制。

(3)推广农业产业化　印度把建立小型农工商企业集团作为“第二次绿色革命”的重要内容。计划在粮食、油料作物、果品、水产、蚕丝、棉花和蔗糖等几个农产品领域建立小型农工商企业集团。以此推动占印度耕地2/3以上干旱地区的农业生产率。

(4)实现非常规能源计划　印度农村半数居民处于贫困线以下,他们只能依靠非常规能源,如牛粪、秸秆等。为解决农民的缺少能源问题,也为了防止森林遭到破坏,印度在农村大力推广沼气池、改良柴灶、生物废料发电、小水电站、风力发电站和太阳能灶等可循环新能源。印度已建立家用沼气池157.5万个,修建改良柴灶1 250万个,家用太阳能烘烤系统10 127个,太阳能灶具22.7万个,风力发电总功率2 916 MW,小水电站总功率86.53 MW。农村非常规能源的推广和使用,有效地保护了森林资源和生态平衡。例如,据印度官方估算,仅160万个沼气池的投入使用,每年就可节省500万t薪柴,价值20亿卢比。

国外循环农业发展模式并不是十全十美的模式,但是每一种模式都有其独特的亮点,不仅为世界农业的发展做出了巨大贡献,也为我国循环农业的发展提供了宝贵的借鉴经验。

15.2 循环农业技术体系的构建

15.2.1 "4R"原则

循环农业技术体系的构建需遵循"4R"原则。

(1)减量化(Reduce)原则　尽量减少农业系统外部购买性资源的投入量,实现源头输入技术的科学化。

(2)再循环(Recycle)原则　在农业系统中,要对光、热、水等可更新资源,尽量进行周年循环化高效能地利用。

(3)再利用(Reuse)原则　对于农业生产过程中残留剩余的秸秆、粪便等中间资源,要尽量多级化地再利用。

(4)可控制化(Regulating)原则　对于农业系统向界面外部排放的有毒、有害的各种物质要实现技术的可控制化,减少污染排放。

15.2.2 循环农业技术清单

遵循"4R"原则,我国循环农业目前构建的共性关键技术有农业系统购买性资源适量化投入关键技术、碳循环特征及节能减排关键技术、生态循环农业风险污染物质消减控制技术和农业废弃物资源再利用技术。其中农业废弃物资源再利用技术为4项关键技术的核心技术,农业废弃物资源再利用技术与其他技术环环相扣,通过农业废弃物资源化利用可以减少购买性资源投入,也可以实现节能减排和污染物消减。

(1)农业系统购买性资源适量化投入关键技术　按照减量化(Reduce)原则,通过技术攻关,实现生态循环农业模式中N、P肥料的合理投配,提高肥料利用率,建立不同生态循环农业模式的购买性资源适量化投入技术体系。

(2)农业系统碳循环特征及节能减排关键技术　按照再循环(Recycle)原则,研究不同生态循环农业模式下的碳循环特征并明确控制参数,提出不同循环模式下增加农田碳固定技术以及减少温室气体CO_2/CH_4排放的有效技术方案,对不同生态循环农业模式的生态系统代谢进行分析与评估,构建不同模式的能流的关键科学参数和利用转换效率,为不同生态循环农业模式的节能减排技术方案的制定提供科学依据。

(3)生态循环农业风险污染物质消减控制技术　按照可控制化(Regulate)原则,研究不同循环模式下风险污染物(农药与重金属等)的循环路径与规律,创新污染物源头阻控技术以及风险污染物的微生物、化学和生态消减技术,有效控制风险污染物的环境残留水平,为建立环境安全型的生态循环农业体系提供技术支撑。

(4)农业废弃物资源再利用技术　按照再利用(Reuse)原则,突破秸秆机械化与秸秆还田的关键技术与配套装备、秸秆快速腐解高效微生物制剂与产品研发,秸秆饲料化、肥料化、能源化、高值化等多元、综合、高效利用技术;突破畜禽养殖废弃物无害化、半机械化、省工化处理技术、高效有机肥制造技术、能源化利用、高值化产品转化技术等关键接口技术。

1. 饲料化技术

《全国农作物秸秆综合利用情况报告》调查显示,2021年,全国农作物秸秆利用量为6.47亿t。

其中，秸秆还田量 4 亿 t，占可收集量的 56.52%。秸秆离田利用率为 33.4%，其中，饲料化利用量达 1.32 亿吨，占 18%；燃料化利用量稳定在 6 000 多万吨；基料化、原料化利用量达 1 208 万吨。秸秆总利用率为 88.1%。提高秸秆资源饲料化利用的方法主要有物理法、化学法和微生物发酵法，目前大力推广的是微生物发酵法。表 15-1 对比了秸秆饲料化与焚烧两种情况温室气体的排放情况，可以看出，秸秆进行饲料化资源化利用的减排量为 13.04 t CO_2-eqv/hm^2，减排率达 96.76%，效果相当显著。

表 15-1　秸秆饲料化相比焚烧的温室气体排放量　　t CO_2-eqv/hm^2

温室气体	焚烧	饲料化	温室气体	焚烧	饲料化
CO_2	11.91	0.44	N_2O	0.47	—
CH_4	1.09	—	合计	13.47	0.44

2. 肥料化技术

农业废弃物中贮存了大量的营养物质，将秸秆和畜禽粪便经过适当的处理制成肥料，可作为优质的有机肥源。堆肥技术可实现废弃物无害化、减量化和资源化。经过堆肥处理后，农业废弃物变成卫生的、无味的腐殖质，达到腐熟度要求和无害化处理的要求。在实际有机肥生产过程中，1 t 有机肥需要 1 t 秸秆和 2 t 畜禽粪便作为原料，减量化率可达 66.67%。表 15-2 对比了农业废弃物常规堆肥和采用氮素损失原位控制新技术与农业废弃物不加以利用的温室气体排放量情况。通过常规堆肥技术，每公顷耕地面积可实现温室气体减排量达 13.78 t CO_2-eqv/hm^2，减排率可达 74.77%，此时，N_2O 排放量高于废弃物未利用情况，说明氮素大量损失到空气中。通过氮素控制堆肥新技术，显著降低了堆肥的氮素损失，N_2O 排放量较常规化堆肥降低 60.16%。与农业废弃物不加以利用相比，农业废弃物的温室气体减排率达到 83.99%，比常规堆肥技术多减排近 10 个百分点（表 15-2）。

表 15-2　农业废弃物常规堆肥和采用氮素损失原位控制新技术的温室气体排放量

t CO_2-eqv/hm^2

温室气体	农业废弃物不加以利用	常规堆肥		氮素损失原位控制新技术堆肥	
	排放量	排放量	减少排放	排放量	减少排放
CO_2	13.55	0.93	12.62	1.05	12.51
CH_4	4.23	1.26	2.97	0.94	3.30
N_2O	0.65	2.46	−1.81	0.98	−0.33
合计	18.43	4.65	13.78	2.96	15.48

3. 食用菌栽培技术

以畜禽养殖废弃物和农业副产品为主要原料栽培食用菌，其减量化率为 40%，同时可产生经济效益和社会效益显著的食用菌产品，且对于消纳农业废物，减少农业废弃物对环境的影响，尤其是减少畜禽粪便对环境的危害，具有重要的作用。表 15-3 比较了农业废弃物进行食用菌栽培和焚烧情况下的温室气体减排量，可以看出，农业废弃物经过食用菌栽培后，温室气体可减排 7.92 t CO_2-eqv/hm^2，减排率达 42.96%，对于控制农业废弃物的污染具有显著的效果。

表 15-3 食用菌栽培温室气体排放量 t CO_2-eqv/hm^2

温室气体	农业废弃物不加以利用	食用菌栽培	减少排放
CO_2	13.55	10.51	3.04
CH_4	4.23	—	4.23
N_2O	0.65	—	0.65
合计	18.43	10.51	7.92

4. 材料化技术

秸秆作为工业原料在国内的开发利用起步较晚，但由于其来源丰富、价格低廉，且经济效益显著，目前已成为极具潜力的发展领域。经碾磨处理后的秸秆纤维与树脂混合物在金属模中加压成型处理，还可制成各种各样的低密度纤维板材。秸秆还可代替木材和棉花生产高质量的人造纤维浆粕，可作为化纤制品和玻璃纸生产的主要原料，也可广泛应用于抽丝织布、无毒塑料、胶片、火药、无毒食品包装袋、一次性卫生筷、快餐饭盒的生产。

5. 能源化技术

秸秆燃料化是以秸秆为燃料，用以生产生活。秸秆燃料热值为 18～21 MJ/kg，与原煤热值大约相当。但是，秸秆堆积密度大，且分散，因此，秸秆收集利用需要进行预处理，之后根据秸秆致密成型和煤混合后形成燃料建设发电厂和热电厂，不仅能够实现节能减排，同时也能够增加农民收入。

厌氧发酵是各种有机物在厌氧条件下，通过各类沼气发酵微生物分解转化，最终生成沼气的过程，是将环境保护、能源回收与生态良性循环结合起来的综合发酵技术。畜禽废弃物的厌氧处理不仅可以减少对环境的污染，而且可以获得生物能源——沼气，是其资源化程度和能量转化率最高的一种生物转化方式。每吨干牛粪可产生沼气约 300 m^3。沼气的热值为 18 017～25 140 kJ/m^3，相当于 1 kg 原煤或 0.74 kg 标准煤所产的热量。沼气厌氧发酵过程为封闭系统，发酵过程中不会散发恶臭污染气体，也不会释放温室气体，与其他技术相比，沼气发酵技术可基本实现温室气体的零排放。沼气作为一种优质、清洁、安全的能源，可有效地解决农村生活用能，也可减少 CO_2，CH_4 等温室气体的排放。沼气能源化技术是一种可实现废弃物资源化处理、污染气体减排和产品清洁优质的生态循环农业关键技术。

6. 秸秆还田技术

20 世纪 90 年代，秸秆处理的主要方式是就地焚烧，而随着秸秆禁烧政策的实施，逐渐形成了秸秆机械旋混还田、翻深还田、覆盖还田、腐熟还田等多种秸秆还田方式，推动秸秆还田成为当前秸秆禁烧条件下的最主要的处理方式。

由于各地区的区域特点和种植模式不同，秸秆还田技术也不完全相同。东北地区主要的种植模式包括玉米连作、玉米大豆轮作和水稻连作等。玉米秸秆还田方式主要包括翻埋、条带覆盖和碎混还田。水稻秸秆还田方式主要包括翻埋和旋耕还田。麦玉轮作和麦稻轮作是黄淮海地区的主要种植模式。小麦秸秆一般采取粉碎后免耕或旋耕还田的方式。玉米秸秆还田方式主要包括旋耕还田、深翻还田和深旋还田。水稻秸秆主要采用旋耕还田的方式。长江中下游地区作物复种指数高，主要作物包括水稻、油菜和玉米。水稻秸秆主要采取粉碎后旋耕还田或覆盖还田方式。玉米秸秆主要采取翻埋还田的方式。西南地区主要作物包括水稻、小麦、油菜和玉米。水稻秸秆的还田方式主要包括粉碎翻埋还田和粉碎或整株覆盖还田。玉米秸秆的还田方式主要为粉碎翻埋还田和整株条带覆盖还田。

15.2.3　循环农业模式构建

15.2.3.1　基于管理主体的循环农业模式

循环农业发展模式可归纳为 3 类：一是以生态农业模式的提升和整合为基础的局部循环模式；二是以农业废弃物资源的多级循环利用为目标的内循环模式；三是以生态循环农业园区为方向的整体循环模式。也可归纳为 5 类：一是复合生物系统循环模式；二是农田秸秆直接还田循环模式；三是农牧产业链循环生产模式；四是农业废弃物再生利用循环模式；五是农业企业循环经营模式。总体上，我国地域广阔，地形、地貌、自然气候、植被类型等与农业相关的自然资源与环境类型多种多样，各区域经济发展水平与人文社会环境也各不相同，导致全国农业发展类型与模式也复杂多样，用单一的分类方式很难概括所有的模式。还可以从不同角度进行归类：

(1)从管理主体的角度　可分为政府主导型、企业自主型和农户为主型。①政府主导型模式主要以政府的力量来推动与管理，如部分农业科技园区；②企业自主型模式主要是基于相对成熟的市场环境和产业基础，由企业主动出资建设并经营管理的发展模式；③农户为主型模式主要是模式尺度较小，一般适合于农田或农户家庭发展，虽然其发展可能受到政府的一定支持或者与企业/市场有一定的联系，但是管理主要还是由农户自己执行。

(2)从农业系统内外部的角度　可分为业内循环和业外循环。业内循环主要集中在农业系统内部的物质高效循环利用，包括了种植业、养殖业以及种养"耦合循环"的模式；业外循环主要是农业系统内部的投入、产出以及废弃物不仅在内部消化，还可能与系统外的加工业、服务业"耦合循环"，如种养加循环模式。

(3)从农业系统内部的角度　可分为种植业内循环、养殖业内循环和种养业互循环。种植业内循环模式一般适用于小尺度农田，如秸秆还田模式、秸秆堆肥模式、节水农业模式等；养殖业内循环主要实现养殖业内部的废弃物循环利用；种养业互循环实现了种植业与养殖业的物质循环利用，如稻田立体种养模式(稻田养鸭、鱼)。

15.2.3.2　基于不同尺度的循环农业模式

循环农业是多要素投入、多主体参与、多目标实现的一种农业形式，三层级分析方法是基于循环农业形成的新型分析方法，即将凌乱、分散的循环农业模式的实施主体和使用主体，根据空间布局不同，归类为三大层级，分别为农户层、企业层、区域层。三层级分析方法是一种在不同层级下根据工作主体的不同进行分类分析的一种逻辑分析方法，是一种系统化、体系化、分类化的分析方法。以技术的逐层推广应用为纽带，通过科技创新和技术带动引导企业和农户发展循环农业，进而形成农户与企业、企业之间、产业之间的循环链条，最后形成区域循环农业闭合圈，形成所有人共同参与的循环农业经济体系。

1. 农户层循环农业模式

农户是循环农业最基本的单元，从农户开始实施的个体循环农业模式构成了村、乡(镇)、县一级具有规模体系的循环农业模式。这种阶梯性的循环农业模式将小区域的农业循环串联成大区域的农业循环，形成层层递升的整体农业产业循环。最具代表性的农户层循环农业模式是以沼气为纽带建立的资源循环利用模式。

“秸秆-牛(羊、猪)-粪便-沼气-农田”是河西绿洲灌区较为常见的模式。此模式运行过程中,主要通过作物茬口间的配合实现物质循环路径的疏通。一般来讲,沼液、沼渣肥田效果好,农户大多将其应用在温室或其他高效经济作物的栽培上,而大量秸秆来自小麦、玉米等大田作物,通过大田作物和高附加值经济作物的轮作,不仅实现了轮作倒茬的目的,同时实现了农田物质循环路径的畅通(图 15-1)。

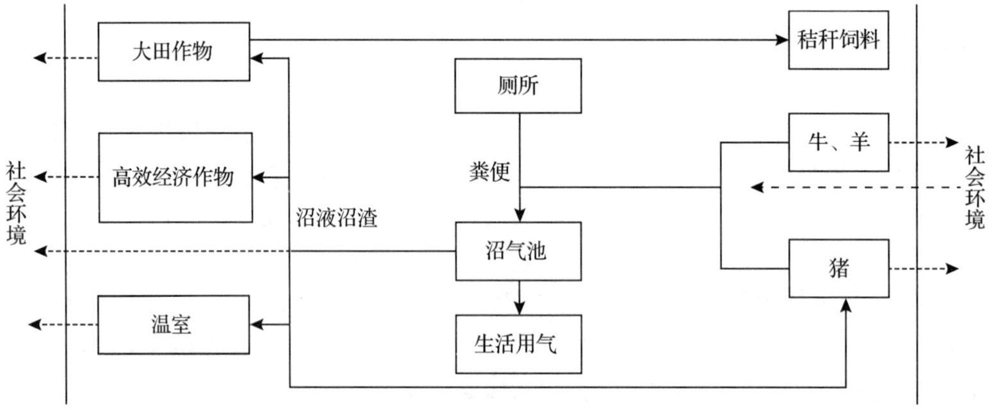

图 15-1　农户循环农业模式图

2. 企业层循环农业模式

企业是将初始农产品经过筛选、加工生产成商品的农产品加工者,是将科技赋入产品,并将其物化的执行者。企业的产品加工不同于农户的产品加工,企业加工是产品集约的密集型产业,往往存在产业断链等问题。企业在生产过程中也会排放大量生产废弃物和污染物,传统的循环农业中企业会将这些废弃物直接排放到自然界或将可再次使用的部分以低价卖给农户,供农户在农业生产中使用,但在传统农业中企业产生的废弃物总量较小,而在现代循环农业中,由于生产规模较大,废弃物处理成本过高,资源化难度较大,为此形成了多样化的操作模式。

(1)单个企业循环农业模式　甘肃三洋啤酒原料股份有限公司(简称三洋公司)位于永昌县朱王堡镇企业绿色工业园,是集制种、粮食收购、面粉加工、麦芽生产及产品销售为一体的民营股份制企业。现经营 5 万 t 玉米制种基地,拥有一个 5 万 t 的面粉加工生产线和一个 5 万 t 的大麦啤酒生产线。三洋公司充分发展农产品加工业(啤酒麦芽)、饲草饲料加工、肉牛养殖三大优势产业,形成以麦芽产业为主,多种产业配套发展的格局,将农业产业化推向新阶段,采用“四级循环”发展现代农业(图 15-2)。

该循环模式主要是充分发挥公司周边地区丰富的小麦、大麦和玉米种植资源,利用目前国内先进的秸秆揉丝青贮技术,将玉米秸秆通过切揉过程破坏秸秆表面硬质茎节,成为牲畜容易吸收消化的饲草,再利用青贮池、青贮、袋装微贮技术加工成为商品饲草料;小麦加工成面粉后的麸皮和大麦经过麦芽加工后的麦芽根加工成为肉牛饲料。加工后的饲料喂养肉牛产生的粪便通过沼气池发酵或者直接作为有机肥料,用于无公害蔬菜、小麦、大麦和玉米的生长。

(2)企业集群循环农业模式　以农户层级分析为基础,结合个体企业使用的循环农业模

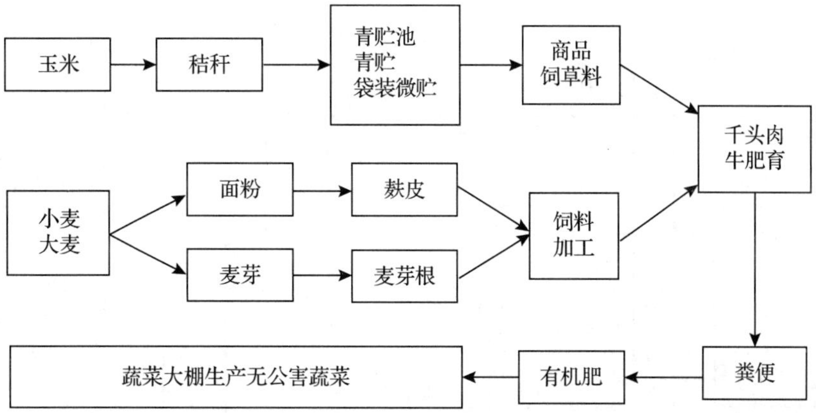

图 15-2　三洋公司循环农业模式图

式，进行企业集群的循环农业模式分析有助于深入研究企业层级的循环农业模式。企业集群中的生态循环农业模式已不仅仅是农业面源污染的解决方式或者是废弃物的再利用方式，而是以企业集群间的农产品产业链连接不同产业，使用资源与废弃物的循环农业模式。循环农业的企业集群中，农户成为初级产品的生产供给者，企业纵向可以分为生产、包装、加工、销售，横向又可以分为蔬菜种植、林木繁育、畜禽养殖、农产品加工等多种产业。企业集群农业产业是集产品质量监督、销售、决定下期生产能力等市场功能为一体的产品销售者。企业集群通过区域的市场化信息交流，为产品寻求最终归属地，并通过市场代生产主体和劳动主体预测产品未来需求。企业是循环农业产业链规模化生产过程的末端执行主体，也是规范化循环农业宏观的执行者。

清河现代农业循环经济产业园区位于永昌县城东，包括水源镇和朱王堡镇 2 个乡镇。园区核心区总面积 6 万亩，其中规划了现代农业技术创新试验中心、绿色蔬菜示范园、农作物标准化生产示范园、高效生态养殖园、农产品加工物流园、生态经济林防护林示范园，形成“一心五园”六大功能区。园区形成了玉米秸秆养牛、沼液沼渣还田、发展绿色种植等多种循环模式。

清河现代农业循环经济产业园区主要由种植、养殖和(农产品)加工三大亚系统构成，形成了循环产业链，如图 15-3 所示。其中，种植亚系统主要包括粮食作物、蔬菜、大麦等，养殖亚系统包括肉牛、肉羊等，加工亚系统包括农产品加工、肉牛、肉羊加工、饲料加工、沼气生产和沼肥生产等方面。种植亚系统的粮食、蔬菜和大麦的生产为加工亚系统提供了农产品加工原料，同时也为饲料加工提供了原料。养殖亚系统使用加工亚系统提供的饲料，生产牛羊，为牛羊肉加工提供初级产品，同时畜禽粪便也为沼气生产提供了原料。加工亚系统通过对种植亚系统和养殖亚系统初级产品的加工，提高了各类产品的附加值，显著提高了经济效益，同时为种植亚系统提供了沼肥，为养殖亚系统提供了沼气等原料。这样种养加高度耦合，减少了废弃物排放，提高了资源利用效率，实现了循环增值。为了确保三大亚系统的高效运转，清河现代农业循环经济产业园区内还有许多从事技术指导和培训的服务机构。值得注意的是，除了三大亚系统间的循环外，亚系统内部也有小循环，如种植亚系统的秸秆直接还田(但是直接还田的比例较小)，加工亚系统蔬菜加工、牛羊肉加工的废弃物作为沼气生产的原料而形成的循环等。产品的输出则均经过加工亚系统而最终输出到循环农业系统外。

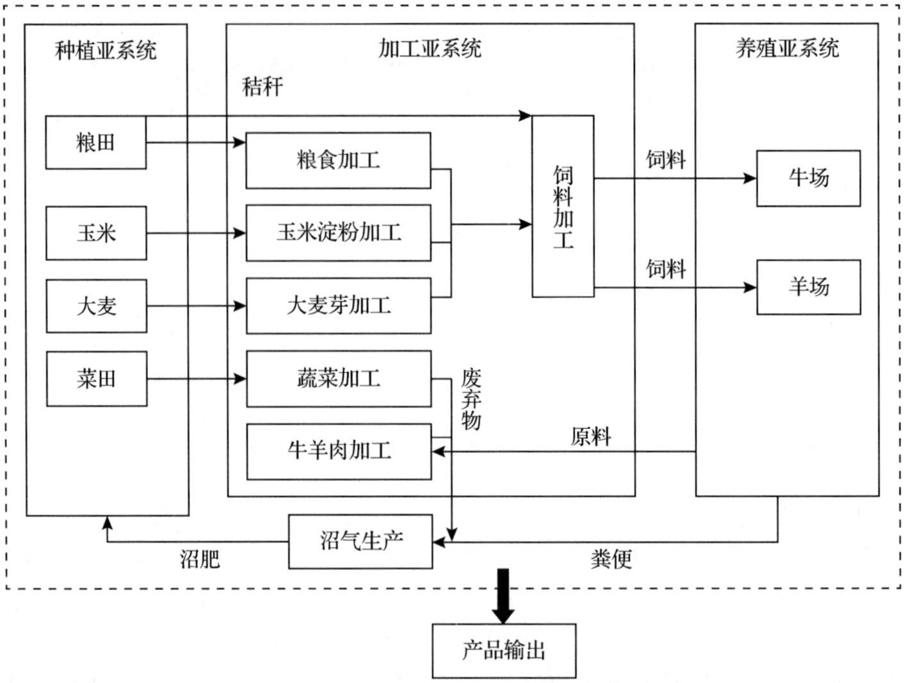

图 15-3　清河现代农业循环经济产业园区结构示意图

3. 区域层循环农业模式

农户层面循环农业模式是循环农业模式实施与分布中存在最广泛的，企业层面的循环农业模式分析中，可以将实施循环农业模式的主体分为单个企业独立实施的循环农业模式和企业集群使用的循环农业模式。区域层级是三层级分析方法的最顶级，是对整体区域循环农业现状的评价。循环农业模式三层级分析方法中对第三层级即区域层循环农业模式的分析表明，与农户层次、企业层次循环农业模式的结构相比，区域层次循环农业模式的结构更加复杂，有更多的亚系统加入到循环农业系统中来。整体上，区域由若干农户循环农业、企业层级（单个企业、企业集群）循环农业组成，如图 15-4 所示。因此结构上也是上述 3 个层级在区域上的集合。

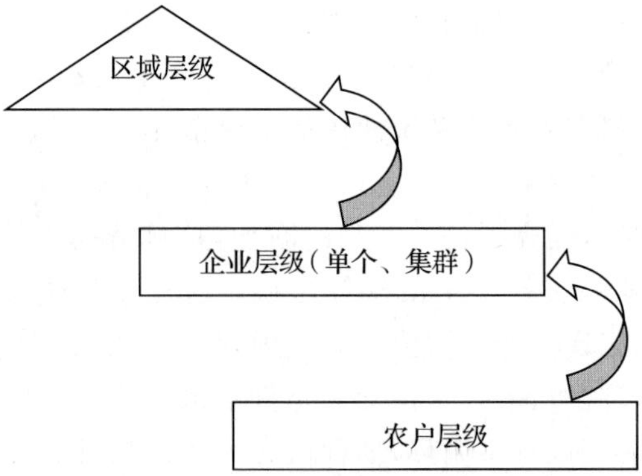

图 15-4　生态循环农业主体级别图

区域循环农业生态系统，是一个以其自然地域范围为系统边界，以人类活动为中心、自然与人工复合的系统。其组成包括生命系统(如作物、家禽、家畜以及依此为生而又在系统中起主导作用的人口因素等)与非生命系统(如大气、水、土壤等)。系统的外界环境则为影响系统并与系统成分相互作用的各主要环境因子。作为一个生态系统，区域循环农业系统比农户层循环农业、企业层循环农业的人工子系统，在构成上和功能上都复杂得多。而且区域层次也可大可小，小到一个乡镇，大到一个国家。但由于各地的生态条件、经济条件和社会条件不同，各区域的循环农业模式也不尽相同。一般来讲，它是种植、果园林地、畜牧、加工、能源、人群等多个或全部亚系统组成的综合系统。

15.3　循环农业模式实例

15.3.1　农田复合生物循环模式

1. 模式概述

农田复合生物循环模式由三部分组成：农田前端肥料的输入、种植期间的种植和耕作模式以及后端秸秆废弃物的循环利用，整体循环过程如图 15-5 所示。

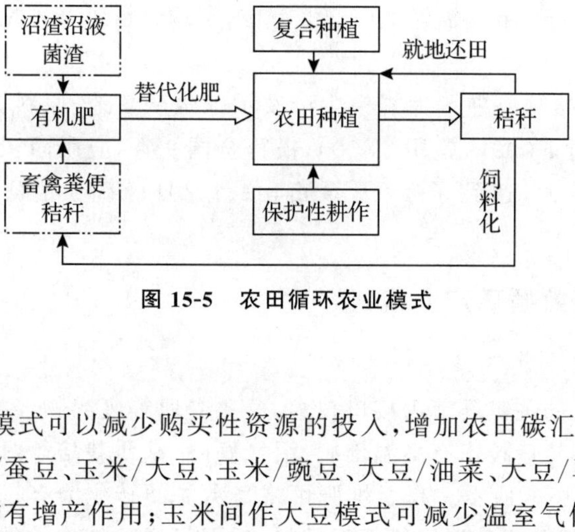

图 15-5　农田循环农业模式

2. 模式设计

(1)复合种植　该模式可以减少购买性资源的投入，增加农田碳汇，同时提高产量。研究发现，玉米/小麦、玉米/蚕豆、玉米/大豆、玉米/豌豆、大豆/油菜、大豆/马铃薯、油葵/豌豆等 7 套种间复合种植模式均有增产作用；玉米间作大豆模式可减少温室气体的排放 40%～60%，减排效果主要来源于 N_2O 排放的降低；与棉花单作相比，马铃薯与棉花套作的光能利用效率可以提高 12.5%；双季稻田水肥高效利用模式、稻鸭共生生产模式、双季稻田复合种植模式“稻田养萍”均可以降低温室气体的排放。

(2)保护性耕作　保护性耕作包括少耕、免耕等农艺措施。免耕技术可促进土壤耕层有机质和速效养分层化，即表层养分增加，下层养分降低；在长期免耕下，土壤 pH 呈现降低趋势，耕层酶活性提高，华北平原农田深松 1 次后免耕 2 年，能使耕层土壤有机碳分布均匀；河北曲周和山东桓台长期定位试验表明，免耕处理和秸秆还田能够显著增加土壤全碳，其中前者通过增加有机碳，后者通过增加土壤无机碳起作用。

(3)秸秆就地还田　添加腐熟剂可以加快玉米秸秆分解，秸秆经过腐熟还田后，可以使氮肥投入减少 10%～20%，磷肥投入减少 30%。

(4)秸秆饲料化　吉林省万犇乳业有限公司利用秸秆饲料化技术,制备了玉米秸块、玉米秸颗粒、苜蓿玉米秸混合块、秸秆饲料全混合日粮,可提高秸秆利用率 18%以上。

3. 模式实例

河南省建设秸秆直接还田高产高效技术体系示范基地 5 个,2013 年农田循环模式示范面积共 169 万亩。

表 15-4　河南省农田循环示范效益

项目	公顷	项目区	推广至河南省
还田秸秆	20.25 t	228 万 t	4 500 万 t
减少尿素投入	78.3 kg	8 821 t	18.27 万 t
减少灌溉水	307.5 m^3	3 465 万 m^3	30 750 万 m^3
作物增产	1 t	10.8 万 t	22.4 万 t
节本增效	1 746 元	2.26 亿元	8.48 亿元

张掖市甘州区新敦镇建立小麦玉米复合高效种植模式,核心示范田 220 亩,示范田 1 500 亩。可增产 80 kg/亩,增幅在 10%以上;节水 80 m^3/亩,节约磷肥(过磷酸钙肥料)25 kg/亩,节本增收 140 元/亩。辐射推广 2.3 万亩,平均每亩可节本增效约 120 元,直接增加效益 282 万元以上。

在杭州、武汉建立秸秆腐熟剂大规模生产及示范生产基地,原料为酒糟和猪粪,2013 年度秸秆腐熟剂年产量近 5 000 t,施用 3 800 t,横跨全国 9 省,应用面积达到了 180 万余亩,其中,广东省应用面积最大,达到了 47 万余亩,预计 2014 年应用面积将扩大到 200 万亩以上。

15.3.2　农牧高效循环产业模式

1. 模式概述

农牧高效循环模式的关键环节为接口技术,畜禽粪便等废弃物经接口技术转化为有机肥资源。目前较为普遍的接口技术有高温堆肥、沼气发酵,基质栽培等,以高温堆肥接口技术为例,农牧循环过程如图 15-6 所示。高温堆肥可将畜禽粪便转化为有机肥产品,在控制有机肥品质的基础上,研究有机无机复混肥等新型肥料,根据目标种植作物的需求,确定施肥方式和施肥量。

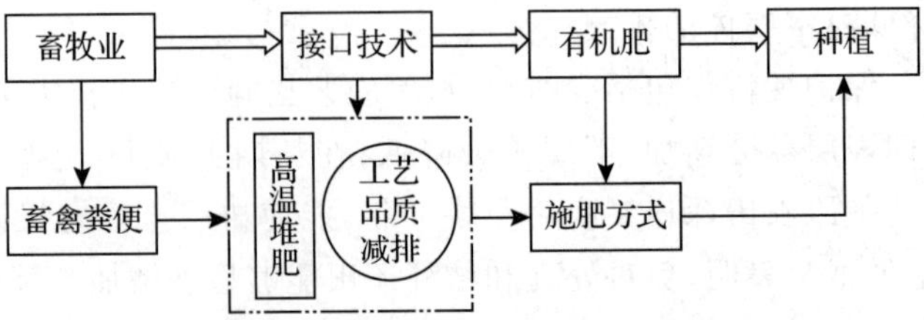

图 15-6　高温堆肥接口技术农牧循环农业模式示意图

2. 模式设计

(1)堆肥工艺条件　高温好氧堆肥研究表明，原料 C/N 为 25～35 时，氮素损失较少，添加 $Mg(OH)_2$ 和 H_3PO_4 作为镁源和磷源可生成磷酸铵镁，氮磷钾含量达到 8%的新型有机肥，氮减排量可达 95%以上。堆肥过程中温室气体排放最少的堆肥工艺条件为 C/N＝25、通风率＝0.48 m^3/(tDM·min)、水分含量＝65%。

(2)堆肥设备　工厂化堆肥发酵罐应选择圆形筒仓结构，工厂标准化生产，现场拼接安装，选用耐腐蚀的不锈钢板制造内筒，采用空心搅拌桨叶组合进行搅拌和曝气。

(3)农牧循环模式(牛/猪/羊-玉米/蔬菜/水果)　整个循环过程可提高农田系统的产/投率，降低温室气体排放。

3. 模式实例

河南省建设“种植业-畜牧业-种植业” 循环高效利用示范基地 3 个，共 1.3 万头牛，带动周边 1.5 万头牛，年消耗秸秆 8.4 万 t，牛粪替代化肥，每年可减少尿素 2 000 t，2013 年直接经济效益达到 3 072 t。若推广到整个河南省，年产肉牛 100 万头、奶牛 50 万头 ，年消耗秸秆量 450 万 t，减少尿素 10.71 万 t，节本增效 16.46 亿元。

15.3.3　农田菌业高效循环模式

1. 模式概述

发展食用菌循环链，延长农田产业链，是提高农民收入的重要途径。食用菌栽培的主要原料是农业秸秆等，栽培食用菌后的菌渣可作为有机肥料。主要的食用菌品种有平菇、金针菇、杏鲍菇、双孢菇、鸡腿菇、白灵菇等，菌渣再利用的途径包括直接还田、肥料化和饲料化。农田菌业循环模式见图 15-7。

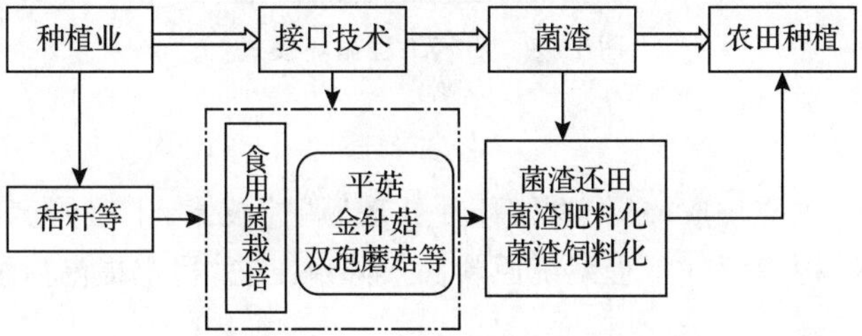

图 15-7　农田菌业循环模式

2. 模式设计

(1)食用菌栽培技术　高效利用秸秆等农业废弃物，产生具有经济效益的食用菌，整个栽培过程可减少温室气体排放。

(2)菌渣利用技术　食用菌收获后，菌渣中仍含有大量的活性微生物和食用菌丝以及未被吸收的营养物质和微量元素。既可以作为饲料喂养动物，也可直接还田、覆盖茶园和果园，改善土壤环境条件，又可以制成不同类型、不同系列的专用或复合有机肥。在小麦-玉米两熟农田中使用菌渣有机肥，每亩可替代尿素 10 kg 左右。

3. 模式实例

河南省建设“种植业-食用菌业-种植业”循环高效利用示范基地 3 个，生产线 5 条，年产食用菌规模 10.58 万 t。年消耗秸秆 14.81 万 t,产生菌渣 18.18 万 t,可替代尿素 595 t,年直接经济效益 3 400 万元。若推广至全省,可消耗秸秆 224 万 t,产生菌渣 275 万 t,作为肥料可还田 90 万亩,节约尿素投入 0.9 万 t,节本增效约 5.1 亿元。

15.3.4 沼气工程循环模式

1. 模式概述

沼气循环工程是目前发展较为迅速的一种模式,以沼气工程为纽带,可将种养业结合,利用生物转换技术,连接上游养殖业为沼气产生源,连接下游种植业,承接沼气产业副产物——沼肥。循环工程中 2 个关键环节为厌氧产沼气技术和沼渣沼液肥料化利用技术。沼气循环工程模式从农业废弃物循环利用角度出发,完全体现了无害化、减量化、资源化的原则。在物质循环方面,沼气工程为封闭发酵系统,发酵过程中无污染气体排放,产生的气体可直接用于能源供应,排出的沼渣、沼液经处理后,可作为沼肥施入农田。沼气工程循环模式见图 15-8。

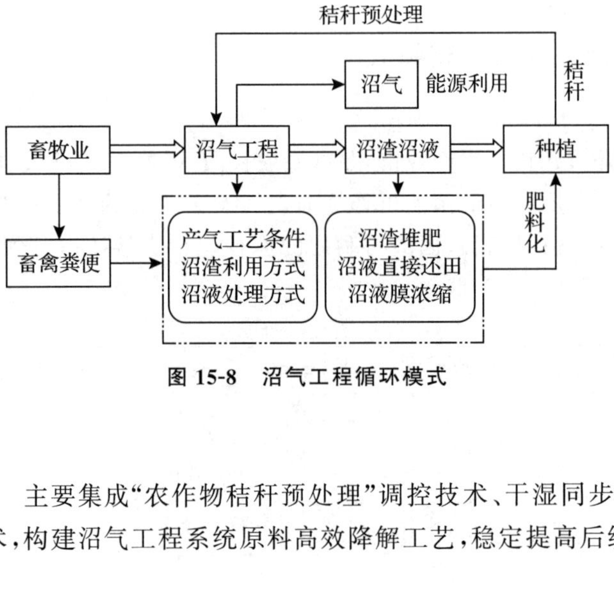

图 15-8 沼气工程循环模式

2. 模式设计

(1)秸秆预处理 主要集成"农作物秸秆预处理"调控技术、干湿同步贮存技术、发酵原料两阶段同步降解技术,构建沼气工程系统原料高效降解工艺,稳定提高后续沼气发酵过程产气率和净能产出。

(2)厌氧发酵技术 目前沼气发酵主要有中温发酵和高温发酵,不同的物料组成、工艺条件对于产气均有影响。原料配比方面,保证污泥接种量的情况下,含固率越高,单位产气效率越低,容积产气率越高;两项厌氧发酵系统更有利于产气。

(3)沼液处理及应用技术 秸秆可以作为沼液膜浓缩处理前过滤的滤料;集成了"养分浓缩沼液田间精准应用技术";研究了沼液滴灌肥水自动配比工艺和沼液管道等基础条件。

3. 模式实例

吉林省绿城农业开发有限公司以大棚蔬菜、玉米种植、养鱼、畜禽养殖等生态食品生产开发为主。拥有大型沼气工程 1 处,年可产气 30 万 m^3。建有生物有机肥厂 1 处,以沼气废弃物沼渣沼液为主要原料生产有机肥,建有蔬菜日光温室 10 栋,生态养鱼水面 2 万 m^2,以沼渣沼液生产的有机肥作为主体肥料,用于绿色有机蔬菜生产、果树种植及生态养鱼。提供青贮和黄储饲料 4 000 m^3,建有 500 头肉牛养殖小区和 1 000 头猪养殖小区各一处。

河北景县金龙公司核心区，建立了一期 800 m^3 和二期 1 000 m^3 的沼气发酵罐，日产气量为 1 200～1 500 m^3，消化牛粪、作物秸秆 30～50 t，排出沼液沼渣量约为 60 m^3。在示范区主要开展沼气发酵剩余物后处理技术调控及集成、沼液营养成分回收、沼渣有机肥农田施用等。

15.3.5　农业企业(园区)循环模式

1. 模式概述

农业企业(园区)循环模式注重资源的多元循环、综合利用和产业链接，突出模式的经济效益，同时也实现了生态环境的保护，是比较高级的生态循环农业发展模式。以福清渔溪农场为例。

2. 模式设计

1)农牧结合与循环模式构建

该园区产业循环的特点是以规模化养殖为源头，以粪污综合利用为纽带，建立区域废弃物产业循环利用模式。其中规模化养猪场产生的粪便和污水通过固液分离收集粪渣作食用菌栽培原料；分离后的污水经过厌氧发酵产生沼气，收集沼气当作能源，可作为发电和生产生活能源利用；厌氧发酵后的沼液作为液体肥料进行农田果蔬等种植施肥利用，农作物秸秆作为食用菌栽培原料利用；剩余沼液通过氧化塘净化并结合养鱼利用，氧化塘净化处理后的污水通过进一步消毒处理作为冲栏清洁用水。同时建立有机肥厂，利用鸡粪或菌渣与猪粪联合堆肥生产有机肥；构建了现代农牧物质循环利用产业链，解决了现代规模化养殖业发展中普遍存在的环境污染问题及粪便资源产业化利用的技术问题。

2)循环利用核心技术

(1)微生物发酵床与大栏生态养猪技术　微生物发酵床与大栏生态养猪，一个栏的面积达 2 000～4 000 m^2，可养猪 1 500～3 000 头，整个饲养过程只需 1 个工人操作。可实现猪病的生物防治，达到无臭、无蝇、无药残、无污染生态养殖。微生物发酵床大栏生态养猪包括了五大技术：①微生物发酵床大栏技术。使用猪粪降解菌和猪病生防菌进行微生物发酵，通过机械化翻堆操作，能够高效地降解猪粪，抑制病原微生物，达到无臭、无蝇、无排放的目的，构建环保、安全、生态的生猪养殖环境。②智能化猪舍的设计。猪舍的光、温、水、湿、风等环境因子全面采用计算机控制，建立了卷帘、风机、水帘自动控制系统，微喷和轴流风机自动控制系统，标识生猪卫星定位系统，使得猪舍内的温度常年稳定在 28～30 ℃，湿度稳定在 60%～80%，实现养殖环境的全自动控制。③芽孢杆菌微喷环境消毒技术。利用芽孢杆菌杀菌，通过自动化微喷系统，进行周期性的环境病害生物防治，实现猪病环境的安全控制。④益生菌饲料自动饲喂系统。用益生菌替代饲料中的抗生素，通过自动饲喂系统，实现猪饲喂的全程自动化。⑤益生菌添加自动饮水系统。利用芽孢杆菌等益生菌，添加到猪的饮用水中，实现自动饮水控制，提高猪的肠道益生菌含量，提高免疫力、抗病力、生长力。⑥猪粪原位发酵功能性微生物肥循环利用技术。养猪垫料经过原位长时间的发酵，可用于生产功能性微生物肥料，每年提供 2 000 t 优质肥料，产值可达 200 万元。

(2)固液分离收集处理猪粪的工艺技术　根据生猪粪便处理各阶段的污染物资源特性，以存栏的 15 000 头猪为例，在干清粪工艺的基础上，制定了相应的资源化利用方案，如图 15-9 所示。安装固液分离机 1 台，建设初沉池 1 座 150 m^3，3 000 m^3 的厌氧沼气发酵池，安装了 75 kW 沼气发电机组 1 套。

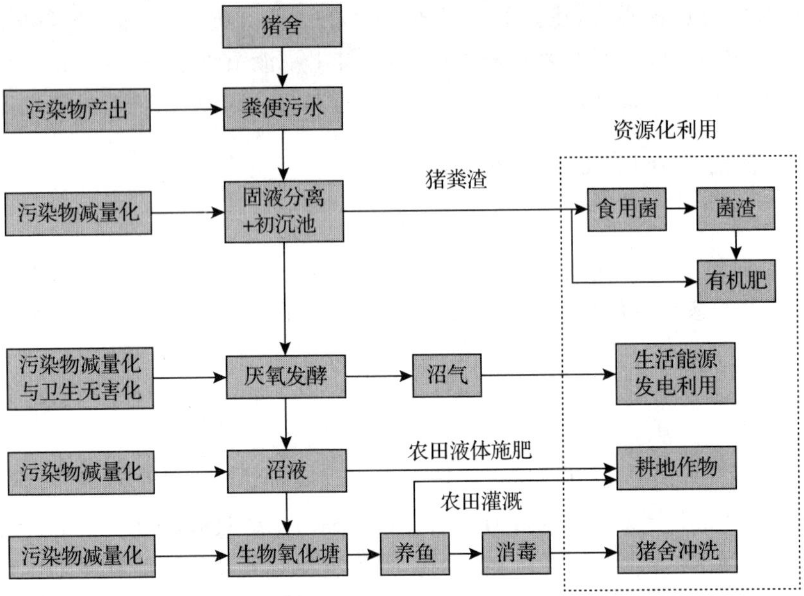

图 15-9　猪粪便收集及处理工艺技术示意图

项目建成后，经过各个流程处理后，如表 15-5 所示，污水 COD 由最初的 16 390 mg/L 降到 33 mg/L，COD 去除率达到了 99.8%，出水达到了农用灌溉水标准。同时，前处理（固液分离、沉淀）、厌氧发酵和生物氧化塘各流程对比的单项去除率分别为 54.7%、94.6%和 91.8%。全年平均对污染物 COD 的去除率达 94.6%。沼液经生物氧化塘净化后的污水，浮游生物丰富，是鱼类天然饲料。因此，在后续的 60 亩氧化塘中，可利用其开展养鱼。

表 15-5　猪粪污水处理流程 COD 变化表　　mg/L

流程	进水	固液分离后	沉淀后	厌氧发酵后	氧化塘出水
COD 浓度	16 390	11 117	7 428	402	33
单项去除率/%	—	32.2	33.2	94.6	91.8
总去除率/%	—	32.2	22.5	42.9	2.3
累积去除率/%	—	32.2	54.7	97.5	99.8

（3）猪粪渣栽培食用菌产业化利用技术　结合粪污固液分离技术，以固液分离后的猪粪渣和稻草等农作物秸秆为原材料，研制新的配方，优化栽培方式，严格生产管理，形成了一套绿色食品-双孢蘑菇生产技术规程，使生产出的双孢蘑菇产品符合绿色食品的要求（表 15-6）。该技术拓宽了猪粪渣的利用途径，提高了猪粪渣的利用价值，实现了猪粪渣的产业化循环再利用。

表 15-6　双孢蘑菇重金属等指标检测

项目	猪粪与牛粪混合栽培蘑菇	牛粪栽培蘑菇	猪粪渣栽培蘑菇	绿色食品食用菌标准（鲜菇）
砷（As）/（mg/kg）	<0.01	<0.01	0.031	≤0.2
汞（Hg）/（mg/kg）	0.021	0.017	0.014	≤0.03

续表15-6

项目	猪粪与牛粪混合栽培蘑菇	牛粪栽培蘑菇	猪粪渣栽培蘑菇	绿色食品食用菌标准(鲜菇)
铅(Pb)/(mg/kg)	<0.05	<0.05	<0.05	≤0.3
镉(Cd)/(mg/kg)	0.012	<0.01	0.013	≤0.2
水分/%	95.7	94.7	95.2	
粗蛋白/%	4.24	3.74	3.68	
氨基酸总量/%	3.22	3.22	3.18	
粗脂肪/%	0.19	0.17	0.14	
粗纤维/%	0.5	0.5	0.4	
还原糖/%	<0.25	<0.25	<0.25	
蔗糖/%	<0.24	<0.24	0.69	
灰分/%	0.82	0.66	0.88	

(4)沼气发电与沼液循环综合利用技术　①利用沼气发电供应内部使用。结合实际,完成沼气专用型发动机的改造,进行沼气发电余热循环再利用,实现年产沼气 30 万 m^3,年发电 30 万 kW·h。同时进行线路优化布局,为养猪场的母猪舍与内部办公楼以及食堂等供电,降低生产与生活用电成本。该技术既避免了利用不完的沼气直接排放破坏大气环境,又可以每年节约经费开支 15 万～24 万元。②利用沼液施肥栽培甘蓝。通过小区试验表明,合理利用沼液可明显提高蔬菜产量,从表 15-7 中可知,以尿素和沼液配施的 NB_3 处理小区产量、生物量和亩产最高,分别达到 64.1 kg、91.5 kg 和 5 980 kg。NB_3 处理与单纯浇施沼液的 NB_2 处理之间差异不显著,它们分别比 NB_0 处理增产 352%和 323%。单纯施用沼液处理的甘蓝产量也显著高于单纯施用尿素的处理 NB_1($P<0.05$)。

表 15-7　不同施肥处理甘蓝产量

处理	小区产量/kg	小区生物量/kg	产量/生物量	亩产/kg	增产率/%
不施氮肥(NB_0)	14.2e	35.2e	0.40	1 322	—
尿素(NB_1)	45.0bc	66.8bc	0.67	4 195	217
沼液(NB_2)	60.0a	85.6a	0.70	5 596	323
尿素+沼液(NB_3)	64.1a	91.5a	0.70	5 980	352

(5)利用草地消纳沼液及循环利用技术　采用小区定位试验,研究不同氮素水平的沼液对"闽牧 6 号"狼尾草产量、硝酸盐累积及其氮素利用效率的影响。结果表明,"闽牧 6 号"狼尾草植株硝酸盐含量随着沼液氮素水平的提高呈上升的趋势,但牧草各个刈割期的硝酸盐含量均低于畜牧利用硝酸盐有毒限量指标 0.25%(表 15-8),全年牧草生产的氮肥利用率为 13.38%～34.72%。

表 15-8 不同沼液氮素水平杂交狼尾草植株硝酸盐含量表 μg/g

处理	T_1	T_2	T_3	T_4
N_0	60.97 ± 3.70^{d}	92.78 ± 25.75^{d}	194.55 ± 33.05^{c}	202.11 ± 66.11^{d}
N_1	91.47 ± 10.28^{cd}	131.94 ± 17.33^{cd}	253.39 ± 29.32^{c}	291.72 ± 45.60^{cd}
N_2	99.51 ± 16.32^{cd}	178.04 ± 1.89^{bc}	273.26 ± 25.30^{c}	480.85 ± 26.48^{bc}
N_3	90.94 ± 1.99^{cd}	151.88 ± 29.96^{bc}	472.17 ± 83.25^{b}	609.22 ± 69.28^{b}
N_4	142.52 ± 15.86^{c}	157.00 ± 21.63^{cd}	673.28 ± 25.99^{a}	824.01 ± 75.96^{a}
N_5	269.31 ± 55.00^{b}	209.54 ± 34.06^{b}	858.86 ± 64.07^{a}	965.69 ± 5.99^{a}
N_6	412.94 ± 32.43^{a}	352.51 ± 69.43^{a}	850.47 ± 125.56^{a}	899.01 ± 106.29^{a}

注：设 N_0～N_6 共 7 个氮素水平，即每次浇灌折纯氮 0，5，10，20，40，80，160 kg/hm^2，每 45 d 刈割周期浇灌 3 次。

开展狼尾草在生猪上应用效果研究。杂交狼尾草草浆饲喂早中期妊娠母猪试验表明每头每天饲喂 4 kg 牧草打成的草浆，母猪生产效果最佳。狼尾草打浆后直接拌料饲喂肉猪，以每天每头饲喂 0.25 kg 鲜草效果最佳，可使肉猪料肉比降低 4.62%，并可有效改善猪肉品质和风味（表 15-9）。

表 15-9 饲喂牧草猪肉氨基酸含量分析 %

氨基酸/处理	Ⅰ(CK)	Ⅱ	Ⅲ
人体必需氨基酸	32.83	35.73	32.55
呈味氨基酸	31.00	33.23	31.51
氨基酸总量	72.51	78.16	72.98

注：Ⅰ、Ⅱ、Ⅲ分别表示每组每头肉猪每天分别饲喂 0、0.25 kg、0.50 kg 狼尾草鲜草打成的草浆。

（6）利用农牧废弃物生产有机肥的技术　研制以菌渣为制肥原料生产有机肥的工艺流程，如图 15-10 所示，该流程适用于挤压造粒和滚筒造粒。研究表明，堆肥发酵后的菌渣细度应控制在 60～80 目，菌渣含水量控制在 20%以内，才能使得造粒成品的成球率符合产品生产的要求。项目区联合建立菌渣肥中试生产线 2 条，提出 1 套菌渣肥施用技术规程。同时，开展双孢蘑菇土替代高岭土等作为肥料造粒黏结剂技术的研发，大大减少了企业成本投入。

同时开展猪粪、鸡粪配合双孢蘑菇土生产有机肥，如图 15-11 所示，并建立产业化生产示范基地。研究表明，施用无化肥等养分含量的菌渣水稻专用肥可使早稻增产 4.67%，晚稻增产 3.07%，此外，还可有效提高土壤 pH，增加土壤有机质、碱解氮、有效磷、速效钾的含量。

3）能值计算与分析

循环农业园区内相关模式能值计算分析表明：将模式Ⅱ（“生猪养殖-沼气工程-固废处理-沼液利用”生态循环农业模式）与模式Ⅰ（传统单纯和生猪养殖模式）对比分析，可持续发展指数为 1.92，是模式Ⅰ的 2.78 倍，能值投资率 66.28，远小于模式Ⅰ，可见模式Ⅱ总体环境压力小于模式Ⅰ，可持续度高于模式Ⅰ（表 15-10）。

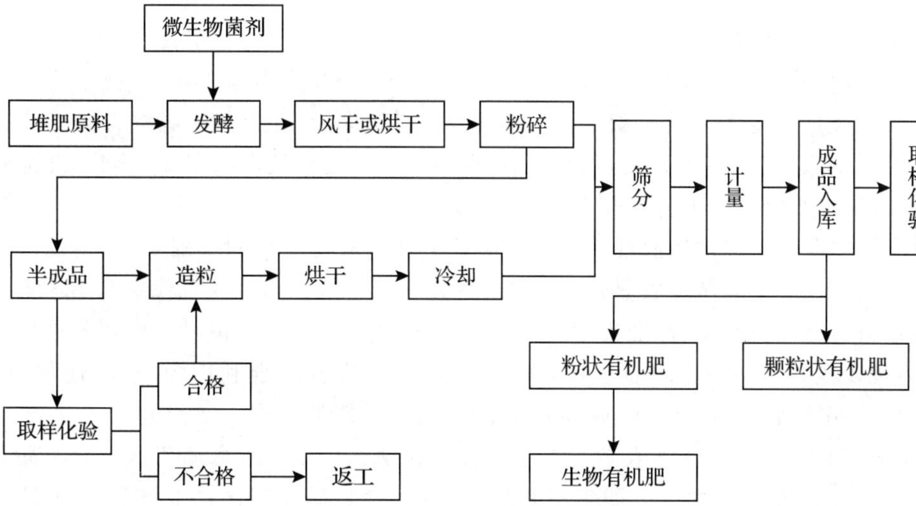

图 15-10 以菌渣为制肥原料生产有机肥的工艺流程

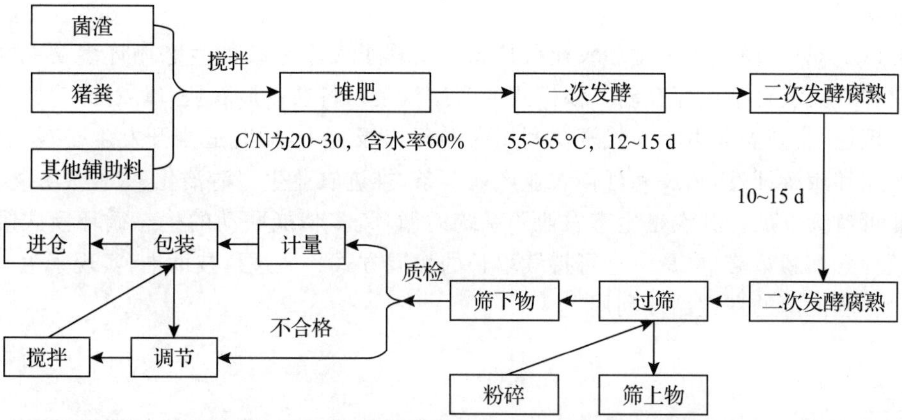

图 15-11 以农牧废弃物为原料生产有机肥的工艺流程

表 15-10 模式Ⅰ、模式Ⅱ主要能值指标比较 %

项目	表达式	模式Ⅰ(CK)	模式Ⅱ	代表意义
能值自给率(ESR)	ESR=(R+N)/U	0	10.45	评价系统内资源投入效率
能值投资率(EIR)	EIR=(F+T)/(R+N)	无穷大	66.28	评价经济活动对自然的压力
净能值产出率(EYR)	EYR=Y/(F+T)	6.94	6.09	评价系统的生产效率
废弃物资源利用率	资源化利用废弃物能值/E_{mI}	0	10.33	废弃物资源化利用效率
环境负载率(ELR)	ELR=(F+N)/(R+T)	0	14.97	化肥农药对环境的压力
可持续发展指数(ESI)	ESI=EYR/ELR	0.69	1.92	评价农业生产的可持续性

3. 模式实例

渔溪农场现代循环农业科技园区内计划生猪存栏 18 000 多头，其中建设 2 000 m^2 的微生物发酵床猪舍，开展大栏生态养猪示范，可存栏 1 500～3 000 头肉猪；引进了荷兰鸡蛋全自动加工生产线和美国海兰系列优质高产蛋鸡品种，可同时进行 15 万只小鸡的育雏育成和饲养 45 万只产蛋鸡，目前已投产 5 万羽蛋鸡。园区现有蔬菜基地占地面积 1 200 多亩，并配套生物基质生产线，年生产微生物生物肥药、有机肥料 2 万 t。

福清渔溪农场是在福建星源现代循环农业示范基地取得成功的基础上，规划设计了以产业集聚为特色的现代生态循环农业园区并进行建设实践。福清市渔溪现代生态循环农业科技园区的规划布局突出高新化、标准化、专业化、循环化，重点引进优势品种及应用先进技术和设施，充分体现了现代科技农业特征。园区规划以农业废弃物综合利用为主线，使种植、养殖和有机肥加工相互促进，能量多级循环利用，生产、生活协调发展。重点建设 5 个循环功能小区，即生态畜禽养殖区、设施农业区、高优水产养殖区、绿色食品蔬菜区、生物基质生产区。其中生态畜禽养殖区主要开展生猪和蛋鸡养殖，它是循环园区产业链链接和联动的基础，通过将养殖业的废弃物无害化和资源化以及生产过程清洁化，实现种养加及肥料生产相结合，构筑农牧循环生态产业链，在提高农牧生产经济效益的同时保持良好的环境生态效益。

根据以上规划，现代生态循环农业科技园区实现了 2 个系统的生态循环多功能联动。首先是农业和科技复合型循环互动。该模式的实质就是以科技发展农业，以农业带动旅游，利用循环经济理论，实现农业由单向式资源利用向循环梯级利用，同时适当开发生态观光旅游，通过科技运用和旅游开发，拓展和延伸农业产业链条，推进农业生产清洁化、农业废弃物资源化，推动农业可持续发展。其次是生态农业子系统的循环，多功能联动的生态循环模式既是农业发展的新理念和新策略，更是一种可持续增长的发展方式。通过科技助推，实现了生态农业子系统中物质和能源的良性循环利用。

习题

1. 循环农业的概念是什么？

2. 循环农业的基本原理有哪些？

3. 简述构建循环农业技术体系需要遵循的“4R”原则。

4. 我国循环农业目前构建的 4 项共性关键技术包括哪些，其中核心技术是哪个？

5. 从农业系统内外部的角度，循环农业可分为业内循环和业外循环。业内循环主要集中在农业系统内部的物质高效循环利用，其中包括哪些模式？

参考文献

[1] 蔡振,孔宪旺,蒋永健,等．生物滴滤池去除低浓度硫化氢及氨气研究进展[A]//中国环境科学学会 2022 年科学技术年会:环境工程技术创新与应用分会场论文集(三),2022:167-173,234.

[2] 岑可法,倪明江,严建华,等．可燃固体废弃物能源化利用技术[M]．北京:化学工业出版社,2016.

[3] 车春霞,滕元成,桂强．放射性废物固化处理的研究及应用现状[J]．材料导报,2006(2):94-97,101.

[4] 陈爱侠,田铮,卫潇,等．一步法制备磁性多孔碳及高效吸附卡马西平[J]．中国环境科学,2022,42(4):1714-1725.

[5] 陈杰,水中和,孙涛．活化煤矸石在水泥基材料中的早期水化动力学研究[J]．硅酸盐通报,2019,38(7):1983-1990.

[6] 陈世和,张所明．城市生活垃圾堆肥处理的微生物特性研究[J]．上海环境科学,1988,788:17-21.

[7] 陈玺名,尚杰．国外循环农业发展模式及对我国的启示与探索[J]．农业与技术,2019,39(3),52-54.

[8] 陈翔,王双春,吴飞,等．一种工业固体废弃物的自胶结固化系统:中国,CN201821064072．2[P],2019-03-08.

[9] 陈亚君,陆燕．国外高放废液玻璃固化技术概览[J]．国外核新闻,2018(2):27-31.

[10] 程根银,丁洁华,金宜英,等．污泥热干化过程中挥发性有机物的排放特征研究[J]．华北科技学院学报,2017,14(1):11-16.

[11] 楚天舒,宋宇桐,杨增玲等．黑龙江垦区种养业生产系统可持续发展评价[J]．中国农业资源与区划,2022,43(3):8-18.

[12] 崔强,张飞阳,徐玉波,等．水泥固化作用对风积沙地基抗拔基础承载性能影响试验[J]．工程科学与技术,2019,51(6):90-100.

[13] 代燕,陈宁．城市生活固废中转站选址优化模型[J]．物流技术,2019,38(2):68-71.

[14] 戴同威,王永飞,牛端丹,等．中国古代循环农业模式与特征[J]．绿色科技,2019(20):241-244,247.

[15] 邓四化,孙军,徐俊,等．论危险废物的处理处置技术[J]．装备机械,2017,160(2):58-64.

[16] 范勇．郑州市马头岗污水处理厂污泥热干化系统工艺设计[J]．中国给水排水,2017,33(20):46-49.

[17] 冯喜平,张盛源,梁群,等．热塑性树脂基复合材料激光原位固化研究进展[J]．中国塑料,2021,35(6):111-124.

[18] 高旺盛,陈源泉,董文．发展循环农业是低碳经济的重要途径[J]．中国生态农业学报,2010,18(5):1106-1109.

[19] 高旺盛,陈源泉,梁龙．论发展循环农业的基本原理与技术体系[J]．农业现代化研究,2008,28(6):731-734.

[20] 高旺盛．坚持走中国特色的循环农业科技创新之路[J]．农业现代化研究,2010,31(2):129-133.

[21] 耿飞,刘晓军,马俊逸,等．危险固体废弃物无害化处置技术探讨[J]．环境科技,2017,30(1):71-74.

[22] 谷润润,李利芳,李学志,等．秸秆粉碎机关键部件设计及模态分析[J]．现代制造技术与装备,2021,57(8):91-93.

[23] 郭延军,邱锐,余莉,等．污泥干化特性影响因素的实验研究[J]．环境卫生工程,2016,24(3):41-43.

[24] 韩邦华,宋秋磊,国诚．煤矸石在水泥行业中的综合利用[J]．江西建材,2019(11):6-8.

[25] 韩建博,王永超,彭鹏,等．铬渣的无害化处理研究[J]．能源与环境,2015,131(4):64-65.

[26] 郝先鹏．污泥热干化技术的研究进展[J]．四川化工,2015,18(5):11-13.

[27] 何强,吉芳英,李家杰．污泥处理处置及资源化途径与新技术[J]．给水排水,2016,52(2):1-3.
[28] 何涌．高放废液玻璃固化体和矿物固化体性质的比较[J]．辐射防护,2001(1):43-47.
[29] 侯琳萌,清华,吉庆华．类芬顿反应的催化剂、原理与机制研究进展[J]．环境化学,2022,41(6):1843-1855.
[30] 胡明秀．农业废弃物资源化综合利用途径探讨[J]．安徽农业科学,2004,32(4):757-759.
[31] 胡晓亮,俞燕,詹晓艳．污泥热干化处理过程要点分析[J]．化工装备技术,2021,42(6):53-55.
[32] 华正韬,刘自强,侯辉娟．放射性焚烧灰处理工艺研究[J]．产业与科技论坛,2020,19(21):45-47.
[33] 黄慧,高磊．污水处理厂污泥处理处置现状及利用分析[J]．能源与节能,2022,(9):46-48.
[34] 黄立志,齐水莲．一种轮式混料机的设计与工程应用[J]．中国环保产业,2018(10):66-67.
[35] 黄文涛．浅谈广州市污水处理厂污泥处理工艺[J]．科技创新与应用,2016(12):106.
[36] 黄贤金．循环经济:产业模式与政策体系[M]．南京:南京大学出版社,2004.
[37] 蒋建国,赵振振,王军,等．焚烧飞灰水泥固化技术研究[J]．环境科学学报,2006(2):230-235.
[38] 蒋建国．固体废物处置与资源化[M]．北京:化学工业出版社,2012.
[39] 李国鼎,金子奇．固体废物处理与资源化[M]．北京:清华大学出版社,1990.
[40] 李国学．固体废物处理与资源化[M]．北京:中国环境科学与出版社, 2005.
[41] 李久安,周秋玲,谭周亮．污水处理厂污泥热干化技术应用及工程设计要点[J]．环境工程,2014,32(4):27-31.
[42] 李鹏,王文杰．农业废弃物资源的利用现状及开发前景[J]．天津农业科学,2009,15(3):46-49.
[43] 李清海,张衍国．热能工程基础[M]．北京:清华大学出版社,2016.
[44] 李润东,张万里,孙洋,等．污泥热干化技术适应性分析及未来发展趋势[J]．可再生能源,2012,30(5):95-99.
[45] 李婷,唐吉龙,方芳,等．碳量子点的合成、性质及其应用[J]．功能材料,2015,9(46):9012-9018,9025.
[46] 李星,赵明杰,雷锡林,等．C50 堆肥反应器除臭装置的设计[J]．农机化研究,2014,36(11):222-226.
[47] 李艳霞．污泥堆肥机理及堆肥过程研究[D]．北京:中国科学院生态环境研究中心,1998.
[48] 林清．可持续农业经济发展论[M]．北京:中国环境科学出版社,2002.
[49] 刘华英．UV/氯体系中若干种药物类污染物的降解动力学研究[D]．昆明:昆明理工大学,2021.
[50] 刘丽君．我国高放废液玻璃固化技术四十年的发展[R]．中国核学会 2015 年学术年会,2015:481-485.
[51] 刘朋,高旭．粒状煤矸石的活化及其在水泥基材料中的应用研究[D]．合肥:安徽建筑大学,2019.
[52] 刘甜甜,陈剑雄,陈晨,等．固定/稳定化土壤修复技术的应用与优化分析[J]．土壤,2014,46(3):407-412.
[53] 刘文永,张长海,许晓亮,等．用铁尾矿烧制胶凝材料的试验研究[J]．金属矿山,2010,414(12):175-178.
[54] 刘雪梅,罗思梦．固化稳定化技术对垃圾焚烧飞灰中重金属的研究[J]．应用化工,2022,51(3):816-820.
[55] 刘泽龙,王选,曹玉博,等．立式筒仓反应器堆肥技术工艺优化研究[J]．中国生态农业学报(中英文),2020,28(12):1979-1989.
[56] 刘之葵,邱晓娟,雷轶．水泥改良桂林红黏土的试验研究[J]．公路工程,2016,41(1):6-9,19.
[57] 鹿永久,张钊,杨英姿．低热硅酸盐水泥混凝土拌和均匀性试验研究[J]．人民长江,2020,51(S2):297-299,371.
[58] 吕婧,王磊,孙维丽,等．塑性材料薄板复合断裂研究[J]．应用力学学报,2021,38(5):2196-2200.
[59] 罗上庚．高放废物处理、处置的国际现状分析[J]．辐射防护,1988(Z1):329-338.
[60] 骆世明．论生态农业的技术体系[J]．中国生态农业学报,2010,18(3):453-457.
[61] 骆永明．污染土壤修复技术研究现状与趋势[J]．化学进展,2009,21(Z1):558-565.

[62] 马蕾,赵志顶,王奎升,等．滚筒式生物反应器的设计及应力分析[J]．环境工程学报,2013,7(11):4581-4585.

[63] 聂永丰,金宜英,刘富强．固体废物处理工程技术手册[M]．北京:化学工业出版社,2012.

[64] 聂永丰,岳东北．固体废物热力处理技术[M]．北京:化学工业出版社,2015.

[65] 聂永丰．三废处理工程技术手册(固体废物卷)[M]．北京:化学工业出版社,2000.

[66] 农业农村部．全国农作物秸秆综合利用情况报告,2022.

[67] 潘松波．北方地区生物质废弃物沼气发酵技术研究[J]．中国高新科技,2021(17):149-150.

[68] 彭孝容,刘海威,陈德喜,等．有机固体废物焚烧技术与工程实践[M]．北京:科学出版社,2021.

[69] 彭永福．双落种点供料离心式水稻撒播机的设计与试验[D]．南昌:江西农业大学,2022.

[70] 钱玟,何利,潘无双,等．猪骨氮掺杂碳量子点制备及其用于检测 Co^{2+}[J]．发光学报,2021,42(11):1818-1827.

[71] 申祖桢,何兆益,唐亮,等．水泥固化电解锰渣性能及机理研究[J]．应用化工,2022,51(10):2933-2938,2941.

[72] 沈波,韩振波,薛凯元,等．低温热干化技术在某废水厂污泥减量中的应用[J]．净水技术,2020,39(7):151-154.

[73] 沈伯雄,唐雪娇．固体废物处理与处置[M]．北京:化学工业出版社,2010.

[74] 沈鲁光,周长兴,闫冬梅,等．污水处理厂沼气回收再利用技术路线分析[J]．能源与节能,2022(12):85-88.

[75] 盛嘉伟,罗上庚,汤宝龙．高放废液的玻璃固化及固化体的浸出行为与发展情况[J]．硅酸盐学报,1997(1):85-90.

[76] 宋立竹,刘仁龙,赵庆春．污泥干化处理技术的现状及未来发展[J]．化学工程与装备,2021(9):213-214.

[77] 宋雨蕾,邢献军,卜玉蒸,等．氮磷共掺杂生物质多孔碳材料的制备机器氧还原性能研究[J]．现代化工,2022,42(3):199-204.

[78] 孙根行,刘梅．非均相 Fenton 反应处理染料废水[J]．印染,2008(15):44-46,51.

[79] 唐录华,秦思楠,高林,等．基于对巯基苯胺膜的高灵敏己烯雌酚印迹传感器的制备及应用[J]．化工进展,2019,38(11):5074-5083.

[80] 陶然,王荣,范衍琦,等．超高含水率水泥固化泥炭土压缩模量和固结系数研究[J]．硅酸盐通报,2022,41(1):60-67.

[81] 汪家兴,刘欢,刘鹏,等．深度脱水污泥的热干化特性[J]．化工学报,2017,68(6):2491-2500.

[82] 汪泳,王芬,季民,等．深圳南山热电厂污泥干化工程的安全设计[J]．中国给水排水,2013,29(24):89-91.

[83] 王成,陈柏校,夏玉坤,等．污泥焚烧技术现状及发展趋势[J]．中国资源综合利用,2022,40(6):121-124.

[84] 王璠,柯尊忠,田秀敏．城市污泥干化技术研究．机电产品开发与创新[J],2003(2):9-10,32.

[85] 王静．农业循环经济与可持续发展初探[J]．商场现代化,2009(6):271.

[86] 王平．污泥热干化工程设计中需要重点考虑的因素[C]//2011 全国给水排水技术信息网年会暨技术交流会论文集．2011:60-64.

[87] 王书欢,周理龙,李正杰,等．催化臭氧氧化降解水中有机污染物的研究进展[J]．过程工程学报,2022,22(5):586-600.

[88] 王涛,姚爱萍,徐锦大,等．小型多层塔式堆肥反应器的设计与试验[J]．中国农机化学报,2017,38(8):68-73.

[89] 王兴润,金宜英,聂永丰．国内外污泥热干燥工艺的应用进展及技术要点[J]．中国给水排水,2007(8):5-8.

[90] 文国涛,吴霖. 冶金工业固体废物回收及综合利用研究[J]. 资源节约与环保,2020(6):115.
[91] 翁伯琦,张伟利,王义祥. 东南地区循环农业发展的路径探索与对策创新[J]. 农业科技管理,2013,32(3):5-10.
[92] 吴晓栋,宋梓豪,王伟,等. 气凝胶材料的研究进展[J]. 南京工业大学学报,2020,42(4):405-451.
[93] 武莉莉. UV-Fenton法处理模拟制药废水研究[D]. 哈尔滨:哈尔滨工业大学,2013.
[94] 武力,关天民,李莉,等. 竖直压缩式垃圾中转站的总体设计[J]. 大连交通大学学报,2012,33(6):77-80.
[95] 夏荣华,朱申红,李秋义,等. 矿业尾矿在建材中的应用前景[J]. 青岛理工大学学报,2007,28(3):76-80.
[96] 肖利军,刘良栋. 两种固化工艺处理含锰离子污泥研究[J]. 能源与环境,2009,97(6):16-17.
[97] 谢莎莎. 多孔碳材料的制备及其去除水体中卡马西平的研究[D]. 南昌:南昌航空大学,2018.
[98] 徐健. SWFP66X60A型锤式粉碎机锤片尺寸及排列方式优化研究[D]. 无锡:江南大学,2009.
[99] 许文锋,殷峻. 生物滤塔处理含氨气体的研究[J]. 中国给水排水,2010,26(23):69-72.
[100] 许志欣,蓝梅,孙文叶. 污泥热干化技术浅析[J]. 市政技术,2016,34(1):117-120.
[101] 闫志英,许力山,李志东,等. 畜禽粪便恶臭控制研究及应用进展[J]. 应用与环境生物学报,2014,20:322-7.
[102] 严建华,马增益,彭雯等. 沥青固化城市生活垃圾焚烧飞灰的实验研究[J]. 环境科学学报,2004(4):730-733.
[103] 杨莉. 石灰固化/稳定化处理炼油废渣污染土的试验研究[D]. 兰州:兰州交通大学,2017.
[104] 杨明录. 含重金属固体废弃物的固化处理技术[J]. 现代矿业,2020,36(6):231-232.
[105] 杨嗣靖,李刚,范维利. 6种污泥热干化技术概述[J]. 节能,2018,37(7):65-67.
[106] 杨晓文,韩东升,王文,等. 经济效益视角下典型经营主体区域循环农业建设模式 [J]. 江苏农业科学,2020,48(1),295-298.
[107] 杨寅生,姚刚. 电镀污泥处理方法概述[J]. 科技展望,2015,25(15):124-125.
[108] 佚名. 几种常见反应器的堆肥类型及工艺[J]. 农业工程技术(新能源产业),2012(5):34-36,33.
[109] 于承泽,李鸣晓,孟繁华,等. 生物滤池去除恶臭气体工艺填料优选研究[J]. 环境科学研究,2021,34(8):1876-1885.
[110] 袁树勇,曹波,邓波,等. 一种自胶结固化工艺:中国,CN201710907852. 2[P]. 2018-01-26.
[111] 袁晓宁,张振涛,蔡溪南,等. 含Pu废物的玻璃和玻璃陶瓷固化基材研究进展[J]. 原子能科学技术,2015,49(2):240-249.
[112] 袁远,张金辉,李银月,等. 蔬菜废弃物好氧堆肥处理研究进展[J]. 江苏农业科学,2022,50:29-35.
[113] 曾庆东,韦建吉,杨浩君. 槽式发酵车间物料流动的自动化系统:基于链板式翻堆机的堆肥发酵系统[J]. 现代农业装备,2016(5):37-40.
[114] 张弛,柴晓利,赵由才. 固体废物焚烧技术[M]. 北京:化学工业出版社,2016.
[115] 张海静,肖劲光,肖武,等. 高浓度铬渣土稳定化/固化效果及其影响因素研究[J]. 湖南有色金属,2020,36(3):60-65.
[116] 张昊,陈芳,申杰,等. 畜禽粪便堆肥产臭与生物除臭的研究进展[J]. 家畜生态学报,2018,39:84-9.
[117] 张绍坤. 危险废物焚烧飞灰固化处理技术应用探讨[J]. 中国环保产业,2012,165(3):16-19.
[118] 张所明,陈世和. 城市生活垃圾堆肥发酵的腐熟度研究[J]. 上海环境科学,1998:7(10):9-12.
[119] 张威,董海龙,阮莨秩. 陶瓷电熔炉在动力堆高放废液玻璃固化中适用性分析[J]. 辐射防护,2019,39(4):322-330.
[120] 张文兵,肖贤明,傅家谟,等. 过氧化氢高级氧化技术去除水中有机污染物[J]. 中国给水排水,2002(3):89-92.

[121] 张新艳,王起超,张少庆,等．沸石作稳定化剂固化/稳定化含汞危险废弃物试验[J]．环境科学学报,2009,29(9):1858-1863.

[122] 张馨予,赵长龙,张继军．动态传导式污泥干燥及冷凝液特性研究[J]．现代化工,2017,37(3):175-178.

[123] 张衍国,周会,龙艳秋,等．可燃固废的热解气化与燃烧[M]．北京:科学出版社,2022.

[124] 张洋,赵静．芬顿反应控制条件研究进展[J]．化学工程与装备,2019(12):206-207.

[125] 张玉华,刘东生,孙丽英,等．农业废弃物资源化利用模式研究[C]//第二届农业环境科学学术研讨会论文集,2007:679-682.

[126] 赵由才,牛冬杰,柴晓利．固体废物处理与资源化[M]．3 版．北京:化学工业出版社,2019.

[127] 赵由才．固体废物处理与资源化[M]．北京:化学工业出版社,2006.

[128] 中华人民共和国环境保护部．危险废物收集、贮存、运输技术规范:HJ 2025—2012[S]．北京:中国环境科学出版社,2012.

[129] 中华人民共和国生态环境部．危险废物鉴别标准通则:GB 5085．7—2019[S]．北京:中国环境科学出版社,2019.

[130] 中华人民共和国住房和城乡建设部．城市环境卫生设施规划标准:GB/T 50337—2018[S]．北京:中国建筑工业出版社,2019.

[131] 钟琦,任雪娇,李行德．酸性高砷污泥稳定化固化的初步研究[J]．云南化工,2021,48(10):50-51,58.

[132] 周国顺,张琳,胡利华．褐煤添加剂对污泥干化特性的影响研究[J]．低碳世界,2021,11(5):26-27.

[133] 周立祥．固体废物处理处置与资源化[M]．北京:中国农业出版社,2007.

[134] 周旭健,李清毅,张健,等．新兴污泥干化技术研究及应用进展[J]．能源工程,2018(3):53-59.

[135] 周亚梁,黄东月．芬顿反应技术的类型及研究进展[J]．广东化工,2013,40(1):74,61.

[136] 周亚文,陈灏,钟为章,等．高水分厨余垃圾脱水预处理技术[J]．应用化工,2022,51(5):1450-1455.

[137] 朱小康,李梅,杜甜甜,等．过氧化氢高级氧化技术研究进展[J]．城镇供水,2021(6):71-79.

[138] 竹涛,徐东耀,舒新前,等．固体废物的处理与处置课程教学改革思索与变革[J]．中国现代教育装备,2010,105(17):72-73.

[139] 庄伟强．固体废物处理与处置[M]．北京:化学工业出版社,2015.

[140] 宗皓．污泥干化处理技术的现状及未来发展[J]．清洗世界,2022,38(5):38-40.

[141] Adani F,Genevini P L,Crasperi F,et al. Organic evolution index(OMEI) as a measure of composting efficiency[J]. Compost Science & Utilizition,1997,52:53-62.

[142] Adani F,Genevini P L,Tambone F. A new index of orgnanic matter stability[J]. Compost Science & Utilizition,1995,32:25-37.

[143] Almahayni T,Vanhoudt N. Does leaching of naturally occurring radionuclides from roadway pavements stabilised with coal fly ash have negative impacts on groundwater quality and human health? [J]. Journal of Hazardous Materials,2018,349:128-134.

[144] Baziramakenga R,Simard R R. Low molecular weight aliphatic acid contents of composted manures[J]. Journal of Environmental Quality,1998,27:557-561.

[145] Bengtsson A,Quednau M,Haska G,et al. Composting of oily sludges:Degradation,stabilized residues volatiles and microbial activity[J]. Waste Manage Res,1998,16(3):273-284.

[146] Bernai M P,Paredes C,Sánchez-Monedero M A,et al. Maturity and stability parameters of composts prepared with a wide of organic wastes[J]. Bioresource Technology,1998,63:91-99

[147] Bernal M P,Sánchez-Monedero M A,Paredes C,et al. Carbon mineralization from organic wastes at different composting stages during their incubation with soil[J]. Agriculture Ecosystem and Environment,1998,69:175-189.

[148] Carlos Garcia Teresa Hernandez and Francisco Costa. Study on water extract of sewage sludge composts[J]. Soil Sci Plant, 1991, 37: 399-408.

[149] Chanyasak V, Hirai M, Kubota H. Changes of chemical components and Nitrogen transformation in water extracts during composting of garbage[J]. Journal of Fermentation Technology, 1982, 60: 439-446.

[150] Chanyasak V, Kubota H. Carbon /organic nitrogen ratio in water extract as measure of composting degradation[J]. Journal of Fermentation Technology, 1981, 59(3): 215-219.

[151] Chen X D, Wang H. Life cycle assessment of asphalt pavement recycling for greenhouse gas emission with temporal aspect[J]. Journal of Cleaner Production, 2018, 187: 148-157.

[152] Chen Y, Inbar Y. Chemical and spectroscopical analyses of organic matter transformations during composting in relation to compost matutity[J]. In Science and Engineering of Composting, 1993: 551-600.

[153] Chen Y, Zhang Y, Chen T, et al. Preparation of eco-friendly construction bricks from hematite tailings [J]. Construction and Building Materials, 2011, 25: 2107-2111.

[154] Cox H H, Deshusses M A. Biological waste air treatment in biotrickling filters[J]. Current Opinion in Biotechnology, 1998, 9(3): 256-262.

[155] De Vleeschauwer D, Verdonck O, Assche P V. Phytotoxicity of refuse compost[J]. Bio Cycle, 1981, 22: 44-46.

[156] Debertoldi M, Vallini G. Pera A. The Biology of composting: A review[J]. Waste Management & Research, 1983, 1: 157-176.

[157] Demir M E, Chehade G, Dincer I, et al. Synergistic effects of advanced oxidization reactions in a combination of TiO_2 photocatalysis for hydrogen production and wastewater treatment applications[J]. International Junranl of Hydrogen Energy, 2019, 44(43): 23856-23867.

[158] Dhote L, Kumar S, Singh L, et al. A systematic review on options for sustainable treatment and resource recovery of distillery sludge[J]. Chemosphere, 2021: 263.

[159] Diaz-Burgos M A, Ceccanti B, Polo A. Monitoring biochemical activity during sewage sludge composting[J]. Biol Fertil Soils, 1993, 16: 145-150.

[160] Dinel H, Schnitzer M, Dumontet S. Compost maturity: Extractable lipids as indicators of organic matter stability[J]. Compost Science & Utilization, 1996, 42: 6-12.

[161] Donna I F, Barbara L T, Harry A J. Hoitink. Compost Stability[J]. Biocyclc, 1992, 12: 62-66.

[162] Eghball B, Power J F, Gilley J E, et al. Nutrient, carbon, and mass loss during composting of beef cattle feedlot manure[J]. Journal of Environmental Quality, 1997, 26(1): 189-193.

[163] Eriksen M K, Christiansen J D, Daugaard A E, et al. Closing the loop for PET, PE and PP waste from households: Influence of material properties and product design for plastic recycling[J]. Waste Manage, 2019, 96: 75-85.

[164] Ewing R C, Weber W J, Clinard F W. Radiation effects in nuclear waste forms for high-level radioactive waste[J]. Progress in Nuclear Energy, 1995, 29(2): 63-127.

[165] Fang M, Wong J W C, Li G X, et al. Changes in biological parameters during co-composting of sewage sludge and coal ash residues[J]. Bioresource Technology, 1998, 64: 55-61.

[166] Garcia T, Herna E F, Ayuso M. Evaluation of the maturity of municipal waste compost using simple chemical parameters[J]. Commun Soil Sci Plant Anal, 1992, 23: 1501-1512.

[167] Ge S Q, Pan Y Z, Zheng L W, et al. Effects of organic matter components and incubation on the cement-based stabilization/solidification characteristics of lead-contaminated soil [J]. Chemosphere. 2020, 260: 127646.

[168] Golueke C G. Principles of biological resource recovery[J]. Bio Cycle,1981,22:36-40.

[169] Gombert D,Richardson J R. Cold-crucible induction melter design and development[J]. Nucl Technol,2003,141(3):301-308.

[170] Govi M,Ciavatta C,Gessa C. Evolution of organic matter in sewage sludge:A study based on the use of humification parameters and analytical electro focusing[J]. Bioresource Technology,1993,44:175-180.

[171] Hassan N A,Airey G D,Yusoff N I M,et al. Microstructural characterisation of dry mixed rubberised asphalt mixtures[J]. Construction Building Materials,2015,82:173-183.

[172] Hirai M F,Chanyasak V,Kubota H. A standard measurement for compost maturity. Biocycle,1983,24:54-56.

[173] Hong J L,Li X Z,Cui Z J. Life cycle assessment of four municipal solid waste management scenarios in China[J]. Waste Manage,2010,30(11):2362-2369.

[174] Hong J, Chen Y, Wang M, et al. Intensification of municipal solid waste disposal in China[J]. Renewable and Sustainable Energy Reviews,2017,69:168-176.

[175] Huang B B,Gan M,Ji Z Y,et al. Recent progress on the thermal treatment and resource utilization technologies of municipal waste incineration fly ash: A review[J]. Process Safety and Environmental Protection,2022,159:547-565.

[176] Hue N V,Liu J. Predicting compost stability[J]. Compost Science& Utilization,1995,32:8-15.

[177] Inbar Y,Chen Y,Hadar Y,et al. New approaches to compost maturity[J]. Biocycle,1990,12:64-69.

[178] Inbar Y,Chen Y,Harada Y. Carbon-13 CPMAS NMR and FITR Spectroscopic analysis of organic matter transformations duing composting of solid waste from wineries[J]. Soil Science,1991,152:272-282.

[179] Inbar Y,Chen Y,Harada Y. Humic substances formed during the composting of organic matter [J]. Soil Science Society of America Journal,1990,54:1316-1323.

[180] Insam H,Amor K,Renner M,et al. Change in functional abilities of the microbial community during composting of manure[J]. Microbial Ecology,1996,31:77-87.

[181] Issaka E, Amu-Darko J N, Yakubu S, et al. Advanced catalytic ozonation for degradation of pharmaceutical pollutants-A review[J]. Chemosphere,2022,289:133208.

[182] Itavaara M, Venelampi O. Windrow composting of biodegradable packaging materials[J]. Compost Science & Utilization,1997,52:84-92.

[183] Jain B,Singh A K,Kim H,et al. Treatment of organic pollutants by homogeneous and heterogeneous Fenton reaction processes[J]. Environment Chemistry Letters,2018,16(3):947-967.

[184] Jiao W X,Sha A M,Liu Z Z,et al. Utilization of steel slags to produce thermal conductive asphalt concretes for snow melting pavements[J]. Journal of Cleaner Production,2020,261:121197.

[185] Kang L,Zhang Y J,Zhang L,et al. Preparation,characterization and photocatalytic activity of novel CeO_2 loaded porous alkali-activated steel slag-based binding material[J]. International Journal of Hydrogen Energy,2017,42(27):17341-17349.

[186] Kazuo S,Yasuo H,Akio I. Color change of city refuse during composting process[J]. Soil Science and Plant Nutrition,1979,25:197-208.

[187] Keller P. Methods to evaluate maturity of compost[J]. Compost Science Autumn,1961,2(7):20-26.

[188] Kishimoto N, Katayama Y, Kato M, et al. Technical feasibility of UV/electro-chlorine advanced oxidation process and pH response[J]. Chemical Engineering Journal,2018,334:2363-2372.

[189] Kissel C,Charles L,Harrison R B,et al. Potential emissions of volatile and odordous organic compounds from municipal solid waste composting facilities[J]. Biomass and Bioenergy,1992,3(3-4):181-194.

[190] Kolay P K, Aminur M R, Taib S N L, et al. Stabilization of tropical peat soil from Sarawak with different stabilizing agents[J]. Geotech Geol Eng, 2011, 29(6): 1135-1141.

[191] Kwak R, Park H H, Ko H, et al. Partially cured photopolymer with gradient Bingham plastic behaviors as a versatile deformable material[J]. ACS Macro Lett, 2017, 6(5): 561-565.

[192] La Rosa A D, Blanco I, Banatao D R, et al. Innovative chemical process for recycling thermosets cured with recyclamines(R) by converting bio-epoxy composites in reusable thermoplastic-an LCA study[J]. Materials, 2018. 11(3): 353.

[193] Lederer J, Trinkel V, Fellner J. Wide-scale utilization of MSWI fly ashes in cement production and its impact on average heavy metal contents in cements: The case of Austria[J]. Waste Manage, 2017, 60: 247-258.

[194] Lin H, Oturan N, Wu J, et al. Cold incineration of sucralose in aqueous solution by electro-Fenton process[J]. Separation Purification Technology, 2017, 173: 218-225.

[195] Lin K H. An overview of radioactive waste management technology development current status and trends[J]. Journal of Environment Science Health, Part A, 1991, 26(3): 373-393.

[196] Liu H, Yang J, Shi Y, et al. Conditioning of sewage sludge by Fenton's reagent combined with skeleton builders[J]. Chemosphere, 2012, 88(2): 235-239.

[197] Liu H, Yang J, Zhu N, et al. A comprehensive insight into the combined effects of Fenton's reagent and skeleton builders on sludge deep dewatering performance[J]. Journal of Hazardous Materials, 2013, 258-259: 144-150.

[198] Liu Z, Demeestere K, Hulle S V. Comparison and performance assessment of ozone-based AOPs in view of trace organic contaminants abatement in water and wastewater: A review [J]. Journal of Environmental Chemical Engineering, 2021, 9(4): 105599.

[199] Llic M R, Polic P S. Solidification/stabilization technologies for the prevention of surface and ground water pollution from hazardous wastes[J]. The Handbook of Environmental Chemistry, 2005, 5(3): 159-189.

[200] Loiseau P, Caurant D, Bardez I, et al. Zirconolite-based glass-ceramics for actinides immobilization: Effects of glass composition and of actinides simulant nature[J]. MRS Online Proceedings Library, 2002, 757(1): 68.

[201] Lossin R D. Compost studies: III. Disposing of animal waste measurement of the chemical oxygen demand of compost[J]. Biological Wastes, 1977, 27: 115-142.

[202] Malvestiti J A, Cruz-Alcalde A, López-Vinent N, et al. Catalytic ozonation by metal ions for municipal wastewater disinfection and simulataneous micropollutants removal[J]. Applied Catalysis B-environmental, 2019, 259: 118104.

[203] Maria-Jose B. Maturity assessment of wheat straw composts by thermo gravimetric analysis [J]. Agric Food Chem, 1998, 42: 2454-2459.

[204] Mathur S P, Dinel H, Owen G, et al. Determination of compost biomaturity. Ⅱ. Optical density of water extracts of composts as a reflection of their maturity[J]. Biological Agiculture and Horticulture, 1993, 10: 87-108.

[205] Mathur S P, Owen G, Dinel H, et al. Determination of compost biomaturity. Ⅰ. Literature review[J]. Biological Agriculture and Horticulture, 1993, 10: 65-85.

[206] Miao X Z, Dai H W, Chen J X, et al. The enhanced method of hydroxyl radical generation in the heterogeneous UV-Fenton system with α-FeOOH as catalyst [J]. Separation and Purification Technology, 2018, 200: 36-43.

[207] Morel T L, Colin F, Germon J C. Godin, et al. Methods for the evaluation of the maturity of municipal

refuse compost. In composting of agricultural and other wastes[J]. London & New York: Elsevier Appled Science Publishers, 1985.

[208] Nakasaki K, Shoda M, Kubota H. Effect of temperature on composting of sewage sludge[J]. Applied and Environmental Microbiology, 1985, 506.

[209] Nanda S, Berruti F. Municipal solid waste management and landfilling technologies: A review[J]. Environmental Chemistry Letters, 2021, 19(2): 1433-1456.

[210] Nararro A F, Cegarra J, Roig A, et al. Relationships between organic matter and carbon contents of organci wastes[J]. Bioresource Technology, 1993, 44: 203-207.

[211] Nora G. Odor control progress[J]. Biocycle, 1993, 56-58.

[212] Orlova A I, Ojovan M I. Ceramic mineral waste-forms for nuclear waste immobilization[J]. Materials, 2019, 12(16): 2638-2638.

[213] Paré T, Dinel H, Schnitzer M, et al. Transformations of carbon and nitrogen during composting of animal manure and shredded paper[J]. Biology Fertility of Soils, 1998, 26: 173-178.

[214] PeggandIan L. Turning nuclear waste into glass[J]. Physics Today, 2015, 68(2): 33-39.

[215] Pereira N J T, Stentiford E I, Mara D D. Low cost controlled composting of refuse and sewage sludge[J]. Waterance and Technology, 1987, 19(5-6).

[216] Plodinec M J. Borosilicate glasses for nuclear waste immobilization[J]. Glass Technol, 2000, 41(6): 186-192.

[217] Priyadarshini M, Das I, Ghangrekar M M, et al. Advanced oxidation processes: Performance, advantages, and scale-up of emerging technologies[J]. Joural of Environment Management, 2022, 316: 115295.

[218] Quina M J, Bordado J C, Quinta-Ferreira R M. Treatment and use of air pollution control residues from MSW incineration: An overview[J]. Waste Management, 2008, 28: 2097-121.

[219] Reij M W, Keurentjes J T F, Hartmans S. Membrane bioreactors for waste gas treatment[J]. Journal of Biotechnology, 1998, 593: 155-167.

[220] Richard D, Zimmerman R. Respiration rate-reheating potential: A comparision of measures of compost stability[J]. Compost Science & Utilization, 1995: 74-79.

[221] Riffaldi R, Lev-i-Minzi R, Pera A, et al. Evaluation of compost maturity by means of chemical and microbial analys [J]. Waste Management and Research, 1986, 4: 387-396.

[222] Robert M, El Kaddouri A, Perrin J C, et al. Time-resolved monitoring of composite Nafion™ XL membrane degradation induced by Fenton's reaction[J]. Journal of Membrane Science, 2021, 621: 118977.

[223] Roletto E, Consiglio M, Jodice R, et al. Chemical parameters for evaluating compost maturity[J]. Biocycle, 1985, 262: 46-47.

[224] Roth G, Weisenburger S. Vitrification of high-level liquid waste: glass chemistry, process chemistry and process technology[J]. Nuclear Engineering Design, 2000, 202(2): 197-207.

[225] Roy S, Tal G, Yoram A. Determining optimal maturity of compost used for land application[J]. Compost Science & Utilization, 1998: 83-88.

[226] Rubio M C, Martínez G, Baena L, et al. Warm mix asphalt: An overview[J]. Journal of Cleaner Production, 2012, 24: 76-84.

[227] Schnell M, Horst T, Quicker P. Thermal treatment of sewage sludge in Germany: A review[J]. Journal of Environmental Management, 2020, 263(C): 110367.

[228] Sesay A A, Lasaridi K E, Stentiford E I. Aerated static pile composting of municipal solid waste (MSW): a comparsion of positive pressure aeration with hybrid positive and negative aeration[J]. Waste Management Research, 1998, 163: 264-272.

[229] Shiralipour A, Mcconnell D B, Smith W H. Phytotoxic effects of a short-chain fatty acid on seed germination and root length of *cucumis sativus* cv. 'Poinset'[J]. Compost Science & Utilization, 1997, 5(2): 47-52.

[230] Singh A. Managing the uncertainty problems of municipal solid waste disposal[J]. Journal of Environmental Management, 2019, 240: 259-265.

[231] Stefanovsky S V, Lebedev V V, Ptashkin A G, et al. Cold crucible inductive melting technology-application to vitrification and ceramization of high level and actinide wastes[J]. Advances in Science Technology, 2011, 73: 183-193.

[232] Stentiford E I, Perera J T, Neto D, et al. Low cost composting[J]. England: The University of Leeds, 1996.

[233] Tang G, Liu X L, Zhou L, et al. Steel slag waste combined with melamine pyrophosphate as a flame retardant for rigid polyurethane foams [J]. Advanced Powder Technology, 2020, 31(1): 279-286.

[234] Tiquia S M, Tam N F Y. Elimination of phytotoxicity during co-composting of spent pig-manure sawdust litter and pig sludge[J]. Bioresource Technology, 1998, 65: 43-49.

[235] Usui T, shoji A, yusa M. Ripeness index of wastewater sludge compost[J]. Biocycle, 1983: 25-27.

[236] Vaxelaire J, Cézac P. Moisture distribution in activated sludges: A review[J]. Water Research, 2004, 38(9): 2215-2230.

[237] Vienna J D. Nuclear waste vitrification in the united states: Recent developments and future options[J]. International Journal of Applied Glass Science, 2010, 1(3): 309-321.

[238] Vuorinen A H, Saharinen M H. Evolution of microbiological and chemical parameters during manure and straw co-composting in a drum composting system[J]. Agriculture Ecosystem and Environment, 1997, 66(1): 19-29.

[239] Wang F, Zhang Y C, Ming H, et al. Degradation of the ciprofloxacin antibiotic by photo-Fenton reaction using a nafion/iron membrane: Role of hydroxyl radicals[J]. Environment Chemistry Letters, 2020, 18(5): 1745-1752.

[240] Wang X Y, Hu X Y, Wang T Q, et al. Crown daisy leaf waste-derived carbon dots: A simple and green fluorescent probe for copperion[J]. Rersarch Article, 2019(9): 1-8.

[241] Weber W J, Navrotsky A, Stefanovsky S, et al. Materials science of high-level nuclear waste immobilization[J]. MRS Bull, 2009, 34(1): 46-53.

[242] William F. Brinton. Volatile organic acids in compost: Production and odorant aspects[J]. Compost Science & Utilization, 1998: 75-82.

[243] Won J, Kang H, Lee S, et al. Eco-friendly fireproof high-strength polymercementitious composites[J]. Construction and Building Materials, 2012, 30: 406-412.

[244] Wu S H, Montalvo L. Repurposing waste plastics into cleaner asphalt pavement materials: A critical literature review[J]. Journal of Cleaner Production, 2021, 280: 124355.

[245] Xu M Y, Lin Y L, Zhang T Y, et al. Chlorine dioxide-based oxidation processes for water purification: A review[J]. Journal of Hazardous Materials, 2022, 436: 129195.

[246] Yu J R, Chen Y H, Chen G, et al. Experimental study of the feasibility of using anhydrous sodium metasilicate as a geopolymer activator for soil stabilization[J]. Engineering Geology, 2020, 264: 105316.

[247] Zhao Y, Zhang Y, Chen T, et al. Preparation of high strength autoclaved bricks from hematite tailings[J]. Construction and Building Materials, 2012, 28: 450-455.

[248] Zhu H Z, Wang F, Liao Q L, et al. Synthesis and characterization of zirconolite-sodium borosilicate glass-ceramics for nuclear waste immobilization[J]. Journal of Nuclear Materials, 2020, 532: 152026.